国家科技重大专项
大型油气田及煤层气开发成果丛书
（2008—2020）
卷19

深井超深井钻完井关键技术与装备

冯艳成　刘岩生　周英操　蒋宏伟　等编著

石油工业出版社

内容提要

本书详细介绍了中国石油在2016—2020年期间深井超深井钻完井工程技术与装备方面取得的主要攻关成果和新进展。内容主要包括深井超深井自动化钻井、高效快速钻井、井筒安全钻井、优质钻井液、固井完井、随钻测量、深层连续管、钻井工程一体化软件等关键技术、装备和工具等，最后对深井超深井钻完井工程技术的发展进行了展望。

本书可供从事与钻完井技术及装备相关工作的工程技术人员、科研管理人员等阅读参考，也可供石油院校相关专业师生参考。

图书在版编目（CIP）数据

深井超深井钻完井关键技术与装备 / 冯艳成等编著．
—北京：石油工业出版社，2023.5
（国家科技重大专项·大型油气田及煤层气开发成果丛书：2008—2020）
ISBN 978-7-5183-5350-7

Ⅰ．深… Ⅱ．①冯… Ⅲ．①深井钻井－研究
Ⅳ．①TE245

中国版本图书馆CIP数据核字（2022）第077449号

责任编辑：方代煊　李熹蓉　王长会　沈瞳瞳
责任校对：刘晓婷
装帧设计：李　欣　周　彦

出版发行：石油工业出版社
（北京安定门外安华里2区1号　100011）
网　址：www.petropub.com
编辑部：（010）64523583　图书营销中心：（010）64523633
经　销：全国新华书店
印　刷：北京中石油彩色印刷有限责任公司

2023年5月第1版　2023年5月第1次印刷
787×1092毫米　开本：1/16　印张：26.5
字数：680千字

定价：260.00元

《国家科技重大专项·大型油气田及煤层气开发成果丛书（2008—2020）》

编委会

《深井超深井钻完井关键技术与装备》

编写组

组　长：冯艳成

副组长：刘岩生　周英操　蒋宏伟

成　员：（按姓氏拼音排序）

艾维平　蔡志东　陈朝伟　成攀飞　崔　猛　樊洪海
房　超　方太安　冯　春　冯　杰　付　盼　付　悦
高永海　高远文　贺秋云　胡强法　黄衍福　贾衡天
江　乐　金　玲　李　黔　李　军　李　龙　李　牧
李　玮　李　杨　刘　伟　刘家炜　刘文红　刘子帅
卢运虎　吕维平　齐奉忠　王　倩　汪海阁　王建华
王磊磊　王双威　夏泊洢　夏修建　辛永安　徐壁华
胥志雄　闫　铁　杨　光　杨　鹏　杨决算　杨雄文
姚建林　姚如钢　叶　强　于永金　翟小强　张　华
张　洁　张　强　张富强　张国田　张洪军　张新国
赵　庆　郑瑞强　周　波　周志雄　朱　峰　朱英杰

丛书·序

能源安全关系国计民生和国家安全。面对世界百年未有之大变局和全球科技革命的新形势，我国石油工业肩负着坚持初心、为国找油、科技创新、再创辉煌的历史使命。国家科技重大专项是立足国家战略需求，通过核心技术突破和资源集成，在一定时限内完成的重大战略产品、关键共性技术或重大工程，是国家科技发展的重中之重。大型油气田及煤层气开发专项，是贯彻落实习近平总书记关于大力提升油气勘探开发力度、能源的饭碗必须端在自己手里等重要指示批示精神的重大实践，是实施我国“深化东部、发展西部、加快海上、拓展海外”油气战略的重大举措，引领了我国油气勘探开发事业跨入向深层、深水和非常规油气进军的新时代，推动了我国油气科技发展从以“跟随”为主向“并跑、领跑”的重大转变。在“十二五”和“十三五”国家科技创新成就展上，习近平总书记两次视察专项展台，充分肯定了油气科技发展取得的重大成就。

大型油气田及煤层气开发专项作为《国家中长期科学和技术发展规划纲要（2006—2020年）》确定的10个民口科技重大专项中唯一由企业牵头组织实施的项目，以国家重大需求为导向，积极探索和实践依托行业骨干企业组织实施的科技创新新型举国体制，集中优势力量，调动中国石油、中国石化、中国海油等百余家油气能源企业和70多所高等院校、20多家科研院所及30多家民营企业协同攻关，参与研究的科技人员和推广试验人员超过3万人。围绕专项实施，形成了国家主导、企业主体、市场调节、产学研用一体化的协同创新机制，聚智协力突破关键核心技术，实现了重大关键技术与装备的快速跨越；弘扬伟大建党精神、传承石油精神和大庆精神铁人精神，以及石油会战等优良传统，充分体现了新型举国体制在科技创新领域的巨大优势。

经过十三年的持续攻关，全面完成了油气重大专项既定战略目标，攻克了一批制约油气勘探开发的瓶颈技术，解决了一批“卡脖子”问题。在陆上油气勘探、陆上油气开发、工程技术、海洋油气勘探开发、海外油气勘探开发、非常规油气勘探开发领域，形成了6大技术系列、26项重大技术；自主研发20项重大工程技术装备；建成35项示范工程、26个国家级重点实验室和研究中心。我国油气科技自主创新能力大幅提升，油气能源企业被卓越赋能，形成产量、储量增长高峰期发展新态势，为落实习近平总书记“四个革命、一个合作”能源安全新战略奠定了坚实的资源基础和技术保障。

《国家科技重大专项·大型油气田及煤层气开发成果丛书（2008—2020）》（62卷）是专项攻关以来在科学理论和技术创新方面取得的重大进展和标志性成果的系统总结，凝结了数万科研工作者的智慧和心血。他们以“功成不必在我，功成必定有我”的担当，高质量完成了这些重大科技成果的凝练提升与编写工作，为推动科技创新成果转化为现实生产力贡献了力量，给广大石油干部员工奉献了一场科技成果的饕餮盛宴。这套丛书的正式出版，对于加快推进专项理论技术成果的全面推广，提升石油工业上游整体自主创新能力和科技水平，支撑油气勘探开发快速发展，在更大范围内提升国家能源保障能力将发挥重要作用，同时也一定会在中国石油工业科技出版史上留下一座书香四溢的里程碑。

在世界能源行业加快绿色低碳转型的关键时期，广大石油科技工作者要进一步认清面临形势，保持战略定力、志存高远、志创一流，毫不放松加强油气等传统能源科技攻关，大力提升油气勘探开发力度，增强保障国家能源安全能力，努力建设国家战略科技力量和世界能源创新高地；面对资源短缺、环境保护的双重约束，充分发挥自身优势，以技术创新为突破口，加快布局发展新能源新事业，大力推进油气与新能源协调融合发展，加大节能减排降碳力度，努力增加清洁能源供应，在绿色低碳科技革命和能源科技创新上出更多更好的成果，为把我国建设成为世界能源强国、科技强国，实现中华民族伟大复兴的中国梦续写新的华章。

中国石油董事长、党组书记
中国工程院院士　戴厚良

丛书·前言

石油天然气是当今人类社会发展最重要的能源。2020年全球一次能源消费量为134.0×10^{8}t油当量，其中石油和天然气占比分别为30.6%和24.2%。展望未来，油气在相当长时间内仍是一次能源消费的主体，全球油气生产将呈长期稳定趋势，天然气产量将保持较高的增长率。

习近平总书记高度重视能源工作，明确指示“要加大油气勘探开发力度，保障我国能源安全”。石油工业的发展是由资源、技术、市场和社会政治经济环境四方面要素决定的，其中油气资源是基础，技术进步是最活跃、最关键的因素，石油工业发展高度依赖科学技术进步。近年来，全球石油工业上游在资源领域和理论技术研发均发生重大变化，非常规油气、海洋深水油气和深层—超深层油气勘探开发获得重大突破，推动石油地质理论与勘探开发技术装备取得革命性进步，引领石油工业上游业务进入新阶段。

中国共有500余个沉积盆地，已发现松辽盆地、渤海湾盆地、准噶尔盆地、塔里木盆地、鄂尔多斯盆地、四川盆地、柴达木盆地和南海盆地等大型含油气大盆地，油气资源十分丰富。中国含油气盆地类型多样、油气地质条件复杂，已发现的油气资源以陆相为主，构成独具特色的大油气分布区。历经半个多世纪的艰苦创业，到20世纪末，中国已建立完整独立的石油工业体系，基本满足了国家发展对能源的需求，保障了油气供给安全。2000年以来，随着国内经济高速发展，油气需求快速增长，油气对外依存度逐年攀升。我国石油工业担负着保障国家油气供应安全，壮大国际竞争力的历史使命，然而我国石油工业面临着油气勘探开发对象日趋复杂、难度日益增大、勘探开发理论技术不相适应及先进装备依赖进口的巨大压力，因此急需发展自主科技创新能力，发展新一代油气勘探开发理论技术与先进装备，以大幅提升油气产量，保障国家油气能源安全。一直以来，国家高度重视油气科技进步，支持石油工业建设专业齐全、先进开放和国际化的上游科技研发体系，在中国石油、中国石化和中国海油建立了比较先进和完备的科技队伍和研发平台，在此基础上于2008年启动实施国家科技重大专项技术攻关。

国家科技重大专项“大型油气田及煤层气开发”（简称“国家油气重大专项”）是《国家中长期科学和技术发展规划纲要（2006—2020年）》确定的16个重大专项之一，目标是大幅提升石油工业上游整体科技创新能力和科技水平，支撑油气勘探开发快速发展。国家油气重大专项实施周期为2008—2020年，按照“十一五”“十二五”“十三五”3个阶段实施，是民口科技重大专项中唯一由企业牵头组织实施的专项，由中国石油牵头组织实施。专项立足保障国家能源安全重大战略需求，围绕“6212”科技攻关目标，共部署实施201个项目和示范工程。在党中央、国务院的坚强领导下，专项攻关团队积极探索和实践依托行业骨干企业组织实施的科技攻关新型举国体制，加快推进专项实施，攻克一批制约油气勘探开发的瓶颈技术，形成了陆上油气勘探、陆上油气开发、工程技术、海洋油气勘探开发、海外油气勘探开发、非常规油气勘探开发6大领域技术系列及26项重大技术，自主研发20项重大工程技术装备，完成35项示范工程建设。近10年我国石油年产量稳定在2×10^8t左右，天然气产量取得快速增长，2020年天然气产量达1925×10^8m^3，专项全面完成既定战略目标。

通过专项科技攻关，中国油气勘探开发技术整体已经达到国际先进水平，其中陆上油气勘探开发水平位居国际前列，海洋石油勘探开发与装备研发取得巨大进步，非常规油气开发获得重大突破，石油工程服务业的技术装备实现自主化，常规技术装备已全面国产化，并具备部分高端技术装备的研发和生产能力。总体来看，我国石油工业上游科技取得以下七个方面的重大进展：

（1）我国天然气勘探开发理论技术取得重大进展，发现和建成一批大气田，支撑天然气工业实现跨越式发展。围绕我国海相与深层天然气勘探开发技术难题，形成了海相碳酸盐岩、前陆冲断带和低渗—致密等领域天然气成藏理论和勘探开发重大技术，保障了我国天然气产量快速增长。自2007年至2020年，我国天然气年产量从677×10^8m^{3}增长到1925×10^8m^3，探明储量从6.1×10^{12}m^{3}增长到14.41×10^{12}m^3，天然气在一次能源消费结构中的比例从2.75%提升到8.18%以上，实现了三个翻番，我国已成为全球第四大天然气生产国。

（2）创新发展了石油地质理论与先进勘探技术，陆相油气勘探理论与技术继续保持国际领先水平。创新发展形成了包括岩性地层油气成藏理论与勘探配套技术等新一代石油地质理论与勘探技术，发现了鄂尔多斯湖盆中心岩性地层大油区，支撑了国内长期年新增探明 10×10^8t 以上的石油地质储量。

（3）形成国际领先的高含水油田提高采收率技术，聚合物驱油技术已发展到三元复合驱，并研发先进的低渗透和稠油油田开采技术，支撑我国原油产量长期稳定。

（4）我国石油工业上游工程技术装备（物探、测井、钻井和压裂）基本实现自主化，具备一批高端装备技术研发制造能力。石油企业技术服务保障能力和国际竞争力大幅提升，促进了石油装备产业和工程技术服务产业发展。

（5）我国海洋深水工程技术装备取得重大突破，初步实现自主发展，支持了海洋深水油气勘探开发进展，近海油气勘探与开发能力整体达到国际先进水平，海上稠油开发处于国际领先水平。

（6）形成海外大型油气田勘探开发特色技术，助力“一带一路”国家油气资源开发和利用。形成全球油气资源评价能力，实现了国内成熟勘探开发技术到全球的集成与应用，我国海外权益油气产量大幅度提升。

（7）页岩气、致密气、煤层气与致密油、页岩油勘探开发技术取得重大突破，引领非常规油气开发新兴产业发展。形成页岩气水平井钻完井与储层改造作业技术系列，推动页岩气产业快速发展；页岩油勘探开发理论技术取得重大突破；煤层气开发新兴产业初见成效，形成煤层气与煤炭协调开发技术体系，全国煤炭安全生产形势实现根本性好转。

这些科技成果的取得，是国家实施建设创新型国家战略的成果，是百万石油员工和科技人员发扬艰苦奋斗、为国找油的大庆精神铁人精神的实践结果，是我国科技界以举国之力团结奋斗联合攻关的硕果。国家油气重大专项在实施中立足传统石油工业，探索实践新型举国体制，创建“产学研用”创新团队，创新人才队伍建设，创新科技研发平台基地建设，使我国石油工业科技创新能力得到大幅度提升。

为了系统总结和反映国家油气重大专项在科学理论和技术创新方面取得的重大进展和成果，加快推进专项理论技术成果的推广和提升，专项实施管理办公室与技术总体组规划组织编写了《国家科技重大专项·大型油气田及煤层气开发成果丛书（2008—2020）》。丛书共 62 卷，第 1 卷为专项理论技术成果总论，第 2～9 卷为陆上油气勘探理论技术成果，第 10～14 卷为陆上油气开发理论技术成果，第 15～22 卷为工程技术装备成果，第 23～26 卷为海洋油气理论技术装备成果，第 27～30 卷为海外油气理论技术成果，第 31～43 卷为非常规油气理论技术成果，第44～62卷为油气开发示范工程技术集成与实施成果（包括常规油气开发7卷，煤层气开发5卷，页岩气开发4卷，致密油、页岩油开发3卷）。

各卷均以专项攻关组织实施的项目与示范工程为单元，作者是项目与示范工程的项目长和技术骨干，内容是项目与示范工程在2008—2020年期间的重大科学理论研究、先进勘探开发技术和装备研发成果，代表了当今我国石油工业上游的最新成就和最高水平。丛书内容翔实，资料丰富，是科学研究与现场试验的真实记录，也是科研成果的总结和提升，具有重大的科学意义和资料价值，必将成为石油工业上游科技发展的珍贵记录和未来科技研发的基石和参考资料。衷心希望丛书的出版为中国石油工业的发展发挥重要作用。

国家科技重大专项“大型油气田及煤层气开发”是一项巨大的历史性科技工程，前后历时十三年，跨越三个五年规划，共有数万名科技人员参加，是我国石油工业史上一项壮举。专项的顺利实施和圆满完成是参与专项的全体科技人员奋力攻关、辛勤工作的结果，是我国石油工业界和石油科技教育界通力合作的典范。我有幸作为国家油气重大专项技术总师，全程参加了专项的科研和组织，倍感荣幸和自豪。同时，特别感谢国家科技部、财政部和发改委的规划、组织和支持，感谢中国石油、中国石化、中国海油及中联公司长期对石油科技和油气重大专项的直接领导和经费投入。此次专项成果丛书的编辑出版，还得到了石油工业出版社大力支持，在此一并表示感谢！

中国科学院院士 贾承造

《国家科技重大专项·大型油气田及煤层气开发成果丛书（2008—2020）》

分卷目录

序号	分卷名称
卷 1	总论：中国石油天然气工业勘探开发重大理论与技术进展
卷 2	岩性地层大油气区地质理论与评价技术
卷 3	中国中西部盆地致密油气藏“甜点”分布规律与勘探实践
卷 4	前陆盆地及复杂构造区油气地质理论、关键技术与勘探实践
卷 5	中国陆上古老海相碳酸盐岩油气地质理论与勘探
卷 6	海相深层油气成藏理论与勘探技术
卷 7	渤海湾盆地（陆上）油气精细勘探关键技术
卷 8	中国陆上沉积盆地大气田地质理论与勘探实践
卷 9	深层—超深层油气形成与富集：理论、技术与实践
卷 10	胜利油田特高含水期提高采收率技术
卷 11	低渗—超低渗油藏有效开发关键技术
卷 12	缝洞型碳酸盐岩油藏提高采收率理论与关键技术
卷 13	二氧化碳驱油与埋存技术及实践
卷 14	高含硫天然气净化技术与应用
卷 15	陆上宽方位宽频高密度地震勘探理论与实践
卷 16	陆上复杂区近地表建模与静校正技术
卷 17	复杂储层测井解释理论方法及 CIFLog 处理软件
卷 18	成像测井仪关键技术及 CPLog 成套装备
卷 19	深井超深井钻完井关键技术与装备
卷 20	低渗透油气藏高效开发钻完井技术
卷 21	沁水盆地南部高煤阶煤层气 L 型水平井开发技术创新与实践
卷 22	储层改造关键技术及装备
卷 23	中国近海大中型油气田勘探理论与特色技术
卷 24	海上稠油高效开发新技术
卷 25	南海深水区油气地质理论与勘探关键技术
卷 26	我国深海油气开发工程技术及装备的起步与发展
卷 27	全球油气资源分布与战略选区
卷 28	丝绸之路经济带大型碳酸盐岩油气藏开发关键技术

序号	分卷名称
卷 29	超重油与油砂有效开发理论与技术
卷 30	伊拉克典型复杂碳酸盐岩油藏储层描述
卷 31	中国主要页岩气富集成藏特点与资源潜力
卷 32	四川盆地及周缘页岩气形成富集条件、选区评价技术与应用
卷 33	南方海相页岩气区带目标评价与勘探技术
卷 34	页岩气气藏工程及采气工艺技术进展
卷 35	超高压大功率成套压裂装备技术与应用
卷 36	非常规油气开发环境检测与保护关键技术
卷 37	煤层气勘探地质理论及关键技术
卷 38	煤层气高效增产及排采关键技术
卷 39	新疆准噶尔盆地南缘煤层气资源与勘查开发技术
卷 40	煤矿区煤层气抽采利用关键技术与装备
卷 41	中国陆相致密油勘探开发理论与技术
卷 42	鄂尔多斯盆缘过渡带复杂类型气藏精细描述与开发
卷 43	中国典型盆地陆相页岩油勘探开发选区与目标评价
卷 44	鄂尔多斯盆地大型低渗透岩性地层油气藏勘探开发技术与实践
卷 45	塔里木盆地克拉苏气田超深超高压气藏开发实践
卷 46	安岳特大型深层碳酸盐岩气田高效开发关键技术
卷 47	缝洞型油藏提高采收率工程技术创新与实践
卷 48	大庆长垣油田特高含水期提高采收率技术与示范应用
卷 49	辽河及新疆稠油超稠油高效开发关键技术研究与实践
卷 50	长庆油田低渗透砂岩油藏 CO_2 驱油技术与实践
卷 51	沁水盆地南部高煤阶煤层气开发关键技术
卷 52	涪陵海相页岩气高效开发关键技术
卷 53	渝东南常压页岩气勘探开发关键技术
卷 54	长宁—威远页岩气高效开发理论与技术
卷 55	昭通山地页岩气勘探开发关键技术与实践
卷 56	沁水盆地煤层气水平井开采技术及实践
卷 57	鄂尔多斯盆地东缘煤系非常规气勘探开发技术与实践
卷 58	煤矿区煤层气地面超前预抽理论与技术
卷 59	两淮矿区煤层气开发新技术
卷 60	鄂尔多斯盆地致密油与页岩油规模开发技术
卷 61	准噶尔盆地砂砾岩致密油藏开发理论技术与实践
卷 62	渤海湾盆地济阳坳陷致密油藏开发技术与实践

本卷·前言

2016—2020 年，中国石油天然气集团有限公司（简称集团公司）依托国家科技重大专项、集团公司重大科技项目及重大科技工程专项组织科研攻关，深井超深井钻完井工程技术得到长足发展，在新型 8000m 四单根立柱钻机、精细控压钻井技术与装备、抗高温超高密度油基钻井液、深井超深井固井完井技术、深层连续管作业机、高效 PDC 钻头及钻井提速系列工具、高性能膨胀管等方面取得重要进展，研发了一批深井钻完井核心装备、工具、工作液和相关软件等。

“十三五”期间，中国石油一批钻完井技术取得重大突破：固井密封性控制技术强力支撑深层及非常规天然气资源安全高效勘探开发（2017 年）；抗高温高盐油基钻井液等助力 8000m 钻井降本增效（2018 年）；一体化精细控压钻完井技术助力复杂地层安全优质钻完井（2019 年）；自动化固井技术装备提升固井质量与作业效率（2020 年）。深井超深井关键装备和工具国产化，现场试验和应用见到良好效果，增强了核心竞争力，深井超深井钻井数量快速增长，中国石油深井由“十三五”初期 322 口增加到 2020 年的 1038 口，超深井从 95 口增加到 2020 年的 204 口，钻完井能力迈上新台阶。深井超深井优快钻完井配套技术不断完善，处理事故复杂时间不断下降，钻井周期大幅缩短，助推超深井井深迈上 8000m，打成、打快、打好了包括五探 1 井、中秋 1 井、克深 21 井、轮探 1 井、高探 1 井、碱探 1 井、呼探 1 井等一批标志性深井，塔里木轮探 1 井垂深 8882m，创亚洲最深井纪录，青海碱探 1 井实测井底温度达到 235℃。很好地支撑了中国石油塔里木库车山前、四川海相碳酸盐岩、新疆南缘等重点地区深层超深层勘探开发，为油气勘探不断突破、高质量发展和工程技术业务提质、提速、提产、提效提供了持续的技术支持与工程技术保障。

为了全面、准确地反映“十三五”期间中国石油深井超深井钻完井工程技术的发展和创新成果，更好地推广应用相关技术，促进技术的升级换代，根据《国家科技重大专项·大型油气田及煤层气开发成果丛书（2008—2020）》编委会和中国石油天然气集团有限公司科技管理部的部署，组织专家编写《深井超深井钻完井关键技术与装备》，旨在总结“十三五”以来的深井超深井钻井应用基础研究、钻井新技术开发、钻井装备研制、钻井新技术推广与应用等方面取得的成果和形成的特色技术，提炼在钻完井技术发展中形成的新理念和新思路，进一步理清今后深井超深井钻完井技术发展的思路和工作方向，以便更好地把握未来钻完井技术发展趋势。

参与本书编写的作者主要来自中国石油集团工程技术研究院有限公司、中国石油塔里木油田分公司、大庆石油管理局有限公司、中国石油集团长城钻探工程有限公司等单位，成立了编写组，由冯艳成任组长，刘岩生、周英操、蒋宏伟任副组长。各章具体编写人员如下：第一章：冯艳成、刘岩生、蒋宏伟、周英操；第二章：周志雄、张强、叶强、李杨、金玲、张新国，由胥志雄、方太安审阅；第三章：郑瑞强、陈朝伟、杨雄文、姚建林、李玮、崔猛、冯春、王倩，由张洪军、杨决算审阅；第四章：周波、翟小强、李牧、朱英杰、成攀飞、李军、付盼、卢运虎、刘文红，由汪海阁、刘伟审阅；第五章：张洁、王磊磊、杨鹏、王建华、姚如钢、王双威、李龙，由高远文、冯杰审阅；第六章：于永金、夏修建、张华、江乐、刘子帅，由高远文、齐奉忠审阅；第七章：艾维平、张国田、蔡志东、贺秋云、贾衡天，由黄衍福审阅；第八章：朱峰、张富强、辛永安、刘家炜、付悦、吕维平，由胡强法审阅；第九章：蒋宏伟、杨光、崔猛、夏泊洢、樊洪海、高永海、闫铁、李黔、徐璧华、房超，由赵庆审阅；第十章：冯艳成、刘岩生、周英操、蒋宏伟。全书由冯艳成、刘岩生、周英操、蒋宏伟负责策划与统稿，最后由孙金声审查定稿。在此，对这些作者和审稿人员所付出的辛勤劳动表示衷心地感谢，同时对为本书的编写提供资料的专家表示诚挚的谢意。

在编写过程中，中国石油天然气集团有限公司科技管理部、中国石油集团工程技术研究院有限公司给予了关心和指导，在此表示感谢。

由于编者水平有限，书中难免出现不妥之处，敬请广大读者批评指正。

目 录

第一章　绪　论

高效开发深井超深井油气资源是实现我国能源接替战略的重大需求，也是当前和未来油气勘探开发的重点和热点，深井超深井钻完井技术作为高效开发深井超深井油气资源的不可替代的核心技术，近几年发展迅速。2016—2020年，中国石油天然气集团有限公司（简称中国石油）深井超深井钻完井技术取得了显著成绩，形成了系列特色钻完井技术，解决了中国石油深井钻完井技术存在的瓶颈问题；7000m钻完井成为成熟技术，形成了8000m超深井钻完井技术，大幅度提升了中国石油深井钻完井技术。

第一节　深井超深井钻完井技术的难题

深层石油资源量占比为39%，天然气资源量占比为57%，是陆上剩余资源量最多、发展潜力最大、钻井挑战最多的领域。塔里木库车山前、四川安岳、渤海湾深层平均井深超过6000m，塔里木油田“十三五”天然气主要增储上产区块——克深地区平均井深接近7000m，川东盐下储层、川西勘探领域平均井深都超过7000m。随着油气勘探开发对象的不断复杂化，井深不断增加，高温高压更加常见（大温差、大压差），技术新挑战不断出现，导致钻井过程中事故复杂时效较高，钻井成本居高不下，对深井超深井钻井提出了新的更高的要求（苏义脑等，2020）。

一、深井超深井钻机

超深井施工存在着起下钻频繁、起下钻时间长、钻井周期长的问题，四单根立柱施工有助于解决这一问题。超深井四单根立柱钻机可减少钻井时接立柱的次数，减少起下钻时间，减少复杂事故发生的概率，提高深井超深井施工速度，缩短钻井周期（石林等，2019）。超深井四单根立柱钻机钻井能减少接立柱的次数，7000m井深单次起下钻可减少接立柱约120次。如克深7井，完钻井深8023m，其中超过7000m的起下钻共计63次，采用四单根立柱施工可减少起下钻接立柱约7560次；中古161井，完钻井深6300m，在超过6000m井深的300m进尺中共起下钻7次，采用四单根立柱施工可减少起下钻接立柱约700次。

二、钻井复杂工况预防与处理技术

库车山前复杂地层钻井普遍存在安全密度窗口窄，钻进时不仅经常发生严重漏失，而且还会发生严重的坍塌卡钻，导致无法确定最优的钻井液密度（周英操等，2019）。由于不能及时准确地获取井下的地层与钻井工况，许多时候不能及时采取最有效的措施，避免钻井的复杂与事故，导致钻井中频繁发生事故与复杂。塔里木库车山前地区钻井复杂与事故损失时间高达10%以上。不仅导致大量的时间用于处理事故与复杂，而且造成大量的成本浪费，使勘探开发效果也大受影响。在一定程度上，复杂地区钻井技术成为制约该地区油气勘探开发的关键瓶颈技术。

三、高效快速钻井工具

地层坚硬可钻性差，机械钻速低，钻井周期长。元坝地区上部陆相地层、西北地区麦盖提等，地层硬度多为2000～5000MPa，可钻性级值为6～10级，有些地层的平均机械钻速只有约1m/h。二叠系火成岩漏失、志留系泥岩坍塌等，导致岩屑上返困难，蹩跳钻、阻卡等现象严重。塔里木博孜砾石层巨厚（达5500m），砾石含量高、粒径大（10～80mm，最大340mm），岩石抗压强度高（目的层180～240MPa）、研磨性强（石英含量40%～60%），致使常规PDC钻头进尺少、寿命短，牙轮钻头机械钻速低、蹩跳钻严重。

四、井筒安全钻井装备

自主研发的深井超深井井筒安全钻井装备功能相对单一，自动化水平不高，装备性能参数及配套工艺技术与国际同类产品存在一定差距，尚不能完全满足深井超深井井筒安全钻井需求。装备和相关配套工艺的适用性还需进一步深入研究，针对各种复杂地区钻井日益增多，比如库车山前构造钻井、涌漏同存的窄密度窗口钻井等，需要深入研究不同的井筒安全控制钻井装备及其配套工艺措施，适应不同地质条件开发的需要。国外服务公司一直对其深井超深井井筒安全钻井新技术产品的核心技术保密，国内产品虽起步迅速，但尚未形成深井超深井井筒安全钻井施工工艺技术和标准。

五、深井钻井液技术

深井超深井钻井液技术瓶颈问题，主要表现在以下方面：（1）深井超深井高温高压盐膏层安全钻进问题：国内的水基抗盐抗钙处理剂无法满足现场的作业要求，在180℃高温下无法满足抗钙抗盐的需求，急需一种新的高效抗高温抗高盐钙水基处理剂来提高水基钻井液性能，满足现场的深井盐膏层钻井需求。（2）高温高密度油基钻井液流变性差的问题：针对塔里木、渤海湾、委内瑞拉等重点地区复杂深井存在的钻井液技术难题，开发抗高温油基钻井液关键处理剂，解决高温高密度油基钻井液流变性差等难题；通过对防漏堵漏材料的研发及相应工艺的研究，形成高温高密度油基钻井液配套技术，实现高温高密度油基钻井液规模化应用。（3）高温高密度气制油合成基钻井液的抗温问题：通过气制油提切剂、降滤失剂以及乳化剂等关键处理剂研制，满足高温深井、盐层盐膏层钻井需求，形成抗高温气制油合成基钻井液技术，解决高温低密度条件下的气制油钻井液流变性、乳化稳定性及携岩等难题。（4）油基钻井液堵漏技术薄弱的问题：我国的油基钻井液相应的堵漏技术研究基本还处于室内研究阶段，适合油基钻井液用的防漏堵漏材料较为缺乏；通过技术攻关，研制出能有效解决高温高密度油基钻井液漏失问题的高效防漏堵漏剂，确实解决油基钻井液严重漏失、堵漏效果差和重复堵漏问题。

六、深井高温高压固井技术

高温高压、酸性气藏条件下固井技术以及固井防漏堵漏不能满足深井、超深井的要求，主要问题表现在以下方面：（1）提高深井超深井固井质量问题：通过开展深井超深井固井抗高温水泥浆及隔离液体系、复杂地质条件下深井超深井固井工艺及技术配套研究，针对井筒完整性开展评价与控制技术研究等，解决深井超深井固井技术难题，为深层油气勘探开发提供工程技术保障。（2）抗高温水泥浆及隔离液体系完善配套及指标提升的问题：完善高温大温差水泥浆体系、高温韧性水泥浆、超高密度（密度大于 2.70g/cm^3）及超低密度水泥浆体系（密度小于 1.30g/cm^3），同时开展高性能系列化水泥浆体系研究，开发高温条件下不降解、低温情况下缓凝作用低、适应范围广的降失水剂及广谱型缓凝剂。（3）解决深井超深井固井工艺及技术配套的问题：针对复杂地层、疑难井固井国内技术配套不够、适应性差，复杂井的固井一次作业成功率、优质率有待提高问题，通过攻关切实保证复杂地质条件下固井施工安全及固井质量。

七、深井随钻测录配套装备

国外随钻地震技术发展迅速，其中斯伦贝谢公司和贝克休斯公司发展最具代表性，其 SeismicVision 和 Seismic Trak 系列产品就是基于该技术发展起来的。国内在随钻地震测量系统方面仍处于研究阶段，随钻地震为地质导向钻井系统增加前探功能，将大幅提高油气藏钻遇率，并降低钻井作业成本与风险，目前只有斯伦贝谢公司提供相关服务。为了打破国外技术垄断，填补国内空白，参与国际竞争，自主研发相关产品显得迫在眉睫。自主研发的随钻测量技术处于起步阶段，在多地质参数随钻测量仪器及装备方面与国外同类产品有较大差距，特别是适用于复杂深井的井下随钻测量仪器与工具，受到传输速度 / 容量和高温 / 高压环境的严峻挑战。深井高温、高压条件将使井下工具的橡胶件、电子元器件失效，特别是在有酸性气体存在的情况下，将加剧失效过程。抗温 180℃以内的井下工具、测试工具基本成熟，但抗更高温度条件的工具、仪器和高抗硫测试工具还需要进口。

八、深层连续管作业技术与装备

连续管技术由于具有快速、安全、低成本等优势，已成为油气开发降本增效的重要工程手段，在中浅层油气开发的应用取得了较好成果，技术逐步成熟。以塔里木为代表的深层油气、以威远为代表的深层页岩气、以姬塬和陇东为代表的深层致密油，使用常规管柱作业存在周期长、安全保障难、费用高等难题，而使用连续管技术则可发挥更大的优势（李雪辉等，2019）。连续管技术还存在几个关键技术难题：缺少适应深层重载、高压和复杂地貌的连续管作业装备；适应深井小排量作业的紧凑型高性能作业工具、适应深层长水平段作业的减阻和井筒清洁工具、适应深层高压的高寿命压裂工具及与之配套的专用装置，缺乏系统配套或主要靠国外配套；适应深层油气开发的连续管作业与增产改造工艺技术、施工技术、风险识别与控制技术，尚处于研究初期，难以适应应用需求。

九、深井一体化设计软件

随着钻井工程施工向复杂地区和深部地层的扩展以及新工艺、新技术的应用，深井、超深井、大位移井等复杂井的工程设计对计算机软件的依赖性越来越强：深井高温高压条件下钻井液密度、流变性受到影响，对钻井水力参数准确设计与计算构成挑战；深层欠平衡钻井的温度场和压力场预测不准确；深井超深井钻井井眼长，地质条件复杂，很难控制井眼轨迹，且受各种因素引起的误差（含测量误差与计算误差）随井深增大；深井经常采用丛式井开发，用户亟需具有平台优选与批量水平井一体化设计功能的软件模块。在“十二五”期间，研发了钻井工程设计集成系统，已经能够有效支持常规井的钻井工程设计，但对深井、超深井、大位移井等复杂井型的设计和分析功能还不完善；需要进一步丰富和扩展钻井工程软件的功能，解决我国缺乏深井、超深井一体化设计软件的难题。

第二节 “十三五”深井超深井钻完井技术进展概况

“十三五”期间，通过持续攻关，新型 8000m 四单根立柱钻机、精细控压钻井技术与装备、抗高温超高密度油基钻井液、深井超深井固井完井技术、深层连续管作业机、高效 PDC 钻头及钻井提速系列工具、高性能膨胀管等多项技术取得突破和新进展（石林等，2019），深井超深井钻井数量快速增长，中国石油深井由“十三五”初期 322 口增加到 2020 年的 1038 口，超深井从 95 口增加到 2020 年的 204 口，钻完井能力迈上新台阶。“十三五”期间我国年钻超深井数量超过 200 口（图 1-2-1），2017 年之后我国超深井钻井数量超过美国，2020 年钻超深井 302 口，五年累计完成 8000m 以上超深井接近 50 口。深井超深井关键装备和工具国产化，现场试验和应用见到良好效果，增强了核心竞争力，深井超深井优快钻完井配套技术不断完善，事故复杂时效不断下降，钻井周期大幅缩短（图 1-2-2），助推超深井井深迈上 8000m，打成、打快、打好了包括五探 1 井、中秋 1 井、克深 21 井、轮探 1、高探 1 井、碱探 1 井、呼探 1 等一批标志性深井，创造了一批纪录，塔里木轮探 1 井垂深 8882m，创亚洲最深井纪录，青海碱探 1 井实测井底温度达

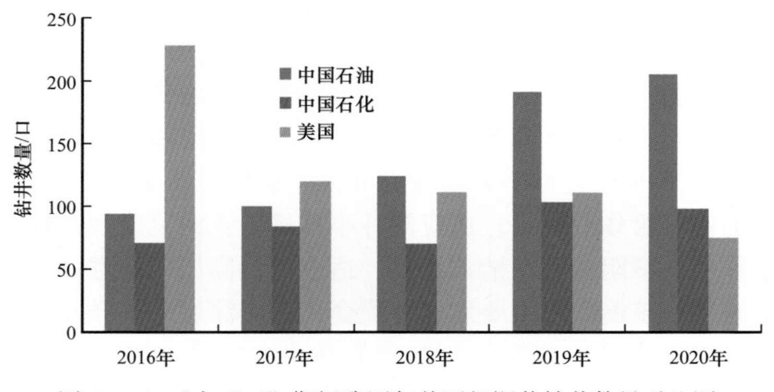

图 1-2-1 “十三五”期间我国与美国超深井钻井数量对比图

到 235℃（井深 6343m）。很好地支撑了塔里木库车山前、四川海相碳酸盐岩、新疆南缘等重点地区深层超深层勘探开发。同时多项超前储备技术取得重要进展。为油气勘探不断突破、开发高质量发展和工程技术业务提质、提速、提产、提效提供了持续的技术支持与工程技术保障。

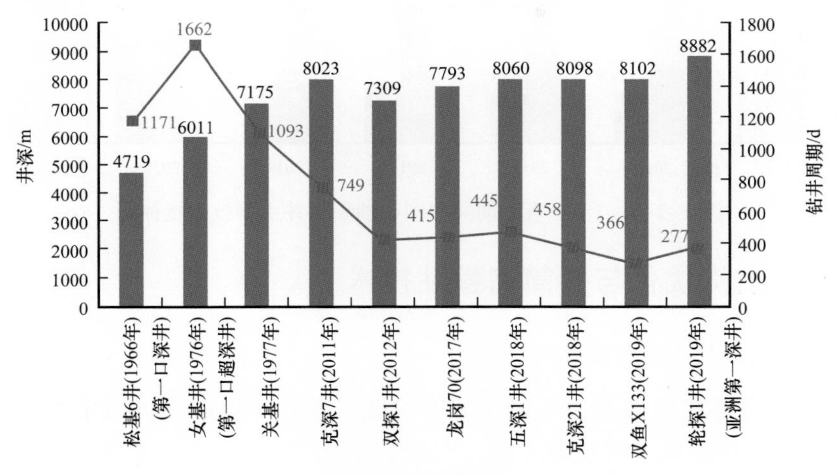

图 1-2-2 中国石油深井超深井主要记录图

“十三五”期间深井超深井钻井能力持续提高，中国石油 4500m 以上深井（平均井深 5475m 左右），事故复杂时效不断下降，平均钻井周期逐年缩短，较“十二五”缩短近 20d（图 1-2-3）；中国石油 6000m 以上超深井（平均井深达到 6798m），平均钻井周期 180d 左右，机械钻速逐年提高（图 1-2-4）。强力支撑塔里木、川渝、新疆南缘等重点地区超深层油气勘探突破和主营业务增储上产。其中，塔里木油田平均年钻 4500m 以上深井 172 口，占中国石油 31%；平均年钻 6000m 以上超深井 109 口，占中国石油 79%，库车山前平均井深逐步增加，钻井周期大幅度缩短；西南油气田深井比例逐年提高，4500m 以上深井占油田年总井数的 80% 左右。深井超深井钻井已成为塔里木和西南油气田主体。

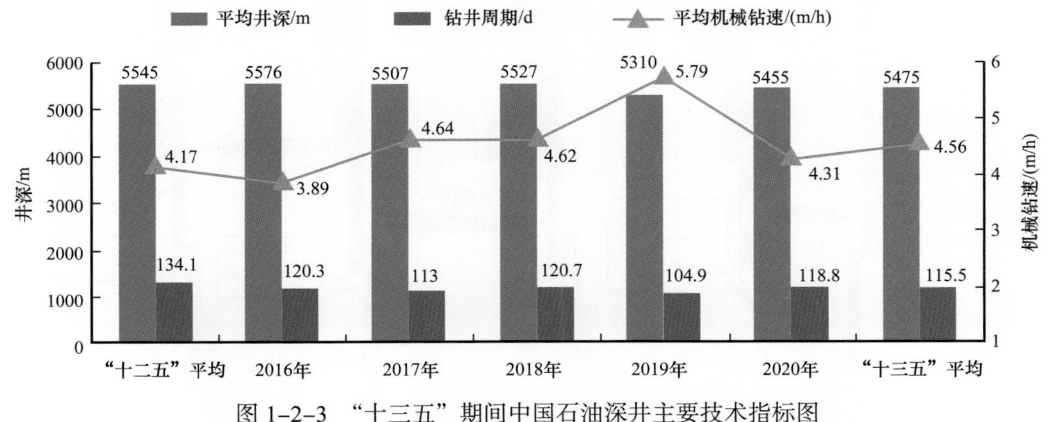

图 1-2-3 “十三五”期间中国石油深井主要技术指标图

图 1-2-4 “十三五”期间中国石油超深井主要技术指标图

一、井身结构优化与井筒完整性技术

1. 井身结构设计和动态调整技术

针对钻井地质环境因素存在不确定性的问题，建立了地层压力可信度表征、钻井工程风险类型识别和风险概率评估等方法，构建了井身结构合理性评价和动态设计准则，形成基于地质环境因素不确定和工程风险评价的井身结构设计和动态调整技术。特别是针对塔里木库车山前复杂地质环境，在同一裸眼井段往往钻遇多套压力系统和复杂地层，常规 ϕ508mm×ϕ339.7mm×ϕ244.5mm×ϕ177.8mm×ϕ127mm（20in×$13^3/_8$in×$9^5/_8$in×7in×5in）结构难以满足7000m以上超深井勘探开发的需要，为此创新提出了苛刻井井身结构优化设计方法，形成并规模推广“塔标Ⅱ系列”井身结构（见图1-2-5），解决了巨厚复合盐层、多套压力系统条件下的井身结构设计难题，形成适合塔里木库车山前的复杂超深苛刻井井身结构优化设计技术，满足更深更复杂条件下钻井安全和提产增效需求。

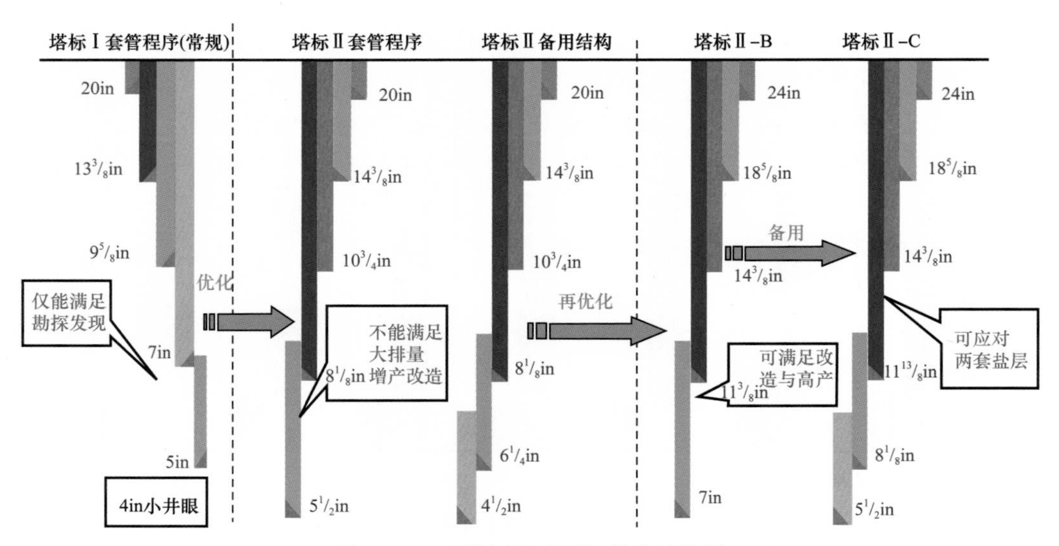

图 1-2-5 “塔标Ⅱ系列”井身结构图

2. 油套管完整性技术

选择超级13Cr为油管和目的层套管主体材质，解决了高温、高CO_2分压（>1MPa）的腐蚀问题。进行工况+部件全覆盖的三轴力学校核，优化管柱配置及参数。配套套管防磨措施，最大限度减少套管磨损。认识到抗压缩效率100%是保证密封的关键，优选了TSH563油管和BGT2C套管，提高了高温条件下气密封能力。

3. 盐底中完多种卡层技术

库车山前古近系盐底中完卡层新思路不断拓展，形成了多种卡层技术，主要采用地层对比、元素录井、盐底标志组合、微钻时变化等技术措施，进行综合分析卡盐底。遇不能准确判断盐底的情况，采用小钻头钻进。基本解决了库车山前盐底中完卡层不准的问题。创新应用X射线荧光元素分析技术（XRF）形成盐膏层精细卡层技术，盐顶、盐底最大埋深分别为7371.0m和7947.5m，盐层卡层成功率由13.3%升至100%，保障了盐层钻井安全作业。

二、安全高效钻井集成技术

1. 深井盐膏层与高压盐水层钻井工艺

通过深入分析盐内特殊岩层岩性特征、成因及分布，以及盐膏层在不同条件下蠕变规律、蠕变机理，优化盐膏层地质卡层技术，研发和推广应用盐膏层钻井相适应的钻井液体系，确定合理的钻井液密度。针对最厚5600m的超深复合盐膏层，首次揭示最大压力系数达到2.59的超高压盐水侵入机理，形成以放水降压、控压钻井为主体的超高压盐水层安全控制工艺。形成了高压盐水层钻井工艺技术和盐膏层安全钻井工艺技术，实现盐膏层及高压盐水层安全快速高效钻井。

2. 超深缝洞型海相碳酸盐岩油气藏高效钻井工艺

针对碳酸盐岩储层埋藏深（普遍大于6800m）、钻井周期长、“串珠”中靶精度要求高、产量衰减快等瓶颈，建立覆盖“钻井、试油、改造、生产”全生命周期关键工况的深井套管设计与强度校核方法，自主研制新型ϕ200.03mm套管与C110系列防H_2S腐蚀套管，非常规井身结构应用比例由17.2%提升至82.8%。形成长裸眼段提速模板，在哈德—热普—新垦地区7000m以上直井应用，钻井周期缩短38.2%，成本节约37.8%。根据小型缝洞体成层展布特征，集成应用精细控压钻井、井眼轨迹优化设计、“四节点”随钻伽马导向、水力振荡器等技术，形成连接多个缝洞体的超深大延伸水平井钻井工艺，在塔中地区完成7000m以上水平井应用比例由31.6%提高至97.7%，平均井深增加897m，钻井周期缩短12.1%，保障超深层碳酸盐岩油气藏经济高效开发。

3. 复杂盐下砂岩气藏高效钻井工艺

提出基于重磁电法进行成岩性分析的巨厚砾石层提速方法，研制非平面齿PDC钻头等新型钻头，博孜地区6000m巨厚砾石层钻井工期由458d缩短至231d，单井节约钻井成本近亿元。形成盐下强研磨目的层提速模板，目的层钻井工期由52d缩短至27d。在前陆冲断带完成7000m以上超深井43口，钻井周期缩短50.1%，事故复杂时效下降68.6%，钻井成本降低63.7%，7695m超深井260d完钻。攻克强研磨极硬地层提速世界级难题，创新形成超深复杂盐下砂岩气藏综合提速技术，支撑克深9等新区高效勘探与开发。

三、钻井液技术

1. 高温高密度高抗盐油基钻井液技术

揭示了超高密度油基钻井液盐水污染流变性突变规律，发明了乳化剂等处理剂，首次形成同时满足抗45%盐水污染、抗温200℃，实钻密度2.58g/cm^3、压井密度2.85g/cm^{3}的油基钻井液，突破了高温高压盐水污染引起钻井液失效的重大技术难题。高温高密度高抗盐水侵油基钻井液体系在克深1101和克深21等井成功应用，成本同比降低30%。其中，克深1101井共侵入1129.98m^{3}高压盐水，油水比最低达到12∶88；克深21井创库车山前钻井液密度最高（2.58g/cm^3）、温度最高（185℃）等纪录，通过15次控压排出高压盐水污染油基钻井液达1700m^3，钻井液密度从2.53g/cm^{3}降至2.46g/cm^{3}后成功恢复钻进，电测、下套管和固井作业时间长达42d，电测一次成功，下套管顺利。

2. 高性能水基钻井液技术

探索了水基钻井液在高温高压环境下的性能变化规律，研发了抗高温降滤失剂、高效分散剂、润滑剂、防塌剂等核心处理剂，形成以超高温水基、超高密度水基、高温高密度水基、胺基、有机盐钻井液为代表的高性能水基钻井液技术系列，在塔里木、松辽、西北、西南以及海外等区块推广应用500余口井，有效解决处理剂高温降解失效、钻井液性能难稳定、高密度钻井液流变与沉降稳定性调控困难等技术难题。

3. 堵漏技术及堵漏处理剂

发明了随钻防漏、“一袋化”堵漏、复合凝胶、交联成膜、高滤失固结、化学固结等堵漏核心处理剂，形成了交联成膜堵漏技术、高滤失固结堵漏技术和化学固结堵漏技术。其中，交联成膜堵漏技术，抗温180℃、承压＞20MPa、抗返排能力＞4MPa，可解决裂隙性漏失层堵漏和薄弱地层承压难题；高滤失固结堵漏技术，封堵时间＜30s、承压强度＞10MPa、体积膨胀30%～40%，可解决漏失尺寸不明确的渗滤性漏失和毫米级裂缝堵漏难题；化学固结堵漏技术，抗温达180℃、强度可达20MPa、膨胀率1%左右，可解决大裂缝、溶洞漏失层难滞留、地层骨架强度低的难题。在塔里木、西南、西北、青海、冀东等地区成功应用，应用井最高钻井液密度2.46g/cm^3、抗温200℃，提高承压能力10MPa以上，有效解决了孔隙及10mm以下裂缝的漏失难题，堵漏时间大幅减少，有效地降低了深井超深井事故复杂时率，缩短了钻井周期。

4. 钻井废弃物与压裂返排液处理回收利用技术

研发了固控环保一体化、含油钻屑锤磨式处理、返排液高价粒子选择性去除等核心技术，处理能力与应用规模持续提升。2018 年应用 7300 余口井，减少占地 7.27km^2（10900 亩），减少废弃物排放 438×10^4t；处理含油钻屑 58157t，回收油基钻井液 9400m^3；压裂返排液回用 150×10^4m^3。

四、固井技术

1. 抗高温水泥浆体系

攻克抗高温、浆体稳定性差、强度衰退等难题，研发了新型聚合物型抗高温降失水剂和高温缓凝剂。高温降失水剂温度适应性好，从中温至 240℃高温，均具有良好的控制失水能力；高温缓凝剂具有温度适用范围广、较好的分散性能、良好的缓凝效果等特点，在 240℃高温下水泥浆稠化时间可达 300min 以上，24h 水泥石抗压强度达到 21MPa 以上，保证了塔里木库车山前、川渝地区、华北杨税务等地区高温高压深井固井质量，其中，克深 21 井胶结测井合格率 100%，为深层油气勘探开发提供了工程技术保障。

2. 高温大温差固井技术

攻克缓凝剂适用温差范围窄、超缓凝的技术难题，发明适用高温温差大于 100℃的缓凝剂。突破降失水剂抗温抗盐能力差的技术瓶颈，开发了 2 种抗 200℃高温降失水剂。形成 3 套适用于不同温度段（50～120℃、80～180℃、90～190℃）的大温差水泥浆体系及配套技术，开发了抗温达 180℃、沉降稳定性小于 0.03g/cm^3 的高效隔离液体系。在塔里木、西南等油气田规模应用，固井合格率 100%。水泥浆抗温能力由 150℃提高到 200℃、适用温差由 40℃提高到 100℃以上。具备 8000m 以上高温深井固井和 7000m 一次上返固井的作业能力。在塔里木油田哈 10-7 井，创造一次封固段 6657m 及温差 125℃的世界纪录。

3. 韧性水泥及固井密封性控制技术

开发了高强度韧性水泥，形成了固井密封完整性控制技术。川渝高石梯—磨溪地区 ϕ177.8mm 尾管钻完井期间环空带压率由 38.2% 降至零；新建储气库井 6 轮注采后井口无异常带压，强力支撑高压气井安全高效开发和储气库安全注采运行。

4. 超深井高温高压固井技术

针对深井超深井气层压力和温度高、气层活跃，安全密度窗口窄，压稳与防漏矛盾突出的问题，系统开展研究，形成了超高温环境下水泥环强度衰退抑制技术；研制了密度最高达 3.0g/cm^3 的超高密度和 0.8g/cm^3 的超低密度水泥浆体系，有效解决超深复杂地层的压稳和防漏难题。

5. 低密度长封固段固井技术

针对分级固井井筒安全性存在隐患、正注反打固井难以保证固井质量的难题，研发了与“塔标Ⅲ”井身结构配套的低密度长封固段固井技术，实现最大 6500m 长裸眼一次性全井封固，显著提升了井筒完整性，确保了油气井全生命周期安全生产。

6. 磷酸盐水泥技术

通过酸碱反应合成磷酸盐水泥，该水泥水化反应生成 $NaCaPO_4 \cdot xH_2O$ 和 $Al_2O_3 \cdot yH_2O$ 水化产物，在高温高压下转变为羟基磷灰石和 γ- 勃母石，上述产物均不会被 CO_2 腐蚀，填补国内空白。吐哈油田英试 X 井火烧温度高达 600℃以上，且井底存在 H_2S 酸性气体腐蚀的可能，在该井采用磷酸盐水泥体系固井，现场施工安全顺利，测井结果显示优质段比例为 93.8%。

五、提效提产完井技术

1. 高温高压井测试与酸性气层测试技术及工具

突破了井下环境自适应阻抗匹配技术，研发出井下无线传输装置，实现了井下远距离无线传输，实时采集测试阀以下的温度和压力数据。研制了适合酸性气层的测试阀、封隔器、安全解脱装置、230℃压力计和选层器等系列酸性气层测试工具。形成了 200℃套管井 APR 测试管柱、210℃ MFE 选层锚测试管柱和 230℃裸眼井测试管柱等 7 种酸性气层测试工艺，在塔里木、华北、吉林、冀东等油田进行了多井次的地层测试，测试一次成功率 98.3%，解决了深井及酸性气层测试技术难题。库车山前测试工艺成功率达 100%，支撑了克拉苏构造带万亿立方米气田群的勘探持续突破，保障了超 7000m 测试“下得去、坐得住、起得出、测得准”。研制出集除砂除屑、精确控压、精准计量于一体的试油测试成套装备，核心部件国产化率 100%，具备 8000m 含硫天然气井测试能力，在塔里木、川渝等地区成功应用。

2. 高温高压射孔技术

针对超深小井眼射孔卡钻问题，研制井下振动测试器并实测发现引发卡钻的主控因素。研发的射孔爆轰模拟软件实现了施工前管柱及施工参数的优化。优选高强度低合金钢材料，采用氟橡胶密封件，设计 H 型密封结构，实现了高温高压射孔器材 100% 国产化，应用 105 井次，成功率 100%。

六、超深井钻机

1. 国内首台 8000m 四单根立柱钻机

突破小钻具四单根立柱的移运及靠放技术，形成小钻具四单根立柱的移运及靠放解决方案和四单根立柱钻机管柱自动化处理方案，实现二层台、管柱堆场无人值守。钻机配备全套四单根一立柱管柱自动化系统、大功率直驱绞车、新型倾斜立柱式双升底座等新型设备，实现了大、小钻具四单根立柱自动化作业，双司钻安全、高效操控，可适用于戈壁、山地、平原及海洋等多地形地区进行钻井作业。

2. 7000m 自动化钻机核心技术

定型自动井架工、铁钻工等 11 项自动化设备，形成“悬持式”和“推扶式”2 套钻机管柱自动化处理系统，实现管柱上钻台自动化输送、自动化上卸扣、立柱自动化排放等自动化作业，大幅降低劳动强度。攻克高压共轨电控电喷技术难题，成功研发 12V175 柴油发电机组，在塔里木等地区应用，已成为超深井钻机动力标配。

七、钻井提速工具

1. 高效 PDC 钻头

针对砾岩 / 砂砾岩、火山岩地层等难钻地层提速难题，突破深度脱钻工艺、金刚石粉料处理与封装工艺，断裂韧性提高 40%，脱钻深度提高 40%，研制并定型 9 类 22 种型号非平面齿 PDC 钻头，在塔里木、大庆、川渝等油田难钻地层应用 100 余井次，机械钻速同比提高 20%～250%，单只钻头进尺提高 30%～518%。开发了提高地层吃入能力的异形齿 PDC 钻头、提高地质录井地层岩性识别的微心 PDC 钻头、改变破岩方式不增加布齿密度的耐磨混合钻头、兼具 PDC 齿切削作用和牙轮齿的冲击作用的 PDC—牙轮复合钻头、适于强研磨性硬地层的孕镶金刚石钻头，产品覆盖 ϕ88.9mm～ϕ914.4mm 等各种井眼尺寸。

2. 新型长寿命抗高温大扭矩螺杆

螺杆钻具由等壁厚向等应力发展，依据应力幅值调整橡胶壁厚，应力幅值降低 30% 以上，提高效率，增大输出扭矩，螺杆扭矩功率较常规产品提升 30%，机械效率提升 20%，橡胶耐介质性能提升 70%，在油基钻井液中平均使用 193h。

3. 液动旋冲工具等辅助破岩工具

通过在钻头施加高频动态轴向冲击力提高破岩能量，已形成 4 个规格型号的系列产品，成为深层提速关键利器，在大庆、吉林、塔东、塔河、川渝、准南、中东等地区现场推广应用 550 余只；可调频率脉冲提速工具使用寿命超 200h、提速 30% 以上；射流式冲击器在硬地层机械钻速提高 30% 以上。

八、安全钻井技术与装备

1. 精细控压钻井技术与系列装备

针对窄密度窗口“溢漏共存”、高压盐水侵等复杂地层钻井难题，研制了系列精细控压钻井装备，有效解决了窄密度窗口导致的井下“涌漏”等难题，压力控制精度 0.2MPa。发明控压钻井工况模拟装置及系统评价方法，创建压力、流量双目标融合欠平衡精细控压钻井方法，可同时解决发现与保护储层、提速提效及防止窄密度窗口井筒复杂的世界难题。深部缝洞型碳酸盐岩水平井水平段延长210%。形成窄密度窗口精细控压钻井技术、缝洞型碳酸盐岩水平井精细控压钻井技术、低渗特低渗欠平衡精细控压钻井技术、高压盐水层精细控压钻井技术、海洋平台用精细控压钻井技术等特色技术。其中，“蹭头皮”裂缝溶洞型碳酸盐岩水平井精细控压钻井技术，避免了压力波动压漏储层，集成工程地质一体化技术，精细雕刻油藏形态，采取30～50m“蹭头皮”策略，水平穿越大型缝洞储集体；适时进行随钻动态监测，及时调整井眼轨迹，避免直接进洞，始终保持“蹭头皮”作业；待完井时进行大型酸化压裂，有效沟通油气通道。在国内外15个油气田现场应用300余口井，有效解决了“溢漏同存”等钻井难题。在塔里木碳酸盐岩地层TZ721-8H井上创造最长水平段1561m、日进尺150m纪录。在印尼JABANG区块Basement基岩层采用欠平衡精细控压钻井技术，油气发现取得重大突破。在克深9-2井、克深21井（井底190MPa/170℃，安全密度窗口＜0.01g/cm^3）实现实时流量监控和压力控制，有效解决了高压盐水层安全钻井难题。在新疆南缘高探1井成功应用，有效解决了复杂压力窄密度窗口钻井难题，保障了钻井安全高效。在中国海油海洋平台上应用，解决了窄密度窗口溢漏复杂问题。

2. 膨胀管封堵技术

通过高强度和高延伸性能材料研发，研制出膨胀管强度可达P110级套管及抗硫化氢膨胀管，延伸率由原来的27%提高到35%，形成了适用于深井复杂地层的膨胀管钻井封堵系统及配套完井技术，突破国内深层侧钻井无法下入技术套管进行二开次钻井的技术瓶颈，在塔河油田应用创造了连续管连续膨胀长度527m、入井深度6065m的纪录，在西南油气田创造了国内应用管径最大（$8^5/_8$in、泸209井）、单次作业长度最长（756m、宁209H33-2井）和应用钻井液密度（2.05g/cm^3、泸209井）最高三项新纪录。

九、连续管作业技术与装备

1. 连续管作业成套装备

形成3类8种结构作业设备，适用管径9.5～88.9mm（3/8～$3^1/_2$in），达到国际先进水平，其中，研制出国内最大的8000m连续管作业装备，最大能力达到管径50.8mm、作业深度8000m（2in），注入头最大提升力达450kN。已实现规模应用，作业效率较常规提高3～4倍，作业成本降低40%以上。

2. 连续管作业井下工具

形成4个系列24类92种作业工具，满足了各种连续管井下作业需求，同比价格降低1/3以上。开发了8类62种连续管作业工艺，包括简单工艺升级、打捞、切割、处理滑套等复杂修井，连续管悬挂、下入或起出等完井管柱、射孔与压裂酸化等储层改造、测井测试等作业，年作业量超过1200井次。在大庆、长庆、新疆、青海等油气田推广70余台套，应用超过13200井次，推动了井下作业方式的转变。连续管技术已由“特种作业”变为常规作业。

3. 国内首套超深井连续管作业装备 LG680/50T-8000

注入头最大提升力 680kN，滚筒容量 ϕ50.8mm-8000m（2in-8000m），作业能力达到中国最大，为塔里木油田 8000m 以内超深井作业提供了技术手段。已在新疆油田 G2180 井开展冲砂、通刮井、套管试压、老井加深进尺 183m 等现场试验。

十、随钻测井技术与装备

1. 井下安全监控系统

形成 ϕ149.2mm～ϕ168.3mm 井眼用小尺寸工具井下安全监控系统，耐温 175℃、耐压 150MPa，测传及评价关键参数包括：钻压、转速、扭矩、弯矩、振动、井斜、方位、钻柱内压、环空压力等 9 参数。在塔里木、青海等油田应用，最大下深 5249m，最长工作时间 223h，有效监测了井漏、溢流、涡动等异常与复杂，优化了钻井参数，提高了机械钻速，保障了钻井安全。

2. 非化学源随钻中子孔隙度测量系统

创新突破了基于可控中子发生器源随地层孔隙度测量的理论建模和测量方法，突破了中子产额动态监测、热中子高灵敏探测和孔隙度换算高速处理等关键技术，形成随钻多参数测量仪器模块化集成设计方法，研发出与孔隙度参数融合的多参数综合测量仪器，实现在钻井过程中获取地层孔隙度参数，与其他随钻测量参数一起用于实时地层评价，尤其适用于碳酸盐岩地层的地质导向和随钻地层评价。

十一、钻井工程软件

1. 钻井工程数据库

创新设计组合插件式平台架构体系，开发了国内最完善的一体化钻井工程数据库，将钻井工程设计和钻井作业施工数据集成到统一平台，解决了钻井工程数据表征不统一、已有数据库相互独立不兼容和数据重复录入等难题。

2. 超深井钻井设计和工艺软件系统

建立高温高压深井摩阻压降计算等新模型，研发了超深井钻井设计和工艺软件系统，满足复杂地质与工况下深井钻井设计与分析需求，实现设计、施工一体化，钻井风险预警与决策实时化，提升了深井钻井设计与施工科学性，降低了超深井钻井作业风险。

3. 钻井工程一体化软件平台

突破了自动化持续集成、多数据库支持等技术难题，升级了一体化软件平台，开发了地质工程一体化三维可视化模块，完善了钻井工程设计集成系统，研发了井下复杂工况早期识别预警与远程专家决策支持系统，形成了钻井工程一体化软件，实现了钻井工程设计与分析、“卡钻、井漏、溢流”等钻井风险早期预警等功能，在长城钻探、辽河油田、大港油田等应用数千井次。

4. 司钻导航仪系统

利用井场录井仪或钻参仪实时数据，通过模型分析井下地层变化、振动情况等，优化工艺参数，实时以电子表盘形式显示最优钻压、转速、排量等。在四川、玉门、大庆等油田试验应用上百井次，同比机械钻速提高 16%～46.8%。

第二章 新型 8000m 超深井四单根立柱钻机

随着油气资源的勘探开发不断向深部地层发展，我国深井超深井钻井存在着起下钻时间长、钻机自动化程度低、钻井效率不高、工人劳动强度大等问题（张鹏飞等，2015；徐晓鹏等，2018；李亚辉等，2019）。针对上述突出问题，持续攻关研制了基于传统操作工艺的新型 8000m 超深井四单根立柱钻机，攻克颠覆传统操作工艺的连续运动钻井技术难点，并研制了关键装备，形成了能适应深部地层开发、高速高效运行的新型钻机技术体系，提升了我国钻井装备创新研制能力和自动化程度，提高了超深井钻井速度和效率，降低了劳动强度和钻井成本，为深井超深井的勘探开发提供了装备支撑，现场应用效果较好。

第一节 新型 8000m 超深井四单根立柱钻机关键设备

针对深井超深井钻井存在的起下钻趟数多、上卸扣停顿次数多、起下钻时间长、钻机自动化程度低等问题（童征等，2011；杨元东等，2012；颜岁娜等，2016；左卫东等，2018）。“十二五”期间，研制了 9000m 四单根立柱钻机，实现了大尺寸规格钻具四单根立柱钻井施工，在此基础上持续攻关，“十三五”期间，攻克了小尺寸规格钻具四单根立柱自动化钻井施工技术，研制了新型 8000m 四单根立柱钻机，形成了全尺寸规格钻具四单根立柱自动化钻井施工技术。通过超深井四单根立柱自动化现场施工证明，起下钻时间减少 20% 以上，提高了钻井效率，降低了劳动强度，减少了钻井成本。

一、总体技术方案

国际首台新型 8000m 超深井四单根立柱钻机是国内自行研制的具有自主知识产权的新型超深井四单根立柱钻机。设计时遵循了以下原则：

（1）采用已验证的创新技术，使研制的系统整机性能和制造质量达到国际先进水平，实现井场“省人、省心、省力、省时、省钱”要求。

（2）电气液控制系统集成。

（3）注重系统总体技术方案和集成创新技术研究，统一标准。

（4）遵循标准化设计原则，天车、游车、大钩、转盘、井架、底座、绞车、钻井泵、电气等主要部件符合 API 及其他相关规范。

（5）关键技术采用自主攻关，并充分发挥和利用社会及石油系统内优势资源，展示我国石油装备研制的综合实力。

（6）充分考虑钻机各种环境适应能力及石油钻机安装、吊运、操作、维护等各种要求，努力做到人性化设计。

（7）系统设计中积极贯彻 HSE 相关要求，高空设备紧固件具备可靠的防松措施，通过采取安全互锁、断电断液保护、报警以及防爆等措施，消除危害人身、设备安全的各种不安全因素，同时充分考虑到环保方面要求，做到无毒、无害和无辐射。

（8）系统具有良好的可靠性和较强的容错能力。关键设备设计时考虑应急操作功能，在设备故障时可维持常规管柱处理作业。

钻机采用 5 台柴油发电机组作为主动力，发出的 600V/50Hz 交流电经变频单元（VFD）分别驱动带绞车、转盘和钻井泵的交流变频电动机。绞车由 2 台 1500kW 的交流变频电动机直接驱动单滚筒，制动系统采用液压盘式刹车加电动机能耗制动方式。转盘由 1 台 800kW 的交流变频电动机经一挡齿轮箱驱动。3 台 F-1600HL 钻井泵各由 2 台 600kW 交流变频直驱电动机驱动，1 台 QDP-3000 五缸钻井泵由两台 1200kW 交流变频电动机通过齿轮减速箱并车后驱动钻井泵的曲轴一端。一体化电控系统采用交流变频调速装置，电传动系统采用“公共直流母线”方式，驱动和控制绞车、转盘、钻井泵主电动机，实现无级调速。转盘独立驱动，钻井泵具有速度控制，充分满足钻井工艺的传动要求。

采用前开口井架，双升式底座，均利用绞车动力完成起升。钻台设备均可随上层底座整体起升，绞车高位安装。

钻机配全套管柱处理系统及双司钻控制房，实现管柱从堆场到井口的自动化处理。管柱处理系统包括四单根二层台排管装置、三单根二层台排管装置、动力猫道、缓冲机械手、钻台机械手、气动卡瓦、铁钻工、防喷钻井液盒、液压吊卡、气动指梁等。司钻控制房采用人性化设计，集电、液、气控制，显示与监视，通信及人机界面一体化等技术于一体，司钻坐在控制房可对钻机实现全面监控。

钻机布置分五个区域：钻台区、泵房区、动力区、钻井液循环及水罐区、油罐区。

（1）钻台区：包含天车、游车、转盘、顶驱、绞车、井架、底座、井口机械化工具、集成液压站、集成司钻控制系统、管柱自动化处理系统等。

司钻偏房：钻台左右侧各配一个司钻偏房。

钻台上布置的工具配置为：YM16 左、右液压猫头各一台，拉力为 160kN；钻台左侧前方布置 8t 液压绞车一台；钻台右侧前方布置 5t 液压绞车一台；钻台右后侧布置 150kg 载人绞车一台。

钻台区布置的管柱自动化处理系统配置为：动力猫道、液压排管架、缓冲机械手、钻台机械手、铁钻工、气动卡瓦、鼠洞动力卡瓦、防喷钻井液盒、四单根台二层台排管装置、三单根台二层台排管装置、液压吊卡等。

集成液压站布置安装在左侧偏房内，为管柱自动化处理系统、井口机械化工具、BOP 吊移装置、缓冲装置提供动力。

（2）泵房区：布置有 1 台 QDP-3000 泵组，3 台 F-1600HL 泵组（1 台备用），70MPa 钻井液管汇，灌注系统等。

（3）动力区：平行布置主柴油发电机房、辅发气源房，气源净化装置主要设备安装在辅发气源房内（其余气源辅助装置安装在主发电机房内），2 栋 VFD 房（含 MCC）并排摆放。

（4）钻井液循环及水罐区：包括钻井液循环罐、钻井液净化设备及水罐等。

（5）油罐区：包括各种油罐、泵及管线。

各区域之间油、气、水、电等连接管线全部铺设在管线槽内，上钻台管线槽采用折叠式。钻台内管线排布整齐，便于维修更换。电缆槽的通讯电缆与油、气、水、电管线间需用隔板隔开。

钻机立面图如图 2–1–1 所示，平面图如图 2–1–2 所示。

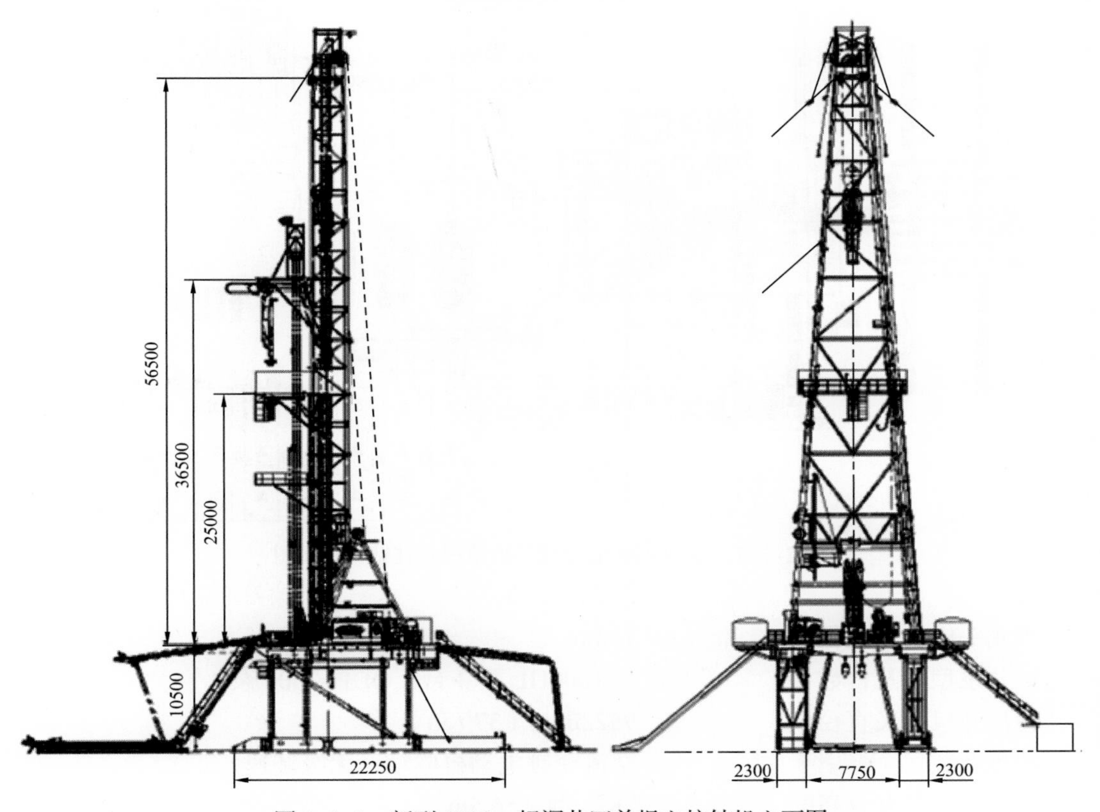

图 2–1–1　新型 8000m 超深井四单根立柱钻机立面图

二、总体技术参数

名义钻深（ϕ127mm 钻杆）	8000m
最大钩载	5850kN
最大钻柱重量	2700kN
绞车输入功率	3000kW
绞车挡数	1+1R 交流变频驱动，无级调速
提升系统绳系	7×8
钻井钢丝绳直径	38mm
提升系统滑轮外径	1524mm

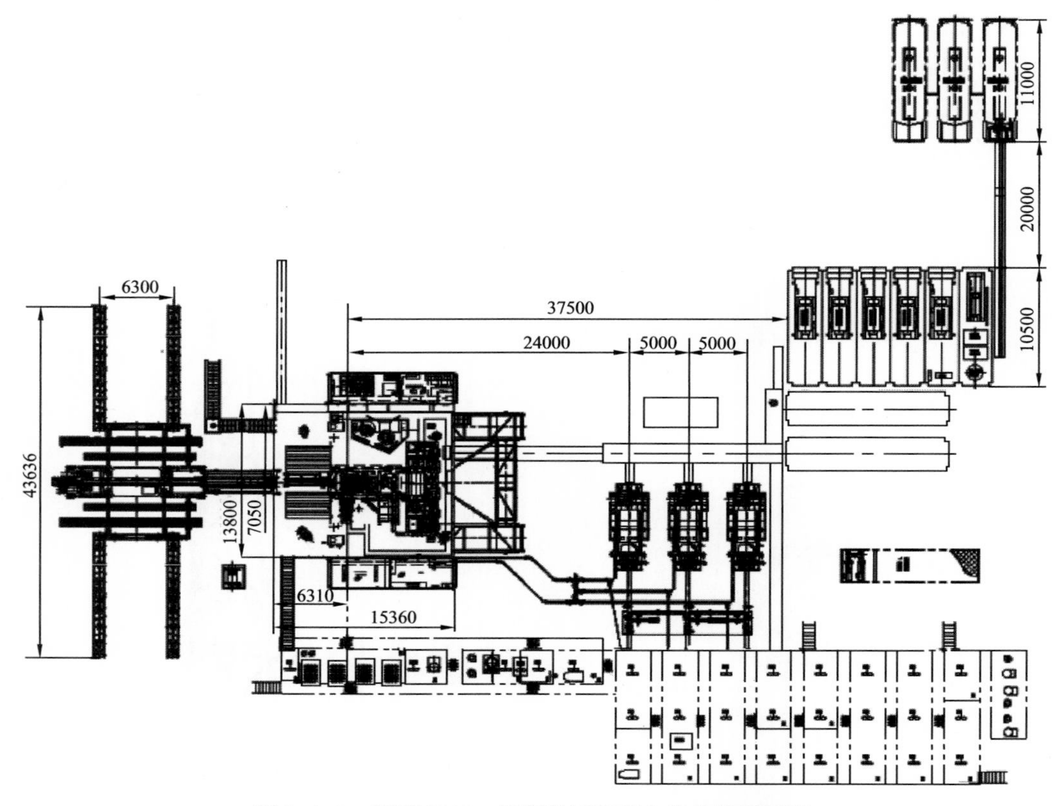

图 2-1-2　新型 8000m 超深井四单根立柱钻机平面图

水龙头中心管通径　75mm

钻井泵型号及台数　F-1600HL 泵 3 台，QDP-3000 泵 1 台

转盘开口名义直径　952.5mm（$37^{1}/_{2}$in）

转盘挡数　交流变频电动机驱动，无级调速

井架型式及有效高度　“K” 型，56.5m

底座型式　双升式

钻台高度　10.5m

转盘梁底面高度　9m

组合液压站功率　2×55kW

动力传动方式　AC-DC-AC 全数字变频

主发电机组台数 × 输出功率　5×1200kW

辅助发电机组台数 × 功率　1×480kW

交流变频电动机台数 × 功率　2×1200kW（绞车、连续），6×600kW（钻井泵、连续），2×1200kW（钻井泵、连续），1×800kW（转盘、连续）

交流变频控制单元（VFD）　公共直流母线结构，AC-DC-AC

输入电压	600V AC
输出电压、频率	0～600V，0～150Hz（可调）
MCC 系统	600V/400V/230V，50Hz（TN-S，三相五线制）
自动送钻系统	主电动机送钻
高压管汇	ϕ102mm×70MPa
储气罐	2×1.5+1×4m³
额定供气压力	1MPa

三、关键设备

1. 井架

JJ585/56-K 井架为前开口“K”型双升式结构，有效高度 56.5m，安装于钻台面上，采用绞车动力起升，是目前我国最高的双升式井架（图 2-1-3）。该井架上安装了四单根二层台和三单根二层台，配有油管台（图 2-1-4）。四单根二层台和三单根二层台上分别配装有复合式机械手和推扶式机械手，使钻机既能满足 5in 及以上直径规格钻杆进行四单根或三单根立柱排放和作业要求，还能对 $4^1/_2$in 及以下小直径四单根钻杆立柱进行悬持排放，解决了小直径四单根钻杆立柱排放失稳问题。井架配有可伸缩液压安装支架用于调整井架起升的初始位置以减小井架起升的钩载（图 2-1-5），可减小井架主体结构及起升系统的用料规格，最终减轻了井架整体重量。

图 2-1-3　直立状态井架

图 2-1-4　多功能四单根二层台

图 2-1-5　液压伸缩支架

基本参数：

最大钩载	5850kN
井架有效高度	56.5m
井架顶部开挡（正面 / 侧面）	2.6m/2.55m
井架底部开挡（正面）	10m
四单根二层台安装高度（至钻台面）	36.4m
三单根二层台安装高度（至钻台面）	25m
四单根二层台悬持架立根容量	台体立根容量：$5^7/_8$in 钻杆，38.8m 立根 220 柱，10in 钻铤 4 柱，8in 钻铤 4 柱； 悬持架悬持钻杆容量 $4^1/_2$in 钻杆，38.8m 立根 52 柱
井架设计风速	操作工况（满钩载、满立根）≤16.5m/s 预期风暴工况（无钩载、无靠放立根）38.6m/s 非预期风暴工况（无钩载、靠满立根）30.7m/s 起放井架工况≤16.5m/s

2. 底座

DZ585/10.5–S_3 底座是钻机的主要部件之一，用以安放、支撑和固定钻机井架、司钻房、绞车、转盘驱动装置及钻井工具等设备，并承受上述设备的自重、放置立根，承受钻具载荷，为钻井作业提供操作的场所以及井口装置的安装空间。

底座设计采用平行四边形机构的运动原理，实现了高台面设备的低位安装。采用新型倾斜立柱式双升结构底座，实现了井架的低位安装，增强了钻机的整体稳定性和作业的安全性。用绞车动力，利用游吊系统通过多绳系使底座从低位整体起升到工作位置。底座台面高、空间大，满足了钻机对井口安装防喷器高度的要求，并可使钻井液回流管有足够的回流高度。

基本参数：

钻台高度	10.5m
转盘梁底面高度	9m
最大额定静钩载	5850kN
最大转盘载荷	5850kN
额定立根载荷	3600kN
额定静钩载与额定立根载荷的最大组合	9450kN
最大转盘载荷与额定立根载荷的最大组合	9450kN

3. JC80DB 绞车

JC80DB 直驱绞车是由 2 台功率 1500kW 交流变频电动机直接驱动的单轴绞车，它主要由交流变频电动机、液压盘刹、滚筒轴、绞车底座、气路系统等单元部件组成。绞车主刹车为液压盘式刹车，配双刹车盘。辅助刹车为主电动机能耗制动。绞车的所有部件均安装在一个底座上，构成一个独立的运输单元。

绞车采用 2 台 1500kW 交流变频电动机直接驱动，具备在电动机不过载的情况下可提升最大钩载 5850kN 的能力。交流变频电动机直接驱动滚筒轴，传动效率高、体积小、重量轻，节能省电。无减速机构、无机油润滑系统，减少了维护保养工作量，增加了设备的安全和可靠性。

基本参数：

额定功率	1864kW（2500hp）
最大快绳拉力	553kN
挡位	Ⅰ正Ⅰ倒（无级调速）
适用钢丝绳直径	38mm
开槽滚筒尺寸（直径 × 长度）	770mm×2101mm
刹车盘尺寸（外径 × 厚度）	1800mm×76mm
刹车盘冷却方式	风冷
刹车盘数量	2
外形尺寸（L×W×H）	8229mm×2592mm×2820mm
重量	45622kg

4. ZP375Z 转盘驱动装置

转盘驱动装置由一台 800kW 交流变频电动机，通过万向轴、一挡减速箱、联轴器将动力传给 ZP375Z 转盘，驱动转盘工作。整个转盘驱动装置构成一个独立的安装运输单元，满足橇装运输及整体起吊。转盘驱动装置配备钳盘式惯刹。具备防倒转和断电刹车保护功能。

采用一挡无级调速的传动方式，转盘输出扭矩大，转速适应范围广。800kW 交流电动机、ZP375Z 转盘总成、减速箱、转盘梁、联轴器、万向轴、钳盘式惯刹等采用整体式结构，便于橇装运输及起吊。配套不同规格补心，可满足下放不同规格套管的需要。ZP375Z 转盘、补心等均符合 API 7k（第 6 版）规范。

基本参数：

转盘型号	ZP375Z
转盘额定载荷	7250kN
通孔直径	952.5mm（$37^1/_2$in）
额定输出扭矩	45000N·m
额定输出转速	100r/min
最高输出转速	273r/min
转盘梁额定载荷	5850kN
外形尺寸（L×W×H）	6280mm×3000mm×1668mm

重量　　22831kg

5. TC585- 天车

TC585-8 天车按照 API Spec 4F/8C PSL1 要求设计，主要由天车架、主滑轮总成、快绳轮总成、天车起重架和辅助滑轮等部件组成。配套安装在钻机井架上，以顺穿形式和游动滑车、绞车、大钩等连接在一起，完成起下钻和下套管作业。

配有自动加油装置，满足天车上所有滑轮轴承的自动维护，实现了天车轴承集中润滑的远程控制及免人工维护模式，有效减少井架工攀爬天车次数，减小工人劳动强度，增加作业安全，更加便捷有效地对天车进行维护保养。

基本参数：

型号	TC585-8
最大载荷	5850kN［650tf（美）］
适用钢丝绳直径	38mm（$1^1/_2$in）
滑轮外径	1524mm（60in）
导向轮外径	1524mm（60in）
主滑轮数	7 个
导向轮数	1 个
辅助滑轮外径	356mm（14in）
辅助滑轮数	4 个
辅助滑轮适用的钢丝绳直径	19mm（3/4in）

6. F-1600HL 直驱泵组

F-1600HL 直驱泵组为交流变频电动机直接驱动钻井泵，即由 2 台 600kW 专用交流变频异步直驱电动机（左、右各一台对称布置）直接驱动钻井泵输入轴。变频异步电动机的转子采用刚性连接方式直接与泵输入轴连接，连接装置可调节运转偏差和减振，定子与钻井泵外壳连接，实现钻井泵由电动机直接驱动。通过操作电控房内的变频控制系统或司钻房内安装的司泵台，实现对钻井泵的无级调速和精确控制。

F-1600HL 直驱泵组采用先进成熟的直接驱动和控制技术，在结构上紧凑合理、方便运输，符合安全环保要求。直驱泵组具有体积重量小，维护保养点少，传动效率高等特点。F-1600HL 直驱泵组配备有排出压力、液缸压力、润滑油温等传感器，可实现钻井泵组的在线监测和故障诊断功能。

基本参数：

（1）BYBP-60/6-4LT 交流变频电动机：

额定功率	600kW
额定电压	600V
额定转速	505r/min
额定频率	51Hz

（2）F–1600HL 钻井泵：

额定功率	1193kW
冲程	304.8mm
额定冲次	120 次 /min
最大缸套直径	190mm
最大排出压力（ϕ120mm 缸套活塞）	51.7MPa
最大排量（ϕ190mm 缸套活塞）	51.85L/s
齿轮速比	4.206：1

7. QDP–3000 机泵组

QDP–3000 机泵组为交流变频电动机驱动的钻井泵组，由两台 1200kW 交流变频电动机通过齿轮减速箱并车后驱动钻井泵的曲轴一端。两台交流变频电动机安装在传动底座上，布置在钻井泵顶部，通过万向轴与齿轮减速箱连接。

QDP–3000 钻井泵是卧式五缸单作用活塞泵，具有结构紧凑、体积小、重量较轻、功率大、压力高、流量均匀、吸入性能好等优点。对于每一级缸套，允许超过额定泵冲运行，在各级缸套对应最高泵冲下运转。QDP–3000 机泵组配备有排出压力、液缸压力、润滑油温等传感器，可实现钻井泵组的在线监测和故障诊断功能。

基本参数：

（1）交流变频电动机：

额定功率	1200kW
额定电压	600V
额定转速	1000r/min

（2）齿轮减速箱：

额定输入功率	2400kW（=1200kW×2）
额定输入转速	1000r/min
最大输入转速	1500r/min
总传动比	8.639（减速）
润滑形式	强制润滑
结构形式	同侧双输入单输出

（3）QDP–3000 钻井泵：基本参数见表 2–1–1。

表 2–1–1　QDP–3000 钻井泵基本参数

额定输入功率 /［kW（hp）］	2237（3000）					
活塞冲程 /mm	300					
额定冲次 /（次 /min）	117					
缸套直径 /mm	130	140	150	160	170	180

续表

最高冲次 /（次 /min）	166	154	144	135	127	120
最高排出压力 /MPa	51.9	44.7	39.0	34.2	30.3	27.0
最大排量 /（L/s）	55.08	59.27	63.62	67.86	72.07	76.34
阀腔尺寸	API 7 系列					
输入轴头尺寸（外花键）	52z×8m×30P×6d①					

① 52z 表示齿数为 52；8m 表示模数为 8mm；30P 表示 30°年齿根；6d 表示公差等级为 6 级，外花键配合类型为 d。

8. 管柱自动化系统

钻井作业过程中的管柱处理工作（主要有存储、输送、建立根及排放等）是一项任务繁重、劳动强度大、作业风险高、占用时间长的工作。管柱自动化系统应用机、电、液、气一体化技术，通过与顶驱、风动（液压）绞车配合，利用机械化设备完成管柱处理工作，可以实现保障作业安全、降低劳动强度、提升作业效率、减少作业人员的目标。系统包括子系统和主要设备见表 2-1-2，各个设备的操作按照表 2-1-3 执行。

表 2-1-2　管柱自动化系统子系统及设备表

<table>
<tr><th>子系统</th><th>功能</th><th colspan="2">设备</th></tr>
<tr><td rowspan="3">管柱输送系统</td><td rowspan="3">实现由排管架与钻台面之间的管柱输送</td><td colspan="2">动力猫道总成
（内部集成液压站）</td></tr>
<tr><td colspan="2">液压排管架</td></tr>
<tr><td colspan="2">缓冲机械手</td></tr>
<tr><td rowspan="4">建立根系统</td><td rowspan="4">实现管柱由单根连接为立根或由立根拆卸为单根</td><td colspan="2">铁钻工</td></tr>
<tr><td colspan="2">动力鼠洞卡瓦</td></tr>
<tr><td colspan="2">翻转式液压吊卡</td></tr>
<tr><td colspan="2">气动卡瓦</td></tr>
<tr><td rowspan="6">立柱排放系统</td><td rowspan="6">实现立根在二层台、井口之间的递送和排放</td><td colspan="2">钻台机械手</td></tr>
<tr><td rowspan="3">四单根二层台排管装置</td><td>复合式机械手</td></tr>
<tr><td>四单根二层台</td></tr>
<tr><td>小钻具悬挂架</td></tr>
<tr><td rowspan="2">三单根二层台排管装置</td><td>推扶式机械手</td></tr>
<tr><td>三单根二层台</td></tr>
</table>

续表

子系统	功能	设备
井口辅助工具	实现钻井液收集	防喷钻井液盒
控制系统	实现对管柱处理系统执行元件的智能化控制	液压系统（含组合液压站）
		电控系统（含工业电视监控）

表 2-1-3　各个设备的控制方式及操作位置表

子系统	设备	控制方式及操作位置
管柱输送系统	动力猫道	idriller®（管柱操作台）+ 手操盒 注：缓冲机械手仅有管柱台控制方式
	液压排管架	
	缓冲机械手	
建立根系统	铁钻工	idriller®（管柱操作台）+ 手操盒 + 本地操作台
	鼠洞动力卡瓦	idriller®（司钻操作台）
	翻转式液压吊卡	idriller®（司钻操作台）
	气动卡瓦	idriller®（司钻操作台）
立柱排放系统	钻台机械手	idriller®（管柱操作台）+ 手操盒 + 液压手柄本地应急操作
	四单根二层台机械手	idriller®（管柱操作台）+ 液压手柄本地应急操作
	三单根二层台机械手	idriller®（管柱操作台）
	四单根二层台气动指梁	idriller®（管柱操作台）+ 气动阀组本地应急操作
	小钻具悬挂架气动指梁	
	三单根二层台动力挡杆	
井口辅助工具	防喷钻井液盒	idriller®（管柱操作台）

采用液压排管架、动力猫道、缓冲机械手配合作业，完成钻井管柱从地面到井口中心的自动化输送，实现地面排管区的无人值守。采用伸缩臂式铁钻工适应大管径、大扭矩的作业要求，实现上卸扣作业的自动化。采用液压吊卡、气动卡瓦等新型管柱处理工具，实现井口作业的机械化。采用钻台机械手、三单根二层台排管装置、四单根二层台排管装置，实现了大、小钻具四单根的自动化排放，实现二层台无人值守。

采用高度集成化的双司钻控制平台，以一体化座椅取代常规的司钻操作台，实现司钻对钻机电控、盘刹、工业监控、管柱设备、顶驱等所有司钻管控设备控制的集中控制。采用新型司钻集成控制软件，实现对司钻管控设备的智能化控制及防碰撞安全互锁。液压系统采用负荷敏感控制技术，满足不同压力流量要求的多个设备联合作业和精准控制的要求。

配套的三单根二层台和四单根二层台排管装置，实现了三单根、四单根独立或交叉施工工艺技术，整机适应性强；四单根二层台排管装置主要解决了大尺寸钻具及2000m之内小钻具的四单根排放问题，提升了钻井工作效率，三单根二层台排管装置解决了全井小尺寸钻具的排放问题，提升了钻机的适应性和灵活性。

1）液压排管架

液压排管架两个一组，分别排放在猫道两侧，用于管柱的存放、输送作业。每组排管架额定载荷300kN，有效排管长度8.2m，单层可排放5in钻杆45根。工作时，在控制箱远程操作驱动液缸实现排管架的顶升、造斜，保证管柱能够有序平稳的滚动，完成管柱输送与回收。

管柱输送作业机械化，降低工人劳动强度，提高作业安全性；一键式远程控制，可实现地面管柱堆场无人辅助作业；采用同步控制技术，实现管柱两端同步、有序、平稳滚动；起升速度可控，实现管柱的平稳输送，有效提高钻具输送效率；根据管柱数量，按需配套，满足不同规格钻机需求。

基本参数：

导管架顶升角度范围	0°～4.7°
导管架顶升高度范围	0～650mm
单组排管架有效长度	8190mm
单组排管架额定载荷	30000kgf
单个排管架重量	2600kgf

2）动力猫道

动力猫道主要包括坡道、支架、送钻柱装置、猫道底座、绳双动液压绞车等部件，整体安装在钻机原猫道和坡道处。动力猫道由液压马达驱动双绳动液压绞车滚筒旋转，通过钢丝绳拉升完成送钻柱装置的起升；通过液压马达驱动链轮旋转，带动送钻柱装置的小滑车移动，将管柱上端部推移至钻台。动力猫道具有4个排管架，分别安装在本体两侧，排管架上平面距地面高度1070mm，可单层排放管柱，并通过液压缸控制其倾斜角度，从而实现其上面排放的管柱自动滚入/滚出动力猫道，同时排管架具有整体升降功能。

该动力猫道具有三种控制模式：司钻集成控制模式、远程无线遥控模式、本地应急控制模式，各模式之间具有权限互锁功能，每种控制模式均可完成设备的所有动作控制，可满足不同情况下对设备控制的需要。可实现一键式操作，自动化程度高；配置防坠落装置，安全性好；适应管径范围大，可实现多根甩钻，作业效率高；集成液压站，一车运输，集成性好；操作方式多样，灵活方便，可靠性高。

基本参数：

型号	DM3/10.5–L 动力猫道
适应钻台高度	10.5～11.1m
输送管柱最大长度	12m
输送管柱最大直径	508mm（20in 套管）
输送管柱最大重量	30kN（9in 钻铤）
单程甩钻杆数量	ϕ73～ϕ168mm（$2^7/_8$～$6^5/_8$in）1～4 根
运行周期	≈75s
液压系统最大流量	280L/min
液压系统额定压力	28MPa
控制系统电制	单相三线制 220AC 6A 50Hz
运输尺寸（L×W×H）	12000mm×2950mm×2800mm（含液压站）

3）铁钻工

SW10–D1 铁钻工为伸缩臂式结构，整体插装在钻台面上适当位置，用于替代常规液气大钳等上卸扣工具，完成钻杆、钻铤的上 / 卸扣作业。

该铁钻工上扣扭矩可控，夹持范围大、作业范围大、上卸扣速度快；编程定位“井口”“鼠洞”多个位置，适应“鼠洞”中钻具倾斜连接的要求；自动化程度高，采用程序控制，操作简便，可一次“点击”或分步完成上卸扣作业，操作高度自动化；可以远程遥控操作，实现危险区域的无人化操作，操作更安全。

基本参数：

适应管柱范围	$2^7/_8$～$9^5/_8$in
最大卸扣扭矩	140000N·m
最大上扣扭矩	100000N·m
最大伸缩距离	1600mm
升降距离	1000mm

4）缓冲机械手

缓冲机械手是一种用于推扶管柱单根 / 立根下端，实现单根 / 立根在井口、“鼠洞”与坡道大门之间传送的自动化设备。采用电控液远程控制实现机械手的扶持、伸缩等动作，替代常规的人工作业推扶管柱立根 / 单根下端，完成管柱对正井口、“鼠洞”以及推扶到坡道大门作业。

钳头采用三滚轮扶持形式，既可保证管柱不会脱出钳头，还能够允许管柱上下自由滑动，适应钻具规格范围大，能够提高上单根、建立根、甩钻具的工作效率和作业安全性。伸缩臂双扶正臂结构，缩回后让开顶驱的上下通道。控制系统采用电控液直接控制，操作简单、维护方便。液压管线和信号电缆均采用快速连接，现场装拆维护方便。在司钻房远程操作，人员作业安全、环境舒适。

基本参数：

型号	FZ508–42 缓冲机械手

适应钻具范围	$2^3/_8$～20in
最大工作行程	4200mm
额定系统压力	16MPa
额定系统流量	30L/min
运输外形尺寸（L×W×H）	4540mm×1280mm×1302mm
总重	1409kg

5）钻台机械手

FZ248-3400Y1钻台机械手是用来完成立根在井口、“鼠洞”、立根台之间推扶移送以及单根在大门坡道与井口、“鼠洞”之间推扶移送功能的自动化设备。该设备安装在钻台面之上、立根台中间，通过集成司钻控制操作，解决了钻台面立根排放作业采用人工操作效率低、劳动强度大、作业危险性高的现状，从而大大提高钻机的机械化、智能化水平。钻台机械手由行走装置、机械臂总成、扶持钳、电控系统、液压系统等部分组成，具有一定的横向移动距离，不影响动力猫道上下钻具通道，通过电液控制实现“鼠洞”、井口、立根盒、大门坡道间的钻具推移，代替原来人工推拉作业，提高安全性和效率。

钻台机械手自身采集参数包括钻具感知、旋转角度、机械臂伸出长度等，设备采用全液压驱动，电液控制模式，具有司钻集成操作、远程无线操作、本地应急操作三种控制模式。具有一键排管功能，通过行走、回转、伸缩三个动作实现与二层台机械手同步排管。通过整体偏移实现避让立根台通道，不影响地面向钻台面输送钻具。整机一橇运输。

基本参数：

适应管柱范围	$2^7/_8$～20in（更换钳头）
偏移距离	600mm
行走距离	3240mm
最大作业半径	3400mm

6）四单根二层台排管装置

四单根二层台排管装置主要包括复合式机械手、四单根二层台和小钻杆悬持架，其中四单根二层台安装在井架离钻台面36.4m处，复合式机械手悬挂在二层台下方，小钻杆悬持架设置在四单根二层台上方。四单根二层台排管装置可完成四单根立柱在二层台指梁、井口之间的递送，可替代井架工的人工作业实现机械化排放。

复合式机械手属于四单根二层台排管装置的主动力设备，安装在二层台下，与动力二层台配合，可实现夹持钻杆立根及扶持钻铤立根在二层台指梁、井口之间的自动化排放，实现二层台的无人值守，降低工人的劳动强度、提高现场作业安全性。与动力二层台小钻具悬持架配合，解决了小钻具（$2^7/_8$～$4^1/_2$in）四单根立根无法竖直排放的问题，实现了小钻具四单根立柱施工作业，提高了钻机适应性。复合式二层台机械手整体为平行四边形摆臂结构，低位安装，整体采用液压驱动，行走机构采用齿轮齿条结构，在液压驱动下机械手本体在轨道上行走；旋转结构采用液压马达直接驱动主回转轴，使执行机构绕回转中心旋转；机械手伸缩臂的下部设有夹紧钳，上端设扶正钳，可在作业时悬持钻杆立根或推扶钻铤立根。

四单根二层台是复合式二层台机械手的基础安装设备，包含常规二层台所有功能，钻杆及钻铤指梁（每 5 根钻杆立根设置 1 个气缸挡杆，每 1 根钻铤立根设置 1 个气缸挡杆）翻转依靠气控实现，可与复合式机械手一起实现 5～$9^3/_4$in 四单根钻具的无人排放。

小钻具悬持架设置在二层台体上方，同二层台一体起升，悬持架针对每种小钻具立根设置有卡板，利用钻杆接头凸台卡在卡板中，完成小组钻具的立根悬持，不同的钻具规格需更换卡板。小钻具悬持架与复合式机械手一起实现小规格（$2^7/_8$～$4^1/_2$in）四单根立根钻具的无人排放，悬持架的容量为 2000m，当小钻具长度大于 2000m 或全井小钻具时，可采用 4 单根作业与 3 单根立柱组合作业模式，即 2000m 立根采用四单根形式，其他立根采用 3 单根形式；也可采用全部 3 单根形式。机械手安装在二层台下方。机械手故障时，不需拆除即可进行常规人工排放立根作业。采用全液压驱动，旋转、行走动作由液压马达驱动，倾斜、伸缩、夹持等动作采用油缸控制，操作高度自动化。副司钻在控制房内用多功能手柄远程控制，人员安全。采用 PLC 编程控制，利用编码器、位移传感器等实时进行检测，实现安全互锁，并确保立根排放精确定位。

基本参数：

（1）机械手：

夹持钻具范围	$2^7/_8$～$5^7/_8$in（含 5in 钻铤）
扶持钻具范围	$6^1/_4$～$9^3/_4$in
带载工作半径	3.3m
回转角度	±90°
最大夹持载荷	36kN
系统额定压力	21MPa
系统最大流量	80L/min

（2）动力二层台：

四单根二层台安装高度（至钻台面）	36.4m
$5^7/_8$in 钻杆 38.8m 立根	8000m
或 $5^7/_8$in 钻杆 38.8m 立根	
+$4^1/_2$in 钻杆 38.8m 立根	6000m+2000m
10in 钻铤	4 柱
8in 钻铤	4 柱

7）三单根二层台排管装置

三单根二层台排管装置主要包括推扶式二层台机械手、三单根动力二层台，其中三单根动力二层台安装在井架离钻台面 25m 左右处，推扶式二层台机械手悬挂在动力二层台下方，整体与动力二层台一起低位安装，一起安装运输。三单根二层台排管装置主用于排放三单根立根的工况，可替代井架工的人工作业实现三单根立根在二层台指梁、井口之间的机械化排放。实现二层台无人化作业，与顶驱、铁钻工等多重互锁，安全可靠。

推扶式机械手整体采用折臂结构，主要包括轨道总成、行走装置总成、回转装置、扶持臂、扶持钳等部分；所有运动机构由电动机驱动，回转、行走及伸缩使用伺服电动机精准控制。动力二层台属于三单根二层台排管装置的基础安装设备，包含常规二层台所有功能，钻杆及钻铤指梁翻转依靠电动或气控实现。可实现指梁单根翻转，指梁间距可在 $4^1/_2$in 和 $5^7/_8$in 两挡调节。在二层台机械手故障时满足常规人工排放钻具作业，并带维护篮，满足人员站位处理故障。机械手安装在二层台下方，机械手故障时，不需拆除即可进行常规人工排放立根作业。采用伺服电动机驱动，回转、行走及伸缩使用伺服电动机精准控制，实时进行检测，实现安全互锁，并确保立根排放精确定位。副司钻在控制房内用多功能手柄远程控制，人员安全。

基本参数：

（1）机械手：

推扶持钻具范围	$2^7/_8$～$9^3/_4$in
工作半径	3300mm
回转角度	-90°～+90°

（2）动力二层台：

三单根二层台安装高度（至钻台面）	25m
$5^7/_8$in 钻杆 29.1m 立根	6000m
或 $4^1/_2$in 钻杆 29.1m 立根	7500m
10in 钻铤	6 柱
8in 钻铤	4 柱

8）*液压吊卡*

液压吊卡设计制造遵循 API Spec 8C 标准要求，并达到 PSL1 级质量要求。CDZ-Y 型液压吊卡属于提升设备之一，安装在吊环上，用于完成钻修井作业中悬挂、起下管柱。该钻机配套液压吊卡 CDZ-Y 5 1/2-350 和液压吊卡 CDZ-Y9 5/8-350。该型吊卡机械部分由主体、左右活门、锁舌体、活门轴、锁舌轴及连杆机构、锁紧机构组成，连杆机构驱动吊卡的左右活门与锁舌体，实现吊卡的自动开合功能；锁紧机构靠管柱自重施压实现自锁，随管柱上提卸压实现解锁，实现主承载件间有效互锁，防止吊卡中途作业意外打开。本吊卡集机电液于一体，整个动作在司钻集成控制台操控。主承载件采用高强度铸钢；液压缸驱动连杆机构控制系统并带反馈信号；设有双保险锁紧机构，保证安全；可更换补心衬套结构，可满足不同规格管柱的需要；带翻转机构，可实现钻具由动力猫道到井口的自动输送功能。

基本参数：

（1）CDZ-Y 5 1/2-350 液压吊卡：

额定载荷	3150kN［350tf（美）］
夹持管径范围	$2^3/_8$～$5^7/_8$in
液压系统工作压力	16MPa
液压系统工作流量	25L/min

（2）CDZ–Y 9 5/8–350 液压吊卡：

额定载荷	3150kN［350tf（美）］
夹持管径范围	$2^3/_8$～$9^5/_8$in
液压系统工作压力	16MPa
液压系统工作流量	25L/min

9）动力卡瓦

WQ375 气动卡瓦是一种钻井作业中起下钻杆、卡持管柱的气动井口工具，并带有自动喷气刮泥功能，适用于 ZP 375 钻机转盘使用。

在钻杆起下钻作业中，除了具有正常的起下钻杆、卡持套管的功能外，还增加了可进行自动喷气刮泥的钻杆清洁功能。该气动卡瓦降低劳动强度，较大幅度提高作业效率，改善了作业环境。气动卡瓦安装在转盘内代替转盘补心，具有足够、稳定的夹紧力。在钻柱自重作用下通过四瓣式卡瓦夹持钻柱，使得钻柱居中悬挂在气动卡瓦内。气动卡瓦夹持位置具有信号反馈，实现司钻房远程控制。集成刮泥器自动喷气刮除钻杆上的泥污，清洁管柱。

基本参数：

适用转盘	ZP375
适用管柱范围	$2^3/_8$～9in
额定载荷	4500kN
刮泥器适用管柱范围	$2^3/_8$～7in
气源工作压力	0.6～0.8MPa
控制方式	司钻房远程控制

10）防喷钻井液盒

防喷钻井液盒是一种防止钻井液飞溅，并回收钻井液的钻台自动化辅助设备，采用集成司钻 / 独立操作箱控制剪刀臂伸缩、盒体开合动作，实现钻井液防溅、回收功能，防止钻井液污染钻台，并节约钻井液成本。

在起钻、甩钻具时使用，能够有效保持钻台清洁；代替钻工进行作业，有效降低工人劳动强度，并改善了作业环境。防喷钻井液盒采用剪刀叉伸缩臂结构，动作快、伸缩行程大。盒体密封性能好，能够有效防止钻井液飞溅。占用钻台面空间少，易于布置。配备钻井液回收管，可实现钻井液回收。

基本参数：

适应管柱尺寸	$2^3/_8$～$6^5/_8$in
最大伸缩行程	2200mm
最大作业半径	3300mm

11）动力“鼠洞”卡瓦

MS–01 动力“鼠洞”卡瓦用于小“鼠洞”管内钻铤、钻杆的卡持。该“鼠洞”卡瓦的定心变距卡瓦体采用偏心凸轮结构，在内置的气缸推力和钻具自重的共同作用下，卡头夹紧钻具，使得钻具被居中地悬挂在小“鼠洞”管内。该“鼠洞”卡瓦的最大通径

228mm，可保证 $2^7/_8$～$6^5/_8$in 范围钻具悬挂或顺利通过，适用范围广。该“鼠洞”卡瓦结构简单、安全可靠；安装、维护、保养简便；司钻房设操作开关，实现集成控制自动化。

主要技术参数：

管具范围（接头外径）	$2^7/_8$～$6^5/_8$in
通径	228mm
额定载荷	3000kg
额定扭矩	2000N·m
气源压力	0.6～0.8MPa

9. 集成化智能司钻控制系统

集成化智能司钻控制系统采用“功能复用、一键多能、人机交互”的设计理念实现司钻操作终端的集成。座椅通过多模式选择开关选择实现的功能：司钻模式下集成司钻控制系统实现对绞车、转盘、钻井泵、顶驱、液压吊卡、启动卡瓦等设备的控制；管柱模式下集成司钻控制系统实现对排管架、动力猫道、铁钻工、缓冲机械手、钻台机械手、三单根二层台排管装置、四单根二层台排管装置等设备的控制；起下放模式下集成司钻控制系统实现对钻机起升下放功能的操作。

基本参数：

工作电压	380V 3P5W
工作频率	50Hz
系统功率	30kW
一体化司钻座椅	2套
通信协议	PROFINET
操作屏尺寸	19in

10. 液压控制系统

液压控制系统采用负载敏感控制技术，满足了整个系统中多个设备在不同的工作压力和不同的工作流量下能同时工作的工况需求。负载敏感阀把执行机构需要的流量和压力信息反馈给负载敏感泵，负载敏感泵根据反馈的信息，对泵的流量和压力进行调节，即执行机构需要多大压力，系统就输出多大压力，需要多少流量就输出多少流量，从而达到了高效节能的效果，同时也减少了系统的发热，降低了能耗，减小了噪声，延长了液压元件的寿命。

基本参数：

系统最大流量	2×200L/min
额定工作压力	21MPa
主电动机功率	55kW×2
油箱有效容积	1500L
散热功率	20kW

供电方式 380V 50Hz 三相五线制

四、质量保障措施

为确保该新型钻机的成功研制，从设计、工艺、生产制造及试验各环节严格控制产品质量。在图纸设计期间进行大量的分析计算、方案优化、尺寸放样、合理选材、三维模拟及有限元分析，工艺设计中加强焊接工艺评定、设计专用工装、优化工艺流程等措施来保证和提高产品质量，另外，在制造阶段，加强技术交底和精益管理，确保制造质量。

1. 主要设计手段

（1）针对井架、底座等大型结构件，通过有限元分析计算，进行方案优化、尺寸放样、合理选材，分析变形量，优化改进。

（2）针对具有空间动作的管柱自动化设备，通过三维设计、动力学仿真及有限元分析等手段，准确判断运行轨迹有无干涉，分析变形量，优化改进。

（3）通过对三单根二层台机械手进行刚柔耦合动力学仿真分析及有限元整体分析，计算电动机械手工作最大载荷需求推拉力及整体刚度变形情况，如图 2-1-6 所示。

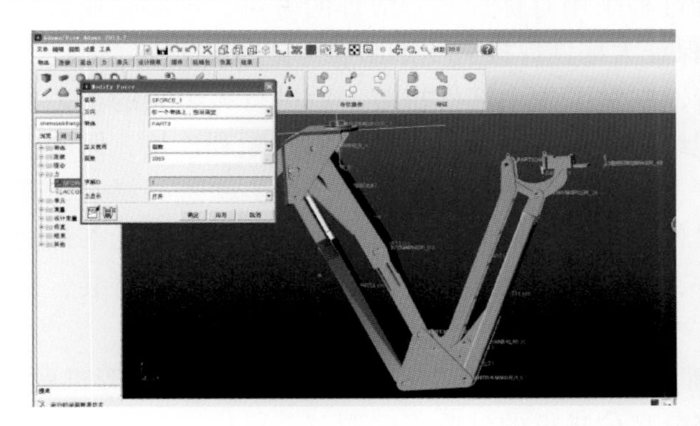

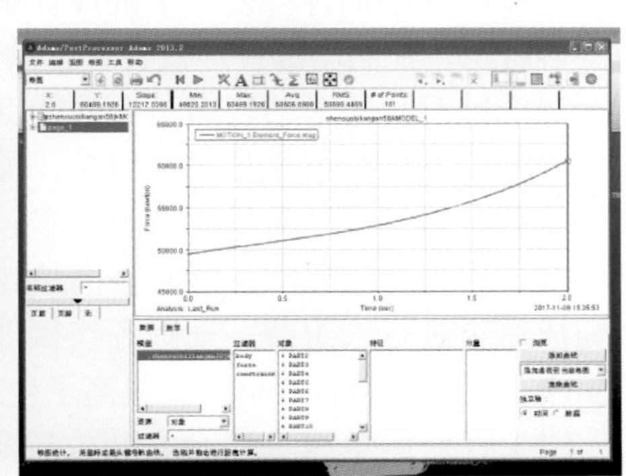

图 2-1-6 三单根二层台机械手动力学仿真

2. 主要工艺措施

根据产品结构特点，分析使用功能，在保证产品质量的前提下制定了经济、合理的各部件生产工艺方案。以机加工工艺、焊接工艺、装配工艺保障现场规范施工；明确关键件、关键焊缝的无损检测方法及验收准则；编制关键焊缝探伤分布图，针对关键焊缝的焊接坡口优先采用机加工；针对关键承载零件在粗加工和精加工后分别进行超声探伤和磁粉探伤；关键部件均在大组装前进行单一部件试验，测试合格后再进行大组装。

1）井架

（1）井架采用高强度钢板，为了保证焊缝性能，在产品生产开始前做了多项焊接工艺评定。

（2）为确保井架的制造质量，铆工、焊接、装配等相关专业进行了充分沟通，确定了焊前加工件及焊接后的加工部位，制定了详细的加工方案，在左右基座、人字架、左右后腿等大型结构件的加工工艺中，确定了合理的装夹找正基准以保证尺寸精度的要求。

（3）焊接严格按 AWSD1.1《钢结构焊接规范》及 API 4F《钻井和修井井架、底座规范》要求进行，对井架中的关键焊缝进行磁粉探伤。

2）底座

DZ585/10.5-S 新型底座正式起升后所有立柱均为斜向设计，给钻机底座起升后底座的校核带来了新问题（以往的底座立柱在底座起升后都是垂直设计的，现场测量很方便）。为了准确测量钻机底座数据，通过多点校正法，选择多种途径、多组参考点等进行测量，保证了底座校正数据的准确性、达到了标准要求。

3）四单根二层台排管装置

（1）在悬持架生产时，利用数控等离子切割气缸过孔，采用整体加工的方法制作气缸安装孔，减少了加工过程中架体变形，保证了气缸的顺利安装，同时又保证了气缸间的相互位置尺寸。

（2）在台体生产过程中，针对外形尺寸大（长度 8950mm），焊接变形大的问题，将大部件分解为小部件焊接。小部件焊接过程采用对称焊、分散焊的方法，焊接完成后进行变形矫正，控制小部件焊接变形，以保证大部件焊接后变形小。

（3）针对其外形结构高、大的特点，制定了先小部件拼装、后进行大组装的工艺方案，即先对下层台体部分进行拼装，配组焊各连接耳板，保证各部件顺利连接，同时保证连接后台体部分相关尺寸符合要求；上层门架部分采用侧向卧装的方法进行拼装，降低了对厂房高度的要求，同时将高位操作地面化，减少了操作安全风险。各单元部件拼装完成后再进行大组装，配焊各连接件，在保证产品质量的同时，分单元进行拼装，平行生产，充分利用生产资源，提高了生产效率。

（4）针对四单根二层台安装位置高、超出高空车作业范围，维修整改困难等难题，对装配试验工艺流程进行了调整，将部分高位进行的试验工序调整至低位进行，更加便于问题的提前发现与处理，在低位试验合格后再进行高位联调试验，可在高位试验前排除约 80% 的潜在故障，提高整体试验效率。

4）三单根二层台排管装置

针对薄板阻焊导轨和滑车壳体存在的焊接量大、加工尺寸大、齿条安装配合精度要求高难题，制定严格的焊接防变形措施。实际生产中，采用搭建焊接工艺撑板、分散对称焊、小规范焊接参数多层多道焊等多种方式结合，有效降低了焊接变形，满足产品设计要求。

5）钻台机械手

（1）根据钻台机械手产品结构复杂，板料形状件差异性大、尺寸要求精度高的特性，制订出了合理的工艺方案。采用高精度数控切割机下料，板料周边均下料成型，保证了产品外观质量，提高了制造精度。

（2）针对产品中存在多种薄板组焊箱型梁或细长杆件类产品，以 EK932103-020200

（主臂总成）变截面箱型梁为例，对于焊接防变形措施要求严格。实际生产中，采用侧板煨弯（或拼接）、合理设计组焊顺序等方式满足产品设计要求，同时焊接过程搭建焊接工艺撑板、分散对称焊、小规范焊接参数多层多道焊等多种方式结合，有效降低了焊接变形。

（3）针对前期机械手左右导轨整体加工时出现的各类问题，充分考虑组焊变形的问题，在本次工艺方案设计中将左右导轨上下翼板加工量由原来的单边 3mm，增大到单边 5mm，保证了整体加工时，内挡端面加工余量充足。

6）动力猫道

（1）下料方面，因其主要部件均为细长结构件，部件设计有多种不同形式的减重长孔；通过采用高精度数控切割机下料，板料周边及减重长孔均下料成型，保证了产品外观质量，提高了制造精度。

（2）结构焊接方面，采用分模块多次组合、开档点焊工艺撑，分散、分段、对称焊接等多种工艺措施减小焊接变形；中碳高合金钢中厚板的焊接通过焊接工艺评定验证了焊接规范和工艺措施的合理性，产品焊接时，严控焊接预热和层间温度，保证了焊接接头质量。

（3）加工方面，对其左、右排管架架体，左、右倾斜机构等结构件进行了整体加工，保证了整体精度；对其液压系统的油路块，以往相似结构是刨方、钻孔后再磨削端面，本次在刨方后采用了车削加工，通过四爪调节定位进行钻孔，并采用以车代磨的方案，在保证粗糙度要求的情况下，节约了大量的加工时间和加工费用，效果显著。

7）液压排管架

在液压排管架工艺方案设计时充分考虑以往排管架在组装时出现的各类问题，将方案进行了调整，在以往的方案中，排管架的底座连接液缸的耳板孔及连接折臂的耳板孔均为整体加工，在制造过程中由于排管架底座长度太长，出现了底座大梁变形收缩、耳板移位的问题，后期整改量非常的大，所以在本套排管架的方案中对排管架底座不再进行整体加工，而是采用了耳板配焊的方案；同时，对与其配合的折臂上、下段连接孔以及与折臂配合的导管架上的连接孔采用整体加工的方案，通过控制折臂上、下段和导管架上的连接孔孔距及孔间平行度，来保证排管架的动作顺利实施，通过现场的试验，效果良好，有效地解决耳板移位、装配干涉等问题，在制造过程中节省了大量的时间，同时也节省了排管架底座整体加工费用。

8）CDZ–Y9 5/8–350 液压吊卡及 CDZ–Y95 1/2–350 液压吊卡

两件吊卡的主体及左 / 右活门均存在复杂形状的深槽加工，且配合精度要求高，加工难度极大，通过采用组合后整体加工的方案以及自制的专用铣刀和专用刀杆，有效地满足了深槽及复杂槽底结构的加工成型及装配精度。

9）ZP375Z 转盘驱动装置

针对转盘、转盘梁在通径中心对中装配的过程中，因对中的基准中心不在实体上，无法直接标记并观察找正，需要多次拉线悬吊铅垂，操作过程繁琐易受外界影响，对中精度也不高等问题。设计了一种“大通径设备激光辅助对中装置”，可将通径中心点以十字激光线直接显示出来，减少操作步骤，省去了拉线和测量环节，降低工作量，对中结果直观，避免间接测量带来的误差，提高了对中精度，操作简单结果可靠，降低了工人技能门槛。

该装置为三脚支架式结构，主要由中心杆、连接盘和支腿三部分组成，中心杆上端装有连接盘，连接盘上平面装有气泡水准仪，且在圆周方面间隔120°装有三个可动支腿，中心杆下端连接有十字激光头。由于三个支腿长度一致，展开架设后中心盘与通径中心重合，通过调整中心盘上的气泡水准仪可保证中心杆下方发出的激光十字线位于通径的中心上。在进行转盘扭矩加载试验的准备过程中，因转盘中心需要与垂直方向的直角传动箱输入轴对准，同时转盘输入轴需要与水平方向的动力输入端对准，操作难度较大，需要3名装配、搬运工人配合观察水平和垂直方向的对中情况，并进行繁琐的拉线找中心操作才能完成，用时约30min，使用“大通径设备激光辅助对中装置”后，仅需1～2人用时3min即可完成该工作。

10）JC80DB直驱绞车

针对常规传动轴总成组装过程需横装、三个支撑架及天车配合，劳动强度大、安全性差问题，设计了一种位置可调式绞车传动轴总成装配支架，由旋转固定钳总成、导轨及备用支架组成，通过扣合旋转固定钳总成压紧轴后，实施轴上部件的安装，下部为滑轨机构，可移动、夹紧轴的不同部位。经现场应用，解决了组装过程中劳动强度大的问题，同时避免了安全隐患。

第二节　新型8000m超深井四单根立柱钻机调试试验与现场应用

一、钻机厂内调试试验

根据系统及设备的试验大纲要求，宝鸡石油机械有限责任公司对系统及设备的总装调试全过程进行了精心的组织。为了对管柱处理设备进行充分的验证，专门采购了各种规格钻杆、钻铤、套管作为试验工装，并根据设备单元试验要求制造了试验台架等试验工装，这些工作为厂内试验的顺利实施奠定了基础。

8000m超深井四单根立柱钻机于2019年10月开始陆续进入钻机试验场，正式进入总装阶段，2019年10—11月先后完成了JJ585/56-K井架、DZ585/10.5-S底座、JC80DB绞车、钻机集成控制系统、井场防爆电路系统、钻井参数仪、电气控制系统、BOP移动装置、钻井泵、GC 508/130-4F管柱处理系统等部件的试验及钻机联调试验。

1. 单元部件试验

1）DZ585/10.5-S底座静载荷试验

通过静载试验专用工装将转盘与静载试验装置连接，通过静载试验装置的液压缸对底座进行5850kN最大静钩载加载试验。通过试验验证了DZ585/10.5-S底座承载能力达到设计要求。

2）JJ585/56–K 井架静载荷试验

通过静载试验专用工装将安装完毕的大钩与静载试验装置连接，通过静载试验装置的液压缸对井架进行 5850kN 最大静钩载加载试验。通过试验验证了 JJ585/56–K 井架承载能力达到设计要求。

3）四单根二层台排管装置试验

为了对四单根二层台排管装置，特别是首次设计的小钻具悬持架进行充分的验证，设计了专门的试验用安装工装，完成了四单根二层台排管装置的设备功能试验，如：5in 钻杆夹持坐标标定试验、气动指梁的翻转试验等。还完成了空载状态下各项动作功能试验，以及载荷试验，如：$2^7/_8$in 钻杆小钻具 1tf 配重悬挂试验、5in 钻铤 3tf 配重最大载荷悬挂试验等。通过各项试验表面，四单根二层台排管装置运动平稳、灵活、无冲击及卡阻现象，承载能力均符合设计要求。

4）三单根二层台排管装置试验

三单根二层台排管装置在车间完成所有动作功能试验，结果显示，三单根二层台排管装置最大工作半径可达到 3300mm，各项功能操作运动平稳、灵活、无冲击及卡阻现象，符合设计要求。

5）钻台机械手试验

钻台机械手完成 ϕ248mm（$9^3/_4$in）钻铤单根扶持及排放试验、ϕ508mm（20in）套管单根扶持试验，验证钻台机械手的设计能力。

试验结论：机械手适应管柱范围可以达到 20in，满足设计要求。

2. 多设备联调试验

8000m 超深井四单根立柱钻机与常规钻机的试验内容的最大差别是：进行四单根立柱的建立和排放试验，特别是小钻具的排放悬挂试验。因此，将排管架、动力猫道、缓冲机械手、钻台机械手、铁钻工、液压吊卡、气动卡瓦、顶驱等设备进行联调试验，司钻房远程控制，分别完成了 $2^7/_8$in、5in 钻杆和 $9^3/_4$in 三种规格钻铤四单根立柱的建立和排放，20in 套管单根输送试验。

试验结论：各设备运转正常，交接过程流畅，满足钻井工艺流程。

3. 程序调试与优化升级

软件程序通过实验室仿真测试、设备单机测试、钻机联调测试等环节验证，确保程序可靠与稳定。程序进一步实现优化，包括：

（1）优化了管柱处理系统的联动控制，进一步提高了工作效率。

（2）优化了钻台机械手一键处理钻柱功能。

（3）优化了人机界面的布局和内容，使操作更加合理、快捷。

截止到 2019 年 11 月下旬，顺利完成了钻机厂内组装试验，系统及其组成设备的各方面功能得到了充分的验证，设备整体性能和可靠性得到保证，液压管线和电缆布局美观大方，试验满足设计要求。

厂内试验表明，系统及设备各项指标符合试验大纲的要求，能够达到预期的功能，系统运行良好，各项参数均达到设计要求。

二、主要技术创新点

1. 超深井四单根自动化钻机集成技术

8000m 超深井四单根自动化钻机首次采用双升式底座、井架，又融入 BOMCO 自主研发的四单根管柱自动化技术、双司钻集成控制技术、直驱技术，减少了井场占地面积，实现了大、小钻具四单根立柱施工，提升了超深井钻机的适应性和自动化、智能化水平，为超深井钻机的推广奠定了坚实的基础，如图 2–2–1 所示。

图 2–2–1　8000m 超深井四单根立柱钻机

2. 超高井架、双升式底座结构设计技术

通过井架主承载构件选用高强度结构钢、结构优化、设置高液压支架，底座采用倾斜式立柱支撑结构等技术措施，掌握了超高井架、双升式底座结构设计技术，解决了超高井架、双升式底座因自身重量及安装管柱设备后起升力大、作业过程中结构稳定性不足等缺点，保证了钻机整体稳定性和可靠性。

3. 小钻具四单根立柱移运及靠放技术

四单根二层台集成设计小钻具悬挂台和二层台机械手，通过四单根二层台机械手与钻台机械手采用上夹下扶、同步移送的上下联动管柱排放模式，解决了细长杆小钻具四单根立柱移运中易变形、底部晃动大难题，保证小钻具移运和靠放平稳、高效、安全。

4. 钻台机械手与四单根二层台机械手同步排管技术

钻台机械手与四单根二层台机械手均设置行走和伸缩单步运动执行机构，使钳头实现 X–Y 方向的分步运动，简化控制流程；同时，采用以二层台机械手为主控对象，钻台机械手以二层台机械手运动参数为目标进行跟随运动的控制模式，保证了上下两个机械手移动排管的同步性和协同性。

5. 三单根、四单根独立或交叉施工工艺流程技术

设置两套二层台排管装置，即推扶式三单根二层台排管装置、复合式四单根二层台排管装置，其中三单根指梁可单根翻转至水平状态排放钻具，也可翻转至垂直状态，不影响四单根排放，满足了三单根、四单根独立或交叉施工工艺需要，满足了现场不同钻具组合的立根排放需求，极大地方便现场应用。

6. 三通道液压吊卡控制技术

通过三通道液压油，实现对翻转、活门开合、锁舌锁紧、锁紧信号反馈的控制，较传统吊卡控制管线减少两根。方便了管线连接布局，减少了对顶驱旋转油道的依赖及对顶驱功能的影响。

7. 直驱设备及控制技术

采用了直驱绞车、直驱钻井泵驱设备。直驱模式去掉了体积较大的机械传动部分，提高了传动效率，减少了设备故障及维护点，杜绝了润滑油泄漏等问题的发生，运输及安装也更方便。

8. 智能防碰、防振和安全互锁技术

1）智能防碰

为防止交叉作业设备发生设备碰撞，通过在相关设备上安装位置传感器，采用空间位置解算方法，开发了设备动态区域管理系统，实现了多个设备的防碰管理。

2）防振保护

设备中安装了多种传感器和编码器用于检测设备位置及运动轨迹，同时在控制程序中对工况进行分析，做出防振减速处理等保护机制。同时应用了 PID 速度控制算法，合理调整速度，在不降低效率的同时达到高效、安全作业的目的。

3）安全互锁技术

为确保钻机的操作安全，实现流程正确，交接可靠，开发了作业过程中多个单元设备间的智能互锁，主要有：吊卡扣合与绞车提升互锁；卡瓦与吊卡之间交接钻柱互锁；铁钻工上卸扣与绞车互锁；机械手与吊卡间钻柱交接互锁等。

9. 设备运行状态远程监测及故障诊断技术

通过数据采集，应用设备运行状态远程监测及诊断技术，提前预判故障发生，为钻机安全运行、维护保养提供理论及技术保障。

三、现场应用情况及分析

1. 钻机组装现场试验

2019 年 12 月 25 日至 2020 年 1 月 20 日在塔里木油田博孜 11 井按照钻机试验大纲要求，完成了井架、底座及自动化系统低位安装，动力、液压、起升系统等安装调试试验。该钻机底座为双升式结构，首次采用倾斜式立柱支撑结构，提升了底座结构的稳定性，解决了由于井架有效高度增加导致底座稳定性变差问题，提高了钻机作业的安全性。底座的次斜立柱采用伸缩结构，在底座起升前直接安装到位，安装方便快捷。井架高度低、重心稳、重量轻、整体占地面积小；携带二层台排管装置等设备一同起放，减少高位安装工作，提高作业安全性；配备的液压高支架，方便井架起升。钻台下方无传统双升式底座的内八字支撑，操作空间更大；采用 4 绳系起升，较常规 3 绳系起升降低了 25% 起升钩载；立根台中间区域尺寸大，满足偏移式钻台机械手的安装使用。现场试验结论为该钻机安装快捷，整体占地面积与普通 80DB 型钻机相当。

2. 钻机起升现场试验

在起井架及底座起升作业过程中，认真记录了井架、底座起升角度、吨位、底座翘起高度及电控数据等信息，为钻机设计及安全作业留下数据支持。配备的起升液压高支架用于调整井架起升的初始位置，能够减小井架起升的钩载，起升液压高支架液压缸全部伸出有效行程 3700mm，可以将井架初始起升角度提高 4°～5°，减小井架主体结构及起升系统的初始重量，有利于井架的轻量化。

通过现场试验数据的收集，该钻机井架起升最大悬重 228tf，起升过程中未发现井架有明显变形，配套电控系统能力充足。

3. 钻井现场试验

钻井作业过程中的管柱处理工作（主要有存储、输送、建立根及排放等）是一项任务繁重、劳动强度大、作业风险高、占用时间长的工作。管柱自动化系统应用机、电、液、气一体化技术，通过与顶驱、风动（液压）绞车配合，利用机械化设备完成管柱处理工作，可以实现保障作业安全、降低劳动强度、提升作业效率、减少作业人员的目标。

1）建立根作业现场试验

井架工远控操作场地液压排管架，自动将排管架上钻具移送至动力猫道送钻柱装置上，并送至钻台；司钻远控操作液压翻转吊卡，夹持钻具，上提后操作缓冲机械手接送钻具至井口，同时测试缓冲机械手与液压翻转吊卡，是否有联动控制；将钻具放置于

“鼠洞”口，接第二根单根后，将铁钻工远控移动至“鼠洞”口，分高低速上扣至标准扭矩；接完第四根单根后，上提钻具至二层台，司钻远控打开二层台挡杆，选择立柱排位；操作钻台机械手将钻具正确移送至选择排点；二层台机械手自动夹持钻具后，液压翻转吊卡方可自动打开；二层台机械手拉入钻具后，自动将二层台挡销锁定。建立根时间数据统计见表 2–2–1。

2）采用动力猫道多根甩钻具现场试验

该钻机所配备的动力猫道具有多根甩钻功能，安装猫道小车多根甩钻配件后，四根钻杆放到坡道上同时下降至猫道，移出管排架。具体试验数据见表 2–2–2。

现场试验数据表明，采用多根甩钻功能每小时可甩四单根钻具 8 柱（32 根），采用普通三单根甩钻具每小时可甩 8 柱（24 根），每小时多甩钻具 8 根，效率提高 33%。

3）起下钻管柱自动化连续作业现场试验

起下钻作业是钻井作业中占用时间较长的工作，其作业效率对钻井效率影响较大，故开展了管柱自动化系统连续起下钻作业现场试验，总体时效统计见表 2–2–3。

4. 现场试验效果

1）提高钻井效率

（1）钻进提速效果显著。

该井在三开、四开井段（2897～5736m、5736.20～7270m）为提速关键井段。一方面优化钻井技术措施、采用四单根立柱配合使用 Power–V 工具钻进，提速效果明显，防斜效果显著，最大井斜控制在 1.60°以内，三开井眼扩大率 3.45%，保证了良好的井眼轨迹，为后续施工提供了良好的基础条件，有效提高了机械钻速；另一方面钻机采用接四单根立柱方式钻进，减少接立柱次数，助推了钻井提速。该井创造了比博孜区块各井平均周期减少 51.71 天的提速效果，如图 2–2–2 所示。

采用四单根立柱钻进少接立柱有助于钻井提速。该井采用接四单根立柱方式钻进，钻至完井井深（7510m）共计接四单根立柱 195 柱，若采用接三单根立柱方式钻进则应接 260 柱，少接 65 柱。经现场统计钻进接立柱平均时间约为 0.67h（全井接立柱及单根钻进 291 次，共计 195h），共计少用时 43.55h。

采用四单根立柱起下钻 $2^{7}/_{8}$in 小钻具悬挂方式减少甩接钻具提速。该井完井作业期间需使用 $2^{7}/_{8}$in 小钻具钻水泥塞，共计需要接四单根立柱 20 柱，完井作业使用 $2^{7}/_{8}$in 小钻具 3 次。若采用三单根立柱传统方式 $2^{7}/_{8}$in 小钻具无法立靠于井架二层台内，必须使用完后重新甩到场地上。采用小钻具悬挂方式避免了 3 次的钻具的接甩，经现场统计建立柱平均时间约为 0.11h，甩立柱平均用时 0.13h，共计少用时 14.5h。

（2）套管内采用四单根起下钻提速效果显著。

与博孜区块邻井 ZJ80 和 ZJ90 钻机套管内起下钻时效进行了对比，通过对比分析，排除为防止卡钻人为控制起下钻速度因素，该钻机在套管内的起下钻速度比三单根立柱钻机提高 23.8%。

表 2-2-1　建立根时间数据统计表

序号	猫道送钻柱用时	钻杆入“鼠洞”时间/s	铁钻工上扣时间/s	“鼠洞”内钻杆上提时间/s	钻杆入“鼠洞”时间/s	铁钻工上扣时间/s	“鼠洞”内钻杆上提时间/s	钻杆入“鼠洞”时间/s	铁钻工上扣时间/s	排立柱时间/s	建立柱用时合计/s
1	45	71	40	18	68	53	20	62	49	10	436
2	与上柱重合	69	38	17	68	51	19	59	48	11	378
3	与上柱重合	72	37	15	70	47	19	57	49	9	375
4	与上柱重合	73	39	28	69	50	16	68	45	9	393
5	与上柱重合	70	42	17	70	46	18	72	46	10	390
6	与上柱重合	72	37	19	68	51	17	69	51	8	392
7	与上柱重合	71	42	16	70	47	14	63	47	9	380
8	与上柱重合	73	39	18	72	49	15	65	50	8	389
9	与上柱重合	69	41	19	74	45	17	70	47	10	391
10	与上柱重合	70	43	16	71	46	15	71	49	9	390

注：建立根最大用时 436s；建立根最小用时 375s；建立根平均用时 393s；每小时建立根 9.16 柱，合 348m。

表 2-2-2　动力猫道多根甩钻具现场试验数据表

序号	下放“鼠洞”用时 / s	铁钻工卸扣用时 / s	液压绞车下放钻具至坡道用时 / s	下放“鼠洞”用时 / s	铁钻工卸扣用时 / s	液压绞车下放钻具至坡道用时 / s	下放“鼠洞”用时 / s	铁钻工卸扣用时 / s	液压绞车下放钻具至坡道用时 / s	下放“鼠洞”用时 / s	液压绞车下放钻具至坡道用时 / s	多单根甩至坡道用时 / s	猫道翻转机构将钻杆移至两边管排架用时 / s	总时间 / s
1	22	43	52	22	42	52	22	44	54	24	51	11	9	448
2	23	44	50	24	43	51	24	44	52	23	57	12	10	457
3	25	43	52	25	44	52	23	44	55	22	52	11	9	457
4	22	47	55	22	43	51	22	43	51	26	55	10	11	458
5	24	42	57	25	42	57	26	43	57	22	52	11	9	467
6	23	43	52	23	42	52	23	43	52	24	52	16	9	454
7	24	44	59	24	48	55	22	52	55	22	55	11	8	479
8	25	43	55	25	50	55	24	50	52	24	51	12	8	474
9	22	45	54	21	44	54	21	42	51	21	57	11	9	452
10	21	43	52	26	41	52	28	41	55	23	52	11	9	454
平均用时 /s	23.1	43.7	53.8	23.7	43.9	53.1	23.5	44.6	53.4	23.1	53.4	11.6	9.1	460

表 2-2-3 起下钻管柱自动化连续作业时效统计表

序号	上提钻具游到三层台合适高度用时 /s	气动卡瓦开关到位用时 /s	铁钻工上、卸扣用时 /s	钻台机械手扶持钻具坐立根盒用时 /s	自动井架工抓取钻具到游车开始下放用时 /s	空游车下放到位人员换吊卡用时 /s	总用时 /s
1	41	13	40	42	21	65	222
2	42	10	41	41	22	61	217
3	43	9	45	45	20	62	223
4	44	11	46	42	19	63	225
5	45	12	51	41	18	61	228
6	46	10	42	43	21	63	225
7	47	11	44	42	22	62	228
8	48	10	46	44	21	62	231
9	42	12	45	41	20	63	223
10	43	12	44	42	21	64	226
平均用时 /s	44.1	11	44.4	42.3	20.5	62.6	224.8

注：起下立柱最大用时 231s；起下立柱最小用时 217s；平均用时 224.8s；每小时平均起下立柱 16 柱合 608m，最多起下立柱 16.59 柱，合 630m。

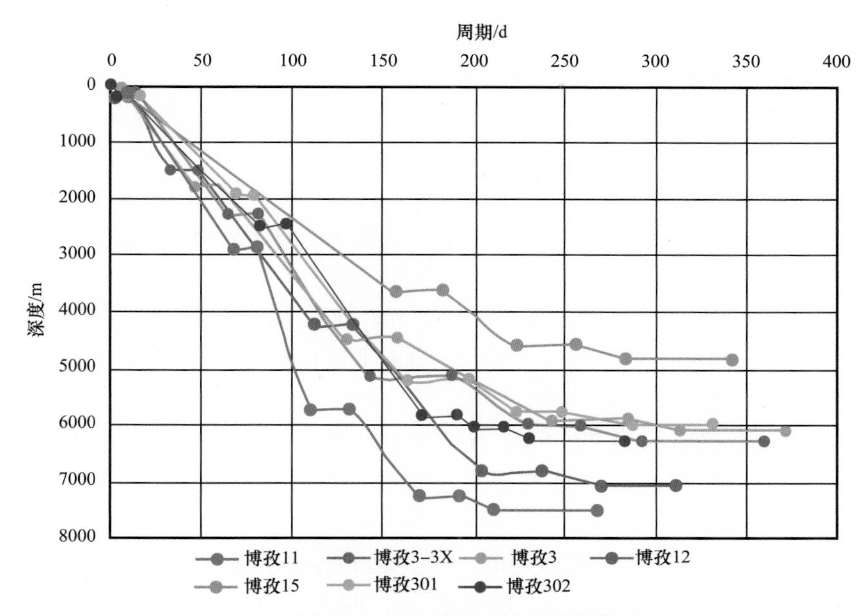

图 2-2-2　博孜 11 井与博孜区块邻井周期对比图

对套管内起下钻提速分析，通过钻机自带的四单根二层台与三单根二层台，分别进行了 10 柱钻杆的四单根二层台与三单根二层台起下钻试验，试验工况为四开，套管长度 5736m。起钻钩速：上提钻具平均 0.8～0.9m/s，下放空游车平均 1.1m/s。下钻钩速：上提空游车平均 1.1m/s，下放钻具平均 0.8～0.9m/s。

经过试验对比，四单根起钻平均速度每小时 16.15 柱（613.7m），三单根起钻平均每小时 17.3 柱（492.8m），起钻速度提高 24.53%。四单根下钻平均速度每小时 16.8 柱（638.4m），三单根下钻平均每小时 18.2 柱（518.7m），下钻速度提高 23.08%。总体上，四单根起下钻比三单根起下钻速度提高 23.8%。

通过两种起下钻提速比例对比，得出结论均为 23.8%，因此，该 8000m 四单根立柱钻机套管内起下钻速度相对常规 ZJ80 钻机提速为 23.8%.

（3）全井起下钻时效分析。

该井一开、二开（0～2897m）井段使用 $5^7/_8$in 钻杆、9in 钻铤，采用四单根立柱方式起下钻，至二开完下四单根立柱 77 柱、起下钻时间为 322h；若采用三单根立柱方式起下钻则下 103 柱，减少立柱比 33%。

该井三开（0～5736m）井段使用 $5^7/_8$in 钻杆、9in 钻铤，采用四单根立柱方式起下钻，至三开完下四单根立柱 151 柱、起下钻时间为 166h；若采用三单根立柱方式起下钻则下 202 柱，减少立柱比 33%。

该井四开（0～7270m）井段使用 $5^7/_8$in 钻杆、7in 钻铤，采用四单根立柱方式起下钻，至四开完下四单根立柱 192 柱；若全井段采用三单根立柱方式起下钻则立 256 柱，起下钻时间为 297.5h，减少立柱比 33%。

该井五开井段（0～7510m）使用 $5^7/_8$in 与 4in 钻杆、5in 钻铤，采用四单根立柱方式起下钻，至五开完 $5^7/_8$in 钻杆、5in 钻铤采用 4 单根立柱方式起下钻共 95 柱，4in 钻杆采用三单根立柱方式起下钻则立 137 柱；若全井段采用 3 单根立柱方式起下钻则下 264 柱，全井段起下钻时间为 118.8h，减少立柱比 14%。

各井段钻机起下不同钻具，下 4 单根立柱、2 单根立柱实际情况及起下钻时间见表 2–2–4。

（4）起下钻速度对比。

对比全井，在井身结构、钻井难易程度相当情况下，对比采用四单根立柱起下钻的博孜 11 井与采用 3 单根立柱起下钻的博孜 3 井、BZ3–3X 井、博孜 15 井，已经完井周期最短的博孜 302 井各开次、合计平均起下钻数据，该钻机五开前采用四单根立柱起下钻速度相对于三单根立柱钻机，提速 22.63%；五开采用复合钻具起下钻相对三单根立柱钻机，提速 16.96%。

（5）全井段起下钻提速效果分析。

该井五开前起下钻时间为 794.5h，五开起下钻时间为 118.5h，全井起下钻提速时间 261.59h。全井段起下钻提速比例为 22.27%，相对三单根立柱钻机，四单根立柱钻机总体提速效果显著。

① 相对三单根立柱钻机全井提速时间。全井起下钻提速时间 + 钻进接立柱减少时间 + 五开采用小钻具悬挂起下钻避免接甩小钻具时间，即 319.64h。

② 相对三单根立柱钻机全井提速比例。相对三单根立柱钻机全井提速时间 /（相对三单根立柱起下钻时间 + 相对三单根立柱钻进接立柱时间），提速 22.62%。

（6）钻机对库车山前复杂井段应对钻井复杂的作用：四单根立柱划眼空间大、减少了在复杂井段停留时间，遭遇复杂工况时效明显减少，作业安全无事故。全井事故时效只有 0.14%，远低于周围平均水平 6.17%。

① 二开：4 单根 77 柱；复杂井段 4 单根 44 柱，复杂井段每柱平均起钻时间为 9.3min，相对三单根立柱钻机（3 单根 103 柱、复杂井段 58 柱）复杂井段起钻通过时间减少 2.17h、减少钻具静止时间 0.72h。

② 三开：四单根 151 柱；复杂井段 4 单根 32 柱，复杂井段每柱平均起钻时间为 11min，相对三单根立柱钻机（三单根 202 柱、复杂井段 42 柱）复杂井段单趟起钻通过时间减少 1.83h、减少钻具静止时间 0.6h。

③ 四开：4 单根 192 柱；复杂井段四单根 16 柱，复杂井段每柱平均起钻时间为 10min，相对三单根立柱钻机（三单根 256 柱、复杂井段 21 柱）复杂井段单趟起钻通过时间减少 0.83h、减少钻具静止时间 0.27h。

相对三单根立柱钻机，该钻机在复杂层段钻具停留时间减少 25%～26%，钻具静止时间减少 9%～4.7%，能有效降低在塔里木库车山前井易卡、易漏层的事故发生率。复杂井段起下钻时效统计见表 2–2–5。

2）提高作业安全性

可通过遥控手操盒或控制台完成对机械化设备的远程控制，使作业人员远离高危作业区域，最大限度地降低了作业风险。四种安全互锁设计，有效避免了误操作的发生。经统计对比，起下钻、接甩立柱风险大大降低。管柱自动化处理系统与传统作业安全性评估对比见表 2–2–6。

表 2-2-4　博孜 11 井各开次起下钻及时效记录表

开次	钻具尺寸	外径 / mm	长度 / m	单根数 / 根	起下方式	四单根立柱数 / 柱	三单根立柱 / 柱	对比 / %	起下钻时间 / h	备注
1	$5^7/_8$ in 钻杆及以上钻具	228.6	180	20	四单根立柱	5	7	−40	9	钻铤
2	$5^7/_8$ in 及以上钻具	149.2	2717	286	四单根立柱	72	96	−33	322	
		228.6	180	20	四单根立柱	5	7			钻铤
3	$5^7/_8$ in 及以上钻具	149.2	5736	603	四单根立柱	146	195	−33	166	
		228.6	180	20	四单根立柱	5	7			钻铤
4	$5^7/_8$ in 及以上钻具	149.2	7270	748	四单根立柱	187	249	−33	297.5	
		177.8	183	20	双单根立柱	5	7			钻铤
5	$5^7/_8$ in 及以上钻具	149.2	3500	370	四单根立柱	90	120	−14	118.5	
	4in 钻具	101.6	3800	400	三单根立柱	137	137			
		127	181	20	四单根立柱	5	7			钻铤

表 2-2-5　博孜 11 井复杂井段起下钻时效统计表

开次	井眼尺寸 / in	井段 / m	复杂井段 / m	经过复杂井段		全井段平均起钻时间 / h	复杂段平均起钻 / h	减少钻具复杂井段停留时间 / h	减少钻具复杂段静止时间 / h	起下钻趟数
				段长 /m	层位					
2	$17^1/_2$	0～2717	1000～2700	1700	康村组、吉迪克组	12	6.8	2.17	0.72	4
3	$13^1/_8$	0～5736	4436～5736	1300	库姆格列木群盐膏岩	15	5.9	1.83	0.6	3
4	$9^1/_2$	0～7270	6670～7270	600	库姆格列木群盐膏岩	21	2.6	0.83	0.27	4

表 2-2-6 管柱自动化处理系统与传统作业安全性评估对比表

风险类别	作业名称	降低风险率 /%	备注
单吊环风险	常规双吊卡起钻	100	伤人伤设备、井下事故
挤伤风险	开关吊卡活门	100	挤伤
	下套管自动扶正		
管具滚落风险	接甩钻具、下套管	99	伤人、伤设备
物体打击	上卸、扣	100	伤人
高空坠落	起、下钻、接立柱	95	伤人

3）减少操作人员

使用钻机管柱自动化处理系统甩接立柱、起下钻，可减员 1～2 人。钻具处于立根盒后三排，使用钻台机械手起钻可替代 3 名人工推扶。

4）减轻工人劳动强度

井口作业均可实现近、远控自动化控制操作，基本实现无人工直接操作的作业，减轻工人劳动强度。

5）改变操作人员的作业环境

可减少生产班组人员在露天环境作业的时间，在恶劣天气时可减少因天气原因造成的施工困难。集中控制与远程控制优点：集成化智能司钻控制系统采用“功能复用、一键多能、人机交互”实现司钻操作终端的集成。座椅通过多模式选择开关选择实现的功能：司钻模式下集成司钻控制系统实现了对绞车、转盘、钻井泵、顶驱、液压吊卡、启动卡瓦等设备的控制；管柱模式下集成司钻控制系统实现了对排管架、动力猫道、铁钻工、缓冲机械手、钻台机械手、三单根二层台排管装置、四单根二层台排管装置等设备的控制；起下放模式下集成司钻控制系统实现了对钻机起升下放功能的操作。

6）提高井下作业安全

四单根立柱划眼空间大、减少了在复杂井段停留时间，相对三单根立柱钻机，该钻机在复杂层段钻具停留时间减少 25%～26%，钻具静止时间减少 9%～4.7%，能有效降低在塔里木库车山前井易卡、易漏层的事故发生率，遭遇复杂工况时效明显减少，作业安全无事故。全井事故时效只有 0.14%，远低于周围平均水平 6.17%。

第三章　高效快速钻井技术装备

针对塔里木盆地、松辽盆地等深层油气藏地质特点和存在的技术难点问题，开展了深层高效破岩钻头（蔡环，2008；刘婧等，2013；金永男等，2015；何勇，2016）、钻井提速装置与工具（兰凯等，2015；李琴，2017；李振兴等，2017）、钻井工程地质力学技术等三个方面的技术攻关，形成了适用于深井的高效破岩钻头、钻头破岩能效优化与协同控制工具、涡轮钻具（冯定等，2004；冯定，2007a，b）、高频扭转冲击工具、钛合金钻杆以及钻井工程地质力学技术等系列技术，提高了深井超深井钻井效率和钻井速度，为深层超深层油气资源安全高效开发提供技术支撑。

第一节　非平面齿 PDC 钻头研制与应用

非平面齿 PDC 钻头独特的复合片形状与钻头结构设计，使其在硬、超硬、较硬地层破岩效率更高，因此，国外钻头厂商大多进行了深入地研究并开发相应产品（李树盛等，1998；孙明光等，2001；石志明，2006；彭浩等，2011；彭亚洲，2015；李悦，2017），针对其技术难点，开展了非平面齿复合片材料与结构设计、非平面齿 PDC 钻头切削结构与水力结构设计研究等，研发出系列非平面齿 PDC 钻头产品，在西南、塔里木、大庆等油气田推广应用，创造了多项现场新纪录。

一、PDC 复合片失效形式与非平面齿复合片设计

1.PDC 复合片失效形式

金刚石具有高屈服强度原因：高密度的 SP3 键以及结合键的方向性，这直接导致了晶体间的错位被控制在很窄的区间很难移动。当冲击载荷超过阈值时，微裂纹在材料内部产生。这些微裂纹会在外部机械及热载荷的作用下不断生长、延伸直至达到临界长度，最终导致复合片不可逆转的失效。根据材料失效时宏观特征，可以将其分为下面几种类型：

1）平滑磨损

如图 3-1-1 所示，在钻进研磨性地层时，地层的作用力可以导致单个晶粒或晶粒的一部分脱落，同时钻进时产生的高温使金刚石转化为石墨后脱落。这两种情况的脱落逐渐积累会在金刚石层形成一个平行于岩石表面的磨面，它会随着进一步的钻进而逐渐增大（石志明，2006）。

2）碎裂

如图 3-1-2 所示，周期性冲击载荷会导致金刚石层出现碎裂。坚硬地层持续地对复

合片的冲击会在金刚石层内引发裂纹，使与地层接触部分的材料碎裂脱落。材料缺失改变了复合片与岩石表面的相互作用，并且通常会降低切刀的效率。

3）剥落

如图 3–1–3 所示，剥落失效发生时会有大块材料从金刚石层脱落，这是钻井过程中问题最大的一种失效模式。剥落起始位置通常发生在复合片金刚石层的圆柱侧表面或磨损产生的磨面。

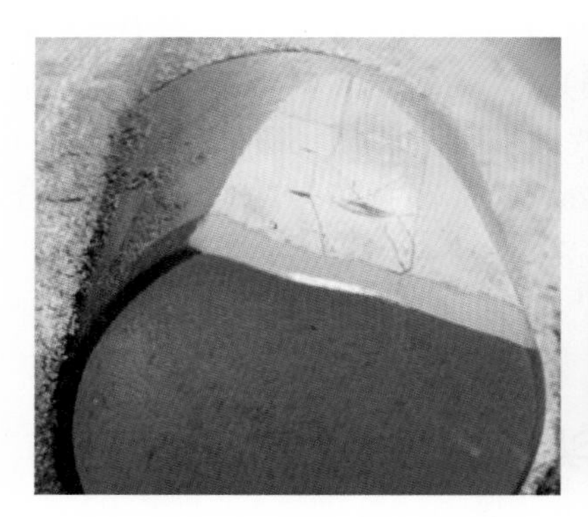

图 3–1–1　复合片平滑磨损失效

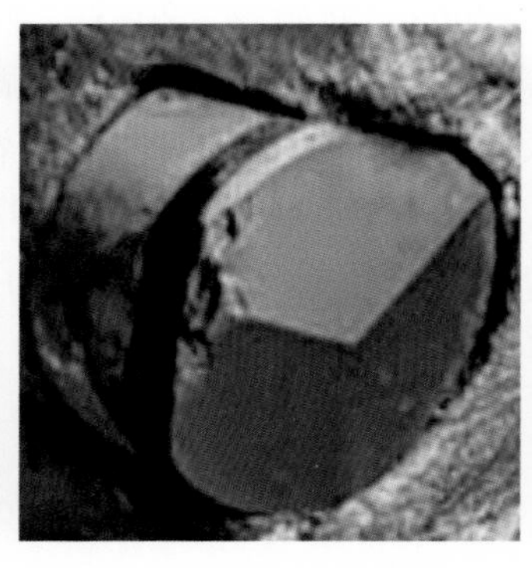

图 3–1–2　复合片碎裂失效

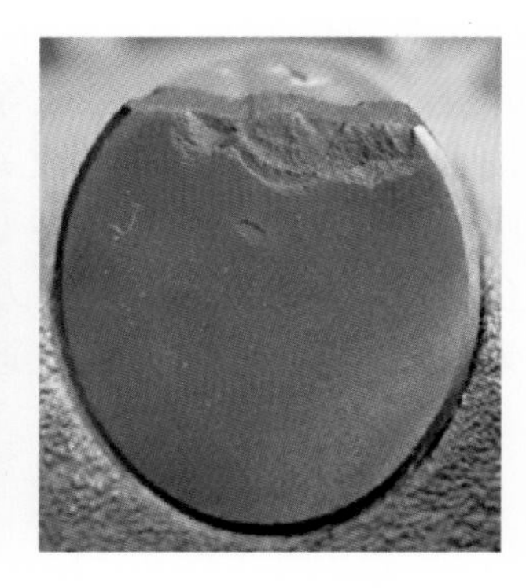

图 3–1–3　复合片剥落失效

2. 非平面齿复合片设计

提高切削齿抗正向冲击的能力是 PDC 钻头能否高效钻遇砂砾岩地层的最主要因素。中国石油集团公司休斯顿技术研究中心研制了一种新型的凸脊型非平面齿设计，切削齿与地层相互作用的部分从平面改为了三维非平面设计，顶部金刚石层被均分为三个斜面，由三条凸脊间隔。在 PDC 钻头布齿时，将其中一条凸脊棱置于切削刃位置，作为钻头切削地层的工具面，如图 3–1–4 所示。

3. 非平面齿 PDC 钻头复合破岩机理

在这种新的切削结构下，在钻进砂砾岩层时，砾石将不再直接冲击到金刚石表面平面，而是与该凸脊棱产生线接触，如图 3–1–5 所示。

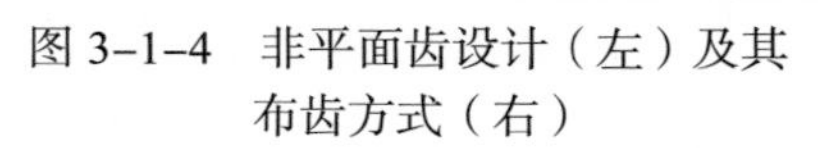

图 3–1–4　非平面齿设计（左）及其布齿方式（右）

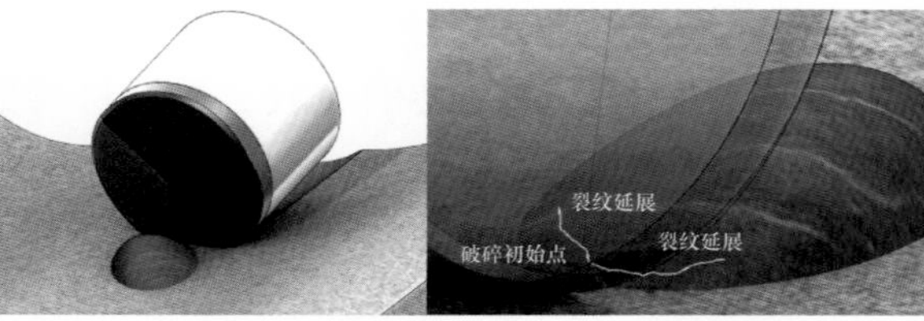

图 3–1–5　非平面齿切削砾石时凸脊棱挤压破碎砾石

将表面分为三个斜面，则切削棱两侧的斜面会对生成的岩屑产生向两侧及向前推挤的力，使得岩屑无法直接堆积于刀翼顶部，避免钻头产生泥包。

4. 抗冲击性与研磨性试验

冲击塔力学冲击测试是将复合片装置在带有一定后倾角的夹具下，在给定势能下自由落体冲击至另一构件上，观察复合片在若干次不同给定势能的冲击结果下的损伤情况，如图 3–1–6 所示。复合片可以以不同的后倾角安置于夹具中，如图 3–1–7 所示，然后置于冲击塔中被提升到一定高度后自由落体冲击至底部的构件，冲击塔内置的力传感器会将复合片后部所测到的冲击力输出至电脑。

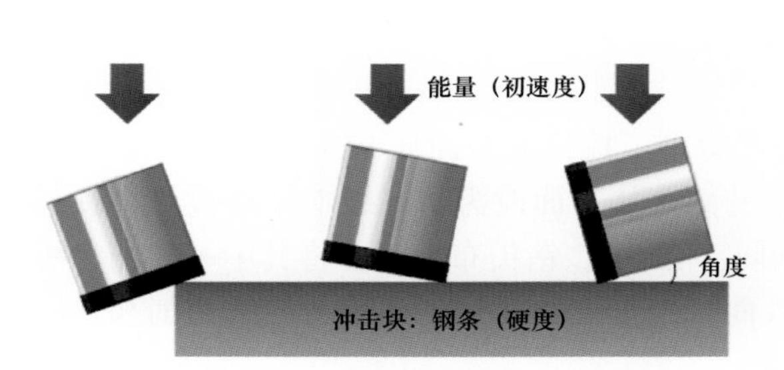

图 3–1–6 冲击塔测试机理示意图

图 3–1–7 冲击塔试验装置

在实际测试过程中，如果冲击次数超过阈值次数，则认为通过测试。对比组为金刚石材料完全一致的常规平面齿复合片，如图 3–1–8 所示。

常用的研磨性功能测试是立式转塔车床实验（VTL）。如图 3–1–9 所示，实验时将无围压强度（UCS）为 20～25ksi 的花岗岩置于立式车床上固定并以一定的转速旋转，并将复合片以一定后倾角（通常为 15°～25°）固定至夹具中并由外至内切屑岩石。

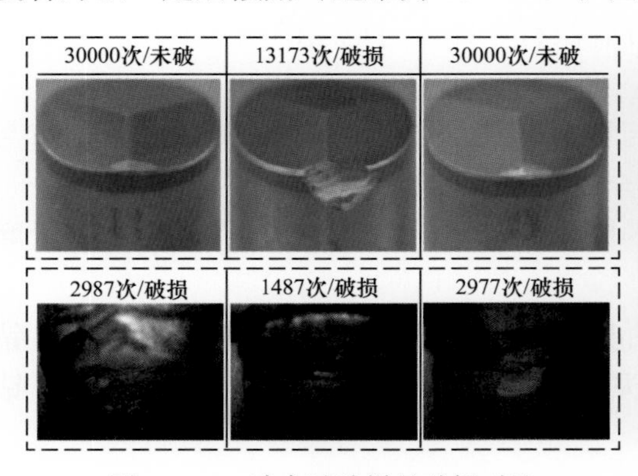

图 3–1–8 冲击试验样品破损对比

图 3–1–9 复合片耐磨性测试

在该实验中，将测试切削齿焊接至特定夹具内，并置于加压的腔体内，压力由以油为介质的液压机构提供。抗压强度约为 150MPa 的砂岩样品置于压力腔内并旋转，切削齿在给定进刀量的控制下切削岩石，并通过其后布置的三轴力传感器记录切削过程中三个方向的力。非平面齿和对标用的平面齿均在同等条件下进行了切削实验，如图 3–1–10 所示。

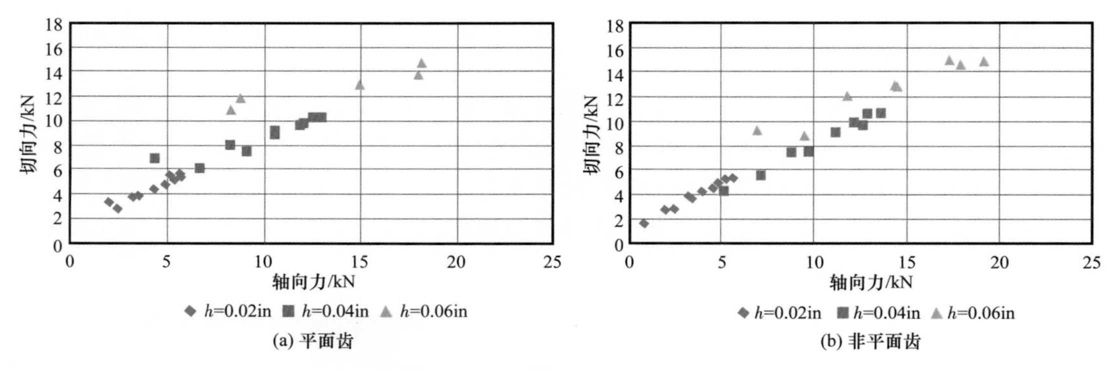

图 3-1-10 单齿切削效率对比图

注：h 为进刀量

二、非平面齿 PDC 钻头设计

中国石油集团公司休斯敦技术研究中心凸脊型三棱锥非平面齿 PDC 钻头在该新型非平面齿切削设计中，切削齿与地层相互作用的部分从平面改为了三维非平面设计，顶部金刚石层被均分为三个斜面，由三条凸脊间隔。在 PDC 钻头布齿时，将其中一条凸脊棱置于切削刃位置，作为钻头切削地层的工具面，将传统的面刮削，改变为线切削和点压裂的方式，从而大大提高钻头破岩效率。

1. 非平面齿 PDC 钻头设计依据

1）传统设计理念

等切削体积原则：每个切削齿的切削体积相等；等功率原则：每个切削齿的切削功率相等；等磨损原则：每个切削齿的磨损速度一致。

传统设计理念局限性：

（1）等切削体积原则基于几何关系的推导，没有考虑齿与地层的相互作用，不能准确反映切削齿受力以及磨损的规律。

（2）等功率原则不能完全反映不同岩石与切削齿作用的规律，以力来表达切削齿与岩石的相互作用规律，参数过于单一，不能完全反映切削齿的比能耗。

（3）等磨损原则由于影响切削单元磨损的因素极其复杂，仅以力与移动距离衡量磨损，与实际情况差距较大。

（4）依据等切削体积与等功率原则优化钻头切削齿分布，可在“满天星”式 PDC 钻头中实现，而在刮刀式 PDC 钻头中，由于钻头布齿空间的限制，有些切削齿无法置于钻头上，不可能达到理论上的等磨损。

2）新的设计理念

（1）平衡力设计。旋转过程中，如果钻头齿受力的合力不平衡，会引起钻头在公转同时伴有间断性自转，从而形成涡动，为消除这种影响，采用平衡力设计理念。

（2）沿冠部轮廓曲线均匀和非均匀布齿。当 PDC 钻头冠部曲线按一定的方式设计后，只需要沿冠部轮廓曲线均匀布齿，就可达到布齿的要求，即将布齿的问题转化为冠部曲线的设计问题。

（3）减振齿设计。考虑到钻头受钻柱运动以及与接触地层的相互作用影响，纵向振动不可避免，而这又会使得切削齿受到不规则的冲击作用，进而造成切削齿的破坏，为减小切削齿的冲击破坏，提出了减振齿设计的方法。

（4）局部强化设计。以钻头实际磨损情况为依据，结合 PDC 钻头设计的基本理论进行 PDC 钻头的设计，根据钻头受力差异在不同部位使用不同性能的齿，该方法可以看成是等磨损原则的发展。

（5）数值模拟分析。利用计算流体动力学（CFD）数值模拟分析的方法对 PDC 钻头井底流场、喷嘴射流对携岩效果的影响等方面进行综合分析，提出了 PDC 钻头水力结构优化的原则：① 较高的井底压力；② 避免在主切削齿附近出现低流速区进而发生泥包现象；③ 小的旋涡将减轻岩屑被返回井底的概率；④ 流道流量分配的合理性。

2. 切削结构设计

钻头切削结构的优化设计主要集中在三类参数：冠部形状、切削齿的分布、切削齿的空间结构。

1）冠部形状设计

钻头的冠部形状决定了钻头切削形成的井底形状，对不同部位切削齿的载荷有较大的影响。冠部内锥形状决定了钻头中心部位未破碎岩石的凸体形状，而中心凸体可以限制钻头的横向运动，影响钻头的稳定性。

（1）冠部高度。

冠部高度系数 = 钻头直径 / 冠部高度

如图 3–1–11 所示，按照冠部高度系数将冠部圆弧半径大小分为四级，具体分级描述见表 3–1–1。

表 3–1–1 冠部高度系数

冠部高度系数	＞6	5～6	4～5	＜4
适用条件	硬地层	软至中硬地层	极软至软地层	高转速

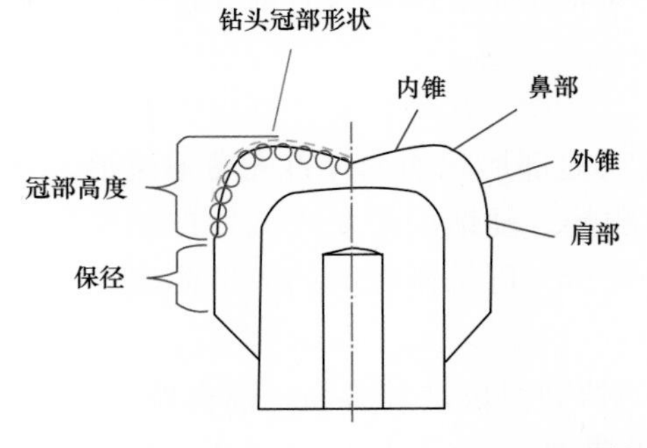

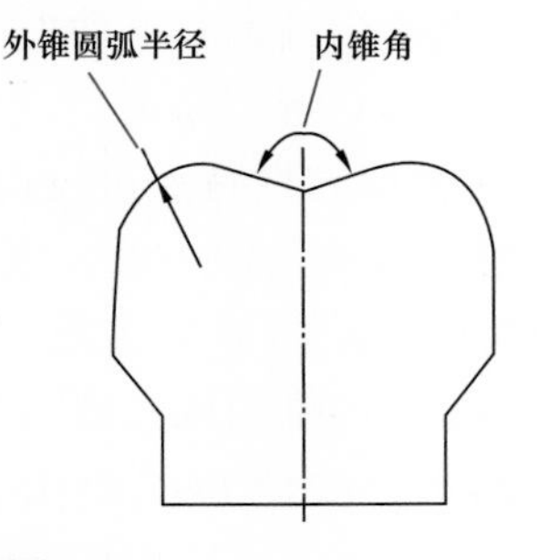

图 3–1–11 PDC 钻头冠部形状图

（2）内锥角。内锥的主要作用是抵抗钻头横向力、防止钻头横移，维持钻头稳定旋转。内锥面通常采用角度来表示特点。深锥（<130°）拥有较高的稳定性，中心区域的金刚石覆盖率高，不足之处是导向性不好，清洗效果差；浅锥（>130°）导向性强、清洗效果好，攻击性强，但稳定性差，金刚石覆盖率低。

（3）鼻部。

① 鼻部曲面特点。大曲面：通过大的表面面积来达到很好的抗冲击能力，适合在硬且夹层多的地层中使用；小曲面：可在切削片上形成较高的点式冲击，适合于软且均质性好的地层，得到较高的机械钻速。

② 鼻部与中心距离。鼻部与中心距离小可提供给肩部更大的表面面积和布齿密度，适合软但是研磨性强的地层；鼻部与保径部位距离近可给钻头冠部提供更大冠面面积，从而得到更好的冲击能力，适合比较硬的地层。

③ 外锥圆弧半径。水力结构的流场分布要使井底岩屑随着流场的漫流层携离井底。外锥圆弧半径减小，在井壁附近容易产生涡流区，破碎的岩屑不能及时清除，形成携岩死角，影响破岩效率。

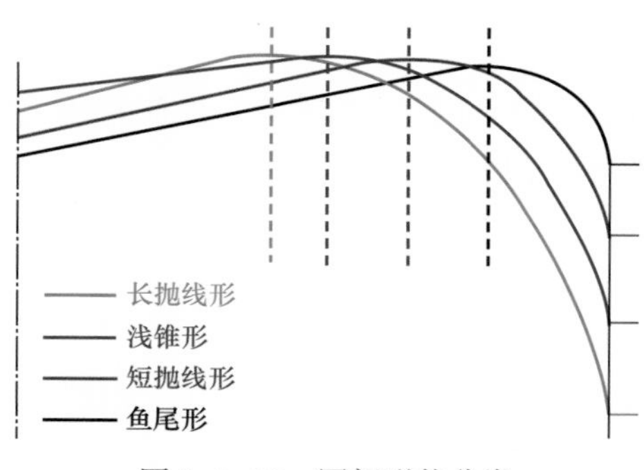

图 3-1-12　冠部形状分类

④ 冠部形状分类（图 3-1-12）：

鱼尾形：鱼尾形 PDC 钻头切削齿的出露方式允许同时有水平方向和垂直方向的剪切作用，因而可提高钻速；适用于转盘钻井的直井和定向井钻进，也适用于高速井下马达及涡轮钻井。

浅锥形：浅锥形 PDC 钻头能很好地钻进夹层。由于此种外形钻头依靠较长的保径和扶正，在快速钻井中，能够保持方位和井斜的稳定。

短抛物线形：短抛物线形 PDC 钻头最适合于钻可能遇到硬夹层的地层。短抛物线形钻头有一个带锥度的冠部，其冠顶圆钝，可以在钻头外侧设计布置更多数量的切削齿，使钻头的磨损更为平衡。

长抛物线形：长抛物线形 PDC 钻头的整个冠部载荷均匀，无明显载荷过渡区；与其他冠部形状相比，载荷不过分集中。这种冠部外形可使钻头肩部及保径部位布更多的切削齿，故最适合于高速井下动力钻具钻进。

（4）冠部形状选型原则。

① 针对地层岩性特点进行设计。软地层冠部形状的选择首先考虑流道，外锥圆弧半径应取大值、内锥角取小值，以保证流道顺畅。硬地层需要降低外锥部位岩石的可破碎强度，同时硬地层机械钻速低，井底岩屑较少，可采用较大的流道曲率，因此外锥圆弧半径应取小值、内锥角取大值。

② 设计时，要使 PDC 钻头冠部表面的切削齿设计较容易，需保证有足够的 PDC 布齿空间和流道空间，还需冠部形状易于加工成型。

③ 根据钻头直径、肩部外锥高度、内锥深度等钻头总体参数，设计出合理的 PDC 钻

头冠部轮廓形状，可以给钻头提供合理的表面空间来进行布齿设计。

④ 冠部可提供足够的切削齿布置空间，且冠部形状有利于切削齿的清洗、冷却和润滑。

2）布齿设计

布齿方法上主要遵循等切削、等磨损、等功率三种布齿原则。

（1）布齿间距。切削齿通过钎焊固结在刀翼上，因此切削齿在刀翼上固结需要一定的间隙，以保证切削齿之间在焊接定位时不发生相互干涉。

（2）布齿密度。布齿密度定义为单位长度内切削齿的总面积，也可用相邻两个切削齿之间的中心距表示。切削齿井底覆盖图显示出切削齿沿径向在冠部轮廓线上分布情况，反映了钻头不同部位参与破岩的切削齿的总量变化。

（3）辅助齿。有时根据需要会在钻头肩部的主切削齿后面安装球面齿、锥形齿、楔形齿及多级齿。

（4）布齿原则。切削齿在冠面上的定位参数有径向定位参数和周向定位参数，对应的布齿方法就有径向布置和周向布置。径向布置是沿扩眼体冠部轮廓按布齿原则布置切削齿，使切削齿能有效覆盖整个冠部轮廓线；周向布置是在360°范围内把切削齿布置到钻头冠面上。

3）切削齿的选择与空间结构设计

（1）切削齿的选择：

① 按金刚石层厚度分有厚金刚石层切削齿和薄金刚石层切削齿，厚金刚石层切削齿耐磨性强。

② 按金刚石表面光洁度分有研磨切削齿、抛光切削齿和普通切削齿，研磨切削齿和抛光切削齿的防泥包能力更强。

③ 目前应用比较多的切削齿直径主要有19mm、16mm、13mm、8mm。直径越大整体强度越高，抗冲击能力越强，金刚石面大，可吃入深度大，适用于较软的和软硬交错的地层；直径越小抗研磨能力越强，吃入地层能力越强，但金刚石面小，可吃入深度小，适用于较硬的地层。

（2）切削齿出刃高度。出刃高度为切削齿可切入地层的最大高度，出刃高度大意味着切削齿可吃入地层的深度大，吃入地层的深度与机械钻速密切相关。通常为保证钻头切削齿固结强度，切削齿的出刃高度不超过切削齿直径的一半，因此切削齿直径大小决定了钻头切削齿的出刃高度。

（3）切削齿空间结构。确定切削齿切削平面位置的参数，称为切削齿的空间结构参数。切削齿空间结构包括三个基本参数为切削角、侧转角和位置角，如图3-1-13所示。其中切削齿切削角影响岩石的应力状态，与破岩效果密切相关。PDC钻头设计中用切削角、侧转角来规定切削齿的排列方向。

① 切削角。金刚石复合片绕水平直径线旋转一个角度，切削齿切削平面和切削齿轴线所成的角称作切削角，又叫后倾角。根据地层硬度采用适当的切削角，可以大大改善切削齿的抗冲击性，使钻头获得较高的机械钻速和寿命。针对不同深度的不同岩性，在兼顾

钻头寿命的前提下，适当减小切削角，增强切削齿吃入地层的能力，可获得较高的机械钻速。

② 侧转角。侧转角的主要作用是切削齿在切削地层时对齿前切削产生侧向推力，使岩屑向钻头外缘移动，以利于排出岩屑，防止钻头泥包。有侧转角的钻头比无侧转角的钻头钻进性能更好，相对钻进速率较快。

③ 位置角。切削齿位置角为切削齿在钻头圆周上所处的方位角，切削齿位置角由其所处的刀翼位置、刀翼形状确定。

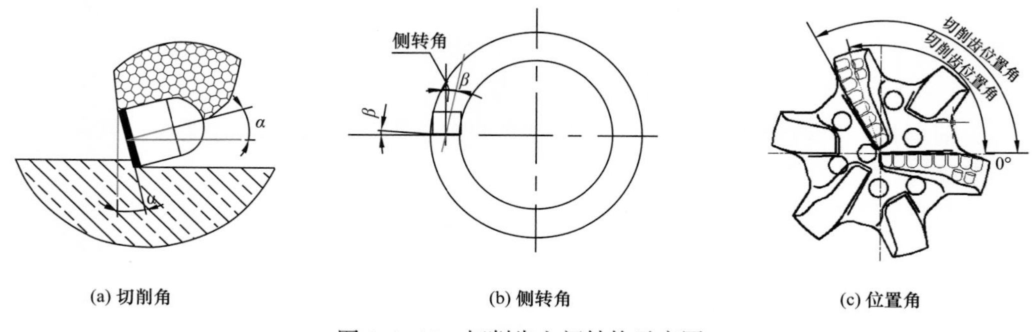

图 3-1-13　切削齿空间结构示意图

4）保径结构设计

保径主要起保证钻头直径的作用，另外还对钻头稳定性起很大的作用。增加保径长度可提高钻头的井斜控能力，缩短保径长度更容易造斜。

（1）保径分类。PDC 钻头的保径部位主要由主动保径和被动保径组成。主动保径由 PDC 钻头的直径位置上的削平部分构成，形成了切削结构和被动保径之间的过渡区。被动保径是钻头下部保证钻头直径的主要部位，它的设计特征有长度、环形覆盖、保径块的数量和螺旋角、表面粗糙度、保径直径。

（2）保径长度。一般认为保径长度是选择 PDC 钻头的关键因素，长保径设计有利于提高钻头钻进时的稳定性，防止井眼螺旋和钻头回旋，从而钻出高质量的井眼，不利于侧向切削，以至于不利于井眼造斜。短保径和主动保径（38mm 以下）更有利于产生侧向切削，有利于井眼造斜，但短保径设计将产生较差的井眼，表现在出现不规则、台阶和螺旋井眼。

5）刀翼数量及结构设计

（1）刀翼数量。对刮刀 PDC 钻头而言，钻头冠部形状确定后，刀翼数量决定了切削齿的布齿密度和数量，其位置角影响钻头的整体受力和流道的结构。为使钻头在井底保持稳定，每个钻头由三个以上的刀翼构成，目前最多的刀翼数量可达 12 个，地层越硬钻头磨损越严重，需要增加切削齿的数量，刀翼数量也越多。常规钻头刮刀数范围为 3～9。

（2）刀翼分类。根据形状分为直刀翼、常规螺旋刀翼和大螺旋刀翼。直刀翼：钻头刀翼的俯视投影为直线，一般其冠部圆弧较小，用于中软至硬地层钻头；常规螺旋刀翼：刀翼形状由直线段和螺旋线组成，适用于各种地层；大螺旋刀翼：刀翼形状为螺旋型，由切削齿的位置拟合得到，适用于软地层。

3. 水力结构设计

PDC 钻头水力结构分为流道结构和喷嘴及其空间结构，主要功能是有效地清除井底岩屑和冷却切削齿。如果岩屑不能及时清除，会产生压持效应，导致钻头工作表面堵塞造成复合片的加速磨损，甚至会发生泥包现象，降低钻头钻进效率。

1）流道结构设计

（1）设计目标。最大限度地增加流道空间，便于岩粉尽快离开井底，避免岩粉的二次破碎和钻头“泥包”。

（2）设计原则：

① 射流冲击井底后会在周围形成漫流，增加钻头水槽深度，这也就增加了喷嘴至井底的距离，减少射流的水力能量及漫流冲击，降低射流对 PDC 切削齿和钻头本体的冲蚀。

② 增加钻头水槽的宽度、深度，都可以增大 PDC 钻头流道过流面积，也可以降低漫流阻力，使每个流道的水力得以充分利用，同时避免了涡流的产生。

③ PDC 钻头在钻进过程中，流道结构设计应满足清除岩屑需求，且能很好地冷却和润滑钻头上的金刚石复合片。

2）喷嘴及其空间结构设计

（1）喷嘴数量和尺寸。喷嘴数量和尺寸是由水力学参数优化设计结果确定的，在使用过程中可根据具体情况随时改变喷嘴直径。喷嘴的当量直径可由排量和设计钻头压降计算得到：

$$\Delta p = \frac{0.05\rho Q^2}{A^2} \tag{3-1-1}$$

$$A = \frac{1}{4}\pi D^2 \tag{3-1-2}$$

$$D = \sqrt{\sum_{j=1}^{N} d_j^2} \tag{3-1-3}$$

式中 Δp——设计钻头压降，MPa；

Q——排量，L/s；

ρ——钻井液密度，g/cm^3；

A——钻头喷嘴过流面积，mm^2；

D——喷嘴当量直径，mm；

d_j——第 j 个喷嘴的直径，mm；

N——喷嘴个数。

由排量和设计钻头压降计算得到钻头喷嘴的当量直径后，根据喷嘴个数确定每个喷嘴直径。每个喷嘴直径有不同，但差别不能太大，以使钻头表面的液流分布均匀。

（2）喷嘴空间结构参数。喷嘴的空间结构参数主要有中心半径、位置方位角、喷射方位角和喷射角度，如图 3–1–14 所示。

在钻头的喷嘴能够胜任冷却 PDC 钻头、清岩携岩的基础上，适当调整喷嘴的喷射方位角、喷射角度等，就可以使喷嘴喷出的射流在充分冷却 PDC 切削齿的情况下尽量避开钻头的刀翼，指向流道，由此减少水力能量对切削齿和刀翼本体的冲蚀损坏。

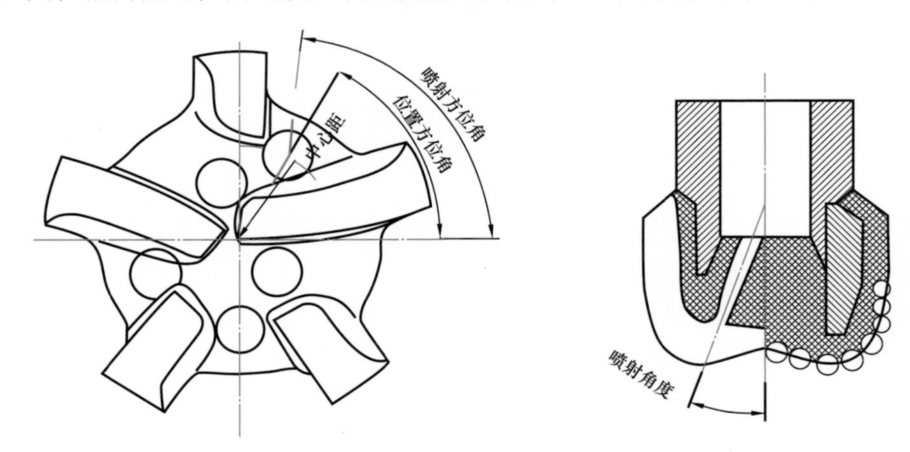

图 3–1–14 喷嘴空间结构参数

（3）喷嘴布置原则：

① 喷嘴的选择应能保证供给钻头工作面足够的水力能量，其配置方向要保证每个喷嘴或喷嘴能清洗和冷却一组复合片。

② 中心半径、位置方位角的确定原则是消除钻头表面的涡流区。

③ 喷射方位角、喷射角度的优化目标是以较大的水力功率清除切削齿破碎的岩屑，并形成速度矢量指向井壁的漫流层将岩屑携离井底，同时避免在井壁附近形成涡流。

三、非平面齿 PDC 钻头现场应用案例分析和效果评价

针对大庆深层天然气地层非均质性和高研磨性兼具（屠厚泽，1990），复合片难以咬入超硬地层，非均质砾石层导致切削齿正面冲击损伤严重的问题，优化刀翼轮廓及布齿密度和钻头动平衡区间、设计了非均质性地层和高研磨性地层专用非平面齿 8.5in PDC 钻头。

1. 典型井应用案例分析

1）宋深 18 井

2018 年 5 月，休斯敦技术研究中心在大庆油田宋深 18 井开展了非平面齿 PDC 钻头现场试验。入井钻头型号 MV613TAXU，共入井 2 次，宋深 18 井钻头最终出井照片如图 3–1–15 所示。

（1）试验井段 3466.27～3562m，进尺 95.73m，纯钻时间 58.26h，平均机械钻速 1.64m/h，钻头起出新度 95%。

（2）试验井段 3706.79～3747.01m，进尺 40.22m，纯钻时间 20.87h，平均机械钻速 1.93m/h，钻头起出新度 70%。

综合两趟钻进尺 135.95m，纯钻时间 79.13h，平均机械钻速 1.72m/h。同邻井同层位钻头平均指标相比，MV613TAUX 钻头机速较邻井提高 29.3%，进尺提高 52.8%。

2）宋深 115 井

2018 年 3 月 7—20 日，休斯敦技术研究中心在大庆油田宋深 115 井开展了非平面齿 PDC 钻头现场试验。入井钻头型号 MV613TAXU，共入井 1 次。试验井段 3970.00～4370.68m，进尺 300.68m，纯钻时间 178.83h，平均机械钻速 1.68m/h，钻头起出新度 90%。同邻井同层位钻头平均指标相比，MV613TAXU 钻头机速较邻井提高 30%，进尺提高 172%，宋深 18 井钻头最终出井照片如图 3-1-16 所示。

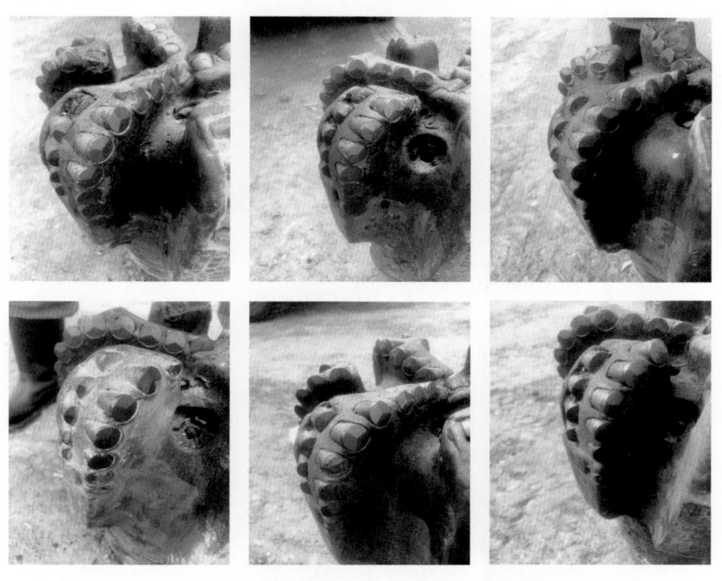

图 3-1-15　宋深 18 井钻头最终出井照片

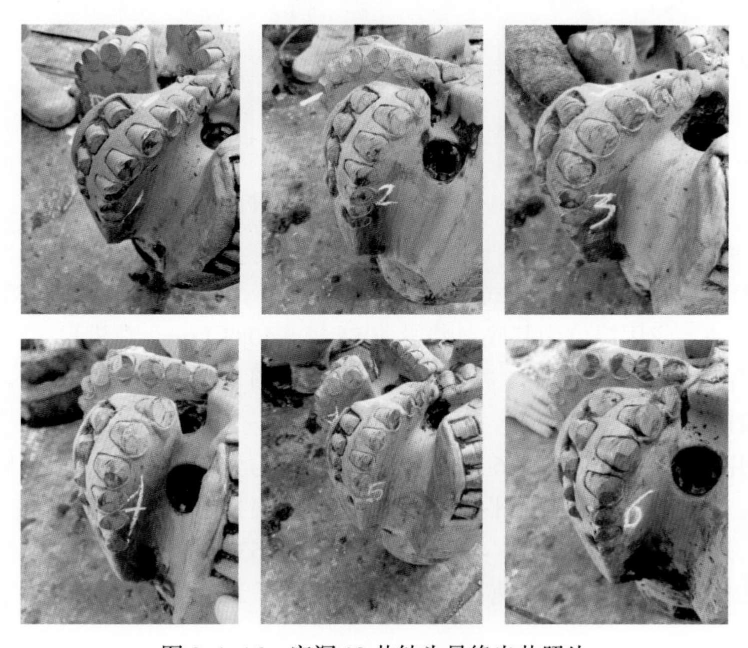

图 3-1-16　宋深 18 井钻头最终出井照片

3）苏 52 井

苏 52 井由大庆油田钻井一公司钻井队施工。钻头 $8^1/_2$in MV613TAXU/4010408。该井共施工 3 趟钻，应用层位为塔木兰沟组，井段 2902.19～3328.00m，总进尺 413.62m，纯钻时间 164h，平均机械钻速 2.52m/h。根据邻井资料对比，进尺提高 142.85%，机械钻速提高 55%。完钻后起出钻头新度 80%，提速效果显著（图 3–1–17）。

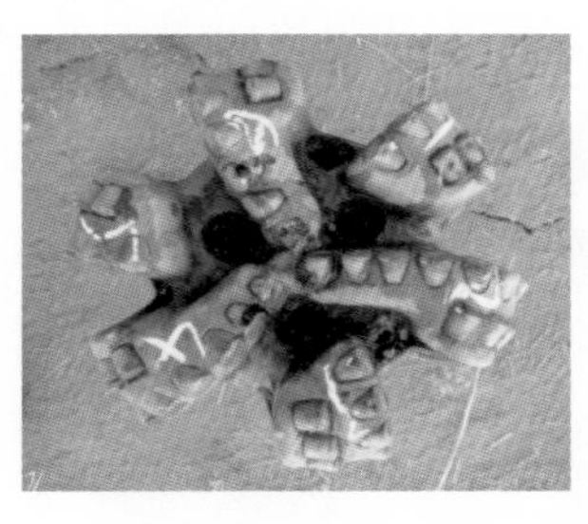

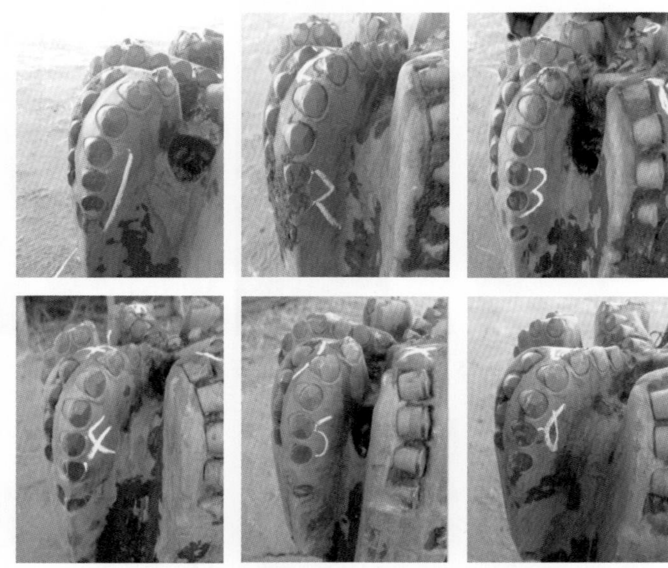

图 3–1–17 苏 52 井钻头出井照片

4）隆平 1 井

隆平 1 井由大庆油田钻井一公司 70163 钻井队施工。钻头 $8^1/_2$in MV613TAXU /4010275 该井共施工 1 趟钻，应用层位为基底，井段 4051.12～4083.18m，总进尺 32.06m，纯钻时间 13h，平均机械钻速 2.5m/h，隆平 1 井钻头出井照片如图 3–1–18 所示。

5）芳深 12HC 井

本井共使用 2 只钻头，施工 6 趟钻，应用层位为营城组—沙河子组，其中第一只钻头入井 2 次，总进尺 83.17m，平均机速 2.2m/h，根据邻井对比资料进尺提高 10.2%、机速提高 41%；第二只钻头入井 4 次，总进尺 350.63m，平均机速 2.2m/h，根据邻井对比资料进尺提高 246.7%，机速提高 39.2%，芳深 12HC 井钻头出井照片图 3–1–19 所示。

图 3-1-19　芳深 12HC 井钻头出井照片

图 3-1-18　隆平 1 井钻头出井照片

6）芳深12HC井（侧钻）

芳深12HC井（侧钻水平井）由钻井一公司70163钻井队施工，共使用钻头4只，施工4趟钻。根据邻井对比资料钻头1进尺提高31.8%、机速提高80%；钻头2进尺提高246.7%，机械钻速持平；钻头3进尺持平，机械钻速提高8.7%；钻头4进尺持平，机械钻速提高1.1%。芳深12HC井钻头2出井照片如图3-1-20所示。

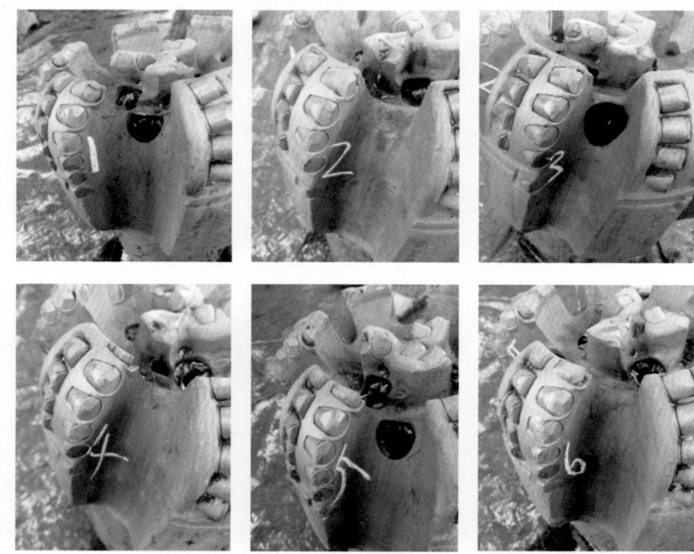

图3-1-20 芳深12HC井钻头2出井照片

7）昌深1HC井

休斯敦技术研究中心针对大庆油田基底难钻地层钻头提速技术进行研究，自主研发了个性化非平面齿PDC钻头（$8^1/_2$in MV613TAXU），在昌深1HC井完成现场试验。

昌深1HC井是大庆油田在昌德区块部署的一口预探井，通过水平井探索昌德凸起高部位，寻找风化壳好储层，导眼直井设计井深3550m，钻入基底470m，井底50m内无明显油气显示完钻。该井（导眼直井）二开ϕ311.2mm井眼钻至2950m完钻、固井，三开ϕ215.9mm井眼下入$8^1/_2$in MV613TAXU型非平面齿PDC钻头开钻。

钻头设计参数及配套旋冲工具性能参数：非平面齿PDC钻头提速试验采用$8^1/_2$in MV613TAXU钻头，为非平面齿胎体PDC钻头，该钻头针对大庆深层砂砾岩、火山岩地层设计开发。该钻头刀翼数为6个（3长3短），采用双排齿设计，保径部及心部采用

13mm 平面齿，鼻部及肩部主切削齿均采用 13mm 非平面齿（三棱），倒划眼齿采用 8mm 复合片，喷嘴组合为：ϕ12.7mm×3+ϕ11.1mm×3，连接螺纹为 $4^1/_2$in REG。

（1）侧钻水平井眼设计井深 4883m，钻进到设计井段长度，若出现复杂情况，可根据现场钻探情况调整。该井侧钻水平井眼从导眼段井深 2726.55m 处开窗，215.9mm 侧钻井眼于 2020 年 8 月 25 日 0：30 下入中心 $8^1/_2$in MD613TALXU 型非平面齿 PDC 钻头开钻。

（2）提速试验采用的第一只钻头型号为 $8^1/_2$in MD613TAXU，该型号非平面齿 PDC 设计参数如前所述。

提速试验采用的第二只钻头型号为 $8^1/_2$in MD613TALXU，该型为非平面齿胎体 PDC 钻头，该钻头针对大庆深层砂砾岩、火山岩地层设计开发，在 $8^1/_2$in MV613TAXU 钻头基础上研发的针对营城组造斜、水平段砂质砾岩的 MD613TALXU 个性化钻头。该钻头刀翼数为 6 个（3 长 3 短），采用双排齿设计，保径部及心部采用 13mm 平面齿，脱钻深度 600μm；鼻部及肩部主切削齿采用 13mm 平面齿和非平面齿混用（三棱），脱钻深度 600μm；倒划眼齿采用 8mm 复合片；喷嘴组合为：ϕ11.11mm×6；连接螺纹为 $4^1/_2$in REG。

（3）昌深 1HC 井（侧钻水平井）共使用钻头 2 只，施工 2 趟钻。进尺提高 51%，机械钻速因轨迹控制不予考核，钻头出井照片如图 3-1-21 所示。

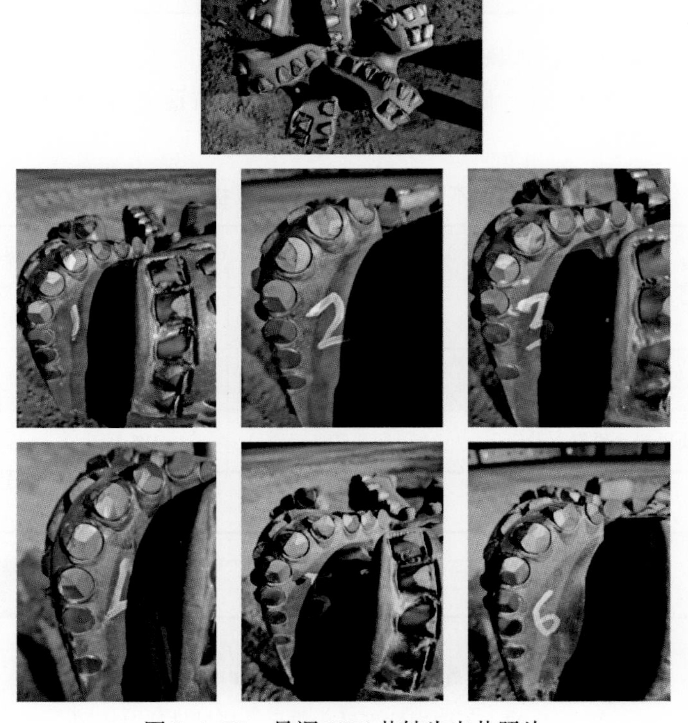

图 3-1-21 昌深 1HC 井钻头出井照片

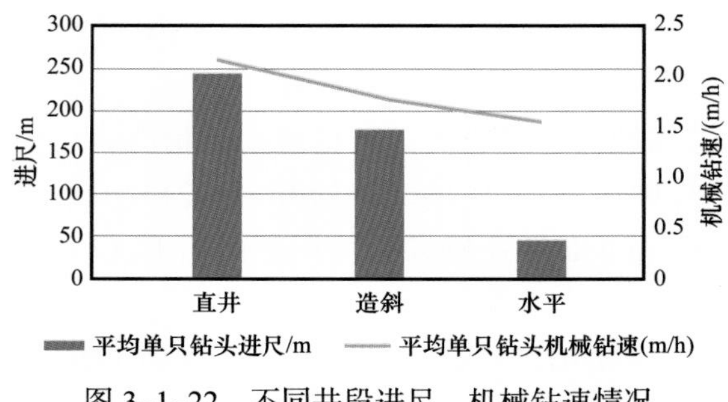

图 3-1-22 不同井段进尺、机械钻速情况

2. 提速增效综合效果评价

为了充分了解非平面齿齿钻头在大庆深层特殊岩性中的表现，对总计 13 只钻头，20 井次的试验进行了分析统计，结果显示钻头进尺平均提高 66.23%，机械钻速平均提高 37.47%。

1）不同井段钻头进尺、机械钻速情况

对 13 只钻头资料数据的归纳总结（表 3-1-2、图 3-1-22），直井段使用 6 只钻头，占比 46%，造斜段使用 3 只钻头，占比 23%，水平段使用 4 只钻头，占比 31%。在进尺上直井段与造斜段钻头平均进尺表现较好。

表 3-1-2 不同井段进尺、机械钻速情况

序号	井段	钻头数 / 只	平均单只钻头进尺 /m	平均单只钻头机械钻速 /（m/h）
1	直井	6	243	2.15
2	造斜	3	176	1.79
3	水平	4	46.30	1.56

2）不同岩性钻头进尺、机械钻速表现

钻头在火成岩、砂砾岩、砂泥岩的进尺、机械钻速效果较好，花岗岩表现一般（表 3-1-3、图 3-1-23）。

表 3-1-3 不同岩性下钻头进尺、机械钻速表现

序号	岩性	钻头数 / 只	平均进尺 /m	平均机械钻速 /（m/h）
1	花岗岩	3	53.3	1.49
2	玄武岩、凝灰岩、流纹岩	1	136	1.72
3	砂质砾岩、砾岩、砂岩	9	195.1	2.1

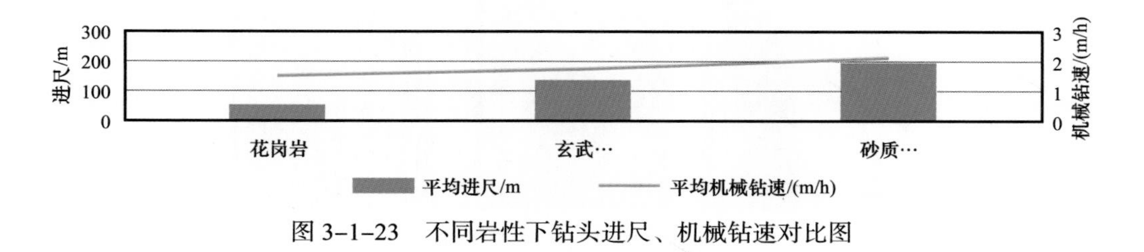

图 3-1-23 不同岩性下钻头进尺、机械钻速对比图

第二节　涡轮钻具研制与应用

针对深部地层研磨性强、可钻性差导致破岩效率低、钻井速度慢等难题，开展涡轮钻具研制和涡轮钻井工艺技术攻关，突破了涡轮叶片设计、高寿命止推轴承、转子系统扶正技术、高效传动机构等关键技术，形成了适用于深部极硬、高研磨难钻地层涡轮钻具和配套施工工艺技术，并进行了6口井现场应用。平均机械钻速1.44m/h，对比同区域同地层使用的常规牙轮钻头性能指标，平均机械钻速同比提高44.47%，最高提速56%，单只钻头进尺同比最高提高287%，使用效果较好。可与PDC钻头形成搭配，更好地解决深层钻井速度慢的问题，为深层超深层油气资源安全高效勘探开发提供技术利器。

一、涡轮钻具设计

1. 涡轮钻具的结构原理

1）整体结构

涡轮钻具整体结构如图3-2-1所示，工具由2只涡轮节和1只支撑节两部分组成，可根据需要选择是否加装本体上的螺旋稳定器。

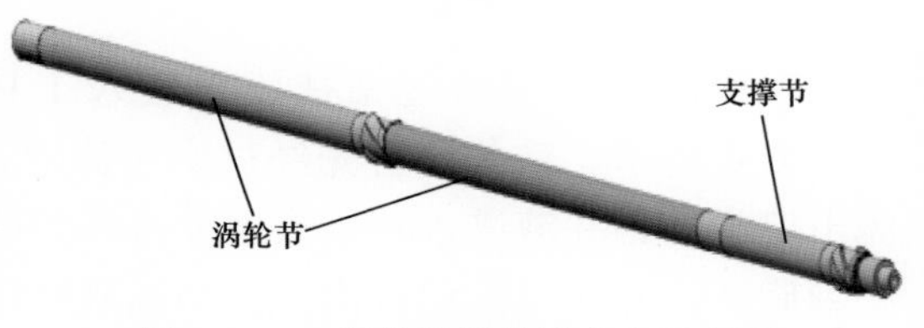

图3-2-1　涡轮钻具总体方案示意图

2）工作原理

涡轮钻具是井下动力钻具，其功能是将钻井液的压力能量转化为心轴旋转的机械能，驱动钻头高速旋转破碎岩石。涡轮节将钻井液的压力能量转化为心轴旋转机械能，并将此能量和轴向载荷传递给下一级模块；支撑节承担涡轮节的轴向载荷和钻压，并将旋转动力传递给钻头破岩（冯定，2007a）。

3）性能参数

涡轮钻具性能参数见表3-2-1，其动力性能与国际同型号产品基本相当，能够满足钻井需求。

2. 涡轮节结构设计

图3-2-2为涡轮节结构图，主要由上接头、本体、螺扶接头、涡轮级、扶正轴承等零件组成。涡轮节安装150级涡轮，定子和转子相互间隔安装在心轴上，转子利用锁紧螺母压紧固定在心轴上，定子利用上、下接头压紧固定在本体内，防止工作时定转子打滑损失能量。在心轴上每隔一定距离安装一副扶正轴承，防止工作时定转子碰撞摩擦，保证转子系统稳定旋转。通过母花键与公花键配合实现传动。

表 3-2-1 涡轮钻具性能参数

性能参数	参数值	性能参数	参数值
总长 /mm	13755	工作压降 /MPa	6～9.5
本体外径 /mm	178	额定转速 /（r/min）	600～900
适应井眼尺寸 /mm	ϕ215.9	工作扭矩 /（N·m）	1050～1475
工作排量 /（L/s）	25～32	工作寿命 /h	200 以上

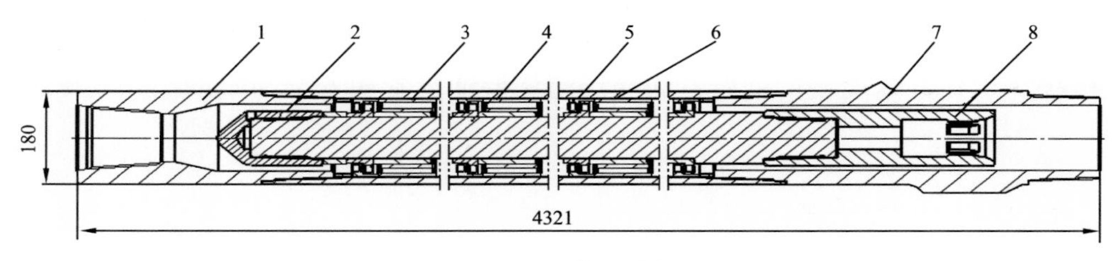

图 3-2-2 涡轮节结构图

1—上接头；2—锁紧螺母；3—扶正轴承；4—心轴；5—涡轮级；6—本体；7—螺扶接头；8—母花键

工作时钻井液通过钻柱流道进入工具内部，流经锁紧螺母进入定转子流道，如图 3-2-3 所示。钻井液首先经过定子流道，定子改变钻井液流动方向并使钻井液加速；流出定子的钻井液进入转子流道冲击转子叶片，转子叶片受冲击力的周向分力作用带动心轴旋转，并通过传动机构和传动轴最终将旋转能量传递给钻头破岩；转子叶片所受的轴向力也通过传动机构和传动轴，最终作用在支撑节止推轴承上（冯定，2007a，b）。

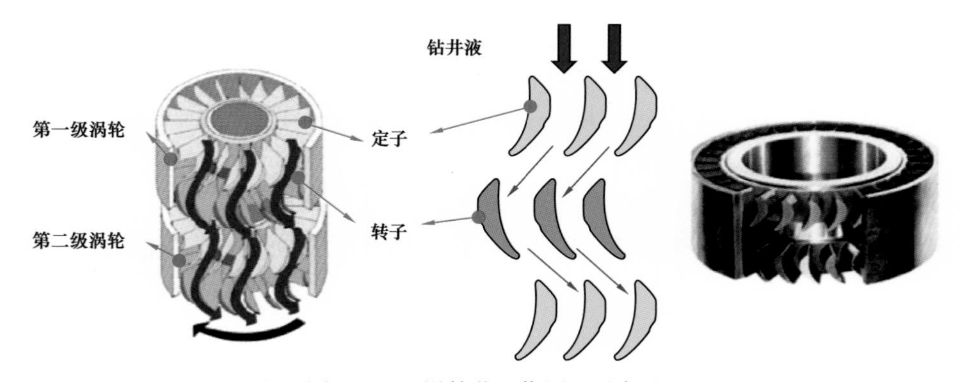

图 3-2-3 涡轮节工作原理示意图

3. 支撑节结构设计

1）结构原理

支撑节结构如图 3-2-4 所示，涡轮节的旋转动力和轴向载荷作用在公花键上，通过传动轴将旋转动力传递给钻头破岩，钻压的反作用力抵销掉部分涡轮节轴向载荷，其余轴向载荷由止推轴承承担。为保护止推轴承组，降低工具横向振动，在支撑节两端设计有硬质合金扶正轴承，有助于提高止推轴承寿命和钻具稳定性，确保工具长时间高效稳定工作。

部分钻井液流入止推轴承流道，为止推轴承提供足够的冷却和润滑；大部分钻井液通过公花键流道流入传动轴内流道，最终通过钻头流入环空；少部分钻井液（不超过 2L/s）通过下扶正轴承摩擦副间隙流入环空，防止下扶正轴承过热损坏（冯定等，2004）。

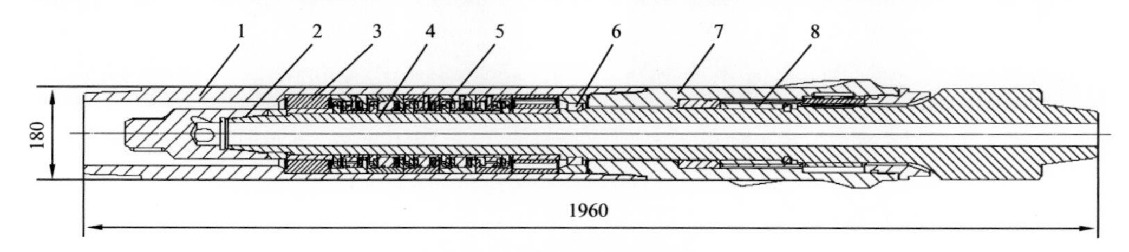

图 3-2-4 支撑节结构图

1—本体；2—公花键；3—扶正轴承；4—传动轴；5—止推轴承组；6—防掉装置；7—螺扶下接头；8—下扶正轴承

2）金刚石止推轴承设计

止推轴承由动环和静环组成，如图 3-2-5、图 3-2-6 所示。在止推轴承动环和静环轴向的摩擦端面上镶嵌有 PDC 齿，其端面高出基体 1～3.0mm，保证金刚石在工作时能及时得到润滑和冷却，防止金刚石过热损坏。采用多级止推轴承结构，使轴向载荷均布到各级止推轴承上，每级止推轴承承担的载荷较小。由于金刚石是目前世界上已发现的最硬的物料，其莫氏硬度为 10；金刚石的抗压性能也最强，抗压强度为 88000bar，抗磨损能力为钢的 9000 倍；PDC 复合片的摩擦系数为 0.05～0.08，低于常用的轴承摩擦材料，有利于降低摩擦能量损失。采用金刚石为止推轴承摩擦表面材质，能保证涡轮钻具有较高的工作寿命和工作效率。

图 3-2-5 止推轴承动环

图 3-2-6 止推轴承静环

3）硬质合金扶正轴承设计

为了提高工具工作寿命，优选具有高耐磨性能的硬质合金作为扶正轴承摩擦副材料，通过高温烧结工艺将硬质合金块固定在合金钢基体上，研发的扶正轴承（图 3-2-7、图 3-2-8）具有较高的工作寿命。此外，在下扶正轴承静环表面加工有外螺纹，与螺扶下接头内螺纹配合，能够显著降低偏心效应对工具的影响，有助于提高工具工作稳定性。

图 3-2-7　支撑节下扶正轴承

图 3-2-8　支撑节上扶正轴承

4. 涡轮叶片设计及计算

针对涡轮钻具工作液具有高温、高冲蚀性的特点，研制了涡轮钻具动力核心零件涡轮定转子，完成了涡轮定转子的一维叶型设计、跨叶片流场研究、材质优选、强度校核和试制等工作。

1）涡轮一维设计

应用成熟的商业叶轮机械计算软件 Concept NREC Axial 进行涡轮定转子的一维设计，可通过设定工作参数、损失模型等技术条件计算涡轮叶型，输出叶型速度三角形、结构角、前缘半径和尾缘半径等关键参数，该软件的叶轮机械一维设计结果经验证是准确可靠的。

（1）一维设计模型。所要求的单级涡轮主要额定技术参数见表 3-2-2。计算中所考虑的损失及采用的损失模型基本为软件缺省值，具体如下：叶型损失：采用了 Ainley 及 Mathieson1951 年提出的损失模型，后经 Moustapha 及 Kacker 于 1990 年修正（AMDC+MK 模型）。二次流损失：采用了 Ainley 及 Mathieson1951 年提出的损失模型，后经 Moustapha 及 Kacker 于 1990 年修正（AMDC+MK 模型）。叶栅尾迹损失：采用了 Ainley 及 Mathieson 提出的损失模型。冲角损失：采用了 AMDC+MK 模型，并经 BSM 修正，计算时要求叶片进气边半径及进口楔角。在损失计算过程中，考虑了叶栅 Renold 数影响，对叶型及二次流损失进行了修正。

表 3-2-2　涡轮（单级）主要设计要求

设计参数	参数值	设计参数	参数值
质量流量 G_m/（kg/s）	39	转速 n/（r/min）	1000
涡轮通流外径 /mm	134	单级总压降 /kPa	77～92.3
涡轮通流内径 /mm	106	涡轮效率 η/%	75
工质密度 /（g/cm³）	1.3	工作寿命 /h	800
工质黏度 /（Pa·s）	3.57	功率 /W	1500

（2）一维设计结果。涡轮通流图和平均直径上的速度三角形如图 3-2-9 和图 3-2-10 所示。平均直径上的计算结果见表 3-2-3。

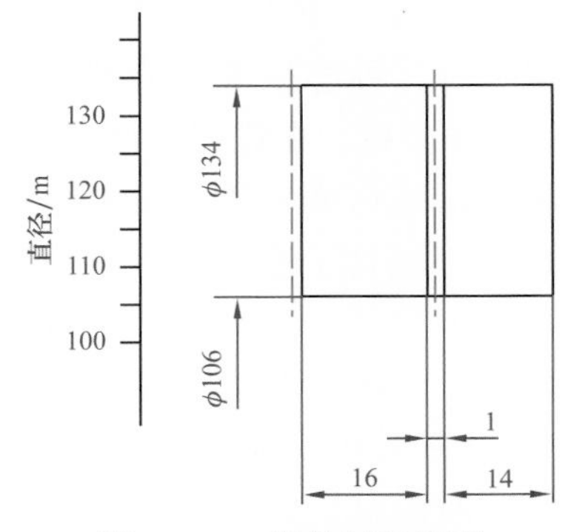

图 3-2-9 涡轮级通流图

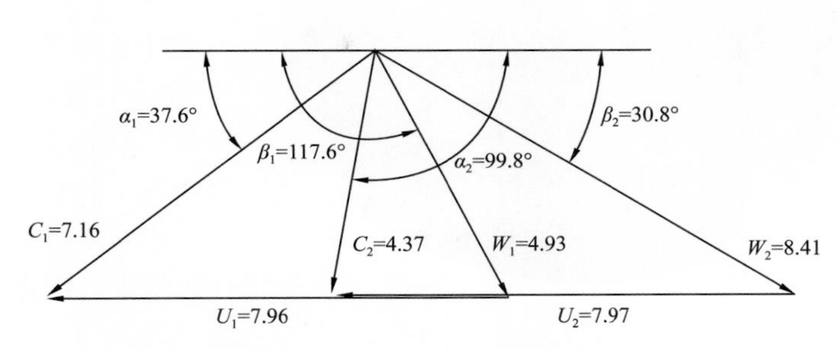

图 3-2-10 平均直径速度三角形

表 3-2-3 涡轮总体设计结果

序号	设计参数	参数值	序号	设计参数	参数值
1	功率 /kW	1.521	5	入口滞止压力 /kPa	8000
2	总压降 /kPa	82.55	6	入口滞止温度 /K	373
3	按滞止参数的有效效率 /%	0.756	7	流量 /（kg/s）	39
4	转速 /（r/min）	1000	8	绝对出口角度 /（°）	9.8

2）流场模拟及叶型优化

采用结构化网格，如图 3-2-11 所示。网格总数为 80 万，经过多次验证此网格数目对单级涡轮计算而言满足工程精度。通过模拟跨叶片流场，完成涡轮叶型优化设计。

（1）叶型及三维模型设计。初步设计的叶片型线如图 3-2-12 所示，定子及转子三维模型如图 3-2-13 所示。利用模拟真实叶顶间隙模型进行的 CFX 三维计算得出的容积效率为 0.93，最终在计算结果附近选取了 0.93、0.90 和 0.87 三种容积效率，在总流量 30L/s 的条件下对应了三种流过涡轮的容积流量，分别是 26L/s、27L/s、28L/s，以此为基础设

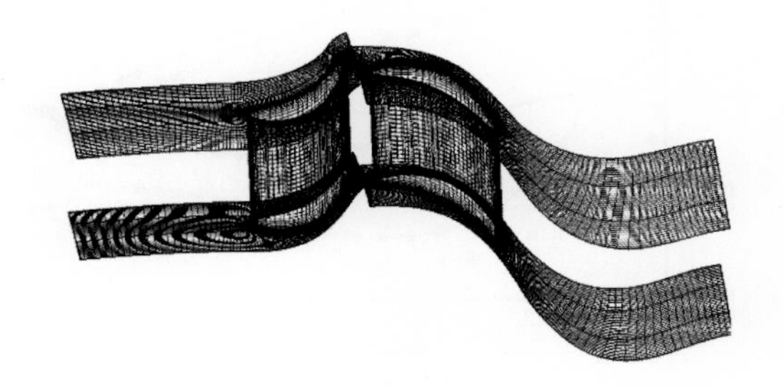

图 3-2-11 计算网格

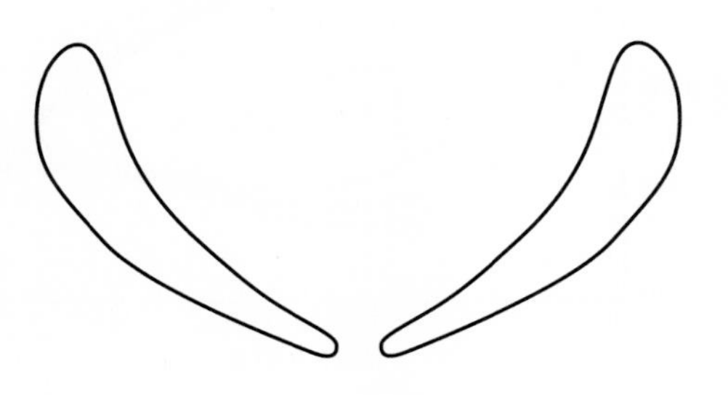

图 3-2-12 叶片型线

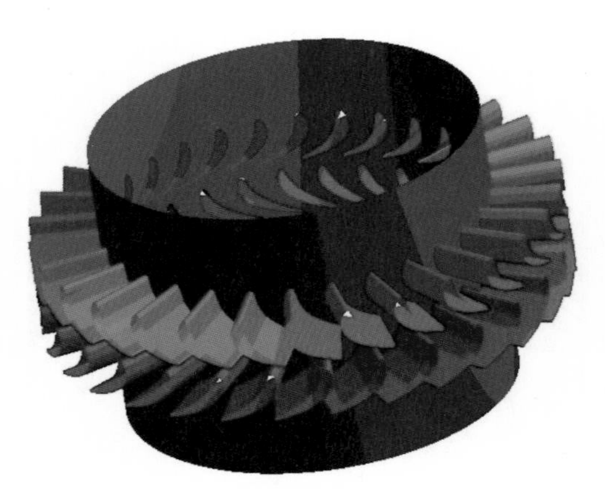
图 3–2–13 定子及转子三维模型

计了三套叶栅，在额定工作条件下通流能力分别对应上述三种流量。在每种容积流量情况下，不断调整叶型，直至得到认可的性能参数为止。

（2）三维模拟。对三种容积流量分别进行了设计，并进行了流场分析。在进行完设计后，为考察叶型是否满足低速压降特性，又分别对每种容积流量下的叶型进行了变转速计算（赵志涛等，2013）。

表 3–2–4 给出了设计转速下不同容积流量计算结果。所设计的三种容积流量下的叶型流场流动情况基本一致，所以这里仅给出容积流量为 27L/s 时的叶片型面压力分布，如图 3–2–14 及图 3–2–15 所示。无论定子还是转子，吸力面逆压梯度段都较长，转子叶片压力面钻井液一直处于加速状态，压力一直下降，造成上述两种现象的原因是叶片负荷较小，体现在几何上为：定子出口几何角达到了 35°，转子更是达到了 39°，在近乎轴向进气的条件下，叶片的转折角较小，这就造成喉部较常规叶型前移，而流体在叶栅内过了喉部以后在吸力面会扩压，所以出现了较长的逆压梯度段，最低压力点仅位于 50% 轴向弦长处。

表 3–2–4 设计转速下不同容积流量计算结果

容积流量 /（L/s）	总压降 /kPa	反动度	功率 /kW	效率 /%	扭矩 /（N·m）
26	86.658	0.3292	1.5335	75.3	14.644
27	84.486	0.3221	1.5353	75.7	14.983
28	84.276	0.3038	1.5669	75.2	14.754

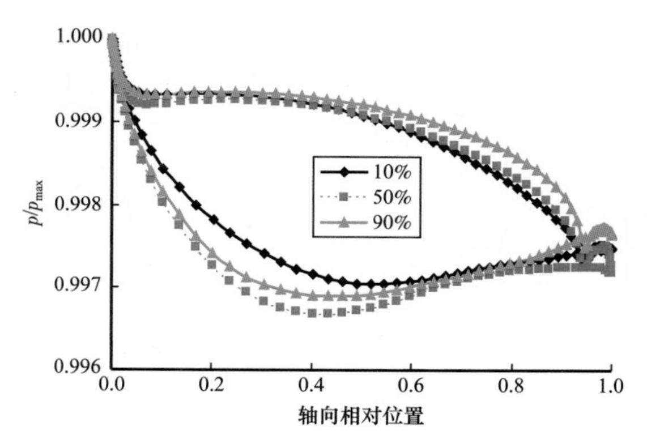

图 3–2–14 流量 27L/s 定子叶片压力分布

注：图例 10% 指环形流道径向上从轴心向的 10% 位置处。

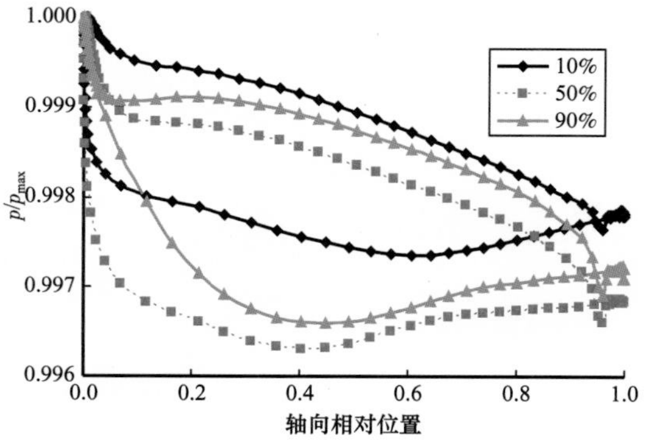

图 3–2–15 流量 27L/s 转子叶片压力分布

另外，定子与转子尾缘处压力波动较大，这是由于对其耐磨性及寿命提出一定要求，造成尾缘半径相对弦长而言较大，尾缘较厚所致。工作液为钻井液，其黏度是水的十倍，黏度较大，加之叶片载荷较小，边界层增厚速度较快，所以在定子及转子过了喉部以后都存在一个涡系（图 3-2-16）。

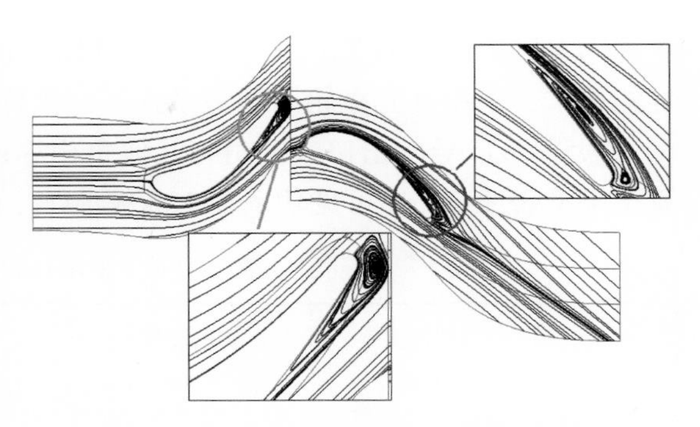

图 3-2-16 流量为 27L/s 时中截面流线

（3）变转速计算结果。在每种容积流量下进行了 200r/min、500r/min、600r/min、700r/min、800r/min、900r/min、1000r/min、1200r/min 和 1500r/min 共 9 个不同转速下的变转速计算，图 3-2-17 至图 3-2-20 分别给出了转速—压降特性、转速—效率特性、转速—功率特性、转速—扭矩特性。从图 3-2-17 可见，三种容积流量时，所设计涡轮叶型均具有低速压降特性，涡轮钻具工作状态可通过立压反馈到地面。

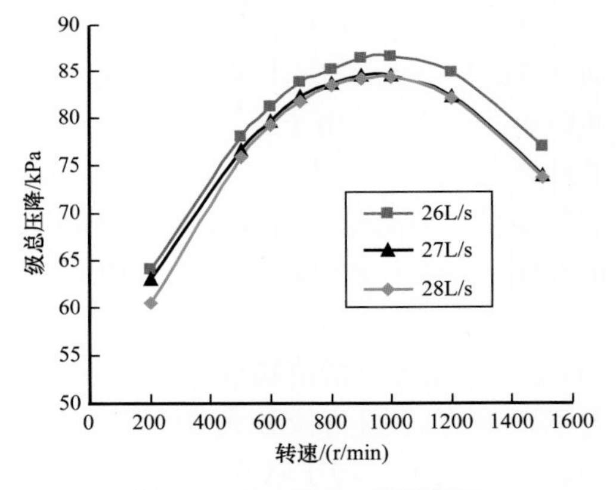

图 3-2-17 转速—压降特性

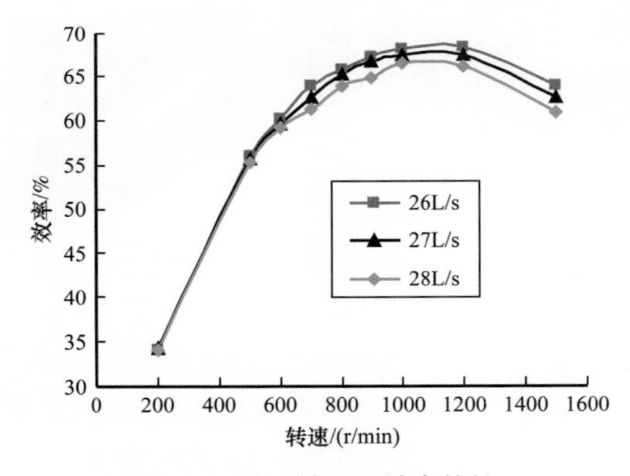

图 3-2-18 转速—效率特性

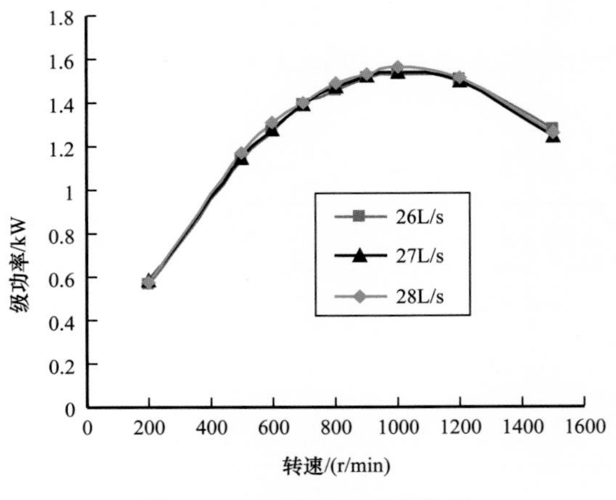

图 3-2-19 转速—功率特性

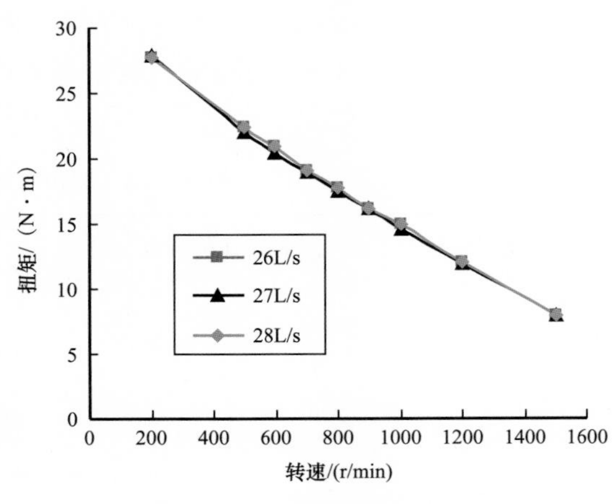

图 3-2-20 转速—扭矩特性

（4）计算结果核算。为了考察设计结果的合理性，并确保所设计涡轮能够满足动力性能要求，采用基元级轮周功关系式进行核算。

假设：① 导叶出口气流角与几何角相等；② 动叶出口相对气流角与几何角相等。核算结果见表 3-2-5，可见功率在 1.6kW 左右，满足功率要求。

表 3-2-5 采用轮周功关系式核算结果

序号	容积流量 / L/s	轴向速度 / m/s	圆周速度 / m/s	α_1/ (°)	β_2/ (°)	功率 / kW
1	26	4.93	6.28	33	39	1.652
2	27	5.12	6.28	35	39	1.686
3	28	5.31	6.28	35	39	1.670

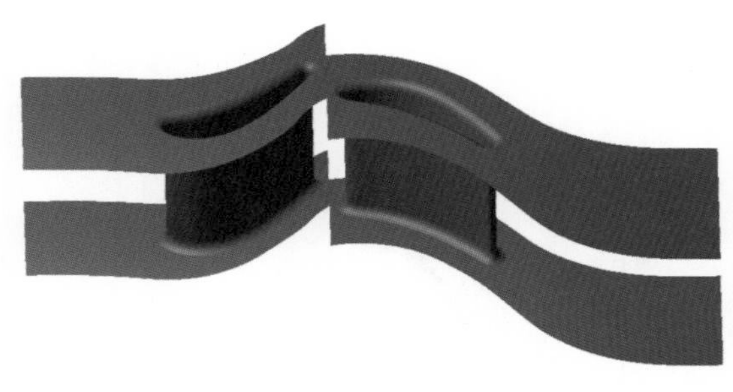

图 3-2-21 倒圆角后的模型

（5）圆角影响。

在结构设计时叶身与缘板交接处由半径 r=1mm 的圆角转接，但是其余尺寸与气动计算结果一致，未对圆角对叶栅通流尺寸的影响进行补偿，由于圆角半径取 1mm 时，这种影响较小，只有不到 1%，可以忽略，但是如果在铸造时无法保证半径 1mm 的圆角，可能会取更大半径的圆角，这时这种影响会加大，应该予以考虑。鉴于此，进行了未倒圆角、圆角半径为 1mm 和圆角半径为 2mm 的三种情况下的流场核算。计算模型如图 3-2-21 所示。表 3-2-6 和表 3-2-7 分别对比了没有考虑圆角及圆角半径为 1mm 和 2mm 时定子及转子喉部面积变化情况。当 r=1mm 时，定子及转子喉部面积均减小小于 1%，对流量的影响也在 1% 左右，功率变化也仅在 20W 左右（表 3-2-8），可以说影响较小。但是当 r=2mm 时，定子及转子喉部面积减小均在 3.5% 以上，效率会有 0.5% 左右的下降，流量会有 3.7% 的降低，对性能影响也较大（表 3-2-9）。显然，倒圆角半径越大，对性能影响越大。

表 3-2-6 圆角对定子通流面积的影响

倒圆角半径	圆角面积 /mm²	实际面积 /mm²	面积减小比例 /%
不考虑圆角	—	94.9023	—
r=1mm	0.8584	94.0439	0.9
r=2mm	3.4336	91.4687	3.6

表 3-2-7 圆角对转子通流面积的影响

倒圆角半径	圆角面积 /mm²	实际面积 /mm²	面积减小比例 /%
不考虑圆角	—	97.8531	—
r=1mm	0.8584	96.9947	0.87
r=2mm	3.4336	94.4195	3.51

表 3-2-8 圆角半径 r=1mm 时对涡轮性能影响

涡轮性能	流量 /（kg/s）	功率 /W	效率 /%	压降 /kPa
不考虑圆角	35.1	1535.3	67.3	84.486
流量一致	35.1	1556.9	67.28	85.705
压力一致	34.76	1513.5	67.36	84.024

表 3-2-9 圆角半径 r=2mm 时对涡轮性能影响

涡轮性能	流量 /（kg/s）	功率 /W	效率 /%	压降 /kPa
不考虑圆角	35.1	1535.3	67.3	84.486
流量一致	35.1	1577.5	64.98	89.39
压力一致	33.8	1409.4	66.81	83.175

3）涡轮叶片材质优选

涡轮定转子使用的材料是 ZG34。此材料的力学性能、使用特性与其他材料进行了对比，对比结果见表 3-2-10。

表 3-2-10 ZG34 与几种不同材料性能的对比

牌号	硬度	使用特性	用途
KmTBCr26	≥HRC46	有很好淬透性；有良好耐腐蚀性和抗高温氧化性；可用于较大冲击载荷的磨料磨损	球磨机、渣浆泵等
ZG34	≥HRC47-51	具有强度高、韧性好、较耐磨；良好的切削性，焊接性良好，流动性好。但耐蚀性较差，需要经常人工维护	挖泥船绞刀
铸钢 1 号	≥4HRC5-53	有高的强度、硬度和耐磨性，可切削性中等，流动性好	替代铰刀材料

ZG34 材料已经成功应用到挖泥船绞刀，挖泥船的绞刀是泥浆泵入口处搅动水底泥沙、泥浆的机具，工作时绞刀深入水底，刀架旋转搅起泥沙。绞刀在搅动泥沙的同时刀齿自身受到冲击和泥沙颗粒磨损。涡轮钻具内涡轮定转子的工作条件和绞刀的工作条件

类似，都是受到水流的冲击和泥沙的颗粒磨损，因此 ZG34 材料同样可以应用在涡轮钻具叶片上。

4）涡轮叶片强度校核

应用有限元计算方法对转子及静子结构进行强度计算分析。计算模型如图 3-2-22、图 3-2-23 所示，有限元网格如图 3-2-24、图 3-2-25 所示，转子共分 33113 个节点，152296 个单元；定子共分 33632 个节点，147587 个单元。边界条件：按转子及定子整体结构建立的计算模型，在转子及定子模型的一端面施加轴向约束。

施加载荷：转子结构施加转速 1000r/min，叶片施加轴向力 185N，定子结构叶片施加轴向力 225N。计算结果：经过对钻具转子及定子进行有限元计算，转子结构最大当量应力为 0.362MPa，定子结构最大当量应力为 0.034MPa，应力云图如图 3-2-26～图 3-2-29 所示。

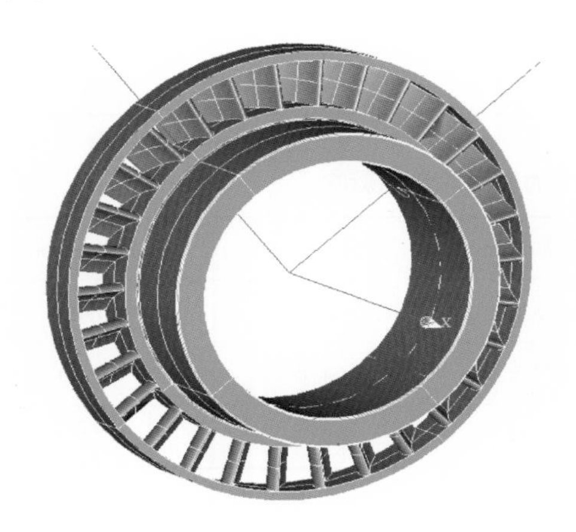

图 3-2-22　转子结构计算模型

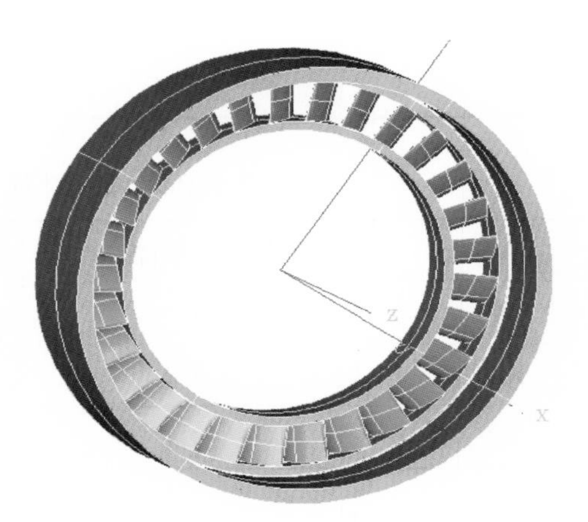

图 3-2-23　定子结构计算模型

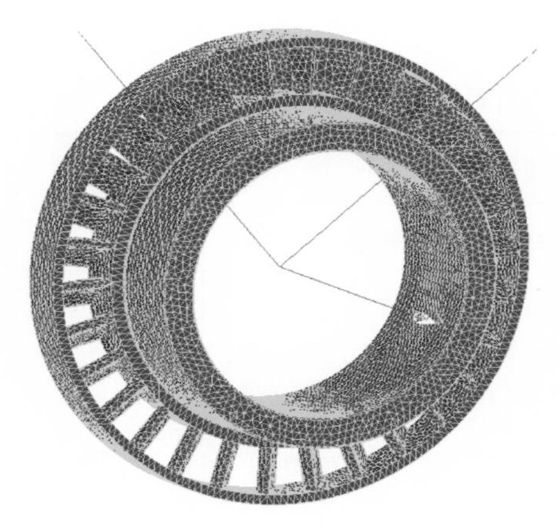

图 3-2-24　转子有限元网格图

图 3-2-25　定子有限元网格图

按其材料 ZG34 性能（屈服极限 1238MPa，拉伸极限 1686MPa），涡轮具备足够的强度储备，结构强度设计是安全的。

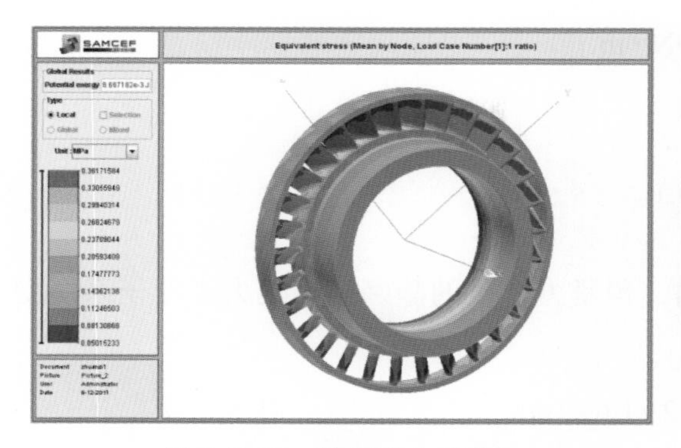

图 3-2-26 转子应力云图 I

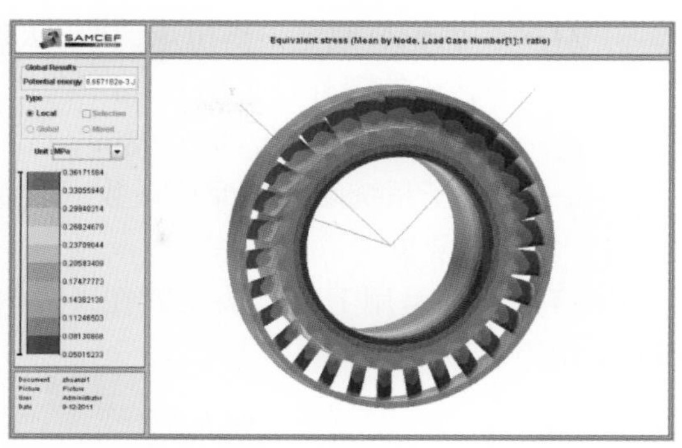

图 3-2-27 转子应力云图 Ⅱ

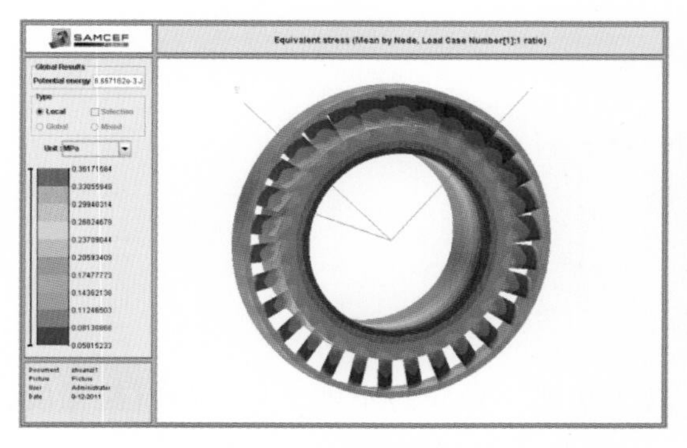

图 3-2-28 定子应力云图 I

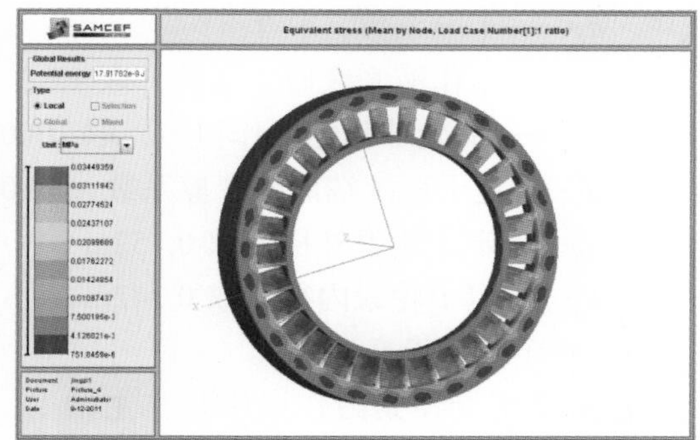

图 3-2-29 定子应力云图 Ⅱ

5. 计算校核

1）径向扶正轴承流道当量直径

径向扶正轴承流道当量直径为与流道面积相等的圆的直径。如图 3-2-30 所示，为径向扶正轴承的 6 个周向均布流道。其过流面积为：

$$A=\frac{\pi}{4}\frac{300}{360}\left(d_1^2-d_2^2\right)=\frac{\pi}{4}\times\frac{300}{360}\times\left(137^2-115^2\right)=3626.7\text{mm}^2 \quad (3\text{-}2\text{-}1)$$

式中 d_1——流道圆环外径，137mm；

d_2——流道圆环内径，115mm。

2）转子预紧力

所有转子都是用锁紧螺母压紧在主轴上，预紧力产生的静摩擦力矩应大于涡轮节的最大工作扭矩。

$$Q_z=\frac{4k_1k_2M_0}{\mu\left(d_1+d_2\right)}=\frac{4\times2\times1.6\times1000}{0.1\times\left(0.1+0.08\right)}=711111\text{N} \quad (3\text{-}2\text{-}2)$$

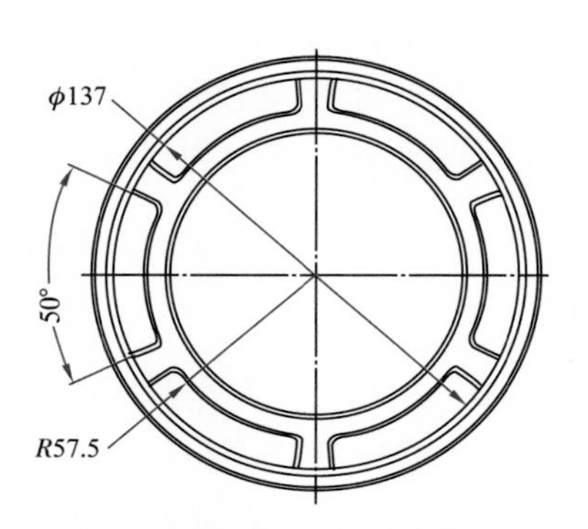

图 3-2-30 径向扶正轴承流道

式中 k_1——工况系数，取 2；

k_2——工作液密度修正系数，取 1.6；

M_0——涡轮节额定工作扭矩，取1000N·m；

d_1——转子轮毂外径，取0.1m；

d_2——转子轮毂内径，取0.08m；

μ——转子系统端面静摩擦系数，取0.1。

3）定子预紧力

所有定子都是用上下接头压紧在外壳内，预紧力产生的静摩擦力矩大于定子系统受到的反扭矩。

$$Q_D=\frac{4k_1k_2M_0}{\mu(d_3+d_4)}=\frac{4\times2\times1.6\times1000}{0.1\times(0.142+0.152)}=435374\text{N} \tag{3-2-3}$$

式中 k_1——工况系数，取2；

k_2——工作液密度修正系数，取1.6；

M_0——涡轮节额定工作扭矩，取1000N·m；

μ——定子系统端面静摩擦系数，取0.1；

d_3——定子轮毂外径，取0.152m；

d_4——定子轮毂内径，取0.142m。

4）转子轮毂强度校核

转子系统受预紧力作用压紧在主轴上，转子端面所受应力不大于材料的抗拉强度，转子端面所受应力为：

$$\sigma=Q_D/A=\frac{4Q_D}{\pi(d_1^2-d_2^2)}=\frac{4\times711111}{\pi\times(0.1^2-0.08^2)}=252\text{MPa} \tag{3-2-4}$$

式中 σ——转子系统端面应力；

Q_D——转子系统预紧力；

A——转子端面面积；

d_1——转子轮毂外径，取0.1m；

d_2——转子轮毂内径，取0.08m。

转子端面应力远低于材料屈服极限，能够满足强度要求。

5）定子轮毂强度校核

定子系统受预紧力作用压紧在外壳内，定子端面所受应力不大于材料的抗拉强度，定子端面所受应力为：

$$\sigma=Q_z/A=\frac{4Q_z}{\pi(d_1^2-d_2^2)}=\frac{4\times435374}{\pi\times(0.152^2-0.142^2)}=189\text{MPa} \tag{3-2-5}$$

式中 σ——定子系统端面应力；

Q_z——定子系统预紧力；

A——定子端面面积；

d_3——定子轮毂外径，取 0.152m；

d_4——定子轮毂内径，取 0.142m。

定子端面应力远低于材料屈服极限，能够满足强度要求。

6）转子系统变形量

转子系统变形量 δ_z 为轴的拉伸变形量 δ_{z1} 和转子轮毂压缩变形量 δ_{z2} 之和。由预紧力除以截面积可求得转子系统应力，由应力除以弹性模量可求得转子系统应变，由应变乘以转子系统长度即可求得转子系统变形量。

轴上运动件包括转子、扶正轴承内环及调节环，承担预紧力的各种零件长度及截面尺寸均不同，精确的计算每一件的变形量工作量较大。为简化计算，并保持一定的精度，将承担预紧力的轴上运动件分为 3 种截面积的模型进行计算，三种模型分别为：转子轮毂较薄部分、转子轮毂较厚部分、扶正轴承内环及调节环。

转子轮毂较薄部分轴向压缩量：

$$\delta_{z11}=\frac{Q_z L_{z11}}{ES_{z11}}=\frac{4Q_z\cdot 75l_1}{E\pi\left(d_{11}^2-d_{12}^2\right)}=\frac{4\times 711111\times 75\times 26}{210000\times\pi\times\left(100^2-80^2\right)}=2.34\text{mm} \quad (3\text{-}2\text{-}6)$$

转子轮毂较厚部分轴向压缩量：

$$\delta_{z12}=\frac{Q_z L_{z12}}{ES_{z12}}=\frac{4Q_z\cdot 75l_2}{E\pi\left(d_{21}^2-d_{22}^2\right)}=\frac{4\times 711111\times 75\times 14}{210000\times\pi\times\left(106^2-80^2\right)}=0.94\text{mm} \quad (3\text{-}2\text{-}7)$$

扶正轴承内环及调节环轴向压缩量：

$$\delta_{z13}=\frac{Q_z L_{z13}}{ES_{z13}}=\frac{4Q_z\cdot L_{z13}}{E\pi\left(d_{31}^2-d_{32}^2\right)}=\frac{4\times 711111\times 320}{210000\times\pi\times\left(100^2-80^2\right)}=0.38\text{mm} \quad (3\text{-}2\text{-}8)$$

$$\delta_{z1}=\delta_{z11}+\delta_{z12}+\delta_{z13}=3.66\text{mm} \quad (3\text{-}2\text{-}9)$$

$$\delta_{z2}=\frac{Q_z L_{z2}}{ES_{z2}}=\frac{4Q_z L_{z2}}{E\pi d_2^2}=\frac{4\times 711111\times 3150}{210000\times\pi\times 80^2}=2.12\text{mm} \quad (3\text{-}2\text{-}10)$$

$$\delta_z=\delta_{z1}+\delta_{z2}=5.78\text{mm} \quad (3\text{-}2\text{-}11)$$

式中 δ_{z11}——75 级转子轮毂较薄部分总轴向变形；

δ_{z12}——75 级转子轮毂较厚部分总轴向变形；

δ_{z13}——主轴上的扶正轴承内环及调节环总轴向变形；

Q_z——转子系统预紧力，取 1422222N；

E——所有合金钢零件的弹性模量，取 210GPa；

S_{z11}——转子轮毂较薄部分截面积；

S_{z12}——转子轮毂较厚部分截面积；

S_{z13}——主轴上的扶正轴承内环及调节环截面积；

S_{z2}——主轴截面积；

L_{z11}——75 级转子轮毂较薄部分总长；

L_{z12}——75 级转子轮毂较厚部分总长；

L_{z13}——主轴上的扶正轴承内环及调节环总长；

l_1——单级转子轮毂较薄部分长度；

l_2——单级转子轮毂较厚部分长度；

d_{11}——转子轮毂较薄部分外径；

d_{21}、d_{31}——转子轮毂较厚部分及扶正轴承内环外径；

d_{12}、d_{22}、d_{32}、d——转子内径及主轴直径。

7）定子系统变形量

定子系统变形量 δ_D 为外壳的拉伸变形量 δ_{D1} 和定子轮毂压缩量 δ_{D2} 之和。由预紧力除以截面积可求得转子系统应力，由应力除以弹性模量可求得转子系统应变，由应变乘以转子系统长度即可求得转子系统变形量。

外壳内固定件包括定子、扶正轴承外环、调节环、支撑套及止推轴承座等，承担预紧力的各种零件长度及截面尺寸均不同，精确的计算每一件的变形量工作量较大，为简化计算，并保持一定的精度，将承担预紧力的轴上固定件分为 3 种截面积的模型进行计算。三种模型分别为：定子轮毂较薄部分，定子轮毂较厚部分，扶正轴承外环、调节环等其他零件。

定子轮毂较薄部分轴向压缩量：

$$\delta_{D11}=\frac{Q_D L_{D11}}{ES_{D11}}=\frac{4Q_D\cdot 75l_1}{E\pi\left(d_{11}^2-d_{12}^2\right)}=\frac{4\times 435374\times 75\times 24}{210000\times\pi\times\left(152^2-142^2\right)}=1.62\text{mm} \quad (3\text{-}2\text{-}12)$$

定子轮毂较厚部分轴向压缩量：

$$\delta_{D12}=\frac{Q_D L_{D12}}{ES_{D12}}=\frac{4Q_D\cdot 75l_2}{E\pi\left(d_{21}^2-d_{22}^2\right)}=\frac{4\times 435374\times 75\times 16}{210000\times\pi\times\left(152^2-134^2\right)}=0.62\text{mm} \quad (3\text{-}2\text{-}13)$$

扶正轴承外环及调节环等轴向压缩量：

$$\delta_{D13}=\frac{Q_D L_{D13}}{ES_{D13}}=\frac{4Q_D\cdot L_{D13}}{E\pi\left(d_{31}^2-d_{32}^2\right)}=\frac{4\times 435374\times 330}{210000\times\pi\times\left(152^2-137^2\right)}=0.20\text{mm} \quad (3\text{-}2\text{-}14)$$

$$\delta_{D1}=\delta_{D11}+\delta_{D12}+\delta_{D13}=2.44\text{mm} \quad (3\text{-}2\text{-}15)$$

$$\delta_{D2}=\frac{Q_D L_{D2}}{ES_{D2}}=\frac{4Q_D L_{D2}}{E\pi\left(d_2^2-d_1^2\right)}=\frac{4\times 435374\times 3350}{210000\times\pi\times\left(180^2-152^2\right)}=0.95\text{mm} \quad (3\text{-}2\text{-}16)$$

$$\delta_D=\delta_{D1}+\delta_{D2}=3.39\text{mm} \quad (3\text{-}2\text{-}17)$$

式中 δ_{D11}——75 级定子轮毂较薄部分总轴向变形；

δ_{D12}——75 级定子轮毂较厚部分总轴向变形；

δ_{D13}——扶正轴承外环及调节环等件的总轴向变形；

Q_D——定子系统预紧力，取 435374N；

E——所有合金钢零件的弹性模量，取 210GPa；

S_{D11}——定子轮毂较薄部分截面积；

S_{D12}——转子轮毂较厚部分截面积；

S_{D13}——扶正轴承外环及调节环等截面积；

L_{D11}——75 级定子轮毂较薄部分总长；

L_{D12}——75 级定子轮毂较厚部分总长；

L_{D13}——扶正轴承外环及调节环等总长。

其他符号同前。

8）涡轮节心轴强度校核

（1）抗拉强度校核。心轴与锁紧螺母螺纹连接收尾处为主轴上端最薄弱处，最小外径为 73.51mm，材料为 42CrMo，抗拉强度为 1080MPa，承受的最大拉伸载荷为：

$$F=\sigma_b A=\sigma_b\frac{\pi d^2}{4}=1080\times\frac{\pi\times 73.51\times 73.51}{4}=4583597\text{N} \tag{3-2-18}$$

预紧力为 1433320N，安全系数为 3.2，满足设计要求。

（2）抗扭强度校核。主轴上端螺纹处能承受的最大扭转载荷为：

$$T=\sigma_s W_t=0.6\sigma_b\frac{\pi d^3}{16}=50541\text{N}\cdot\text{m} \tag{3-2-19}$$

$$\sigma_s=0.6\sigma_b \tag{3-2-20}$$

$$W_t=\frac{\pi d^3}{16} \tag{3-2-21}$$

式中 σ_b——材料抗拉强度；

σ_s——材料抗剪强度；

d——危险断面外径，73.51mm；

W_t——抗扭截面模量。

锁紧螺母上紧扭矩为 12795N·m，安全系数为 3.9，满足设计要求。

主轴下端螺纹处能承受的最大扭转载荷为：

$$T=\sigma_s W_t=0.6\sigma_b\frac{\pi D^3}{16}\left(1-\alpha^4\right)=43465\text{N}\cdot\text{m} \tag{3-2-22}$$

$$W_t=\frac{\pi D^3}{16}\left(1-\alpha^4\right) \tag{3-2-23}$$

$$\alpha=\frac{d}{D}=\frac{45}{73.51}=0.612 \qquad (3\text{-}2\text{-}24)$$

式中 D——危险断面外径；

d——危险断面内径。

花键轴上紧扭矩为 8000N·m，安全系数为 5.4，满足设计要求。

9）传动轴强度校核

（1）抗拉强度校核。传动轴与母花键的螺纹连接收尾处为传动轴的最薄弱环节，该处传动轴危险断面外径为 73.51mm，内径为 45mm，能承受的最大拉伸载荷为：

$$F=\sigma_{\mathrm{b}}A=\sigma_{\mathrm{b}}\frac{\pi\left(d_1^2-d_2^2\right)}{4}=980\times\frac{\pi\times\left(73.51\times73.51-45\times45\right)}{4}=2600568\mathrm{N} \qquad (3\text{-}2\text{-}25)$$

式中 d_1——危险断面外径，73.51mm；

d_2——危险断面内径，45mm。

（2）抗扭强度校核。传动轴危险断面的最大扭转载荷为：

$$T=\sigma_{\mathrm{s}}W_{\mathrm{t}}=0.6\sigma_{\mathrm{b}}\frac{\pi D^3}{16}\left(1-\alpha^4\right)=40024\mathrm{N}\cdot\mathrm{m} \qquad (3\text{-}2\text{-}26)$$

$$W_{\mathrm{t}}=\frac{\pi D^3}{16}\left(1-\alpha^4\right) \qquad (3\text{-}2\text{-}27)$$

$$\alpha=\frac{d}{D}=\frac{45}{73.51}=0.612 \qquad (3\text{-}2\text{-}28)$$

式中 W_{t}——抗扭截面模量；

σ_{s}——材料抗剪强度。

传动轴最大抗扭载荷远超工作扭矩，满足设计要求。

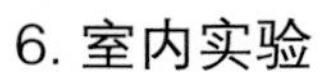

6. 室内实验

1）模拟钻进实验

在钻井工具性能检测装置上安装加压装置、扶正装置及循环系统，如图 3-2-31 所示。能够实现对钻具施加钻压、模拟钻进和钻井液循环过滤，可对涡轮钻具进行长时间的模拟钻进实验，检查工具的稳定性，启动及停止工作时是否存在失稳；检验零件长时间工作后的磨损状态，及时发现工具存在的问题，有助于提高工具现场应用成功率，为工具的现场试验和推广应用提供保障。

图 3-2-31 钻井工具性能检测装置

用全尺寸模拟钻进实验装置进行了 20 余次涡轮钻具室内模拟钻进实验。表 3-2-11 是一次循环实验情况，1.5h 的实验中涡轮钻具一直工作平稳，实验后检修未发现零件异常磨损。

表 3-2-11 涡轮钻具模拟钻进实验记录表

序号	排量 /（L/s）	压降 /MPa	持续时间 /min	工作状态
1	6	0.7	2	未启动
2	9	1.2	2	启动，无失稳
3	12	1.8	2	工作正常
4	15	2.7	4	工作正常
5	18	3.6	10	工作正常
6	24	5.3	5	工作正常
7	28	8	5	工作正常

2）转速及扭矩测试

为了测量涡轮钻具的工作转速和扭矩，进行了该工具的空转转速和输出扭矩测量实验。工具上部通过循环接头与 F500 泵相连，支撑节流道开放进行空转转速测量实验，在传动轴上粘贴感光条，利用激光转速测量仪测试工具的空转转速。设计循环接头连接在传动轴上，该循环接头上设计有力臂为 1m 的测力杆，实验时用吊车吊钩固定测力杆，利用拉力计测量工具制动扭矩，如图 3-2-32 所示。空转转速与制动扭矩测量结果见表 3-2-12、表 3-2-13。根据室内测试结果和井口测试 26L/s、立压 6MPa，推算工具在钻井液密度 1.2g/cm^3、钻井液排量 26～32L/s 条件下的涡轮钻具动力性能见表 3-2-14。

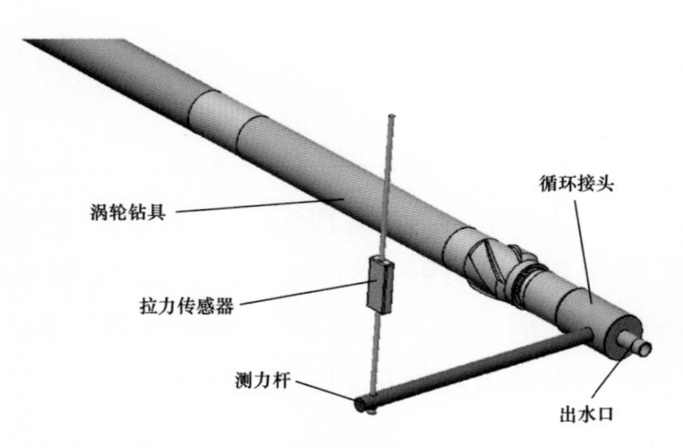

图 3-2-32 制动扭矩测量方案

表 3-2-12 空转转速测量实验

序号	排量 /（L/s）	压降 /MPa	转速 /（r/min）	工作状态
1	6	0.5	0	未启动
2	9	1.0	210	启动，无失稳，工作正常
3	12	1.5	480	工作正常
4	15	2.2	785	工作正常

续表

序号	排量 /（L/s）	压降 /MPa	转速 /（r/min）	工作状态
5	18	3.1	1035	工作正常
6	24	5.2	1450	工作正常
7	26	6.0	1610	工作正常
8	28	7.0	1820	工作正常

表 3-2-13 制动扭矩测量试验

序号	排量 /（L/s）	压降 /MPa	扭矩 /（N·m）
1	18	3.1	950
2	24	5.2	1520
3	26	6.0	2038
4	28	7.0	2560
5	30	8.0	3085
6	32	9.1	3593

从表 3-2-14 可以看出，在设计工作排量范围内工具额定转速为 805～1059r/min，额定扭矩为 1019～1817N·m，工作压降 6.0～9.1MPa，满足设计要求；工作压降较设计值略高，但考虑到井口测试时地面管汇的压力损失，测量值比设计值略高是合理的，涡轮钻具的动力性能达到了设计指标要求。

表 3-2-14 涡轮钻具动力性能

序号	排量 /（L/s）	压降 /MPa	额定转速 /（r/min）	额定扭矩 /（N·m）
1	26	6.0	805	1019
2	28	7.0	906	1280
3	30	8.0	1008	1543

二、涡轮钻具应用效果分析

1. 涡轮钻具组合

应用 Landmark 软件 Wellplan 模块，进行常用 6 种钻具组合配合带稳定器和不带稳定器的涡轮钻具造斜率计算，见表 3-2-15。

表 3-2-15 钻具组合及其增斜率

序号	钻具组合	增斜率 /（°/25m）			
		井斜 2°，钻压 4tf	井斜 2°，钻压 12tf	井斜 5°，钻压 4tf	井斜 5°，钻压 12tf
1	ϕ215.9mm 钻头 + 涡轮（已用的）	0.44	1.63	0.34	1.11
2	ϕ215.9mm 钻头 + 双稳定器涡轮（已经有带 2 个稳定器的涡轮）	1.90	1.29	1.44	0.85
3	ϕ215.9mm 钻头 + 单稳定器涡轮（将 2# 钻具中的近钻头稳定器去掉）	−0.13	−0.25	−0.23	−0.30
4	ϕ215.9mm 钻头 + 单稳定器涡轮 +ϕ212mm 稳定器（将 2# 钻具中的近钻头稳定器去掉后，再在涡轮上方加稳定器）	−0.20	0.21	−0.34	0.17
5	ϕ215.9mm 钻头 + 涡轮 +ϕ212mm 稳定器	−0.17	−0.03	−0.32	0.01
6	ϕ215.9mm 钻头 + 涡轮 +ϕ214mm 稳定器 + 钻铤 ×9m+ϕ214mm 稳定器	−0.13	0.03	−0.29	0.06

根据上述计算结果，得出以下结论：

（1）已经用的 1# 钻具，具有一定的增斜能力，当钻压较大时，增斜能力较强。计算结果与实钻比较一致。

（2）现有的带双螺旋稳定器的涡轮，由于其有一个近钻头稳定器，明显属于增斜钻具类型，计算数据也是如此。

（3）如果将第（2）条结论中的近钻头稳定器去掉，则具有比较稳定的防斜能力。

（4）如果将第（2）条结论中的近钻头稳定器去掉，再在涡轮上方加稳定器，则在低钻压下，具有比较强的防斜能力；而高钻压下，可能略增斜。

（5）5# 在光涡轮上方加 2 个稳定器，有比较好的防斜效果。

（6）6#ϕ214mm 稳定器与 5#ϕ212mm 稳定器区别不大。

通过计算数据分析，推荐带稳定器的涡轮钻具采用 3# 钻具组合，不带稳定器的涡轮钻具采用 5# 钻具组合。

2. 涡轮钻具现场应用案例分析

为了验证工具在长时间实际钻井工况下的工作性能，检验工具系统可靠性和稳定性，在绥深 2 井等井进行了现场应用，使用工具 4 套、钻头 6 只，累计进尺 366m，平均机械钻速 1.44m/h，平均提速 44.47%，最高提速 56%，工具最高寿命 202h。涡轮钻具研制与应用任务，取得成果如下：

（1）成功研制出涡轮钻具，连续工作寿命 160h 以上、抗温 200℃。

（2）形成了一套适合深层钻井的涡轮钻井工艺技术，将钻前准备、井口测试、下钻、钻头造型、钻进、接单根及活动钻具、起钻等工艺流程的各个环节的操作简化出一套操作规程，能确保施工高效安全进行。

（3）开展了6口井现场应用，平均机械钻速1.44m/h，对比同区域、同地层使用的常规牙轮钻头平均性能指标，平均机械钻速同比提高44.47%，最高提速56%，单只进尺同比最高提高287%。

1）绥深2井应用

施工井段2071～2084.46m，层位为营城组，岩性以泥岩和泥质粉砂岩为主，进尺13.46m，纯钻时间5.63h，机械钻速2.39m/h。钻头出入井如图3-2-33和图3-2-34所示。

图3-2-33 绥深2井钻头入井照片

图3-2-34 绥深2井钻头出井照片

2）达深32井应用

本次使用涡轮钻具+减速器+PDC钻头的组合开展现场应用。涡轮钻具钻进层位为登娄库组，井段2878.75～3007.40m，进尺128.65m，平均机械钻速2.67m/h，纯钻时间48.25h，钻头出入井如图3-2-35和图3-2-36所示。

通过观察起出钻头的使用情况可以看出，减速后的涡轮钻具转速能够较好地配合PDC钻头，实现正常钻进。

图3-2-35 达深32井钻头入井照片

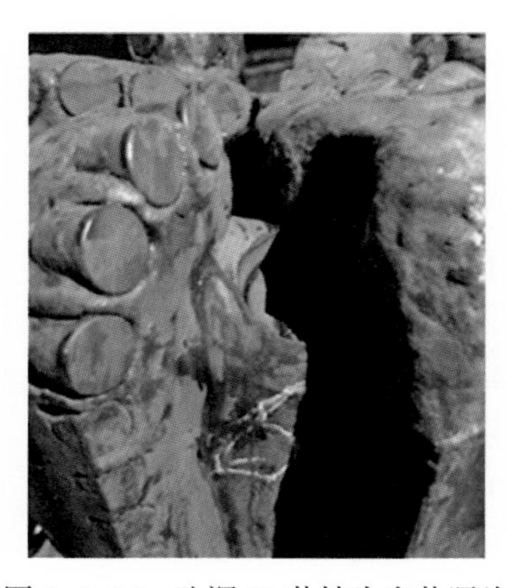

图3-2-36 达深32井钻头出井照片

3）肇深 32 井试验应用

应用层位为营城组，井段为 3842.29～3869.75m，纯钻时间 40.7h，平均机械钻速 0.67m/h。工具循环时间 62.8h，工作时间 103.5h。

4）徐深 6-310 井应用

本趟钻涡轮钻具钻进井段 3326～3433m，进尺 107m，平均机械钻速 1.59m/h，纯钻时间 67.34h，层位为登娄组，岩性为砂质泥岩。钻头出入井如图 3-2-37 和图 3-2-38 所示。

图 3-2-37　徐深 6-310 井钻头入井照片

图 3-2-38　徐深 6-310 井钻头出井照片

5）昌深 1HC 井应用

本趟钻施工井段 3288～3306m，进尺 18m，纯钻 21h，机械钻速 0.86m/h，层位基底，岩性为绿灰色糜棱化花岗岩。

6）肇深 32H 井应用

应用层位为营城组，钻进岩性主要为灰色砂砾岩和黑色泥岩，共施工 1 趟钻，井段 3848.23～3920.12m，进尺 71.89m，纯钻时间 71.31h，工具使用时间 138h，平均机械钻速 1.01m/h，与上趟钻牙轮钻头相比机械钻速提高 38.4%。钻头出入井如图 3-2-39 和图 3-2-40 所示。

图 3-2-39　肇深 32H 井钻头入井照片

图 3-2-40　肇深 32H 井钻头出井照片

第三节 钻头破岩能效优化与协同控制装置研究与应用

钻头破岩能效优化与协同控制装置以钻头破岩能效优化为核心，实时跟踪量化评价井下钻头破岩比能、井下钻柱振动状态，智能判别地层和工况变化及钻头工作参数优化方向，司钻可根据需要选择人工或自动控制施加最优钻压、转速、泵冲等参数，实现机械钻速与破岩能耗的最佳匹配，达到提高机械钻速、延长钻头寿命、减少井下事故的目的。

一、钻头破岩能效优化与协同控制装置设计

1. 基于水力—机械比能的钻头破岩效率定量评价原理

1）基本理念

在钻井过程中，要实现钻井闭环优化，就必须利用钻井过程中“下情上报”和“上令下达”的实时反馈信息不断优化设计，使钻头一直处于最佳破岩效率的状态。因此，破岩效率的量化评价方法是实现闭环优化的关键问题。根据能量综合优化原理，将破碎单位体积岩石所需能量与钻头的破岩效率关联起来，即将钻头输出能整合成一个综合指数量化评价钻头破岩状态，称为基于能量平衡的机械比能法（Mechanical Specific Energy，MSE）。MSE 值越大则说明机械钻速越低，钻头与地层的适应性越差，钻井参数有待优化。该技术方法在钻井过程中实时进行破岩效率的量化评价并不断优化设计，实现钻井过程的闭环优化。

MSE 可以用于描述钻井效率，不仅有助于优选钻头和优化钻井参数，而且有助于设计与地层适应性更强的钻头。但是，MSE 指数没有考虑水力参数对破岩效果的影响。在实际钻进过程中，钻头水力参数不仅能起到清洁井底岩屑，以免岩屑重复破碎的作用，而且在钻进岩石强度较低的地层时，当射流冲击压力超过地层岩石破碎压力时，射流将直接破碎岩石，从而起到辅助破岩的作用。因此，需要将机械能量与水力能量两者有机结合起来，形成井底真实钻进条件下的破岩比能理论。水力—机械比能（Hydro-Mechanical Specific Energy，简称 HMSE）包括钻头钻压、扭矩以及水力能量对破岩效果的综合影响，能够更加准确地对钻头破岩能效进行量化评价。比能法钻井优化技术已成为国际上很多钻探公司进行闭环优化综合提速的重要技术手段，并展现出广阔的应用前景。

2）建立钻头破岩能效量化评价模型

旋转钻井可以看作是“压入式”和“切削式”两种截然不同破岩方式的结合。“压入式”是通过钻压将钻头的切削齿持续吃入岩石；“切削式”是在压入岩石的基础上，利用钻头旋转横向运动粉碎岩石。而旋冲钻井方式就是在“静态压力”的基础上增加了“冲击压力”，并借助钻头旋转实现横向“切削”。它们可以或多或少按照任意确定的比例进行组合。利用上述基本定义，可以利用力学理论推导 MSE 的基本表达式。

3）钻柱振动强度预测模型构建

基于牛顿运动方程，采用传递矩阵法建立了频率域下单自由度、有阻尼的钻柱受迫振动评价方法，完成了“钻井参数闭环优化综合提速优化系统”井下振动预测与控制模块开发。

（1）基于“Johnansick”软杆模型，建立了“拉力—扭矩”钻杆模型。考虑了地质参数、ECD、井眼轨迹及BHA等影响因素，形成了地表与近钻头参数融合方法。能够更加准确地建立复杂地层钻井过程中相关地质参数与工程参数对钻柱振动的表征与解释。完成井下动态参数存储式短节（Downhole Data Recorder，DDR）设计，存储式短节实时记录钻头转速、振动加速度及温度等参数，验证井下参数预测模型，修正地表—井下信息融合模型。

（2）利用传递矩阵法计算钻柱的共振频率（最大振动强度），得出特定钻具组合的共振频率及随井深的变化关系。根据当前振动强度与最大振动强度对比，量化评价井下钻具振动强度，形成钻柱黏滑振动强度评价指数（VSE）、钻柱跳钻振动强度评价指数（AVI）。

（3）破岩能效实时监测方法。表3-3-1为钻柱振动地表与井下信息的相关征兆。

表3-3-1 钻柱振动地表与井下信息征兆汇总

<table>
<tr><th>类型</th><th>地面征兆</th><th>井下征兆</th><th>典型环境</th><th>应对策略</th></tr>
<tr><td>跳钻</td><td>（1）顶驱或方钻杆摇动；
（2）钻压波动剧烈；
（3）失去工具面；
（4）钻速降低幅度不一致</td><td>（1）轴向振动增强；
（2）冲击性增强；
（3）间断性失去MWD信号或井下数据</td><td>（1）硬地层；
（2）垂直井眼；
（3）牙轮钻头</td><td>（1）改变钻压和转速；
（2）更换冲击性差的钻头；
（3）使用减振装置</td></tr>
<tr><td>钻头涡动</td><td rowspan="2">（1）平均地面扭矩增大；
（2）失去工具面，导向困难；
（3）钻速降低幅度不一致</td><td rowspan="2">（1）平均井下扭矩增大；
（2）高频率井下冲击（10～50Hz）；
（3）横向和扭转振动增强；
（4）间断性失去MWD信号或井下数据</td><td>冲击性的侧切钻头</td><td>提高钻压，降低转速更换钻头，使用全径稳定器</td></tr>
<tr><td>BHA涡动</td><td>（1）冲蚀井眼；
（2）钟摆钻具或不稳定钻具</td><td>提高钻压，降低转速，使用刚性钻具组合</td></tr>
<tr><td>黏滑</td><td>（1）顶驱制动时地面扭矩增大且无规律；
（2）转速/扭矩周期性变化；
（3）失去工具面；
（4）钻速降低幅度不一致</td><td>（1）井下扭矩增大且无规律；
（2）MWD显示扭转振动增强；
（3）钻铤转速大于地面转速；
（4）间断性失去MWD信号或井下数据；
（5）横向振动冲击增强</td><td>冲击性PDC钻头井筒与BHA的摩擦偏高</td><td>（1）降低钻压，提高转速；
（2）增强钻井液润滑性；
（3）降低钻头冲击性；
（4）提高井眼净化效果</td></tr>
</table>

在现场遭遇井下振动问题并严重影响机械钻速时，推荐采用图3-3-1所示的钻井参数优化方法。

2. 破岩能效实时监测流程

比能法优化钻井和诊断井下工况的具体流程包括以下几个关键技术环节：

（1）地面数据和井底动态数据的实时测量、传输和获取技术，保证有充足且可靠的数据来源，以确保计算结果的准确性。

（2）基于钻完井资料、录井资料和测井资料的计算与分析，确定待钻井的岩石强度剖面和岩性剖面，结合完钻井最优机械钻速统计结果，确定比能基线；利用微井段分析法分四个层次优选钻头序列，同时预测可能的机械钻速，便于与实际钻速进行对比，配合比能变化情况诊断钻井工况。另外，可以利用已有资料对已完钻井进行系统分析，为后续钻井提供施工依据。

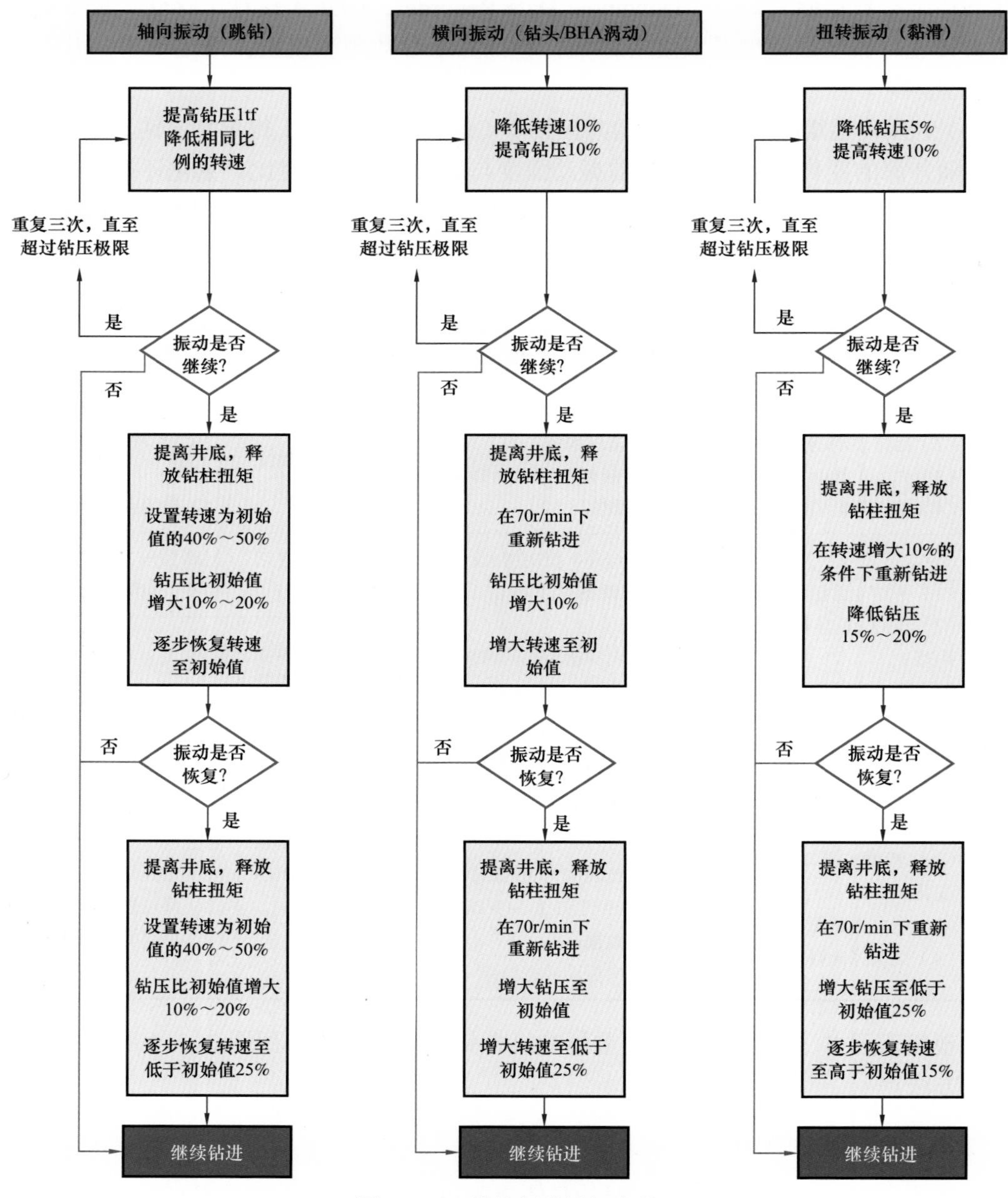

图 3-3-1　钻柱振动缓解流程

（3）比能优化软件与数据控制系统的对接技术，根据数据类型和设备数据协议的不同需要满足特定的接口协议。

（4）HMSE 实时监测、显示、存储与报警技术，主要包括根据钻井系统要求选择合适的核心模型，在深度坐标和时间坐标之间进行快捷转换，计算值的图形和数字显示，计算结果的存储与导出，以及设定 HMSE 和其他钻井参数的报警范围等。

（5）钻井参数与水力参数的实时优化技术，这是一个不断循环和不断改进的过程，包括主动优化和被动优化两个程序。主动优化是根据试钻结果和岩石强度分析结果，主动挖掘潜在的提速潜力；被动优化是在出现钻井低效，HMSE 增大超过报警范围时被动分析可能的井下工况，识别影响钻速的瓶颈因素，有针对地优化钻井参数和水力参数。

（6）井下工况实时诊断与决策技术，用于判断分析造成 HMSE 发生明显变化的可能原因，包括岩性变化、钻具振动、钻头磨损、钻头泥包、井底泥包、环空摩阻等，根据诊断结果对钻井系统进行优化改进，通过不断消除不稳定因素对机械钻速的影响，从而实现钻井效率的不断改进（图 3–3–2）。

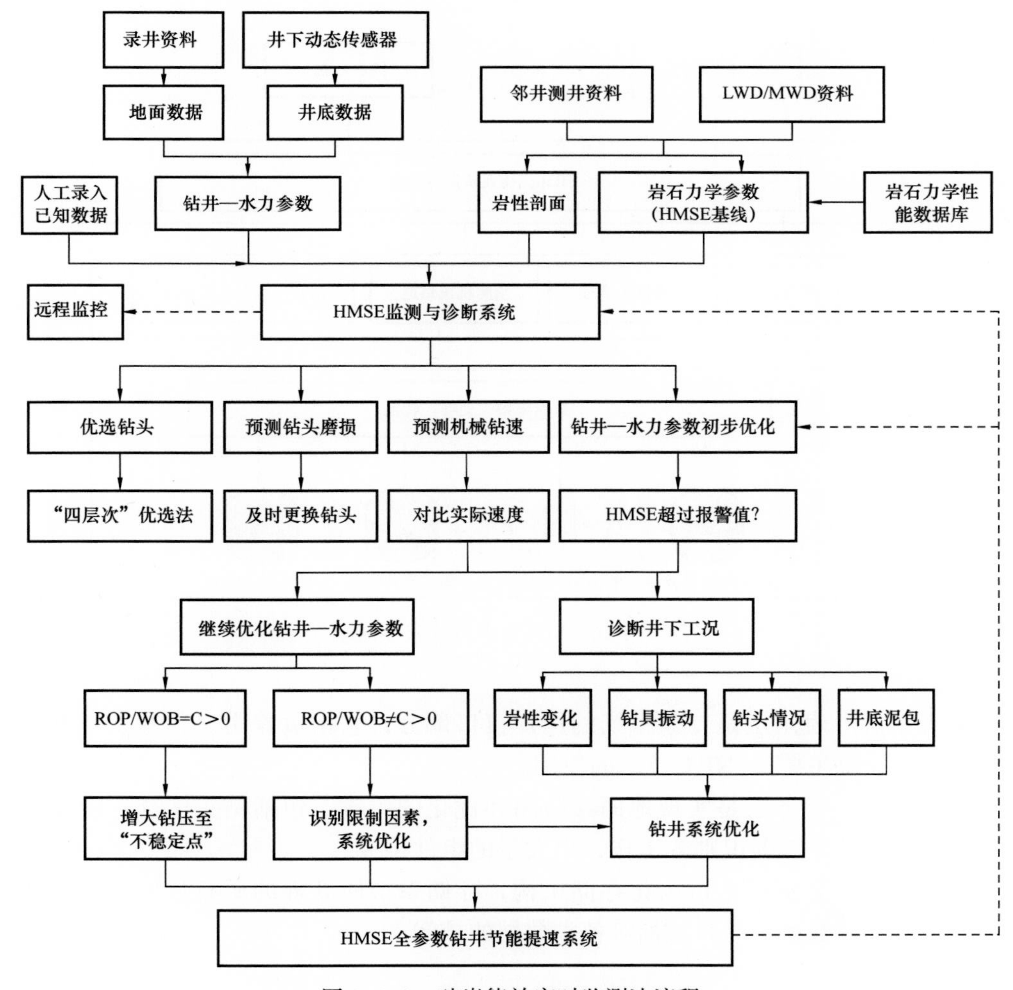

图 3–3–2 破岩能效实时监测法流程

3. 配套软件框图设计

系统采用 C/S 架构，客户端与数据库、模型库、数据采集模块完全分开，在客户端上运行了大部分服务，如信息配置、实时计算、实时展示等。每一个客户端都存在数据库引擎，并且每个客户端与数据库服务器建立独立的数据库连接（DB Connection）。

该结构最大的优点在于结构简单，开发和运行的环境简单，开发周期相对较短。该系统结构具有以下特点：

（1）可伸缩性：使用组件技术，当系统的规模增大时，通过系统结构的配置而不必修改代码就可以适应新的应用需求。

（2）灵活性：业务逻辑的改变可以不影响客户应用和数据层；并且局部的业务逻辑变化可以不影响其他的业务组件；可以对单个组件进行调试和测试；实现组件或者客户应用时对语言的选择有很大的灵活性。

钻井参数闭环优化系统采用三层服务应用程序模式，三层体系结构如图 3–3–3 所示。

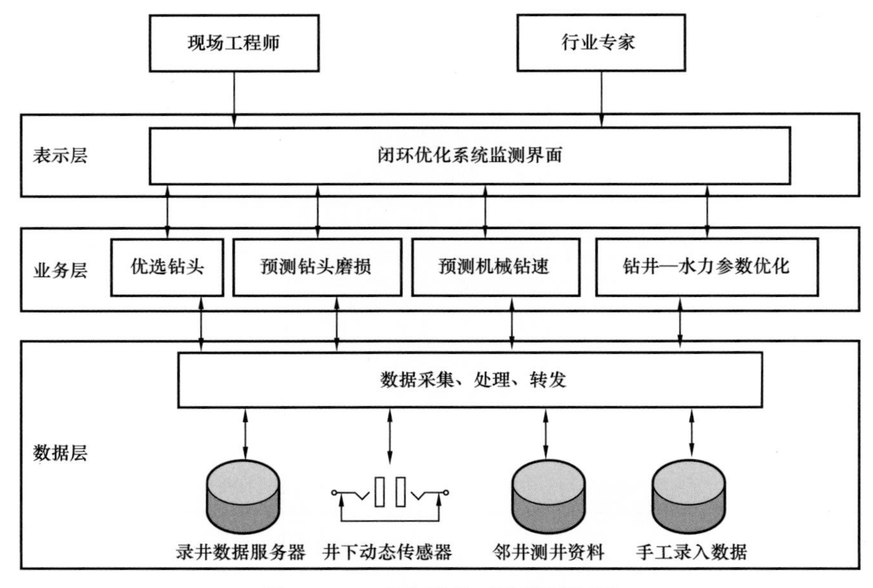

图 3–3–3 配套软件系统设计框图

三层分别是：

（1）表示层。表示层是专家系统的用户接口部分，它担负着用户、专家与系统间的对话功能，在这里主要是 .NET 技术的使用。

（2）业务层。业务层是实现地面参数闭环优化的关键，包括钻头优选、机械钻速预测、参数优化、井下工况识别等工作，由大量的组件构成。

（3）数据层。数据层是持久化存储机构，存储系统所处理的所有数据，包括录井数据库、井下传感器数据及邻井数据等各类数据的访问。

4. 钻头破岩能效优化与协同控制装置配置

实钻过程中，导航装置通过内置优化算法将推荐钻井参数显示在电子表盘上，电子表盘是钻压、转速、泵冲等最优钻头工作参数的显示装置。为了方便司钻使用，参数指示仪上的每个参数有 2 根指针（图 3–3–4），一根（红针）指向正钻钻头工作参数的实际值（如钻压）（与传统液压指重表显示意义相同），另一根（蓝针）指向这个钻头工作参数的最优值（如最优钻压）。两针偏差越大，说明当前所施加的工作参数值离最优工作参数值越远，反之，两针偏差越小或接近重合，说明司钻当前所加工作参数接近最优工作参数，此时钻头破岩效率最高。司钻借助这组显示仪表，始终保持工作参数指针与最优工作指针处于重合或接近重合位置，就能达到提高机械钻速、延长钻头使用寿命的目的。此外，每个电子表盘都动态配置有红黄绿三种背景色带，分别表示不同程度的井下 BHA 振动状态，其中绿色区域表示振动强度属于正常范围，不会降低钻头的破岩效率；而红色区域则表示能够产生井下有害振动的钻头工作参数区域，钻进过程中规避红色区域，保持钻头工作参数始终位于绿色区域。

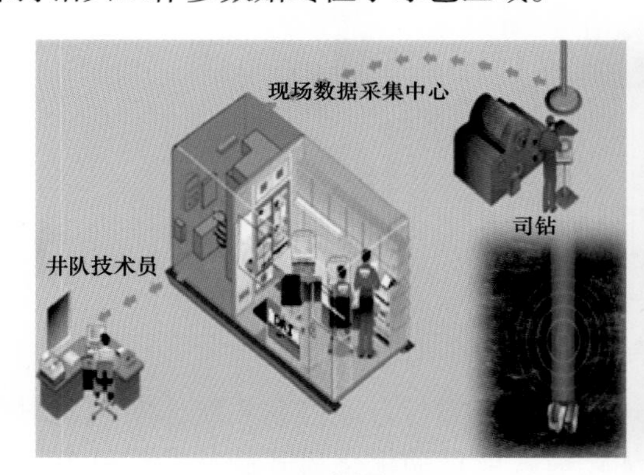

(a) 人工优化流程图

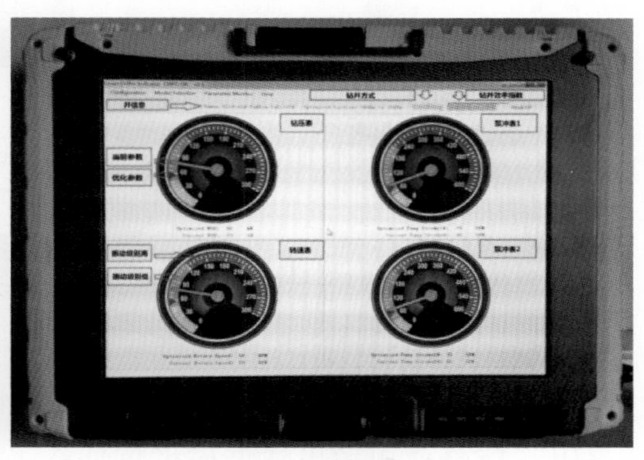

(b) 钻井参数优化界面

图 3–3–4　司钻人工优化

除司钻依据指示人工调整优化钻井参数外，钻头破岩能效优化与协同控制装置完成了钻机通信与控制模块系统研发，如图 3–3–5 所示。

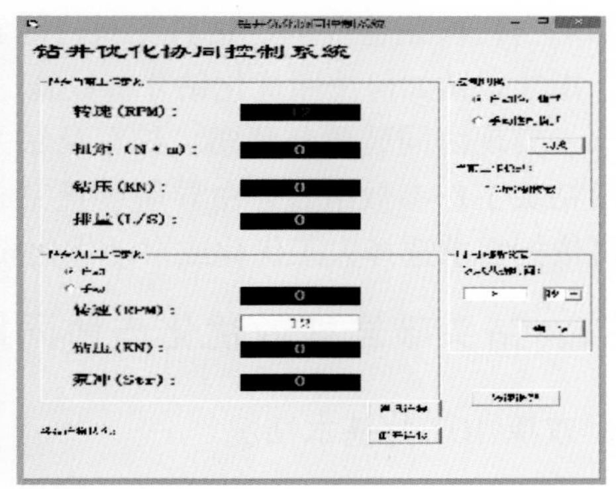

图 3–3–5　钻头破岩能效优化与协同控制装置

实现了装置与顶驱联动（成功完成与Vaco顶驱、宝石钻机等联调，转速误差±1r/min），实钻过程中导航装置将接收到的优化参数指令通过PLC通信模块分别下发至顶驱PLC和绞车PLC，当地层岩性变化或井下发生异常时，优化系统将重新评估井筒环境变化，给出新优化后钻头工作参数组合，由导航装置完成参数的调整，实现钻头工作参数的自动调控，替代司钻人工调整钻井参数，确保钻头始终工作在高效破岩区，导航装置的控制流程如图3-3-6所示。

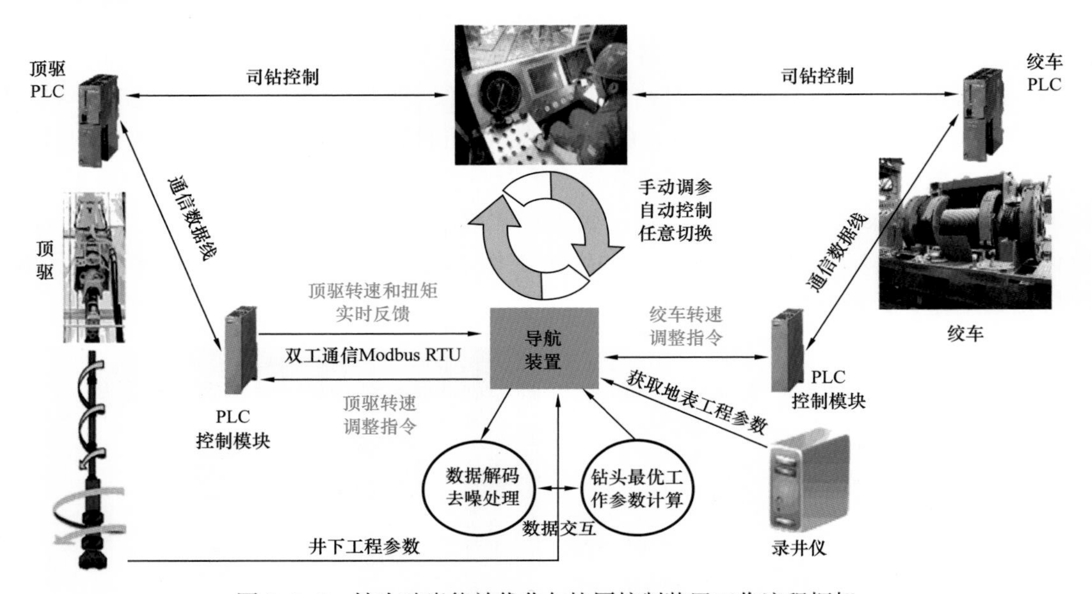

图3-3-6　钻头破岩能效优化与协同控制装置工作流程框架

钻头破岩能效优化与协同控制装置配备司钻显示终端与自动控制系统，实现实时最优参数组合推荐，司钻可根据需求选择人工优化模式或自动优化模式施加最优钻井工作参数。主要技术特点：

（1）将不同格式的数据、传输信号统一解码，转换成标准WITS格式，为钻头破岩效率分析提供数据基础。

（2）在当前钻井系统及地层条件下最大限度挖掘钻速潜力，最大化机械钻速。

（3）当机械钻速变低、钻时变长，能够自动提示司钻是钻头的问题还是地层变化的原因，指导司钻如何按照优化钻井参数施加。

（4）实现协同装置与顶驱、绞车及钻井泵PLC通信模块控制联动，系统计算给出新优化后钻头工作参数组合，由导航装置完成参数的调整，实现钻头工作参数的自动调控，司钻可依据需求选择人工优化或自动优化模式，确保钻头始终工作在高效破岩区。

二、钻头破岩能效优化与协同控制装置现场应用效果分析

1. 双探107井基本情况

双探107井位于四川盆地川西北部地区双鱼石—河湾场构造带卢家漕潜伏构造西部

高部位，主探下二叠统栖霞组、茅口组，兼探泥盆系，地理位置位于四川省江油市重兴乡石桥河村7组，周围邻井有青林1井、重华1井、双探8井、双探9井、双探12井、双探18井等。

双探107井全井6开井身结构设计如图3-3-7所示，其中应用井段为三开ϕ215.9mm井眼，3537～4081m，为地层飞二段、长兴组及龙潭组，地层岩性以紫红色泥岩、灰黑色石灰岩以及黑色泥页岩为主。

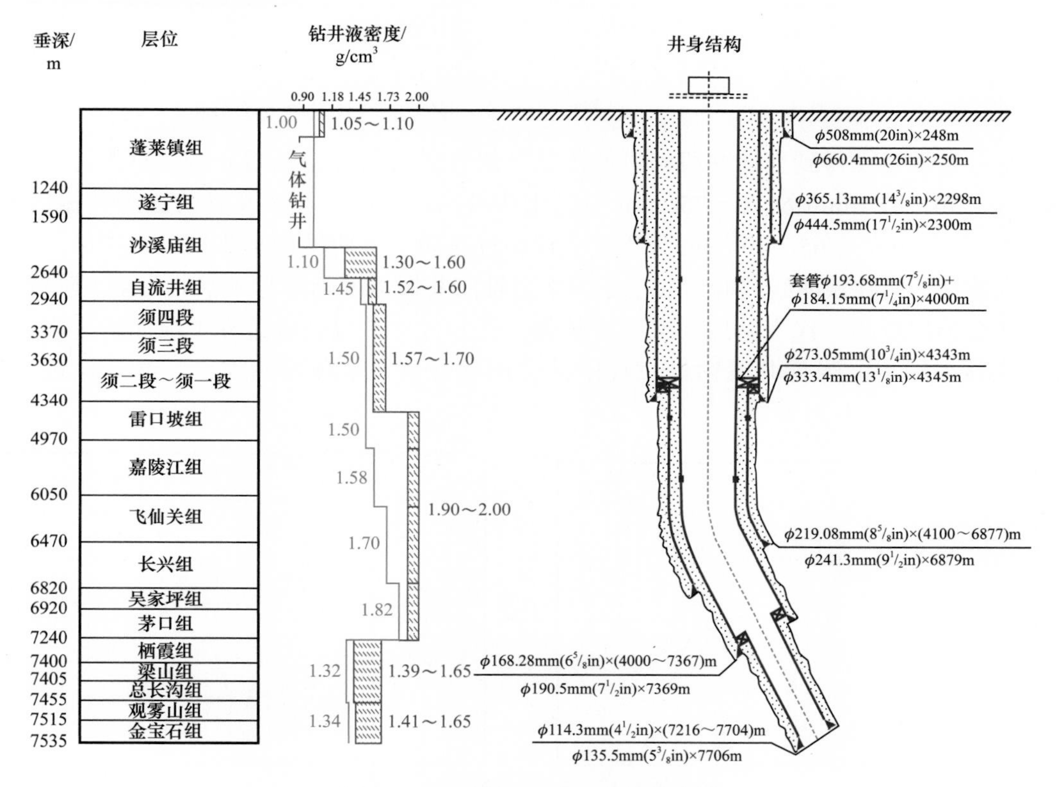

图3-3-7 双探107井井身结构设计

2. 优化井段钻井难点分析

在考虑该井井身结构、实钻井眼轨迹、钻井液性能以及优化提速井段使用钻具组合基础上，计算高效破岩状态下钻柱受力分布，同时通过模拟计算得到共振状态下钻柱受力分析如图3-3-8和图3-3-9所示。

通过对比可知，优化井段井深3700m高效破岩状态下钻柱最大扭转角达到2圈，井口最大扭矩达到5kN·m，钻柱最大拉升量达到1.5m，钻柱最大拉力达到90tf。当钻柱处于黏滑共振状态时钻柱黏滑共振扭转角最大振幅达到5圈，最大共振扭矩达到19kN·m，对比可知优化井段钻进过程中钻柱黏滑共振会严重制约钻头破岩效率，易造成钻头整卡、钻具先期损坏，降低机械钻速，同时增大井下安全风险。

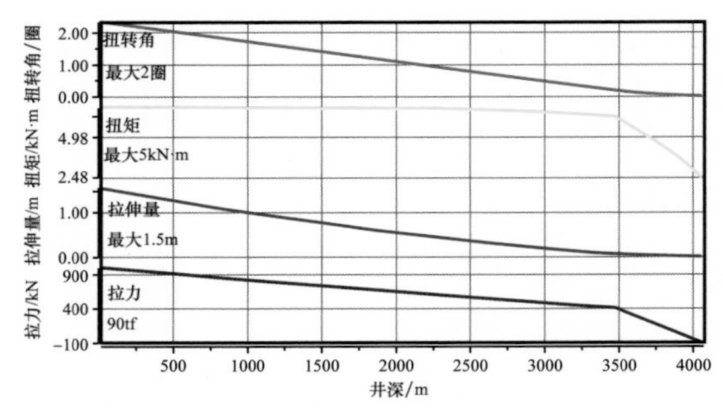

图 3-3-8 优化井段—钻头高效破岩状态下钻柱受力分析

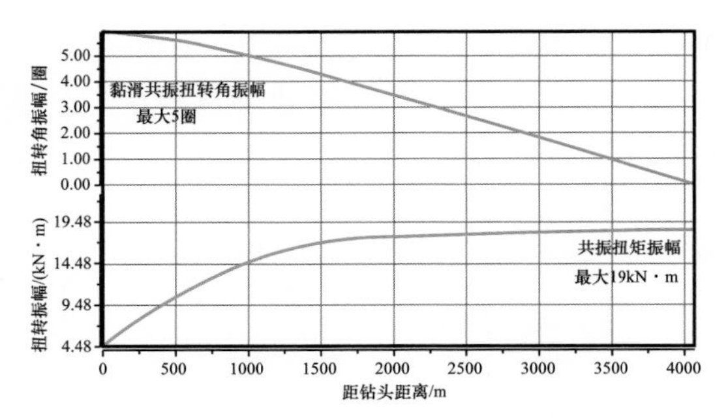

图 3-3-9 优化井段—黏滑共振状态下钻柱受力分析

通过力学建模得到当前井段钻进使用钻具组合黏滑与跳钻频谱分析，对比可知转速10r/min、36～42 r/min 及 70～75r/min 为优化井段钻柱Ⅰ阶、Ⅱ阶及Ⅲ阶黏滑共振区域，转速 20～25r/min 及 65～70r/min 为优化井段钻柱Ⅰ阶、Ⅱ阶轴向（跳钻）共振区域，优化井段钻具轴向共振曲线的峰值表示不同阶数轴向共振强度趋势与频率的关系。阶数低，钻柱共振幅值越高，代表钻柱共振强度越强，该井优化井段钻进过程中地面转速应当规避钻柱共振频率，降低井段钻进过程中钻柱振动强度，实现钻头安全、高效钻进，如图 3-3-10 和图 3-3-11 所示。

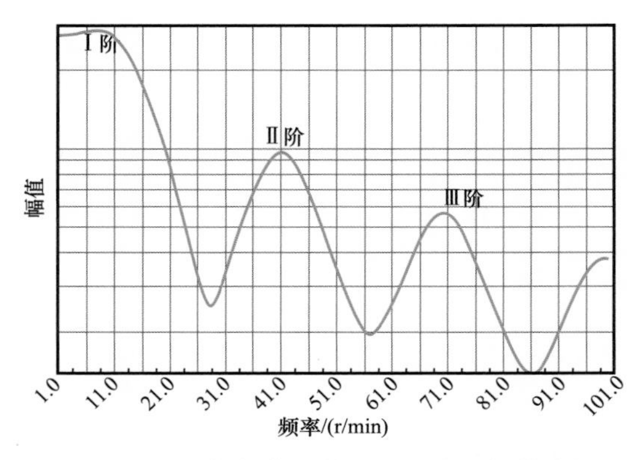

图 3-3-10 优化井段钻具黏滑共振频谱分析

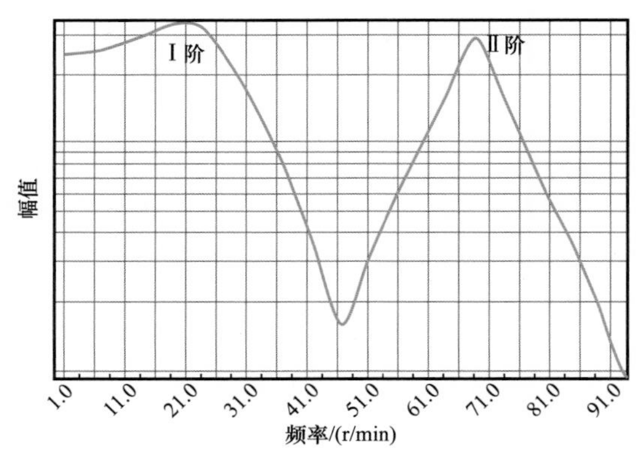

图 3-3-11 优化井段钻具跳钻共振频谱分析图

基于待钻井段地层地质特征、钻柱受力分析及共振分析，对比不同钻压、转速下优化井段钻柱黏滑与轴向振动幅值与钻具Ⅰ阶黏滑、轴向共振幅值，确定优化井段预防黏滑、轴向振动高效破岩窗口。由图可知，当地面转速处于 25～35r/min、50～65r/min 及 75～90r/min 时，井底钻柱黏滑振动处于安全区域，钻压大于 20kN 时井底钻柱跳钻振动处于安全区域，确定优化井段钻进地面钻速在 50～65r/min、75～90r/min 内，钻压大于 20kN，如图 3-3-12 和图 3-3-13 所示。

3. 优化井段钻速优化与振动控制

1）根据当前钻进地层进行破岩参数全局最优检索，确定最优参数工作区间

该井井深 3274m，通过钻台司钻与地面工程师配合开始全局最优钻井参数检索，基于

钻前优化井段钻柱受力与振动特征分析结果，分别将转速从 55～70r/min 区间调整，钻压从 6～14tf 大范围调整。根据检索算法最终寻优结果，确定当前井段钻进最优转速 65r/min，最优钻压 10～11tf，如图 3-3-14 所示。

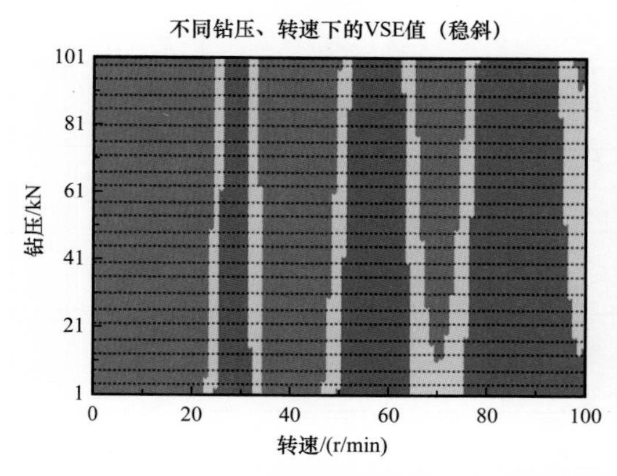

图 3-3-12 优化井段预防黏滑振动高效破岩窗口

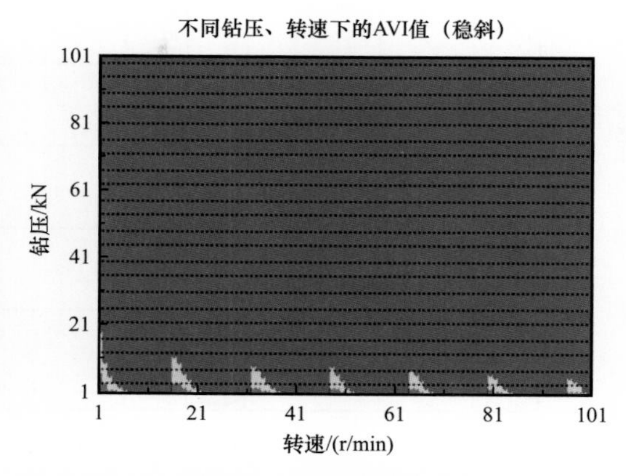

图 3-3-13 优化井段预防跳钻振动高效破岩窗口

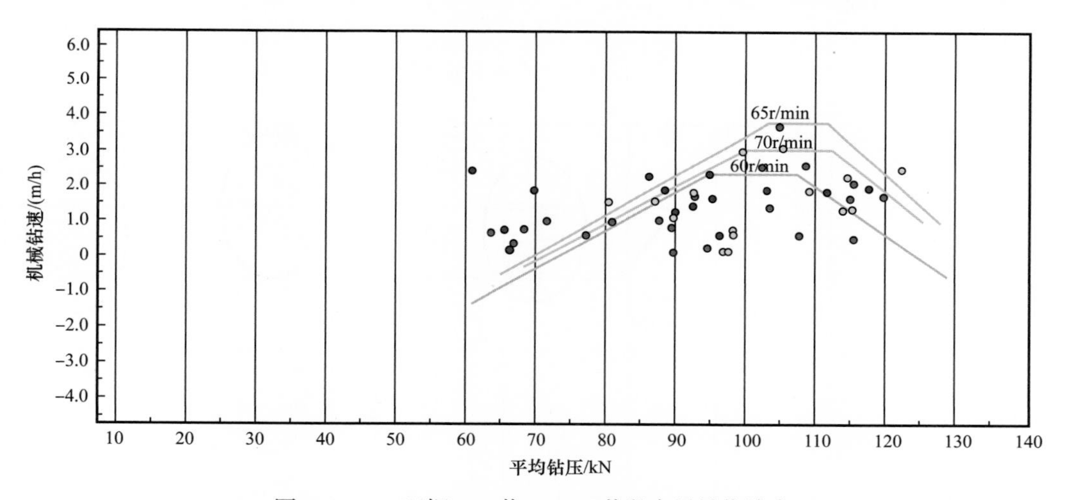

图 3-3-14 双探 107 井 3836m 井段全局最优检索

2）根据振动强度指数及钻头破岩能耗变化，识别破岩效率瓶颈因素

双探 107 井 3306～3318m 钻头破岩能效优化与系统控制装置监测界面，3308m 黏滑振动指数增大，随后钻头破岩能耗增高，将钻压降至 10tf，排量提高到 45L/s，井底黏滑振动减弱，钻头破岩能耗降低。该井钻至井深 3313m，跳钻振动指数增大，随后钻头破岩能耗与钻时增高，增加钻压至 18tf 后跳钻振动指数与钻头破岩能耗恢复正常；钻至井深 3317m 后井底跳钻振动强度与钻头破岩能耗升高，将钻压加至 18tf 后跳钻振动指数与钻头破岩能耗、钻时恢复正常，如图 3-3-15 所示。

该井井深 3360～3768m 井底黏滑与跳钻振动显著升高，钻时与钻头破岩能耗升高，系统提示钻压由 12tf 提升至 15tf 后井底振动缓解，钻时及钻头破岩能耗恢复正常，如图 3-3-16 所示。

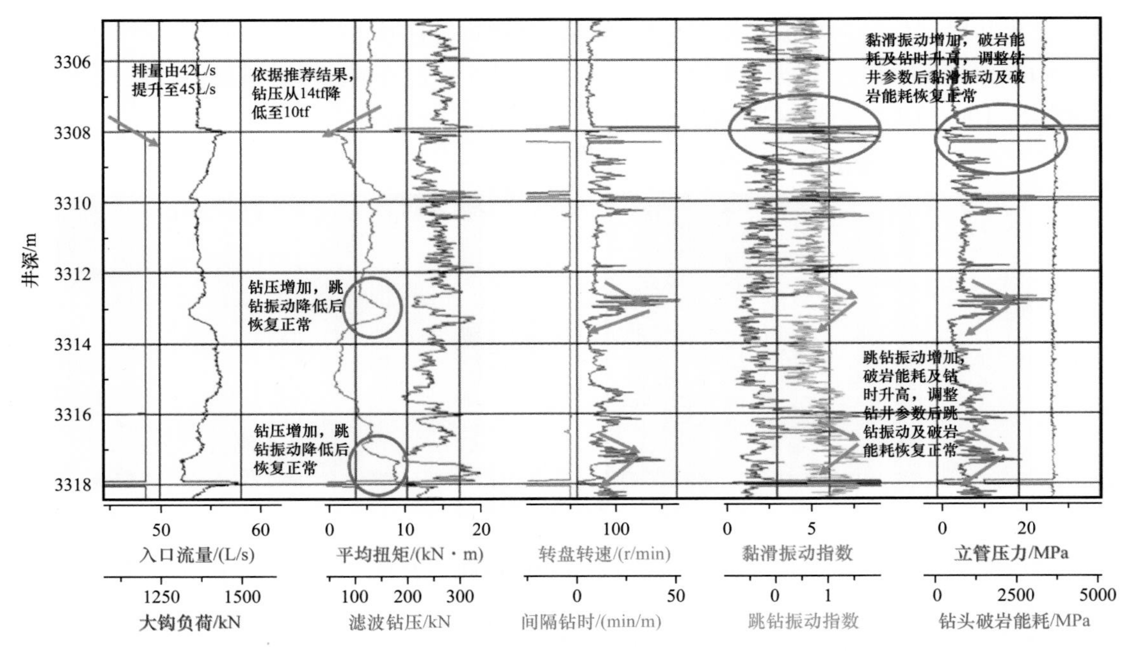

图 3-3-15 双探 107 井 3306～3318m 钻头破岩能效优化与系统控制装置监测界面

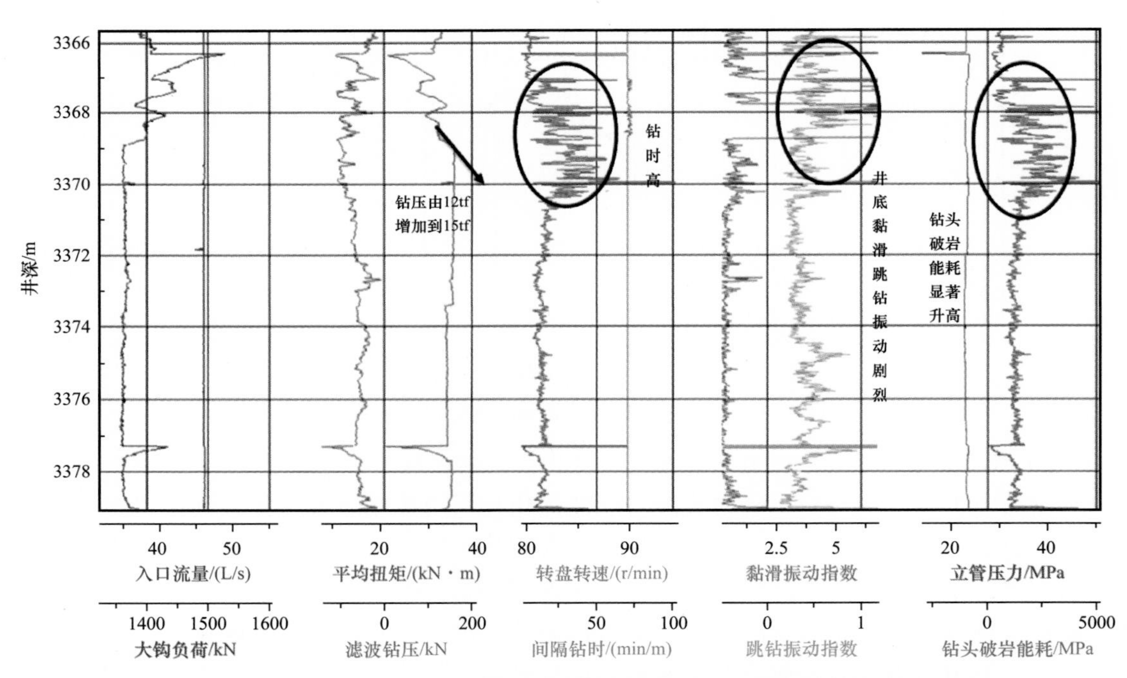

图 3-3-16 双探 107 井 3336～3378m 钻头破岩能效优化与系统控制装置监测界面

3）根据破岩能耗变化识别地层岩性变化

双探 107 井 3635～3745m 钻头破岩能效优化与系统控制装置监测界面及岩性对比，井底振动无显著变化，井深 3705m 后钻头破岩能耗及钻时显著升高，判断地层岩性发生变化，上返岩屑显示地层中石英含量显著增加、研磨性增强，提高钻压钻进，如图 3–3–17 和图 3–3–18 所示。

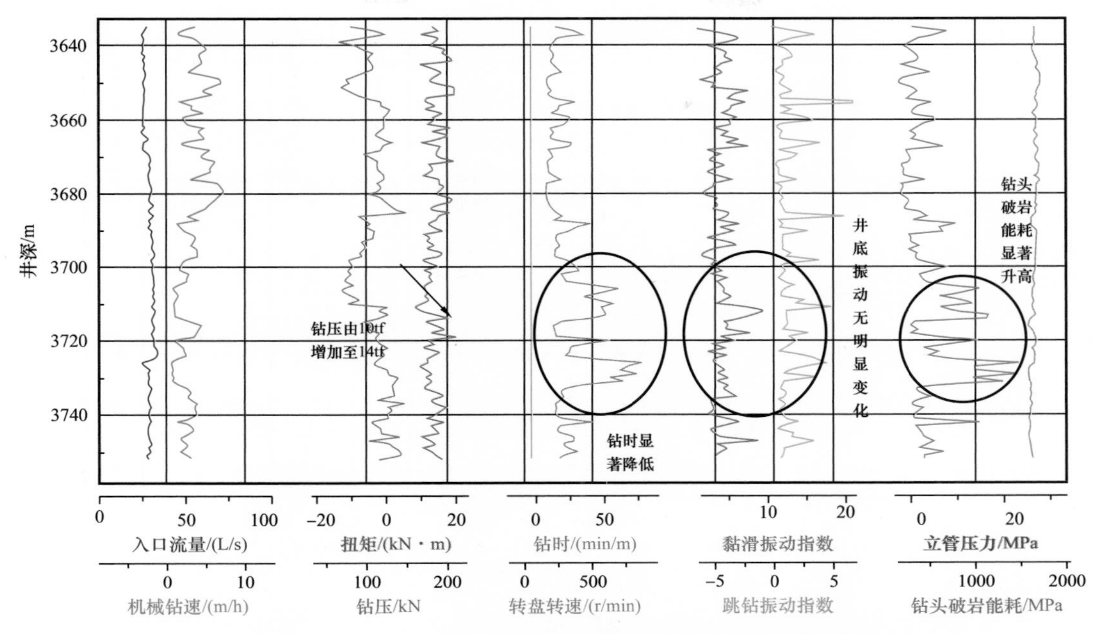

图 3–3–17 双探 107 井 3635～3745m 钻头破岩能效优化与系统控制装置监测界面

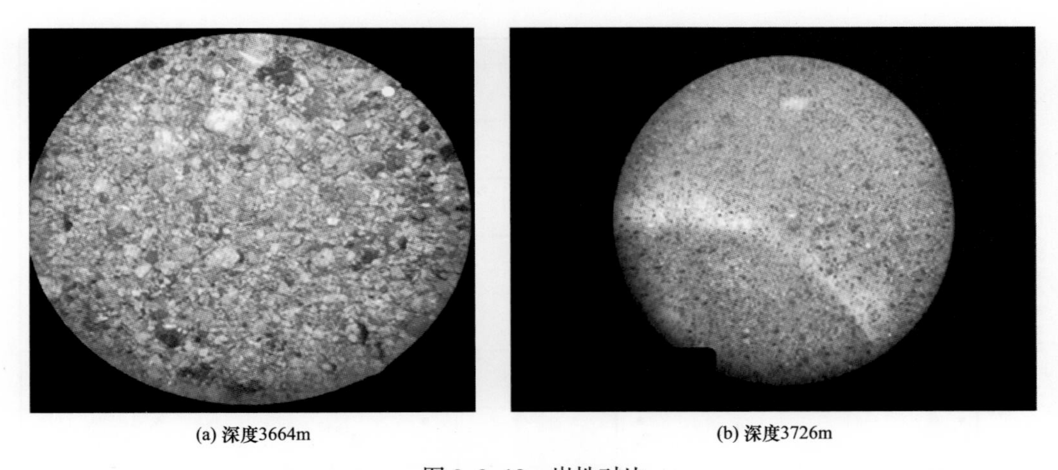

图 3–3–18 岩性对比

4）大井段采用系统指示钻进维持较高破岩状态

图 3–3–19 为双探 107 井 3325～3365m 钻头破岩能效优化与系统控制装置监测界面，该井段为 2020 年 5 月 10 日白班司钻按照优化系统指示打钻，整段破岩钻进过程中井底黏滑及跳钻振动指数、钻头破岩能耗曲线相对比较平滑，钻头破岩效率较高。5 月 10 日优化井段与 5 月 11 日非优化井段钻进钻井参数及钻头破岩能耗对比，图中红色点对应非优化井段钻头破岩能耗分布，黑色数据点对应优化井段钻头破岩能耗分布，通过对比可

知，优化井段钻头破岩能耗 DSE 明显低于非优化井段，说明优化井段钻头破岩效率更高，如图 3–3–20 所示。

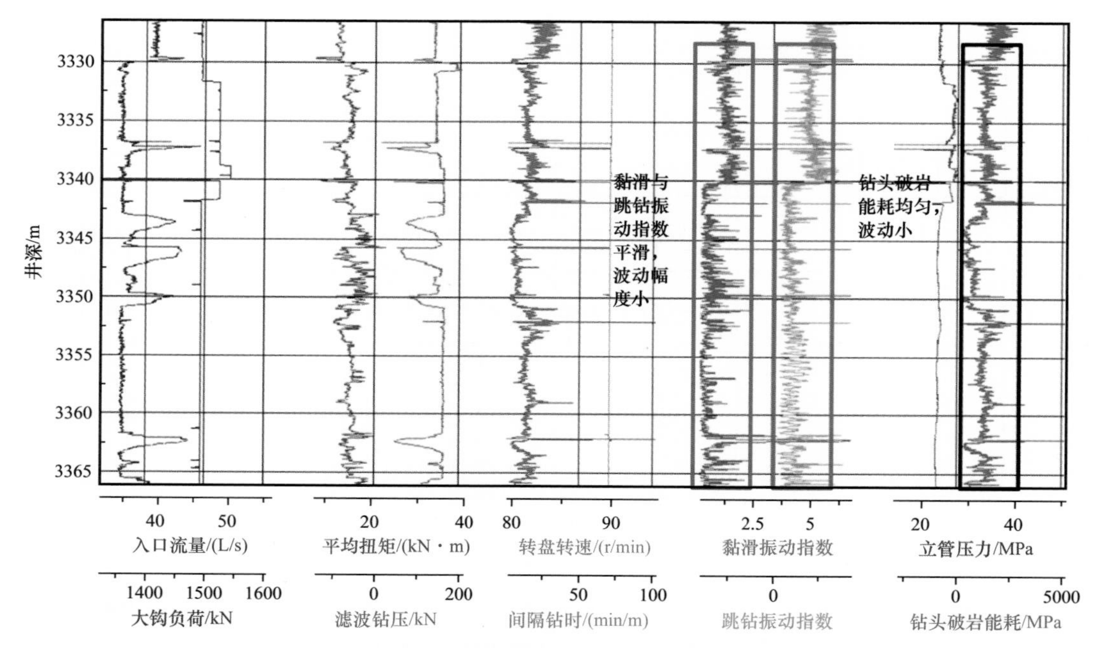

图 3–3–19　双探 107 井 3325～3365m 钻头破岩能效优化与系统控制装置监测界面

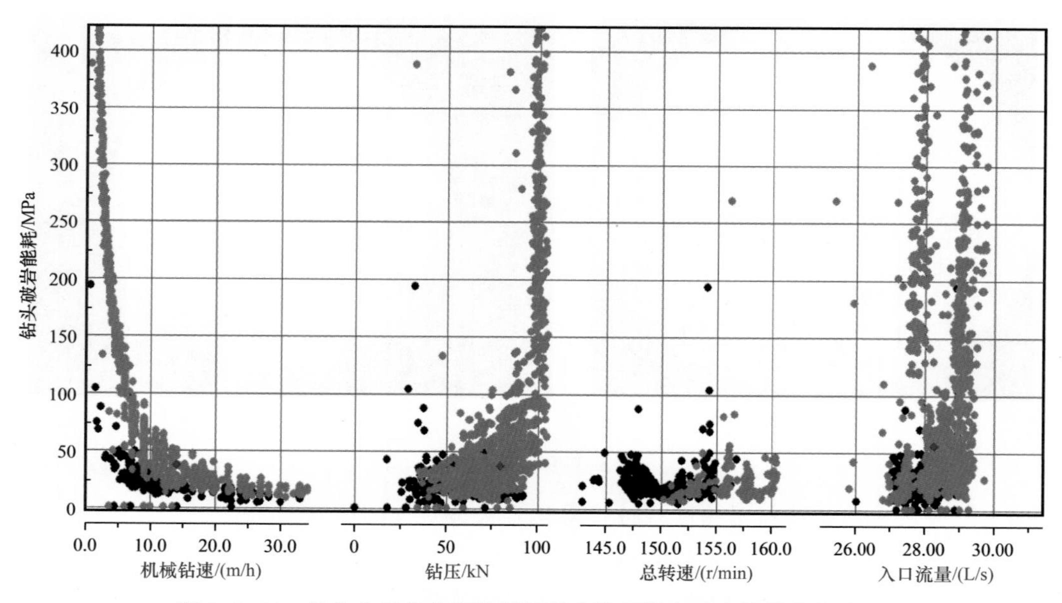

图 3–3–20　优化非优化井段钻进钻井参数与钻头破岩能耗分布对比

2020 年 5 月，“钻头破岩能效优化与系统控制装置”在西南油气田双探 107 井 3274～3755m 井段（须家河须四段、须三段、须二段）开展了 3 井次现场试验。试验过程中结合邻井数据并实时采集工程参数，实时计算待钻地层强度、钻头破岩效率、井底钻具振动强度（黏滑、跳钻），通过人工优化为主、自动优化为辅方式对优化井段开展了实时钻井参数优化。

第一趟钻井深3274～3510m，地层须三段，岩性灰色砾岩夹杂灰黑色粉砂岩，复合钻进井段总进尺237m，其中非优化井段进尺99m，纯钻时间32.84h，机械钻速3.01m/h，优化井段进尺138m，纯钻时间36.45h，机械钻速3.79m/h，机械钻速同比提高25.6%。第二趟钻井深3511～3566m，地层须二段，岩性浅灰色细砂岩、灰褐色中砾岩，复合钻进总进尺56m，其中优化井段进尺16m，纯钻时间6.3h，机械钻速2.54m/h，非优化井段进尺40m，纯钻时间19.5h，机械钻速2.05m/h，机械钻速同比提高24%。第三趟钻井深3635～3755m，地层须二段，岩性浅灰色细砂岩、灰褐色中砾岩，复合钻进总进尺121m，其中优化井段进尺63m，纯钻时间20.56h，机械钻速3.06m/h，非优化井段进尺58m，纯钻时间27.12h，机械钻速2.14m/h，机械钻速同比提高43%。

综上所述，钻头破岩能效优化与协同控制装置以钻头破岩能效优化为核心，实时跟踪量化评价井下钻头破岩比能、井下钻柱振动状态，智能判别地层和工况变化及钻头工作参数优化方向，司钻可根据需要选择人工或自动控制施加最优钻压、转速、泵冲等参数，实现机械钻速与破岩能耗的最佳匹配，达到提高机械钻速、延长钻头寿命、减少井下事故的目的。现场应用证实了其用于钻井提速的优势，装置能够准确识别地层岩性变化、实时钻头破岩能效评估并对钻具振动强度评价控制，证实了装置对解决深井难钻地层机械钻速慢、复杂问题多等难题具有很好的适用性和针对性。

（1）根据比能优化原理，研制了钻头破岩能效优化与协同控制装置，现场应用结果证实了其钻井提速的有效性。

（2）在比能优化的基础上，研发了井下振动监测优化系统，进一步挖掘比能优化潜力，经过现场井下振动实测对比，验证了振动监测系统的准确性。

（3）该项技术注重实时跟踪破岩能效，实时调整钻井参数，更适用于能够进行钻压、转速、排量参数的实时微调控制的电动钻机，应用过程中司钻可根据实际情况选择人工优化或自动优化两种模式。

（4）钻头破岩能效优化与协同控制装置为钻井提速和降低钻井成本探寻一条新途径，可以作为通用性工具推广应用在钻井施工、优化与分析的各个环节中。

第四章 井筒安全钻井技术与装备

针对深井超深井钻井面临的安全密度窗口窄、恶性井漏、环空带压、套管失效等突出问题，开展井筒压力闭环控制钻井技术与装备、复杂地层膨胀管封堵技术与工具、井下实时安全监控系统、井筒完整性技术等攻关。攻克自动分流钻井装备、井下实时安全监控系统等技术瓶颈，形成井筒安全闭环控制钻井技术、膨胀管裸眼封堵技术、井下复杂自动识别等井筒安全钻井技术系列；解决了库车山前高压盐水层钻完井技术难题，提升了深井超深井井筒工况实时监测、井下复杂识别和快速处理能力，拓展了控压应用领域；构建了深井超深井井筒完整性标准规范，现场应用取得显著成效，保障支撑了塔里木、川渝、新疆南缘等地区的深井超深井勘探开发。

第一节 井筒压力闭环控制钻井装备研制与应用

井筒压力闭环控制钻井装备是井筒安全钻井技术的核心设备之一，对整个钻井作业过程的压力的精确控制起着至关重要的作用（刘伟等，2011；杨雄文等，2011a）。针对多种因素导致复杂井筒压力条件，导致钻井安全施工面临严峻挑战，开展井筒压力闭环控制钻井装备攻关，攻克井筒压力复杂多变的技术难点（杨雄文等，2011b；周英操等，2019），形成井筒压力闭环控制钻井技术系列（付加胜等，2017；石林等，2012；刘伟等，2020），解决井筒压力复杂多变难以控制的问题，现场顺利钻完高压盐水层、恶性漏失、海洋窄密度窗口复杂地层的成效，保障支撑塔里木库车、新疆南缘、中海油渤中的勘探开发。

一、自动分流系统

1. 自动分流系统工艺

自动分流系统（图 4–1–1）整体集成到橇装设备上，通过橇体上的节流管汇将井队钻井泵进行分流，当控压钻井装备连接至该橇体时，得到钻井泵持续的流量供给，以保持井口回压不间断调整，维持井底压力在安全密度窗口内。该分流是从立管上引至自动节流管汇，在控压作业期间，通过控制回压来精确控制井底压力。

传统的控压钻井作业，在接单根时需要回压泵提供钻井液及精确地排量来控制节流阀，使其保持在可控制的范围内，而通过使用自动分流系统则可以消除在起下钻及接单根期间，钻井泵和回压泵之间复杂的相互作用所带来的人为因素的影响。同时，该系统可以消除由于回压泵和钻井泵之间的设计问题所带来的压力波动问题，简化了操作步骤。

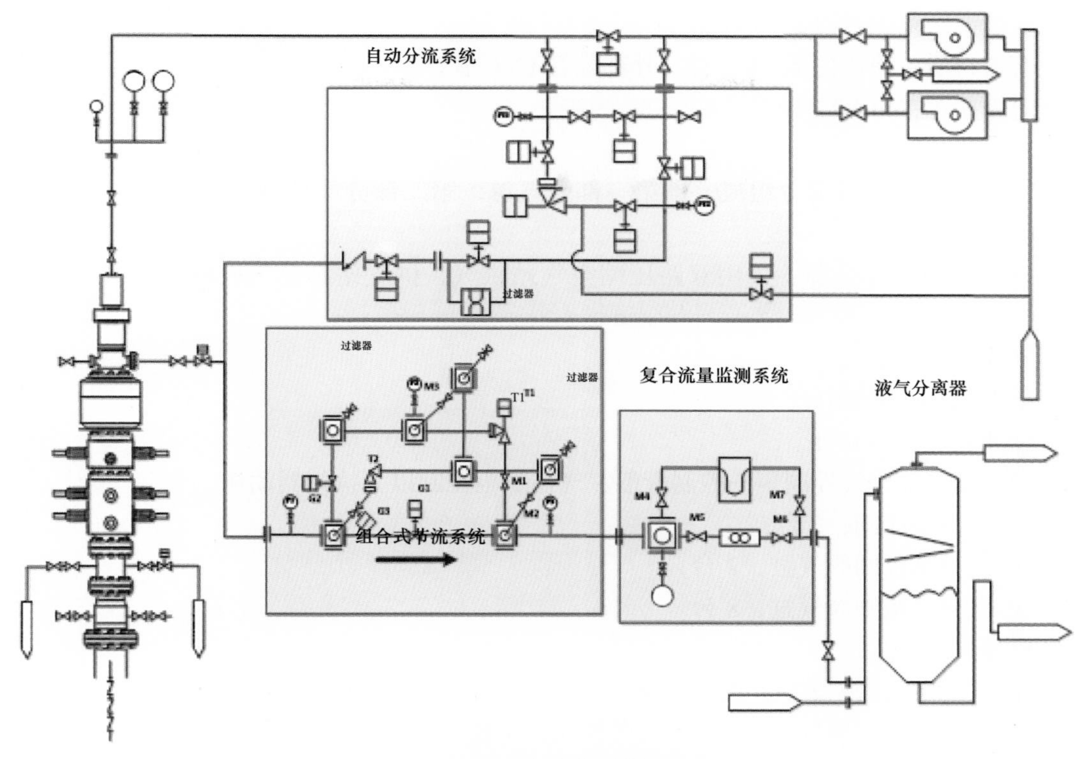

图 4–1–1　自动分流系统原理图

与回压泵系统相比，自动分流系统不仅占用空间更小，耗能更低，也更容易装备，更加简化。该系统可以实现全自动、半自动及手动操作模式。同时大部分的钻机配备了各种型号的备用钻井泵，降低了安装的复杂性，提高了其可靠性。

中国石油集团工程技术研究院有限公司研制的自动分流系统包括固定式分流连接系统和自动分流管汇系统两部分，用于在准备接单根、起下钻或者旋转控制装置维护等不需要进行钻井液泵入井底进行井筒循环的情况，转入地面循环。固定式分流连接系统由一条直通通道与两条分流通道组成，直通通道入口与钻井泵连接，出口与立管连接，两条分流通道分别与自动分流管汇系统的两个入口相连接；对应的两个出口，其一是泄压管线，其二是与控压钻井装备连接。当由井筒循环转入地面循环时，钻井液由钻井泵经固定式分流连接系统分流至自动分流管汇系统，进入控压钻井装备，以便实施控压钻井技术。实现了钻井泵泵送钻井液通道的平稳切换，避免产生有害的压力扰动，减少分流耗时，提高分流速度和效率，结合控压钻井装备实现对井底压力的精确控制，有效减少、避免由于窄密度窗口引起的涌漏塌卡等井下复杂。

2. 液气控制系统设计和加工

1）设备性能及技术要求

气源：干燥压缩空气，供气压力 0.6～0.8MPa；

工作温度范围：+10～+60℃；

环境温度范围：+10～+40℃；

管道材质：箱体内部 PVC 管，外部配管 PVC 管；

防爆要求：Zone2 IIC T4。

2）功能说明

气控制单元由三部分组成，即第一部分气源，第二部分气控制柜+控制管汇，第三部分电控系统。

（1）第一部分气源：采用双路压缩空气站供气，供气站满足气控制柜的气源供应。气源规格参数：

气源：压缩空气；

压力：0.6～0.8MPa；

标准流量：150m^3/h。

（2）第二部分气控制柜+控制管汇。气控制柜控制以下执行器动作：

2in 气控节流阀，2 台；

4in 气控平板闸阀气缸，2 台；

2in 气控平板闸阀气缸，8 台。

控制模式：

2in 气控节流阀，2 台：提供气源；

4in 气控平板闸阀气缸，2 台：开关控制，中控 / 本地手动；

2in 气控平板闸阀气缸，8 台：开关控制，中控 / 本地手动。

控制管汇：控制管汇将控制柜与执行器连接，用于控制柜与执行器之间介质及压力输送，达到执行器动作控制目的。柜体内部管道采用 PVC 管，外部管道采用 304 无缝不锈钢。控制柜气源供气采用高压胶管。

（3）第三部分电控系统。实现对气控制柜的液气数据显示、远程中央控制及电控安全设定。

3）设计要求

（1）一般要求：

① 柜体采用拉丝不锈钢材料，操作面板有明确的文字说明，文字采用阴文腐蚀，柜体结构应满足室外露天条件下应用；

② 所采用的元件要有铭牌；

③ 所有元件要有与原理序号一致的标牌；

④ 所有电器元件要有电器代号标牌并拴接在元件附近；

⑤ 柜体外部管道采用抛光无缝不锈钢管，材质 304；

⑥ 外接管口要设有标牌，标牌材料为不锈钢，文字采用阴文腐蚀，铆接安装。

（2）液压及气动设计要求：

液压管应满足：2in 气控节流阀，管道外径 12mm；4in 气控平板闸阀，管道外径 16mm；2in 气控平板闸阀，管道外径 12mm。

3. 电器设计要求

1）端子箱

端子箱防爆要求：EEx e/Ex e；

材质：不锈钢 Gland；

防护等级：IP66，不锈钢材质箱体。

2）电缆

所有电器元件必须接入端子箱；

电缆均采用阻燃电缆；

电磁阀电缆：$3+1.5mm^2$；

传感器电缆：**X0.75mm^2+Sh。

4. 设备和材料的检验和质量标准

（1）液压系统符合 GB/T3766—2001；

（2）冶金机械液压、润滑和气动设备工程安装验收规范为 GB 50387—2006；

（3）现场设备、工业管道焊接工程施工及验收规范为 GB 50236—1998。

二、组合式压力控制系统

组合式压力控制系统是井筒压力控制钻井装置的核心，可实现数据采集的资料汇总、处理以及控制指令的发布，监测压力表、流量计数据，控制节流阀、气动平板阀的操作。包括控制机房和现场控制系统。

组合式压力控制系统采用西门子 PLC 控制系统，是基于全集成自动化思想的过程控制系统，包括人机界面、软件、工业控制计算机、控制器、网络产品、基于 DP 分布式 I/O。

1. 组合式压力控制系统设计

1）自动节流系统设计

自动节流系统共有 4 条通道和一个超压保护通道（图 4-1-2 和图 4-1-3）：第一条通道为直流通道，通道上有一个气动平板阀；第二条通道为自动节流通道，通道由 1 个气动平板阀和 1 个液控节流阀组成；第三条通道为手动节流通道，通道由 1 个气动平板阀和手动节流阀组成；第四条通道为串联节流通道，由 1 个气动平板阀、手动平板阀和一个液控节流阀组成。

自动节流系统相关技术参数：通径为 4in，耐压 35MPa，液控节流阀阀芯孔径 2in，手动节流阀孔径 80mm。

2）组合式流量监测橇设计

组合式流量监测橇结构如图 4-1-4 和图 4-1-5 所示，由质量流量计和电磁流量计组成。质量流量计采用原有 E+H 流量计，下部流量计采用科隆电磁流量计，电磁流量计通径 4in，采用 4～20mA 电模拟信号，流量计入口处设置一个压力传感器。

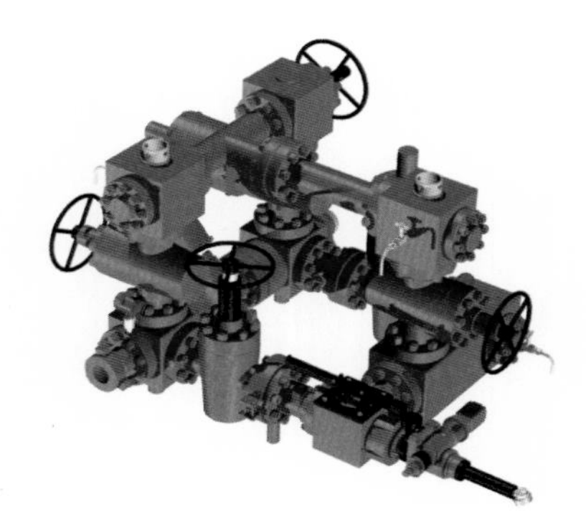

图 4–1–2　自动节流系统高压管汇三维图

图 4–1–3　自动节流系统照片

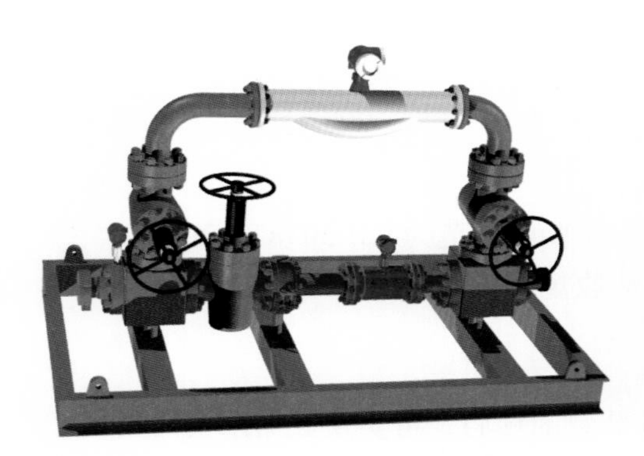

图 4–1–4　组合式流量监测橇方案示意图

图 4–1–5　组合式流量监测橇照片

2. 组合式压力控制系统结构

1）自动节流系统高压管汇组成

自动节流系统是压力闭环控制钻井装备的执行核心，包括主节流通道、备用节流通道、直流通道、测量通道等。其中，各节流通道都由节流阀、气动平板阀、手动平板阀、高压管汇等构成；直流通道由手动平板阀、高压管汇等构成；测量通道由手动平板阀、质量流量计等构成。

（1）管汇、各阀件需做抗硫化氢、抗腐蚀处理。

（2）高压管汇额定承压能力≥35MPa。

（3）自动节流系统是由自动节流阀、远程开关阀等组成的能够调节节流开度，从而对井口施加压力的一套管汇，能够对井口返出流体进行节流，从而对井口施加回压。

（4）节流精度是通过节流施加井口回压，从而控制井筒压力剖面及其井底压力波动数值。自动节流系统应具备流量监测。

（5）自动节流系统每条节流通道应按照自动平板阀、自动节流阀、手动平板阀结构设计，其中自动平板阀是节流通道的开关阀门，自动节流阀通过节流油嘴的开度进行压力调节。

（6）自动节流系统中所有各类型远程自动控制阀门都应同时具备本地手动操作功能。

2）自动节流系统管汇结构

（1）图 4-1-6 为典型的自动节流系统管汇结构简图。

（2）自动节流阀 A、B 标记各节流通道名称，其中 A、B 为主控压节流通道，A 通道与回压补偿系统连接。

（3）管汇中阀门、四通、管的连接为法兰连接。

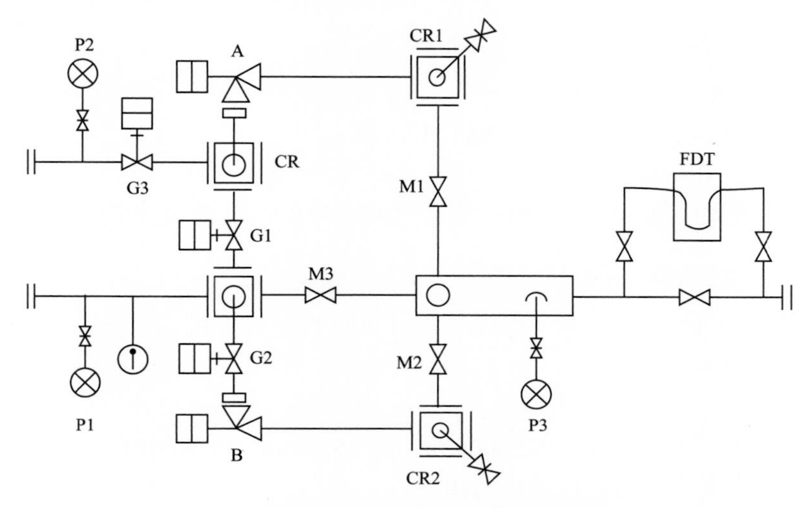

图 4-1-6 自动节流系统管汇结构图

3）自动节流阀

自动节流阀是用于改变通道的过流面积或长度来控制流体流量的阀门。自动节流阀为节流系统中压力控制的核心元件，技术要求如下：

（1）节流阀额定承压能力≥35MPa；

（2）节流压力控制范围：0～14MPa；

（3）节流压力控制精度：±0.2MPa 以内；

（4）节流通径：25～51mm；

（5）节流阀管道通径：＞76mm；

（6）节流控制方式：液压控制，能够远程操作；

（7）节流阀空载时全开至全关时间应≤15s；

（8）温度等级满足 API 16C 中 U 级（-18～121℃）；

（9）阀芯、阀座及其接触流体冲击区域，应采取防固相颗粒冲蚀处理；

（10）节流阀可以用于可能遇到酸性流体的地方，与井内流体接触的金属材料应满足 NACE MR 0175 防硫化氢应力裂纹的要求；

（11）具备本地手动、远程自动两种动作控制模式。

4）气动平板阀

气动平板阀是通过压缩空气推动气缸活塞运动，从而带动闸板开关的平板阀。气动平板阀技术要求如下：

（1）额定承压能力≥35MPa；

（2）阀全开通径＞76mm，与管汇通径相匹配；
（3）气源压力：0.6～0.8MPa；
（4）工作状态下，阀全开至全关时间≤6s；
（5）阀体符合 API 16C 要求；
（6）与井内流体接触的金属材料应满足 NACE MR 0175 防硫化氢应力裂纹的要求。

5）手动平板阀

手动平板阀技术要求如下：
（1）额定承压能力≥35MPa；
（2）阀全开通径＞76mm，与管汇通径相匹配；
（3）阀体符合 API 16C 要求；
（4）与井内流体接触的金属材料应满足 NACE MR 0175 防硫化氢应力裂纹的要求。

3. 组合式压力控制系统控制机房

控制机房包括 UPS 电源、水力学计算机、PLC 控制计算机、交换机等。

1）控制机房设计

（1）总体要求：
① 仪器房整体长 8000mm，宽 2500mm，高 2590mm，重为 10.8t。
② 仪器房整体采用连续正压通风结构。
③ 仪器房上部四角设置标准集装箱吊运角件，供装卸车使用。
④ 正面设置 A–60 级观察窗一个。
⑤ 后面左侧开设应急逃生出口（A–15 标准）一个。
⑥ 正面右侧开设水密防火门主通道一个（A–15 标准）。
⑦ 仪器房进电采用快速插拔方式（航空插头）。
⑧ 仪器房所有电源线改用 10mm^2。
（2）设计要求：
① 用 2 个 3000W 电热油汀。
② 配套黑色网线，50m 一根，600m 一根。
③ 配备一个架线杆、一个地线杆（普通）。
④ 水晶头换成屏蔽水晶头。
⑤ 用 2 台 23in 显示器（配套安装支架）。
⑥ 计算机和显示器采用 DVI 接口，配套独立显卡。
⑦ 配套黄绿地线。
⑧ 耳房装 2 个 380V 防爆插座（带防爆开关）、1 个 220V 防爆插座（带防爆开关）。
⑨ 操作区进门右侧装 1 个 380V 防爆插座（带防爆开关），1 个 220V 防爆插座（带防爆开关）。
⑩ 装配件房接地螺栓。

2）控制机房加工技术要求

（1）作业环境要求。钻井监控房及辅助房应具有良好的密封性，防雨水，防风沙，能够适应沙漠和海洋地区作业。

① 室外承受温度范围：–30～+52℃；

② 室内调节温度范围：+10～+30℃；

③ 室内调节湿度范围：45%～85%；

④ 室内噪声控制范围：＜65dB。

（2）钻井监控房技术要求。钻井监控房需符合正压防爆标准，房屋结构设计、技术指标、制造、认证指标均采用API相关标准，总体设计及防爆功能要求通过北海挪威船级社（DNV）认证，并取得A0级认证证书。

箱体要求：

① 箱体外形标准：符合ISO668标准；

② 箱体前侧开定制A60级防火水密门1个，A60级防火观察窗1个（采用A60级防火玻璃，不锈钢护栏），定制A60级逃生门1个，有明显逃生标记；

③ 外隔间设有防爆风机、防爆接线箱、防爆灯。

内部系统：

① 钻井监控房内部系统包含加工清单中设备，并符合其规格要求：

② 中心控制系统采用统一设计，提高美观性及整体性能；

③ 所有计算机控制系统全部采用机架固定方式，提高仪器的可更换性，便于现场操作和维修；

④ 所有显示器固定于仪器房墙体上，便于现场操作，减少搬迁工作量；

⑤ 设计墙式中心控制箱，提高仪器的整体性、安全性和操作性；

⑥ 保证钻井监控房内部系统与外部设备的输入输出连接；

⑦ 动力电源线接口，保证总体电力供给；

⑧ 与外部设备网线连接；

⑨ 外部设备连接的24V电源线连接；

⑩ 发电机的控制连接；

⑪ 留有备用接口。

（3）安全要求：

① 控制机房为正压防爆型，装有室外防爆接线盒，线缆进出采用MCT防火通道，并且有夹紧装置；

② 具有整套防爆安全控制系统；

③ 具有可燃性气体检测、报警和控制装置；

④ 具有H_2S检测、报警和控制装置；

⑤ 具有烟雾、温度检测和控制装置；

⑥ 具有防爆应急照明设备；

⑦ 具有室内压力检测、报警和控制装置；

⑧ 通风管道入口内安装有流量探测器；

⑨ 具有应急断开以及旁路操作功能。

（4）配件房技术要求：

① 配件房内部电气线路、照明设备、开关插座符合防爆标准；

② 房内要求固定一个工具柜，抽屉带锁；

③ 房侧固定一个货架，用于摆放工具和配件。

（5）装卸与运输要求：

① 吊装钢丝绳总承重 20t，有权威部门试验载重合格证书；

② 控制机房拖橇底部具备固定孔，且长出箱体，便于装车运输及固定；

③ 控制机房内空调、吊柜、家具、设备等所有部件固定牢靠，适于野外经常性的搬运和吊装，所有部件不会松动和脱落；

④ 配件房工具柜、货架固定牢靠，有固定工具、货物装置。

4. 组合式压力控制系统井筒压力闭环安全控制方法及策略

通过分析井筒压力的传播规律，井口压力变化传播至井底时间及压力大小的影响，井底压力和地层压力差导致循环钻井液体积变化，引起井底压力变化，然后确定井底压力变化与钻井液进出口流量差之间的关系（表 4–1–1）。

表 4–1–1 井筒压力闭环安全控制方法及策略

策略及目标	压力控制方式
根据瞬时量进行信号分析	（1）实时采集流量、工况及参数动态变化； （2）实时验算、给定目标压力； （3）闭环压力控制
校正钻井泵上水效率	
校正流量累计，真实反映溢流、漏失量	

1）可控微溢流 / 微漏失高压盐水层精细控压控制策略

针对高压盐水层安全钻井密度窗口窄特性，在溢漏同存的情况下，采用微流量控压寻找溢漏平衡点保持安全钻井，如图 4–1–7 和图 4–1–8 所示。

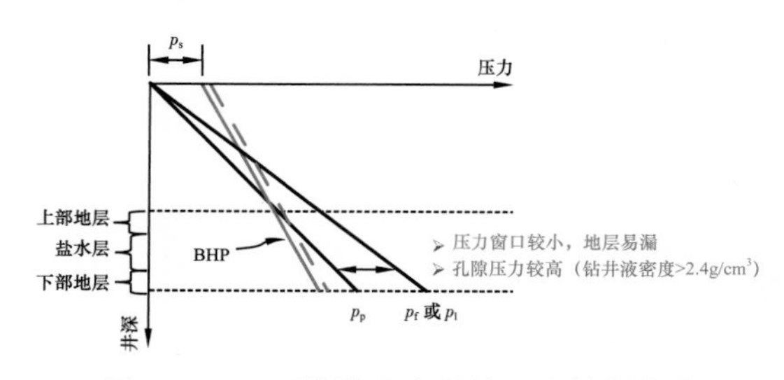

图 4–1–7 可控微溢流井筒压力控制技术

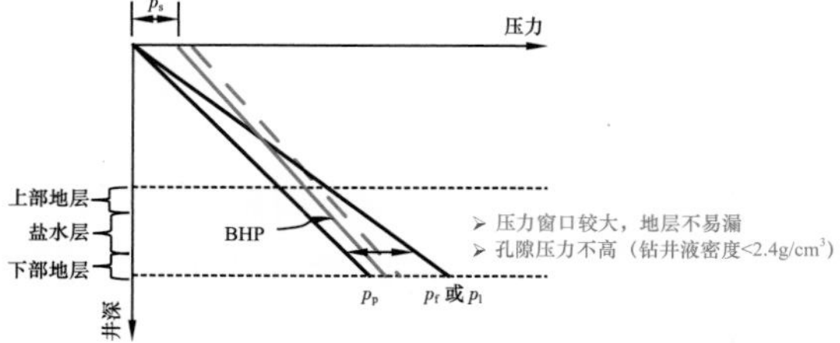

图 4–1–8 可控微漏失井筒压力控制技术

方案 1：以“排”为主、控溢止漏方案。适用于超高压盐水层压力较高、安全密度窗口较窄和地层易漏的情况，以排放盐水为主，兼顾避免钻井液漏失，有效控制溢流速度，缓慢释放地层压力。

方案 2：以“压”为主、止溢控漏方案。适用于超高压盐水层压力较低、安全密度窗口较大、地层不易垮塌的情况，以压回为主，适当压开薄弱地层，控制漏失速度，兼顾避免因地层反吐、流体置换等问题而发生溢流。

2）盐膏层控压起下钻技术

盐膏层控压起下钻方式如图 4-1-9 所示，优缺点比较见表 4-1-2。

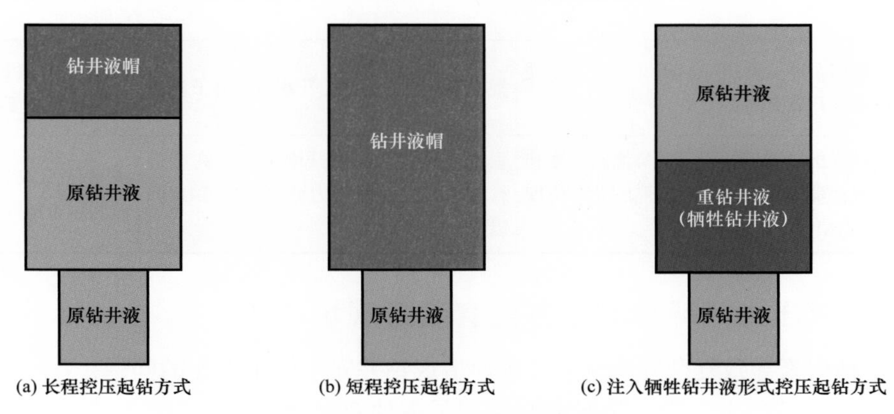

图 4-1-9 盐膏层控压起下钻方式

表 4-1-2 盐膏层控压起下钻方式比较

类型	优势	局限性
长程控压起钻方式	适用于较小压力窗口地层； 对井底压力监控较为准确，起钻过程不易发生溢漏	需要配合合适的钻具和旋转防喷器（RCD）
短程控压起钻方式	适用于较大压力窗口地层； 注重钻井液帽较快，起钻速度快	钻井液帽与原钻井液密度相差不大，进一步起钻过程出现溢漏，难以处理
注入牺牲钻井液形式控压起钻方式	适用于零压力窗口地层； 牺牲钻井液注入漏层，便于下尾管过程中建立循环	钻井液混合较为严重，较难计量泵入重钻井液的量

起钻：控制井口回压起钻到设计高度，打帽，转为常规起钻；控压起下钻采用控压力和控体积结合的方式，不让盐水侵入井筒，保证井筒安全。

控压起钻采用钻井液流量输入量和返出量差值积分监测钻具排出体积，起钻中 $5^7/_8$ in 钻具中装满钻井液排出钻井液体积 0.54m^3，控压值 2MPa。

控压下钻采用钻井液流量返出量积分监测钻具排出体积，下钻中 $5^7/_8$in 钻具排出钻井液体积 0.54m^3，控压值 0.2～1MPa。

3）盐膏层溢流漏失监测处理技术

建立了控压关井流程、控压开井流程和控压节流循环流程，见表 4-1-3。

表 4-1-3 控压与常规开井、关井和节流循环流程比较

操作流程	控压	常规	优势
关井	井口气动平板阀直接关闭，时间不超过 5s，关井时压力监测精度 0.01MPa	上提钻具，关环形防喷器，时间超过 1min，关井时压力监测精度 0.1MPa 以上	关井速度快，减少溢流量，监测压力精度高
开井	根据泵冲、立压、回压、出口流量缓慢打开节流阀	根据泵冲、立压、套压缓慢打开节流阀	流量压力双目标控制，监测压力精度高
节流循环	根据出口流量、回压、节流阀开度和液面高度进行控制，压力监测精度 0.01MPa	根据套压、节流阀开度和液面高度进行控制，关井时压力监测精度 0.1MPa 以上	流量压力双目标控制，监测压力精度高

三、井筒压力闭环控制钻井配套装备现场应用

针对多种因素导致复杂井筒压力，进而造成钻井安全施工方面的问题，在形成的控压钻井工艺技术的基础上，进一步研究并应用了多种新型控压钻井工艺技术，如图 4-1-10 所示。

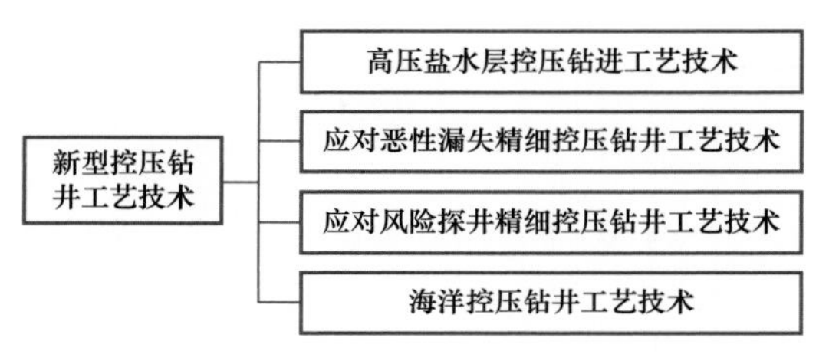

图 4-1-10 新型控压钻井工艺技术

新型控压钻井工艺技术及其装备已累计应用 30 余口井，证明工艺技术先进可行，现场应用取得显著成效。

（1）国内首次实施高压盐水层精细控压钻完井技术应用。克深 9-2 井实现了精细控压钻井技术高压盐水层的首次应用，证明了精细控压钻井技术在解决高压盐水层窄密度窗口技术难题时，具有显著的应用效果。

原采用传统放水卸压，放水 41 次，共放水 1717.5m^3，49 天无进尺，使用精细控压钻井技术恢复钻进，一趟钻完成 170m 进尺，用时 11 天安全钻过高压盐水层，大幅降低非生产时间。实现了高压盐水层精细控压钻井技术，探索了控压固井工艺的可行性。

（2）克深 21 井成功实施高压盐水层精细控压钻完井技术服务。高压盐水层控压钻完井技术改变了传统盐水层钻完井工艺，创新的实时流量分析方法可进行同步、异步流量监控，有效解决了库车山前高压盐水层钻完井难题。

克深 21 井高压盐水层，井底压力高达 190MPa，温度 170℃，地层安全密度窗口 <0.01g/cm^3，通过实施精细控压钻井技术有力地保障了超高压复杂地层施工安全。

有效控制了盐间薄弱地层导致的溢漏同层、同存现象，减少了钻井液漏失及被盐水污染比例，有力保障了地质与工程目标的实现。

（3）中古 113-H8 井有效应对井漏失返险情，保障钻达目的井深。通过自主研发的井筒压力闭环控制技术，对出口流量和井底压力实时监测，全过程微流量监控，为整个钻井过程提供可靠的井底压力数据和溢漏数据。

监控后效气，控压排后效，点火火焰高度1.5m，有效控制后效气的危害。

第一时间发现地层漏失（失返四次），通知井队迅速停泵关井，根据井底压力降低钻井液密度恢复循环，大幅降低处理漏失的时间，有效避免卡钻等井下复杂。

（4）成功实施高探1井，为玛湖油田勘探开发提供工程技术利器。

该井井型：风险探井 / 直井；控压作业时间：2018年10月26日—11月27日；控压井段：5769～5920m，进尺151m。

控压钻井应用效果：钻井液密度2.34～2.36g/cm^3，循环控压值0.4～2.5MPa，停泵控压值1.6～3.4MPa，排量9～13L/s，井底目标ECD=2.40g/cm^{3}控压期间点火数次火焰最高20m，全烃最高83%，产层以油为主。

（5）在中海油平台BZ19-6-9井实施控压钻井技术，取得成功。

井别：预探井；井型：直井；控压井段：5186～5553m，进尺367m。

控压钻井应用效果：本井是国内首次在海洋平台上实施应用精细控压钻井技术及装备。减少了井底压持效应，大幅提高了机械钻速。邻井同样层位平均机械钻速为3.9m/h，本井平均机械钻速为8.1m/h，机械速提高了107.7%。

在这口井成功应用的基础上，先后在中海油平台上推广应用控压钻井技术及其装备12口井，效果显著。

第二节　复杂地层膨胀管封堵技术及工具研制与应用

针对深井复杂地层恶性井漏缺乏有效治理手段导致无法顺利钻达目的层的突出问题，中国石油集团工程技术研究院有限公司开展膨胀管封堵复杂地层技术攻关，攻克高钢级膨胀管、膨胀管配套工具、膨胀管施工工艺等技术及工艺难点，形成膨胀管封堵复杂地层技术，为解决深井恶性漏失问题增添了一个新的技术手段，现场应用取得显著成效，保障深井低压复杂层的安全钻进。

一、高性能膨胀管研制

1. 高性能膨胀管管材研制

根据国内外管材选材标准、现有管材室内测试实验分析作为膨胀管使用的基本条件为：膨胀率可达到20%、膨胀后抗外挤大于20MPa、抗内压大于35MPa等。此外，通过分析还确定了8个主要的选材参数，以便于管材选取。

研究团队初步制定膨胀管选材规范对管材以下情况进行详细要求：直度要求、表面质量要求、出厂检测要求以及全尺寸测试要求。

开展了高性能膨胀管的研制，已完成了PZG®-ϕ143×8mm、PZG®-ϕ146×8mm、PZG®-ϕ159×9mm、PZG®-ϕ194×11mm、PZG®-ϕ203×10mm、PZG®-ϕ219×12mm、PZG®-ϕ299×13mm等7种规格的膨胀管管材试制，并开展了相应的室内膨胀实验，取得技术突破。新研制7种规格高强度膨胀管，强度和冲击韧性有明显提高，达到美国亿万奇公司管材技术水平。新研制管材已完成样管的室内膨胀实验，部分已进入现场应用。

2. 高性能膨胀管宏观和微观性能分析

通过对高性能膨胀管管材进行拉伸、冲击功和耐腐蚀等测试，掌握了膨胀前后和不同膨胀条件下的管材强度、塑性和环境适应性等变化，为提高管材的抗破坏、抗冲击和抗腐蚀等提供依据。

对膨胀前、后的管材进行拉伸试验与冲击试验，测试其膨胀后的材料性能。试验按照国家标准进行，试样取样方式均为纵向取样，冲击功试验温度选择 0℃，V 形口。经测试膨胀后管材屈服强度、抗拉强度均比原管材有大幅提升。

1）抗氢致开裂测试

针对施工井中可能含有 H_2S 等腐蚀性气体情况，对高性能膨胀管管材与普通材质膨胀管管材同时进行抗氢致开裂对比试验，对比结果显示相比于普通管材，高性能管材出现氢鼓泡较少。裂纹长度百分比（CLR）、裂纹厚度百分比（CTR）、裂纹敏感百分比（CSR）测试结果见表 4-2-1。

表 4-2-1 抗氢致开裂试验结果

试样编号		检测面	CLR/%		CTR/%		CSR/%	
			实测值	平均值	实测值	平均值	实测值	平均值
普通膨胀管 1#	11	1	0	0	0	0	0	0
		2	0		0		0	
		3	0		0		0	
	12	1	0	0	0	0	0	0
		2	0		0		0	
		3	0		0		0	
	13	1	0	0	0	0	0	0
		2	0		0		0	
		3	0		0		0	
普通膨胀管 2#	21	1	0	0	0	0	0	0
		2	0		0		0	
		3	0		0		0	
	22	1	0	0	0	0	0	0
		2	0		0		0	
		3	0		0		0	

续表

试样编号		检测面	CLR/%		CTR/%		CSR/%	
			实测值	平均值	实测值	平均值	实测值	平均值
普通膨胀管 2#	23	1	0	0	0	0	0	0
		2	0		0		0	
		3	0		0		0	
高性能膨胀管 3#	31	1	0	0	0	0	0	0
		2	0		0		0	
		3	0		0		0	
	32	1	0	0	0	0	0	0
		2	0		0		0	
		3	0		0		0	
	33	1	0	0	0	0	0	0
		2	0		0		0	
		3	0		0		0	
高性能膨胀管 4#	41	1	0	0	0	0	0	0
		2	0		0		0	
		3	0		0		0	
	42	1	0	0	0	0	0	0
		2	0		0		0	
		3	0		0		0	
	43	1	0	0	0	0	0	0
		2	0		0		0	
		3	0		0		0	

2）膨胀管管材微观性能分析

通过微观组织观察分析普通材质膨胀管在大膨胀率下胀裂原因，以及高性能膨胀管管材膨胀前后和不同膨胀条件下的管材金相组织、夹杂物和微裂纹的微观组织构成、晶体结构，为提高管材的抗开裂能力提供依据。

经过检测发现普通管材在经过大膨胀率膨胀后内部出现微小裂纹，为后续的服役留有隐患。高性能管材在同样膨胀率下内部结构完好。

图 4-2-1 测试用普通材质管材试样

（1）普通材质膨胀管金相、组织结构分析。

对金相试验方法采用 GB/T 13298—2015《金属显微组织检验方法》、GB/T 6394—2017《金属平均晶粒度测定方法》、GB/T224—2019《钢的脱碳层深度测定法》。测试用普通材质膨胀管管材试样如图 4-2-1 所示，检测结果见表 4-2-2。

表 4-2-2 普通材质膨胀管金相组织检测结果

检测部位	金相组织、晶粒度	
	胀前 J1-1	胀后 J1-2
横截面内表面	金相组织，呈带状，未见明显脱碳层，如图 4-2-2 所示	金相组织，呈带状，未见明显脱碳层，如图 4-2-6 所示；有数条裂纹，裂纹最深约为 0.14mm，裂纹形态如图 4-2-7 所示
横截面心部	金相组织，如图 4-2-3 所示；晶粒度 8.0 级，如图 4-2-4 所示	金相组织，晶粒度 7.5 级，如图 4-2-8 所示
横截面外表面	总脱碳层深度 0.21mm，如图 4-2-5 所示	总脱碳层深度 0.21mm，如图 4-2-9 所示

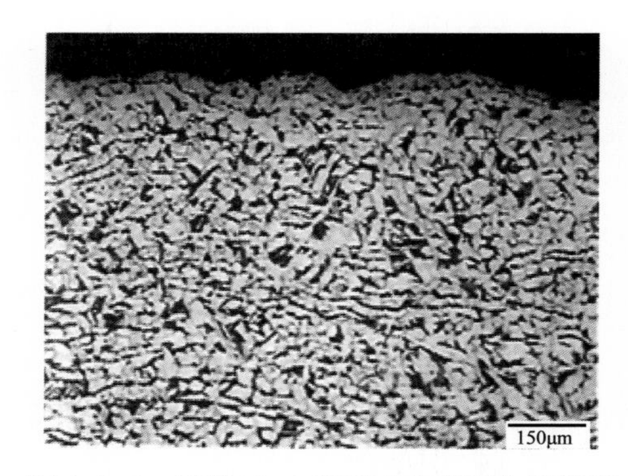

图 4-2-2 试样 J1-1 横截面内表面金相组织

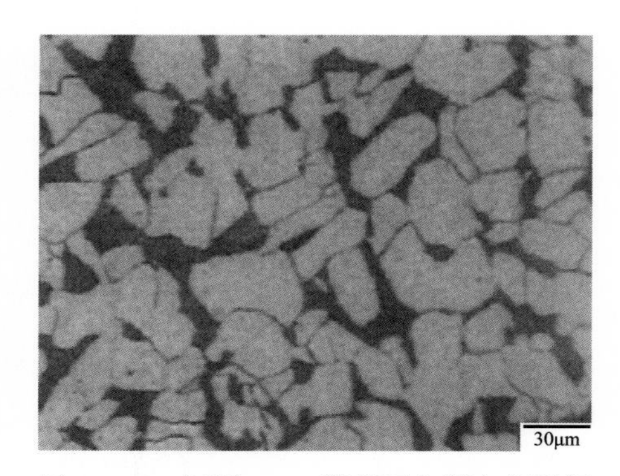

图 4-2-3 试样 J1-1 横截面心部金相组织

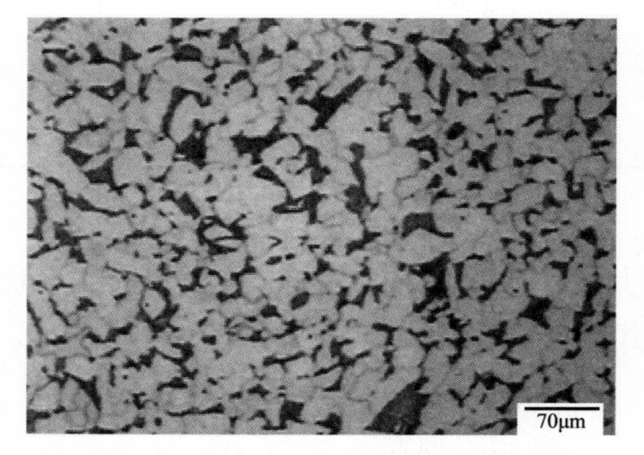

图 4-2-4 试样 J1-1 横截面心部金相组织（晶粒度 8.0 级）

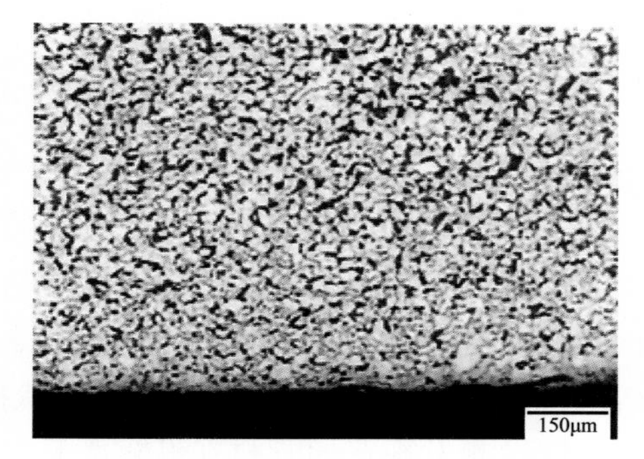

图 4-2-5 试样 J1-1 横截面外表面金相组织

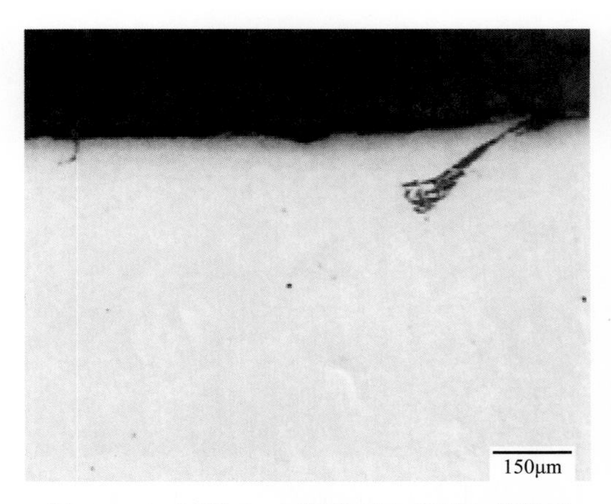

图 4-2-6　试样 J1-2 横截面内表面金相组织

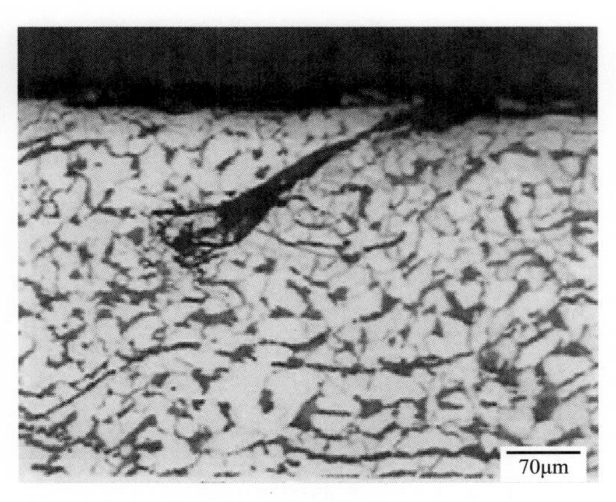

图 4-2-7　试样 J1-2 横截面内表面金相裂纹

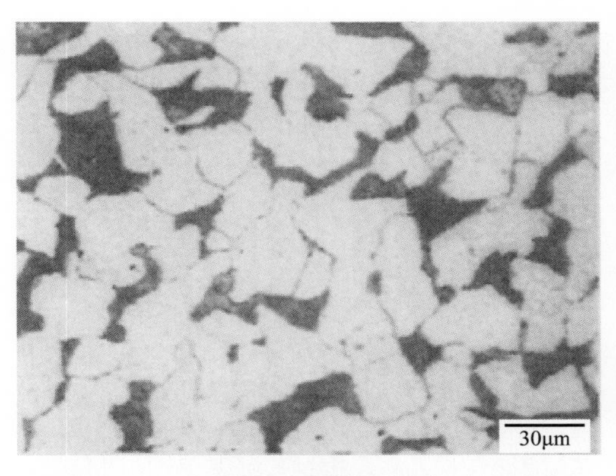

图 4-2-8　试样 J1-2 横截面心部金相组织

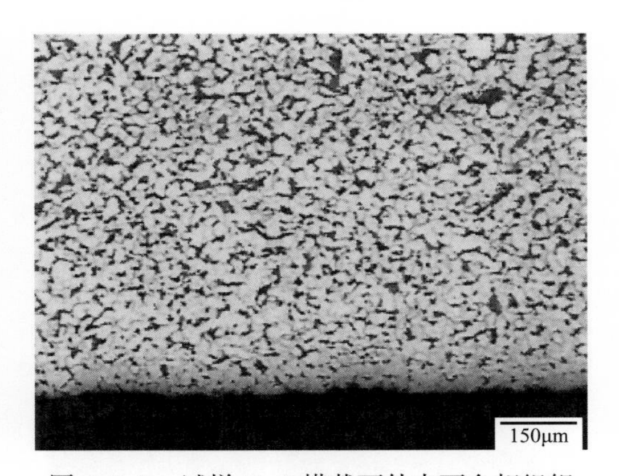

图 4-2-9　试样 J1-2 横截面外表面金相组织

（2）普通材质膨胀管材质形貌（扫描电镜）及能谱同分析。

检测结果如图 4-2-10～图 4-2-17 所示。

图 4-2-10　胀前试样 J1-1 横截面
心部组织形貌（1）

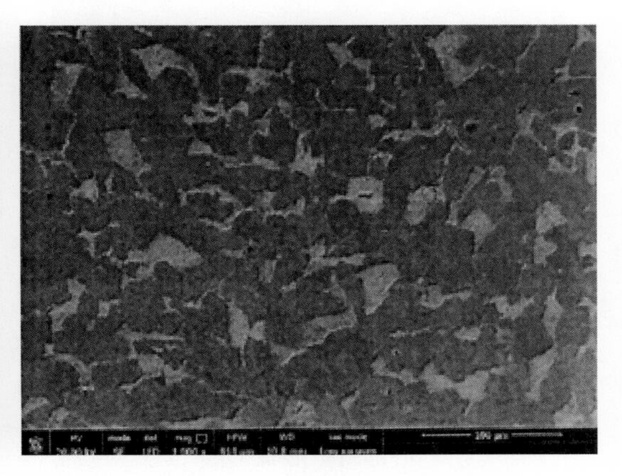

图 4-2-11　胀前试样 J1-1 横截面
心部组织形貌（2）

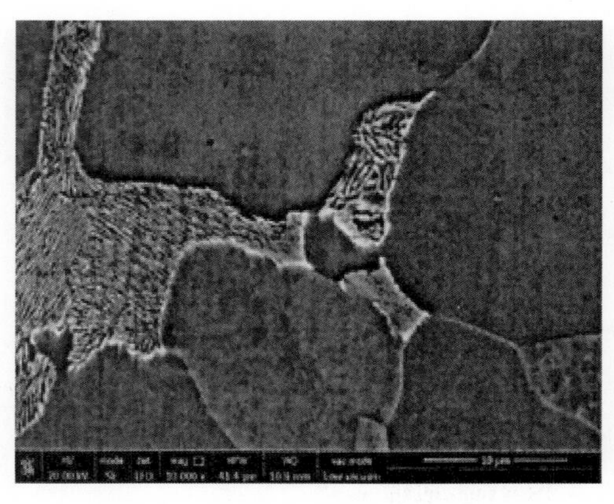

图 4-2-12　胀前试样 J1-1 纵截面心部组织形貌（1）

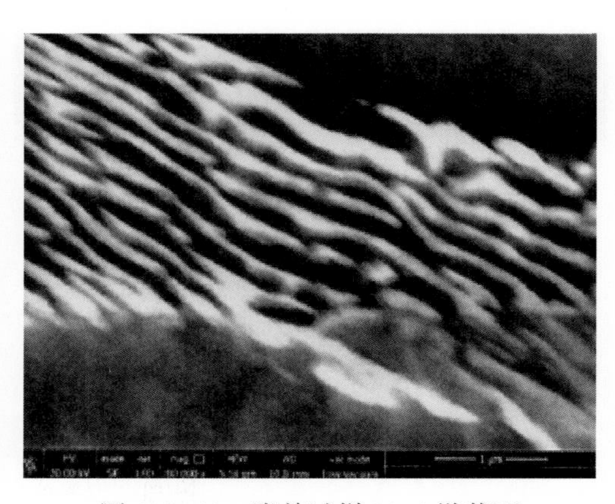

图 4-2-13　胀前试样 J1-1 纵截面心部组织形貌（2）

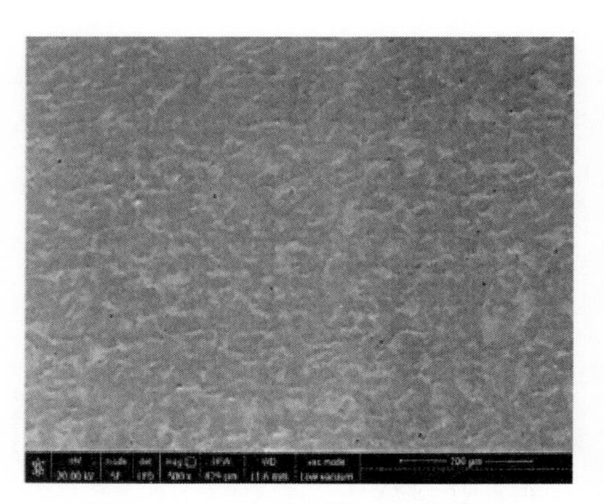

图 4-2-14　胀后试样 J1-2 横截面心部组织形貌（1）

图 4-2-15　胀后试样 J1-2 横截面心部组织形貌（2）

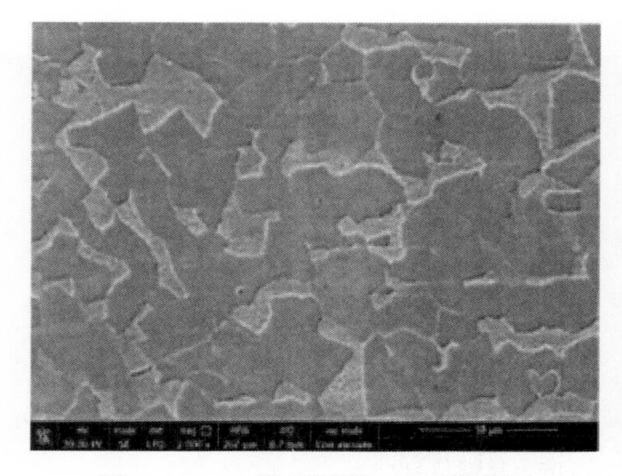

图 4-2-16　胀后试样 J1-2 纵截面心部组织形貌（1）

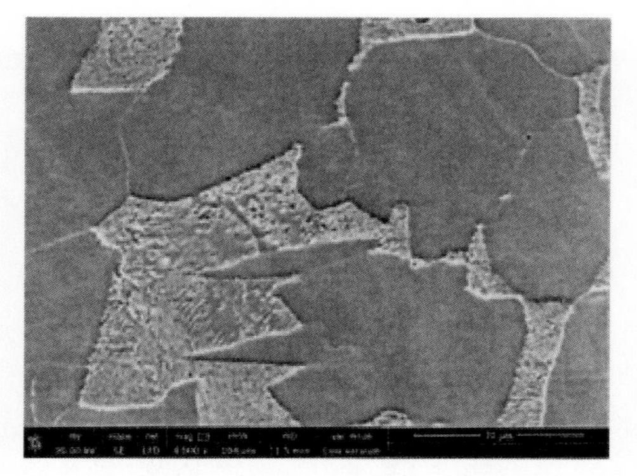

图 4-2-17　胀后试样 J1-2 纵截面心部组织形貌（2）

（3）高性能膨胀管管材金相、组织结构分析。

针对之前普通材质膨胀管在大膨胀率膨胀后管体出现裂纹情况，采用高性能膨胀管进行金相组织分析，检测结果如图 4-2-18～图 4-2-21 所示。

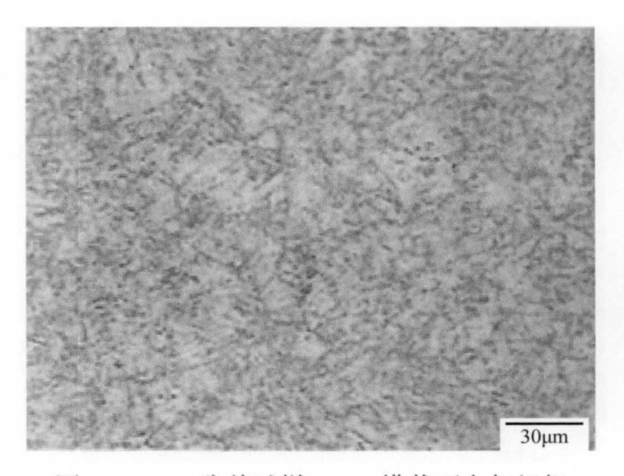

图 4-2-18　胀前试样 C1-1 横截面金相组织

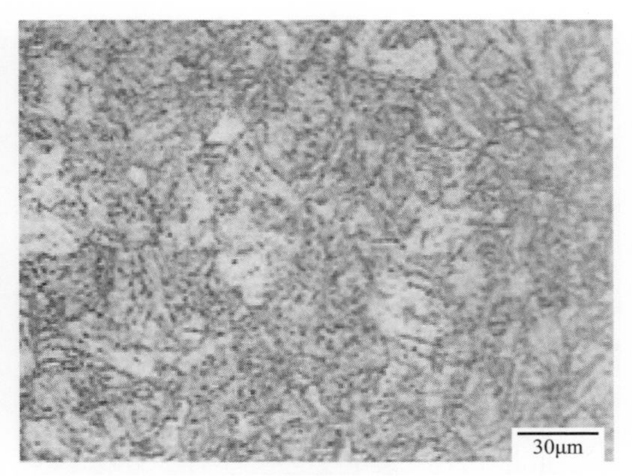

图 4-2-19　胀前试样 C1-1 横截面金相组织
（晶粒度约 8.5 级）

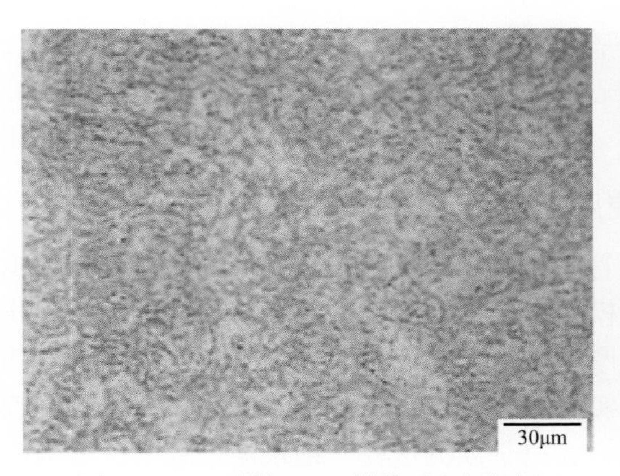

图 4-2-20　试样 C1-2 横截面金相组织

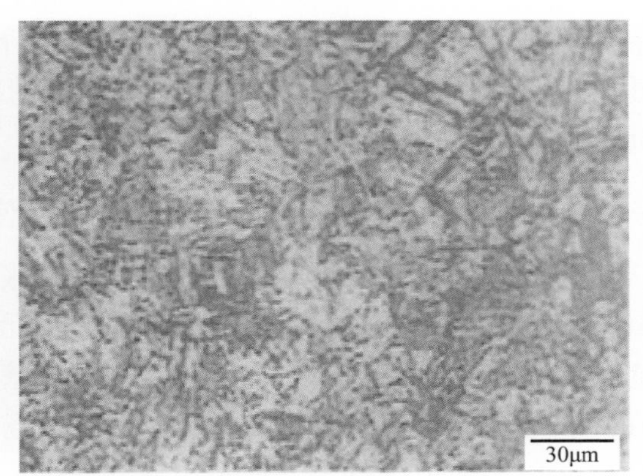

图 4-2-21　试样 C2-2 横截面金相组织
（晶粒度约 9.0 级）

（4）高性能膨胀管管材组织形貌（扫描电镜）及能谱分析。

检测结果如图 4-2-22～图 4-2-25 所示。

图 4-2-22　胀前试样 C2-1 横截面组织形貌（1）

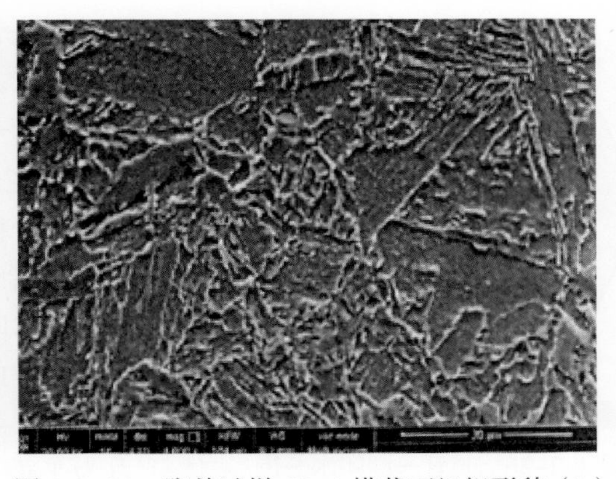

图 4-2-23　胀前试样 C2-1 横截面组织形貌（2）

图 4-2-24 胀后试样 C2-2 横截面组织形貌（1）

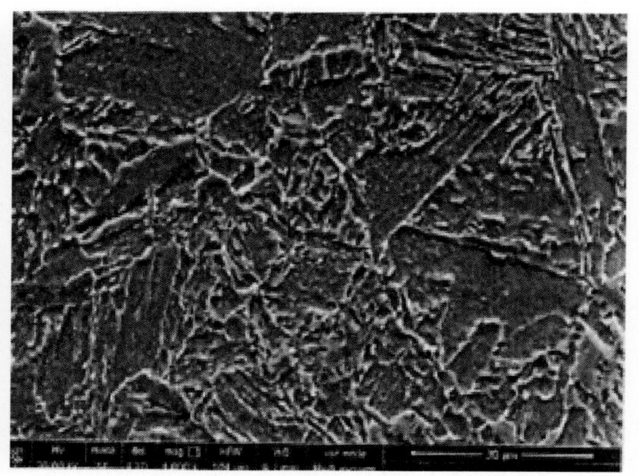
图 4-2-25 胀后试样 C2-2 横截面组织形貌（2）

（5）试验结论。在大膨胀率膨胀后经过金相组织分析普通膨胀管管材内部出现裂纹，裂纹最深约为 0.14mm。在同样膨胀率条件下高性能膨胀管管材金相组织分析后没有裂纹出现，说明高性能膨胀管管材在大膨胀率情况下表现比普通膨胀管管材稳定，材料拉伸、延展性能更好。

3. 井下工况条件下膨胀管力学行为及使用条件研究

为了研究膨胀管膨胀过程，首先对膨胀管初始应力，也即残余应力进行分析，明确其产生的原因。在此基础之上，建立有限元模型，研究不同初始应力下膨胀管的力学状态，同时也对膨胀管的膨胀率、椭圆度、壁厚不均匀度和膨胀率进行分析，理清膨胀管在膨胀过程中的力学行为。然后，根据现场实际膨胀管施工时的井下工况，分析膨胀管全生命周期的力学行为。针对替钻井液过程、水泥浆候凝过程、挤水泥过程等，分别建立了膨胀管外水泥完好、膨胀管外有圈闭水、有限元计算模型三种模型，分析不同井下工况条件下膨胀管受力情况。以此分析膨胀管全生命周期失效风险，据此提出保证膨胀管安全服役的使用条件。

1）膨胀管受力状态模型建立

针对膨胀管安全性能，建立了膨胀管外水泥完好、膨胀管外有圈闭水、有限元计算模型三种模型。

（1）套管—水泥—围岩组合体力学模型。膨胀管外水泥环完好时，建立套管—水泥—围岩组合体力学模型，对膨胀管受力进行分析。

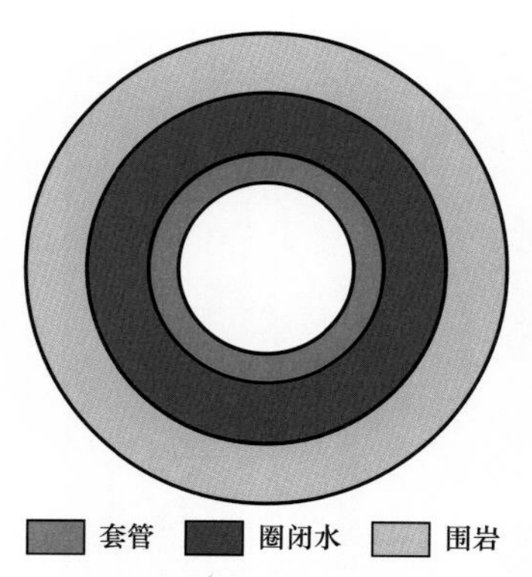

图 4-2-26 套管—圈闭水—围岩组合体力学模型

（2）套管—圈闭水—围岩组合体力学模型。当膨胀管外存在圈闭水时，为了分析圈闭水温度降低对套管变形的影响，建立了考虑温度应力的套管—圈闭水—围岩组合体力学模型，如图 4-2-26 所示。假设套管、围岩为弹性体，组合体受力为平面应变问题；当系统温度变化时，套管、圈闭水、围岩均会发生膨胀或收缩；不考虑渗流，圈闭水体积由温度、压力决定；组合体温度分布为稳态分布。

（3）三维有限元计算模型。为了更为精确地分析不同位置套管的应力分布，采用Abaqus建立了三维有限元模型。模型尺寸仿照真实膨胀管尺寸建立，设定边界条件为膨胀管两端固定，内压44.44MPa，外压0。

2）膨胀管膨胀过程受力状态分析

分别分析了膨胀管残余应力、轴向受力、椭圆度、壁厚不均匀、膨胀不同因素对膨胀管过程受力变形的影响。

（1）残余应力影响。膨胀管中若存在残余应力，将对管体的承载能力产生显著的不利影响。膨胀管在井眼中膨胀是一个冷塑性变形过程，管体会产生较大的塑性变形，继而会产生残余应力，这种残余应力在井眼内基本是没有办法消除的。用切环法对6个膨胀管样品膨胀前后的几何形状进行测试。利用式（4-2-1），可以由测量的几何形状变化数据分别计算各个膨胀管环向残余应力。

$$\sigma_{\theta}=\frac{Et}{1-\mu^{2}}\left(1/D_{0}-1/D_{\mathrm{t}}\right) \tag{4-2-1}$$

式中 σ_{θ}——平均残余应力，MPa；

D_0——管子切开前外径，mm；

D_{t}——管子切开后外径，mm；

E——管子钢材的弹性模量，取206GPa；

μ——管子钢材的泊松比，取0.3；

t——管子壁厚，mm。

不同膨胀幅度下环向残余应力如图4-2-27所示。

从图4-2-27中可以看出，膨胀管残余应力的值为负值，说明在环向上膨胀管的残余应力为压应力，使膨胀管发生回缩。这种环向残余应力的存在对膨胀管膨胀后的服役是非常有害的，它会使膨胀管收缩产生脱离外层套管的趋势，从而导致两层套管或者膨胀管与水泥环之间的密封出现问题。这一点在膨胀管设计中尤其应该引起注意。

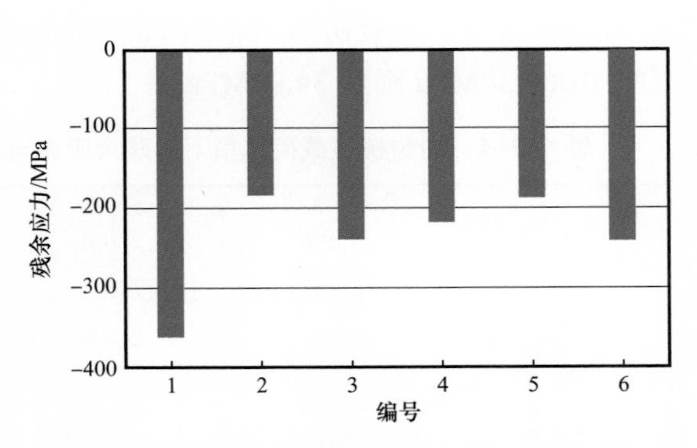

图4-2-27 不同膨胀幅度下管子环向残余应力

上述产生的残余应力，尤其是环向残余应力，会对膨胀管的承载能力产生影响，并对膨胀套管日后服役产生诸多不利影响，所以有必要针对膨胀套管残余应力问题进行研究，掌握膨胀套管中的残余应力对其承载能力的影响规律。

通过有限元分析，能够得到任一单元的应力分量，将此应力分量和残余应力相加，求得各单元的等效应力的大小及其所在单元的位置。不断地改变挤压载荷的大小（保持其比例关系不变），直到最大等效应力等于管材的屈服极限为止，此时的套管挤压载荷的大小即为所求的套管承载能力。为了便于分析残余应力对套管承载能力的影响，假设管体内分别存在环向残余应力 σ_1、径向残余应力 σ_2。各残余应力单独存在时，残余应力与承载能力关系的有限元计算结果见表 4-2-3，并根据表 4-2-3 数据绘制图 4-2-28。

表 4-2-3 均匀挤压载荷作用下的残余应力与承载能力（轴向残余应力 σ_3=0） 单位：MPa

σ_2/MPa \ σ_1/MPa	-200	-100	0	100	200
-200	28.12	37.56	47.18	56.91	66.71
-100	26.16	35.54	45.02	54.55	64.05
0	22.25	31.73	41.21	50.70	60.18
100	16.63	26.21	35.69	45.18	54.62
200	9.39	18.93	28.21	37.62	46.96

由表 4-2-3 和图 4-2-28 可知，膨胀管受均匀挤压载荷作用时，在轴向残余应力为 0，环形和径向残余应力从 -200～+200MPa 的范围内，环向残余应力 σ_1 利于提高承载能力，由最初的 22.25MPa 上升到 60.18MPa；径向残余应力 σ_2 明显降低承载能力，由 47.18MPa 降到 28.21MPa。

由表 4-2-4 和图 4-2-29 可知，膨胀管受均匀挤压载荷作用时，在轴向残余应力为 -200MPa，环形和径向残余应力从 -200～+200MPa 的范围内，环向残余应力 σ_1 利于提高承载能力，由最初的 28.31MPa 上升到 66.32MPa；径向残余应力 σ_2 明显降低承载能力，由 60.34MPa 降到 34.02MPa。

表 4-2-4 均匀挤压载荷作用下的残余应力与承载能力（轴向残余应力 σ_3=-200MPa） 单位：MPa

σ_1/MPa \ σ_2/MPa	-200	-100	0	100	200
-200	41.30	50.99	60.34	69.98	79.34
-100	35.27	44.98	54.33	63.98	73.32
0	28.31	38.08	47.42	56.93	66.32
100	21.74	31.76	40.83	50.16	59.71
200	14.92	24.96	34.02	43.64	52.88

通过表 4-2-3、表 4-2-4 可知：① 残余应力与膨胀管的抗挤强度密切相关。② 当作用在膨胀管上的挤压载荷产生的应力和管体内环向残余应力的合应力在管体内表面（或外表面）满足米赛斯屈服条件时，管体就发生屈服破坏。环向残余拉应力有利于提高套

管的抗挤强度；而环向残余压应力则降低了套管的抗挤强度。膨胀管的抗挤强度与管体内的环向残余应力成线性关系。③ 当作用在膨胀管上的挤压载荷产生的应力和管体内的径向残余应力的合应力在管体内表面（或外表面）满足米赛斯屈服条件时，管体也发生屈服破坏。当径向残余应力为拉应力时，套管的抗挤强度升高；而当径向残余应力为压应力时，则降低了套管的抗挤强度。但是，径向残余应力对套管抗挤强度的影响不如环向残余应力明显。

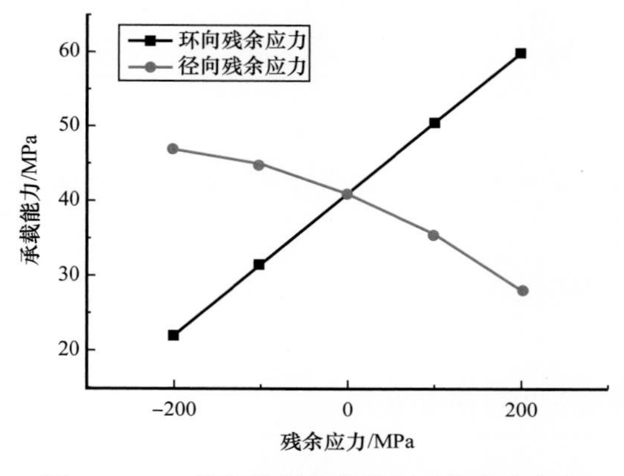

图 4-2-28　均匀挤压载荷作用下的残余应力与承载能力

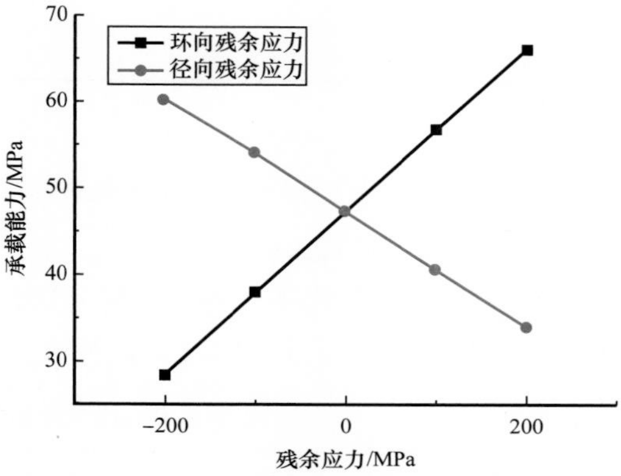

图 4-2-29　均匀挤压载荷作用下的残余应力与承载能力

（2）轴向受力影响。在膨胀管下放到井内过程中，膨胀管轴向可能会存在一定的拉/压力，此处考虑轴向力的影响。模型两端固定，预先施加 10tf 的拉力或压力。

在轴向受 10tf 预压力时，材料的 Tresca 应力与无预应力条件基本不变，即轴向力不参与失效判定。需要说明的是，轴向存在压力时，管柱失稳的风险会有所增加。

通过对轴向力大小为 20kN、40kN、60kN、80kN、100kN 的膨胀过程进行分析，得出在轴向力发生变化时，膨胀管的抗外挤压力大小基本不变。从力学角度分析，主要是因为膨胀过程中，轴向力作为中间主应力，不影响膨胀管失效时的峰值应力大小，因此整体变化不大（变化趋势如图 4-2-30 所示）。

（3）椭圆度影响。

依据判断准则，进行模拟分析，均匀外压下套管的抗挤能力见表 4-2-5 和如图 4-2-31 所示。

表 4-2-5　均匀外压下椭圆度与抗挤能力

椭圆度 /%	0	0.1	0.2	0.3	0.4	0.5
抗挤能力 /MPa	51.20	49.62	48.24	51.86	51.21	50.86

结果表明，套管的抗挤强度随其椭圆度的增加变化并不明显。为了进一步研究两者之间的变化关系，计划下步将椭圆度放大后进行数值模拟，找出两者之间的变化关系。

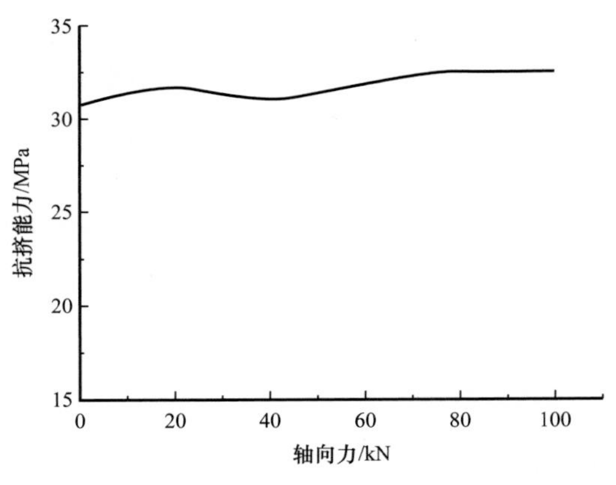

图 4-2-30　不同轴向力作用下膨胀管的抗挤能力

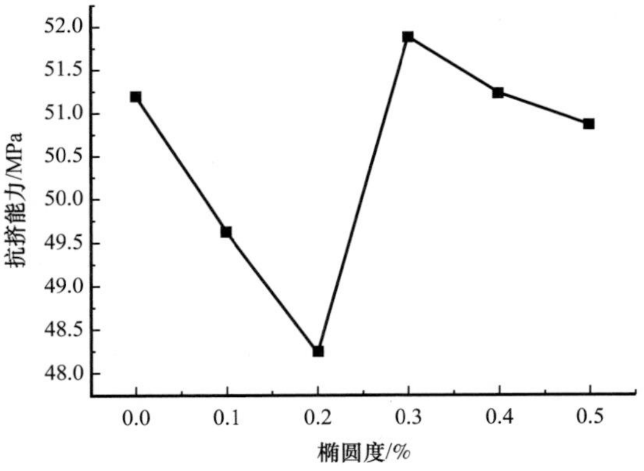

图 4-2-31　均匀外压下椭圆度与抗挤能力

（4）壁厚不均匀影响。

在均匀外载荷作用下，通过有限元法计算得到的结果见表 4-2-6，用曲线表示壁厚不均度与抗挤强度的关系如图 4-2-32 所示。

表 4-2-6　均匀外压下壁厚不均度与抗挤能力

壁厚不均度 /%	−12.5	−6.5	0	6.5	12.5
抗挤能力 /MPa	44.93	47.76	51.20	54.17	57.18

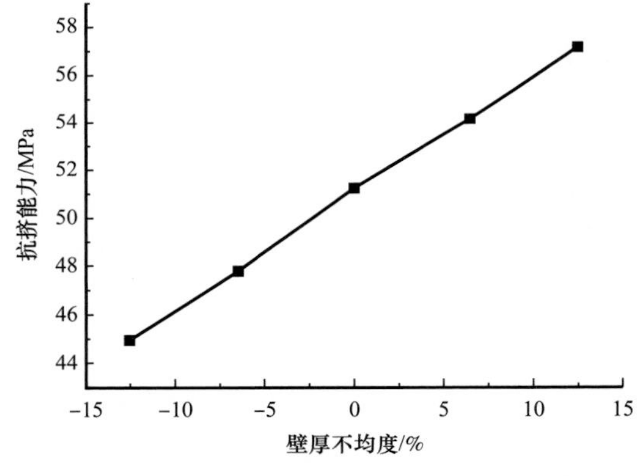

图 4-2-32　均匀外压下壁厚不均度与抗挤能力

从表 4-2-6 和图 4-2-32 中可以看出，套管外壁载荷均匀分布时，壁厚减小使强度降低，壁厚增大使强度升高，揭示了壁厚不均度对抗挤强度的影响规律。从理论角度来看，膨胀管的管柱膨胀后，根据金属材料冷变形的体积不变原理，由于膨胀时套管外径会增大，这种径向的增大所需的材料就是由套管壁厚的减小来补充的，所以膨胀后套管壁厚应该有所减小，由于壁厚不均的存在会降低套管的抗挤强度，因此在生产和使用过程中应严格将套管的初始壁厚不均度控制在规定的范围内，尽量减小壁厚的误差，从而提高套管的抗挤强度。

API 标准规定套管壁厚公差 ±12.5%，考虑 ±5% 壁厚误差，分析壁厚不均匀的影响。此条件下，最大 Tresca 应力达 477.6MPa，略高于均匀壁厚条件（470.4MPa）。

根据上述分析结果，初步认为膨胀管变形原因为挤水泥阶段管内压力升高及管外存在圈闭水导致膨胀管应力达到其屈服强度，材料发生屈服。

（5）膨胀率影响。应用 ABAQUS 动态分析对膨胀管膨胀锥系统进行模拟。应用有限元模型时，直到该模型获得一致收敛时结果才会变得准确。

模拟分析中，膨胀管是具有弹塑性材料行为的变形体，而膨胀锥作为刚体模型，输入参数见表 4–2–7，其中膨胀锥的几何参数随着膨胀率的变化而改变，暂定膨胀率分别为 5%、10%、15%、20%。在膨胀锥与膨胀管交界面的相互作用属于库仑摩擦力模型，摩擦因数为 0.5。

表 4–2–7 有限元模拟输入参数

输入参数	数值	输入参数	数值
内径 /mm	170	屈服强度 /MPa	434.59
外径 /mm	194	泊松比	0.3
壁厚 /mm	12	摩擦因数	0.5
弹性模量 /MPa	2.1×10^5		

在建立 ABAQUS 动态分析中，定义 step–1 为膨胀管在膨胀锥作用下的膨胀过程，定义 step–2 为对膨胀后的膨胀管已膨胀部分进行加压，通过不断调整所加外压的大小，得出膨胀后膨胀管的抗外挤压力大小数值。

通过对 5%、10%、15%、20% 四种膨胀率下膨胀管的抗外挤能力进行分析，得出在 5% 到 10% 膨胀率下，膨胀管的抗外挤能力逐渐下降，但是在 15% 膨胀率时抗外挤能力反而有所提高，在 20% 膨胀率时抗外挤能力迅速下降，见表 4–2–8 和如图 4–2–33 所示。从力学角度分析，主要是因为膨胀过程中，随着膨胀率的增大，膨胀管的壁厚减小量增大，导致膨胀管的抗外挤能力下降。

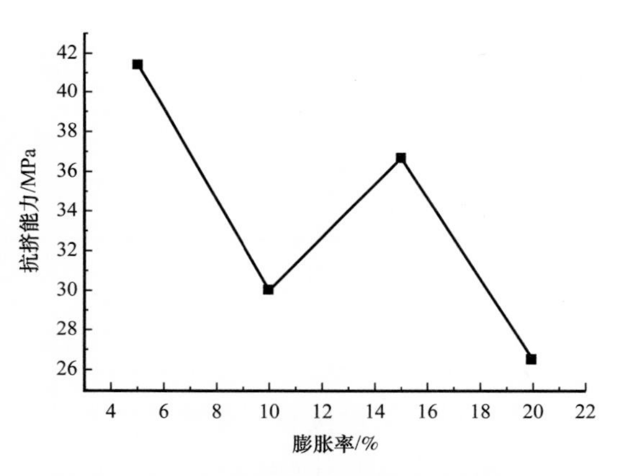

图 4–2–33 不同膨胀率下管子的抗挤能力

表 4–2–8 不同膨胀率下膨胀管抗挤能力

膨胀率 /%		5	10	15	20
膨胀前	外径 /mm	194			
	内径 /mm	170			
膨胀后内径 /mm		178.5	187	195.5	204
抗挤能力 /MPa		41.50	30.06	36.75	26.52

① 不同膨胀率膨胀管抗外挤强度。

从表 4–2–9 和图 4–2–34 中可以看出，相比之下，高性能膨胀管在相同膨胀率下的抗外挤能力优于普通膨胀管，其中高性能膨胀管在不同膨胀率下的抗外挤能力变化不大。

表 4-2-9 不同材质管材 2 种膨胀率下抗挤能力

膨胀率 /%		10	15
膨胀前	外径 /mm	194	
	内径 /mm	170	
膨胀后内径 /mm		187	195.5
普通膨胀管抗挤能力 /MPa		30.06	36.75
高性能膨胀管抗挤能力 /MPa		44.95	44.20

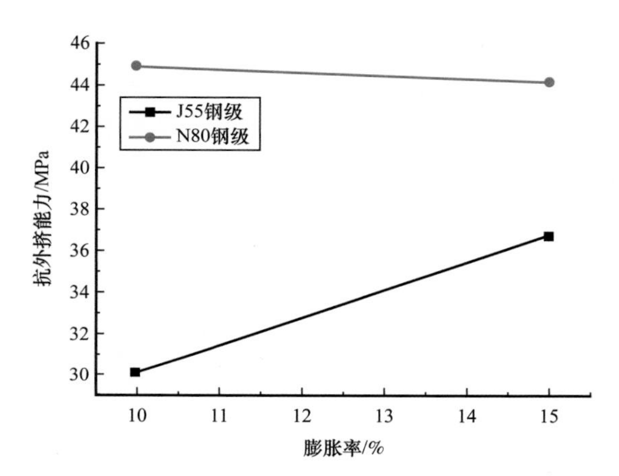

图 4-2-34 不同材质管材和膨胀率下抗外挤能力

② 不同膨胀率膨胀管抗内压强度。

为研究膨胀管抗内压能力，采用 ABAQUS 大型有限元软件对膨胀管进行有限元分析，根据膨胀管的实际几何尺寸，建立了膨胀管的有限元模型，考虑到膨胀管模型是中心对称模型，所以在计算过程中只建立了 1/4 的有限元模型。模型采用的是 C3D8R 单元，单元数量为 8902，节点总数为 13861。计算模型采用理想塑性本构。

设定边界条件，膨胀管在膨胀锥作用下扩张的数值计算是典型的非线性数值计算问题，属于接触问题，因此在模型中应该设置接触，假设接触的摩擦系数为 0.5，采用类型为罚函数，并将膨胀锥设置为刚体，膨胀锥由参考点牵引运动。

膨胀管膨胀过程中，膨胀管的膨胀段顶端设置为固定端。由于计算过程中只采用了 1/4 有限元模型，所以在模型的对称边界设置约束。膨胀锥只能沿着膨胀管轴向运动，因此膨胀锥其他方向的自由度需要设置约束。考虑到实际工况，为了加快计算速度，将膨胀锥扩张膨胀管分析步时长设为 0.15 时，膨胀锥的运动速度设为 4，刚好能够保证在膨胀管内壁施加内压之前，膨胀锥离开膨胀管。

进行有限元分析，在 ABAQUS 大型有限元软件中建立动态分析，在第一个分析步中模拟了膨胀管在膨胀锥作用下的膨胀过程；接着在第二个分析步中模拟了膨胀后的膨胀管内壁进行加压的过程，通过不断调整所加内压的大小，得出膨胀后膨胀管能够抵抗的极限内压值。膨胀管膨胀段在内压作用下发生破坏。

对膨胀管膨胀段的内壁分别施加 5～30MPa 的情形进行研究。研究过程中主要选取膨胀管的最大 Mise 应力作为判断管体破坏的指标。根据计算得到最大 Mise 应力，利用公式（4-2-2）可以求出不同内压时的安全系数。研究结果表明，当膨胀管内壁压力达到 25MPa 及以上时，膨胀管的最大 Mise 应力将超过材料屈服强度 284MPa，管体将发生破坏。

$$FS=\frac{\sigma_{极}}{\sigma_{许}} \tag{4-2-2}$$

式中 FS——安全系数；

$\sigma_{极}$——极限应力；

$\sigma_{许}$——许用应力。

从图 4-2-35 中可以看出膨胀管内压越大，管体中产生的 Mise 应力越大，当内压达到 25MPa 时，管体中产生的 Mise 应力等于材料屈服强度，管体发生破坏。膨胀管的抗内压能力在局部内压范围内存在波动，但其产生的 Mise 应力在内压 10～14MPa 之间存在较小值，此时安全系数为 1.333，因此，当膨胀管内压位于 10～14MPa 区间时，膨胀管抗内压能力达到较优状态。

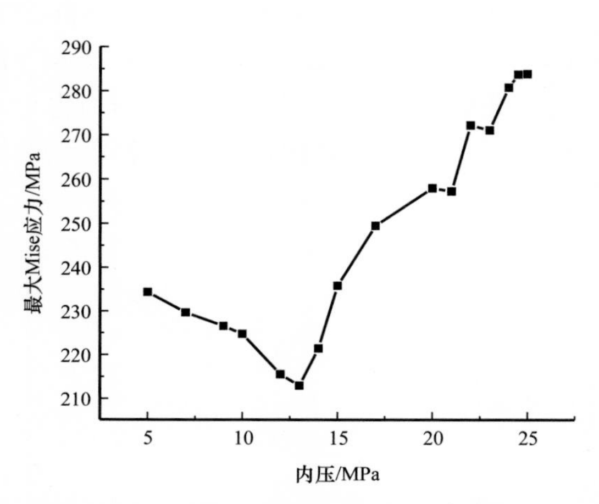

图 4-2-35 最大 Mise 应力与内压关系曲线

3）膨胀管全生命周期失效风险分析

（1）施工过工程膨胀管受力分析。以泸 ××× 井为例，对膨胀管受力进行分析。针对泸 ××× 井 2000m 处，主要进行膨胀管水泥浆候凝过程、替钻井液过程和挤水泥过程三种工况进行分析。

① 水泥浆候凝过程膨胀管受力分析。在水泥浆候凝过程中，膨胀管内液体密度为 1.0g/cm^3，膨胀管外存在漏失。利用井筒完整性分析软件进行计算，如图 4-2-36、图 4-2-37 所示。可以发现随着井深的增加，膨胀管内及膨胀管外压力逐渐增大，2000m 膨胀管内压力为 19.8MPa，膨胀管外压力为 20.0MPa，此时膨胀管内外压差为 0.2MPa，

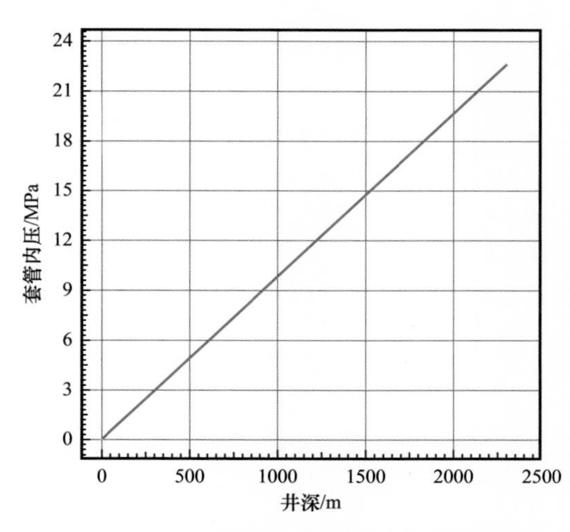

图 4-2-36 候凝过程膨胀管内压力随井深变化

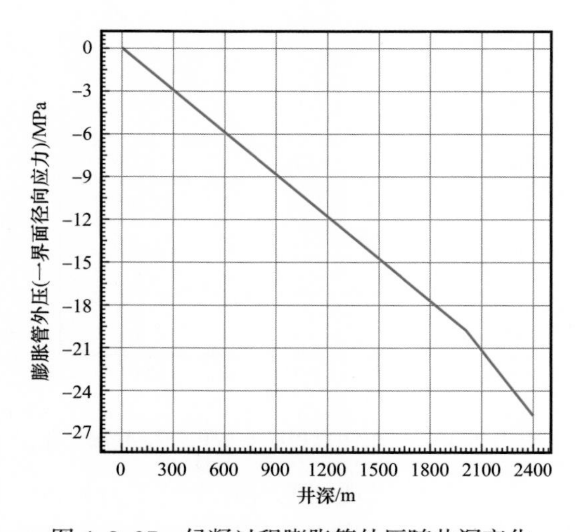

图 4-2-37 候凝过程膨胀管外压随井深变化

对膨胀管变形影响不大。

② 替钻井液过程膨胀管受力分析。在替钻井液过程中，膨胀管内液体密度为 1.69 g/cm^3，膨胀管外存在漏失。

如图 4-2-38、图 4-2-39 所示，随着井深的增加，膨胀管内及膨胀管外压力逐渐增大，2000m 处膨胀管内压力为 33.5MPa，膨胀管外压力为 20.0MPa，此时膨胀管内外压差达到 13.5MPa，对膨胀管变形产生不利影响。

③ 挤水泥浆过程膨胀管受力分析。挤水泥过程中在井口加压 6MPa，挤入 4m 共计 0.4m^3 水泥浆。如图 4-2-40、图 4-2-41 所示，随着井深的增加，膨胀管内及膨胀管外压力逐渐增大，2000m 处膨胀管内压力为 44.4MPa，膨胀管外压力为 20.0MPa，此时膨胀管内外压差达到 24.4MPa，对膨胀管变形产生极为不利的影响，为最苛刻工况。

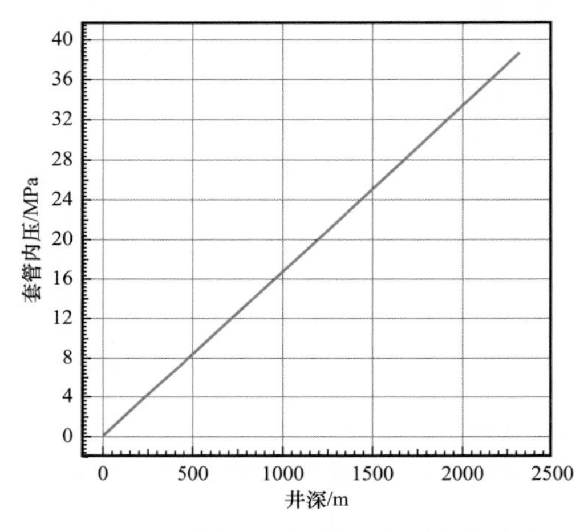

图 4-2-38 替钻井液膨胀管内压随井深变化

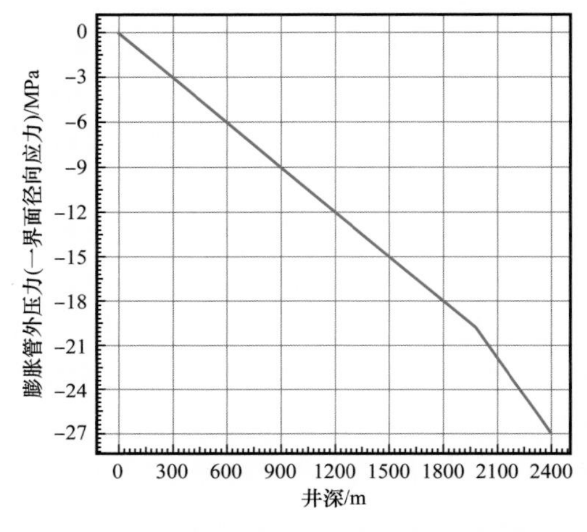

图 4-2-39 替钻井液膨胀管外压随井深变化

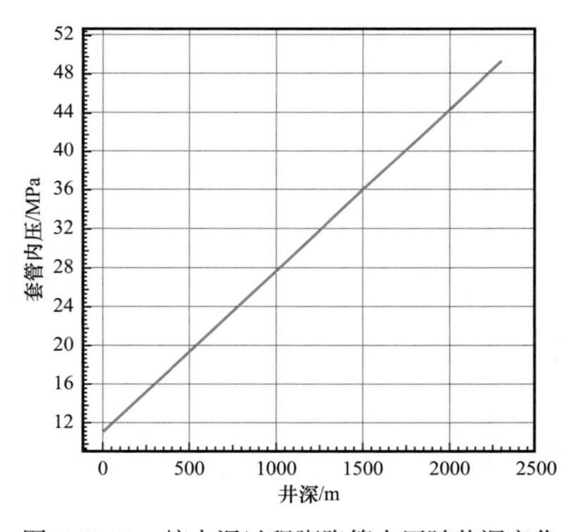

图 4-2-40 挤水泥过程膨胀管内压随井深变化

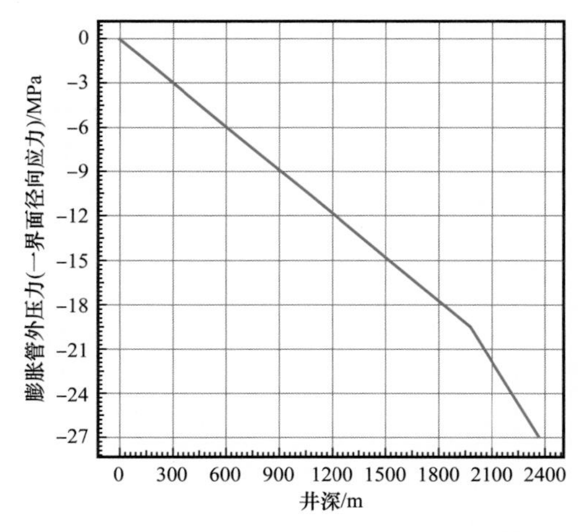

图 4-2-41 挤水泥过程膨胀管外压随井深变化

（2）管体出现划痕时膨胀管受力分析。膨胀管在运输过程以及井下使用过程中，特别是多次起下钻具或者其他井下工具划伤膨胀管的管体表面。这类划痕将影响膨胀管实际使用过程中的抗外挤能力，通过对这一实际情况的研究作出定性分析，主要分析得出划痕的存在对抗外挤能力的影响情况。

在 ABAQUS 大型有限元软件中建立静态分析，定义 step-1 为膨胀管在外荷载作用下的受力过程，通过不断调整所加外压的大小，得出膨胀后膨胀管的抗外挤压力大小数值，并与其在无划痕状态下的抗外挤强度进行对比。

通过软件模拟结果可以得出，在无划痕状态下抗外挤强度为 31～32MPa，而在有划痕状态下的抗外挤强度为 24～25MPa，强度有了明显的下降，并产生应力集中，最大应力位于划痕处管内壁位置。因此对于实际工程中可能存在的划伤要考虑其影响因素，并为此提高膨胀管强度的安全系数值。

二、膨胀管配套施工工具研制

膨胀管配套施工工具是膨胀管施工中至关重要的工具。经过持续攻关、改进，先后研制了安全下放机构、应急丢手装置、高性能膨胀锥、裸眼锚定工具、专用固井附件等配套工具。

1. 安全下放机构

膨胀管施工时，需将膨胀管柱在井口连接后再通过钻杆下放至施工井段，在下放过程中，常规膨胀管系统整个膨胀管串的重量都作用在膨胀锥锥面上，当膨胀管长度较长、重量较重时存在提前膨胀的风险。为此，研制出了安全送入机构，在膨胀管全部安全下放到指定井段后，进行触发，触发后才能膨胀作业，该机构可有效防止提前膨胀。现已完成适用于多种规格膨胀管裸眼封堵系统的样机加工，室内测试数据显示抗拉达到 120t，能保障膨胀管下放的需要，有效地解决了提前膨胀的风险。

2. 应急丢手装置

现有膨胀管封堵系统采用从下向上的方式进行膨胀，即上端膨胀管处于未膨胀状态，内径相对较小，膨胀中途停止时，定径的膨胀锥因尺寸相对膨胀管内径更大，无法从井底取出。一旦膨胀无法继续进行时，膨胀工具串无法从井内取出。更为严重的，如采用的注水泥固井的封堵方式，还有“插旗杆”的风险。如遇此种情况，只能采用割断内管柱、将整个膨胀管工具系统磨铣掉的处理方式，事故处理复杂、耗时较长。因此，设计了应急丢手工具，该工具连接在膨胀工具串上，在膨胀作业遇阻卡、膨胀无法继续时，通过应急丢手装置，使中心管串能够提出井眼，保持井眼通畅，大大缩短了事故处理时间，可以有效减少损失。现已完成适用于多种规格的膨胀管应急丢手装置样机加工，并进行了室内测试，丢手效果良好。

3. 裸眼锚定工具

膨胀管膨胀后应该与上层套管内壁或裸眼井壁形成良好的密封与悬挂，是确保膨胀管膨胀后能获得相同井眼通径的关键，也是保证膨胀管的使用寿命、井下操作安全可靠性的关键。设计形成 3 种类型的悬挂密封技术，分别是金属悬挂密封、橡胶悬挂密封和金属橡胶复合悬挂密封，悬挂效果如图 4-2-42 所示。

在裸眼中利用膨胀管封堵漏失井段时，必然会涉及裸眼悬挂锚定装置，以便提供悬挂力将整个膨胀后的膨胀管柱牢牢地悬挂在井壁上。针对不同地质情况，研制了 2 种类型的膨胀管用裸眼锚定工具，充分利用膨胀管的特性实现裸眼悬挂与锚定。该工具是靠橡胶提供悬挂力，随着膨胀管膨胀，橡胶被紧紧地压缩贴在井壁上，高度压缩的橡胶环可以提供足够的悬挂力。现已完成适用于 ϕ140mm、ϕ194mm、ϕ203mm、ϕ219mm 膨胀管的 4 种尺寸规格的样机加工，室内测试显示悬挂力＞80tf。

(a) 金属悬挂密封

(b) 橡胶悬挂密封

(c) 金属橡胶复合悬挂密封

图 4-2-42 悬挂密封效果图

图 4-2-43 专用固井附件的原理图

4. 专用固井附件

膨胀管固井和常规固井一样，下入套管后需要固井浮鞋辅助固井。膨胀管裸眼封堵工艺是一种特殊的固井工艺，常规浮鞋和自动灌钻井液浮鞋无法满足其工艺要求。为此，设计了膨胀管专用固井附件，承压 40MPa 以上，采用铝合金制造，具有易钻性，可减少磨铣作业时间 20%，其结构如图 4-2-43 所示。

专用固井附件主要由插接杆、浮鞋连接短节、浮鞋引导短节、浮鞋剪钉座、浮鞋单向阀、浮鞋外壳体等组成。浮鞋单向阀主要由阀体、阀芯、弹簧、弹簧座组成。插接杆下端开有密封槽和剪钉孔，通过剪钉和剪钉座相连。浮鞋连接短节的上端的外表面有密封槽，下端开有剪钉孔，通过剪钉和剪钉座相连，浮鞋连接短节下端通过内螺纹和浮鞋外壳体相连。浮鞋引导短节的上端内表面开有喇叭口，浮鞋引导短节的外表面有密封槽，下端通过内螺纹和浮鞋剪钉座相连。浮鞋剪钉座的上端的外表面有密封槽，浮鞋剪钉座的下端通过内螺纹和浮鞋单向阀相连。浮鞋单向阀的阀体上端的外表面有密封槽，阀体的中间有泄流孔。浮鞋外壳体的底部开有流体流出孔。

注水泥固井时，水泥通过插接杆流入浮鞋单向阀的腔体，在水泥和弹簧的作用下单向阀的阀芯向下运动，露出泄流孔，水泥从泄流孔中流出，从而进入单向阀阀体与浮鞋外壳体之间的环空，再通过浮鞋外壳体上的流出孔流出进行固井。膨胀时，上提插接杆至浮鞋引导短节之上，从而使液体通过插接杆进入其和浮鞋连接短节间的环空。

5. 新型膨胀锥

一般用于膨胀管胀管作业的膨胀锥主要有实体机械锥和液压滚动膨胀锥两种。实体机械锥不能变径，无法满足膨胀管钻完井施工的要求；液压滚动膨胀锥虽然在较高的液压作用下可以实现周向不连续的小尺寸变径，但是其要求胀管过程中管柱旋转，目前很少应用。当要求膨胀管封堵后不改变原有的井身结构时，则要求膨胀管具有足够大的膨胀率，此时就要求高性能膨胀锥能够变径，锥齿向外扩径，实现了小直径下入大直径膨胀。针对封堵后不改变原有井身结构要求，研制了高性能变径膨胀锥，从功能上实现了小直径下入大直径膨胀。变径后与上层套管内径尺寸相同，并且锥周向连续，即膨胀施工后可实现膨胀管与上层套管形成悬挂锚定且具有相同尺寸。对设计的高性能变径膨胀锥进行地面验证试验，在试验中高性能膨胀锥完成胀管 70m，测量内径达到设计要求。

针对室内模拟试验中反映出的大狗腿度时膨胀锥与膨胀管内壁不同心情况，又设计了圆弧面膨胀锥，可有效减小与膨胀管内壁接触面积，膨胀时锥可在膨胀管内小幅度摆动，能克服大狗腿度下膨胀锥与膨胀管不同心引起的膨胀阻力大、膨胀窜动等问题，使施工更安全可靠。通过有限元分析计算，新型圆弧面膨胀锥启动压力较常规定径膨胀锥高 3～4MPa，但正常膨胀时，膨胀压力低 1～2MPa，并且膨胀过程平稳。

6. 固定式专用整形工具

在膨胀管裸眼封堵施工过程中，当利用磨鞋对固井附件或底堵进行磨铣后，膨胀管下端会留下不规则的内径，影响后续钻柱的上提下放。设计了专用整形工具，利用专用整形工具对膨胀管管体上下端部不规则内径进行修正，减小相应的影响。专用整形工具主要由壳体、底堵打捞短节和 3 组滚轮系统构成，其胀管单元的结构与运动状态设计必须保证在有效胀开膨胀管管体的前提下，以胀管所需的钻压或扭矩最小为目标。

固定式专用整形工具要实现胀管和整形的功能，要求整形单元与管体的接触面有一定锥度，细端直径应小于膨胀管两端接头的内径，粗端直径应略大于相应井眼的钻头尺寸，同时为维持已胀开管体的变形，需要一定的保径部分。为便于胀管器起下和钻井液循环，整形单元最大外径的圆周不能是连续的整体，需要采用凸肋形不连续圆周设计。由于胀管器膨胀单元最大外径部分为不连续的圆周，胀开或修整膨胀管管体需要旋转向下运动，所以在胀管过程中，为防止较高钻压或扭矩造成膨胀管管柱组合的扭曲变形或转动，胀管单元的结构与运动状态设计必须保证在有效的修正膨胀管管体的前提下，以所需的钻压或扭矩最小为目标。

固定式专用整形工具壳体的作用是连接钻具和打捞底堵、支撑滚轮系统，上接头与钻柱连接，下接头与底堵打捞短节或磨鞋连接，以实现打捞底堵或磨铣底堵的功能。其中，专用磨鞋主要由本体、合金锥面、连接杆和打捞挡块组成。

滚轮系统的作用是在钻压和扭矩的联合作用下，产生外挤力修整膨胀管上下端接头。整形专用工具中膨胀单元与壳体为分体结构，二者之间存在相对运动，膨胀单元的外表面在随壳体公转的同时在膨胀力的作用下自转，膨胀单元表面对管体形成滚压而膨胀管体。固定式专用修整工具的膨胀单元主要由滚轮和滚轮轴承系统 2 部分构成。滚轮的结构参数包括粗端直径、细端直径及锥度。粗、细端直径由接头大小、井眼直径及滚轮数量确定。滚轮外表面的锥度直接影响胀管所需的压力，是优化设计的主要参数之一。利用有限元模拟计算方法研究了滚轮外表面锥度与胀管所需压力的关系，见表 4-2-10。随着滚轮外表面锥度的增大，所需的胀管压力也随之增加。因此，为降低胀管压力，应采用较小的锥度，但锥度太小会使压入过程形成自锁，同时使得滚轮长度增加。综合以上因素，锥度取 9°～12°。

表 4-2-10 锥度与压力关系

滚轮外表面锥度 / (°)	0～3	3～6	6～9	9～12	12～15
胀管所需压力 /MPa	6.5	12.0	20.0	36.0	42.0

滚轮数量的设计应考虑胀管效果与结构强度 2 方面因素。增加滚轮数量有利于提高胀管效果，但会减小单个滚轮的直径，降低滚轮的强度，考虑到滚轮轴承系统的安全，在实际设计中采用 3 组滚轮。滚轮轴承系统由滚动轴承组和止推轴承构成。由于在膨胀过程中轴承受力复杂、润滑条件恶劣，轴承的寿命成为主要考虑的问题。滚动轴承组的设计考虑了承载能力和结构强度两方面因素。为提高滚轮的结构强度，滚轮内腔采用阶梯孔设计；为提高轴承系统的承载能力，采用 3 组滚针轴承；滚针轴承尺寸以最优承载能力为原则设计。

专用整形工具在作业过程中承受钻压和扭矩的联合作用，形成上提、下放、旋转上提和旋转下放 4 种基本受力状态。根据工具的不同受力状态，利用有限元数值计算方法对设计的结构进行强度校核，通过校核计算轴承强度满足设计要求；该工具转动灵活、更换方便；连接螺纹为 API 标准螺纹。

7. 膨胀管连接方式优化

通过对膨胀管连接方式的研究，选择适合的膨胀管间连接方式以及膨胀管间搭接方式，确保连接部位的密封、悬挂的安全可靠性。该方面研究主要包括连接螺纹的选择和搭接方式的选择等。

膨胀套管连接方式是实施膨胀管封堵技术的重点和难点之一，膨胀管之间的连接螺纹一般采用不同于 API 螺纹的特殊螺纹，要求这种螺纹在膨胀前后和膨胀过程中都能保持较好的密封性能和较高的连接强度，这对于一般的螺纹是很难做到的，必须是经过专门设计的特殊螺纹才能达到这一要求。另外，膨胀管管段间的悬挂、密封、锚定技术（搭接技术），是确保膨胀后能获得相同井眼通径的关键；也是保证膨胀管的使用寿命、井下操作安全可靠性的关键。

目前已经研发了两种膨胀螺纹。同时，对这两种类型的膨胀螺纹在不同膨胀率下的变形特征和膨胀压力进行了分析，并通过室内实验进行了验证，所得结果可为膨胀螺纹的选用和优化设计提供支持。

三、现场应用

膨胀管裸眼封堵技术共开展了10余口井应用，累计使用膨胀管长度5000多米，施工情况见表4-2-11。

表4-2-11 膨胀管施工井情况

作业井	井斜角/(°)	长度/m	规格/mm	作业后内径/mm	备注
1号井	63.1	398	$\phi 139.7\times 8$	133	侧钻井
2号井	63.7	406	$\phi 139.7\times 8$	133	侧钻井
3号井	65.8	526	$\phi 140\times 8.15$	133	侧钻井
4号井	9.63	756.14	$\phi 194\times 11$	192	裸眼封堵
5号井	3.4	658.23	$\phi 140\times 8$	192	裸眼封堵
6号井	0	127	$\phi 203\times 10$	220	等井径

1. 西南油气田宁20A平台

在西南油气田宁20A平台实施了2口井施工，采用膨胀管技术封堵韩家店—石牛栏组低压层。该平台韩家店—石牛栏组天然裂缝发育，承压能力1.05～1.1g/cm^3，三开钻进过程中宁20A平台累计漏失钻井液近6000m^3，同时，无法满足后续地层井段承压需求。

分别下入膨胀管756.14m/658.23m，内径膨胀到194mm，胀后钢级N80，抗内压强度达到63.4MPa，地层承压能力达到1.81g/cm^{3}以上，实现地层造斜水平井段2350m，钻井液密度1.55～1.60g/cm^{3}条件下的安全顺利钻进，钻井周期20.35天。

2. 西南油气田蒲0B井

西南油气田蒲0B井是一口评价井，为四开井身结构，四开6in钻头钻至2788m钻遇恶性井漏，出口失返，耗时3个多月堵漏未获成功。为了解决复杂井漏，决定采用膨胀管技术将井身结构由四开拓展为五开。清水强钻至3110m，下入膨胀管485m，膨胀施工后满足了后续1.43g/cm^{3}钻井液钻进需要，实现了地质目的。五开采用$5^1/_8$in钻头顺利钻达目的层4050m。

3. 新疆油田CH井

新疆油田CH井二开采用膨胀管等井径技术封堵上部泥岩缩径段，下入膨胀管127m，膨胀率达到20.3%，后续$8^1/_2$in钻头继续钻进。这是国内首次成功实施的等井径技术试验，初步验证了工具和工艺的可行性，为实现全井等井径钻井奠定了基础。

第三节　井下参数测量与安全监控系统研制与应用

针对深层油气资源存在油气埋藏深、地层复杂、多压力系统、油气水关系复杂、高陡构造、巨厚复合盐层、高温高压、储层认识与预测难度大等地质复杂条件，钻井过程中阻卡、井漏、溢流、卡钻、断钻具等井下复杂与事故频发等突出问题（唐斌，1999；蒋希文，2002；李军等，2018），开展井下参数测量与安全监控系统装备研制、软件开发及检测设施配套等技术攻关，攻克了井下复杂工况下多参数测量、数据信号与动力信号传输系统的结构设计与集成（石川等，2009；刘瑞江等，2010；刘景峰，2015；孟密元，2015），井下大容量数据变精度传输解码、压缩存储技术（曾尚璀等，2000；陈祥训，2004；郝拉娣等，2005；何俊伟，2012）缓解了井筒传输速率与系统测量参数多、传输数据量大之间的矛盾等技术难点，形成一套井下安全监控配套技术，为解决跳钻、黏滑、卡钻、钻头故障、井漏等井下复杂问题增添了利器，现场应用取得显著效果，保障我国深层油气资源高效勘探开发。

一、井下参数测量与安全监控系统研制

井下安全监控系统由井下测量工具和地面软件系统两大部分组成。其中井下测量工具进行井下动态参数的测量及数据的处理、发送；地面软件系统分监测系统与风险分析评估系统两部分。其中地面监测系统进行井下上传数据的接收与数据解码，风险分析评估系统依据监测系统解码的数据进行井下工况的诊断与风险评估，并给出预警与措施。

井下安全监控系统工作原理（图4-3-1）为通过井下测量工具实时测量钻井动态参数，经过井下数据处理后以钻井液无线脉冲的方式将这些参数实时传输到地面，再通过地面数据采集、综合分析软件对这些数据进行实时分析，对井下钻井作业进行风险预测、评估，进而给出风险提示及措施，实现井下监测、井上控制，避免风险发生，实现无风险钻井。在进行数据测量、传输的同时井下系统具备数据存储功能，待仪器出井后进行井下存储数据的分析及井下工况的进一步判断。

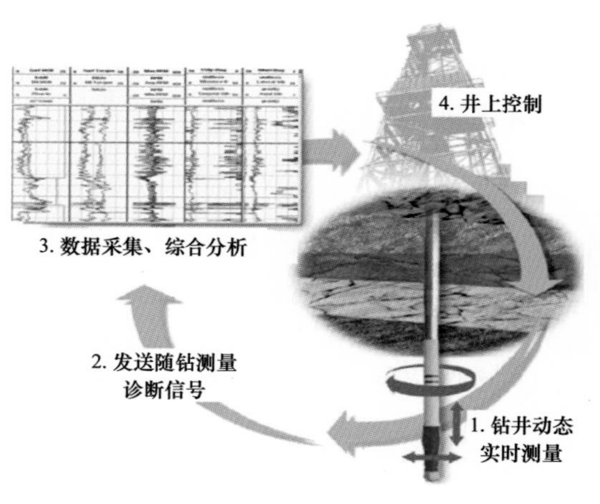

图4-3-1　井下安全监控系统工作原理示意图

通过对井下复杂风险分析，确定井下安全监控测量钻压、扭矩、弯矩、振动、转速、环空压力、钻具内液柱压力、井斜和方位等9个参数。

1. 井下测量工具设计

1）设计思路

井下测量工具需要完成三部分工作：

（1）实现井下参数精确测量。随着传感器技术的发展，转速、井斜、方位、压力、振动的测量可以选用成熟传感器，在选用过程中，考虑性能指标的同时尽可能选用占用尺寸空间小的元器件，而钻压、扭矩、弯矩的测量目前没有可用于进行钻井上使用的成熟传感器，需要研制。

（2）井下仪器供电。井下仪器供电目前常用的技术为电池供电，为延长仪器在井下的工作时间研制了井下液力发电机。发电机把钻井液的循环动能转换成了电能，其优点在于可以持续工作，不像电池一样有工作时间的限制，但其缺点是对钻井状态和钻井循环排量有要求。只有在钻井液循环的时候才能对仪器供电，当在起、下钻过程等不进行钻井液循环或是循环排量达不到发电机工作要求时，发电机是无法进行仪器供电。井下安全监控系统需要进行全过程钻井动态监控。为此，井下仪器供电采用液力发电机与电池供电相结合的方式进行，以保证系统的全过程钻井动态监测。

（3）数据传输。信号传输采用随钻测量成熟的钻井液无线脉冲传输的方式进行，关键装置是连接在测量系统内的脉冲发生器。脉冲发生器有上置式和下置式两种，综合考虑系统的信号传输性能与系统仪器供电，选用上置式的集信号传输与发电功能为一体的钻井液脉冲发电机。

2）结构设计方案

如图 4-3-2 所示，井下安全监控系统井下部分硬件由钻井液脉冲发电机、调整短节、无磁钻铤、测量短节和中心仪器组成。

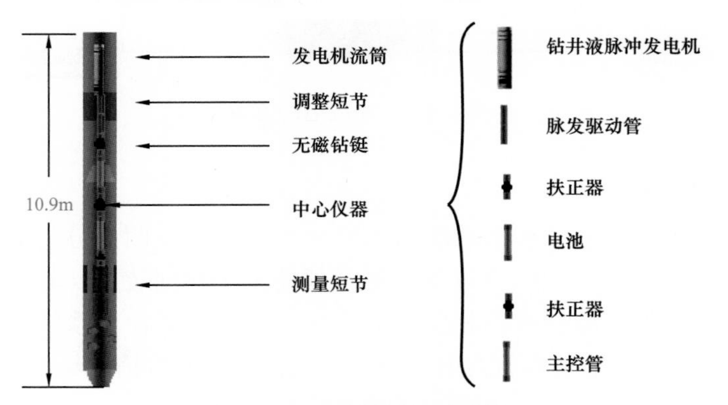

图 4-3-2 结构设计示意图

其中钻井液脉冲发电机集信号传输与仪器供电功能为一体，在进行信号传输的同时，对井下仪器进行供电，主要承担脉冲发生器与脉冲控制电路板的供电。脉发驱动管用于安装用于控制脉冲发生器动作进行信号发送的电路板。电池承担仪器的下部电路及传感器的供电。主控管用于安装系统控制电路及井斜、方位测量传感器。发电机流筒、无磁钻铤、测量短节等连接形成一根10.9m长的钻铤，其中测量短节上安装了钻压、弯矩、扭矩、振动、转速传感器与相应的电路板。

3）系统电路方案

如图4-3-3所示，井下采集电路设计为2套，主控电路设计为1套。其中，钻压、扭矩、弯矩、井底环空压力、钻具内部液柱压力的采集计算为5s一个周期，读取其5s内的最大值和平均值；近钻头振动参数采集计算周期为5s，采集5s内*X*、*Y*、*Z*三轴加速度，通过离散傅里叶变换（Discrete Fourier Tranform，DFT）算法计算其频率并求取其最大值幅值，将最大频率及其对应的幅值与最大幅值对应的频率作为一次采集计算周期内的结果，将该结果通过相关算法评价出其对钻具影响的等级。转速的采集10s周期内的磁阻传感器数值曲线峰值次数并放大6倍，即可得到当前近钻头转速。采集电路按照各采集计算周期将采集结果存储至16M存储器。

主控电路与采集电路之间采用单总线通信，主控电路在每个循环周期向2个采集电路发送数据读取指令，并将读取到的数据与自身采集的井斜、方位数据按照相关算法进行编码，形成脉冲驱动信号输出至脉冲发生器。

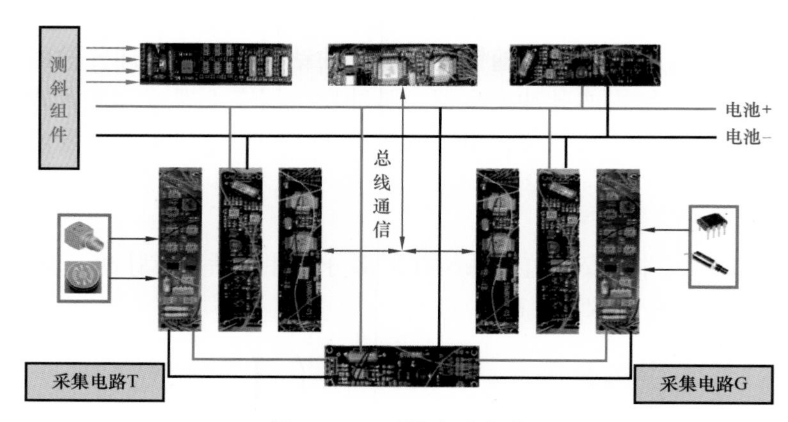

图4-3-3 系统电路方案

2. 地面软件系统设计

地面软件系统由地面信号解析系统与风险分析评估系统两部分组成。地面信号解析系统硬件部分与常规MWD、PWD等随钻测量仪器采用相同装置，软件部分根据井下安全监控系统井下信号发送软件进行相应界面开发；风险分析评估系统的主要功能是依据测得的工程参数，进行井下工作状态的分析与诊断，并对异常情况给出预警信号及措施。

3. 钻压、扭矩、弯矩测量技术

1）钻压、扭矩测量技术

钻压、扭矩属于近钻头力学测量范畴，通过对应变力学测量的研究，提出了使用溅射薄膜式应变片来进行直接测量。图4-3-4所示，在标准圆柱体上测量其所承受的轴向压力，即钻压。

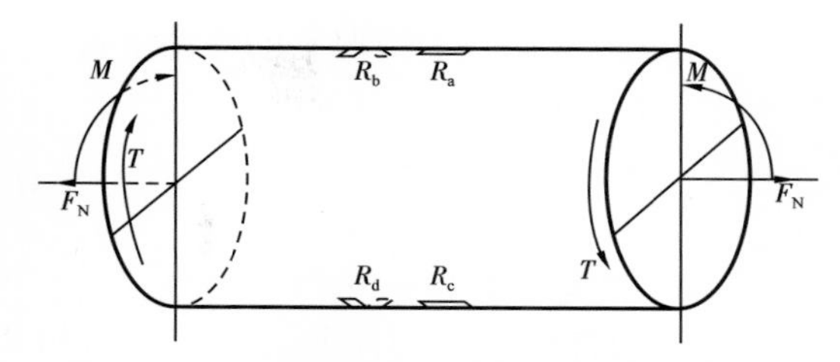

图 4-3-4 测量钻压应变电阻与钻具位置关系

图 4-3-4 中，R_a、R_b、R_c、R_d 为四个等值应变电阻，其连接方式为桥式连接，形成一个等桥应变组。钻压在轴线方向上产生的应变最大，采用沿轴线方向贴片测量、横向作为温度补偿的贴片方法，即 R_a、R_c 为测量电阻，R_b、R_d 为温度补偿电阻。

参考图 4-3-5 的电路加载方式，基于等桥应变电阻测量方法可知应变电压与钻压的函数关系为：

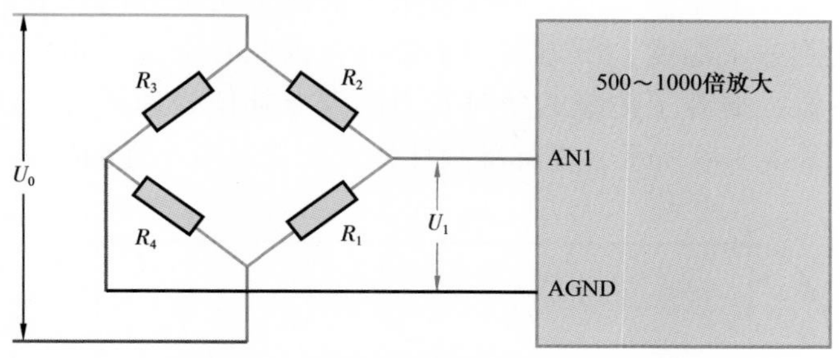

图 4-3-5 应变电阻连接方式及加载

$$U_1=\frac{U_0k(1+\mu)}{2E}\left[\frac{F}{\frac{\pi}{4}(D^2-d^2)}+2\mu p_1\right] \tag{4-3-1}$$

$$F=\frac{\pi E(D^2-d^2)}{2k(1+\mu)U_0}U_1-\frac{\pi\mu(D^2-d^2)}{2}p_1 \tag{4-3-2}$$

式中 E——弹性模量，GPa；

μ——泊松比；

k——灵敏因数；

D——外径，m；

d——内径，m；

p_1——作用在应变电阻上的初始压力（可忽略），MPa。

由上述公式即可得出钻压与输出电压之间的关系。

由于在井眼底部钻柱存在自重效应，井底钻柱所受扭矩在钻井过程中是十分关键的参数。过大的扭矩会造成对钻柱的冲击和损伤，甚至会超出钻柱的承受能力。使用有限元分析对扭矩建模型，将钻柱分割为许多独立元素。侧向力计算时便可对每个元素进行独立计算。侧向摩擦力 F 由下式计算：

$$F=\mu N \tag{4-3-3}$$

式中 F——钻柱与井眼之间的正常接触力，N；

μ——井眼一般情况下的摩擦系数。

对于扭矩的大小则由下式确定：

$$M=\mu Nr \tag{4-3-4}$$

式中 r——钻柱半径，m。

扭矩与井眼产生的侧向力和摩擦力相关。井眼摩擦力与钻柱的钻进方向相反，其大小与接触面的材质和钻井液的润滑性相关。

为测量井下钻具组合关于钻头传递的重量和扭矩而产生的弹性响应，需要采用桥式张力测量系统来测量井下钻柱受力。钻柱自重力的测量是十分困难的，因为它的输出信号很小且很容易受到井下温度、压力等因素影响，因此必须进行相应补偿。近几年发展的井下数据获取系统，摒弃了传统的费时费力的误差补偿处理系统，使数据获取的过程变得准确便捷。如图 4-3-6 所示，在标准圆柱体上测量其所承受的扭矩。

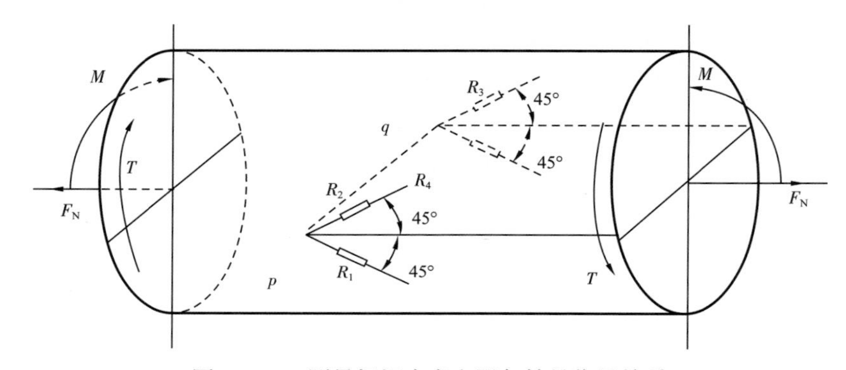

图 4-3-6　测量扭矩应变电阻与钻具位置关系

测量扭矩时，在 45°方向上剪应力为零，正应力达到最大值，在钻柱测量短节上，沿轴线的 45°或 135°方向粘贴和安装应变传感器，当钻柱受扭矩 T 作用时，应变片产生应变，其应变量与扭矩 T 呈线性关系。

根据图 4-3-6 的电路加载方式，基于等桥应变电阻测量方法可知应变电压与扭矩的函数关系为：

$$T=\frac{\pi E\left(D^4-d^4\right)}{8KD(1+\mu)U_0}U_1 \tag{4-3-5}$$

式中 E——弹性模量，GPa；

μ——泊松比；

K——灵敏因数；

D——外径，m；

d——内径，m；

U_1——应变电压，V。

由式（4-3-5）可知，扭矩与输出电压呈线性关系。

在钻进过程中，地面扭矩测量装置不断对井下信息进行监测。通过监测数据并测绘成图表，被测量的变化趋势便可被识别出来。快速识别这些趋势的关键技术就是要对井下每一段区域的实际数据测绘图与理论数据测绘图进行比对，这项技术能够从正常的钻进载荷、钻进深度和钻进轨道的变化中识别出不正常的变化趋势来。

2）弯矩测量技术

弯矩作为一个重要的井下工程参数，测得的弯矩信号通过模—数转换并进行编码后上传到地面分析软件，再经分析软件对弯矩信号进行处理与分析，并对可能产生的事故加以判断。

通常情况下，希望钻柱在钻进过程中不会产生弯矩，如果钻柱在钻进过程中有弯矩存在，那么不但会对钻头及整个钻柱造成损害，增加钻机功耗，更重要的是井眼轨迹会发生偏斜，即产生狗腿现象。所以，为了避免此类复杂的事故发生，井下安全监控系统会实时对钻柱弯矩进行监测与分析。

任何钻柱在钻进过程中方向发生偏移都是由于所受弯矩产生的，而弯矩又是作用在钻柱上的侧向力产生的。侧向力的产生有多种原因，比如重力、动态影响（仪器在井下工作时在不同方向上振动而引起的误差）或者钻柱与井壁接触都有可能产生侧向力。

假设在水平井中，并且井眼轨迹完全水平的情况下，可利用专业的有限元模型来进行分析计算。在这种情况下，水平状态钻柱下方的侧向力是由于平衡重力而产生的。通常，钻柱与井壁的接触点的位置、产生的侧向力的大小、产生弯矩的大小全部都与井眼的结构有关。

图 4–3–7 表示在钻柱某一截面处弯矩产生的弯应力的大小。在弯矩 M 的作用下，作用在距圆心 y 处的弯应力 $\sigma(y)$ 为：

$$\sigma(y)=\frac{M}{I}y \tag{4-3-6}$$

式中　M——弯矩；

I——此截面的转动惯量。

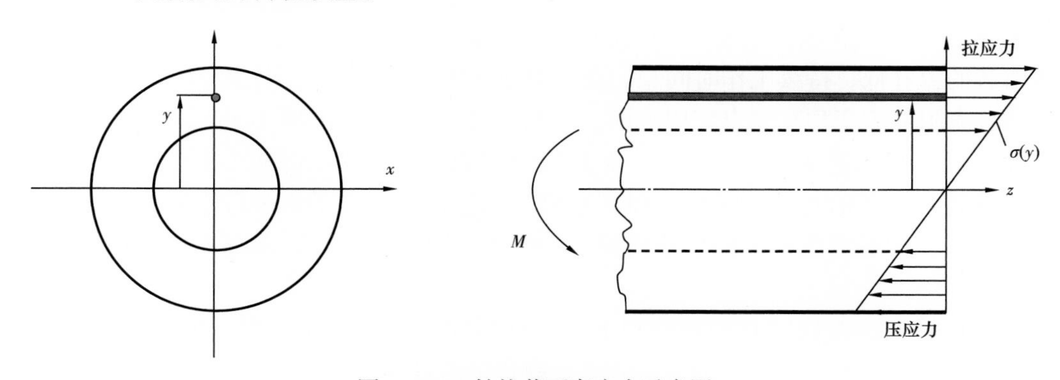

图 4–3–7　钻柱截面弯应力示意图

从图 4–3–7 中可以看出，在同一弯矩作用下，在距圆心越远的地方弯应力越大。由于钻柱在钻进过程中是不断旋转的，所以钻柱中每一个点都在拉应力与压应力之间不断循环变换。所以，如果钻柱中存在弯矩的话，那么势必会加剧钻柱材料的疲劳，最终会导致钻具表面发生疲劳应力破裂。

在弯应力的作用下，钻柱上部的材料被拉伸，下部的材料被压缩，所以就会造成钻柱变形，发生弯曲。变形钻柱的曲率和弯矩之间的关系为：

$$\gamma = \frac{M}{EI} \tag{4-3-7}$$

式中 γ——曲率半径；

E——弹性模量；

I——截面的转动惯量。

钻柱中弯矩可以通过在钻柱相对应的面上分别放置一个张力传感器（张力应变片）来测量，这两个传感器是通过相应的测量桥路连接到一起。张力传感器的工作原理是：因为张力传感器是贴在钻柱表面上的，所以钻柱在弯矩作用下发生变形时也会使得张力传感器发生相应的变形，这些微小的变形会使传感器电阻发生相应的改变，因此，通过测量桥路输出信号的变化就可以得出相应的弯矩。

井下钻柱所受的总弯矩其实是由两部分组成，分别是 x、y 两轴弯矩，最后的总弯矩是两轴弯矩的矢量和，即：

$$M_{\text{total}}=\sqrt{M_x^2 + M_y^2} \tag{4-3-8}$$

对于井下钻柱所受弯矩的测量采取两组测量桥的方法来进行，弯矩载荷在井下钻柱上的载荷分布是由井下侧向力的每个接触点（如钻头、扶正器、工具结合点等）决定的。显然随着井下曲率的增大弯矩会增大。对钻井系统，弯矩测量点的位置以及井下钻柱内扶正器的位置共同决定了井下钻柱上弯矩对钻井方向的响应。

3）传感器应变片优选

传感器应变片的选择会直接影响应力测量的准确性，针对特定的环境和操作条件下优化应变片的性能，获得精确可靠的应变值，有助于方便安装和降低安装总成本。

传感器生产中大多选用350Ω的应变片，但是，由于大阻值应变片具有通过电流小、自热引起的温升低、持续工作时间长、动态测量信噪比高等优点，大阻值应变片应用越来越广。且大阻值应变片在测力应用范围，特别是材料试验机用的负荷传感器，由于传感器的零漂特性，对测量精度影响极大，而高阻值应变片，不仅可以减小应变焦耳热引起的零漂，提高传感器的长期稳定性，而且在要求高分辨率的电子天平称重应用也是非常有利的。因此，在不考虑价格因素的前提下，使用大阻值应变片，对提高传感器精度是有益的。

使用环境温度对应变片的影响很大，应根据使用温度选用不同丝栅材料的应变片，常温应变片使用温度为 -30～60℃。一般康铜合金的最高使用温度为300℃，卡玛合金使用温度为450℃，铁镍铝合金使用温度可以达到700～1000℃。常温应变片一般采用康铜制造，在应变片型号中省略使用温度。如果需要高温应变片需特别说明。由于基底材料和粘接胶的限制，中温箔式电阻应变片一般都使用卡玛合金，制作200～250℃的中温应变片。

传感器一般由弹性体、应变片、粘接剂、保护层等部分组成，弹性体金属材料本身存在的弹性后效以及热处理工艺等原因可以造成负蠕变影响，因此传感器的蠕变指标是由各种因素综合作用最终形成的。在上述因素中，对于某一传感器生产厂家，许多的因素都是相对固定的，一般不会有很大改变，因此应变片生产厂家都通过应变片的图形设计、工艺控制来制造出蠕变不同的系列应变片供用户选用。每一个传感器生产厂由于原材料、粘接剂、贴片、固化工艺的不同，在应变片选型时，必须进行蠕变匹配试验。一般规律是同一种结构形式的传感器量程越小，传感器的蠕变越正，应该选用蠕变补偿序号更负的应变片来与之匹配。综合考虑以上因素，选用了卡玛合金，5000Ω电阻，小尺寸（3mm×3mm），一维拉伸和剪切应变片。

4. 井底压力测量技术

在钻井过程中的井底压力已成为随钻测量技术中监测的一项重要参数，当把井底压力与其他监测参数进行综合对比分析的时候，就能够识别出许多潜在的风险事故。井底压力主要被用于评估流体影响和与钻井液当量循环密度相关的钻柱旋转。所以，重点放在有其他参数的情况下井底压力所起到的作用，以此来更好的指导整个钻井进程。

井底压力可以通过精密的压电或石英传感器测量，并将测量结果传输到地面。可以依据测到的压力进行井眼清洁程度的判断，特别是在窄压力窗口的井下作业时，可以指导钻井作业。

对于窄压力窗口井的钻井是一件非常困难且复杂的工作，因为需要在钻井过程中把环空压力保持在破裂压力与坍塌压力之间。解决这一问题的方法之一就是通过采用井底压力随钻监测来进行指导井下压力控制钻井。井底环空压力（p_{BH}）是静水压力（p_H）和在环空空间中的损耗（Δp_a）的总和：

$$p_{BH}=p_H+\Delta p_a \tag{4-3-9}$$

井底环空压力通常用钻井液当量循环密度（ECD）来表达。在稳态条件（无循环、无磨损）下，液体的密度会产生一个静水压，其数值与动态压相等。

$$\mathrm{ECD}=\frac{\rho_{mix}gh+\Delta p_a}{gh} \tag{4-3-10}$$

式中 g——重力加速度；

h——垂直深度。

方程（4-3-10）还可以描述如下：

$$\mathrm{ECD}=\rho_{mix}+\frac{\Delta p_a}{gh} \tag{4-3-11}$$

由于固相存在和磨损的影响，ECD应该比液体密度要大。对可操作数据的第一步处理就是对固相传输和磨损计算的短期模型进行进一步发展。对于这一模型的完善可以对预期的 ECD 值和泵压进行预测并比较它们的真实数值。

5. 振动测量与分析技术

1）振动参数测量

对近钻头承受的振动情况进行分析，必须要取得其三轴加速度的幅值与频率。在考虑到本系统的设计要求以及井下环境，选取了一种测量范围为 ±500g、分辨率为 0.002g、耐温 150℃的三轴加速度传感器测量近钻头加速度。在采集程序中，设计编写了针对 X、Y、Z 轴加速度的快速傅里叶变换成程序，对采集周期内的加速度数据求取频率值。

如图 4-3-8 所示，以 X 轴加速度来测量横向和径向加速度，以 Y 轴加速度来测量横向和切向加速度，以 Z 轴来测量轴向加速度。

2）振动分析

如图 4-3-9 所示，钻井过程中钻杆的振动可分为轴向振动、横向振动和扭转振动三种模式。轴向振动会引起井下钻头的上下跳动，这种跳动会增加钻头齿向内的冲击负载，从而诱发焊接部位的失效、磨损或断齿等现象。横向振动会引起钻柱弯曲和钻头旋转，造成钻杆的失效，失效部位主要发生在钻杆的结合处。严重的扭转振动会引起井下的钻头发生黏滑。

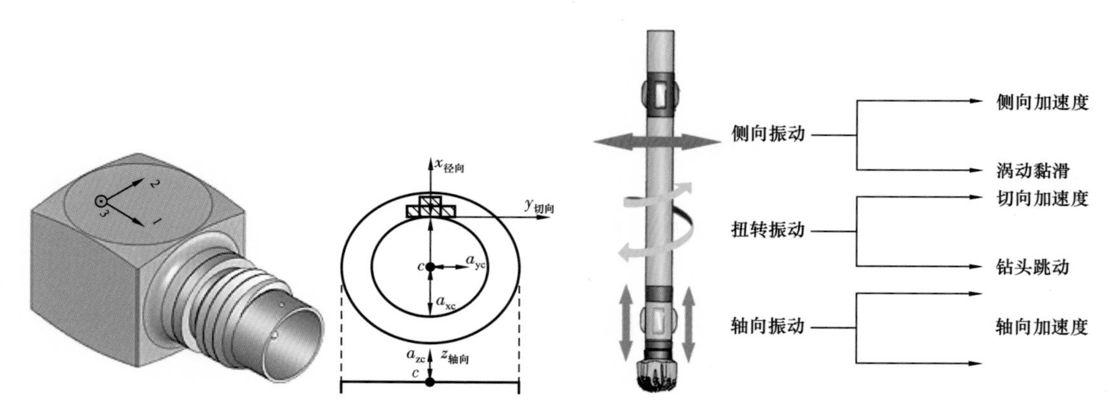

图 4-3-8 加速度传感器及其测量关系

图 4-3-9 振动的三种模式

井下钻头黏滑的测量主要采用磁力传感器，对井下钻柱稳定转动和发生黏滑时的转动信号进行对比。由于黏滑振动发生的复杂性，往往需要根据振动发生的时间点和发生时的钻头类型进行有区别的分析研究，如在转动刚开始后发生的振动、采用 PDC 钻头时发生的振动、采用三牙轮钻头时发生的振动等。

在钻井过程中通过实时检测井下振动数据，监测井下钻进状态，及时分析控制，通过改变钻井参数来减少或消除振动对井下钻柱造成的损伤。此外，振动的消除还能够提高钻井质量。在关于振动测量结果的解释与诊断问题上，采用了既统计振动幅值超过设计最大阈值的事件发生次数，也计算低幅值、高频率的持续振动时间来判断振动对井下钻具的影响。

6. 井下电路模块设计

井下安全监控系统采集 9 种参数，总计 13 个数据。其中位于测量短节上的传感器有钻压传感器、扭矩传感器、弯矩传感器、加速度传感器、磁阻传感器、压力传感器。所选用芯片及元件均耐温 150℃。

1）应变单元电路设计

与应变元件配合的电路有三个基本功能：信号放大、偏移清零和温度补偿。从应变元件输出的信号非常微弱，需要通过放大才能有效地读取并保证精度。安装过程产生的应力和电桥本身不平衡都会导致信号偏移，所设计电路的清零功能可以在安装完成后通过电路板上的跳线来实现消除偏移。应变元件本身的输出会随着温度的变化而产生偏移，电路中设计的温度补偿会在最大程度上消除温度对应变元件输出的影响。

2）电源与单总线电路

如图 4-3-10 所示，黄色区域为一片电源芯片，其输入电压为 24～56V，输出电压为 5V/3.3V，电阻为防止外部电压过大引起芯片损坏设置，电容为稳定外部输入电压与电源芯片输出电压设置。左图中，Q_1 为一个 MOS 管，配合其他电路形成“串口—单总线—串口”电路，在本系统中简称单总线电路。

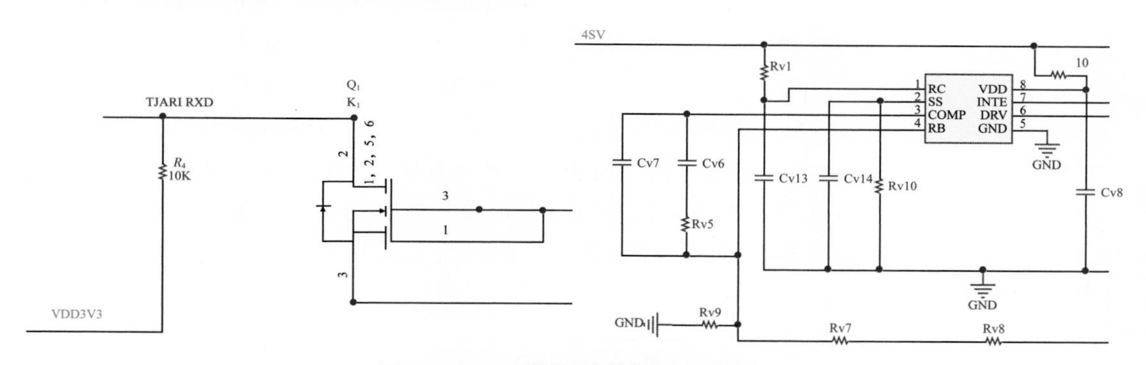

图 4-3-10 电源与单总线原理图局部

3）滤波放大电路设计

滤波放大电路接受来自传感器的原始采集信号。其中，钻具内部压力、环空压力信号在进入 A/D 转换之前必须经过滤波处理，使其输出的数据精度更高。滤波放大电路采用 2 组对置组合的运算放大器组成，为传感器提供恒流源，并将传感器微弱信号进行放大（放大 491 倍）。

4）采集计算存储电路

采集计算存储电路属于核心功能，其中 A/D 芯片将输入端 0～5V 的模拟信号转换为 0～65535 的数字信号，ARM 单片机将数字信号进行运算处理，最终将运算结果按编码规则转换为一组脉冲序列，同时将运算结果存储至存储器。

A/D 芯片参数：8 路通道；24 位采集精度；最大 128kHz 采样频率；耐温 150℃。ARM 芯片参数：70M 主频；耐温 150℃。

5）井下电路总体连接设计

井下采集电路按设计可分为主控电路、采集电路 T、采集电路 G。所有电路均使用电池供电，各电路之间采用单总线进行通信，电路连接如图 4-3-11 所示。

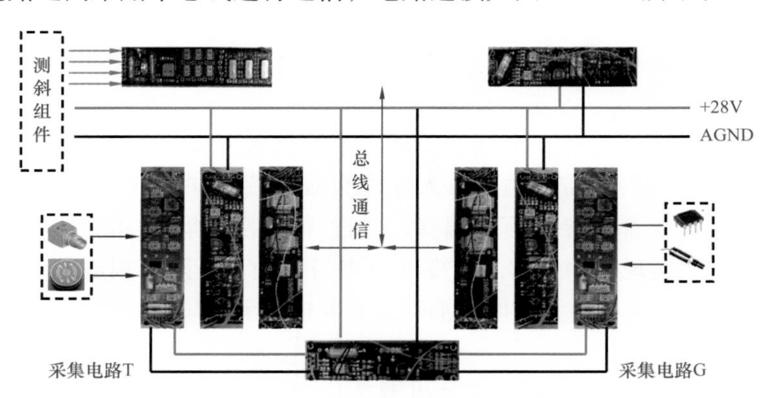

图 4-3-11　井下电路总体连接设计

7. 系统软件开发

根据现场使用需要，溢漏风险预警软件应具有六大功能模块：实时数据接口模块、数据录入模块、溢漏风险识别模块、数据库管理模块、工况自动判别模块和人机交互模块。其中，实时数据接口模块包括 MWD 地面解码软件接口、综合录井仪数据库接口以及人工录入参数接口；溢漏风险识别模块包括基于专家系统的溢漏风险识别方法和基于 LSTM 的溢漏风险识别方法；数据库管理模块包括数据存储、数据查询、数据回放和报表打印等；工况自动判别模块包括相关参数门限校正及其起下钻、钻进等工况的判别；人机交互模块包括钻井参数实时显示、系统设置、报警提示等功能。该系统软件的功能模块结构如图 4-3-12 所示。

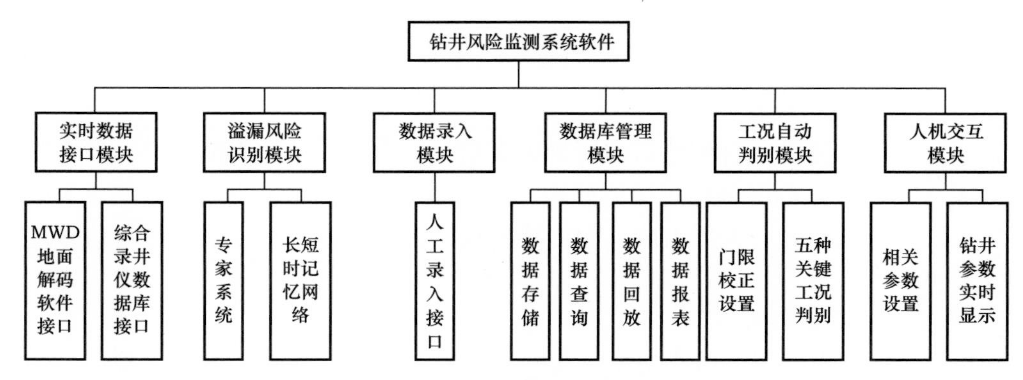

图 4-3-12　系统软件功能模块结构图

1）实时数据接口模块

系统软件具有采集综合录井数据和 MWD 数据的功能，因此，数据接口模块包括 MWD 地面解码软件接口和综合录井仪数据库接口两部分。

（1）综合录井仪数据库接口。井场作业中综合录井仪器种类、型号繁多，仪器提供的数据格式和数据共享方式多种多样。常见的综合录井仪器的型号、数据交互所用的传输协议、模式及其应用协议见表 4–3–1。

表 4–3–1 常见综合录井仪器的数据接口方式

综合录井仪器型号	传输协议	传输模式	应用协议
雪狼五型	TCP/UDP/ 串口	客户端 / 服务端	WITS
WellStar/Welleap	UDP	客户端	自定义
SDL 9000（CHINA）	UDP	客户端	自定义
德玛 DMLMLU–2006	TCP	客户端	WITS
SK–CMS	UDP	客户端	自定义 /WITS
ALS20	串口	客户端	WITS

由表 4–3–1 可以看出，目前大部分综合录井仪器支持将实时的钻井数据进行共享，主要传输协议为网络和串口传输协议，应用协议以 WITS（Wellsite Information Transfer Standard，井场信息传输标准）标准协议为主，自定义协议为辅。为此，早期溢漏风险预警软件需要实现网络和串口传输协议、WITS 应用协议等。部分综合录井仪不支持数据共享，只能采用直接读取数据库的方法，由于数据库类型不一，数据存储格式也杂乱多样，且自定义协议不具有通用性。

（2）MWD 地面解码软件接口。早期溢漏自适应实时预警软件，通过 TCP 网络通信的形式接收地面解码软件发送的实时数据，在此过程中，MWD 地面解码软件作为客户端，早期溢漏自适应实时预警软件作为服务器，两者交互信息的格式遵从 WITS 0 标准。

与综合录井仪发送数据的格式相同，零级传输会话由一组数据集组成，一个数据集同样以“&&”和一个回车及换行结束开始，以“！！”和一个回车及换行结束。数据集可以仅由一个数据项组成，也可以包括很多项。每个数据项之间由一个回车及换行分开。数据项代表一个随钻数据，包括标识符和值，标识符由四个字符组成，字符内容由 MWD 地面解码软件进行定义。例如，井下转速的标识符为“0917”，后面所跟的数据项的数值即为井下转速的数值，其长度不得超过 16 个字符。

2）数据录入模块

数据录入模块实现手工录入有关非自动采集数据，如钻头信息、井身结构信息等井资料。井资料录入界面如图 4–3–13 所示。

3）溢漏风险识别模块

溢漏风险识别模块实现了两种溢漏风险监测方法：基于专家系统的钻井风险监测方法和基于 LSTM 的钻井风险监测方法。两种方法之间相互独立，当风险样本有限，LSTM 方法识别精度不高时采用基于专家系统的溢漏风险监测方法，当 LSTM 的识别准确率优于专家系统时采用基于 LSTM 的溢漏风险监测方法。

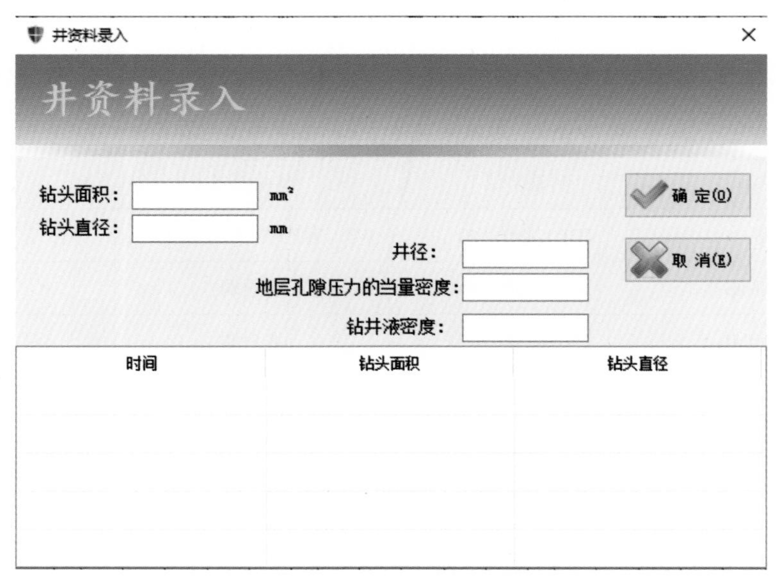

图 4-3-13　井资料录入界面

（1）基于专家系统的溢漏风险监测方法实现。基于专家系统的溢漏风险监测方法大部分是流程逻辑代码。方法涉及的复杂数学运算使用 Math.NET 控件来实现，Math.NET 是一个稳定并持续维护基础数学工具箱，满足了 .NET 开发者的日常需求。其中的 Numerics 功能包提供了日常科学工程计算相关的算法，具体实现包含线性代数、概率论、机过程、微积分、最优化等，大大提高了开发效率与运行效率。

（2）基于 LSTM 的溢漏风险监测方法实现。在 winForm 框架下实现 LSTM 主要有以下几种方式：

① 公共语言扩展（CLE）技术：CLE 由 srplab 公司研发的软件中间件，它可以运行于多种操作系统和平台，同时支持多种编程语言之间的交互。因此，不管使用何种语言开发的程序，都可以使用 CLE 技术进行维、扩展。

② TensorFlowSharp 技术：TensorFlowSharp 是对 TensorFlow C 语言版 API 的封装，以此来方便 C# 和 F# 开发人员使用 TensorFlow。

③ TensorFlow.NET 技术：TensorFlow.NET 是 SciSharp STACK 开源社区团队打造的平台，该平台集成了大量 API 和底层封装，使 TensorFlow 的 Python 代码风格和编程习惯可以无缝移植到 .NET 平台。

由于基于 LSTM 的钻井风险监测方法使用 TensorFlow 深度学习框架实现，为了方便将开发好的深度学习模型移植到早期溢漏自适应实时预警软件平台，使用 TensorFlowSharp 完成了深度学习模型在早期溢漏自适应实时预警软件上的部署，具体实现流程如图 4-3-14 所示。

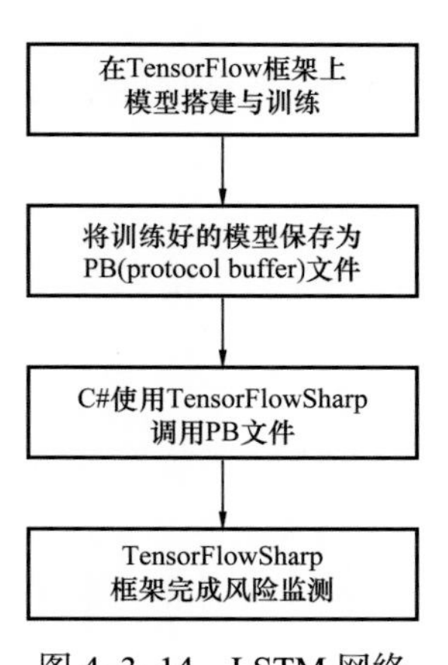

图 4-3-14　LSTM 网络模型部署流程图

4）数据库管理模块

早期溢漏自适应预警软件需要实时存储钻井数据，常用的数据库系统有 SQLServer、Oracle、SybaseASE、DB2、Mysql、SQLite 等。选择使用了 SQLite 数据库系统进行数据管理，SQLite 数据库是一款遵守 ACID 关联式数据库管理系统的轻量型数据库，支持多种操作系统，多种语言环境，具有小巧、简单、安全、可靠和通用性高等特性，还实现了无需配置、独立运行和事务管理，是国际上广泛使用的 SQL 嵌入式数据库引擎。使用了标准的 SQLite 命令与语句操作 SQLite 数据库（表 4–3–2），实现了实时钻井数据存储、查询、删除、修改等功能。

表 4–3–2 常用的 SQLite 命令与语句汇总表

SQLite 命令或语句	功能描述	SQLite 命令或语句	功能描述
sqlite3	创建新的 SQLite 数据库	DROP TABLE	删除表
ATTACH DATABASE	附加现有数据库	INSERT INTO	添加数据行
DETACH DATABASE	分离数据库	SELECT	从 SQLite 数据库表中获取数据
CREATE TABLE	创建表，涉及命名表、定义列及每一列的数据类型	UPDATE	修改表中已有的记录

5）工况自动判别模块

当使用专家系统监测溢漏风险时，需要根据当前工况选取对应的专家知识库进行推理。因此，需要实现工况的自动判别，其具体的判别流程如图 4–3–15 所示。

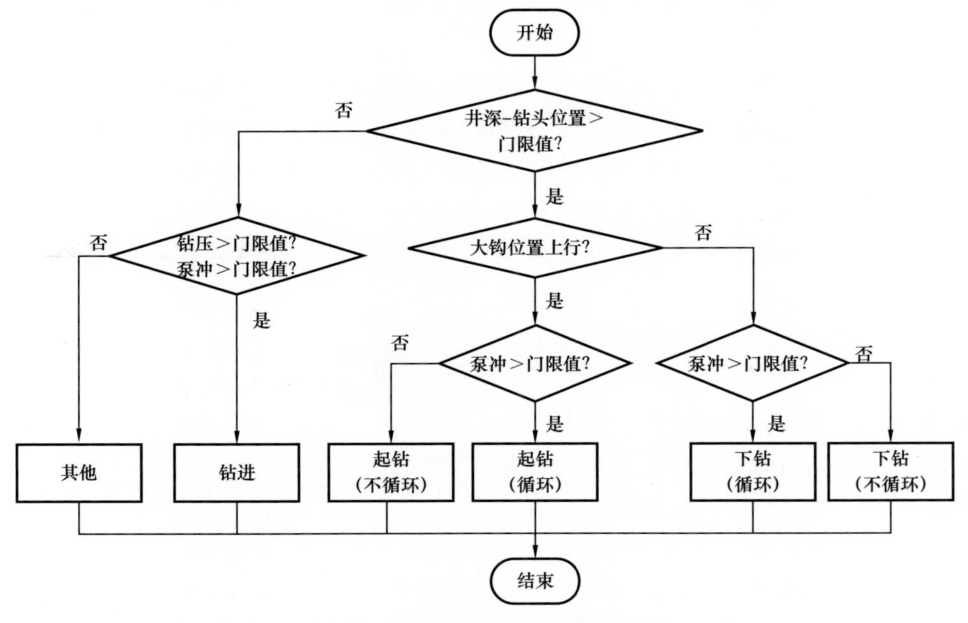

图 4–3–15 钻井工况判别流程图

8. 井下数据传输技术

1）井下数据传输技术现状

井筒数据传输按照传输介质的不同可以分为钻井液脉冲传输、声波传输、绝缘导线传输以及电磁波传输等多种传输方式。

钻井液脉冲信号产生的基本原理是在井下钻井工具内部安装有信号发生装置，在井下通过信号发生装置的工作使流过的钻井液压力发生变化，通过安装在地面的压力传感器进行压力波动的监测，并通过一系列的解码、滤波及放大处理，获知井下的数据信息。钻井液脉冲之所以有三种不同的传输方式，主要是由于用于产生压力信号的信号发生装置的结构不同所造成的。

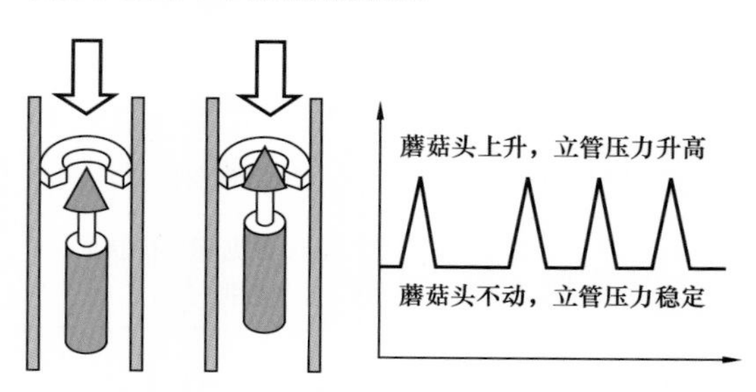

图 4-3-16　钻井液正脉冲方式工作原理图

（1）正脉冲方式。在钻井过程中，定向井或水平井钻井使用的 MWD 和 LWD 等井下仪器都以钻井液正脉冲方式（图 4-3-16）进行传输。

在钻井过程中，钻井液从位于信号发生器上的蘑菇头与限流环之间的空间流过流向钻头。当蘑菇头在井内以一定的规律进行向上运动或保持不变，相对于限流环的间隙会随着蘑菇头的动作发生变化，间隙的变化造成钻井液流道面积随之发生变化，钻井液压力也随之产生变化，从而形成了压力波。当蘑菇头上升，流道面积减小，压力升高；当蘑菇头保持不变，则钻井液压力保持恒定。蘑菇头在井下动作，产生的钻井液压力波动，会被地面装在立管上的压力传感器监测到，在地面经过相应的解码、滤波处理后即可得到井下的数据信息。

在传统的需要电池供电的脉冲发生器基础上研究出集信号传输与发电为一体的钻井液脉冲发电机。该工具的钻井液流道大于传统脉冲发生器，其对井眼的适应性高，防堵能力强，能够传输的信号强度也比传统的脉冲发生器高，但传输速率没有获得提高。

（2）负脉冲方式。负脉冲方式在钻井施工现场已经很少使用，主要是由于产生脉冲信号的装置结构过于复杂，在经过现场使用后，不便于进行维护。其工作原理图如图 4-3-17 所示。

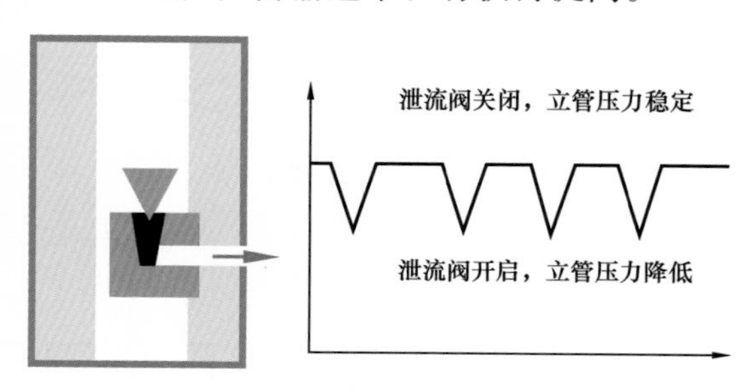

图 4-3-17　钻井液负脉冲方式工作原理图

负脉冲发生器装在特制的钻铤上，在钻铤一侧有小孔，当需要上传信号时，在井下电路控制下，控制钻柱内壁的泄流阀开启，管内压力降低；当阀关闭的时候，钻柱内压力回升，阀重复开启与关闭的时候，钻井液压力会随着发生器泄流阀的开启与关闭过程而发生变化，从而会有压力波动产生，而压力波动在被安装在地面的压力传感器监测到后，通过对监测到的信号进行解码、滤波等处理后就能够获取到井下的信息。负脉冲与正脉冲方式形成的压力波形式是相反的。

（3）连续波方式。连续波方式是近几年发展起来的一项新技术，由于其传输速度的提高，在钻井领域有着广阔的发展空间，其工作原理如图 4–3–18 所示。

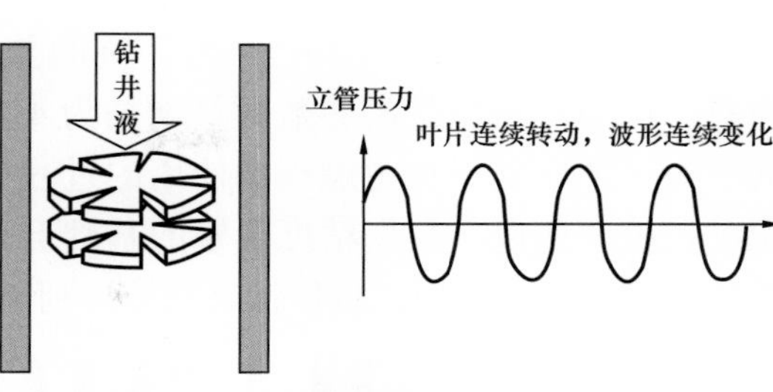

图 4–3–18 连续波发生器工作原理图

脉冲发生器内转子和定子上有相同数量的孔道，且位置和形状基本相同，当两者之间发生相对运动而产生连续的压力波动。钻井液在向下流动的过程中流经转子和定子上的孔道，在转子转动的过程中，其上的孔道与定子的孔道发生相对运动，流道面积随之发生变化，造成钻井液的压力波动，在转子以一定速度发生连续转动的过程中，其波形将形成正弦或余弦压力波。在井下通过控制转子相对定子发生的角位移来进行信号的传输，在地面通过压力传感器对压力波动的监测，并对所监测到的信号进行放大、滤波和解码等一系列信号处理工作，从而提取出井下的测量数据。

正脉冲、负脉冲和连续波三种方式的传输速率虽然受制于钻井液的井筒传输特性，不能达到像电磁波、绝缘导线传输方式等一样高的传输速率，但电磁波、绝缘导线传输等方式还有很多的技术难题需要解决。鉴于此，本系统采用最为成熟的正脉冲钻井液传输技术进行数据传输。

2）编码和解码

编码技术与解码技术是实现钻井液脉冲信号传输的关键。解码技术主要进行地面压力信号的监测、滤波、放大等的处理，同时需要编写一套地面解码软件，以实现井下数据的可视。编码技术有两种编码方式，一种是相移键控，另外一种是频移键控。结合不同编码方式在实践中的实际表现，信号传输过程中信号调制采用相移键控方式。

在本系统中，从井下上传至地面的参数总共有 12 组，井下软件进行编码的过程中按照特定的算法将每组数据整合为一个含有 6 个脉冲的脉冲序列，每三个脉冲序列由一个含有 2 个脉冲的同步码引领，因此，传输完一组完整的井下测量数据需要 80 个脉冲，耗时大约 18min。考虑到本系统对数据上传速度的要求，此传输方法不能满足对井下参数的及时掌握，势必将影响地面工作人员以及实时分析风险评估软件对井下工况的判断与分析。对此问题，通过对传输参数的重要性及量程，采取了不同精度的脉冲组合来进行编码发送与解码。例如：精度要求高的井斜、方位等参数可采用 6 脉冲，而精度要求低的振动分析结果采用 2 脉冲（表 4–3–3）。

表 4–3–3 不同脉冲数精度对比

6 脉冲	5 脉冲	4 脉冲	3 脉冲	2 脉冲
65535	25927	4840	670	55

如图 4-3-19 所示，精度需求不高的参数可选用脉冲数量较低的脉冲序列组合，同时将每个同步码所携带的参数数量增加为 4 个。通过采用该技术，本系统井下信号上传时间缩短至 7.5min。在考虑现场使用的过程中，井下数据传输速率越快，越有助于井下工况的监控。所以，在变精度传输的基础上，对数据传输进行了进一步的优化改进。将传输数据码数集成共用，将传输时间缩短到 5min。

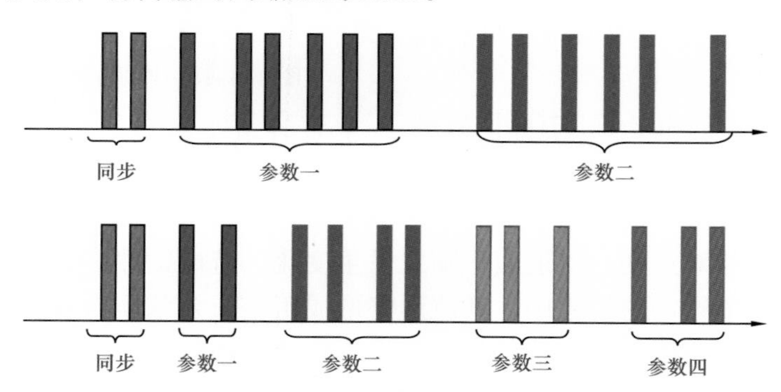

图 4-3-19 变精度传输方案设计

3）地面监控系统

地面监控系统的功能是对钻进过程中井下参数测量与安全监控系统的工作状况进行实时随钻监测，对钻井过程中的井眼轨迹进行实时计算分析，当监测到的参数与设计的参数不一致的时候，或者由于受到地层等因素的变化影响需要对井眼轨迹进行修正时，地面工程技术人员能够通过地面监控系统对轨迹的修正参数进行分析和计算，并通过监控系统将修正指令下传到井下工具，控制钻头按照修正完毕后的新的设计轨迹进行钻进。

地面监控系统由数据采集系统、地面软件和地面指令下传系统三大部分组成。地面监控系统的数据采集子系统随钻接收来自井下脉冲发生器上传的实钻井下参数数据，地面监控软件首先对上传的数据进行解码，接着将解码得到的井眼数值与设计数值进行对比。地面分析软件通过预先建立的轨迹偏差矢量模型，对实钻轨迹参数与设计轨迹参数进行对比量化处理，如果轨迹偏差超出了设计允许范围，需要及时纠正，并综合考虑设计轨迹参数与工具的造斜能力，计算新的工作参数，以达到设计轨迹参数。

然后，将重新制定的工作参数进行编码并形成指令。当旁通控制系统接收到指令编码后就会按照所需的控制要求控制旁通执行机构按一定时间序列来控制进入立管的钻井液排量，以产生钻井液负脉冲信号。钻井液负脉冲信号下传到井下后，双向通信与动力短节可对其进行接收及解码，并将信号进行还原，提取信号中包含的轨迹控制参数，再由导向控制系统根据所接收到的轨迹控制参数控制导向执行机构工作进行导向钻进。

（1）上传信号解码软件。上传信号解码软件收到地面解码装置发送过来的井下数据，将其还原为地面人员可读的数值信息。

（2）数据采集系统。井下上传的数据包括钻压、转速、弯矩、扭矩、内外压、井斜、方位参数等。根据井下工具上传到地面的所有数据对井下工具工作状态是否安全进行分析和判断。对井下上传的数据进行接收和解释是通过地面数据采集系统，安装在立管上的压力传感器能够捕捉由井下发送的脉冲压力信号，脉冲压力信号的解码过程是经过解码装置进行，解码后的信息发送给地面监控计算机。

压力传感器（图 4–3–20）属于地面设备中信号采集模块，安装于井架立管上，监测立管中的压力波动。一般要求压力传感器具有 4～20mA 的数据输出能力和 35MPa 的数据采集范围，分辨率 5psi。

无线收发设备（图 4–3–21）将立管压力传感器采集的立管压力信号以无线形式发送出去，地面计算机连接另一个无线接收设备，该无线接收设备接收发送端传输的立管压力信号，地面计算机接收由该设备发来的立管压力信号后，进行软件解码。

图 4–3–20　压力传感器

图 4–3–21　无线收发设备

解码软件接收立管压力信号，通过滤波和解码获得井下数据，并将数据显示出来。解码软件一般包含有如下功能：数据接收、信号滤波、压力曲线解码与显示。数据接收功能保证软件从无线收发设备获得立管压力数据；信号的滤波功能将立管压力中混杂的噪声干扰消除；压力曲线解码与显示功能将立管压力中的数据信息解码处理并显示到软件界面上。

二、室内测试

1. 元器件合格性测试

在正式标定前，电路板和应变元件需要通过合格性测试。测试主要包括高温测试和振动测试。通过测试验证元器件能承受井下可能遇到的复杂情况。高温测试是将电路板和应变元件放入烤箱内加温至工作温度 150℃并保持该温度 12h，来确认系统可以在高温环境正常工作。振动测试是在高温环境下（150℃）将电路板和应变元件置于模拟井下振动的条件下，来验证系统是否仍然可以正常工作。测试过程中，电路板和应变元件会经受持续 4h 3 个轴向 20～2000Hz、20g 重力加速度的随机振动。系统顺利通过两个合格性测试，如图 4–3–22 和图 4–3–23 所示。

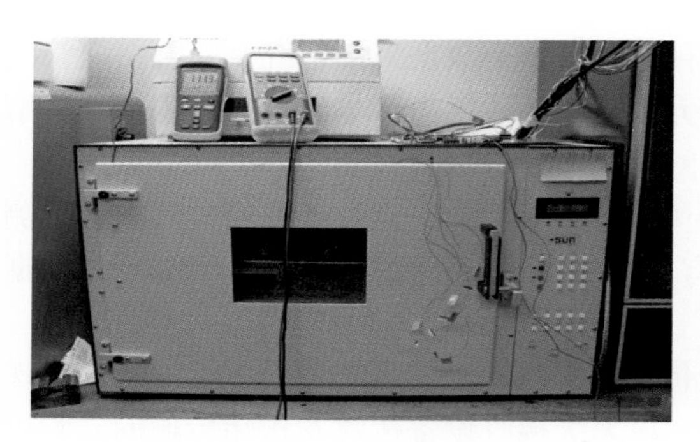

图 4-3-22 高温测试装置

图 4-3-23 振动测试装置

2. 电路整体联调

1）试验目的

检验电路是否能够按照设计要求正常工作。

2）试验方法

将各电路板按照设计图纸接线，使用直流稳压向电源板供电 24～28V（DC），使用万用表测量各电路板的输出电压，使用示波器按照设计图纸观察相关测试点。

3）试验设备

万用表、直流稳压电源和示波器。

4）试验结果

电源板输出电压：5.06V；A/D 参考电压：2.53V；晶振：12MHz；单总线电压：4V；其余测试点均符合设计要求。

3. 数据采集试验

1）试验目的

检验采集电路是否能够采集传感器信号并转换为数字信号。

2）试验方法

将传感器与采集电路按设计图纸接线，使用调试通信盒与串口通信助手软件观测输出数据。

3）试验设备

计算机一台、调试通信盒、串口通信助手软件。

4）试验结果

振动幅值：40g；数据输出：6437；传感器正测量范围为 200g，A/D 输出数字 65535。因此，认为该输出数值符合设计要求。

4. 脉发信号程序调试

井下采集程序将测量分析结果经过编码后，需转换为电压脉冲信号。

1）试验目的

检测采集电路脉冲输出端口是否有 3.3V 电压脉冲波动，脉冲宽度 1.5s。

2）试验方法

按照接线图纸将采集电路连接并通过直流稳压电源供电，使用示波器观察采集电路脉冲输出端口输出电压波形。

3）试验设备

示波器、直流稳压电源。

4）试验结果

示波器观察单个脉冲宽度为 1.32s，幅值为 3.3V。经过调整脉宽系数，使脉宽稳定在 1.49～1.51s。但脉宽系数在程序中为循环计数，受程序整体运行。

5. 系统软件整体调试

1）试验目的

检验井下软件与地面软件联机工作能力，验证变精度数据传输设计。

2）试验方法

在井下采集软件中设置若干参数为固定值，将井下采集电路按照连接图连接，使用直流稳压电源供电，将解码盒的测试接线连接在脉冲输出端口与 GND，使用 USB 数据线将解码盒与计算机连接，运行地面信号解析软件解码部分，观察其自动解码结果。

3）试验设备

示波器、直流稳压电源、计算机和解码盒。

6. 传感器标定测试

1）测试目的

对测量短节进行室内数据标定。

2）测试方法

将测量短节夹持在专用标定装置内，分别进行钻压、扭矩、弯矩、转速的加载，记录加载力的输出变化与传感器的输出值之间的关系。

3）测试设备

六位半万用表、直流稳压电源、计算机、测试装置。

4）测试结果

经过标定测试，仪表数据与测量数据关系如图 4-3-24 所示。

7. 压力传感器与电路板的温度拟合

1）试验目的

提高井下安全监控系统的压力测试精度。

2）试验方法

设计压力传感器工装，一端接传感器，另一端接试压泵的打压口，并将传感器与采集电路板相连接。将电路板、工装及压力传感器全部放入温控箱内，将温度 0～150℃分 8 个节点，每个节点进行打压 0～138MPa，进行压力温度曲线的绘制。

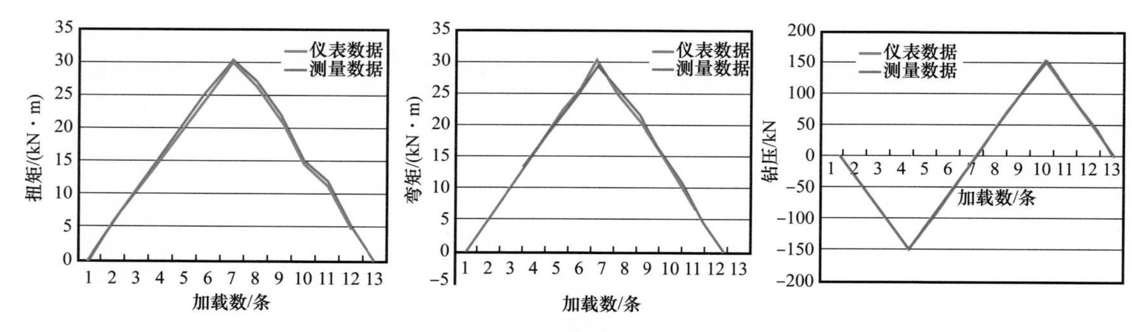

图 4-3-24　标定数据与实测数据对比

3）试验设备

压力传感器、温控箱、试压泵和计算机。

4）试验结果

在每个节点进行打压，会得到压力、温度的相应曲线。将曲线函数写入程序即可进行井下压力的精确测试，拟合实验图如图 4-3-25 所示。

图 4-3-25　拟合试验图

8. 系统室内联调试验

1）试验目的

检验井下安全监控系统工作能力。

2）试验方法

使用管线连接离心泵与井下安全监控系统井下部分，立压传感器测量管线内压力并传输至地面信号解析系统，运行地面解码软件，观察解码结果。

3）试验设备

离心泵、井下安全监控系统井下部分和地面信号解析系统。

试验结果如图 4-3-26 所示。

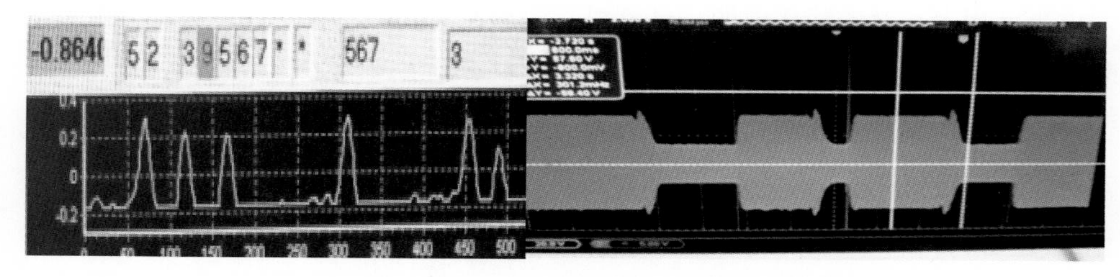

图 4-3-26　发电机电压与钻井液脉冲压力的波形图

9. 钻井风险实时识别仿真试验

1）试验目的

利用仿真手段，进行钻井风险实时识别仿真试验。

2）试验方法

以 Vscode 为开发环境，基于 Python 语言，使用 TensorFlow 深度学习框架，进行数据案例仿真实验。

3）试验结果

随着迭代次数的增加，误差不断减小，准确率不断增高，准确率的最大值为 0.98。

三、现场试验

在 2016—2020 年进行了多口井的现场试验，包括圆探 1 井、玛 623 井、玛湖 15 井、牙哈 304H 井、玛湖 028 井、达 137 井、BZ3-2X 井、石西 16 井等，并依据试验情况进行了不断完善，井下安全监控系统的功能也得到了验证。

典型试验井试验情况：青海油田圆探 1 井为青海油田重点预探井，完井井深 4950m，工具试验井段 4603～4840m、4847～4950m，工具累计工作时间 236h。井下安全监控系统工具于 2016 年 9 月 4 日组装完成，并进行井口测试，测试过程中，脉冲信号正常，波动压力为 1.8MPa，解码正常。9 月 5 日下钻至井底开泵循环，立管压力波动 0.8MPa，解码正常。9 月 11 日起钻，工具入井时间 168h。4640～4643m 井段，实时监测出地面钻压、井下钻压及轴向振动异常，系统发出“跳钻”预警，随即暂停钻井，短提 5m 后，重新钻进，系统的“跳钻”预警解除。4675～4680m 井段，实时监测出井下钻头转速大幅度波动，系统发出“黏滑”预警，随即降低钻压，井下钻头转速恢复正常，系统的“黏滑”预警解除。

在该井试验过程中，井下安全监控系统井下部分整体工作正常，系统的实时分析功能得到验证。通过两次风险预警，使系统的风险预警功能得到了初步验证。对仪器随钻测量的部分数据进行了分析，包括钻压、弯矩、扭矩、转速和振动等参数。

第五章　深井超深井优质钻井液技术

钻井液被称为石油钻井的“血液”，在钻井作业中起到携带钻屑从井下返出、维护井下环境稳定等作用（鄢捷年，2013；黄汉仁，2016），是钻井工程中的重要技术支撑，也是决定深层超深层油气资源开发深度的关键影响因素之一。针对深井超深井高温高密度水基钻井液性能调控困难、高温高密度油基钻井液及专用防漏堵漏技术存在短板、深层超深层低孔裂缝性气藏储层伤害机理不清带来挑战等难题，开展新型钻井液处理剂、新型钻完井液体系、新型评价手段等技术攻关，形成抗饱和盐、抗高温、高密度水基钻井液配套技术，抗高温高密度油基与气制油合成基钻井液配套技术，深层超深层低孔裂缝性气藏钻完井储层保护技术，有效地降低了井下复杂情况的发生，解决塔里木盆地库车山前、川渝地区、海外等目标区高温高压条件下安全钻井面临的技术难题，提升深井超深井钻井液技术水平国际竞争力，为钻井提速、降本、增效提供了技术利器。

第一节　抗高温高密度油基钻井液技术研制与应用

随着勘探开发的不断深入和发展，深井数量、平均钻井深度逐年增加，深井超深井所钻遇的地质环境越来越复杂，特别是钻遇山前高陡构造、巨厚复合盐膏层、多压力系统地层等复杂情况，钻井液技术面临着极大的技术瓶颈亟待解决。油基钻井液具有良好的抗温性（高远文等，2018），是高温超深井钻井的首选，为此研发出抗高温高密度的油基钻井液，打破了国外技术垄断，提升国内油基钻井液的技术水平。

一、核心处理剂

1. 抗高温油基乳化剂

抗高温乳化剂是以脂肪酸和二乙醇胺为原料，合成的一种烷醇酰胺类化合物，对于高密度流变性控制效果好（刘绪全等，2011）。其特点包括：通过两步法反应，减少副反应，提高烷醇酰胺产率；通过酸值 / 胺值来监控反应，防止产物失稳。研发的辅乳化剂分子结构上，亲水端有 2 个羟基和 1 个酰胺基，兼有乳化和润湿功能，见表 5–1–1。

由表 5–1–1 可知，未使用催化剂制得乳化剂破乳电压在滚前较低，滚后有大幅上升，但黏度有所上升；而加入特殊催化剂后，热滚前后的破乳电压及流变性都很稳定。说明未使用催化剂的反应体系进行得不够完全。

使用不同比例不同碳链长度的脂肪酸与不同胺反应，合成兼有乳化和润湿功能的乳化剂产品。通过常规性能评价，在 200℃下热滚 16h 前后，筛选流变性和乳液稳定最优的为配方 7，见表 5–1–2。

表 5-1-1　不同合成方法乳化剂性能评价

配方及条件		AV/mPa·s	PV/mPa·s	YP/Pa	Φ_6/Φ_3	Gel/Pa/Pa	E_S/V	FL_{HTHP}/mL	备注
配方 1（无催化剂，12h）	滚前	46	40	6	6/5	2.5/3	274		
	滚后	57.5	44	13.5	14/12	6/9	2048	—	无沉
配方 2（催化剂，7h）	滚前	43	37	6	7/6	3/4	1269		
	滚后	42	38	4	6/5.5	3/3	998	6.0	无沉

注：热滚 200℃ ×16h；配方（油水比 90：10，20%$CaCl_2$ 溶液）为 2% 有机土 +6% 乳化剂 +4% 降滤失剂 +4%CaO+ 重晶石；在 50℃下测试性能。

表 5-1-2　不同酸和胺合成样品评价实验

配方及条件		AV/mPa·s	PV/mPa·s	YP/Pa	Φ_6/Φ_3	Gel/Pa/Pa	E_S/V	备注
配方 1	滚前	15.5	12	3.5	3/2	1/2	1100	
	滚后	25	24	1	3/2	1.5/3	950	
配方 2	滚前	14	8	6	2/2	1/2	980	
	滚后	33.5	30	3.5	4/3	2/3.5	940	
配方 3	滚前	17	17	0	3/2	1/2	1230	
	滚后	61.5	37	24.5	26/24	15/32	1600	
配方 4	滚前	20.5	20	0.5	3/2	1.5/2.5	700	
	滚后	122.5	35	87.5	100/99	45.5/61	＞2000	软沉
配方 5	滚前	17.5	15	2.5	3/2	1.5/2	700	
	滚后	34	25	9	8/7	3.5/4	1043	
配方 6	滚前	21	19	2	5/4	2/3	640	
	滚后	34.5	27	7.5	8/7	3.5/7	1150	较多稍硬软沉
配方 7	滚前	17.5	9	8.5	4/3	2/2.5	750	
	滚后	35	29	6	6/5	3/3.5	1430	
配方 8	滚前	15	13	2	2/2	1/1	1300	
	滚后	29.5	25	4.5	5/4	2/3	1150	底部少量软沉
配方 9	滚前	15.5	9	6.5	4/3	1/2	520	
	滚后	28	24	4	4/3	2/2.5	1040	底部少量软沉

注：热滚 200℃ ×16h；配方（油水比 90：10，20%$CaCl_2$ 溶液）为 2% 有机土 +6% 乳化剂 +4% 降滤失剂 +4%CaO+150g 重晶石；在 50℃下测试性能。

通过筛选，筛选出产物性能最为稳定地反应原料酸 A、酸 B 及一种胺，单独使用酸 A 与胺反应，制备工艺更为简易，成本也更加低廉。当酸 A 与胺的加量比为 1：1 时，产物的性能最为稳定，且高温高压滤失量最小，见表 5-1-3。

表 5-1-3 乳化剂合成原料最佳加量比评价实验（一）

酸 A：胺加量比	条件	*AV*/mPa·s	*PV*/mPa·s	*YP*/Pa	Φ_6/Φ_3	*Gel*/Pa/Pa	FL_{HTHP}/mL	E_S/V	备注
1：1	滚前	43	37	6	7/6	3/4		1269	
	滚后	42	38	4	6/5.5	3/3	30	998	无沉淀
1.2：1	滚前	39.5	33	6.5	8/7	3.5/4		1056	
	滚后	50.5	41	9.5	6/5	2.5/3.5	126	456	微硬沉
1.5：1	滚前	49.5	38	11.5	10/8	4.5/5.5		102	
	滚后	50	40	10	10/8	5/6.5	204	1534	水珠析出

注：热滚条件为 200℃ ×16h，油水比 90：10；基本配方为 2% 有机土 +8% 乳化剂 +4% 降滤失剂 +5%CaO+ 重晶石；在 50℃下测试性能。

使用酸 A 与胺单独反应虽然反应更简易，但是切力较低，且体系的高温高压滤失量偏大。单一的乳化剂分子结构不能达到性能的要求，加入另一种原料酸 B 到反应体系中，优化产物性能。首先原料中酸总量与胺加量比固定为 1：1，调整酸 A 和酸 B 的加量比。产物性能在酸 A：胺：酸 B=0.7：1：0.3 时较为稳定，见表 5-1-4。

表 5-1-4 乳化剂合成原料最佳加量比评价实验（二）

酸 A：胺：酸 B 加量比	条件	*AV*/mPa·s	*PV*/mPa·s	*YP*/Pa	Φ_6/Φ_3	*Gel*/Pa/Pa	E_S/V	备注
0.6：1：0.4	滚前	36.5	33	3.5	4/3	2/2.5	927	
	滚后	49	46	3	5/4	2.5/3.5	974	软沉有水析出
0.7：1：0.3	滚前	43	40	3	5/4	2.5/3	989	
	滚后	58	46	12	11/9	4.5/16	1205	无沉淀
0.8：1：0.2	滚前	44	38	6	7/6	3/3	397	
	滚后	74	46	28	30/27	13/22	1201	较多软沉

由于在反应过程中，不可避免有少量的酸发挥，使得反应体系中原料胺不能完全反应。进一步优化原料配比，增加原料酸的总加量。当酸 A：胺：酸 B=0.8：1：0.4 时，热滚前后的破乳电压值最高，而高温高压滤失量最低。过量的酸使得反应进行更加完全，并且在一定程度上抑制了副反应的发生，见表 5-1-5。

表 5-1-5 乳化剂合成原料最佳加量比评价实验（三）

酸 A：胺：酸 B 加量比	条件	*AV*/ mPa·s	*PV*/ mPa·s	*YP*/ Pa	Φ_6/Φ_3	*Gel*/ Pa/Pa	FL_{HTHP}/ mL	E_S/ V	备注
1：1：0.2	滚前	41	37	4	4/3	1.5/2		429	
	滚后	48	43	5	5/4	2/2.5	18	912	少量沉淀
0.8：1：0.4	滚前	43	36	7	7/6	3.5/4		1316	
	滚后	53	45	8	9/8	4/4.5	8.0	1117	无沉淀
0.7：1：0.4	滚前	43	37	6	7/6	3/3.5		1079	
	滚后	53	44	9	9/8	4/4.5	8.4	1160	无沉淀
0.8：1：0.5	滚前	43	37	6	7/6	3/4		1725	
	滚后	42	37	5	7/6	3/4		1239	无沉淀

注：热滚条件为 200℃ ×16h，油水比为 90：10；基本配方为 2% 有机土 +8% 乳化剂 +4% 氧化沥青 +5%CaO+重晶石；在 50℃下测试性能。

2. 油基小分子聚合物降滤失剂

在高温高密度油基钻井液体系中，由于固相含量高，流变性调控困难。因此针对高温高密度油基钻井液流变性调控困难的问题，研制了小分子油基聚合物降滤失剂——聚合物降滤失剂Ⅱ。

1）设计思路

油基钻井液降滤失剂的分子结构设计应使其具有良好的油溶性或分散性、抗温性及对有机土粒子的吸附性（李建成等，2014；李建成，2015）。主要考虑了以下几点：（1）单体最好含有苯环刚性单体，具有良好的耐温性；（2）控制合理的分子量分布和分子结构特征；（3）对有机土粒子的吸附能力强，保持滤失量控制的稳定性；（4）应该具有低毒或无毒性、不造成环境污染；（5）与油基钻井液有良好的配伍性。

同时要考虑高温高密度油基钻井液流变性调控问题，可适当降低聚合物分子量（杨鹏等，2014）。通过降低聚合物的分子量，保证在流变性不变的条件下降低钻井液的滤失量。

2）合成原理

将单体 A 与链调节剂加入反应器中，混合均匀，加入单体 B，充分混合均匀。将反应体系控制在一定温度后，加入还原剂，混合均匀后，缓慢加入氧化剂，进行聚合反应。控制反应温度为 50～60℃，反应 8～10h。反应完成后，得中间品，再加入防老化剂和隔离剂，离心过滤，进行干燥、粉碎、包装。在反应过程中，严格控制单体 B 加量及反应时间，同时加大还原剂的用量，降低聚合物的分子量。

3）性能评价

聚合物降滤失剂Ⅱ为合成油溶性高分子聚合物。该剂是通过对油基钻井液中游离油相的吸附和高分子的封堵作用而起到降滤失作用。在油基钻井液中该降滤失剂在降低滤失量的同时，对黏切的影响不大。

聚合物降滤失剂Ⅱ与不同厂家生产的同类型产品对比试验结果见表 5–1–6。聚合物降滤失剂Ⅱ与原有聚合物降滤失剂的性能对比见表 5–1–7。聚合物降滤失剂Ⅱ加量对滤失量的影响见表 5–1–8。

表 5–1–6　聚合物降滤失剂Ⅱ与其他降滤失剂性能对比

配方	FL_{API}/mL	AV/mPa·s	YP/Pa	Φ_6	Φ_3	试验条件
基液	13	31.5	6.5	11	10	220℃ ×16h
基液 +2% 降滤失剂（汉科）	8	33	9	12	11	220℃ ×16h
基液 +2% 降滤失剂（香港联技）	1.3	25	7	11	10	220℃ ×16h
基液 +2% 降滤失剂（GW–OFLⅠ）	1.6	58	9	14	14	220℃ ×16h
基液 +2% 聚合物降滤失剂Ⅱ	0.5	33	7	10	9	220℃ ×16h

注：基液为 5# 白油 +2.5% 有机土 GW–GEL+2% 主乳化剂 +1% 辅乳化剂 + 降滤失剂 +1% 氧化钙 + 重晶石，密度：1.93g/cm³。

表 5–1–7　聚合物降滤失剂Ⅱ性能对比实验

配方	AV/mPa·s	YP/Pa	Φ_6/Φ_3	FL_{HTHP}/mL	试验条件
基液	36	3	2/1	38	室温
	32	3	1/0.5		220℃ ×16h
基液 + 原有聚合物降滤失剂	42	5	5/3	20	室温
	35	4	4/3		220℃ ×16h
基液 + 聚合物降滤失剂Ⅱ	37	3.5	3/2	14	室温
	32	3	2/1		220℃ ×16h

表 5–1–8　聚合物降滤失剂Ⅱ加量对滤失量的影响

配方	FL_{API}/mL	AV/mPa·s	PV/mPa·s	YP/Pa	Φ_6/Φ_3	FL_{HTHP}/mL	试验条件
基液	14	36	31	5	6/5	38	室温
	16	32	27	5	6/5		220℃ ×16h
基液 +0.5% 聚合物降滤失剂Ⅱ	2.2	38	32	6	5/4	19.6	室温
	2.0	33	28	5	5/4		220℃ ×16h

续表

配方	FL_{API}/mL	AV/mPa·s	PV/mPa·s	YP/Pa	Φ_6/Φ_3	FL_{HTHP}/mL	试验条件
基液 +1.0 % 聚合物降滤失剂Ⅱ	1.4	38	31	7	7/6	18	室温
	1.2	34	28	6	6/5		220℃ ×16h
基液 +1.5% 聚合物降滤失剂Ⅱ	0.8	40	32	8	8/7	16.2	室温
	0.8	36	29	7	7/6		220℃ ×16h

注：基液为 5# 白油 +3% 有机土 +1.5% 天然沥青粉 +0.5%CaO+3%$CaCO_3$+ 降滤失剂。

表 5–1–6、表 5–1–7 和表 5–1–8 的试验结果可见，聚合物降滤失剂Ⅱ较其他几种产品具有优良的降滤失效果，可满足高温高密度油基钻井液对滤失量控制的要求。聚合物降滤失剂Ⅱ加量在 0.5% 时，已有明显的降滤失效果，随着加量的增加，滤失量显著降低。同时可以看出体系中加入聚合物降滤失剂Ⅱ，滤失量显著降低，流变性能基本不变，抗温性能好。

3. 抗高温油基提切剂

油基钻井液一般使用有机土作为增黏提切剂，依靠有机土与油基钻井液的水滴相互作用，形成空间网架结构，以增加钻井液体系的动切力。与水基钻井液使用的膨润土不同，有机土成胶率低，且高温条件下有机土所含的表面活性剂会发生脱落，导致有机土稠化失效。随着井深的增加和井底温度的升高，以及低黏土、无黏土油基钻井液的发展，单独使用有机土已无法满足钻井液对切力和悬浮性的要求（黄贤斌等，2019；冯萍等，2012）。传统的油基钻井液切力不足，加入提切剂之后可提高油基钻井液的屈服值和低剪切速率黏度，提高油基钻井液的动态携带和静态悬浮能力（高海洋等，2000；王丽君等，2015）。

1）抗高温提切剂的制备方法

在装有搅拌器、温度计、导气管及分水器的四口烧瓶中，加入适量烯烃类单体与有机酸酐类单体以及催化剂，开动搅拌器，升温到 130℃，以一定的速度通入反应气体。反应达到预定的时间后，停止通气，继续搅拌 60min，降温至 90℃以下，过滤得到白色固体。用溶剂溶解所得粉末，加热回流 1.5h。过滤，在冷水中冷却成粒、干燥、粉碎，即可得白色超细颗粒固体。

2）高温油基提切剂测试分析

（1）场发射扫描电镜。

抗高温油基提切剂的场发射扫描电镜（SEM）分析结果（不同放大倍数）如图 5–1–1 所示。可见，提切剂样品为不规则细小颗粒的聚集体。

（2）高效凝胶色谱分析。

抗高温油基提切剂的高效凝胶色谱测试结果如图 5–1–2 所示。高效凝胶色谱分析结果如下，重均分子量 m_w=94.2×10^4；数均分子量 m_0=62.5×10^4；分散指数为 2.53。

（3）质谱分析。

抗高温油基提切剂的质谱分析结果如图 5-1-3 所示。通过飞行时间质谱仪分析得知提切剂的分子量主要分布在 20×10^4～120×10^4 这一范围。与前面的 GPC 测试结果基本一致。

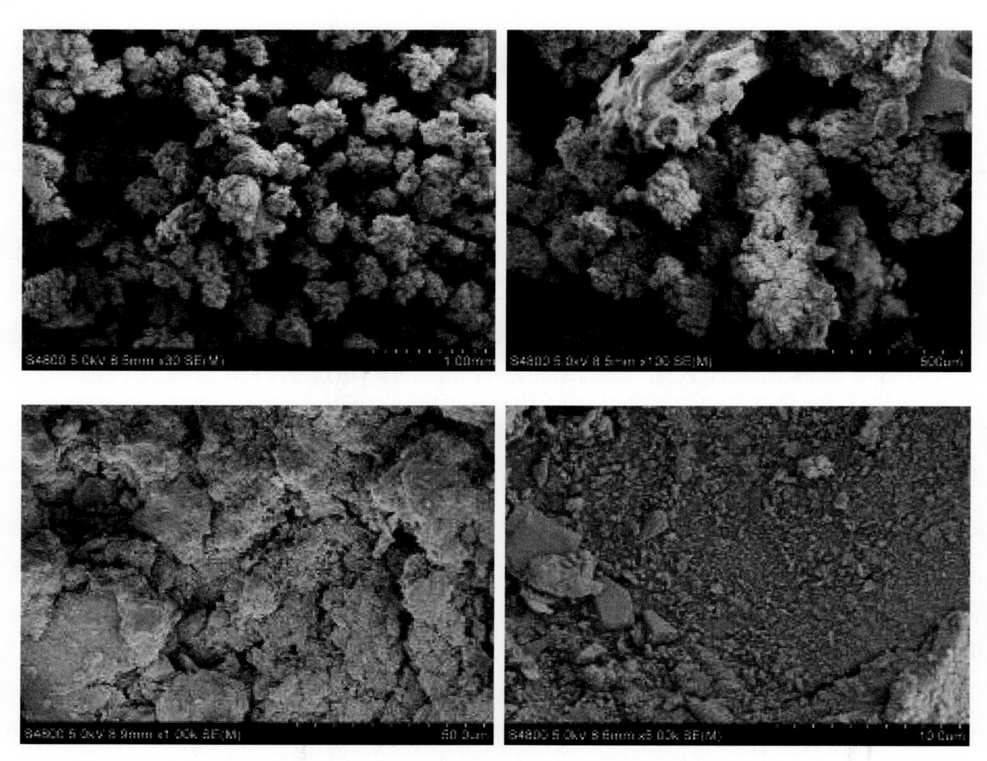

图 5-1-1　抗高温提切剂 SEM 分析结果图

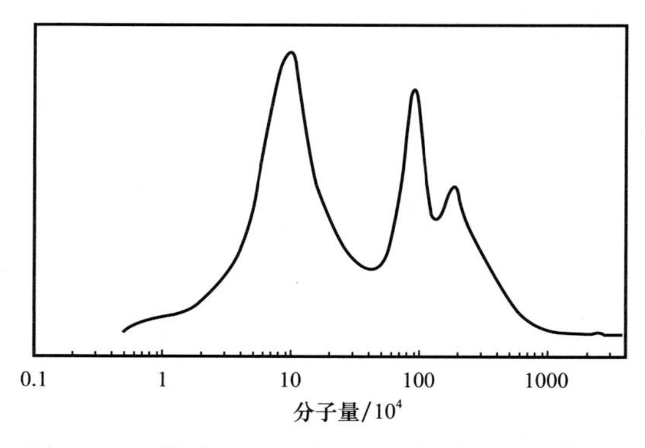

图 5-1-2　抗高温油基提切剂样品高效凝胶色谱测试结果

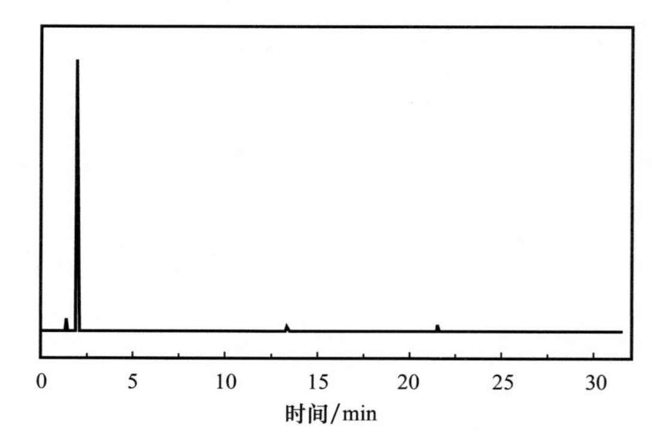

图 5-1-3　抗高温油基提切剂质谱分析结果图

（4）原子吸收光谱分析。

抗高温油基提切剂的原子吸收光谱分析结果见表 5-1-9。从原子吸收光谱测试结果可知，提切剂中不含金属离子。推测该提切剂为有机单体聚合而成。

表 5-1-9 抗高温油基提切剂原子吸收光谱分析结果

原子类型	含量	原子类型	含量
K	0	Ca	0
Na	0	Mg	0

（5）核磁共振分析。

抗高温油基提切剂的核磁共振谱图分析结果如图 5-1-4 所示。δ=7.222 表明提切剂分子中存在苯环结构；δ=3.665 表明提切剂分子中存在酯的结构。

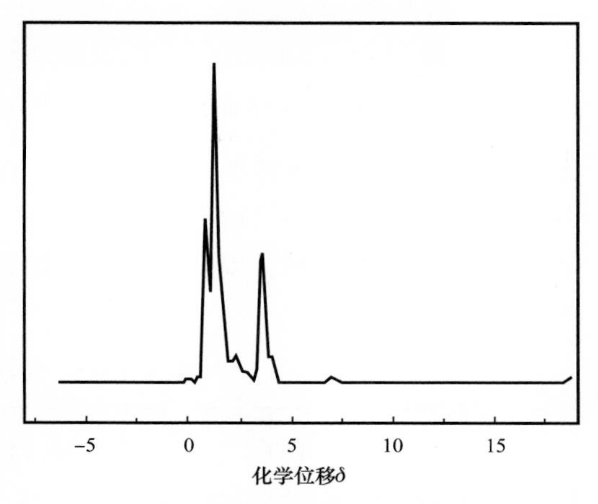

图 5-1-4 抗高温提切剂核磁共振谱图分析结果图

（6）生物毒性分析。

抗高温油基提切剂的生物毒性分析结果见表 5-1-10。水体中能被氧化的物质在规定条件下进行化学氧化过程中所消耗氧化剂的量，以每升水样消耗氧的数量（mg）表示，通常记为 COD。地面水体中微生物分解有机物的过程消耗水中的溶解氧的量，称生化需氧量，通常记为 BOD，常用单位为 mg/L。测试了提切剂样品的 BOD 和 COD，测试结果见表 5-1-10。BOD/COD 测试结果介于 5～15 之间，说明测试样品较难降解。因此，测试样品的环保性能较差。

表 5-1-10 抗高温提切剂样品 BOD 和 COD 测试结果

测试次数	BOD/（mg/L）	COD/（mg/L）	BOD/COD
1	88.6	714.5	12.4
2	94.7	653.1	14.5

3）抗高温提切剂性能评价

（1）抗高温提切剂的外观及成胶情况。

图 5-1-5 是抗高温提切剂样品的外观图，抗高温提切剂为白色超细颗粒固体，分散性能良好，不易结块。

在不同体系中加入 1.0% 抗高温提切剂后，热滚前后均能较好成胶，体系中无分层和沉淀的情况。图 5-1-6 是在 $3^{\#}$ 白油 +2.0% 抗高温提切剂在 220℃热滚 16h 后的成胶情况。由图 5-1-6 可见，加入了 2.0% 抗高温提切剂具有较好的黏度和切力。

（2）抗高温提切剂的增黏提切性能评价。

表 5-1-11 是在白油中加入不同量抗高温油基提切剂的流变性能数据。由表 5-1-11 可知，在白油中加入不同量的抗高温提切剂后，其 Φ_6 和 Φ_3 读值以及 *AV*、*PV* 和 *YP* 值

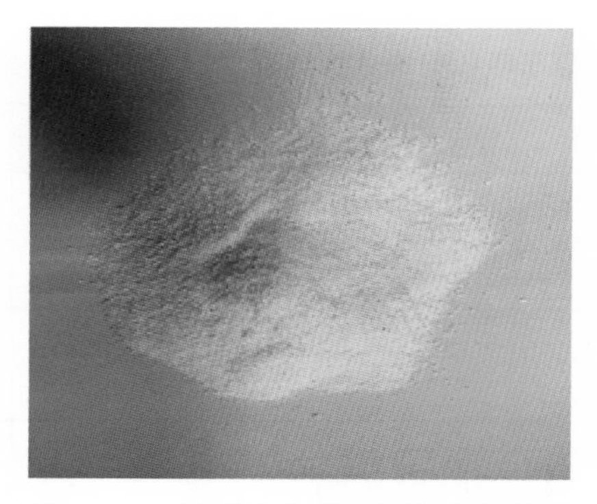

图 5-1-5 抗高温油基提切剂样品外观

图 5-1-6 抗高温油基提切剂成胶情况

均有相应的提高，增黏提切效果较好。在白油中，未加入抗高温提切剂时 Φ_6 和 Φ_3 读值均为 0，但是加入 1% 抗高温提切剂后，Φ_6/Φ_3 读值为 3Pa /1.5Pa，说明抗高温提切剂对白油具有明显的增黏、提切性能，在加入 1% 的抗高温提切剂后黏度和切力均有明显的提高。

表 5-1-11 抗高温提切剂流变性能数据

序号	配方	测试条件	*AV*/ mPa·s	*PV*/ mPa·s	*YP*/ Pa	Φ_6/Φ_3
1	白油	常温	6	6	0	0/0
2	白油 +1.0% 抗高温提切剂	常温	10	7	3	1.5
3	白油 +1.5% 抗高温提切剂	常温	16.5	11	5.5	4.5
4	白油 +2.0% 抗高温提切剂	常温	19	11	8	17
5	白油 +3.0% 抗高温提切剂	常温	24	12	12	10

（3）抗温性能评价。

由表 5-1-12 和图 5-1-7 可以看出，研制的抗高温提切剂在白油中经 220℃和 230℃高温老化后，*AV* 和 *YP* 以及 Φ_3 读值都没有显著的改变，说明抗高温提切剂具有良好的热稳定性，增黏提切效果良好。

表 5-1-12 抗高温提切剂抗温性评价

配方	测试条件	*AV*/ mPa·s	*PV*/ mPa·s	*YP*/ Pa	Φ_6/Φ_3
白油 +1.5% 抗高温提切剂	常温	16.5	11	5.5	6/4.5
	220℃ ×16h	15.5	10	5.5	6/4.5
	230℃ ×16h	14	9	5	5.5/4
白油 +3.0% 抗高温提切剂	常温	24	12	12	13/10
	220℃ ×16h	23.5	12	11.5	11/9
	230℃ ×16h	22	12	10	10/8

（4）抗高温提切剂在油基钻井液中的性能评价。

以白油 +2% 有机土 +0.5% 有机土激活剂 +0.5% 小分子聚合物降滤失剂Ⅱ+1% 润湿剂 + 加重剂（加重到 $2.2g/cm^3$）为基础配方评价抗高温提切剂的性能，结果见表 5-1-13。

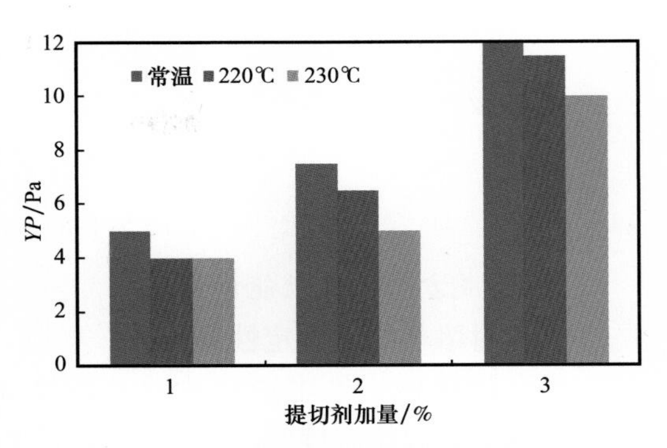

图 5-1-7 抗高温提切剂提切性能评价

由表 5-1-13 可以看出，在基础配方中加入在抗高温提切剂后可以满足高密度条件下加重剂的悬浮问题，未加抗高温提切剂时，老化后发生沉淀和分层；加入抗高温提切剂后，老化前后，钻井液流变性能良好，可以满足应用要求。抗高温提切剂还有一个特点，加入抗高温提切剂后，滤失量的降低较为明显，说明抗高温提切剂对所用油基钻井液体系的降滤失性能有较好地促进作用。

表 5-1-13 抗高温提切剂在油基钻井液中的性能

配方	测试条件	AV/ mPa·s	PV/ mPa·s	YP/ Pa	Φ_6/Φ_3	FL_{API}/ mL	备注
基液	常温	58	54	4	4/3	8.2	
	230℃ /16h						沉淀
基液配方 +0.5% 抗高温提切剂	常温	74	64	10	10/9	2.6	
	230℃ /16h	70	61	9	9/8	2.2	未沉淀
基液配方 +1% 抗高温提切剂	常温	82	70	12	11/9	2.0	
	230℃ /16h	76	66	10	10/8	1.8	未沉淀

4. 油基钻井液用纳米—微米封堵剂

针对油基钻井液自身特性及微裂缝通道的特点，确定了油基钻井液封堵剂设计应遵循的原则：

（1）封堵剂颗粒要求具有足够的刚性、一定弹塑性及膨胀性的均一分散纳米颗粒；

（2）封堵剂颗粒粒径能在几十纳米到几百纳米之间分布，尺寸与微裂缝尺寸相匹配，确保封堵颗粒能顺利进入微裂缝；

（3）封堵剂与多种油基钻井液配伍性良好，能有效减少钻井液滤失量，有良好的封堵性及解堵效果，对地层伤害小；

（4）能满足当前环境及健康需求，尽可能降低成本。

1）合成方法

选用苯乙烯（St）、甲基丙烯酸甲酯（MMA）为单体，以预乳液的形态加入反应体系中，在氮气保护下，反应 3～5h，反应机理如图 5-1-8 所示。

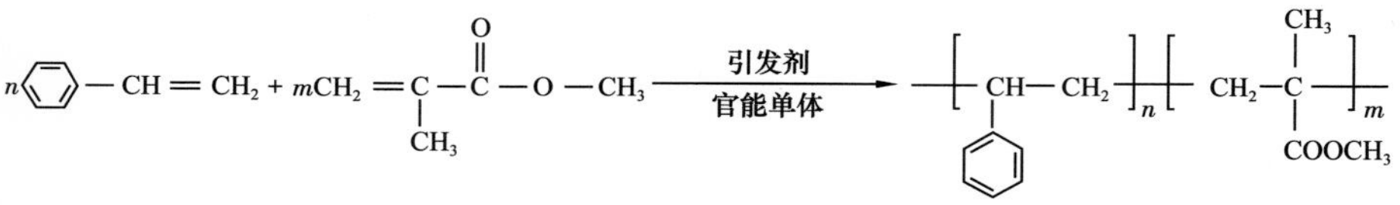

$$n\,C_6H_5—CH=CH_2 + m\,CH_2=\underset{CH_3}{\underset{|}{C}}—\overset{O}{\overset{\|}{C}}—O—CH_3 \xrightarrow[\text{官能单体}]{\text{引发剂}} \left[\underset{C_6H_5}{\underset{|}{CH}}—CH_2\right]_n\left[CH_2—\overset{CH_3}{\overset{|}{\underset{COOCH_3}{\underset{|}{C}}}}\right]_m$$

图 5–1–8 封堵剂合成反应机理

2）合成方法常规性能评价

（1）封堵剂的热稳定性分析。

聚合物热稳定性可通过热重分析仪进行评价，如图 5–1–9 所示。由图 5–1–9 可知，聚合物热分解起始温度约 393.4℃，此时聚合物开始分解，残余质量分数为 98.24%，表明聚合物热稳定性较好。苯环为离域结构，自身有良好的热稳定性；相对一般的烷基碳链，所合成的聚合物，苯乙烯 α 碳与苯环碳间的 C—C 键刚性极强，高温环境下分子链热运动受阻，提高了聚合物的抗温性能。在 420℃附近，热重曲线近似垂直下降，聚合物主链开始分解；热分解终止点为 443.8℃，聚合物残留量为 1.63%，近乎完全热分解。

（2）封堵剂的红外光谱分析。

利用红外光谱对所研制封堵剂进行表征，封堵剂试样红外光谱如图 5–1–10 所示，3027cm^{-1} 和 1602cm^{-1} 分别是苯环 ═CH 和 C═C 的伸缩振动和弯曲振动吸收峰，而 842cm^{-1} 和 759cm^{-1} 为苯环指纹区吸收峰，证明封堵乳液破乳后的聚合物中苯环的存在，苯乙烯参与聚合。1195cm^{-1} 和 1143cm^{-1} 分别为 C—O—C 伸缩振动及弯曲振动吸收峰，证明聚合物中含醚键，甲基丙烯酸甲酯参与聚合。2990cm^{-1} 归属于—CH_3 伸缩振动，1454cm^{-1} 和 1385cm^{-1} 归属于—CH_3 弯曲振动。2948cm^{-1} 和 1494cm^{-1} 分别为—CH_2 伸缩振动及弯曲振动。结合热重分析曲线可知，由于苯环使聚合物链刚性增强，聚合物链热运动减弱，封堵聚合物自身具有良好的热稳定性。

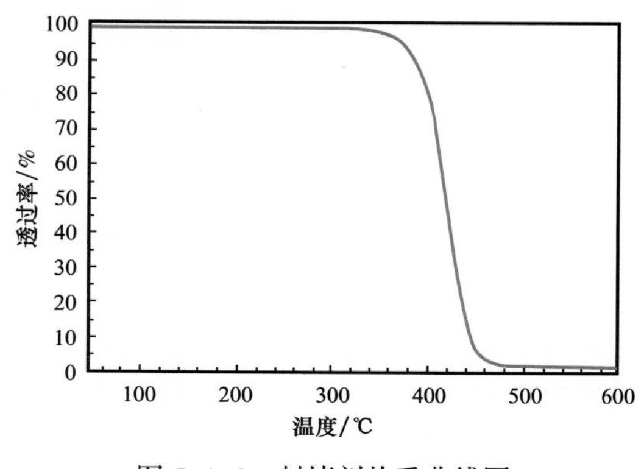

图 5–1–9 封堵剂热重曲线图

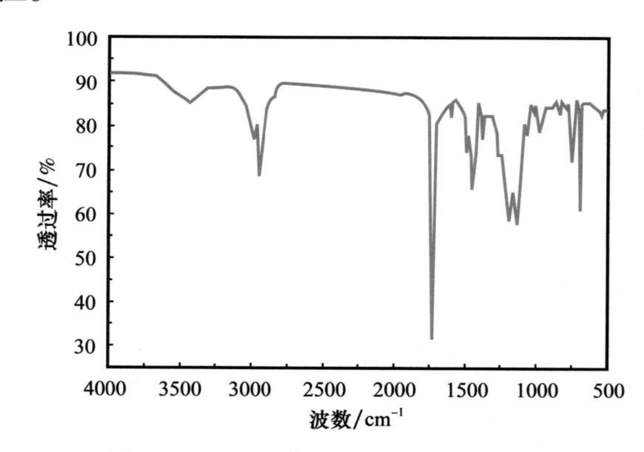

图 5–1–10 封堵剂傅里叶红外光谱图

（3）封堵剂粒度分析。

为能够达到有效封堵微裂缝的目的，封堵剂颗粒的粒径大小必须满足一定的要求。正常情况下，乳液聚合产物粒径分布呈类似正态的抛物线分布，分布较为集中。由于微裂缝缝宽在纳米至微米级别不等，这就要求封堵剂颗粒有不同的颗粒分布区间。此处选取三个不同的粒度分布区域，如图 5–1–11 至图 5–1–13 所示。

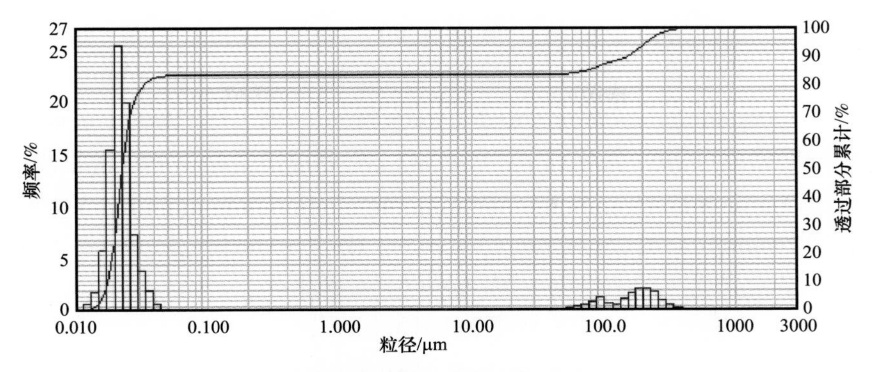

图 5-1-11 封堵剂粒度中径在 0.03μm 的粒度分布

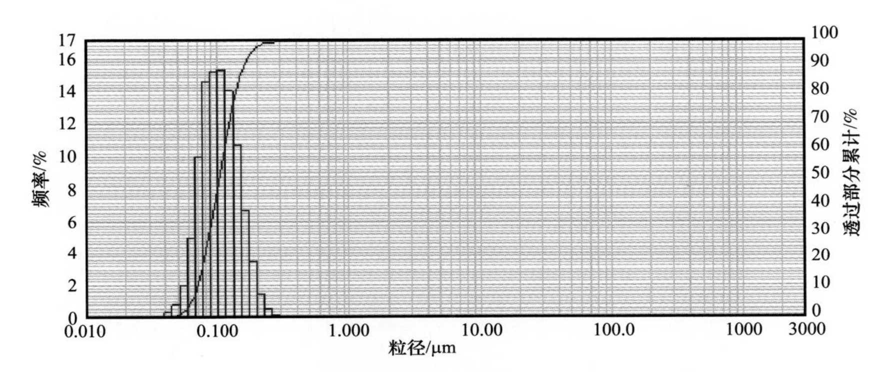

图 5-1-12 封堵剂粒度中径约为 0.1μm 的粒度分布

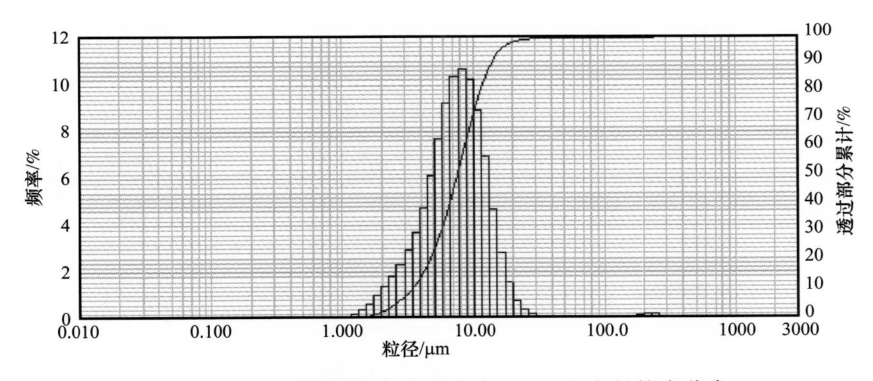

图 5-1-13 封堵剂粒度中径约为 10μm 左右的粒度分布

首先，通过对乳液聚合反应条件的控制，可实现聚合物颗粒粒径在不同范围内的分布，且各区域内粒径分布较窄；其次，可通过不同粒径封堵剂乳液的复配，实现粒径一定范围内的连续分布及获得更高的封堵效率（孙金声等，2018；王中华，2012）。

（4）封堵剂对钻井液性能影响。

选取哈里伯顿公司白劳德及 M–I 钻井液公司各一套配方，两套体系分别加质量分数 1%（有效固含量）所研制的封堵剂，分别以空白组对照白油基及柴油基实验组来评价所研制的封堵剂在这两套体系中的应用效果。两套配方为：

① 哈里伯顿公司白劳德配方（油水比 80：20）：320mL 白油 / 柴油 +1.6g 有机土（Suspentone）+1.6g 增黏剂（Geltone V）+16g 主乳化剂（Invermul）+11g 辅乳化剂（EZ–mul）+1.6g 流型调节剂（RM63）+16g 降失水剂（Duratone）+3g 滤饼改善剂（Barablok）+38mL 水（20% 氯化钙）+10gCaO（中原油田产品）+615g 重晶石。

② M–I 配方（油水比 80：20）：320mL 白油 / 柴油 +3.34 有机土（VersaGel HT）+ 9.12g 主乳（Versamul）+9.12g 辅乳（Versacoat HT）+16g 降失水剂（Versatrol）+ 38mL 水（20% 氯化钙）+10.1gCaO（中原）+615g 重晶石。

基本性能评价结果见表 5–1–14 及表 5–1–15。

表 5–1–14　封堵剂与白劳德油基钻井液体系配伍性评价（150℃ ×16h）

配方		AV/ mPa·s	PV/ mPa·s	YP/ Pa	Φ_6/Φ_3	Gel/ Pa/Pa	E_S/ V	FL_{HTHP}/ mL
白油基空白	滚前	48	44.5	3.5	6/4	4/5	1098	6
	滚后	56	52	4	8/5	5/8	1266	
柴油基空白	滚前	42	40	2	4/3	3/4	862	8.4
	滚后	46	43	3	4/3	3/4	950	
白油 +1% 封堵剂	滚前	52	47.5	4.5	6/5	5/6	1127	2.8
	滚后	66	61	5	8/6	5/8	1322	
柴油 +1% 封堵剂	滚前	43	40.5	2.5	4/3	3/4	879	3.4
	滚后	50	47	3	5/4	4/5	962	

表 5–1–15　封堵剂与 M–I 油基钻井液体系配伍性评价（150℃ ×16h）

配方		AV/ mPa·s	PV/ mPa·s	YP/ Pa	Φ_6/Φ_3	Gel/ Pa/Pa	E_S/ V	FL_{HTHP}/ mL
白油基空白	滚前	51	48.5	2.5	6/4	4/6	990	6.9
	滚后	56	53	3	7/5	5/7	1062	
柴油基空白	滚前	44	42	2	4/3	3/4	820	7.8
	滚后	47	44	3	4/2	3/4	905	
白油 +1% 封堵剂	滚前	54	50.5	3.5	7/5	5/7	1034	4.3
	滚后	68	63	5	9/6	6/10	1292	
柴油 +1% 封堵剂	滚前	46	43.5	2.5	4/3	3/4	832	5.6
	滚后	54	51	3	5/4	4/6	927	

与空白组相比，外加 1% 封堵剂的白油基及柴油基实验组流变性变化不大，在 150℃ ×16h 条件下热滚前后流变性稳定，破乳电压未出现不正常的波动。结果表明，所

研制的封堵剂与此哈里伯顿白劳德油基钻井液体系配伍性良好。

此配方柴油基钻井液性能略差于白油基钻井液。加入1%封堵剂后M–I油基钻井液流变性仍然稳定，破乳电压也未出现较大波动。结果表明，所研制的封堵剂与此M–I油基钻井液体系配伍性良好。

（5）封堵剂在油基钻井液中封堵性能评价。

由于封堵物种类繁多，其封堵物物性差异较大，尤其是粒度分布。针对所研制封堵剂的粒度分布，选用渗透率15mD低渗透人造岩心来模拟微裂缝进行封堵实验。白油基空白组与外加封堵剂实验组的压力曲线如图5–1–14所示。

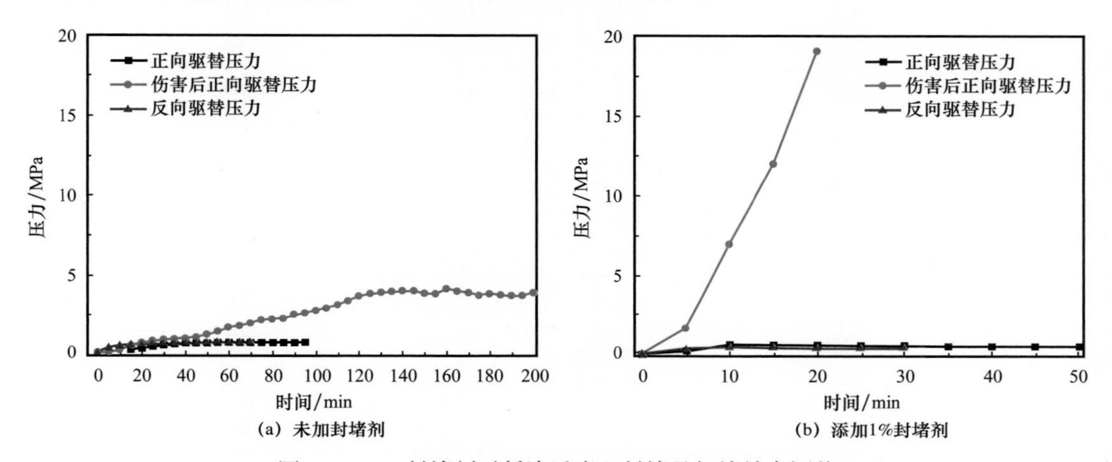

图5–1–14 封堵剂对低渗透岩心封堵及解堵效率评价

由图5–1–14（a）可知，油基钻井液伤害前对岩心进行正向驱替，压力峰值仅为0.65MPa；经钻井液伤害后正向驱替岩心压力峰值约为4.3MPa；反相驱替突破压力在0.6MPa附近。由图5–1–14（b）可知，油基钻井液伤害前对岩心进行正向驱替，压力峰值同样在0.6MPa附近出现；经钻井液伤害后正向驱替岩心压力峰值突破19MPa；反相驱替突破压力在0.5MPa附近。

经计算，油基钻井液加入1%封堵剂后，其封堵率接近100%，渗透率恢复值可达99.6%。结果表明，所研制的油基钻井液封堵剂对15mD的低渗透岩心具有良好的封堵能力。

二、抗高温高密度油基钻井液

研制了抗温250℃、密度最高达2.6g/cm³的抗高温高密度全油基钻井液体系和抗高温高密度柴油油包水钻井液体系；研发了抗温150～220℃、密度1.0～2.6g/cm³的白油油包水钻井液体系。

1. 抗高温高密度全油基钻井液

1）沉降稳定性评价

配制密度为2.0g/cm³，2.2g/cm³，2.4g/cm³和2.6g/cm³的高密度钻井液体系，在240℃高温条件下连续热滚16h，再静止24h，测量体系的上部与下部密度的差值，并重复实验。测得密度差值分别为0.02g/cm³，0.025g/cm³，0.035g/cm³和0.04g/cm³，说明具有较强的沉降稳定性。

2）抗污染性能评价

通过实验评价了抗高温高密度全白油基钻井液的抗饱和盐水伤害、抗土伤害、抗水伤害性能（240℃下热滚16h），结果见表5-1-16。在体系中分别加入10%氯化钠饱和溶液、10%劣质土、10%的淡水后，体系的流变性基本不变，破乳电压较高，高温高压滤失量满足要求，说明高温高密度全白油基钻井液具有良好的抗伤害能力。

表5-1-16　高温高密度全白油基钻井液抗伤害性能评价

污染条件	实验条件	AV/mPa·s	YP/Pa	Φ_6/Φ_3	E_S/V	FL_{HTHP}/mL
基浆	滚前	128	18	22/12	1945	5.2
	滚后	105	9	7/5	1288	
10%淡水	滚前	132	16	15/8	1436	
	滚后	110	10	10/8	908	
10%氯化钠饱和溶液	滚前	134	13	10/8	1186	8.4
	滚后	112	12	11/9	884	
10%劣质土	滚前	136	9	8/7	1686	7.2
	滚后	116	11	10/8	1086	

3）热稳定性能评价

将密度为2.6g/cm^{3}的全白油基钻井液在240℃分别热滚16h，32h，48h和64h，测定其流变性能。结果见表5-1-17，表明随着老化时间的增长，钻井液表观黏度和动切力变化不大，流变性能良好，同时高温高压滤失量较低，具有较强的热稳定性（图5-1-15和图5-1-16）。

表5-1-17　抗高温高密度全白油基钻井液热稳定性能评价

密度/g/cm^3	老化时间/h	AV/mPa·s	PV/mPa·s	YP/Pa	Φ_3	FL_{HTHP}/mL	E_S/V
2.6	16	106	97	9	5	6.4	1136
	32	98	91	7	5	6.4	967
	48	90	85	5	4	6.8	887
	64	82	78	4	3	7.6	826

4）润滑性能评价

实验考察了油基钻井液的润滑性能，并与聚合醇钻井液及KCl聚合物钻井液的润滑性能进行了对比。对比结果表明：全油基钻井液、聚合醇钻井液和KCl聚合物钻井液的滤饼黏滞系数分别为0.0585，0.1063和0.1139，全油基钻井液滤饼黏滞系数最小，说明

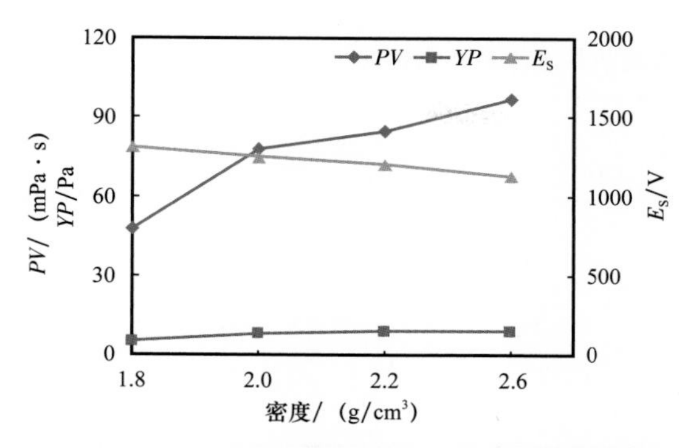

图 5-1-15 抗高温高密度全白油基钻井液不同密度下基本性能

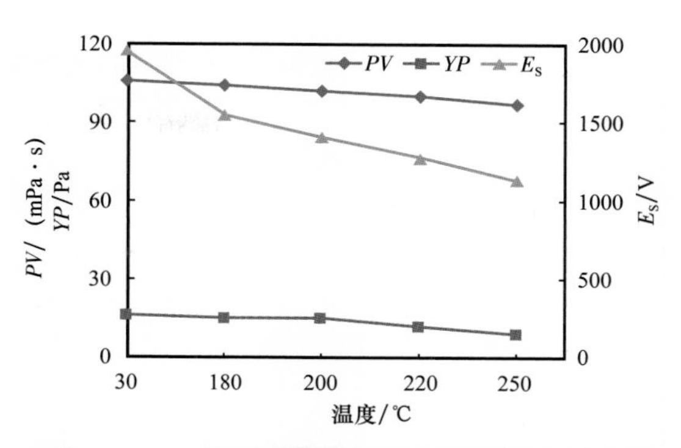

图 5-1-16 抗高温高密度全白油基钻井液不同温度下基本性能

其具有优良的润滑性能。

5）储层保护性能

通过模拟储层的动态伤害，评价高温高密度全白油基钻井液的储层保护性能。由表 5-1-18 可看出，储层岩心被高温高密度全白油基钻井液伤害后，渗透率恢复值均大于 90%，说明体系具有优良的储层保护性能。

表 5-1-18 高温高密度全油基钻井液室内模拟伤害评价

岩心号	岩心尺寸 /cm	岩心孔隙度 /%	初始渗透率 /mD	伤害后渗透率 /mD	渗透率恢复值 /%
C1	6.85	13.6	9.68	8.96	92.56
C2	7.06	16.4	14.24	13.36	93.82
C3	6.60	8.6	18.88	17.46	92.48
C4	7.34	10.2	0.94	0.85	90.43

通过处理剂的研制，形成了高温高密度全白油基钻井液体系。抗温最高可达 250℃，密度最高可达 2.6g/cm³；研制的高温高密度全白油基钻井液体系性能良好，可满足现场应用要求。

2. 抗高温高密度柴油基油包水钻井液

研制了一套适用于深井盐膏层钻进的油包水钻井液体系，密度最高可达 2.6g/cm³，抗温性能达 250℃（表 5-1-19）。其基本配方为：油水比 90：10+2%～2.5% 有机土 +0.5% 激活剂 +0.5%～0.8% 抗高温提切剂 +2.5%～3% 主乳 +1%～3% 辅乳 +0.4%～1% 小分子聚合物降滤失剂 +5% 有机褐煤 +0.5%CaO+0.75%～1.5% 润湿剂 + 重晶石。

1）不同密度钻井液性能

固定油水比为 90：10，评价钻井液体系在 2.0g/cm³，2.2g/cm³，2.4g/cm³ 和 2.6g/cm³ 等高密度下流变性能、抗高温能力及稳定性。由表 5-1-20 可知，在高密度下钻井液始终保持着良好的热稳定性和沉降稳定性。

表 5-1-19 抗高温高密度柴油基钻井液体系基本性能

体系	密度 ρ/g/cm³	测试条件	PV/mPa·s	YP/Pa	Φ_6/Φ_3	FL_{HTHP}/mL	E_S/V
柴油基油包水钻井液	1.9	常温	25	5	5.5/3	2.4	1486
		180℃ /16h	23	4	4/3		1264
	2.6	常温	98	18	16/10	5.8	1045
		250℃ /16h	87	9	8/6		783

表 5-1-20 抗高温高密度柴油基钻井液体系不同密度钻井液性能评价

钻井液密度 / g/cm³	实验条件	AV/mPa·s	PV/mPa·s	YP/Pa	Φ_6/Φ_3	Gel/Pa/Pa	E_S/V	备注
2.0	滚前	53	44	9	9/8	4/4.5	1160	
	滚后	43	37	6	7/6	3/3.5	1079	无沉淀
2.2	滚前	58	48	10	10/9	4.5/5	1205	
	滚后	52	44	8	9/7	3.5/4	1486	无沉淀
2.4	滚前	90	80	10	10/9	4.5/5	1650	
	滚后	79	72	7	9/6	4/4.5	1266	无沉淀
2.6	滚前	116	98	18	16/10	8/13	1045	
	滚后	102	89	13	10/7	7/11	863	无沉淀

注：热滚条件为 240℃，16h，油水比 90：10。

2）不同油水比钻井液性能

在密度达到 2.4g/cm³ 时，随着油水比的下降，钻井液体系的黏度也有所增大，但是重晶石仍悬浮良好，热稳定性强，见表 5-1-21。

表 5-1-21 抗高温高密度柴油基钻井液体系不同油水比钻井液性能评价（2.4g/cm³）

钻井液油水比	实验条件	AV/mPa·s	PV/mPa·s	YP/Pa	Φ_6/Φ_3	Gel/Pa/Pa	E_S/V	备注
85：15	滚前	117	104	13	13/10	5/6	1264	
	滚后	106	92	14	14/11	5.5/6	986	无沉淀
90：10	滚前	90	80	10	10/9	4.5/5	1650	
	滚后	87	76	9	9/8	4/4.5	1266	无沉淀
95：5	滚前	79	71	8	8/7	3.5/4	2000	
	滚后	72.5	66	6.5	7/6	3/3.5	1398	无沉淀

3）抗温性能

抗温性能实验表明，研发的抗高温高密度钻井液在250℃下热滚16h，表观黏度变化不大，塑性黏度稍有上升，动切力有所下降（表5-1-22）。钻井液体系的稳定性好，滚前与滚后的破乳电压变化不大，重晶石悬浮良好。综上，形成的钻井液体系具有很强的抗温性能，体系可加入抗高温提切剂进一步优化流变性能。

表5-1-22 抗高温高密度柴油基钻井液体系不同老化温度后钻井液性能评价

条件		*AV*/ mPa·s	*PV*/ mPa·s	*YP*/ Pa	Φ_6/Φ_3	*Gel*/ Pa/Pa	E_S/ V	备注
滚前		116	98	18	16/10	8/14	1045	
滚后	200℃	105	91	14	14/10	6/10	926	无沉淀
	250℃	96	87	9	8/6	5/7	783	无沉淀

注：热滚条件为200℃/250℃，16h。

4）抗污染性能

针对塔里木盆地山前区块盐膏层发育，评价了不同密度、不同油水比及不同乳化剂加量下，体系在不同污染物污染前后的性能变化，实验结果见表5-1-23～表5-1-25和图5-1-17～图5-1-19所示。油水比为90：10、密度为2.4g/cm^{3}的钻井液在5%的$CaSO_4$、NaCl、钻屑的污染下，性能保持稳定。

表5-1-23 抗高温高密度柴油基钻井液体系$CaSO_4$、NaCl、钻屑污染钻井液性能评价（油水比90：10，2.4g/cm^3）

配方		*AV*/ mPa·s	*PV*/ mPa·s	*YP*/ Pa	Φ_6/Φ_3	*Gel*/ Pa/Pa	E_S/ V	备注
5% $CaSO_4$	滚前	101	89	12	12/10	10/11	1462	
	污染后	101	87	14	12/10	10/12	1025	
	滚后	113.5	105	8.5	10/8	9/10	1213	无沉淀
5% NaCl	滚前	101	89	12	12/10	10/11	1462	
	污染后	91	80	11	11/9	9/11	1178	
	滚后	103	94	9	10/8	7.5/9	954	无沉淀
5% 钻屑	滚前	101	89	12	12/10	10/11	1462	
	污染后	100	91	9	11/9	9/11	1825	
	滚后	98.5	91	7.5	9/7	8/11	1317	无沉淀

注：热滚条件为240℃，16h。

在5%$CaSO_4$污染后，表观黏度和动切力基本没有变化，破乳电压有所下降，热滚后黏度稍有上升，动切力则有所下降；5%NaCl污染后，热滚前后流变性保持稳定，破乳电压稍有下降；使用5%的钻屑污染钻井液，破乳电压有明显上升，可能由于体系中固相含量的提升造成，对于钻井液的流变性基本上也没有影响。

抗盐水实验结果表明：油水比为90：10、密度为2.4g/cm³的钻井液加入不同比例的饱和NaCl盐水，在加量低于10%时，钻井液体系性能稳定，但在加量达20%，滚前破乳电压下降明显，滚后体系增稠严重。

表5-1-24 抗高温高密度柴油基钻井液体系抗饱和盐水性能评价（油水比90：10，密度2.4g/cm³）

NaCl加量/%		AV/mPa·s	PV/mPa·s	YP/Pa	Φ_6/Φ_3	Gel/Pa/Pa	E_s/V
0	滚前	87.5	79	8.5	10/8	4/5	1210
	滚后	87	79	8	9/8	4/4.5	1026
10（35mL/350mL）	滚前	90	75	15	13/11	5.5/6	842
	滚后	104	93	11	8/6	4/6.5	642
20（80mL/400mL）	滚前	104.5	87	17.5	17/14	7/7	334
	滚后	—	—	—	26/20	13.5/19	769

表5-1-25 抗高温高密度柴油基钻井液体系抗盐水污染性能评价（170℃/16h）

项目	ρ/g/cm³	PV/mPa·s	YP/Pa	Gel/Pa/Pa	E_s/V	油水比	静置6h现象
基础配方	2.35	75	8.2	2.9/4.8	1180	85：15	无沉淀，未破乳
30%盐水污染	2.04	90	29.3	11/12.5	459	52：48	无沉淀，未破乳
40%盐水污染	1.97	98	34	12.5/14.8	423	45：55	无沉淀，未破乳
50%盐水污染	1.91	105	40.8	13.4/15.8	378	33：67	无沉淀，未破乳
60%盐水污染	1.80	—	—	17.2/19.8	212	22：78	无沉淀，未破乳

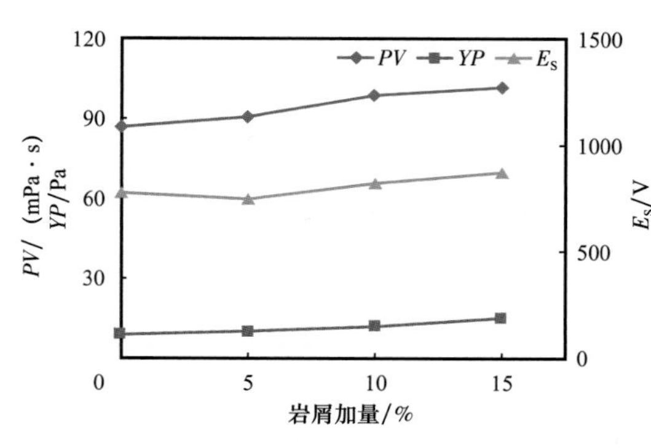

图5-1-17 抗高温高密度柴油基钻井液体系抗岩屑污染评价（2.6g/cm³）

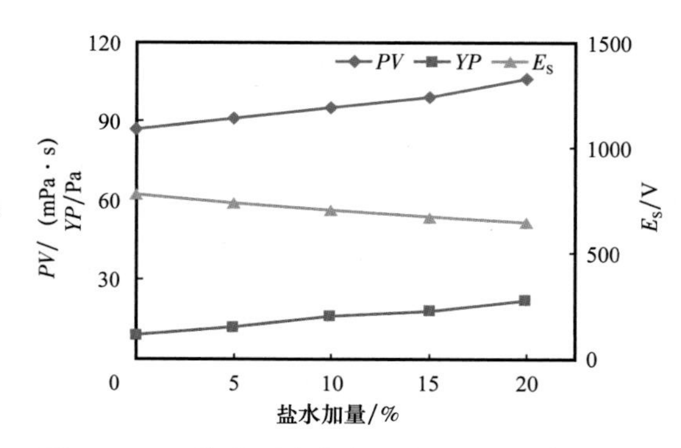

图5-1-18 抗高温高密度柴油基钻井液体系抗盐水污染评价（2.6g/cm³）

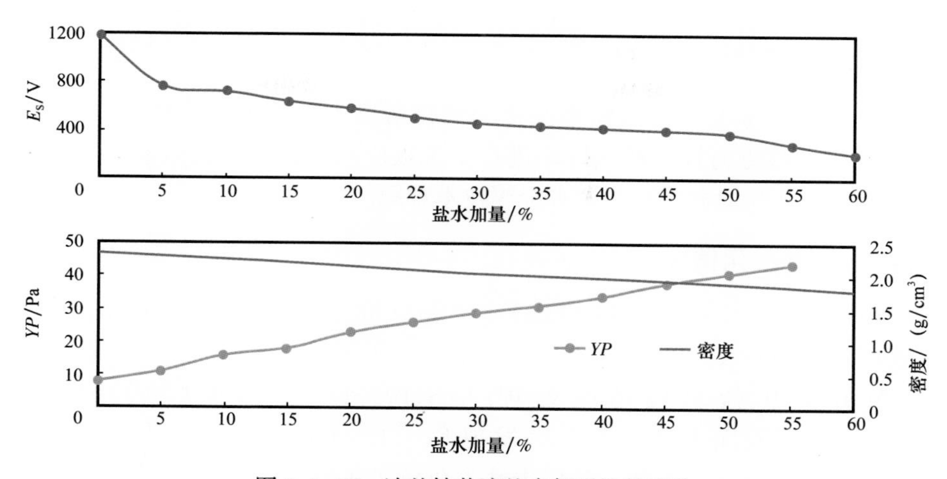

图 5-1-19 油基钻井液盐水侵后性能变化

5）与其他公司对比

研发的抗高温高密度钻井液体系与其他公司的产品相比较，滤失量和破乳电压与国际上同类产品相差不大，热滚前后的流变性能更加稳定，切力适中。各项性能指标与国际同类产品相当，见表 5-1-26。

表 5-1-26 各油基钻井液性能评价结果（2.4g/cm³，油水比 85：15）

配方		ρ/ g/cm³	AV/ mPa·s	PV/ mPa·s	YP/ Pa	Φ_6/Φ_3	Gel/ Pa/Pa	FL_{HTHP}/ mL	E_S/ V
研发体系配方	滚前	2.0	50	42	8	8/7	3.5/4	8.0	1054
	滚后	2.0	53	44	9	9/8	3.5/4		834
克深 205 井现场钻井液配方	滚前	2.0	69	58	11	11.5/10	2.5/3.5	6.4	615
	滚后	2.0	59	57	2	3/2.5	1.5/2.5		532
Versaclean 公司钻井液配方	滚前	2.0	76.5	60	16.5	17/16	6.5/8	58	1147
	滚后	2.0	66.5	62	4.5	3/2	1/3		550
哈里伯顿公司钻井液配方	滚前	2.0	62	47	15	14/13	6/6.5	7.0	1420
	滚后	2.0	67	58	9	8/6	4.5/7.5		1523

注：热滚条件为 200℃ ×16h。

通过研究有机土、激活剂、降滤失剂、润湿剂和乳化剂等组分的加量对油包水钻井液性能的影响，确定了柴油油包水钻井液体系的配方。该钻井液体系最高抗温 250℃，密度 0.95～2.6g/cm³ 范围内可调。研制的油包水钻井液体系基本性能良好，具有较强的沉降稳定性和良好的抗污染性能、抑制性能、润滑性能，储层保护效果较好，具有较好的应用前景。

三、现场应用效果评价

研发的抗高密度油基钻井液体系及处理剂在塔里木盆地山前构造、委内瑞拉地区、川渝页岩气区块、渤海湾致密油气区块进行了现场应用，技术经济效益明显，有效地解决了塔里木油田深井井壁坍塌高压盐水侵等技术难题。

1. KeS1101 井应用情况

KeS1101 井为库车山前克深 11 构造上的一口评价井，设计井深 6460m，三开至五开使用了高密度油基钻井液。

KeS1101 井高压盐水侵情况处理：KeS1101 井于 2017 年 1 月 27 日钻进到四开 5879.63m 时发现液面上涨。关井后发现套压 1.3MPa，并上升到 4.9MPa，判断在 5869～5872m 处发生高压盐水侵，地层岩性为灰色泥灰岩，且伴有上部地层堵漏剂反吐。若采取常规提密度压井，上部井段 5200～5300m 漏失，将形成井漏、溢流、压井和井漏的恶性循环。因此，采取放盐水降压措施，排出地层出水后可以形成压力漏斗，最终恢复安全钻进。先期采取间断放盐水，验证结晶盐是否影响循环，实时监测钻井液性能；中期逐步延长放水时间，验证透镜体盐水压力是否降低；后期以短起下方式验证是否满足起钻条件，为进一步正常钻进做准备。通过 19 次的循环排盐水，累计排出污染的钻井液体积为 1516.38m^3，累计排盐水 105.29m^3，历时 9.2 天，套压从 4.9MPa 降至 1MPa，通过调整钻井液油水比和补充适量乳化剂使钻井液性能恢复后继续钻进。

油基钻井液经受住了 19 次高压盐水的污染，钻井液最低密度 1.94g/cm^3，破乳电压最低 30V，氯离子含量最高 104600mg/L，油水比最低 42∶58，油基钻井液 Φ_6 读数都小于 20，具有很好的流动性。调整油水比到 70∶30 后，钻井液性能基本恢复，满足了继续钻井需要。共排水 1129.98m^3。

图 5-1-20 和图 5-1-21 分别为 KeS1101 井油基钻井液盐水侵后密度最低点性能变化及控压排水期间钻井液密度变化。

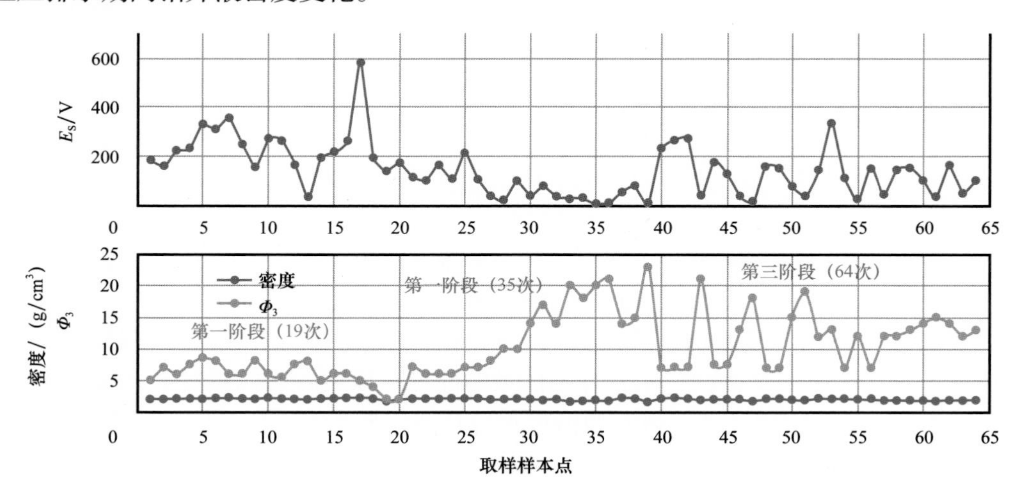

图 5-1-20　KeS1101 井油基钻井液盐水侵后密度最低点性能变化

第一阶段：5879.63m 发生高压盐水侵，共放水 19 次，累计放水 105.38m³，用时 9.2 天，关井套压 4.9MPa 降至 1MPa，钻井液密度由 2.32g/cm³ 降至 2.28g/cm³ 恢复钻进。

第二阶段：钻至 6055.5m 时，发生失返性漏失，通过 15 次排污降压，累计排出盐水量为 353.65m³，钻井液密度由 2.28g/cm³ 降至 2.19g/cm³ 后恢复钻进。

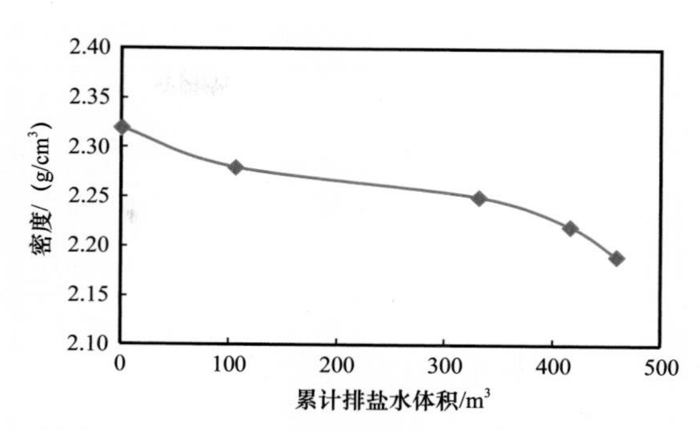

图 5–1–21　KeS1101 井控压排水期间钻井液密度变化

第三阶段：因四开底部存在易缩径的软泥岩，每次停泵都有大量盐水侵入，盐水侵入体积达到 670.95m³。发生盐水侵时，总体表现为密度和破乳电压降低、黏度增加，振动筛上有明显结晶盐析出。第 39 次排污时，钻井液密度从 2.19g/cm³ 降至密度 1.63g/cm³，油水比 12：88（创库车山前最低油水比纪录），破乳电压 6V，钻井液仍未破乳。

钻进至 6055.5m 时，发生失返性漏失，通过 15 次以上排污，累计排出盐水量为 353.65m³，钻井液密度由 2.28g/cm³ 降至 2.19g/cm³ 后恢复钻进。排盐水过程中，钻井液最低密度 1.6g/cm³，油水比 21：79，Cl^- 含量最高 117000μg/g，钻井液仍保持良好的流变性，未因钻井液引起井下复杂情况发生。

与邻井 KeS11 井和 KeS1102 井相比（未发生盐水侵），应用井最深、钻井周期最短，无钻井液引起的井下复杂事故，避免了压井处理带来的恶性井漏（图 5–1–22）。

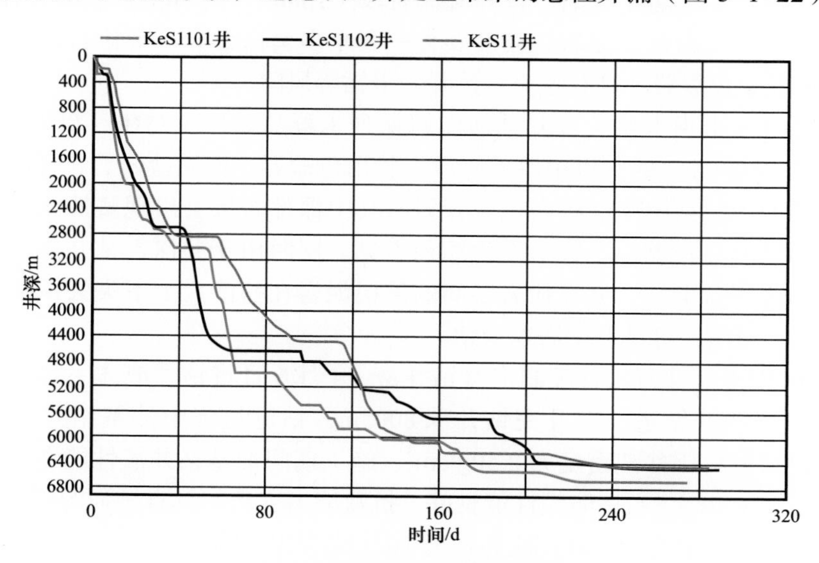

图 5–1–22　钻井进度对比曲线

通过放水泄压施工方法，和周边相同情况但采用常规压井的井来对比，节省成本效果显著，见表 5–1–27。

表 5-1-27 KeS1101 井放水泄压与 DB306 井常规压井处理盐水溢流对比

井号	开次	处理方式	井段 / m	漏失钻井液费用 / 万元	周期损失 / d	周期费用 / 万元	合计 / 万元
DB306 井	四开	常规压井	6160～6585	2202	61.5	811	3013
KeS1101 井	四开	放水泄压	5000～5933	—	9.2	128.8	128.8

2. BZ8 井现场应用

BZ8 井是位于库车坳陷克拉苏构造带克深区带博孜段博孜 8 号构造上的一口预探井，为五开井身结构，设计完钻井深 8090m，目的层为巴西改组。四开和五开钻遇泥岩、盐岩及膏盐层段，存在井壁垮塌、缩径、卡钻、层间夹薄弱层易发井漏等难题。四开和五开使用了高密度油基钻井液来减少井下复杂。

BZ8 井油基钻井液应用段主要存在以下施工难点：

（1）该井可能存在高压盐水侵。推测该井可能在 7916～7920m 井段钻遇厚为 4m 的白云岩，根据邻井钻探情况不排除博孜 8 井缺失或出现两套及以上白云岩的可能性。白云岩段可能存在高压盐水层，在钻进过程中注意溢流、井漏等工程复杂情况。因此 BZ8 井四开要做好油基钻井液抗高压盐水侵工作。

（2）该井有井漏的风险。预计 BZ8 井四开根据地质预测该井中泥岩段（7820～7880m）以一套正常压实的泥岩地层为主，脆性较强，易产生裂缝，因此在钻井过程中需注意调整钻井液密度，防止井漏。该井膏盐岩段（7880～7945m）以石膏、泥膏岩为主，夹薄层泥质粉砂岩、粉砂质泥岩，局部发育一套至多套白云岩，膏盐岩段总体趋于正常压实状态，可能发育裂缝，具有溢流、井漏、卡钻等风险。

（3）该井可能出现卡钻。该井钻遇库姆格列木群盐岩段（7510～7820m）和巴什基奇克组（7960～8090m）时，以中厚—巨厚层状白色盐岩、泥质盐岩、含膏泥岩、盐质泥岩、膏质泥岩为主，夹中厚层状白色泥膏岩。其中深部岩层会出现塑性流动的性质，盐岩的塑性变形导致井径缩小，容易发生缩径卡钻。同时由于井深，钻井液密度大、失水大可能发生黏附压差卡钻。夹在盐岩层间的薄层泥岩在盐溶后上下失去承托，在机械碰撞作用下掉块、坍塌，容易发生坍塌卡钻。

BZ8 井于 2020 年 4 月 1 日配制油基钻井液，4 月 6 日将钻井液体系转换为油基钻井液，由 7652m 处四开钻进，四开完钻井深 8005m，钻进过程中油基钻井液最高密度为 2.27g/cm^3，配制最高压井液密度为 2.50g/cm^3，施工期间油基钻井液性能在高密度条件下表现稳定（表 5-1-28），封堵防塌性能良好，抗盐能力突出，具有较强的抗污染能力；四开完井期间，高密度油基钻井液井底静止近 10 天未发生沉降。

四开初期以调整 DB9 井老浆性能为主，由于老浆固相含量较高（1.8g/cm^3 的钻井液固相含量高达 41%），含水较高（油水比为 75：25），导致施工初期钻井液性能较差，返出岩屑棱角模糊，钻头切屑光面有毛刺，且固控消耗较多；随着有害固相的清除，固控消耗逐渐减少，现场进一步优化钻井液配方后返出岩屑也逐渐好转，消除了对地质岩屑判断的影响。工程上每钻进100m或连续钻进24h及时短起下，保证井眼畅通。使用好固控设备，及时有效地清除钻井液中的劣质固相。电测及下套管作业前大排量循环清洗井眼，确保井眼通畅后再进行后续作业。

表5-1-28 BZ8井四开油基钻井液基本性能

井深/m	ρ/g/cm³	*PV*/mPa·s	*YP*/Pa	*Gel*/Pa/Pa	FL_{HTHP}/mL	E_S/V	固相含量/%	油水比	碱度	Cl⁻含量/mg/L
7600	2.25	63	8	6/10	4.6	933	45	82：18	2.8	32000
7718	2.25	62	8.5	6/10	4.2	1030	45	82：18	2.7	34000
7781	2.25	60	7.5	5/9	4.0	970	45	82：18	2.7	27000
7839	2.25	47	7.5	4.5/8	3.6	1139	45	82：17	3.2	25000
7912	2.25	47	4.5	7/3	3.2	1203	46	84.3：15.7	3.0	25000
7983	2.25	51	6	3.5/8	3.0	1248	46	84.3：16.7	3.2	25000
8005	2.27	54	5	4.5/3.5	3.0	1350	46	84.3：16.7	2.8	25000

BZ8井五开由8005m处开钻，完钻井深8235m，钻进过程中强化了防漏性能及井底出水处理工作，钻井液性能稳定，未发生因钻井液原因造成的复杂事故（表5-1-29）。五开调整密度过程中，始终按照井控细则要求，每个循环周密度变化幅度不超过0.02g/cm³。钻进过程中保持钻井液性能稳定，各项性能参数均满足施工要求。工程上每钻进100m或连续钻进24h及时短起下，确保井眼通畅。

表5-1-29 BZ8井五开油基钻井液基本性能

井深/m	ρ/g/cm³	*PV*/mPa·s	*YP*/Pa	*Gel*/Pa/Pa	FL_{HTHP}/mL	E_S/V	油水比/%	碱度	Cl⁻含量/mg/L
8039	1.87	24	3.5	2/5	3	1260	86：14	3	21000
8077	1.87	23	4	2.5/5.5	2.4	1480	85：15	3.2	22000
8125	1.81	23	4	2.5/5.5	3.0	1040	85：15	3.0	23000
8197	1.83	24	5	2.5/5.5	3.0	1086	85：15	3.0	23000
8235	1.89	47	4	3.5/7	2.8	976	82：18	3.3	24000

MDT电测对钻井液高温高压滤失量要求较高，由于仪器长时间与井壁接触，如滤饼质量不好，很容易导致卡仪器。为满足MDT电测要求，现场在有限的时间内加紧调整了配方，150℃高温高压滤失量控制在0.6mL左右，滤饼厚度在0.8mm左右。MDT测试过程中，仪器与井壁紧密接触长达10h，起仪器时没有黏卡现象，MDT测试顺利完成。

技术人员根据四开、五开钻进过程中的实际情况及时调整油基钻井液密度及其他性能，提高乳化稳定性及沉降稳定性，做好防漏工作及井底出水处理工作。施工期间油基钻井液性能在高密度条件下表现稳定，封堵防塌性能良好，抗盐能力突出，具有较强的抗污染能力，成功保障了 BZ8 井钻井顺利进行，未发生因钻井液原因造成的复杂情况。现场应用结果表明，抗盐抗高温高密度油基钻井液体系具有良好的流变性能、抗盐抗污染能力、抗高温性能和抑制性，可有效解决库车山前深部大段盐层恶性阻卡、井壁失稳及井漏等难题。

3. S2 井现场应用

S2 井位于塔里木盆地西南坳陷昆仑山前中段苏盖特构造带，是一口重点风险探井。该井三开完钻井深 4575m；四开采用研发的抗高温高密度油基钻井液，目的层为白垩系克孜勒苏群，设计井深 5940m，回接 $10^3/_4$in 套管至井口，提高井筒承压能力，四开 $9^1/_2$in 井眼钻进至目的层顶 5700m（库克拜组）中完，下入 $8^1/_8$in+$7^3/_4$in 复合套管封固目的层以上地层；五开 $6^5/_8$in 井眼钻进至完钻井深，裸眼完井，钻至 5961.24m 完钻，总进尺为 1386m，累计消耗油基钻井液 890.4m^3（含三次漏失共计 362.7m^3）。表 5-1-30 为 S2 井地层钻井难点。

表 5-1-30　S2 井地层钻井难点

地层特性	难点	邻井钻遇困难
已钻地层黏土矿物含量达 27%～40%、地层裂缝发育、胶结性差	易水化引发井壁失稳	乌泊 1 井掉块严重引发卡钻
大段石膏，可能发育盐层	钙侵	英深 1 井频繁卡钻
可能发育高盐盐水层	盐水侵、溢流压井卡钻	英深 1 井频繁卡钻

四开平均井径扩大率 2.08%。巴什布拉克组（4600～4705m）开始出现轻微掉块，将钻井液密度由 1.80g/cm^3 提高到 1.85g/cm^3，停止掉块。这是抗高温高密度油基钻井液首次在塔里木盆地昆仑山前地区成功应用，体系性能满足超深井钻井现场施工的要求，有力保障了苏 2 井顺利完钻，取得了以下应用效果：

（1）油基钻井液防塌能力强，提高了地层承压能力。四开设计井深为 5700m，实际完钻井深增加 261.24m，减少了一层技术套管。

（2）油基钻井液性能稳定，抗盐污染能力强。现场配制循环井浆最高密度 1.85g/cm^3，压井钻井液密度 2.05g/cm^3，井底温度大于 130℃。现场钻井液性能：密度 1.81g/cm^3，漏斗黏度 60s，表观黏度 42mPa·s，塑性黏度 34mPa·s，动切力 8Pa，破乳电压 1108V。体系高温高压滤失量低，滤饼质量好，钻井液流变性能变化较小，满足 S2 井复杂盐膏层及超深目的层钻井要求。

（3）有效解决了井壁失稳和目的层掉块、坍塌、缩径等难题，未出现因钻井液原因引起的卡钻或其他事故，高效保障了钻井及两次取心作业的安全，多次电测均一次成功。

（4）单方成本比库车山前在用国外体系降低 20%～30%，经济效益巨大，在库车山前地区具有广阔的推广应用前景。

第二节 抗饱和盐抗高温高密度水基钻井液技术研制与应用

高温高密度水基钻井液一般使用磺化钻井液或聚磺钻井液体系，特点是热稳定性好，但抗温一般不超过200℃，且抗盐能力不足（舒福昌等，2008；王茂功等，2009）。随着深井越来越多，井下压力和温度越来越高，有时会钻遇盐膏层、高压盐水层，对高密度钻井液的抗温、抗盐能力提出了更高的要求（李春霞等，2001；郝广业，2008；高远文等，2016）。为此，研制了抗高温抗盐钙处理剂，形成了适用于塔里木盆地等复杂地层的钻井液防塌技术对策，并进行了钻井液提高地层承压能力研究，建立了抗饱和盐抗高温高密度水基钻井液体系，现场应用12口井，取得了良好的应用效果。

一、核心处理剂

1. 抗饱和盐高温降黏剂

针对抗高温抗盐水基钻井液降黏剂所面临的技术问题开展研究，对降黏剂的分支结构进行设计；开展抗高温抗盐降黏剂的合成，研制出抗高温抗盐降黏剂；对降黏剂分子结构和降黏剂样品进行了表征和室内评价。结果显示该降黏剂分子结构与设计一致，热重分解温度可达350℃；该样品高温条件下在淡水、盐水基浆和配方体系中均具有较好的降黏效果，淡水基浆降黏率达90%，盐水基浆降黏率达40%以上，配方体系中降黏率达30%以上。

1）降黏剂分子结构设计

为了研制抗高温的降黏剂必须对它的分子结构进行科学合理设计，分子结构主要是指其分子链型（主链、支链）、官能团（吸附基、水化基）和分子量大小。为此必须弄清高温对钻井液添加剂的影响及抗高温降黏剂时特点。

根据对高温降黏剂的要求，可以得到降黏剂必须具有如下结构：主链结构，采用C—C单链结构；侧链结构，采用C—S、C—N等结构；分子量，1000～5000；水化基团，采用—SO_3H和—COOH基。

2）抗高温降黏剂的合成

将含C═C键的烯类单体按适当的顺序和比例混合，加入适量的反应链转移剂，加入反应引发剂，反应完成后干燥和粉碎即获得降黏剂成品（GJN）。

3）表征与评价

（1）热重测试。

利用差热热重分析仪（TG-DSC）分析样品的热性能，测试条件是氮气氛围，每分钟升温10℃。

图5-2-1为磺化后GJN的热失重分析图，从图中可以看出：GJN的主要失重温度在32～450℃，350℃左右质量变化较快，说明此时分子链主链发生分解；150℃前质量损失较多，原因可能是样品干燥时间较短，水分或者乙醇残留较多导致。

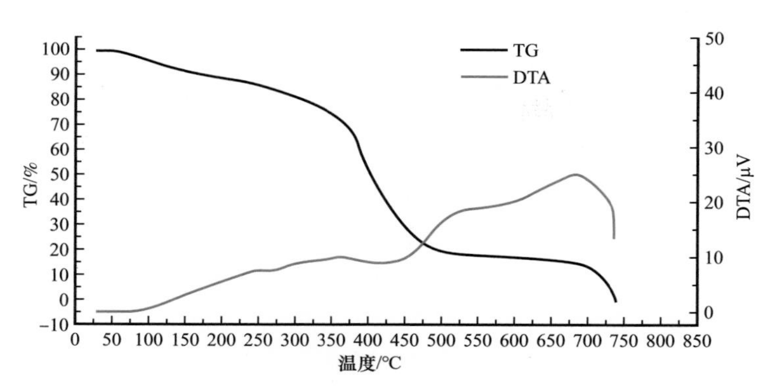

图 5-2-1 GJN 热重分析图

TG—在程序控制温度下，测量样品的质量随温度的变化；DTA—在程序控制温度下，测量参比物和样品温差随温度的变化

（2）抗温能力。

处理剂的抗温能力是所处理的钻井液是否抗高温的关键和保证。为了评价 GJN 的抗温能力，考查了 GJN 水溶液在各种温度下其黏度的变化情况。取 5g 降黏剂，加 100mL 蒸馏水中，溶解。该聚合物水溶液在不同的温度下老化 16h，测定其黏度大小，结果见表 5-2-1。

表 5-2-1 GJN 水溶液抗温老化能力

老化温度 /℃	流出时间 /s	老化温度 /℃	流出时间 /s
30	209	180	200
120	206	220	202
150	245	240	203

注：流出时间用乌氏毛细管黏度计测定；t_0 为纯溶剂流过的时间，t_0=56s。

实验结果表明，GJN 水溶液即使在 180℃的高温下老化 16h，其黏度下降不明显。5% 降黏剂（淡水）溶液从毛细管中流出时温度变化基本不变，说明降黏剂的分子链在高温作用下是稳定的，降黏剂的抗温能力强。

（3）抗盐能力。

一种良好的降黏剂必须在各种盐度下都能发生作用，其前提之一是处理剂在各种盐度下能溶解于水中。为此应该考察处理剂抵抗盐析的能力，用处理剂开始发生盐析的盐度来衡量。降黏剂水溶液（GJN、GD-181 溶液、XY-27 溶液和 FCLS 溶液）浓度为 0.5%。在饱和盐水中加入不同量的蒸馏水及 1mL 降黏剂溶液，观察盐水是否变浑浊。如果变浑浊，说明处理剂已经发生盐析。

抗盐析实验表明，XY-27 溶液、FCLS 溶液、GD-181 溶液和降黏剂发生盐析盐度分别 20%，27%，32.4% 和 32.4%，说明降黏剂的抗盐能力和水溶性与 GD-181 溶液相同，而比 XY-27 溶液好得多，其原因在于降黏剂分子中引入了较多的磺酸基，而 XY-27 溶液分子中的水化基团 COO- 较弱，抗盐性差。由于 FCLS 能用于盐水钻井液、饱和盐水钻井液和海水钻井液，可以预见自制降黏剂 GJN 在各种盐水钻井液中是优良的降黏剂。

（4）抗钙能力。

Ca^{2+} 能与处理剂中的某些基团，如 COO- 发生沉淀反应，因此处理剂的抗钙能力也是其使用效果的重要衡量指标，其评价方法如下：在 5% 的 $CaCl_2$ 溶液中加入不同量的蒸馏水和 1mL 浓度为 0.5% 的处理剂溶液，观察是否有沉淀发生。用产生沉淀所需的 Ca^{2+} 浓度表征处理剂的抗钙能力。GJN 抗钙能力实验结果见表 5-2-2。

表 5-2-2 自制降黏剂 GJN 的抗钙能力实验结果

编号	1	2	3	4	5
$CaCl_2$ 溶液 /mL	1	0.5	0.3	0.2	0.1
蒸馏水 /mL	8	8.5	8.7	8.8	8.9
降黏剂溶液 /mL	1	1	1	1	1
沉淀现象	浑浊	浑浊	浑浊	无	无
$CaCl_2$ 浓度 /（μg/g）	5000	2500	1500	1000	500

注：$CaCl_2$ 溶液：5% 降黏剂抗钙为 1000μg/g。

降黏剂抗 Ca^{2+} 实验表明，降黏剂 GJN 的抗钙达 1000μg/g。一般钙处理钻井液的 Ca^{2+} 浓度在 100～500μg/g 之间，GJN 的抗钙能力满足要求。

（5）对钻井液的降黏效果。

① 在淡水钻井液中的降黏效果。淡水钻井液（基浆）膨润土含量为 8%。在基浆中加入降黏剂（XY27、GD181 和自制降黏剂 GJN），高速搅拌 20min，在 50℃下测定钻井液性能。随后让钻井液在 220℃滚动老化 16h，冷却后在 50℃下测定钻井液高温后的性能。

实验数据（表 5-2-3）表明，在淡水钻井液中降黏剂有良好的降黏效果，用 0.5% 降黏剂处理淡水钻井液，经 200℃老化后钻井液黏度增加不明显。表观黏度（*AV*）从 3.5mPa·s 上升至 8mPa·s，*YP* 和 *Gel* 仍保持为 0。综合对比降黏剂 GJN，GD-181 和 XY-27 的降黏效果看，降黏剂的降黏优势明显，三种降黏剂的降黏率分别为 96.6%，93.3% 和 93%。

② 降黏剂加量对钻井液性能的影响。基浆采用膨润土含量为 8% 的原浆，在原浆中加入不同量的降黏剂，钻井液老化前后的性能见表 5-2-4。

随着自制降黏剂 GJN 用量增加，钻井液的黏度、切力下降，加量为 0.30% 时，钻井液老化后的表观黏度（*AV*）为 12.5mPa·s，10min 静切力为 2Pa，当加量为 0.50% 时，对应的 *AV* 下降至 8mPa·s，10min 静切力为 0。对比钻井液老化后的滤失量来看，降黏剂对钻井液有明显的降失水效果。

③ 降黏剂在盐水钻井液中的降黏效果。在膨润土含量为 6% 的原浆中加入 20% 的劣土，高速搅拌 20min 后，加入 1% 降黏剂，再高速搅拌 20min，随后向钻井液中加入 NaCl（30%），高速搅拌 30min 后测老化前的性能。钻井液在 180℃高温滚动 16h 后再测钻井液性能。降黏剂在盐水钻井液中的降黏效果见表 5-2-5。

表 5-2-3　自制降黏剂 GJN 在淡水钻井液中的降黏效果

钻井液		AV/mPa·s	PV/mPa·s	YP/Pa	Gel_{10s}/Pa	Φ_{100}	降黏率/%
基浆	老化前	38	16	22	10	30	
	老化后	太稠未测					
0.5%GJN	老化前	3.5	3.5	0	0	1	96.6
	老化后	8	8	0	0	3	
0.5%GD181	老化前	9	7	2	0	2	93.3
	老化后	11	7	4	1	4	
0.5%XY-27	老化前	5	4	1	0	2	93
	老化后	9	9	0	0	4	

注：300mL 钻井液加入 33%NaOH 溶液 2mL；老化条件：200℃ ×16h；降黏率 =（$\Phi_{基浆}-\Phi_{100}$）/$\Phi_{基浆}$ ×100%。

表 5-2-4　降黏剂加量与降黏性能

降黏剂加量/%		AV/mPa·s	PV/mPa·s	YP/Pa	Gel_{10min}/Pa	Φ_{100}	FL/mL
0.30	老化前	7	5	2	0.5	2	
	老化后	12.5	7	5.5	2	4	24
0.50	老化前	3.5	3.5	0	0	1	
	老化后	8	8	0	0	3	20
0.70	老化前	3.5	3.5	0	0	1	
	老化后	4	4	0	0	1	18
1.00	老化前	3	3	0	0	0.5	
	老化后	3	3	0	0	0.5	18

注：基浆为 8% 膨润土原浆；老化条件：200℃ ×16h。

表 5-2-5　降黏剂在盐水钻井液中的降黏效果

钻井液		AV/mPa·s	PV/mPa·s	YP/Pa	Gel_{10min}/Pa	Φ_{100}	降黏率/%
基浆	老化前	10	5	5	10	3.5	
	老化后	12.5	5	12.5	15	5	
1% GJN	老化前	7.5	4	3.5	7	2.5	30
	老化后	8	5	5	9	3.5	40
1%GD181	老化前	19	6	14	10	21	
	老化后	26	4	22	12	20	
1%XY-27	老化前	8	6	4	7	2.5	30
	老化后	11	3	7	14	5	0

注：老化条件：200℃ ×16h。

在30%NaCl的盐水钻井液中，自制降黏剂GJN表现良好的降黏效果，对比自制降黏剂GJN、GD181和XY-27的数据可见，自制降黏剂GJN在盐水中的降黏能力比GD181和XY-27明显强，从钻井液高温老化后的数据来看，自制降黏剂GJN的降黏率为40%，而XY-27的降黏率为0。

2. 抗盐聚合物降滤失剂

1）聚合物降滤失剂的合成试验

合成的降滤失剂为丙烯酰胺、2-丙烯酰胺基-2-甲基丙磺酸（AMPS）、N-乙烯基吡洛烷酮（NVP）的共聚物，可抗200℃、饱和盐、钙离子6000mg/L。

聚合物的合成使用了凝胶聚合法，既将所有的单体按比例溶于水中，在氮气保护和搅拌下加入引发剂，反应温度会自行升高，直至聚合反应结束。形成的聚合物凝胶经粉碎、干燥和研磨后形成聚合物降滤失剂样品。

2）聚合物降滤失剂的评价试验

评价降滤失剂样品的降滤失性能工作量巨大，且高温高压失水实验的结果受钻井液配方影响很大，为了评价和筛选这些合成聚合物的降滤失性能，设计了一种应用一种简单的基浆，并使用API滤失量作为聚合物降滤失性能的考量方法。同时高温对聚合物氧化也会影响钻井液的滤失和流变性能，添加Na_2SO_3和MEA作为抗高温氧化剂。Ca^{2+}含量达到6000mg/L时，往往对钻井液添加剂产生不良影响，流变性能难以控制。在本任务研究中加入EDTA作为螯合剂，加入凸凹棒石作为高温提黏剂，降低了Ca^{2+}对钻井液处理剂的影响，使钻井液在Ca^{2+}含量6000mg/L时仍有较好的流变性和滤失控制能力。

用于测定聚合物降滤失剂API滤失量的基浆见表5-2-6，含有超过180000mg/L的氯离子，6000mg/L的钙离子。将配好的基浆在200℃下老化16h后测定API滤失量。为了与现有的聚合物降滤失剂进行比较，采用了同一基浆和测试方法对4种高温聚合物降滤失剂产品的API滤失量进行了测定。其结果如图5-2-2所示，ML10-91和ML15-31的API滤失量更低，有更好的降滤失性能。

在对合成的聚合物降滤失剂筛选后，认为ML10-91具有最佳的降滤失性能。因此，将ML10-91用于高温水基钻井液配方中，并对钻井液的高温高压滤失和流变性能进行了评价。

表5-2-6 用于测定聚合物降滤失剂API滤失量的基浆配方

组分	质量/g	组分	质量/g
水	287.4	OCMA黏土	75
NaCl	76.6	Na_2SO_3	1.5
KCl	11.5	聚合物降滤失剂	8
$CaCl_2\cdot 2H_2O$	4.2	EDTA	4
NaOH	1	消泡剂	1

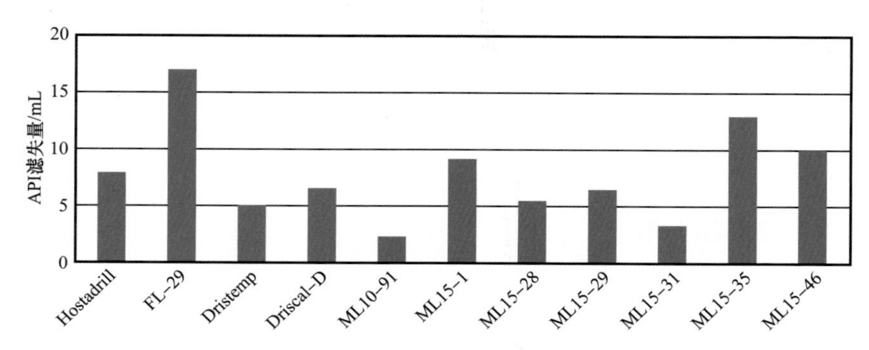

图 5-2-2 聚合物降滤失剂的 API 滤失量

在 200℃的条件下，仅使用一种聚合物降滤失剂 ML10-91 时，未能达到所需的滤失控制。因此，采用了另外的两种交联聚合物降滤失剂 ML10-29 和 ML10-31。这两种交联聚合物降滤失剂在 200℃ API 滤失测试中也具有较好的性能。

经过实验评价，研制了抗 200℃饱和盐水、钙离子含量 6000mg/L 的钻井液配方。钙离子浓度对钻井液的流变性能产生了严重影响，添加了凸凹棒石以提高体系的切力。配方见表 5-2-7。该配方的性能见表 5-2-8，满足滤失控制的要求。

表 5-2-7 含有复合聚合物降滤失剂的 200℃钻井液配方 1

组分	质量 /g	组分	质量 /g
水	201.6	ML15-29	1.2
NaCl	50.4	MEA	1.0
$CaCl_2 \cdot 2H_2O$	4.9	凹凸棒石黏土	6.0
KCl	17.5	Na_2SO_3	1.5
NaOH	1.0	润滑剂	7.0
磺化沥青	6.0	超细碳酸钙	10
ML15-31	1.5	重晶石	396.1
ML10-91	4.0		

表 5-2-8 含有复合聚合物降滤失剂的 200℃钻井液配方 1 的性能

流变性能（49℃）		老化前	老化后
pH 值		11.6	10.2
旋转黏度计读数	600r/min	301.5	305.2
	300r/min	182.8	192.5
	200r/min	133.8	136.4
	100r/min	78.3	79.3
	6r/min	17.0	8.8
	3r/min	15.0	5.5

续表

流变性能（49℃）		老化前	老化后
塑性黏度 /（mPa·s）		117.4	115.0
动切力 /Pa		16.4	18.9
静切力	10s	3.3	1.4
	10min	5.0	1.9
200℃ HPHT 滤失量 /mL			14
200℃ HPHT 滤饼厚度 /mm			9.5

综上所述，合成的抗温和抗盐的聚合物降滤失剂，可在200℃、饱和盐水、钙离子浓度达6000mg/L等条件下为水基钻井液提供滤失控制。

3）聚合物降滤失剂生物毒性测试

研制的聚合物降滤失剂低毒环保，配制的钻井液满足了墨西哥湾海水可排放标准，可达到满足生物毒性 LC_{50}≥10000mg/L的要求。按照聚合物降滤失剂在钻井液中的加料量为0.5%计算，聚合物降滤失剂应满足 LC_{50}≥50mg/L的要求。因此，根据鱼类急性毒性测试的国家标准GB/T 21814—2008并参考美国EPA的鱼类急性毒性测试的推荐规范OPPTS 850.1075，对ML10-91的生物毒性进行了测定。表5-2-9显示了ML10-91的鱼类急性毒性测试结果，说明其毒性较低。

表5-2-9 ML10-91的鱼类急性毒性测试结果

鱼的种类	培养介质	培养时间 /h				LC_{50}/mg/L
		24	48	72	96	
胖头鲤（温水）	50mg/L ML10-91	100	98	96	96	>50
	对照组	100	100	98	98	
虹鳟（冷水）	50mg/L ML10-91	100	100	100	100	>50
	对照组	100	100	100	100	

3. 抗高温护胶剂

1）HJ-HV的研制

采用丙烯酰胺单体A、丙烯酰胺单体F和阳离子单体G通过水溶液聚合合成护胶剂HJ-HV。具体合成步骤：将一定量丙烯酰胺单体A溶于50mL去离子水中，用氢氧化钠（工业级）调节pH值为7～8。然后加入一定比例的丙烯酰胺类F，在一定温度下搅拌10min，加入一定量的引发剂丙烯酰胺单体F，通过加液器递交阳离子单体G水溶液，在氮气环境下反应一定时间，将产物洗涤、烘干、粉碎的白色粉末产物HJ-HV。探究了不同反应温度、单体、单体质量比、引发剂加量和反应时间对HJ-HV抗钙（11.2% $CaCl_2$，180℃）性能的影响。

2）HJ–HV 表征与评价

对合成的护胶剂产物进行红外光谱表征分析（图 5–2–3）。结果表明，红外光谱上出现 1413cm^{-1} 的仲胺键—C—N 和 1725cm^{-1} 处的酰胺基团—C═O 等明显的特征峰，说明护胶剂合成成功。

对护胶剂 HJ–HV 进行热重分析（图 5–2–4），产物在 300℃以上出现明显的质量损失，说明聚合物链在 300℃才开始热降解，热稳定性能良好。

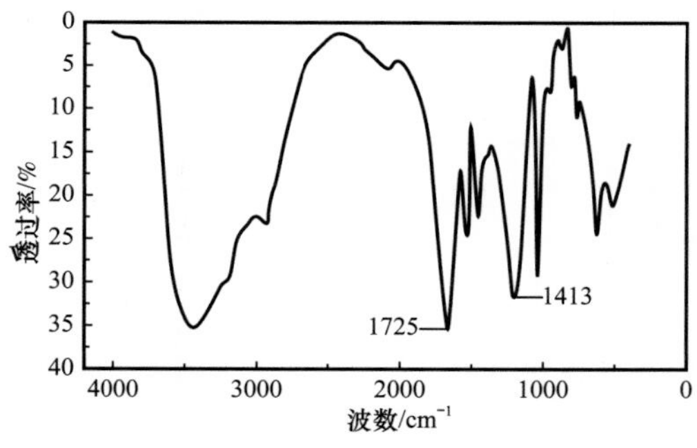

图 5–2–3 护胶剂红外光谱图

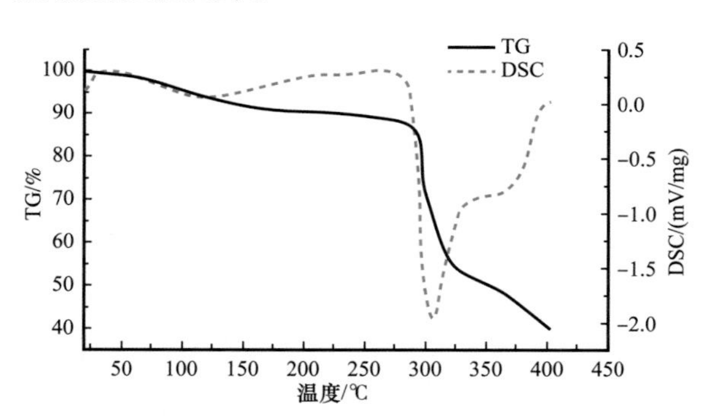

图 5–2–4 护胶剂热重分析图

对加入护胶剂 HJ–HV 前后基浆流变性能和降滤失性能进行了评价，结果见表 5–2–10。根据结果显示，钙污染护胶剂有良好的抗钙抗温性能，在 6000μg/g 钙侵和 180℃老化下，基浆仍然可以保证较好的黏切力和滤失量，说明钙污染护胶剂起到了屏蔽钙污染作用。

表 5–2–10 高钙污染护胶剂的性能评价

实验条件		AV/mPa·s	PV/mPa·s	YP/Pa	YP/PV	Gel/Pa/Pa	FL_{API}/mL
4% 基浆 +6000μg/g Ca^{2+}	常温	5.5	2	3.577	1.79	2/3	90
	150℃老化	3	2	1.02	0.5	0/0	143
	180℃老化	2.5	2	0.51	0.25	0/0	156
4% 基浆 +1.5%HJ–HV+6000μg/g Ca^{2+}	常温	23	16	7.15	0.44	5/8	9.4
	150℃老化	10.5	8	2.56	0.32	2/4	15.6
	180℃老化	8.5	6	2.56	0.43	2/5	20
4% 基浆 +2%HJ–HV+6000μg/g Ca^{2+}	常温	35.5	20	15.84	0.79	3/6	7.2
	150℃老化	13.5	12	1.53	0.13	2/6	12.4
	180℃老化	11	9	2.04	0.23	2/4	16

4. 抗高温高钙污染抑制剂

1）KG–1 的作用机理

针对高温高钙对水基钻井液性能的影响和现有抑制剂的不足，通过优选设计了一种具有抗高温高钙的污染抑制剂 KG–1。该抑制剂主要采用乙烯基单体共聚而成，聚合物主链为 C—C 连接，具有极高的热稳定性，不易受高温影响；同时该抑制剂引入了吡咯烷酮的大刚性结构，能有效提高大分子间运动能力，提高共聚物对黏土颗粒脱附能力；还在该抑制剂中引入了阴阳离子基团铵基和磺酸基，一方面提高抑制剂对钙离子的竞争吸附能力，降低钙离子对黏土颗粒的污染，另一方面，能够有效提高抑制剂的亲水性。

通过对抑制剂 KG–1 的分子结构的合理设计，该抑制剂 KG–1 结构中含有大量的阴离子基团，能够在钻井液中通过对钙离子竞争吸附，以降低钙离子对黏土颗粒的影响；再以护胶剂 HJ–HV 对黏土颗粒的护胶保护，屏蔽钙离子对黏土的影响，能够保证钻井液在高温高钙条件下的性能，保证钻井的顺利进行。

2）KG–1 的研制

单体总量 28g，单体质量比为丙烯酰胺单体 A：丙烯酰胺单体 B：乙烯基单体 C：特殊基团单体 D=5：1：1：3；首先在 60g 蒸馏水中，加入 14g 丙烯酰胺单体 A，再用 NaOH 调 pH 为 7；随后加入剩余 3 种单体，倒入烧瓶中搅拌，并通入氮气，设定反应温度为 70℃，开始升温；通氮气搅拌 30min 后，加入引发剂 F，加量为单体总量的 0.05%；继续通氮气 5h，反应结束。

3）KG–1 的性能评价

（1）抗温性能。

研究了 KG–1 抑制剂在基浆中的抗温能力的影响，在 4% 膨润土基浆中加入 2.0% KG–1（有效含量）抑制剂后，测试不同温度老化 16h 后基浆的流变参数和滤失量，实验结果见表 5–2–11。

表 5–2–11　KG–1 在基浆中的抗温性

条件	*AV*/mPa·s	*PV*/mPa·s	*YP*/Pa	FL_{API}/mL
老化前	36	22	14	5.0
120℃老化后	34	22	12	5.2
150℃老化后	32	20	12	5.6
180℃老化后	28	18	10	5.8
200℃老化后	18	15	3	8.8

从表 5–2–14 可知，在基浆中加入 KG–1 抑制剂后，经 200℃以下温度老化 16h 后，基浆仍具有良好的流变性和降滤失性。180℃老化 16h 后，API 滤失量仅 5.8mL 且动切力达 10Pa，说明 180℃高温下，KG–1 仍具有很好的降滤失效果。当老化温度为 200℃时，API 滤失量增大，且动切力下降明显，说明 KG–1 抑制剂针对 200℃以上老化温度，效果变差。

（2）抑制性能。

对抑制剂 KG–1 的抑制性能进行了评价，结果显示加入 2% 抑制剂 KG–1 后，基浆在高钙高温（1.7%$CaCl_2$，180℃）环境下的Zeta电位明显升高，黏土稳定性恢复到原始基浆水平。说明钙污染处理剂有效增加了黏土的水化膜厚度，遏制钙离子压缩黏土双电层结构。

（3）高温滤饼钙元素相对含量分析。

采用能谱对加入抑制剂KG–1前后的高温（120℃，150℃）滤饼钙元素含量进行了测量，结果显示，加入2%抑制剂的高温滤饼元素含量远低于未加时的含量，且150℃的滤饼钙元素含量还略低于120℃的钙元素含量，抑制剂能够有效对黏土颗粒进行竞争吸附，降低钙对黏土颗粒的污染。

（4）扫描电镜分析。

通过扫面电镜对高温（120℃，150℃）条件下滤饼形貌分析（图5–2–5），可以发现，加入了1.7% $CaCl_2$ 的基浆滤饼出现大量裂缝，受钙污染严重；而加入了1.7%$CaCl_2$和2%KG–1的高温（120℃，150℃）滤饼更光滑且无明显裂缝，且优于原始基浆滤饼。证明了抑制剂抵抗高钙离子污染的作用和良好吸附黏土颗粒能力。

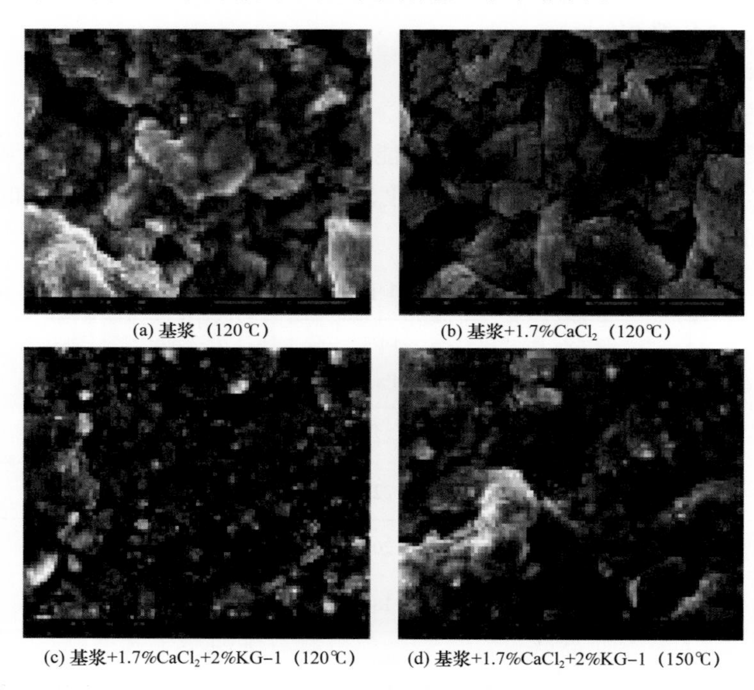

(a) 基浆（120℃）　(b) 基浆+1.7%$CaCl_2$（120℃）

(c) 基浆+1.7%$CaCl_2$+2%KG–1（120℃）　(d) 基浆+1.7%$CaCl_2$+2%KG–1（150℃）

图5–2–5　高温下滤饼扫面电镜图

4）抑制剂与护胶剂复配效果评价

体系组成：1%基浆+0.5%PAC–LV+3.2%抑制剂护胶剂混合物（1∶1）+3.5%白沥青+3%双疏剂+1.5%润滑剂+1%固壁剂+8%超细钙+3%KCl+450g重晶石+。体系密度为1.8g/cm^3。

（1）抗钙性能评价。

在上述体系中加入不同浓度（即质量分数）的$CaCl_2$后，测试其流变性和滤失性，实验结果见表5–2–12。

表 5-2-12 钻井液体系经不同浓度 $CaCl_2$ 污染后的性能

体系	条件	AV/mPa·s	PV/mPa·s	YP/Pa	Φ_6/Φ_3	FL_{API}/mL	FL_{HTHP}/mL
不加	热滚前	114	96	18	6/4	—	—
	热滚后	102.5	88	14.5	5/3	1.6	8.8
加入 5% 氯化钙	热滚前	65.5	57	8.5	4/3	—	—
	热滚后	59	53	6	2/1	1.6	11.2
加入 10% 氯化钙	热滚前	80	70	10	4/3	—	—
	热滚后	61	54	7	2/1	2.4	12.6
加入 20% 氯化钙	热滚前	83.5	74	9.5	4/3	—	—
	热滚后	62	54	8	2/1	2.4	10.6
加入 30% 氯化钙	热滚前	102	86	16	5/3	—	—
	热滚后	72	62	10	3/2	1.8	9.8

注：老化温度为 150℃，老化时间为 16h。

从表 5-2-12 可知，KG-1 与 HJ-HV 的复配体系具有良好的抗高温抗钙能力，在体系中加入 30%$CaCl_2$ 后，体系 150℃老化后，高温高压滤失量仅 9.8mL，表观黏度为 72mPa·s，动切力达 10 Pa，说明该体系仍具有良好的滤失性和流变性。同类产品 150℃老化后，抗钙仅 11.2%，优于同类产品。此外，体系热滚前后黏度变化相对较小，滤失量相对较小，形成的滤饼致密而均匀（图 5-2-6 和图 5-2-7）。

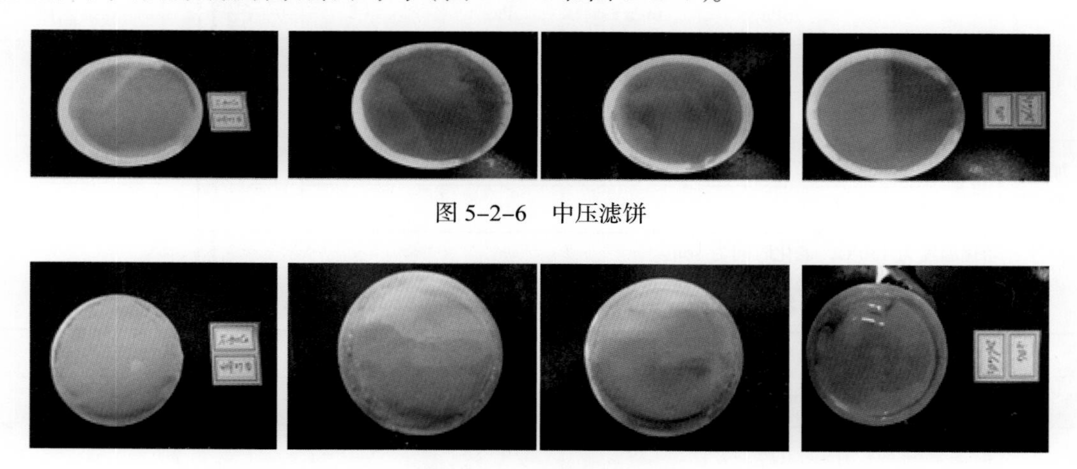

图 5-2-6 中压滤饼

图 5-2-7 高温高压滤饼

（2）抗 NaCl 污染能力。

在上述体系中加入饱和浓度的 NaCl 后，测试其流变性和滤失性，实验结果见表 5-2-13。

表 5-2-13 钻井液体系经饱和浓度 NaCl 污染后的性能

体系	条件	*AV*/mPa·s	*PV*/mPa·s	*YP*/Pa	Φ_6/Φ_3	滤失量 /mL	
						中压	高温高压
不加	热滚前	114	96	18	6/4	—	—
	热滚后	102.5	88	14.5	5/3	1.6	8.8
加入饱和氯化钠	热滚前	86.5	79	7.5	5/3	—	—
	热滚后	67	58	9	4/3	2	9.1

注：老化温度为 150℃，老化时间为 16h。

从表 5-2-13 可知，体系中加入饱和 NaCl 后，150℃热滚后体系高温高压滤失量仅增加 0.3mL。但加入饱和盐后体系黏度和切力会有所降低，其可能的原因是过高的盐浓度会抑制聚合物链的舒展，导致体系黏度降低。

（3）抗土污染能力。

在上述体系中加入 5% 的膨润土后，测试其流变性和滤失性，实验结果见表 5-2-14。

从表 5-2-14 可知，体系中加入 5% 膨润土后，150℃热滚后体系高温高压滤失量仅增加 0.8mL。说明复配体系具有良好的抗土污染能力。此外，体系经土污染以后，黏度变化不大，说明土的加入不会明显影响该钻井液体系的流变性。

（4）抗岩屑污染能力。

在上述体系中加入 5% 的岩屑后，测试其流变性和滤失性，实验结果见表 5-2-15。

表 5-2-14 钻井液体系经 5% 膨润土污染后的性能

体系	条件	*AV*/mPa·s	*PV*/mPa·s	*YP*/Pa	Φ_6/Φ_3	滤失量 /mL	
						中压	高温高压
不加	热滚前	114	96	18	6/4	—	—
	热滚后	102.5	88	14.5	5/3	1.6	8.8
加入 5% 膨润土	热滚前	109	92	17	5/3	—	—
	热滚后	99	82	17	4/3	1.6	9.6

注：老化温度为 150℃，老化时间为 16h。

表 5-2-15 钻井液体系经 5% 岩屑污染后的性能

体系	条件	*AV*/mPa·s	*PV*/mPa·s	*YP*/Pa	Φ_6/Φ_3	滤失量 /mL	
						中压	高温高压
不加	热滚前	114	96	18	6/4		
	热滚后	102.5	88	14.5	5/3	1.6	8.8
加入 5% 岩屑	热滚前	99	84	15	5/3		
	热滚后	86	74	12	3/2	2.8	11.8

注：老化温度为 150℃，老化时间为 16h。

从表 5-2-15 可知，体系中加入 5% 岩屑后，150℃热滚后体系高温高压滤失量增加 3mL。说明复配体系具有良好的抗岩屑污染能力。此外，体系经岩屑污染以后，黏度变化不大，说明岩屑的加入不会明显影响该钻井液体系的流变性。

抑制剂 KG-1 和护胶剂 HJ-HV 具有良好的提黏作用，但不会过度增黏；在高温老化后，遇到高盐钙入侵污染情况下，依然可以保持良好的黏度与动切力；通过实验表明，在 4% 的基浆中，加入有效含量为 2% 的 KG-1 和 HJ-HV 的混合物充分搅拌后，继而加入 1.2%$CaCl_2$，并通过高温 150℃老化后，中压滤失量依然保持在 8mL，饱和盐条件下，其黏度仍然可以达到 13mPa·s，表明 KG-1 抑制剂和 HJ-HV 护胶剂有着良好的耐高温抗盐钙能力。

5. 抗高温抗盐润滑剂

钻井液润滑剂主要由基础油与关键的添加剂组成，添加剂占比虽小，但对润滑剂的性能影响很大。抗高温抗盐水基钻井液润滑剂所需添加剂主要有以下几类：表面活性剂、极压抗磨剂、聚合物类等，制备步骤如图 5-2-8 所示。

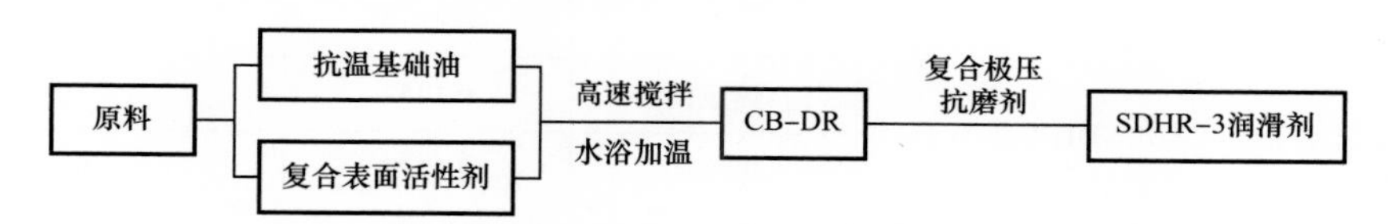

图 5-2-8 抗高温抗盐润滑剂制备步骤

1）荧光等级评价

取干净的烧杯（100mL），加入 20mL 三氯甲烷，分别加入 1.00g（精确到 0.01g）SDHR-3 润滑剂，摇匀后静置，待变澄清以后，倒出一部分澄清液于干净试管中，在紫外光下观察并与标准对比，确定 SDHR-3 润滑剂荧光等级为 3 级，符合标准。

2）润滑剂稳定性评价

将 SDHR-3 润滑剂倒入 50mL 透明具塞试管中，密封静置，放置一段时间，间隔观察天数，观察润滑剂是否分层。静置 3 个月、6 个月及 10 个月之后情况如图 5-2-9 所示。

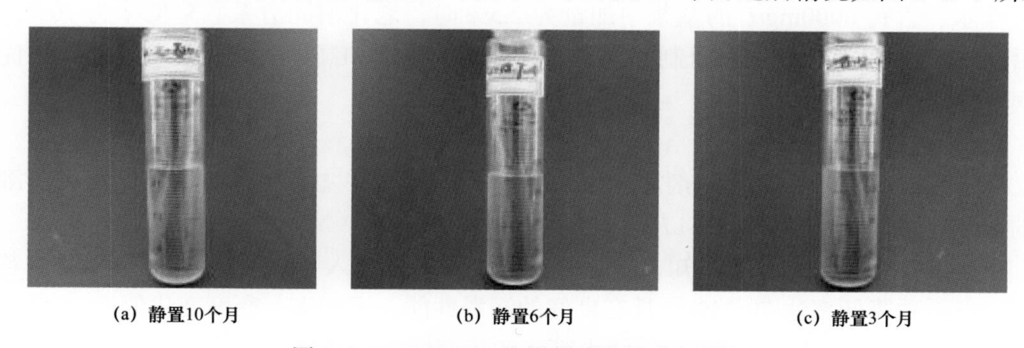

(a) 静置10个月　(b) 静置6个月　(c) 静置3个月

图 5-2-9 SDHR-3 润滑剂稳定性观察照片

由图 5-2-9 可知，SDHR-3 润滑剂静置 3 个月，没有分层；静置 6 个月，仍没有分层。静置 10 个月有轻微分层，说明 SDHR-3 润滑剂稳定时间在 6 个月以上，具塞试管下才会有轻微沉淀；静置时间6个月内，具塞试管无沉淀，说明SDHR-3润滑剂具有良好的稳定性。

3）润滑性能评价

依据根据Q/SY 1088—2012《钻井液用液体润滑剂技术规范》，采用EP极压润滑仪测试基浆加入润滑剂前后的润滑系数，并计算润滑系数降低率，结果见表5-2-16。

表5-2-16 润滑剂系列在各基浆中的性能测试结果（180℃/16h）

配方	条件	润滑系数	润滑系数降低率/%
淡水基浆	热滚前	0.5125	—
	热滚后	0.4987	—
淡水基浆+0.5%SDHR-1	热滚前	0.1064	79.24
	热滚后	0.1376	72.41
30%盐水基浆	热滚前	0.4865	—
	热滚后	0.4178	—
30%盐水基浆+2.0%SDHR-2	热滚前	0.1453	70.13
	热滚后	0.0278	93.35
30%含钙盐水基浆	热滚前	0.4793	—
	热滚后	0.4375	—
30%含钙盐水基浆+2.0%SDHR-3	热滚前	0.1316	72.54
	热滚后	0.0745	82.97

从表5-2-16测试结果可知，SDHR-1润滑剂在5.0%淡水基浆中加量仅为0.5%时老化前润滑系数降低率为80%，老化后降低率达70%；SDHR-2润滑剂在30%盐水基浆中加量2.0%时，老化前润滑系数降低率为70%，老化后达90%以上；SDHR-3润滑剂在30%盐水、含钙6000mg/L的基浆中加量为2.5%时，老化前润滑系数降低率为70%，老化后高达80%以上，说明新研制的润滑剂在高温、高盐和高钙的苛刻环境下表现出优异的润滑性能。

4）抗高温性能实验

分别测试SDHR系列润滑剂加入5.0%淡水基浆、30%盐水基浆中，不同温度热滚前后的性能，测试结果见表5-2-17。

由表5-2-17测试结果可知，在5.0%淡水基浆中加入0.4%SDHR-1润滑剂，老化前，润滑系数降低率达79.24%，具有良好的润滑性能，不起泡，密度变化值低，*AV*、*PV*和*YP*略有增加，基本不改变5.0%淡水基浆的流变性能；老化后，随着老化温度的提高，SDHR-1润滑剂具有良好的润滑性能，均在70%以上，同时起泡少，密度变化值较小，滤失量略下降，老化后对5.0%淡水基浆的流变性有影响，黏度略有增加。综上所述，SDHR-1润滑剂具有良好的抗温性能，可抗温180～200℃。

表 5-2-17 不同温度热滚前后 SDHR-1 润滑剂在淡水基浆中的性能测试

配方	条件	*Gel*/ Pa/Pa	*AV*/ mPa·s	*PV*/ mPa·s	*YP*/ Pa	ρ/ g/cm³	FL_{API}/ mL	pH 值	润滑系数	润滑系数降低率/%
5.0% 淡水基浆	热滚前	12/22	13.0	6.0	7.0	1.037	14.4	9	0.5125	—
5.0% 淡水基浆 +0.4%SDHR-1		12/22	14.0	7.0	7.0	1.025	14.6	9	0.1064	79.24
5.0% 淡水基浆	160℃热滚后	5/18	16.5	12.0	4.5	1.037	18.7	7	0.4763	—
	180℃热滚后	7/20	19.5	12.0	7.5	1.035	20.6	7	0.4987	—
	200℃热滚后	10/22	19.5	11.0	8.5	1.038	21.3	7	0.5120	—
	220℃热滚后	13/25	20.0	12.0	8.0	1.038	21.0	7	0.5033	—
5.0% 淡水基浆 +0.4%SDHR-1	160℃热滚后	7/24	16.0	11.0	5.0	1.002	17.8	7	0.1242	73.92
	180℃热滚后	8/24	17.0	10.0	7.0	1.008	18.4	7	0.1376	72.41
	200℃热滚后	12/26	18.0	9.0	9.0	1.021	18.1	7	0.1233	75.92
	220℃热滚后	12/24	18.0	9.0	9.0	1.013	19.0	7	0.1425	71.69

由表 5-2-18 测试结果可知，在 30%NaCl 盐水基浆中加入 2.0% 的 SDHR-2 润滑剂，老化前润滑系数降低率达 70.13%，起泡较少，密度变化值较低，*AV*、*PV* 和 *YP* 减小，具有一定的降黏作用；老化后，随老化温度的提高，SDHR-2 润滑剂仍然具有良好的润滑性能，润滑系数降低率达 90% 以上，同时起泡少，密度变化值较小。综上所述，SDHR-2 润滑剂具有良好的抗温性能，可抗温 180～200℃。

表 5-2-18 不同温度热滚前后 SDHR-2 润滑剂在 30% 盐水基浆中的性能测试

配方	条件	*Gel*/ Pa/Pa	*AV*/ mPa·s	*PV*/ mPa·s	*YP*/ Pa	ρ/ g/cm³	润滑系数	润滑系数降低率/%
30% 盐水基浆	热滚前	6/9	9.5	3.0	6.5	1.168	0.4865	—
30% 盐水基浆 +2.0%SDHR-2		2/3	7.0	5.0	2.0	1.058	0.1453	70.13
30% 盐水基浆	160℃热滚后	8/11	7.5	2.0	5.5	1.158	0.4233	—
	180℃热滚后	7/10	7.5	3.0	4.5	1.160	0.4178	—
	200℃热滚后	9/11	9.0	5.0	4.0	1.154	0.3988	—
	220℃热滚后	9/11	9.0	6.0	3.0	1.156	0.3932	—
30% 盐水基浆 +2.0%SDHR-2	160℃滚后	2/3	6.0	5.0	1.0	1.030	0.0101	97.61
	180℃热滚后	2/3	6.5	5.0	1.5	1.053	0.0278	93.35
	200℃热滚后	3/4	7.5	7.0	0.5	1.032	0.0322	91.93
	220℃热滚后	3/4	7.5	6.0	1.5	1.021	0.0457	88.38

由表 5-2-19 测试结果可知，在含钙的 30%NaCl 盐水基浆中加入 2.5% 的 SDHR-3 润滑剂，老化前润滑系数降低率达 72.54%，起泡较少，密度变化值低，可降低 *AV*、*PV* 和 *YP*，具有一定的降黏作用；老化后，随着老化温度的提高，SDHR-3 润滑剂仍具有较好的润滑性能，润滑系数降低率均保持在 75% 以上，同时起泡少，密度变化值较低，可降低 *AV*、*PV* 和 *YP*。综上所述，SDHR-3 润滑剂具有良好的抗温性能，可抗温 180～200℃。

表 5-2-19 不同温度热滚前后 SDHR-3 润滑剂在 30% 盐水基浆中的性能测试

配方	条件	*Gel*/Pa/Pa	*AV*/mPa·s	*PV*/mPa·s	*YP*/Pa	*ρ*/g/cm³	润滑系数	润滑系数降低率/%
30% 含钙盐水基浆	热滚前	6/9	9.0	3.0	6.0	1.170	0.4793	—
30% 含钙盐水基浆+2.5%SDHR-3		2/3	7.5	6.0	1.5	1.078	0.1316	72.54
30% 含钙盐水基浆	160℃热滚后	5/8	7.0	5.0	2.0	1.158	0.4588	—
	180℃热滚后	7/9	8.0	4.0	4.0	1.155	0.4375	—
	200℃热滚后	7/10	9.0	4.0	5.0	1.156	0.4266	—
	220℃热滚后	8/10	9.0	5.0	4.0	1.160	0.4089	—
30% 含钙盐水基浆+2.5%SDHR-3	160℃热滚后	2/3	6.0	5.0	1.0	1.089	0.0899	80.41
	180℃热滚后	2/3	6.5	5.0	1.5	1.078	0.0745	82.97
30% 含钙盐水基浆+2.5%SDHR-3	200℃热滚后	3/4	7.0	5.0	2.0	1.055	0.1022	76.04
	220℃热滚后	3/4	7.0	4.0	3.0	1.032	0.1053	74.25

5）抗盐抗钙性能评价实验

制备盐水基浆：取 400mL 淡水基浆，向浆杯中加入一定量的氯化钠，高速 10000r/min 搅拌 20min，搅拌过程中应停下两次，用玻璃棒刮下黏附在搅拌杯上的膨润土，得到一定浓度的盐水基浆。由于盐水基浆的 pH 值严重下降，在低 pH 值下黏土水化能力变差，故使用 pH 计和 NaOH 溶液调节盐水基浆 pH 值至 9.5。

将不同浓度的盐水基浆使用高搅机高速 10000r/min 搅拌 20min，取出倒入 25mL 量筒中静置，观察静置不同时间时，不同浓度盐水基浆的絮凝分层情况。润滑剂极压润滑性能测试时间为 5min，在 5min 之内实验可知，不同浓度的盐水基浆均未出现任何分层迹象，说明该膨润土具有一定的抗絮凝能力，为了更好地分析其絮凝分层，观察 16h 后其絮凝分层状况，如图 5-2-10 所示。

由图 5-2-10 可知，不同浓度盐水基浆静置 16h 后，盐水基浆仍然基本没有明显的絮凝分层现象，说明该膨润土具有较好的抗絮凝分层性能，可以防止由于盐浓度过高造成基浆絮凝分层的现象，因此可说明该盐水基浆在老化前可以直接进行基浆极压润滑性能的测试。

(a) 4%盐水

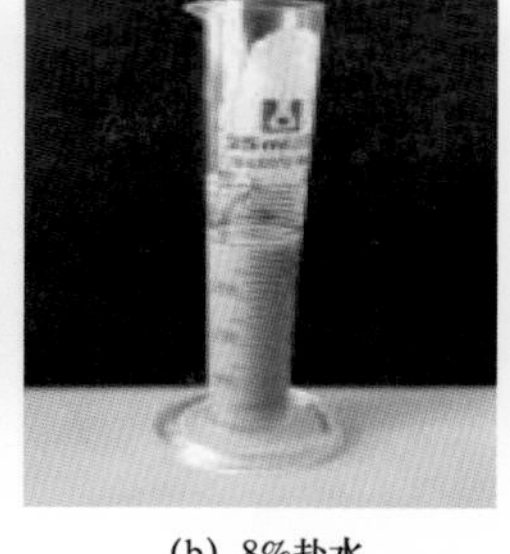
(b) 8%盐水

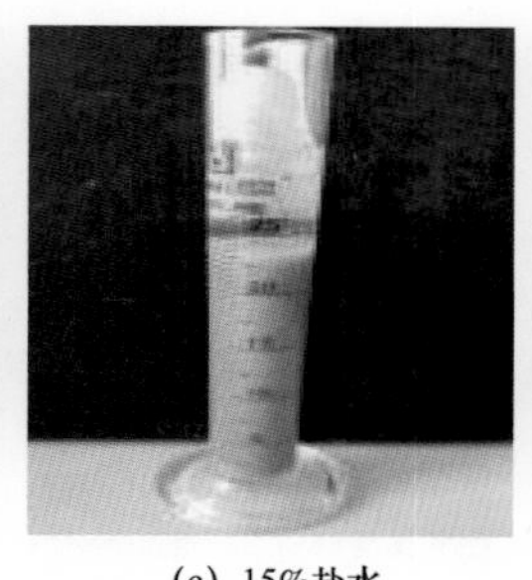
(c) 15%盐水

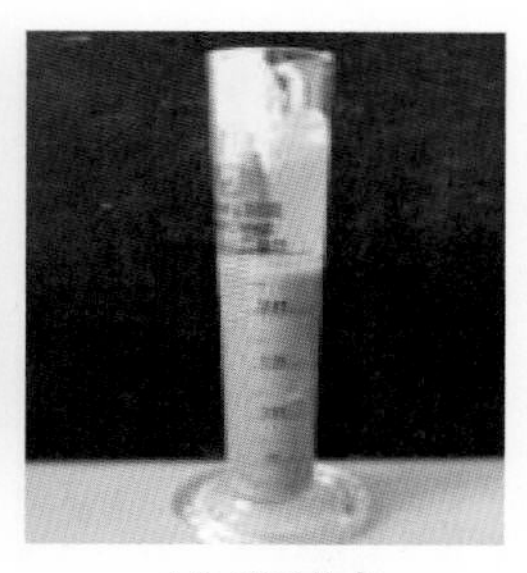
(d) 30%盐水

图 5-2-10 不同浓度盐水基浆静置 16h 后絮凝分层情况

由于 SDHR-3 润滑剂中具有聚合物以及大分子存在，加入基浆中更加容易促使盐水基浆的絮凝分层，故测试 SDHR-3 加入后，盐水基浆发生明显絮凝分层的时间，从而分析此时使用极压润滑仪是否合理。

将 SDHR-3 润滑剂分别加入盐水基浆中，在 4%，8%，15% 和 30% 盐水基浆中分别加入 1.0%，1.0%，2.0% 和 2.0% 的 SDHR-3 润滑剂，高搅机高速 10000 r/min 搅拌 40min，倒入 25mL 量筒中静置，在 5min 之内，不同浓度的基浆均未出现任何分层，说明加入 SDHR-3 润滑剂后可以进行极压润滑系数测试；将时间延长，分别观察其发生絮凝分层的静置时间，由实验可知，8% 和 30% 盐水基浆加入 SDHR-3 润滑剂后的絮凝分层时间分别为 5h 和 2h，明显的分层如图 5-2-11 所示。

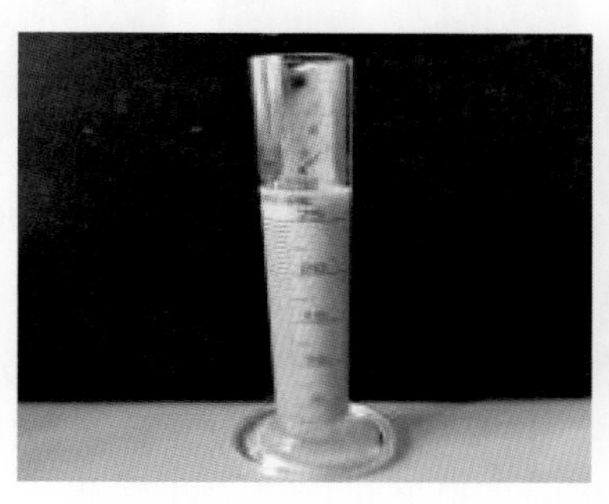
(a) 8%盐水

(b) 30%盐水

图 5-2-11 高浓度盐水基浆的絮凝分层情况

由图 5-2-11 可知，其絮凝分层时间远超过测试极压润滑系数所需静置时间，综上可知，在老化前，高浓度盐水基浆以及加入 SDHR-3 润滑剂的高浓度盐水基浆均可进行极压润滑系数的测试。

由于润滑剂的应用环境需在高温下，故需测试高温老化后盐水基浆的絮凝分层。将不同盐浓度的基浆分别装入老化罐中，180℃老化 16h 后冷却取出，利用高搅机在 10000 r/min 下搅拌 20min，分别倒入量筒中观察其絮凝分层现象，结果如图 5-2-12 所示。

由图 5-2-12 可知，180℃老化后的不同浓度盐水基浆，静置 16h 后，盐水基浆基本没有明显絮凝分层，说明该基浆在高温高矿化度下不易絮凝分层，该盐水基浆在老化后可进行基浆的极压润滑性能测试。

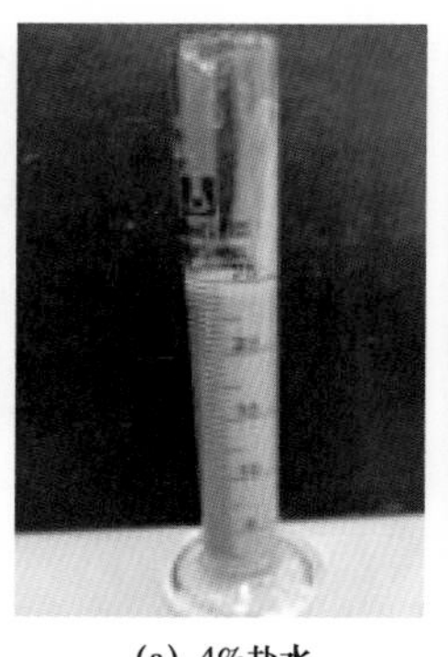
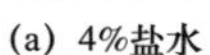
(a) 4%盐水

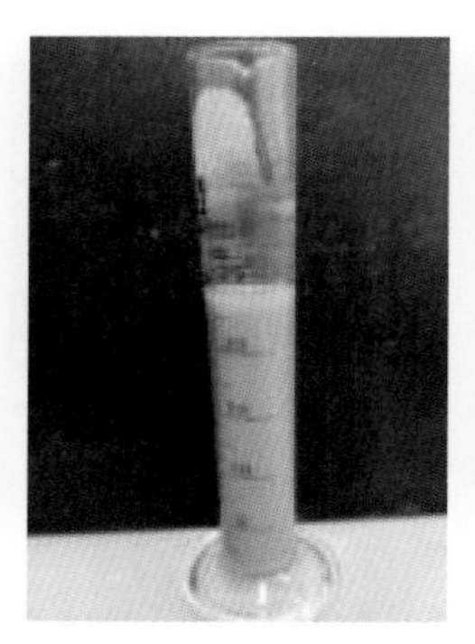
(b) 8%盐水

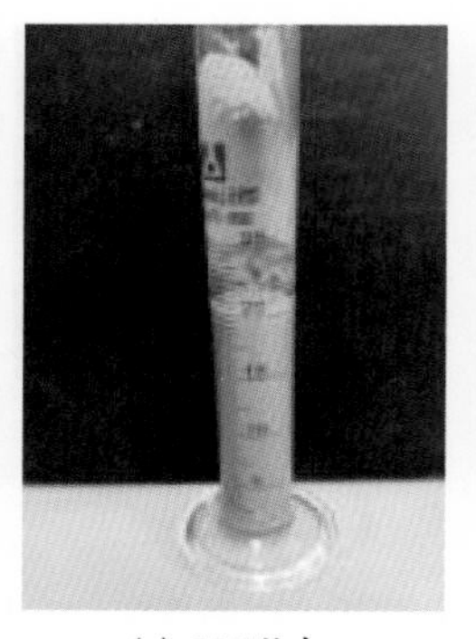
(c) 15%盐水

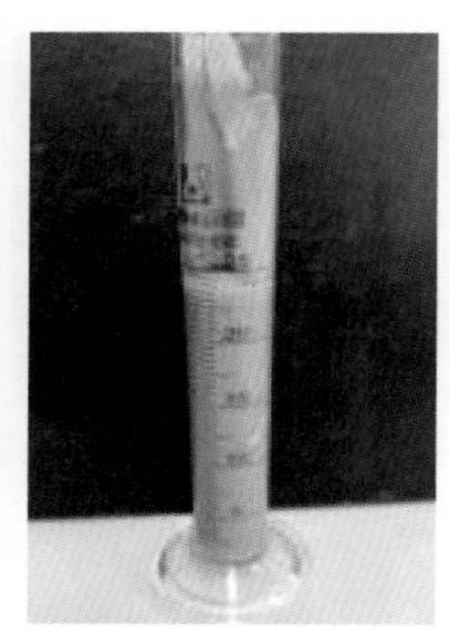
(d) 30%盐水

图 5-2-12 不同浓度盐水基浆静置 16h 后絮凝分层情况

将加入 SDHR-3 润滑剂的不同盐浓度的基浆 180℃老化 16h 后取出冷却，利用高搅机在 10000 r/min 下搅拌 40min，分别倒入量筒中观察其絮凝分层现象，结果如图 5-2-13 所示。

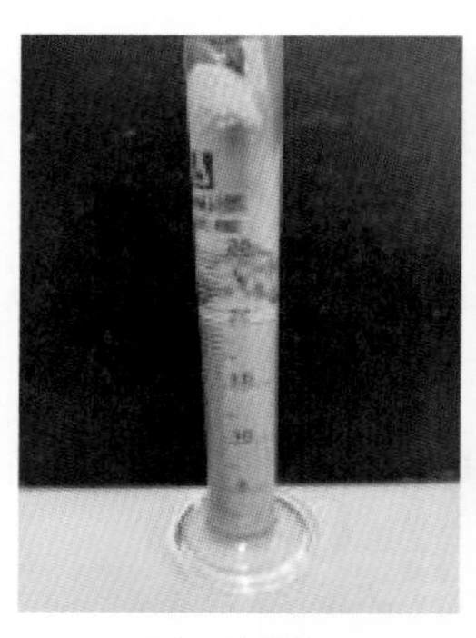
(a) 4%盐水

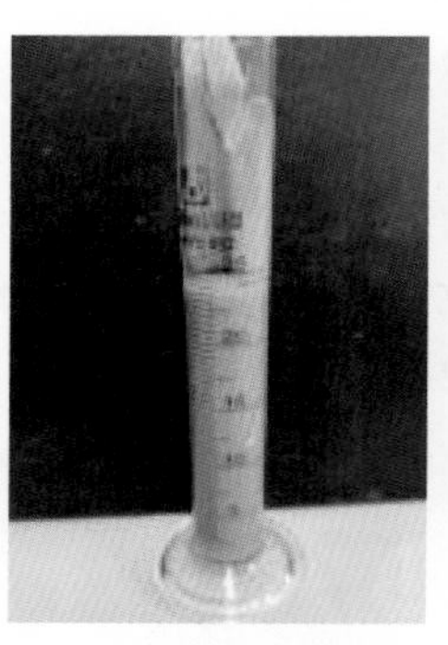
(b) 8%盐水

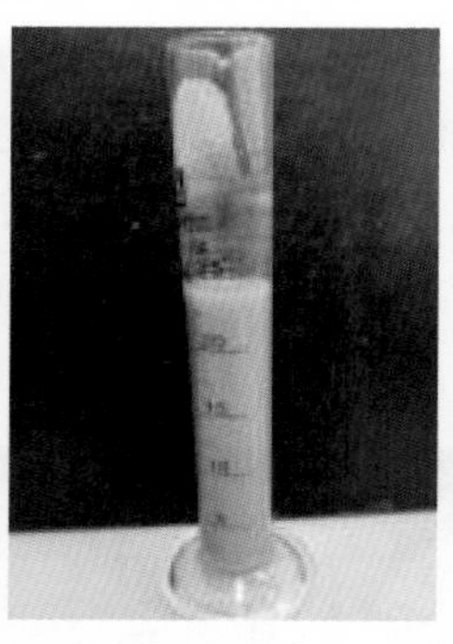
(c) 15%盐水

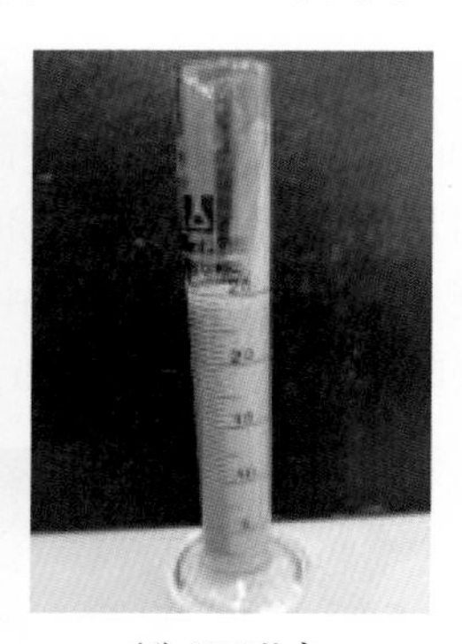
(d) 30%盐水

图 5-2-13 加入润滑剂后不同浓度盐水基浆老化后静置 5h 絮凝分层情况

由图 5-2-13 可知，180℃老化后加入润滑剂的不同浓度盐水基浆絮凝分层时间大大增长，4% 盐水基浆在静置 16h 后仍然不分层，30% 盐水基浆在 5h 后才会出现轻微分层的清液裂纹，说明 SDHR-3 润滑剂在盐水基浆中高温老化后稳定性提高，可以测试润滑剂老化后的润滑系数降低率。

同时，为测试老化前后，以及加入 SDHR-3 润滑剂前后盐水基浆的润滑系数降低率的平行性，测试结果见表 5-2-20。

表 5-2-20 不同静置时间下实验盐水基浆的润滑系数降低率

配方	条件	润滑系数降低率 /%				
		静置 5min	静置 30min	静置 1h	静置 5h	静置 16h
30% 盐水基浆	热滚前	0.4865	0.4846	0.4865	0.4825	0.4853
	热滚后	0.4178	0.4111	0.4153	0.4160	0.4160
30% 盐水基浆 +2.0%SDHR-3	热滚前	0.1453	0.1453	0.1429	0.1442	0.3829
	热滚后	0.0278	0.0278	0.0278	0.0278	0.2366

目前，抗 NaCl 污染实验一般选择 4 个浓度：4%、8%、15%、30%，其中 4%NaCl 盐水基浆模拟海水 NaCl 浓度，8% 与 15%NaCl 盐水浓度为现阶段较多抗盐抗钙水基钻井液润滑剂的抗盐上限，30%NaCl 盐水浓度模拟饱和 NaCl 浓度。测试 SDHR-3 润滑剂在不同浓度的 NaCl 性能，结果见表 5-2-21。

表 5-2-21 SDHR-3 在不同浓度盐水基浆中的作用效果（180℃ /16h）

配方	条件	*Gel*/ Pa/Pa	*AV*/ mPa·s	*PV*/ mPa·s	*YP*/ Pa	*ρ*/ g/cm³	润滑系数	润滑系数降低率 / %
4% 盐水基浆	热滚前	9/12	10.5	5.0	5.5	1.032	0.4622	—
	热滚后	13/17	10.0	4.0	6.0	1.030	0.4828	—
4% 盐水基浆 +2.0%SDHR-3	热滚前	13/14	13.0	4.0	9.0	1.008	0.1279	72.33
	热滚后	13/22	11.0	5.0	6.0	1.019	0.0424	91.22
8% 盐水基浆	热滚前	10/12	10.0	2.0	8.0	1.044	0.4320	—
	热滚后	10/7	8.0	6.0	2.0	1.038	0.4547	—
8% 盐水基浆 +2.0%SDHR-3	热滚前	10/13	11.0	4.0	7.0	1.018	0.1238	71.34
	热滚后	12/10	10.0	4.0	6.0	1.023	0.0460	89.88
15% 盐水基浆	热滚前	9/10	10.0	3.0	7.0	1.106	0.4218	—
	热滚后	6/7	6.0	2.0	4.0	1.098	0.4343	—
15% 盐水基浆 +2.0%SDHR-3	热滚前	7/7	9.5	5.0	4.5	1.076	0.1228	70.89
	热滚后	2/3	5.5	5.0	1.5	1.093	0.0429	90.12
30% 盐水基浆	热滚前	6/9	9.5	3.0	6.5	1.168	0.4865	—
	热滚后	7/10	7.5	3.0	4.5	1.160	0.4178	—
30% 盐水基浆 +2.0%SDHR-3	热滚前	2/3	7.0	5.0	2.0	1.058	0.1453	70.13
	热滚后	2/3	6.5	5.0	1.5	1.053	0.0278	93.35

由表 5-2-21 测试结果可知，随着盐浓度增加，老化前，SDHR-3 润滑剂在盐水基浆中的润滑系数降低率逐渐变差，但超过 70%；老化后，随着盐浓度越高，SDHR-3 润滑剂润滑系数降低率越高，故 SDHR-3 润滑剂在高温下具有良好的抗盐性能；可降低基浆的 *AV*、*PV* 和 *YP*；起泡较少，密度变化值小。综上所述，SDHR-3 润滑剂具有较好的抗高浓度盐的性能。

在 30%NaCl 盐水基浆的基础上分别加入浓度为 1000mg/L、2000mg/L、4000mg/L 和 6000mg/L 的氯化钙得到氯化钙盐水基浆，热滚温度为 180℃，测试 SDHR-3 润滑剂在高温高矿化度下的抗钙性能，实验结果见表 5-2-22。

表 5-2-22 SDHR-3 在不同浓度氯化钙盐水基浆中的作用效果（180℃/16h）

配方	条件	*Gel*/Pa/Pa	*PV*/mPa·s	*YP*/Pa	*ρ*/g/cm³	润滑系数	润滑系数降低率/%
30% 盐水基浆 +1000mg/L $CaCl_2$	热滚前	10/12	4.0	5.0	1.168	0.4728	—
	热滚后	8/9	3.0	5.0	1.152	0.4937	—
30% 盐水基浆 +1000mg/L $CaCl_2$+2.5% SDHR-3	热滚前	3/4	6.0	2.0	1.088	0.1261	73.32
	热滚后	2/3	5.0	2.0	1.045	0.0466	90.56
30% 盐水基浆 +2000mg/L $CaCl_2$	热滚前	10/12	3.0	7.0	1.168	0.4631	—
	热滚后	10/12	3.0	5.0	1.148	0.4509	—
30% 盐水基浆 +4000mg/L $CaCl_2$	热滚前	9/10	2.0	7.0	1.170	0.4869	—
	热滚后	6/9	4.0	4.0	1.145	0.4418	—
30% 盐水基浆 +4000mg/L $CaCl_2$+2.5% SDHR-3	热滚前	2/3	7.0	0.5	1.056	0.1369	71.88
	热滚后	2/3	6.0	0.5	1.072	0.0679	84.63
30% 盐水基浆 +6000mg/L $CaCl_2$	热滚前	6/9	3.0	6.0	1.170	0.4793	—
	热滚后	7/9	4.0	4.0	1.155	0.4375	—
30% 盐水基浆 +6000mg/L $CaCl_2$+2.5% SDHR-3	热滚前	2/3	6.0	1.5	1.053	0.1316	72.54
	热滚后	2/3	5.0	1.5	1.078	0.0745	82.97

由表 5-2-22 测试结果可知，随着 $CaCl_2$ 浓度的增加，加入 SDHR-3 后，老化前润滑系数降低率达 70%，老化后达 80%，说明 SDHR-3 在高温高矿化度下具有良好的润滑性能；基浆的 *AV*、*PV* 和 *YP* 有一定程度的降低，基浆密度变化值较小，不易起泡；综上所述，SDHR-3 润滑剂具有良好的抗温抗盐和抗钙性能。

二、抗饱和盐抗高温高密度水基钻井液技术

1. 钻井液配方

针对技术难点，采用高密度抗饱和盐钻井液的方式可实现对泥页岩等强水敏性地层的水化抑制，以及对盐膏层溶蚀的抑制；同时钻井液中的高含盐量也提高了基液的密度，缓解了高密度钻井液中高固相与流变性之间的矛盾。

该高密度抗饱和盐钻井液的配方见表 5-2-23。

为保持饱和盐条件下钻井液体系依然具有良好的降滤失和抗污染性能，配方中所采用的处理剂均为筛选后的抗盐处理剂。

表 5-2-23 抗饱和盐钻井液体系配方

配方	加量 /%	配方	加量 /%
降滤失剂	4	细目钙	5
抗高温提切剂	3	KCl	7
纳米防塌剂	3	NaCl	10
封堵防塌剂	4	抑制加重剂 BZ-YZJ-I	50
润滑剂	2	重晶石粉	按需
pH 值调节剂	0.3～0.5		

2. 抗温性评价

采用上述配方配制抗饱和盐钻井液，按 GB/T 16783.1 中规定分别测定流变性、中压滤失量和高温高压（200℃ /3450 kPa）滤失量，数据列于表 5-2-24。

表 5-2-24 抗饱和盐钻井液抗温性评价

实验条件	ρ/ g/cm³	AV/ mPa·s	PV/ mPa·s	YP/ Pa	Gel/Pa		FL_{API}/ mL	FL_{HTHP}/ mL
					10s	10min		
老化前	2.40	126	111	15	2.5	6.0	3.7	/
200℃老化 16h 后	2.40	108	96	12	1.5	5.0	3.9	14.2

结果表明，密度为 2.40g/cm³ 的抗饱和盐钻井液老化前后均保持了良好的流变性能和较小的滤失量，体系经过 200℃老化后高温高压滤失量仅为 14.2mL，且具有较为致密的滤饼（图 5-2-14），综合以上数据表明该体系抗温可达 200℃。

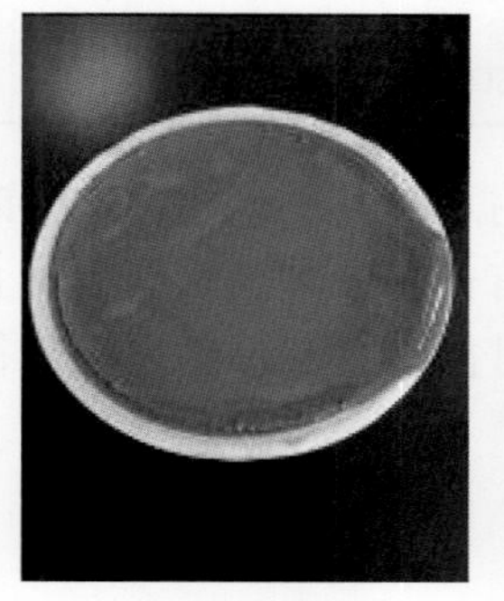
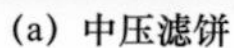

(a) 中压滤饼

(b) 高温高压滤饼

图 5-2-14 钻井液 200℃老化 16h 后的滤饼

3. 抑制性评价

针对强水敏性地层泥页岩易坍塌、缩颈和泥包等问题，对该抗饱和盐钻井液配方进行了泥页岩岩屑滚动回收率以及页岩线性膨胀率实验，以考察其对泥页岩水化分散的抑制性，所测数据列于图 5-2-15 和图 5-2-16 中。岩屑为天然泥页岩，滚动条件 200℃ ×16h；页岩为膨润土人工制得，膨胀时间 24h。

从图 5-2-15 可见，该高密度抗饱和盐钻井液具有良好的抑制性，经 200℃条件下热滚滚动 16h 后，泥页岩的滚动回收率可达到 85.6%。从图 5-2-16 可见，该高密度抗饱和盐钻井液具有较小的线性膨胀率（23.31%）。

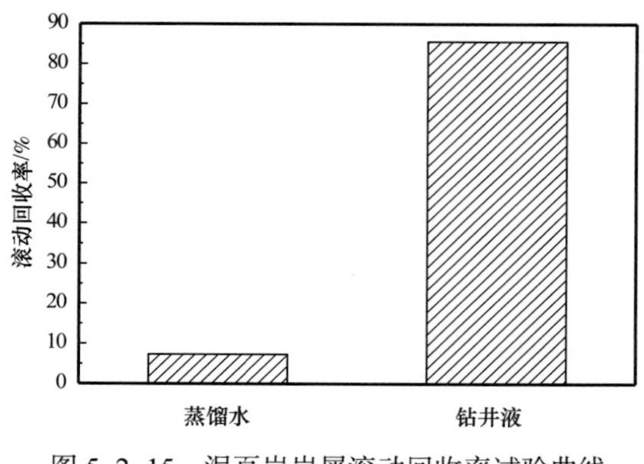

图 5-2-15 泥页岩岩屑滚动回收率试验曲线

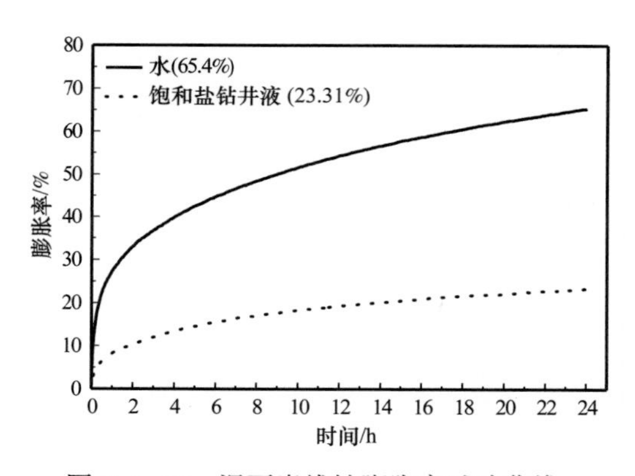

图 5-2-16 泥页岩线性膨胀率试验曲线

以上两组数据显示该高密度抗饱和盐钻井液具有良好的抑制性，可有效抑制易水化黏土颗粒的分散与膨胀。原因有两个方面：一方面是体系中含有的大量盐，降低了水的活度，大大减缓了自由水对黏土颗粒的侵入；另一方面是体系中的 BZ-BYJ-1 可附着在黏土颗粒表面，起到包被作用，抑制了黏土颗粒的水化。

山前地区除了强水敏泥页岩地层外，还有高压盐膏层，因此仅仅考察钻井液对黏土水化的抑制性是不够的，还需要进一步考察体系对盐膏层溶蚀的抑制性。为此，将高密度抗饱和盐钻井液的基液对 NaCl 和 $CaSO_4$ 的溶解性进行了实验，具体实验数据见表 5-2-25。

表 5-2-25 NaCl 和 $CaSO_4$ 溶解实验

盐	抗饱和盐钻井液基液溶解性 /%
NaCl	0.0
$CaSO_4$	0.1

从表 5-2-25 的数据可见，该抗饱和盐钻井液仅少量溶解 $CaSO_4$，对 NaCl 不溶解，体现出对盐的溶解具有良好的抑制性，可防止在实际应用时因盐膏层溶蚀导致的各种复杂情况出现。同时，对盐溶解的抑制性也使得该抗饱和盐钻井液均具有良好的抗盐膏污染能力。

4. 抗污染性评价

由于该抗饱和盐钻井液中含有大量的盐，水活度低、离子嵌入和压缩双电层等功能决定了其对进入钻井液中的黏土、石膏等污染物不分散或不溶解，抗污染能力极强，上述的数据显示了这一点。为了更表观地体现该抗饱和盐钻井液的抗污染能力，分别进行了黏土（5%）和 $CaSO_4$（3%）污染实验（由于该体系中 NaCl 的含量已近饱和，故不再做 NaCl 污染实验），实验数据列于表 5-2-26。

从表 5-2-26 可以看出，黏土和 $CaSO_4$ 对抗饱和盐钻井液体系的性能略有影响，会使黏度和滤失量轻微增大，但从整体上看体系的性能维持在较好的水平，抗钙可达 8823μg/g。

表 5-2-26 抗饱和盐钻井液体系抗污染实验评价

实验条件	AV/mPa·s	PV/mPa·s	YP/Pa	Gel/Pa		FL_{API}/mL	FL_{HTHP}/mL
				10s	10min		
污染前	108	96	12	1.5	5.0	3.9	14.2
5% 黏土污染	120	104	16	2.5	7.0	4.2	15.6
3% $CaSO_4$ 污染	115	98	17	2.0	6.0	4.2	17.2

注：以上数据均为 200℃热滚 16h 后的性能。

5. 沉降稳定性评价

水基钻井液高温条件下的沉降问题一直是一大技术难题，也是影响深井超深井水基钻井液施工安全关键因素之一。所研发的抗饱和盐抗高温高密度水基钻井液的出罐状态如图 5-2-17 所示，当老化温度在 200℃以下时，钻井液可保持良好的沉降稳定性；而当老化温度进一步升高至 210℃时，钻井液发生了明显的沉降现象。

(a) 200℃老化16h

(b) 210℃老化16h

图 5-2-17 老化 16h 后的出罐状态

为进一步评估钻井液的沉降稳定性，采用法国 Forlmulaction 公司开发的 Turbiscan LAB 多重光散射仪，通过监测样品透过光和背散射光强度随时间的改变，来实时动态地监测钻井液的沉降行为，测试时间为 24h，测试温度为 30℃。

背散射光参比谱图中，横坐标为样品高度，纵坐标为样品的背散射光参比强度，不同时间的光强度曲线用颜色区分，对应右侧的彩色示意条。随测试时间延长，各测试钻井液顶部或多或少地出现了清液，导致背散射光强降低，清液的多少可反映钻井液沉降稳定性。沉降稳定性方面，210℃老化 16h 的钻井液发生了较为严重的沉降现象，该测试结果与前图所示的出罐结果一致。

为更直接地反映钻井液沉降稳定性，对两个钻井液的 TSI 稳定指数做图（图 5-2-18 和图 5-2-19）。TSI 稳定性指数是为了使样品比较起来更方便而设定的参数，它是在给定的时间，通过对样品动态稳定曲线积分得到的：

$$\mathrm{TSI}=\frac{\sum_{h}\left|h_i-h_{i-1}\right|}{H}$$

式中 h_i，h_{i-1}——相邻 2 次扫描的沉积层厚度；

H——沉积层总厚度。

因此 TSI 数值越大，越不稳定。

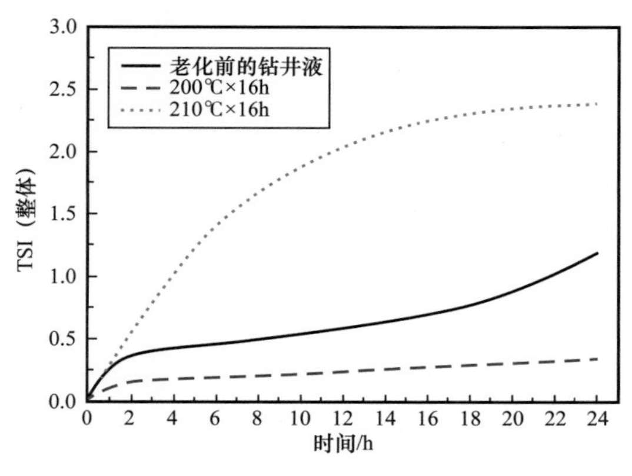

图 5-2-18　钻井液在不同温度下老化 16h 后的沉降稳定性

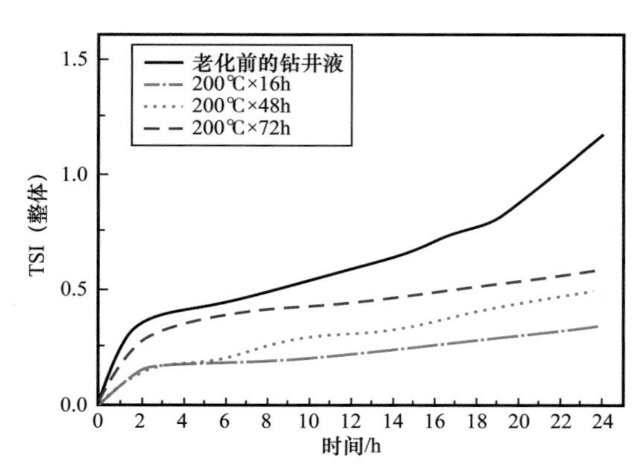

图 5-2-19　钻井液在 200℃下老化不同时间后的沉降稳定性

结果显示，相比于老化前的钻井液，经过 200℃以下温度老化后钻井液的稳定性反而更好，其 TSI 指数小于 0.5，表明经过高温滚动后，体系中各组分溶解更加充分；但随着老化温度的升高，体系的沉降稳定性略有降低，当老化温度达到 210℃时，TSI 指数骤然增大，是钻井液中的部分组分发生了高温分解所致。

6. 高温长期稳定性评价

将钻井液在 200℃下分别老化 16～72h，以考察其高温下的长期稳定性，结果见表 5-2-27。

表 5-2-27　钻井液 200℃下长期稳定性

实验条件	ρ/ g/cm^3	AV/ mPa·s	PV/ mPa·s	YP/ Pa	Gel/ Pa		FL_{API}/ mL	FL_{HTHP}/ mL
					10s	10min		
老化前	2.4	126	111	15	2.5	6.0	3.7	—
200℃老化 16h 后	2.4	108	96	12	1.5	5.0	3.9	14.2
200℃老化 24h 后	2.4	102	91	11	1.5	4.5	3.9	14.8
200℃老化 48h 后	2.4	98	89	9	1.0	4.0	4.2	15.6
200℃老化 72h 后	2.4	95	87	8	1.0	3.5	4.4	16.8

结果显示，钻井液在 200℃下性能稳定，随老化时间延长，流变性略有降低，滤失量逐渐增大，但尚在可控范围内，显示了较好的高温长期稳定性。

沉降稳定测试显示，随老化时间的延长，钻井液的沉降稳定性仅略有下降，经过 72h 的老化，其 TSI 稳定指数也仅有 0.59，显示了良好的高温沉降稳定性。

7. 封堵性评价

采用渗透性砂盘封堵试验仪，对钻井液进行封堵性评价，采用砂盘渗透率分别为 400mD 和 10D，实验结果见表 5-2-28。

表 5-2-28 钻井液封堵性能评价

砂盘渗透率 /D	不同时间的滤失量 /mL						实验结束的滤失量 / mL
	1min	5min	7.5min	15min	25min	30min	
400×10^{-3}	0.4	2.1	3	4.1	5.5	5.9	11.8
10	1	3.1	3.7	4.8	6	6.7	13.4

结果显示，塑性封堵剂 BZ-NAX50 和 BZ-YFT，以及刚性封堵剂细目钙配合使用，可显著增强钻井液的封堵性能，减少滤液进入地层，减缓井壁失稳垮塌掉块发生的可能性。

三、现场应用效果分析

2019—2020 年，抗饱和盐抗高温高密度水基钻井液现场应用 12 口井，最高密度 2.3g/cm^3，最高井底温度 240℃，平均井径扩大率为 5.31%（表 5-2-29）。该钻井液体系可有效解决上部泥页岩地层坍塌、缩径阻卡等难题，顺利钻穿高压水层，起下钻畅通无阻，完钻井井径规则。

表 5-2-29 现场试验井基本情况统计

序号	井号	井别	设计井深 / m	实际井深 / m	最高密度 / g/cm^3	井径扩大率 / %	备注
1	冀探 1	预探井	6500	6194	2.3	2.88	完井
2	冷探 1	预探井	5700	5708	2.13	1.81	完井
3	鸭探 1	预探井	6000	6208	2.25	2.2	完井
4	鸭西 1-26	开发井	4450	4450	1.47	5.64	完井
5	赛探 1	预探井	6400	6150	1.7	9.4	完井
6	仙西 3	预探井	6000	6000	1.86	1.05	完井
7	KeS17	预探井	7415	7415	1.87	9.24	完井
8	KeS 25	预探井	6650	5243	1.6	5.23	完井
9	KeS 101-1	开发井	7206	5170	1.81	6.74	完井
10	迪深 1	预探井	6870	6760	2.2	3.62	完井
11	阳探 1	预探井	7600	7944	1.89	1.8	完井
12	迪探 2	预探井	6074	5926	1.87	14.14	未完

12 口井中，青海油田应用井复杂降低率为 21.8%；塔里木油田应用井复杂降低率为 32.2%。

1. 翼探 1 井现场应用

翼探 1 井位于青海省海西洲茫崖行委花土沟镇 28°方位 58km 处。构造名称：柴西北区南翼山构造较高部位，井别：风险井，井型：直井。设计井深：6500m，实际井深：6194.22m。

施工井段三开（1800～4330m）、四开（4330～5500m）。

（1）体系抗高温性能的维护处理。使用原井浆扫塞，三开开钻前（1800m）现场配制 $200m^3$、$1.62g/cm^3$、52s 的复合盐钻井液，将原井浆替出放掉。1800～4000m 井段钻进时，体系处理剂配成胶液，采用细水长流方式维护钻井液性能（表 5-2-30）。4000～4368m 井段，在井浆基础上进行体系抗温升级≤200℃。体系加入 1%～1.5 %BZ-KLS-Ⅱ 和 1.5%～2 %BZ-KLS-III 等材料。保持钻井液体系较高的 BZ-YJZ 含量，充分发挥体系材料协调作用，提高体系高温稳定性，尽可能避免处理剂热解作用使钻井液存在 CO_3^{2-}/HCO_3^-。由于 BZ-KLS-III 水溶黏度略高，常温下不完全溶解，采取多次加入达到配方浓度。4368～5500m 井段，在井浆基础上进行体系抗温升级≤210℃，并做好进一步抗温升级准备工作。钻井液体系转换之前，做好室内小型实验，确保钻井液性能稳定。体系处理剂配成胶液，采用细水长流方式维护钻井液性能。依据井下情况，及时调整补充 BZ-YJZ 含量，保持其有效含量。加足 BZ-YFT，NAX50 和 BZ-YRH，改善滤饼质量，增强钻井液封堵和承压能力。5500～6194.22m 井段，在井浆基础上进行体系抗温升级 210～250℃。体系加入 6%～8%BZ-KLS-Ⅲ 等材料。每次起钻前，下部井段注入主配 BZ-KLS-III 的抗高温封闭浆。井温超过 180℃钻井液维护 NaOH 消耗增大，及时均匀补充碱量维护体系 pH 值。井温超过 200℃时，出口温度达到 95～102℃，地面循环的钻井液水分蒸发量大。当体系材料加足后，以低浓度胶液维护性能补充蒸发量，避免按照体系配方配制胶液材料重复加入。

表 5-2-30 翼探 1 井 1800～6194m 现场实钻钻井液性能

井段 m	ρ/ g/cm^3	E_S/ V	*PV*/ mPa·s	*YP*/ Pa	*Gel*/ Pa/Pa	FL_{API}/ mL	FL_{HTHP}/ mL	pH 值	MBT/ g/L
1800～4000	1.52～1.60	45～70	18～34	4～12	2～5/ 5～12	1.8～5.0	8.8～12.0	8.0～9.0	15.68～19.95
4000～4368	1.53～1.58	61～95	43～42	9～16	2.5～5/ 7～12	1.2～2.0	9.0～11.4	8.0～8.5	15.68～21.38
4368～5500	1.59～1.80	59～191	30～114	8～43	2～7/ 8～18	0.1～2.0	9.4～10.8	8.0	14.25～17.1
5500～6194	1.82～2.30	82～138	88～116	20～40	6～10.5/ 12～18	0.1～1.0	10.2～13.8	8.0	9.98～15.53

注：4200～5182m 测试条件 FL_{HTHP} 在 150～180℃测定；5500～6194m 测试条件，先热滚老化 230℃ ×16h，FL_{HTHP} 在 180℃测定。

（2）硬质弱水化泥岩破碎地层的处理。翼探1井E_3^2，E_3^1和E_{1+2}自3100m至5900m地层倾角大，频繁钻遇硬质弱水化泥岩破碎地层、裂缝发育地层（图5-2-20）。其中E_3^1和E_{1+2}上部破碎地层掉块裂缝间基本填充方解石，破碎岩石之间胶结性弱；E_3^2和E_{1+2}下部破碎地层破碎岩石之间基本无填充胶结（图5-2-21）。井深5109m返出掉块，现场浮力法测得一组10块棕红色泥岩掉块最大密度2.81g/cm³、最小密度2.78g/cm³、平均密度2.79g/cm³，掉块密度相对较高。当钻开破碎地层时，由于应力释放，破碎岩石集中进入井筒，易造成卡钻等复杂。钻具活动、激动压力等因素极易导致岩石松动脱落，尤其是井眼轨迹不好的情况下；出现大量掉块或大掉块影响钻进时，要划眼。起钻因掉块出现阻卡现象时，上提不能过猛过大，宜小排量划眼处理。破碎地层钻井施工时，钻井液要进一步提高封堵防塌能力，适当提高膨润土含量增加造壁性。纳米封堵剂改性缩酮/NAX50加量2%～3.5%时，封堵效果明显改善。划眼处理时，可配合15～20m³具有网架结构的稠浆清扫井筒。

图5-2-20 E_{1+2}上部地层5109m掉块裂缝间填充方解石

图5-2-21 E_3^2地层3948.5～3957m钻井取心岩心天然横向与纵向裂缝

低压易漏层钻进，使用BZ-DFT和YX加强随钻封堵。利用可酸化解堵海泡石+碳酸钙护壁特色技术防漏、堵漏，提高井壁承压能力，具体方法：钻井液消耗量大或堵漏时，配制堵漏浆加入预水化BZ-TQJ浆使其BZ-TQJ含量达到5%，加入5%细目$CaCO_3$。搅拌均匀后进行堵漏作业，返出时使用固控设备清除并加入体系配方胶液稀释，使BZ-TQJ和细目$CaCO_3$含量达到体系要求。

翼探1井自755m，间断出现CO_2侵。其中1800～4368m钻进时，CO_2含量基本伴随全烃增大而增大。使用密度1.83g/cm³钻至井深6194.22m时，发现池体积上涨1.0m³，判断溢流，立即关井，溢速30.0m³/h，推段层位6190.00～6192.00m，地层岩性为E_{1+2}、棕褐色泥岩。经液气分离器节流循环压井，CO_2基值由23.11上升至70.99又下降至50.05，槽面见40%豆状气泡，振动筛筛出大量结晶盐，判断为高压盐水和CO_2侵。本井高井温下处理CO_2侵时，控制较低的膨润土含量，胶液复配适量CaO、NaOH，采用“少食多餐、高碱高钙、部分蚕食、细水长流”综合方式清除污染。

2. 冷探1井现场应用

青海省海西洲冷湖镇166°方位约33km处。构造名称：柴西北区南翼山构造较高部位。井别：风险井。井型：直井。设计井深：5700m，实际井深：5708.5m。

（1）二开（355～2036m）使用了复合盐钻井液体系。

使用原一开钻井液钻水泥塞。地面配制250m^{3}密度1.55g/cm^{3}的复合盐钻井液，处理剂充分溶解发挥作用，性能调整至设计范围内，一次性替出井筒内的钻塞污染钻井液。钻井液体系转换之前，做好室内小型实验。钻进时以胶液方式补充新浆，采用抑制防塌剂BZ-YFT、抑制润滑剂BZ-YRH、降滤失剂BZ-KLS、NaCl、KCl和BZ-YJZ等处理剂配成胶液，采用细水长流方式补充维护。依据井下情况，及时调整补充BZ-YJZ加量，保持其有效含量，提高钻井液的抑制性，同时加足防塌剂BZ-YFT和润滑剂BZ-YRH，保证性能和井壁稳定。

在施工过程中根据返出的岩屑调整性能，并间断用稠浆清扫液清扫井眼，确保安全钻进。复合盐钻井液具有抑制、防塌和较强的携砂能力。加强坐岗和性能测量，在钻井过程中根据钻井液性能变化、保持钻井液具有良好的携带能力、防塌能力。使用适当的密度，保证井壁稳定（本井二开井段设计钻井液密度1.65～2.00g/cm^3）。钻遇高压盐水层地层，故钻进期间，维持密度为设计上限2.00g/cm^3，井浆补充1%～2%随钻堵漏剂BZ-DFT。

钻完进尺后，通井时大排量循环洗井2周以上，钻屑循环干净后，注入性能优良的润滑封闭浆裸眼段。封闭浆以润滑剂BZ-YRH为主，辅以防塌剂BZ-YFT、降滤失材料BZ-KLS，改善滤饼质量强化润滑性。

（2）三开（2036～3814m）使用了复合盐钻井液体系。

三开地层上部以泥岩、砂质泥岩、粉砂岩为主，夹砂砾岩。E_3^1底部发育少量膏质泥岩、含膏泥岩，E_{1+2}中下部以泥岩、砂质泥岩、含膏泥岩、膏质泥岩为主。

使用原二开钻井液钻水泥塞。性能调整至设计范围内，钻进时以胶液方式补充新浆，采用抑制防塌剂BZ-YFT、抑制润滑剂BZ-YRH、降滤失剂BZ-KLS-1、封堵剂BZ-DFT、NaCl、KCl和BZ-YJZ等处理剂配成胶液，采用细水长流方式补充维护。依据井下情况，及时调整补充BZ-DFT加量，保持其有效含量，提高裸眼井段承压能力，同时加足防塌剂BZ-YFT和润滑剂BZ-YRH，保证性能和井壁稳定。钻井施工中发挥体系强抑制、强封堵、低固相等特性，同时补充2%～3%BZ-DFT增强封堵改善滤饼。BZ-DFT具有较好的抗盐能力，充分利用BZ-DFT的封堵效应，钻至中完井。3814m实现钻井液密度提至2.12g/cm^{3}无漏失，有效防止发生井下复杂。

本井段钻遇21层气水层、7层含气水层、2层气层。通过加入BZ-DFT随钻封堵承压后，地层自然承压能力达到了当量钻井液密度2.13g/cm^{3}以上，解决了地层出水，堵漏事故复杂。中完电测一次成功，套管顺利下到位。

（3）四开（3814～5113m）使用了复合盐钻井液体系。

四开地层上部以泥岩、砂质泥岩、粉砂岩为主，夹砂砾岩。E_3^1底部发育少量膏质泥岩、含膏泥岩，E_{1+2} 中下部以泥岩、砂质泥岩、含膏泥岩、膏质泥岩为主。

使用原三开钻井液钻水泥塞。性能调整至设计范围内，钻进时以胶液方式补充新浆，采用抑制防塌剂 BZ-YFT、抑制润滑剂 BZ-YRH、降滤失剂 BZ-KLS-1、封堵剂 BZ-DFT、NaCl、KCl 和 BZ-YJZ 等处理剂配成胶液，采用细水长流方式补充维护。依据井下情况，及时调整补充 BZ-DFT 加量，保持其有效含量，提高裸眼井段承压能力，同时加足防塌剂 BZ-YFT 和润滑剂 BZ-YRH，保证性能和井壁稳定。

钻井施工中发挥体系强抑制、强封堵、低固相等特性，同时补充 2%～3%BZ-DFT 增强封堵改善滤饼。BZ-DFT 具有较好的抗盐能力，充分利用 BZ-DFT 的封堵效应，钻至中完井深 5113m 实现钻井液密度提至 2.01g/cm^3 无漏失，有效防止发生井下复杂。

（4）五开（5113～5708.5m）使用了复合盐钻井液体系。

五开前在四开高密度钻井液基础上，配合离心机、15% 的预水化抗盐土浆和高浓度胶液降低钻井液密度，按设计要求加入足量油层保护剂 YX，调整性能至设计范围内钻入地层。控制高温高压失水≤12mL，同时尽力清除钻井液中劣质固相，做好油气层保护工作。

钻进期间，密度靠近设计上限 1.80g/cm^3，适当维持高黏切并间断采用稠塞携带裹砂清洁井眼，不定期补充随钻堵漏材料，确保井浆内 2%～3% 堵漏剂含量，配合工程精心操作，确保井下施工安全。五开完钻，取心 1 次：井段 5700.0～5708.5m，进尺 8.5m，心长 8.4m，收获率 99%，见表 5-2-31。

表 5-2-31　冷探 1 井钻井液性能

井段 / m	ρ/ g/cm^3	FV/ s	FL_{API}/ mL	pH 值	FL_{HTHP}/ mL	摩阻系数	Gel/Pa		PV/ mPa·s	YP/ Pa
							10s	10min		
0～355	1.43～1.45	55～65	8	8～8.5			3	8～13	20～28	10～15
～2036	1.93～2.00	58～115	1.6～5	8～9	12	0.08	3～4	6～13	39～45	9～15
～3814	2.05～2.11	63～85	2.2～3.8	8～9	8.6～12	0.08	2～7	8～18	40～62	8～16
～5113	2.00～2.02	50～84	2～3.4	8～9	8.4～11	0.08	4～6	11～13	35～55	15～18
～5708.5	1.79～1.80	68～85	1.6～3.4	8～9	8.4～10.6	0.08	2～2.5	7～7.5	46～58	13～15

搞好四级固控净化，在过筛许可的情况下，振动筛尽量采用高目筛布。合理使用离心机，最大限度清除钻井液中的有害劣质固相，控制钻井液较低的固相含量，保持性能稳定。

完井作业期间，通井时大排量循环洗井 2 周以上，钻屑循环干净后，注入性能优良的润滑封闭浆封闭井底裸眼段。封闭浆以润滑剂 BZ-YRH 为主，辅以防塌剂 BZ-YFT、降滤失材料 BZ-KLS，改善滤饼质量强化润滑性。电测、下套管均顺利到底，开泵循环正常，固井施工顺利。

第六章　深井超深井固井完井技术

我国陆上 39% 剩余石油和 57% 剩余天然气分布在深层，资源潜力巨大，已成为油气勘探与开发重要接替领域。固井是保证井工程质量的关键工程技术，固井质量好坏直接关系安全顺利钻进、油气藏采收率和油气井寿命。随着勘探开发向深层油气的不断拓展，高温、高压、多压力系统、窄密度窗口、长封固段等对固井提出严峻挑战。针对深井超深井复杂地质环境和复杂工况条件下的固井技术难题，从材料、体系、工艺、软件、配套技术等方面开展了系列攻关，形成了抗超高温水泥浆体系、长封固段大温差水泥浆体系、高强度韧性水泥、高温高密度驱油隔离液，保证水泥环密封完整性的成套技术以及固井过程仿真模拟技术等，有效保证了固井施工安全及固井质量，为深层油气资源的安全高效勘探开发提供了强有力的工程技术保障。

第一节　深井超深井固井水泥浆体系研制与应用

深井超深井井底温度和压力高，井下地质环境和井况条件复杂，对固井水泥浆的施工性、抗高温性、流变性、稳定性、防窜性以及水泥石的密封性和防衰退性等提出严峻挑战。针对超高温下固井水泥外加剂性能易失效、沉降稳定性难以保障、水泥石长期强度衰退等技术难题，通过探索高温水泥浆 / 水泥石稳定机理、抗高温固井关键材料研发和超高温水泥浆体系构建等研究，解决了超高温条件下水泥浆内部结构力降低导致沉降稳定性差、水泥石晶格膨胀导致强度衰退等问题，形成了抗高温高性能固井水泥浆体系，保证了超高温油气井固井施工安全和长期有效封隔质量。

一、深井超深井固井技术难点

（1）超高温对水泥浆体系和关键材料提出严峻挑战。超高温下，聚合物外加剂易降解失效，水泥浆沉降稳定性恶化，水泥石力学性能衰退，固井施工风险较大，固井质量无法保障，因此对超高温缓凝剂、降失水剂、悬浮稳定剂、防强度衰退材料以及水泥浆体系设计等要求极高。

（2）井底压力高，气层活跃，固井后易发生环空气窜。超深井井底压力高，气层活跃，为压稳地层和提高顶替效率，需采用超高温高密度水泥浆体系和防气窜水泥浆体系，对体系的超高温沉降稳定性和流变性能要求较高。

（3）压稳防窜与防漏存在矛盾，固井安全密度窗口窄，平衡压力固井难度大，对超高温水泥浆性能提出极高要求。深井超深井井身结构复杂、温度系统复杂、压力系统复杂，同一裸眼段油气水层位多，可交互出现从静水压力到异常高压多个压力系统，存在压稳地层和井漏的矛盾。超长封固段固井水泥浆的高摩阻增加液柱压力，存在压漏地层的风险，对高密度水泥浆高温或超高温下的流变性能、降失水性能提出极严格的要求。

（4）超深井长封固段固井质量难以保障。为简化井身结构、缩短建井周期，超深井常采用长封固段固井技术，如川东北技术套管封固段长基本在2000～3500m，塔里木克深区块封固段长3500～5000m，水泥浆柱上下温差50～100℃。因此，对高温大温差水泥浆设计提出更高要求，既要保证较长的水泥浆稠化时间，又要考虑长封固段水泥浆柱顶部水泥石强度发展缓慢的情况，两者矛盾突出，常常存在封固段顶部固井质量差的问题。因此，超深井长封固段固井对高温缓凝剂性能和水泥浆体系设计要求极高。

（5）小井眼、窄间隙、薄水泥环，套管居中度低，提高顶替效率措施有限，对水泥浆技术性能要求高。超深井目的层井眼小，单边环空距10mm左右，接箍处间隙更小。井眼与套管间隙窄，环空摩阻大，施工排量受限，套管居中度低时窄边易窜槽，顶替效率低。同时，超高温水泥浆沉降稳定性与流变性矛盾突出，薄水泥环不利于保障固井质量。因此，超高温超深井固井对高温固井水泥浆技术性能要求高。

二、超高温固井水泥浆技术面临的挑战

结合超高温超深井固井难点，超高温固井水泥浆技术面临三大挑战。

（1）超高温条件下材料作用机理不完善，不能有效指导超高温水泥浆外加剂研发。

① 聚合物类水泥浆外加剂耐温抗盐作用机理研究不完善，无法有效指导超高温聚合物类外加剂分子结构设计和材料开发。温度取决于深层超深层地质条件，盐浓度取决于井下盐膏层或盐水层等复杂井况，因此，温度和盐浓度是影响聚合物类添加剂结构和性能的主要方面。目前，众多学者从聚合物的黏温特性和钠离子、钾离子、镁离子、钙离子等对聚合物溶液的黏度影响等角度研究聚合物的耐温抗盐性能，但考察的温度较低（室温至90℃）、盐种类较少，油井水泥液相中含有大量Ca^{2+}、Mg^{2+}和Fe^{3+}等高价阳离子以及Na^{+}和K^{+}，对聚合物分子结构均有较大影响。此外，高温条件下聚合物在水泥颗粒表面的吸附－解吸附特性研究较少。因此，应对聚合物类外加剂耐温抗盐性能深入研究，指导超高温聚合物类外加剂研发。

② 目前对超高温水泥浆失稳机理有待深入研究，无法有效指导超高温水泥浆体系构建。固井水泥浆泵注结束后，处于液相“颗粒状悬浮液状态”，不同密度的固相颗粒在重力、浮力和颗粒间结构力等作用下易发生沉降失稳，尤其在超高温高压环境下，失稳现象更加严重。目前，主要从两方面改善此问题，即采用耐温良好的高温悬浮稳定剂来保证水泥浆液相的悬浮能力，以及利用紧密堆积原理增加固相颗粒间结构力，形成致密骨架结构，进而增加固相颗粒下沉阻力。然而，超高温条件下水泥浆液相黏度降低以及固相颗粒布朗运动加剧等多方面因素影响水泥浆体系的各相平衡，无法保障体系的超高温稳定性能。

③ 超高温水泥石力学稳定机理不完善，无法有效指导超高温水泥浆体系构建。超高温深井超深井开采过程中水泥环长期处于高温高压环境，油气井开发周期内必须保证水泥石的力学强度、胶结性能和层间封隔效果达到要求。然而，高温条件下水泥石力学强度易衰退，通常在油井水泥中掺入35%～40%石英砂来抑制水泥石高温（大于110℃）强

度衰退问题。目前，加砂水泥石高温力学性能衰退机制研究较为深入，通过调整石英砂掺量可使水泥石在110～210℃下保持较好的抗高温性能；在210～300℃静态水环境下，通过提高石英砂掺量和调整颗粒级配可延缓水泥石高温力学强度衰退，但不能从根本上解决强度衰退问题（姚晓等，2018）。对于井底静止温度240℃的深井超深井固井水泥环的长期有效密封仍难以保障，因此，有必要进行超高温水泥石力学性能劣化机理和稳定性控制技术研究。超高温水泥石强度劣化和稳定控制主要与水泥石晶相结构有关，而超高温水泥石晶相结构控制技术和作用机理研究不完善，无法有效指导和支撑高温材料研发。

（2）超高温条件下固井水泥浆关键材料性能易失效，体系综合性能无法保障。

保障和提高固井密封完整性是提升深井超深井固井长期有效密封能力、解决环空异常带压问题和延长油气井使用寿命的关键，高性能固井水泥浆技术是核心，关键材料是基础。固井水泥浆体系是由无机矿物水泥、外掺料（加重材料、减轻材料、高温增强材料等）、外加剂（降失水剂、缓凝剂、分散剂、稳定剂、消泡剂等）和水等组成，其中，功能型外加剂产品对改善水泥浆体系施工性能和力学性能具有重要作用，聚合物类外加剂是近年来研究和应用最多的一类。然而，超高温、高盐条件下聚合物类外加剂在水泥浆液相中将发生构象转变、分子链断裂、功能基团失效、降解等系列问题，导致性能失效、体系失稳（夏修建，2017）。超高温条件下固井水泥浆体系中任一关键材料性能失效均会对固井施工安全和固井质量产生重大影响，因此，固井材料的耐温性能成为深井超深井固井技术突破的关键。

（3）超高温固井水泥浆体系难以构建，影响到深层超深层固井质量和施工安全。

受限于高温水泥浆聚合物类外加剂耐温抗盐机理研究不深入、水泥浆（石）稳定机理研究不完善以及水泥浆关键外加剂耐温性能不高等问题的制约，超高温水泥浆体系的调凝性能、沉降稳定性、失水性能、高温流变性能以及力学稳定性能等无法保障，而无法有效指导超高温固井水泥浆体系的构建。

综上所述，面对以上三大挑战，必须深入机理研究，重视关键材料研发，提升体系构建水平，形成超高温高性能固井水泥浆技术，保障超高温油气井固井质量和长期有效密封，助力支撑深层超深层油气资源勘探开发。

三、深井超深井固井水泥浆体系研究

1. 深井超深井固井水泥浆研究现状

随着勘探开发向深层油气藏的拓展，深井超深井等重点复杂井相继出现，井底温度越来越高（超过200℃），对超高温固井技术需求越来越大，尤其是高温超高温固井水泥浆技术要求不断提高。目前，国内外对超高温固井水泥浆体系和关键外加剂研究较多，研究了适用于深井超深井固井的水泥浆体系和系列材料，超高温固井能力得到进一步提升。

国外依托超高温缓凝剂、降失水剂、悬浮稳定剂及配套外加剂、外掺料等，开发出抗温 240℃以上（甚至 260℃）超高温水泥浆体系，综合性能优异，配套形成超高温低密度和高密度水泥浆体系。如斯伦贝谢公司的 DensCRETE 水泥（李海龙，2010），利用合理粒径分布的水泥材料和超细球型 Micromax 加重剂，通过调整混合物中固相颗粒分布，制备出密度高达 2.90g/cm^3 的高性能水泥浆，抗压强度高、流变性良好以及稳定性强，使用温度达 232℃。Pernites 等利用结晶二氧化硅代替无定型二氧化硅控制超高温水泥石晶相结构硬硅钙石的生成，防止超高温水泥石力学强度衰退，从而开发了适用于超高温井的水泥浆体系，抗温达 260℃（Pernites et al，2016）。

国内对深井超深井固井的高温超高温水泥浆体系也进行了大量研究工作，耐温能力可达 200℃，随着近些年技术的发展，也相继出现了抗温 200℃以上的固井水泥浆技术。中国石油工程技术研究院开发了抗循环温度 210℃超高温固井水泥浆体系（于永金等，2019），利用抗高温降失水剂、缓凝剂及配套外加剂，形成超高温常规密度水泥浆体系，稠化时间可调，水泥浆沉降稳定性小于 0.04g/cm^3，230℃超高温水泥石强度高且不衰退，在华北油田杨税务地区高温深井安探 4X 井 ϕ127.0mm 尾管（井底循环温度 165℃，静止温度 190℃）固井中应用，固井质量优质。中国石化中原固井公司优选了高温缓凝剂、降失水剂和高温防衰退剂，开发了 210℃内稠化时间可调、水泥石高温强度大于 25MPa 的水泥浆体系，成功应用于松科 2 井 ϕ177.8mm 尾管固井作业，固井质量良好（李艳等，2017）；松科 2 井 ϕ127.0mm 尾管固井采用抗温 241℃超高温水泥浆体系，性能稳定，稠化时间易调，API 失水量低于 50mL，260℃水泥石抗压强度 19.8MPa，固井质量优质。中国石油海洋工程公司针对干热岩高温固井技术难题，使用高温缓凝剂 BCR-320L 和高温降失水剂 BXF-200L（AF）开发了适用于干热岩超高温水泥浆体系，在青海省共和盆地干热岩 GR1 井成功应用，裸眼段固井质量优质（刘会斌等，2020）。

2. 深井超深井固井水泥浆体系设计难点

针对深井超深井固井面临的“5 个复杂”难题（即地质条件复杂、压力系统复杂、温度系统复杂、高产天然气井生产特点复杂、井身结构与井型复杂），结合深井超深井固井水泥浆技术需求，系统梳理出超高温固井水泥浆体系存在的技术难点，主要表现为：

（1）超高温下聚合物外加剂性能失效。超高温高碱条件下，聚合物外加剂分子构象发生转变且主侧链易断裂，严重影响其在水泥颗粒表面的吸附行为及其功能表达，导致超高温水泥浆调凝失效、失水不可控、沉降稳定性变差等关键性能恶化，严重影响深井超深井固井作业安全和固井质量。

（2）超高温沉降稳定性难以保障。为满足高温超高温固井水泥浆技术要求，在体系中加入了大量聚合物类外加剂（缓凝剂、降失水剂等），此类聚合物分子结构中含有大量强吸附性基团且通常为线形聚合物，高温分散性较强，严重影响水泥浆高温沉降稳定性；固相颗粒布朗运动加剧也会加速颗粒下沉，导致体系沉降稳定性急剧变差。此外，超高温水泥浆沉降稳定性差对体系其他性能也影响较大，如调凝失效、失水不可控、浆柱顶部强度发展缓慢等，更甚者底部固相颗粒聚集造成“插旗杆”等固井事故。

（3）超高温调凝性差。为保障深井超深井固井施工安全，使用高温缓凝剂来调整水泥浆稠化时间，然而，目前缓凝剂耐温能力仅达到200℃，在更高温度下聚合物分子结构发生断裂以及吸附性能发生转变，从而影响高温缓凝剂的超高温调凝能力，甚至调凝失效。

（4）超高温稳定性与流变性存在矛盾。深井超深井往往采用多开次固井，井身结构复杂，尤其是尾管固井环空间隙小，对水泥浆的沉降稳定性及流变性能要求极高。为了保障水泥浆超高温稳定性能，往往在体系中加入大量稳定剂以及不同颗粒分布的固相材料，其中，稳定剂的悬浮承托作用和超细固相颗粒表面润湿现象等易造成体系流变性变差，从而增加了深井超深井固井水泥浆环空摩阻，顶替泵压增大，存在压漏地层的风险。因此，深井超深井固井水泥浆的超高温稳定性与流变性的统一也是水泥浆体系设计的重点。

（5）超高温水泥石长期力学性能难保障。超高温下硅酸盐水泥高温晶相结构劣性转化、孔隙率增加导致其超高温强度低、脆性大且易衰退，影响深井超深井固井井筒密封完整性，极易造成环空带压、气窜等问题，增加油气井后期修井成本以及缩短油气井使用寿命。

（6）超高温水泥石高强度与高韧性无法兼得。硅酸盐水泥属于脆性材料，通过加入强度衰退抑制材料诱导晶相转变和改善水泥石微观结构，从而可提高水泥石力学强度的稳定性，但同时也增加了其杨氏模量，因此，超高温水泥石的增强增韧很难实现。

3. 深井超深井固井水泥浆体系设计原则

深井超深井固井水泥浆体系设计原则是解决高温及超高温下水泥浆稠化时间满足施工安全的要求、水泥浆失水量可控制在较低范围内、沉降稳定性满足设计要求、流变性能满足作业安全的要求、水泥石抗压强度高且不衰退等5方面的问题，因此，深井超深井固井水泥浆体系设计关键在于开发适用于高温及超高温下的降失水剂、缓凝剂、稳定剂、分散剂以及强度防衰退材料，使水泥浆稠化时间易调、失水量可控、沉降稳定性好、流变性能优良、水泥石早期强度发展快，超高温下水泥石长期抗压强度高且不衰退。

鉴于此，深井超深井固井水泥浆体系设计思路主要为：（1）高温缓凝剂提高水泥浆体系的高温调凝性能，使体系稠化时间满足深井超深井作业安全的要求；（2）采用具有“低温不增黏、高温弱分散”特点的低分子量高温聚合物降失水剂，高加量下对水泥浆流变性能和高温稳定性影响较小，同时与缓凝剂存在吸附平衡，从而保障高温超高温条件下水泥浆失水量控制在较低范围内；（3）采用抗高温耐盐分散剂，不仅可明显改善水泥浆高温流变性能，而且可缓解其他聚羧酸类外加剂引起的异常胶凝现象，同时，改善水泥浆和水泥石微观结构致密性，提高其力学强度；（4）使用高温稳定剂，利用聚合物热增黏悬浮特性以及无机物耐高温悬浮稳定特性的协同作用，提高超高温水泥浆体系的沉降稳定性能；（5）超高温水泥石防衰退材料有效诱导耐高温晶相生成，优化超高温水泥石晶相结构和改善水泥石微观结构致密性，提高超高温水泥石力学强度和保障其长期力学稳定性能；（6）利用高温聚合物外加剂间协同增效作用，可弥补单剂存在的问题，保障超高温水泥浆体系施工性能满足深井超深井固井要求；（7）依据紧密堆积设计，从颗粒级配最优化的角度进一步提高超高温水泥浆体系沉降稳定性、控失水能力、水泥石微观结构完整致密性以及力学强度；（8）通过上述超高温固井关键外加剂产品优选和合理使用，显著提高高温水泥浆体系的耐温性能，确保深井超深井超高温水泥浆固井作业安全和保障井筒有效密封，进而延长油气井使用寿命。

4. 深井超深井固井水泥浆体系研制

1）高温超高温固井水泥浆关键外加剂研制

（1）高温降失水剂 DRF-1S。通过水溶液自由基聚合反应制备的多元共聚物，其分子主链上引入了磺酸基团、酰胺基、链刚性基团等，磺酸基具有良好的热稳定性和耐盐性能，同时具有很强的水化能力，使共聚物降失水剂具有良好的抗高温、抗盐能力；酰胺基团具有较强的吸附能力和较强的水化作用；链刚性基团单体使降失水剂分子链在高温下热运动变慢，同时也提高了分子链的抗温能力；通过优化聚合工艺，得到具有最佳分子量及其分布的降失水剂，综合性能达到最佳。该降失水剂适用温度 40～220℃，通过调整 DRF-1S 加量均能使淡水水泥浆及含盐水泥浆的 API 失水量控制在 100mL 以内。

（2）高温缓凝剂 DRH-2L。缓凝剂 DRH-2L 是通过水溶液自由基聚合反应制备的一种五元共聚物，其分子主链上引入了磺酸基团、双羧基、链刚性基团、阳离子基团等，基于分子链低温收缩、高温舒展设计思路，通过官能团种类、数量位置的精准设计，开发适用于不同温度范围的缓凝剂以克服常规缓凝剂适用温差范围窄、超缓凝的难题；同时，通过精确控制分子中抗温、抗盐及宽温带缓凝基团的种类和数量，提高缓凝剂分子的耐温性能和缓凝能力；通过缓凝剂分子中功能基团的相对位置设计，调控缓凝剂分子对水泥组分的吸附性，解决水泥浆经历高温阶段后返至低温条件下的超缓凝难题，从而赋予缓凝剂分子链优异的抗高温及缓凝性能，使其性能达到最佳。DRH-2L 使用最高温度可达 220℃。

（3）高温稳定剂 DRK-3L。高温稳定剂 DRK-3L 是通过水溶液自由基聚合反应制备的一种多元共聚物。其分子主链上引入了磺酸基团、双羧基、酰胺基、环状刚性基团等，这些基团赋予高温稳定剂分子链优异的高温稳定性能，通过优化聚合工艺，得到具有最佳的分子量和分子量分布的高温稳定剂分子，从而使高温稳定剂的性能达到最佳。合成聚合物高温稳定剂 DRK-3L 配合黏土矿物类高温悬浮剂 DRY-S2，可使常规密度水泥浆在 220℃条件下的上下密度差低于 0.05g/cm^3。

（4）超高温防水泥石强度衰退材料 DRB-3S。通过大量室内实验，优选出了含铝、镁等元素的硅酸盐与磷酸盐类材料，通过配比优化定型而成防强度衰退材料 DRB-3S，其与水泥水化析出的氢氧化钙反应生成具有凝胶性质水化产物，且后期强度不断增强，防止超高温条件下水泥石抗压强度衰退。

2）深井超深井固井常规密度水泥浆体系研制

（1）深井超深井固井常规密度水泥浆体系性能评价。

① 高温沉降稳定性评价。水泥浆沉降稳定性是保证固井施工安全的重要指标之一，若高温水泥浆沉降稳定性差，易导致体系中固相颗粒沉降快，固井施工过程中停泵易出

现憋泵问题，造成安全隐患。对循环温度160～210℃温度范围内的水泥浆沉降稳定性进行了评价，结果见表6-1-1。其中，水泥浆配方A为G级油井水泥（HSR）+25%石英砂+15%高温增强材料DRB-2S+5%微硅+2%DRF-1S+6%DRH-2L+0.5%分散剂DRS-1S+1.5%高温悬浮剂DRY-S2+水（密度1.88g/cm^3）；配方B为配方A+4%DRK-3L（密度1.88g/cm^3）。

由表6-1-1可知，在循环温度160～210℃范围内水泥浆高温沉降稳定性良好，当温度在160～180℃时，通过高温悬浮稳定剂DRY-S2可控制水泥浆上下密度差不高于0.03g/cm^3，当温度在190～210℃时，通过高温悬浮稳定剂DRY-S2配合高温稳定剂DRK-3L可控制水泥浆上下密度差不高于0.04g/cm^3。

表6-1-1　水泥浆配方A及配方B在160～210℃高温范围内的沉降稳定性

配方	温度/℃	上下密度差/（g/cm^3）	配方	温度/℃	上下密度差/（g/cm^3）
配方A	160	0.02	配方B	190	0.03
	170	0.02		200	0.03
	180	0.03		210	0.04

② 高温失水性能评价。以上述配方B为基础，考察了不同降失水剂DRF-1S加量下水泥浆失水量随试验温度的变化情况，结果见表6-1-2。从表中可以看出，水泥浆API失水量随试验温度升高逐渐增大，通过增大DRF-1S加量可以降低高温下水泥浆失水量。当DRF-1S加量为2%时，在210℃条件下，水泥浆API失水量可以控制在100mL以内，证明DRF-1S具有良好的抗高温性能。

表6-1-2　160～210℃范围内不同降失水剂及稳定剂加量变化对水泥浆失水量影响评价

DRF-1S加量/%	稳定剂DRK-3L加量/%	温度/℃	API失水量/mL
1.5	0	160	45
1.5	0	180	64
2.0	1.5	200	66
2.0	1.5	210	88

③ 高温稠化性能评价。以上述配方B为基础，考察了在不同缓凝剂DRH-2L加量下水泥浆稠化时间随试验温度的变化而变化的情况，结果见表6-1-3。水泥浆高温稠化曲线如图6-1-1所示。由结果可知，水泥浆稠化时间在160～210℃范围内可调，210℃条件下水泥浆的稠化时间可以达到300min以上，且稠化曲线正常，表明缓凝剂DRH-2L具有良好的抗高温性能。

④ 水泥浆综合性能评价。表6-1-4列出了试验温度160～210℃范围内水泥浆综合性能，水泥浆配方如下：G级油井水泥（HSR）+30%石英砂+20%DRB-2S+2%DRF-1S+1.5%DRY-S2+0.5%DRS-1S+3%增韧剂DRN-1S+0.2%DRX-1L+水。

表 6-1-3　160～210℃范围内不同缓凝剂加量变化对水泥浆稠化时间影响评价

DRH-2L 加量 /%	温度 /℃	稠化时间 /min	DRH-2L 加量 /%	温度 /℃	稠化时间 /min
3.0	160	398	7.0	200	358
3.0	180	249	7.0	210	312
3.0	200	147	8.5	210	382
6.0	200	317			

表 6-1-4　深井超深井固井水泥浆体系在 160～210℃条件下综合性能评价

配方	DRH-2L 加量 / %	DRB-3S 加量 / %	密度 / g/cm^3	循环温度 / ℃	API 失水量 / mL	稠化时间 / min	过渡时间 / min	2d 抗压强度 / MPa
配方 1	3.0	—	1.88	160	45	398	2	45.2
配方 2	3.5	—	1.88	170	58	309	1	44.5
配方 3	4.0	—	1.88	180	66	298	1	47.3
配方 4	5.0	—	1.88	190	58	325	1	41.8
配方 5	6.0	10	1.88	200	66	317	1	40.2
配方 6	7.0	10	1.88	210	88	312	1	42.2

注：表中“2d 抗压强度”的养护温度为表中循环温度除以 0.9 系数所得温度。

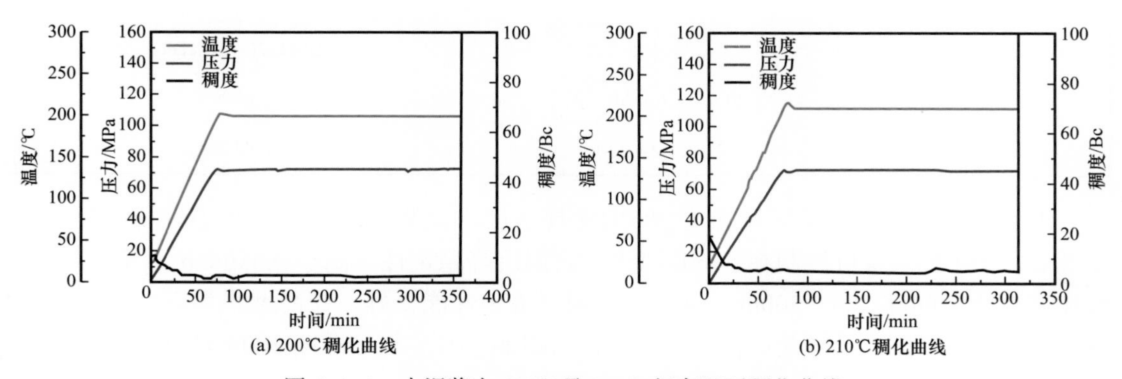

图 6-1-1　水泥浆在 200℃及 210℃超高温下稠化曲线

由表 6-1-4 可知，超高温水泥浆综合性能良好，API 失水量可以控制在 100mL 以内；水泥浆稠化时间可以满足施工要求；过渡时间短，呈“直角”稠化，高温及超高温条件下 2 天抗压强度均高于 40MPa，满足固井施工要求。

（2）抗循环温度 200℃常规密度水泥浆体系性能评价。

抗循环温度 200℃常规密度水泥浆体系综合性能见表 6-1-5。水泥浆配方：嘉华 G 级油井水泥（HSR）+25% 石英砂Ⅰ+25% 石英砂Ⅱ+3%DRK-3L+1%DRS-1S+5%DRF-

1S+1%分散剂DRPC-1L+x%DRH-2L+DRB-3S+0.5%消泡剂DRX-1L+水（密度1.88g/cm³）。稠化条件为200℃、120MPa、100min。

表6-1-5 抗循环温度200℃常规密度水泥浆综合性能评价结果

项目	测试结果	备注
下灰时间/s	25～38	室温
密度/（g/cm³）	1.88	室温
API失水量/mL	38	200℃
流动度/cm	20～24	室温
初始稠度/Bc	19～25	
沉降稳定性/（g/cm³）	≤0.02	热浆90℃下2h
游离液/%	0	热浆90℃下2h
稠化条件	200℃×120MPa×100min	
稠化时间/min	233	3%DRH-2L
	292	4%DRH-2L
	356	5%DRH-2L
	488	6%DRH-2L
	318	5%DRH-2L+10%DRB-3S
	402	6%DRH-2L+10%DRB-3S
	505	7%DRH-2L+10%DRB-3S
抗压强度/MPa	41.7（2d）；45.6（7d）；47.2（28d）	21（220℃）
大温差强度/MPa	21.2（2d）	21（120℃）

由表6-1-5可知，抗循环温度200℃常规密度水泥浆配制容易，利于现场混配，流动性好，API失水量可控制在50mL以内，高温沉降稳定性不高于0.03g/cm³，无游离液，水泥浆稠化时间在200～500min内线性可调，施工性能良好，超高温水泥石抗压强度高且无强度衰退。因此，该超高温水泥浆体系可以满足井底循环温度200℃的深井超深井固井技术要求。

3）深井超深井固井超高温高密度水泥浆体系研制

深井超深井固井存在压力系统复杂的技术难题，当钻遇高压超高压地层时，需要使用高温高密度水泥浆体系进行固井，以保证井底压力平衡和提高顶替效率、改善界面质量等。高密度水泥浆中往往加入铁矿粉等加重材料来提高体系密度，然而加重材料与水泥浆体系密度差较大，导致其沉降稳定性无法保障，尤其是超高温高密度水泥浆体系的沉降稳定性更差。因此，通过优选规整度较高的铁矿粉作为加重材料，依据紧密堆积设计原则，提高水泥浆体系内部固相颗粒间堆积密实度，使用高性能超高温悬浮稳定剂，以改善高温高密度水泥浆稳定性。

超高温高密度水泥浆配方如下：

配方C为阿克苏G级油井水泥（HSR）+60%加重材料GM−1+30%石英砂Ⅰ+30%石英砂Ⅱ+20%微锰+1%早强剂+5%微硅+2%DRE−3S+4%DRK−3L+6%DRY−S2+7%DRF−1S+1% DRS−1S+1%分散剂DRPC−1L+7%DRH−2L+0.5%DRX−1L+76%水。

配方D为阿克苏G级油井水泥（HSR）+120%GM−1+30%石英砂Ⅰ+30%石英砂Ⅱ+40%微锰+1%早强剂+5%微硅+2%DRE−3S+4%DRK−3L+6%DRY−S2+6%DRF−1S+1%DRS−1S+1% DRPC−1L+9%DRH−2L+8%DRH−2L+0.5%DRX−1L+80%水。

配方E为阿克苏G级油井水泥（HSR）+170%GM−1+30%石英砂Ⅰ+30%石英砂Ⅱ+60%微锰+1%早强剂+5%微硅+2%DRE−3S+4%DRK−3L+6%DRY−S2+5%DRF−1S+1%DRS−1S+1% DRPC−1L+9%DRH−2L+0.5%DRX−1L+86%水。

配方F为阿克苏G级油井水泥（HSR）+170%超高密度铁矿粉+30%石英砂Ⅰ+30%石英砂Ⅱ+40%微锰+2%DRE−3S+3%微硅+5%DRF−1S+4%DRK−3L+4.5%DRY−S2+1%DRS−1S+1% DRPC−1L+5%DRH−2L+86%盐水（85：15）。

深井超深井固井用高温高密度水泥浆体系综合性能评价结果见表6−1−6。

表6−1−6 超高温高密度水泥浆综合性能评价结果

配方	密度/g/cm³	下灰时间/s	API失水量/mL	流动度/cm	沉降稳定性/g/cm³	游离液/%	稠化时间/min	24h抗压强度[①]/MPa
配方C	2.12	22	38	22.0	0.02	0	265	64
配方C	2.12	24	40	22.4	0.02	0	312	58.0
配方D	2.40	30	35	20.5	0.02	0	286	60.5
配方D	2.40	33	38	21.8	0.02	0	355	58.5
配方E	2.58	32	36	22.0	0.03	0	262	54.5
配方E	2.58	38	34	19.5	0.03	0	340	50.0
配方F[②]	2.70	33	32	21.2	0.03	0	523	—

① 24h抗压强度为在200℃、21MPa下养护24h的水泥石抗压强度。稠化条件为200℃、200MPa、140min。

② 稠化条件为170℃、120MPa、100min。

由结果可知，不同高密度（2.10～2.70g/cm³）水泥浆体系施工性能均满足要求，API失水量小于40mL，沉降稳定性小于0.03g/cm³，稠化时间可调，稠化曲线正常，且超高温水泥石抗压强度高（≥50MPa）。因此，该高温高密度水泥浆体系施工性能和力学性能良好，可以满足深井超深井高压气井固井技术要求。

4）深井超深井固井高温高强度水泥浆体系研制

（1）水泥石力学性能评价。

固井施工结束后，水泥浆逐渐凝固成水泥环，套管、水泥环、地层组成了一个纵向的封隔系统，良好的固井界面胶结强度可以阻止流体通过固井套管外环空窜流，同时可部分抵消因水泥环塑性变形造成的密封完整性失效，是油气井高产、稳产的关键。而水泥环胶结强度随水泥环早期抗压强度的增加而增加，因此，通过加快水泥石起强度时间及保持水泥石抗压强度稳定性，防止强度衰退，以提高水泥环胶结质量，保证水泥环长期密封完整性。

① 深井超深井目的层超高强度水泥浆体系抗压强度评价。目的层超高强度水泥浆体系抗压强度评价结果见表6-1-7，抗压强度发展趋势如图6-1-2所示。当试验温度低于150℃时，主要以加入石英砂防止水泥石强度衰退，水泥石28天抗压强度最高达到80MPa以上；试验温度达到150℃以上时，由于硬硅钙石的形成，水泥石强度有所降低，因此增加高温增强材料DRB-2S，以整体提升水泥石抗压强度。当试验温度达到180℃和200℃时，28天水泥石抗压强度均可大于40MPa。

由表6-1-7和图6-1-2可知，石英砂C30与S60水泥石抗压强度较常规石英砂体系平均提高40%，且石英砂S60早期强度更高；石英砂C30与S60配合增强材料DRB-2S在180℃以上时，水泥石14天抗压强度较7天略有下降，主要是由于该温度区间水泥水化形成的雪硅钙石会逐渐转化为硬硅钙石，而硬硅钙石力学性能低于雪硅钙石，因此表现为水泥石强度有所衰退。14～28天水泥石抗压强度基本稳定，是由于硬硅钙石针状颗粒搭建成网状结构，结构更加稳定，因此高温水泥石力学性能稳定。

表6-1-7 深井超深井目的层超高强度水泥浆体系抗压强度评价

序号	密度/g/cm^3	试验温度/℃	主体材料				抗压强度/MPa			
			石英砂普通	石英砂C30	石英砂S60	增强材料DRB-2S	1d	7d	14d	28d
1	1.90	135	35	—	—	—	18.6	35.1	42.6	46.3
			—	35	—	—	28.5	50.6	70.1	85.2
			—	—	35	—	34.9	55.4	72.9	82.3
2	1.90	155	35	—	—	—	26.7	43.5	37.8	30.6
			—	35	—	15	38.6	70.6	76.2	70.4
			—	—	35	15	46.3	73.4	77.6	68.6
3	1.95	180	45	—	—	—	31.2	36.2	33.8	21.5
			—	45	—	15	52.7	55.6	44.1	50.2
			—	—	45	15	50.3	58.1	48.3	46.6
4	2.00	200	—	45	—	20	49.8	55.6	48.5	40.3
			—	—	45	20	53.8	60.2	50.6	40.7

注：水泥浆配方为阿克苏G级油井水泥＋石英砂＋增强材料DRB-2S+赤铁粉+2.0%膨胀增韧材料DRE-3S+1.0%分散剂DRS-1S+3.0%降失水剂DRF-1S+缓凝剂DRH-2L+水。

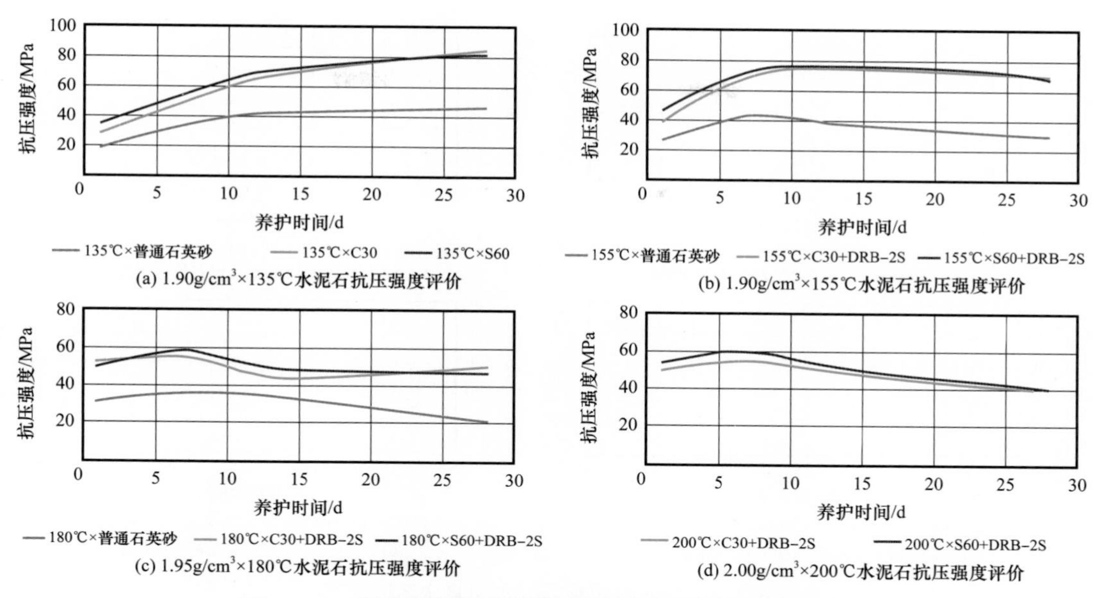

(a) 1.90g/cm³×135℃水泥石抗压强度评价

(b) 1.90g/cm³×155℃水泥石抗压强度评价

(c) 1.95g/cm³×180℃水泥石抗压强度评价

(d) 2.00g/cm³×200℃水泥石抗压强度评价

图 6-1-2 深井超深井目的层超高强度水泥浆体系抗压强度

② 盐膏层超高强度水泥浆体系抗压强度评价。盐膏层超高强度水泥浆体系抗压强度评价结果见表 6-1-8 和如图 6-1-3 所示。试验温度低于 150℃时，主要以石英砂为主，水泥石 28 天抗压强度最高达到 50MPa 以上。当试验温度达到 150℃以上时，增加高温增强材料 DRB-2S，以整体提升水泥石抗压强度。当试验温度达到 190℃时，28 天水泥石抗压强度均可大于 35MPa 以上。

表 6-1-8 盐膏层超高强度水泥浆体系抗压强度

序号	密度 / g/cm³	试验温度 / ℃	主体材料				抗压强度 /MPa			
			石英砂普通	石英砂 C30	石英砂 S60	增强材料 DRB-2S	1d	7d	14d	28d
1	2.20	120	35	—	—	—	21.1	30.1	35.4	38.8
			—	35	—	—	29	42.6	52.5	54.7
			—	—	35	—	34.6	45.1	54.2	60.7
2	2.35	150	35	—	—	—	22.8	32.6	29.5	26.1
			—	35	—	15	31.4	46.1	53.3	45.8
			—	—	35	15	37.5	48.8	51.7	47.1
3	2.50	180	45	—	—	—	28.9	22.6	13.2	8.9
			—	45	—	15	32.8	45.1	41.9	39.1
			—	—	45	15	35.4	43.1	45.3	41.2
4	2.65	190	—	45	—	20	34	35.3	29.5	31.6
			—	—	45	20	39.1	44	37.8	35.7

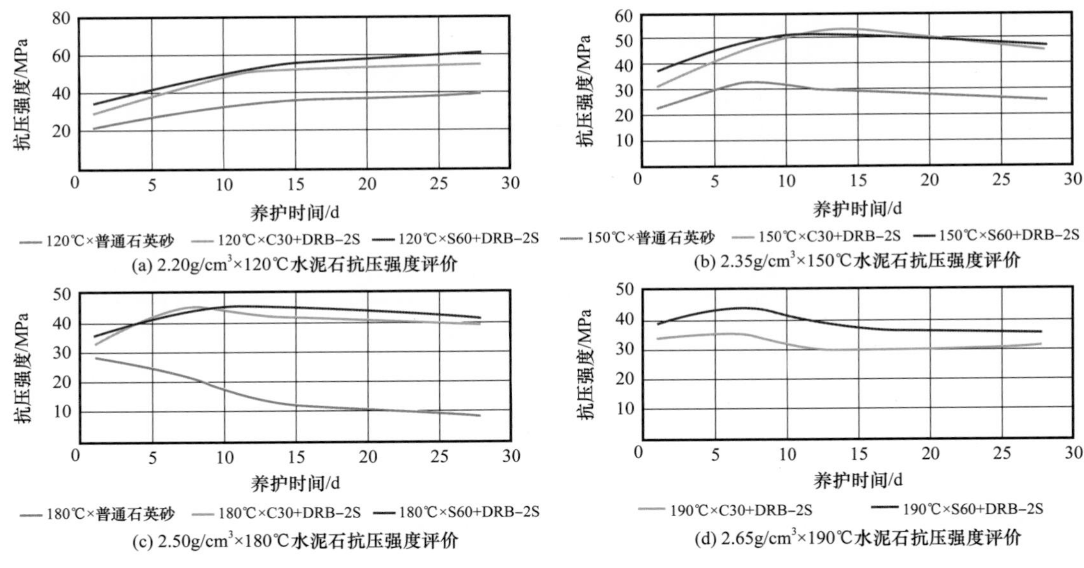

(a) 2.20g/cm³×120℃水泥石抗压强度评价

(b) 2.35g/cm³×150℃水泥石抗压强度评价

(c) 2.50g/cm³×180℃水泥石抗压强度评价

(d) 2.65g/cm³×190℃水泥石抗压强度评价

图 6–1–3 盐膏层超高强度水泥浆体系抗压强度

盐膏层高密度盐水水泥石与目的层水泥石抗压强度类似，石英砂 C30 与 S60 配合增强材料 DRB–2S 同样可以保证早期强度高，高温强度稳定，特别是超过 180℃时，28 天抗压强度较普通石英砂水泥石抗压强度提高 30MPa。

③ 高强度水泥石弹塑性评价。在上述常规密度和高密度水泥浆体系中添加高温增韧材料 DRE–3S，以降低水泥石杨氏模量，以提高较高温压交变应力及后期大型体积压裂改造过程中水泥环的密封完整性。增韧材料 DRE–3S 对高温水泥石力学性能影响结果见表 6–1–9。其中，1.90g/cm³ 水泥浆配方：阿克苏 G 级油井水泥（HSR）+35% 石英砂 C30+ 增韧材料 DRE–3S+2%DRF–1S+1%DRS–1S+1.2%DRK–2S+2.0%DRH–2L+ 清水；2.35g/cm³ 水泥浆配方：阿克苏 G 级油井水泥（HSR）+35% 石英砂 C30+15%DRB–2S+100%GM–1+20% 微锰 +3% 微硅 +DRE–3S+3%DRF–1S+1%DRS–1S+1.0% DRK–2S+1.0%DRY–S2+1.1%DRH–2L+ 盐水；养护时间：7 天。

表 6–1–9 增韧材料对水泥石力学性能影响评价

序号	密度 /（g/cm³）	温度 /℃	DRE–3S 加量 /%	抗压强度 /MPa	杨氏模量 /GPa
1	1.90	155	0	61.8	9.7
2			2	73.8	9.2
3			4	60.3	8.4
4			6	56.8	8.0
5	2.35	150	0	45.2	8.9
6			2	48.5	8.4
7			4	46.1	8.0
8			6	38.9	7.5

由表 6-1-9 可知，水泥浆中加入 2%DRE-3S 后，抗压强度较未加入 DRE-3S 时抗压强度提升约 15%，杨氏模量降低约 5%。同时随着膨胀增韧材料 DRE-3S 的增加，抗压强度和杨氏模量均呈现下降趋势。常规密度和高密度水泥浆体系杨氏模量可分别降低至 8.0GPa 和 7.5GPa，但同时抗压强度也降低至 56.8MPa 和 38.9MPa。推荐膨胀增韧材料加量为 2.0%，其抗压强度更高，同时杨氏模量较低。

（2）深井超深井固井高温高强度水泥浆综合性能评价。

水泥浆综合性能是保证现场施工的重要指标，特别是沉降稳定性、稠化时间、流变性、API 失水量等，更是直接关系到固井施工是否顺利实施，甚至影响到整个施工安全。深井超深井固井高温高强度水泥浆综合性能评价结果见表 6-1-10。

表 6-1-10 深井超深井固井高温高强度水泥浆综合性能

密度 / g/cm^3	试验温度 / ℃	下灰时间 / s	沉降稳定性 / g/cm^3	流变性	API 失水量 / mL	稠化时间 / min	稳定剂
1.90	115	17	0.01	n=0.868 K=0.294	44	226	0.5% 稳定剂 DRK-2S
1.90	132	19	0.01	n=0.814 K=0.369	48	210	1.2% 稳定剂 DRK-2S
1.95	153	25	0.02	n=0.801 K=0.373	46	218	2.0% 稳定剂 DRK-2S 1.5% 稳定剂 DRY-S2
2.00	170	38	0.32	n=0.631 K=0.843	—	—	3.0% 稳定剂 DRK-2S 1.5% 稳定剂 DRY-S2
2.00	170	17	0.02	n=0.856 K=0.417	46	198	1.3% 稳定剂 DRK-1S 1.5% 稳定剂 DRY-S2
2.20	103	23	0.02	n=0.884 K=0.352	40	205	0.5% 稳定剂 DRK-2S 1.0% 稳定剂 DRY-S2
2.35	127	26	0.01	n=0.831 K=0.315	46	222	1.0% 稳定剂 DRK-2S 1.0% 稳定剂 DRY-S2
2.50	150	55	0.15	n=0.318 K=1.687	—	—	2.5% 稳定剂 DRK-2S 1.5% 稳定剂 DRY-S2
2.50	150	26	0.02	n=0.825 K=0.433	44	214	1.2% 稳定剂 DRK-1S 1.5% 稳定剂 DRY-S2
2.65	160	30	0.03	n=0.798 K=0.486	44	224	1.7% 稳定剂 DRK-1S 2.0% 稳定剂 DRY-S2
2.65	160	32	0.01	n=0.625 K=0.962	—	—	2.0% 稳定剂 DRK-1S 2.0% 稳定剂 DRY-S2

注：沉降稳定性试验方法：高温高压稠化仪养护 20min 降低至 90℃拆出 90℃水浴箱静置 2h。

由表 6–1–10 可知，通过匹配稳定剂 DRK–1S，DRK–2S 和 DRY–S2 可使水泥浆沉降稳定性≤0.03g/cm³，同时保证具有良好的流变性。DRK–1S 适用温度较高，对下灰时间、冷浆稠度影响较小，必须配合 DRY–S2 使用，DRK–1S 加量较大时，曲线会在 140～150℃出现鼓包现象。DRK–2S 适用温度 150℃以内，当温度超过 150℃时，难以保证浆体稳定性，同时对下灰时间，冷浆稠度影响较大，低温条件下可单独使用。

四、深井超深井固井水泥浆体系应用

深井超深井固井水泥浆体系具有适用温度范围广（30～200℃）、抗盐能力强、稠化时间可调、抗压强度高（＞50MPa）等特点，在国内塔里木油田、新疆油田、西南油气田、华北油田、长庆油田、辽河油田、吉林油田、青海油田等成功推广应用 100 余井次，固井效果显著，保障了深井超深井固井作业安全和水泥环长期有效密封，为深层超深层油气勘探开发提供了工程技术支撑。

深井超深井固井水泥浆及配套工艺技术在塔里木油田库车山前应用 6 井次，现场应用效果良好，固井质量大幅提升，负压引流验窜试验均一次通过，且后期环空无异常带压，为后续规模应用提高固井质量奠定了基础。其中，克深 24–4 井等 3 井次目的层固井平均合格率 81.8%，较 2019 年库车山前平均固井质量合格率（61%）提升了 20.8%。克深 132–2 井等 2 井次盐层固井平均合格率 92.4%，较 2019 年库车山前平均固井质量合格率（51%）提升了 41.4%。克深 17 井盐层随钻扩眼井固井，固井质量合格率 82%。

深井超深井固井水泥浆技术在川渝高石梯—磨溪区块前期先导性试验取得突破，为在川西、川东超深井试验积累了经验。深井超深井固井水泥浆体系在高石梯—磨溪区块全井应用 9 口井，其中 ϕ177.8mm 尾管固井合格率由 2014 年的 42% 提高至 70%，钻完井期间环空带压率由 38.2% 降至 0，后期无异常带压。此外，该技术在川渝风险探井、高压气井等固井中应用效果良好，其中，双探 6 井完钻井深 8305m，采用 ϕ127.0mm 尾管固井，固井质量合格率 93.81%，优质率 85.48%。

深井超深井固井水泥浆技术在华北油田杨税务潜山深井超深井尾管固井现场应用 20 余井次，固井质量良好，解决了水泥浆高温沉降严重、水泥石高温强度低、脆性大且易衰退、低压易漏失井水泥浆一次上返等固井技术难题，保障了高温深井超深井固井作业安全和固井质量。

第二节　长封固段大温差固井技术及其应用

随着油气勘探开发向深层迈进，长封固段大温差固井越来越多，封固段越来越长，水泥面上下温差越来越大，对水泥浆体系及配套固井技术提出挑战。针对固井中封固段长、水泥浆顶部与底部温差大造成水泥浆顶部强度发展缓慢甚至超缓凝、固井质量差等难题，通过大温差系列配套外加剂的研发，形成了适用于长封固段固井的大温差水泥浆体系及配套技术，较好解决了大温差条件下顶部水泥浆强度发展慢、强度低甚至超缓凝等难题，在川渝、塔里木等地区规模化应用，对保证井筒密封完整性、优化简化井身结

构、节约固井作业周期、支持钻井提速提效均具有重要意义（齐奉忠等，2017）。

一、长封固段大温差固井现状

随着勘探开发的不断深入，川渝地区、新疆油田、塔里木油田和环渤海湾地区等的深井超深井数量日益增多，为了简化井身结构、节约成本、满足地质及钻井工程的需求，提出了固井长封固段一次性上返到地面、长裸眼封固段等固井技术需求及大温差的定义。固井工程中，“温差”定义为井底循环温度与水泥浆柱顶部静止温度的差值，此温度超过50℃，即可认为大温差；此外，一次注水泥封固段长超过1500m的固井可称为长封固段固井，即大温差固井。大温差可分为低温大温差和高温大温差，一般认为井底循环温度低于110℃的大温差为低温大温差，井底循环温度高于110℃的大温差为高温大温差（靳建洲等，2010）。

国内长封固段大温差固井主要以川渝地区和塔里木油田为主（于永金等，2012）。在川渝地区普光构造的油层套管下深在3500～4500m，井底静止温度为110℃左右，循环温度为90℃，温差约60℃，下部井段漏失严重；尾管固井下深6000～6500m，封固段长2000～3500m，井底静止温度为140～150℃，循环温度为115～125℃，封固段顶部温度为70～85℃，温差为40～55℃，顶部水泥浆容易出现超缓凝，固井质量难以保证。在元坝地区，一般尾管下深6800m左右，井底静止温度为140～160℃，循环温度为135℃，封固段顶部温度为60～75℃，温差为65～100℃，且横跨中高温两个温区，使用水泥浆密度为1.85～2.20g/cm^3。四川龙岗气田温差情况与上述相似，个别井出现极端情况：井底静止温度为160℃，封固段顶部温度为70℃，水泥浆顶底温差达90℃。

目前国内各油田对长封固段固井均采用了低密度水泥浆、尾管固井、分级固井等一系列技术措施（齐奉忠等，2017）。塔里木油田主要采用漂珠低密度水泥浆体系、双级固井技术和正注反挤固井等固井方法。四川西南油气田主要采用低密度水泥浆、尾管固井和正注反挤等固井工艺技术。长庆油田采用分级固井、尾管固井等技术基本解决了陕甘宁地区地层压力系数低、固井易漏失、长封固段井的固井质量差的技术难题。吐哈油田主要采用分级注水泥技术及微珠低密度水泥浆体系固井。新疆油田对长封固段固井先后采用了低密度水泥浆体系、泡沫水泥等技术，在部分区块取得了一定应用效果。目前各大油田所采用的这些技术对提高大温差固井质量起到了促进作用，但是也存在一定的局限性。如双级固井无法应用于高含硫化氢的地区，且施工过程中存在一定的风险；正注反挤固井过程中可能因地层漏失没有反挤到预定层位，形成自由套管，无法形成良好的层间封隔；尾管固井工艺复杂，若水泥浆体系不过关，容易出现喇叭口水泥浆缓凝甚至超缓凝或者“插旗杆”等固井事故。因此，长封固段大温差固井主要面临井底温度高，对水泥浆外加剂抗温性能要求高；长封固段上下温差大，封固段顶部水泥浆强度发展缓慢甚至出现超缓凝，影响层间封隔质量等技术难题（郭锦棠等，2013）。采用抗高温大温差固井水泥浆降失水剂、缓凝剂结合配套工艺技术措施，形成了适合不同温差范围的固井配套技术，满足了长封固段大温差固井封固要求，保证了固井质量，为油气勘探开发提供了技术支撑。

二、长封固段大温差固井技术难点

为加快勘探开发速度，节约钻井成本，提高固井质量，保障固井水泥环有效密封，国内外重要油气区块简化井身结构，采用深井（超）长封固段固井技术。但由于地质条件复杂，一次封隔易压漏薄弱地层，高压气井存在气窜风险等，对长封固段大温差固井提出巨大挑战，主要表现为：

（1）井底温度高于120℃的高温大温差固井，固井过程中水泥浆经历高温（110℃以上）、中温（60～110℃）、低温（30～60℃）3个温度敏感区，常规水泥浆体系容易导致低温水泥顶面长期不起强度，固井质量难以保证，水泥浆候凝过程中失重易导致环空气窜，增加井控安全风险。

（2）超长封固段一般采用低密度水泥浆配合常规密度水泥浆固井，防止固井过程中发生井漏，低密度水泥浆在大温差条件下上部井段抗压强度发展缓慢、抗压强度低、胶结质量差，同时在高温条件下低密度水泥浆不稳定、易分层，影响固井质量及固井施工安全。

（3）长封固段固井，顶替效率难以保证。一次性封固段长，且钻井过程中裸眼段井眼不规则，部分井段井径扩大率较大，易形成“大肚子”“糖葫芦”井段等问题，易出现水泥浆与钻井液混浆、水泥浆无法顶替滞留在井径不规则处的钻井液而造成水泥浆窜槽等现象，严重影响固井质量甚至固井施工安全。

（4）长封固段大温差固井对保障固井施工安全及水泥环长期密封配套工艺技术要求高。

三、长封固段大温差固井技术思路

1. 长封固段大温差固井水泥浆体系技术思路

大温差水泥浆体系的核心技术是大温差条件下使用的水泥浆外加剂，以解决固井过程中水泥浆封固段长、水泥浆顶部与底部温差大，造成水泥浆顶部强度发展缓慢、甚至超缓凝等固井难题。大温差水泥浆体系关键是克服4项关键技术：（1）降失水剂及缓凝剂的抗高温难题；（2）缓凝剂晶相转化点两侧的吸附难题；（3）高温水泥浆在低温下的超缓凝难题；（4）高温水泥浆稳定性难题。因此，结合油井水泥等无机胶凝材料水化反应特点，通过聚合物分子结构设计，研发高性能低敏感的大温差缓凝剂和降失水剂产品，采用紧密堆积理论，优化水泥浆体系中各材料配比，形成满足深井长封固段固井技术要求的大温差水泥浆体系，保障固井质量（岳家平等，2012）。具体技术思路是：

（1）优选高性能大温差缓凝剂和降失水剂，实现长封固段一次上返固井。

① 高温大温差缓凝剂。大温差水泥浆的核心技术是高性能大温差缓凝剂，其是解决深井长封固段固井水泥浆安全稠化时间与顶部水泥石强度发展缓慢这一矛盾的主要材料。目前，适用于长封固段固井的大温差缓凝剂品种众多，在选择缓凝剂的时候应遵循三点：一是具有良好的耐温抗盐能力和调凝性能；二是适用温度范围宽，且对温度、加量敏感度低，使水泥浆稠化时间与温度、加量呈良好的线形关系；三是对水泥水化产物无毒化

作用，以提高水泥水化加速期的反应速率，解决水泥浆经历高温阶段后返至低温条件下的超缓凝难题。

② 高温大温差降失水剂。从分子主链及官能团两方面入手，通过分子链不同温度响应研发，适用于高温大温差的降失水剂。通过引入温度响应型侧链，控制侧链舒展收缩状态提高，不同温度下水泥浆的降失水特性。选择刚性主链，引入抗温耐盐基团，提高降失水剂的抗高温、抗盐能力，确保其在高温大温差条件下的有效性。

（2）依据紧密堆积设计原理，优选和合理使用油井水泥填充材料、减轻材料、加重材料以及悬浮稳定剂等，解决水泥浆高温沉降稳定性及顶部水泥石强度发展缓慢的难题。

① 选用抗高温、温度及加量敏感度低的大温差缓凝剂和配套高性能降失水剂，避免外加剂的强吸附作用影响低温下水泥石强度发展。

② 优选粒度分布合理、表面规整度好的减轻材料和加重材料，在调整水泥浆密度应对复杂地层对固井的影响下改善水泥浆体系的流变性能和稳定性能。

③ 利用紧密堆积设计，根据胶凝材料水化特性，合理组配水泥浆体系中各粉体材料，降低液固比，提高水泥浆高温稳定性和水泥石结构致密性，保障水泥石力学强度发展，提高防窜能力。

④ 使用高性能悬浮稳定剂，进一步提高低密度和高密度水泥浆体系的高温悬浮稳定性能，保证水泥浆综合性能。

⑤ 使用大温差水泥浆配套早强剂。优选对水泥浆稠化时间影响较小且早强效果明显的配套早强剂，与缓凝剂形成协同效应，促进水泥浆历经高温后的中低温水泥水化反应，提高大温差水泥石力学强度及其发展速率。

2. 克服水泥浆超缓凝及浆体稳定性差的技术思路

首先通过优选研发高性能敏感性低的缓凝剂与降失水剂来实现长封固段一次上返固井，防止水泥浆柱顶部水泥浆超缓凝。此外，采用紧密堆积理论，为优化低密度及高密度水泥浆综合性能提供理论指导；优化水泥浆中各材料配比，使其具有最高的堆积密实度，使低密度水泥浆（石）及高密度水泥浆（石）性能达到最优，提高水泥石力学性能及稳定性，提高水泥浆沉降稳定性和防窜能力。

3. 长封固段大温差固井成套技术思路

通过抗高温大温差水泥浆体系、高效冲洗隔离液体系、提高固井冲洗顶替效率、平衡压力固井、套管安全下入与居中等方面技术集成，形成深井超深井长封固段大温差固井成套工艺技术，解决高温深井长封固段固井水泥浆超缓凝、固井顶替效率低、固井质量差、层间窜流等技术难题。抗高温高效冲洗隔离液是长封固段大温差固井配套技术的关键，重点是研制抗高温悬浮稳定剂，主要通过在大分子侧链上引入特殊官能团，使用磺化改性提高聚合物抗温抗盐能力和悬浮稳定性能，研发出适应于长封固段固井的冲洗隔离液体系，有效保证长封固段固井的顶替效率。

四、长封固段大温差固井水泥浆技术

1. 长封固段大温差固井综合配套技术

1）抗高温适应大温差固井的降失水剂技术

降失水剂分子结构研究主要从两方面入手：一方面提高分子链的刚性、耐热性能；另一方面提高降失水剂分子链对水泥粒子的吸附能力，使得在高温条件下降失水剂分子链热运动加剧时仍能够对水泥粒子进行有效吸附，从而使降失水剂在高温条件下能够控制水泥浆的失水量。在降失水剂主链上引入磺酸基，磺酸基具有良好的耐盐性、水溶性、热稳定性和很强的水化能力，制备的共聚物降失水剂具有良好的抗高温、抗盐能力。通过优化聚合工艺，得到具有最佳分子量和分子量分布的降失水剂分子，使降失水剂性能达到最佳。

2）抗高温适应大温差固井的缓凝剂技术

通过在分子链中引入抗温、抗盐及宽温带缓凝控制等基团，研发适应大温差固井的缓凝剂，克服常规缓凝剂适应温差范围窄、超缓凝的难题。通过设计缓凝剂分子功能基团，使缓凝剂分子具有良好的耐温性能和缓凝能力；通过对缓凝剂分子中的功能基团相对位置设计，使缓凝剂在水泥浆中优先吸附在 C_3A 成分表面，解决高温大温差条件下低温水泥浆超缓凝难题。缓凝剂生产采用一次投料生产工艺，通过对 pH 值和温度控制实现缓凝剂分子结构控制，使生产工艺简单，产品性能易控，有利于产品大规模生产。

3）大温差固井水泥浆体系技术

大温差长封固段固井水泥浆体系关键要克服 4 个难题：（1）降失水剂及缓凝剂的抗高温难题；（2）缓凝剂晶相转化点两侧的吸附难题；（3）常规高温水泥浆在低温下的超缓凝难题；（4）领浆及尾浆的稳定性问题。首先通过优选高性能敏感性低的缓凝剂与降失水剂来实现长封固段一次上返固井，防止顶面水泥浆超缓凝，另外采用紧密堆积理论，优化水泥浆中各材料的配比，使其具有最高的堆积密实度，低密度水泥浆（石）及高密度水泥浆（石）的性能达到最优，提高水泥浆的稳定性和水泥石的力学性能，提高防窜能力，保证固井质量。

4）大温差长封固段固井配套技术

大温差固井配套技术主要包括高效冲洗隔离液技术、提高顶替效率技术、平衡压力固井技术、套管安全下入技术等，主要解决深井长封固段大温差固井水泥浆超缓凝、固井顶替效率低、固井质量差、层间窜流等技术难题。抗高温高效冲洗隔离液是大温差固井配套技术的关键，重点是研制抗高温悬浮稳定剂，主要是通过在大分子侧链上引入一些官能团，使用磺化改性提高聚合物抗温抗盐、悬浮性。抗高温悬浮稳定剂配合油基钻井液冲洗液、特色加重材料，研发出适应长封固段固井的冲洗隔离液体系，有效保证了长封固段固井的顶替效率。

2. 长封固段大温差固井水泥浆外加剂

（1）中温大温差缓凝剂 DRH-1L。有机膦酸盐类高效小分子缓凝剂，通过多螯合基团吸附作用，有效延长中低温水泥浆体系凝固时间，且适应性强，适用温度范围50～120℃，温差范围80℃以上，稠化时间可调性好，温差范围内水泥石抗压强度大于10MPa/48h。

（2）高温大温差缓凝剂DRH–2L。该缓凝剂在高温下具有较强的缓凝作用，低温下表现为部分吸附，解决了水泥浆高温稠化时间长与低温强度发展缓慢的矛盾。适用温度范围70～200℃，与水泥浆常用外加剂配伍性良好。在有效的温度范围内，配制的水泥浆稠化时间易调，且与掺量、温度线性关系好，水泥石强度高，对水泥浆失水量等性能影响小。使用该缓凝剂的水泥浆体系具有高温大温差条件下水泥石强度发展快的特点，适用温差70～100℃，温差范围内水泥石48h抗压强度大于10MPa。

（3）中温大温差降失水剂DRF–1L。通过自由基水溶液聚合反应制备的多元共聚物降失水剂，抗高温耐盐能力强，中低温条件下聚合物的缓凝性弱，控制失水能力强，API失水量可控制在100mL以内，适用温度30～200℃，且对水泥石抗压强度基本无影响。

（4）高温大温差降失水剂DRF–2L。通过水溶液自由基聚合反应制备的多元共聚物，具有良好的抗高温耐盐能力，通过调整DRF–2L加量，能够使淡水水泥浆及含盐水泥浆API失水量控制在100mL以内，90℃水泥石抗压强度大于10MPa/24h。该降失水剂适用温度90～200℃，具有一定的缓凝作用，在120℃以内可通过改变加量来调节水泥浆稠化时间，水泥石顶部强度发展快，适用于长封固段大温差条件下的固井作业。

表6–2–1为以降失水剂DRF–2L和缓凝剂DRH–2L为主剂的水泥浆体系失水性能和稠化性能，可知，循环温度为100～200℃时，水泥浆稠化时间为258～355min，可以满足深井超深井固井技术要求。

表6–2–1 以降失水剂DRF–2L和缓凝剂DRH–2L为主剂的水泥浆体系抗温性能

试验温度/℃	DRF–2L加量/%	DRH–2L加量/%	水泥浆密度/g/cm^3	API失水量/mL	稠化时间/min
100	4	0	1.88	42	326
110	4	0	1.88	50	258
120	3	2.2	1.88	76	305
150	5	3	1.88	80	326
180	6	4	1.88	83	304
200	7	6	1.88	72	355

3. 长封固段大温差固井水泥浆体系

1）紧密堆积设计技术在长封固段大温差水泥浆体系中的应用

紧密堆积的概念最早起源于混凝土领域，斯伦贝谢公司于20世纪90年代将其引入至固井领域。固井水泥紧密堆积理论是混凝土颗粒级配理论的深入和发展，不仅考虑粗细颗粒的填充，还须充分考虑如何发挥固井水泥的活性。随着固井水泥浆的性能需求从满足固井安全施工到满足固井长期密封转变，固井水泥紧密堆积设计逐渐扩展为固井水泥的紧密堆积和晶相结构设计，从水化前的水泥矿物紧密堆积和水化后的固井水泥晶相结构两个方面进行设计。目前，该技术已成为提高固井水泥浆综合性能的重要方法和实现井筒水泥环密封完整性的必要手段，被广泛应用在大温差水泥浆、高强度韧性水泥浆、高强度高密度水泥浆、高强度低密度水泥浆等高性能固井水泥浆的开发中。

（1）紧密堆积理论模型。

固井中常采用三元或四元堆积模型，用于低密度和高密度水泥浆体系中3种或4种粒度范围固井材料的堆积设计，每种材料的粒径采用平均粒径进行计算，这种方法可以估算颗粒的堆积率，而实际上固井材料是在一定范围呈连续粒度分布的，如何建立适用于固井水泥浆的紧密堆积模型，准确预测体系的堆积率对紧密堆积设计具有重要意义。在一定范围内提高复合水泥的堆积率有利于改善水泥石的力学性能，但对于某些复合水泥体系，堆积率非常高，由于细颗粒增多体系比表面积增大，需水量会大幅度增加，反而不利于水泥浆（石）性能的发展。因此，从堆积率的确定和需水量的确定这两个方面进行研究，建立适用于固井水泥浆的连续级配的紧密堆积理论模型，指导高性能固井材料的优选及水泥浆体系的设计。

① 堆积率的确定。固井水泥浆堆积率的计算思路：固井水泥体系包括油井水泥和大量外掺料等多种固井材料，而固井材料主要在一定粒度范围呈连续颗粒分布。因此，固井水泥浆是个多组分连续粒度分布的复合水泥体系。计算固井水泥混掺体系堆积率的主要思路，第一步是将各材料的粒度分布情况转化为复合体系的粒度分布情况：采用激光粒度测定仪所测定的各固井材料的粒度分布曲线，结合各固井材料在复合水泥体系中所占的体积分数，得到复合水泥体系的粒度分布曲线。第二步是将复合水泥体系连续分布颗粒的堆积率的计算，转化为多粒组颗粒体系堆积率的计算：将复合水泥体系的粒度分布曲线分割成 n 个粒组（图6-2-1），若接近于 n 无穷，间断分布无限接近于材料的连续分布。此时可以用多粒组颗粒体系堆积率的计算公式，计算连续粒度分布的复合水泥体系的堆积率。

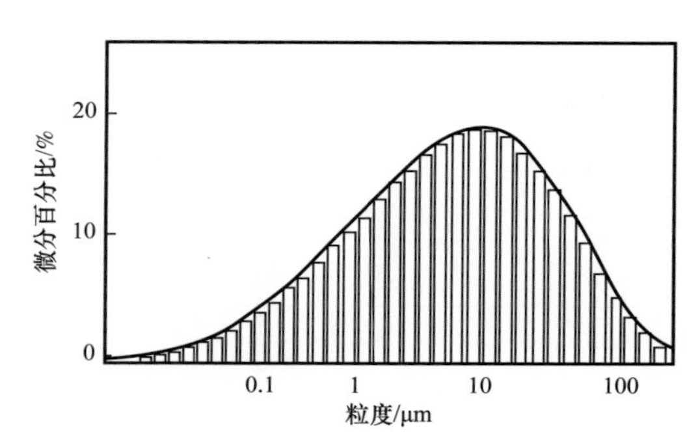

图6-2-1 连续粒径分布分割示意图

根据线性堆积模型，可采用以下公式计算多粒组颗粒体系的堆积率 γ_i：

$$\gamma_i=\frac{\varepsilon_i}{1-\sum_{j=1}^{i-1}\left[1-\varepsilon_i+w(i,j)\cdot\varepsilon_i\left(1-1/\varepsilon_j\right)\right]\eta_j-\sum_{j=i+1}^{n}\left[1-l(i,j)\cdot\varepsilon_i/\varepsilon_j\right]\eta_j} \tag{6-2-1}$$

$$\gamma=\min\left(\gamma_1,\gamma_2,\cdots,\gamma_n\right) \tag{6-2-2}$$

式中 η_j——各粒径颗粒的体积分数，%；

ε_i——i 粒组单独存在时的堆积率，%；

ε_j——j 粒组单独存在时的堆积率，%；

$l(i, j)$——小颗粒对大颗粒的松动效应；

$w(i, j)$——大颗粒对小颗粒的墙壁效应。

松动效应和墙壁效应的大小和小颗粒与大颗粒粒径的比值有关，以上参数均与各粒组粒径有关。

$$\varepsilon_i = 0.485 + 0.06\ln\left(d_i / 90\right) \quad (6\text{-}2\text{-}3)$$

$$l(i,j) = \left[1-\left(d_j / d_i\right)^2\right]^{3.1} + 3.1\times\left(d_j / d_i\right)^2\left[1-\left(d_j / d_i\right)^2\right]^{2.9} \quad (6\text{-}2\text{-}4)$$

$$w(i,j) = \left[1-\left(d_i / d_j\right)^2\right]^{1.3} \quad (6\text{-}2\text{-}5)$$

式中 d_i，d_j——颗粒粒径，mm。

② 需水量的确定。为保证水泥浆的流动，体系的需水量包括润湿颗粒表面的表层水和填充水泥颗粒空隙的孔隙水。表层水和体系中材料的比表面积、水膜厚度、形貌系数等颗粒特性及水泥浆的流动度有关，孔隙水和体系的堆积率直接相关。

根据 Okamura 提出的相对流动度的概念，通过大量的实验测定不同水灰比下水泥浆的流动度，发现水泥浆的水固体积比 V_w/V_s 和相对流动度 k 呈线性关系，从而得到相对流动度为 k 时体系的需水量，并得到体系理论需水量的计算模型。

水泥浆体系相对流动度为 k 时的理论需水量 W 可由式（6–2–6）计算：

$$W = \sum_{i=1}^{m}\zeta_i\tau_i\mathrm{SSA}_i\delta_i k + \frac{\gamma}{1-\gamma} \quad (6\text{-}2\text{-}6)$$

式中 γ——水泥体系的理论堆积率，%；

ζ_i——固井材料 i 的形貌系数；

τ_i——固井材料 i 的水膜厚度，mm；

SSA_i——固井材料 i 的比表面积，mm^2；

δ_i——固井材料 i 所占体系的体积分数，%；

k——水泥浆相对流度。

（2）紧密堆积设计流程。

在固井水泥紧密堆积设计时，根据以上计算模型，计算不同颗粒特性及配比固井材料组成的固井水泥体系的堆积率和需水量，优选出高堆积率和低需水量的体系，指导高性能固井材料的优选及水泥浆体系的设计，固井水泥颗粒堆积设计的一般步骤如图 6–2–2 所示。

（3）固井水泥浆紧密堆积优化设计实例。

以 2.30g/cm^3 高密度水泥浆紧密堆积优化设计为例。配方：G 级油井水泥 +30% 石英砂 +85% 铁矿粉 +5% 增韧材料 DRE–3S+0.85% 分散剂 DRS–1S+0.8% 稳定剂 DRK–

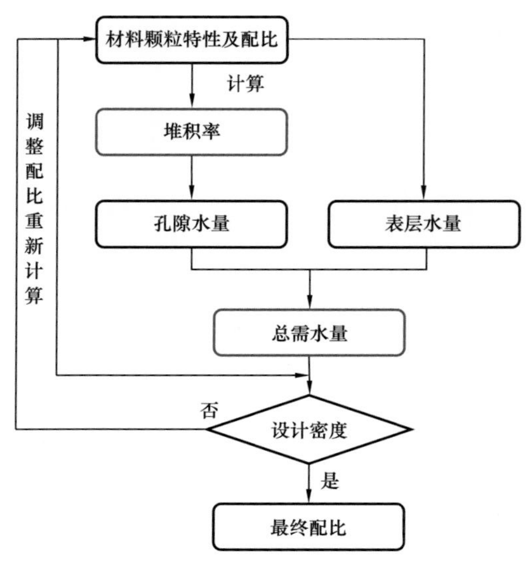

图 6-2-2　固井水泥紧密堆积设计的一般步骤

3S+2.3% 降失水剂 DRF-2L+1% 缓凝剂 DRH-2L+ 水。

设计中保持石英砂和铁矿粉的掺量不变，通过选取不同粒度分布的石英砂和铁矿粉，石英砂选取了 120 目和 2400 目两种粒径材料，铁矿粉选取了 120 目、400 目、800 目和 1200 目以及不同粒度混掺材料，表 6-2-2 比较了同一配方 13 个不同颗粒级配体系的堆积率和流动度为 23cm 时的需水量，并对这些体系的抗压强度和流变性进行了评价。

采用混掺粒度铁矿粉作为加重材料，混合水泥体系堆积率可以达到 0.750 以上。12 号水泥体系堆积率达 0.805，需水量相对较低，所以其水泥石强度高，达 50MPa 以上，流变性能相对较好，是 13 个体系中的最优堆积体系。13 号样品堆积率达 0.828，是 13 个体系中的最紧密堆积体系，但性能比 12 号样品差，由于细颗粒过多需水量高，水泥浆的流变性和水泥石力学性能均变差。

表 6-2-2　不同颗粒级配高密度水泥浆的性能

序号	石英砂粒度 / 目	铁矿粉	堆积率	需水量	抗压强度 / MPa	300r/min 流变读数
1	120	120 目	0.325	0.422	20.6	107
2	120	400 目	0.380	0.485	22.8	122
3	120	800 目	0.560	0.510	25.7	135
4	120	1200 目	0.680	0.540	33.5	152
5	120	400 目：1200 目 =1：1	0.782	0.528	36.2	196
6	2400	120 目	0.62	0.46	39.2	155
7	2400	400 目	0.565	0.688	36.2	188
8	2400	800 目	0.462	0.792	33.4	225
9	2400	1200 目	0.285	0.830	30.8	268
10	2400	1200 目：120 目 =1：1	0.653	0.782	48.5	295
11	2400	800 目：120 目 =1：1	0.792	0.710	50.1	294
12	2400	400 目：120 目 =1：1	0.805	0.620	51.8	215
13	2400	1200 目：400 目：120 目 =1：2：2	0.828	0.685	48.8	248

注：抗压强度为 135℃下养护 48h 后测定。

总结以上，固井水泥紧密堆积设计主要包括：根据固井水泥紧密堆积模型，计算不同颗粒特性及配比固井材料组成的固井水泥体系的堆积率和需水量，优选出高堆积率和低需水量的体系，并按照材料活性合理配置，有利于提高固井水泥浆的综合性能。

2）长封固段大温差固井水泥浆性能

针对深井长封固段大温差固井水泥浆存在的技术问题，依托紧密堆积设计技术和配套缓凝剂和降失水剂产品，形成了适用于不同温差的水泥浆体系，即：（1）以降失水剂DRF-2L和缓凝剂DRH-1L为主剂，适用温度50～120℃的水泥浆体系；（2）以降失水剂DRF-2L和缓凝剂DRH-2L为主剂，适用温度80～180℃的水泥浆体系；（3）以降失水剂DRF-2L以及缓凝剂DRH-3S和DRH-4S为主剂，适用温度90～200℃的水泥浆体系；适用温差50～120℃。

在满足固井安全施工条件下（水泥浆稠化时间大于300min），分别考察了以DRH-2L和DRF-2L为主剂的不同密度（1.30～2.30g/cm^3）高温大温差水泥浆施工性能及其在井底静止温度和顶部温度（70℃和30℃）下的水泥石抗压强度发展情况，结果见表6-2-3。由表6-2-3可知，密度1.30～2.30g/cm^{3}的水泥浆体系稠化时间可调，API失水量均可控制在100mL以内，施工性能良好；此外，在不同循环温度下，稠化时间大于300min的大温差水泥浆在对应的井底静止温度下养护24h后，均拥有较高的抗压强度（大于14MPa）；在不同顶部温度条件下加压养护，水泥石强度发展较快，温差120℃以下，水泥石72h抗压强度均高于3.5MPa，满足支撑套管以及下一开次继续钻进的强度要求。此外，井底循环温度150℃、稠化时间343min的水泥浆在顶部温度为30℃下加压养护2天后，水泥石已有强度，3天后达到5.6MPa，故该大温差水泥浆适用温差可达120℃。

表6-2-3 大温差水泥浆综合性能

密度/g/cm^3	试验温度/℃	稠化时间/min	API失水量/mL	24h抗压强度/MPa	70℃抗压强度/MPa		30℃抗压强度/MPa		
					48h	72h	48h	72h	96h
1.3	130	386	54	19.2	3.4	10.2	—	3.6	8.8
1.4	130	361	60	20.9	3.6	12.4	—	4.8	10.2
1.5	130	352	48	22.5	5.2	14.8	1.4	6.5	12.6
1.6	130	329	36	24.6	6.8	16.1	2.6	7.8	15.4
1.7	130	347	40	26.8	11.6	22.4	3.2	9.8	19.7
1.9	120	307	32	32.4	20.6	26.8	4.8	16.9	23.1
	130	326	38	34.8	18.8	24.4	2.6	11.4	21.6
	150	343	52	29.9	9.4	18.4	1.8	5.6	19.8
	180	325	63	39.2	7.5	16.8	—	2.7	8.5
	200	319	68	39.8	—	4.5	—	—	5.4
2.2	120	334	36	28.9	9.4	21.2	4.6	12.8	21.2
2.3	120	358	44	25.8	7.6	18.2	3.8	10.6	16.8

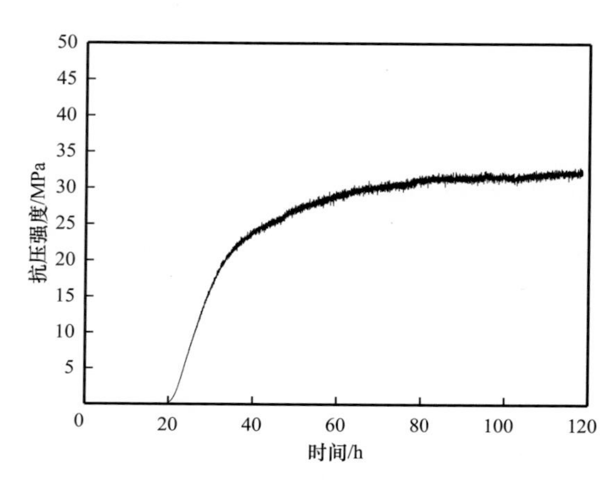

图 6-2-3 常规密度水泥浆在 70℃时静胶凝强度发展曲线

图 6-2-3 为循环温度 130℃的常规密度水泥浆（稠化时间为 326min）经高温养护后在 70℃、21MPa 下的静胶凝强度发展情况。由图 6-2-3 可知，水泥浆在 20h 时强度开始发展，28h 时强度达到 14MPa 以上，低温强度发展快，一定程度上能起到防油气水窜的作用。同时也说明，通过合理使用高温大温差缓凝剂及配套外加剂可以解决水泥浆安全稠化时间长与顶部强度发展缓慢的矛盾，提高大温差水泥浆的综合性能。根据地层条件和复杂工况要求，选择和设计不同密度的水泥浆体系，但以 DRF-2L 和 DRH-2L 为主剂的大温差水泥浆体系综合性能优异，能够满足高温深井超深井长封固段大温差固井要求。

目前，1.40～1.65g/cm^3 低密度大温差水泥浆体系的温差适应范围 50℃以上，稠化时间可调性好，温差范围内 72h 抗压强度大于 8MPa；1.70～1.95g/cm^3 常规密度大温差水泥浆体系的温差适应范围 50℃以上，稠化时间可调性好，温差范围内 72h 抗压强度大于 10MPa；2.00～2.40g/cm^3 高密度大温差水泥浆体系的温差适应范围 60℃以上，稠化时间可调性好，温差范围内 72h 抗压强度大于 5MPa。

4. 高效冲洗隔离液体系

针对深井一次封固段较长，水泥浆与钻井液接触时间长、行程长、混浆严重、污染程度加剧，严重影响水泥环的胶结质量的问题，采用新型加重材料和驱油剂，制备不同密度范围（1.10～2.40g/cm^3）且兼具冲洗和隔离双效作用的新型 DRY 高效冲洗隔离液体系，以有效冲洗界面滤饼，防止钻井液与水泥浆接触污染，保证水泥环界面胶结质量。该高效冲洗隔离液体系中含有多种功能型外加剂，如冲洗剂 DRY-1L 是由双亲结构的表面活性剂组成，具有乳化冲洗和界面渗透作用，能在较短的时间内将界面油基钻井液冲洗干净，不仅对界面油膜能产生较强渗透冲洗力，而且能增加界面胶结亲和程度，保证冲洗液与油基钻井液的相容性；DRW-2S 是一种经过特殊表面处理工艺而制备的具有不规则棱形结构加重材料，可有效提高冲洗隔离液体系对环空界面的冲刷力和顶替能力，达到瞬时冲洗顶替的效果。经过多种材料协同作用和合理使用，长封固段大温差固井用高效冲洗隔离液适用密度 1.10～2.40g/cm^3 以上，适用温度 30～200℃，具有黏度低、沉降稳定性好、冲净时间短（小于 3min）、冲洗隔离效果好且与钻井液相容性好等特点。现场应用过程中，根据长封固段固井不同工况选择和优化高效冲洗隔离液配套体系。

1）稳定性评价

不同密度的高效冲洗隔离液高温流变性和稳定性评价结果见表 6-2-4。由结果可知，DRY 高效冲洗隔离液体系在常温及加热条件下的沉降稳定性均在 0.02g/cm^3 以内，且流变性能良好，能够满足深井超封固段大温差固井顶替、冲洗和隔离的目的，以提高固井质量。

表 6-2-4 DRY 高效冲洗隔离液流变性及稳定性评价结果（150℃养护冷却至常温）

序号	密度 /（g/cm^3）	流性指数 /n	稠度系数 /（$Pa \cdot s^n$）	沉降稳定性 /（g/cm^3）
1	1.10	0.630	0.282	≤0.02
2	1.20	0.540	0.510	≤0.02
3	1.30	0.546	0.527	≤0.02
4	1.40	0.523	0.628	≤0.02
5	1.50	0.529	0.643	≤0.02
6	1.60	0.508	0.751	≤0.02
7	1.70	0.534	0.658	≤0.02
8	1.80	0.539	0.674	≤0.02
9	1.90	0.497	0.878	≤0.02
10	2.00	0.503	0.889	≤0.02
11	2.10	0.534	0.823	≤0.02
12	2.20	0.521	0.934	≤0.02
13	2.30	0.525	0.949	≤0.02
14	2.40	0.527	0.956	≤0.02

2）冲洗效果评价

清水、未加重冲洗液和加重密度为 1.50g/cm^3 的冲洗隔离液对某井现场钻井液（密度 1.48g/cm^3）的冲洗效果见表 6-2-5。可见，加重 DRY 高效冲洗隔离液冲洗效果良好，冲净时间小于 2min。

表 6-2-5 冲洗评价实验

冲洗时间	清水	冲洗液	加重冲洗隔离液
1min	未净	未净	未净
1min30s	未净	未净	冲洗干净
2min30s	未净	冲洗干净	—
3min20s	冲洗干净	—	—

3）相容性实验

为保证固井施工安全，冲洗隔离液与井下相邻浆体间的相容性实验，结果见表 6-2-6 和表 6-2-7。结果表明，DRY 高效冲洗隔离液与低密度胶乳水泥浆以及钻井液相容性好，无接触污染增稠现象，在深井长封固段固井作业中能够起到冲洗、顶替和隔离作用。

表 6-2-6 冲洗隔离液与水泥浆相容性实验

冲洗液与水泥浆转速比	旋转黏度计读数					
	600r/min	300r/min	200r/min	100r/min	6r/min	3r/min
100：0	33	22	16	11	4	3
95：5	87	61	51	38	23	19
75：25	112	74	54	36	12	9
50：50	117	77	60	41	11	8
25：75	174	105	78	47	7	5
5：95	209	121	87	50	7	5
0：100	271	155	112	66	13	10

表 6-2-7 冲洗隔离液与钻井液相容性实验

冲洗液与钻井液转速比	旋转黏度计读数					
	600r/min	300r/min	200r/min	100r/min	6r/min	3r/min
100：0	33	22	16	11	4	3
95：5	52	35	28	19	8	7
75：25	64	40	31	22	8	7
50：50	85	50	38	24	8	6
25：75	125	73	52	31	6	4
5：95	236	130	92	53	9	7
0：100	＞300	216	167	103	48	34

水泥浆配方：G级油井水泥+15%微硅+10%石英砂+10%玻璃微珠+0.8%稳定剂DRY-S2+10.67%DRT-1L+1.6%DRT-LT+3.56%降失水剂DRF-2L+2%缓凝剂DRH-1L+0.5%消泡剂DRX-2L+0.5%DRX-1L+0.5%分散剂DRS-1S+水（密度1.56g/cm^3）；钻井液：某井现场钻井液（密度1.48g/cm^3）；冲洗隔离液配方：600g水+2%DRY-S1+3%DRY-S2+27%加重材料DRW-2S+5%DRY-1L（密度1.50g/cm^3）。

5. 长封固段大温差固井配套工艺技术

形成了长封固段的大温差固井配套工艺技术，主要包括：

（1）长封固段一次性上返技术；

（2）小间隙尾管固井技术；

（3）双凝注水泥浆技术；

（4）井眼准备技术；

（5）大尺寸套管安全下入技术；

（6）顶替效率技术；

（7）平衡压力固井技术。

五、现场应用及效果

长封固段大温差水泥浆及固井配套技术，解决了大温差水泥浆超缓凝的难题，可以实现高温复杂深井注水泥长封固段一次上返，在保证固井施工安全及固井质量的前提下，简化了钻井开次及套管下入层数，避免了分级固井工具使用，为复杂深层油气井简化井身结构、降低钻井周期、节约成本提供了技术保障，有效保证了深井超深井长封固段大温差井的固井质量，支撑了深层油气勘探开发及增储上产。该技术已进行了全面推广应用，在塔里木油田、西南油气田、华北油田、长庆油田、大港油田、辽河油田、冀东油田等已成功应用1100多口井，固井成功率100%，并创造多项长封固段大温差固井纪录，取得了明显的经济效益和社会效益。

1. 塔里木油田应用

塔里木油田为上产3000×10^4t，加大了复杂地质构造勘探开发力度，固井施工难度越来越大。开发密度为1.20～1.40g/cm^{3}的大温差低密度水泥浆体系，解决了水泥浆稳定性差及顶部强度发展慢的两大关键难点。大温差长封固段固井技术在塔里木台盆区的试验及推广应用，且在塔中区块、英买力区块、轮南区块、克深区块及大北区块等也成功应用，一次封固段长超过6000m，固井成功率100%，为实现简化井身结构（从最初的四开三完、三开分级固井，到三开一次上返固井）、降低成本、钻井提速、保证深层开发提供了有效的技术手段，有效支撑了塔里木油田上产建设。

2. 西南油气田的应用

川渝地区是中国天然气工业基地、天然气产业利用示范区、西南地区能源供应保障中心。长封固段大温差固井配套技术在川渝地区高压气井推广应用200多口井，成功将安岳气田ϕ177.8mm尾管固井质量合格率提高117%，钻完井期间环空带压率由38.2%降至0，并在风险探井双探3井ϕ177.8mm+ϕ193.68mm复合尾管固井中进行了成功应用，复合尾管下深7403m，一次封固长度达3954.28m，固井质量合格率达82.4%，后续作业期间井口无窜气现象，创川渝地区该尺寸尾管下深及悬挂长度纪录、尾管浮重最大、水泥面上下温度最大4项纪录；双探6井ϕ127.0mm尾管固井完钻井深8305m，井底温度159.6℃，尾管固井质量合格率93.8%，优质率85.5%，创川渝地区第一深井的固井纪录，保障了固井施工安全及固井质量，较好满足后期增产改造需要，防止了环空带压或井口窜气问题的发生，保证了天然气井的长期安全运行，有效支撑了天然气基地建设。

随着油气勘探开发不断深入，深层超深层已成为油气增储上产的重要领域。通过深入攻关形成的长封固段大温差固井配套技术，解决了大温差水泥浆超缓凝难题，有效提高了深井超深井长封固段大温差井的固井质量，延长了井筒寿命，为简化井身结构、降低成本、实现提速提效以及深层油气资源勘探开发提供了技术保障，随着长封固段大温差固井配套技术的规模推广应用，将进一步创造巨大的经济效益和社会效益，应用前景广阔。

第三节 高强度韧性水泥浆研究与应用

随着油气勘探开发向深层、非常规等领域的拓展，井下地质环境、后期运行工况越来越复杂，对固井水泥石力学性能特别是水泥石韧性提出了更高要求。针对复杂地质环境、后期恶劣运行工况等造成的固井质量低、超缓凝、环空带压及窜气等技术瓶颈，通过水泥石增韧机理、紧密堆积理论等方面的研究，开发了高性能增韧材料，形成了以高强度韧性水泥和水泥环密封完整性为核心的固井成套技术，在川渝地区高压气井、塔里木盆地深井超深井、苏里格致密油气、中国石油新建储气库，以及川南地区页岩气进行了规模应用，为深层、非常规油气资源安全高效勘探开发提供了工程技术保障。

一、高强度韧性水泥浆技术现状

随着勘探开发的不断深入，天然气井面临的难题日益增多，其中提高井筒密封完整性是主要难题之一，如枯竭油气藏储气库井注采期间井筒存在着交变应力、深层天然气井钻完井期间井筒内工作液密度变化和生产期间井筒内温度变化均可产生的交变应力，影响井筒密封完整性，缩短井的使用寿命，降低产量，增加投入成本，甚至导致全井报废。因此，研发以固井技术为核心的钻完井一体化工程技术，保障复杂枯竭气藏储气库井及深层天然气井固井的一次合格率和井的长寿命安全运行是很有必要的。固井技术是保证井筒长期密封性的基础，是保证储气库长寿命安全有效运行、深层天然气井高效开发的关键。

针对枯竭油气藏储气库井和深层天然气井的工况特点，纯水泥石是“先天”带有大量微裂纹和缺陷的脆性材料，无法满足现场固井需求。因此，通过在水泥浆体系中掺入低杨氏模量的橡胶类粉体材料来降低水泥石杨氏模量，掺入纤维类材料提高水泥石的阻裂及抗折能力，紧密堆积理论优化设计水泥浆体系提高水泥石抗压强度，结合配套固井外加剂，开发出具有高强度韧性水泥浆体系，解决普通水泥石多孔、脆性大的难题，实现水泥石韧性改造，具有利用高强度抵御外载荷、低杨氏模量降低载荷传递系数、纤维类材料阻裂等优点，有利于套管—水泥环—地层耦合体的稳定，提高封隔质量，保障井筒密封完整性。该技术扭转了储气库井固井质量差的被动局面，保证了固井封固密封完整性，替代了韧性水泥浆技术进口，为确保枯竭油气藏储气库井的长期、高效、安全运行奠定了坚实的技术基础，支撑了储气库规模化建设。制定了《固井韧性水泥技术规范》。在辽河储气库、大港储气库、华北储气库、相国寺储气库、榆林储气库、华油储气库、金坛储气库等试验及推广应用52口井，固井合格率100%。按井段长统计平均优质率为63.1%，平均合格率为96.54%，固井质量显著提高。在塔里木油田和西南油气田高石梯—磨溪区块等深层天然气井试验及推广50余口井，防止了环空带压的发生。

二、韧性水泥浆体系

1. 水泥石增韧机理

1）水泥石降脆增韧方法

由于水泥石内部存在一定的孔隙，增韧材料颗粒的掺入充填在孔隙处，形成桥接并抑制了缝隙的发展。当外界作用力作用在水泥石上时，增韧材料利用自身的低杨氏模量特性，降低外界作用力的传递系数，减弱外界作用力对水泥石基体的破坏力，达到保护水泥石力学完整性的目的（孙维，2011）。

（1）提高 C–S–H 胶凝相含量。

水泥水化产物的基本结构形态为结晶相和凝胶相。从力学性能来看，凝胶相比结晶相的韧性更大。C_3S 和 C_2S 水化产生 $C_3S_2H_3$ 凝胶体的同时，也生成 $Ca(OH)_2$ 晶体，但 C_3S 比 C_2S 产生的 $Ca(OH)_2$ 多。C_4AF 水化时不仅消耗一定量 $Ca(OH)_2$，同时还生成 C_3FH_6 凝胶。由于 C_3A 含量较低，水化时主要生成结晶相 C_3AH_6，同时进一步与二水石膏发生反应，生成结晶相的钙矾石。因此，为了提高水泥石的韧性，降低其脆性，应尽量提高水泥中 C_2S 和 C_4AF 含量，降低水泥中 C_3S 和 C_3A 含量。或者通过添加微硅、矿渣、粉煤灰等外掺料与油井水泥发生水化反应，通过火山灰效应消耗结晶相，生成更多的凝胶相，使水泥石硬化体以凝胶相结构为主。

（2）弱化水泥石共价键。

油井水泥基质塑化的原理是：水泥石受力时，其整体变形的贡献主要来自于其所含凝胶相。从微观层次来分析，水泥石硬化体是无数 C–S–H 凝胶相交织而成的一个网状结构，其内镶嵌着水泥水化产物 $Ca(OH)_2$ 等结晶相。水泥石脆性主要产生于水泥石凝胶相 C–S–H 和结晶相 $Ca(OH)_2$ 等紧密结合的共价键。因此，应有效地弱化水泥石共价键，使水泥石在受力时产生像金属一样的位错滑移机制。

（3）外掺料阻碍内部裂缝扩展。

利用混凝土材料在受外力作用时裂缝扩展受阻及绕行原理来设计固井水泥浆体系，可提高水泥石的抗冲击能力。当混凝土受外力作用时，原生裂缝或后期作用所产生的裂缝会扩展。当裂缝完全扩展时，将导致混凝土的破坏。但当裂缝扩展至骨料而受阻时，裂缝要继续扩展必须穿越或绕过骨料，从而抑制了裂缝发展，在一定程度上增加了混凝土的抗冲击能力。因此，在油井水泥中添加一定量粗颗粒，使水泥石在受破坏时裂缝绕颗粒而行，或者裂缝穿越颗粒时消耗一定能量，有助于降低水泥石脆性，提高水泥石的抗冲击能力。

2）水泥基质塑化机理

（1）结晶基质塑化。

氢氧化钙，属于三方晶系，其晶体结构为层状，为彼此联结的 $[Ca(OH)_6]^{3-}$ 八面体。结构层内为离子键，结构层之间为分子键。氢氧化钙的上述层状结构决定了它的片状形态，在电子显微镜下，$Ca(OH)_2$ 为六角形片状晶体，各晶面较为平整光滑。在油井水泥中掺入增韧材料胶乳时，在水泥水化产物氢氧化钙六方片状结构晶体的表面镶嵌着一定量的胶乳粒。

（2）凝胶相基质塑化。

凝胶相基质塑化主要发生在水泥水化形成C–S–H凝胶过程中，加入的增韧材料胶乳微粒子直接参与C–S–H凝胶连生—聚并—交叉—成网过程，胶乳粒子与C–S–H凝胶相混交融合形成一个有机整体，起到“软化”C–S–H凝胶相结构力的作用，达到水泥石降脆增韧的目的。

（3）粒间充填基质塑化。

油井水泥石水化硅酸钙凝胶所形成的网状结构及其内部夹杂的氢氧化钙等结晶相，可作为整个水泥石的骨架支撑结构。在受到外力作用时，骨架支撑结构是受力体和力的传递介质。当骨架支撑结构受力超过一定程度时，将发生结构破坏，从而导致整个水泥石结构的破坏。由于骨架支撑结构内含有大量的孔隙及孔洞，骨架支撑结构既作为受力体，也可充当力的传递介质。如果在空隙及孔洞内充填弹性介质或变形粒子，当外力传递到这些充填粒子时，外力将受到有效的缓冲作用，减缓对骨架支撑结构的破坏。

（4）粒间搭桥基质塑化。

在水泥浆中加入一定比例的长短纤维，由于纤维对负荷的传递，水泥石内部缺陷的应力集中减小，纤维在水泥石晶体间有“搭桥”作用，纤维与水泥水化物之间紧密黏结，以“拉筋”作用改善油井水泥石力学形变能力。改善纤维水泥力学性能主要取决于基体的物理性质和纤维与水泥之间的黏结强度。当基体水泥确定后，纤维与水泥之间黏结强度就成为决定硬化后水泥石性能的主要因素。

3）紧密堆积理论的应用

水泥浆体系设计不但要从紧密堆积模型的数理模式去研究，而且还应结合颗粒的物理化学性能，特别是颗粒的形貌、颗粒尺寸、物理吸附性能及化学活性对水泥的水化反应所产生的一定影响。从现场水泥浆应用的角度出发，目前紧密堆积理论研究的应用状况：（1）固井水泥浆是要满足注替过程、凝固过程及长期硬化过程的需要，而目前的紧密堆积主要是针对体系的宏观配浆情况，没有从水泥石的微观结构入手来进行紧密堆积设计。（2）由于油气井固井工程的特殊性，水泥浆体系的综合性能须满足工程运用的需要，水泥浆需具有合适的密度、流变性、抗压强度等性能。因此，必须在能够满足固井工程运用性能的前提下，尽可能提高体系的堆积密实度，从而提高水泥浆体系的综合性能。（3）固井水泥浆体系中含有大量的外掺料，属于多组分多密度的混合体系。不同种类的外掺料对水泥浆体系的水化及硬化的影响各不相同，外掺料的种类、粒度分布、颗粒形貌等性能特点均会影响水泥浆的综合性能，故合理选择外掺料，紧密堆积的科学设计对提高水泥浆综合性能具有理论指导意义。

2. 韧性水泥浆体系的设计思路与性能要求

1）韧性水泥浆体系的设计思路

第一步，要降低水泥石的杨氏模量、提高水泥石的泊松比，就必须在水泥中掺入比水泥石弹性模量更低、泊松比更高的材料。第二步，所选材料必须要有合适的形状及粒径分布，如果亲水性差，则需要进行表面亲水处理。第三步，依据紧密堆积原理，优选其他配套外掺料及外加剂，在保证水泥石具有适宜强度的前提下，具有较低的杨氏模量和较高的泊松比。

为提高水泥浆体系综合性能，以增韧机理和紧密堆积理论为理论指导，配合固井外加剂和外掺料等，将不同粒径不同功能的材料进行混配，小颗粒的材料可以充填到大颗粒的孔隙中间，实现紧密堆积，达到提高水泥浆体系的稳定性和水泥石抗压强度的目的。在水泥浆中掺入微硅，可利用其比表面相对较小、本身化学活性高的矿物活性，部分能够与水泥水化产物中的碱性物质发生胶凝反应，有利于保持浆体的稳定性及提高水泥浆体系的整体性能。同时，在水泥浆中掺入增韧材料，并均匀分散在浆体中，随着水泥石强度发展，韧性材料在水泥石内部形成桥接并抑制了缝隙的发展，从而达到增强水泥石的弹性，提高抗冲击韧性，降低水泥石渗透率的目的。

2）韧性水泥浆体系性能要求

韧性水泥浆体系综合性能满足现场应用要求，具体性能要求见表 6–3–1。韧性水泥石性能要求见表 6–3–2。

表 6–3–1 韧性水泥浆常规性能要求

稠化时间（40Bc）/min	80～500
初始稠度 /Bc	＜30
流动度 /cm	≥18
API 失水量 /mL	≤50
游离液量 /%	0

表 6–3–2 韧性水泥石性能要求

密度 / g/cm^3	48h 抗压强度 / MPa	7d 抗压强度 / MPa	7d 抗拉强度 / MPa	7d 杨氏模量 / GPa	7d 气体渗透率 / mD	7d 线性膨胀率 / %
2.40	≥14.0	≥22.0	≥1.6	≤5.5	≤0.05	0～0.15
2.30	≥15.0	≥24.0	≥1.7	≤5.6	≤0.05	0～0.15
2.20	≥16.0	≥26.0	≥1.8	≤5.8	≤0.05	0～0.15
2.10	≥17.0	≥28.0	≥1.9	≤6.0	≤0.05	0～0.15
2.00	≥18.0	≥30.0	≥2.0	≤6.5	≤0.05	0～0.15
1.90	≥16.0	≥28.0	≥1.9	≤6.0	≤0.05	0～0.2
1.80	≥15.0	≥26.0	≥1.8	≤5.5	≤0.05	0～0.2
1.70	≥14.0	≥24.0	≥1.7	≤5.0	≤0.05	0～0.2
1.60	≥12.0	≥22.0	≥1.5	≤4.5	≤0.05	0～0.2
1.50	≥10.0	≥20.0	≥1.4	≤4.0	≤0.05	0～0.2
1.40	≥8.0	≥18.0	≥1.2	≤3.5	≤0.05	0～0.2
1.30	≥7.0	≥16.0	≥1.1	≤3.0	≤0.05	0～0.2

3. DR 系列韧性水泥浆体系

1）增韧材料

（1）胶乳 DRT-1L。

胶乳一般通过乳液聚合可制得固相含量为 20%～30% 的合成胶乳，在饱和盐水溶液中使用，耐温达 0～200℃，胶乳与外加剂的配伍性好。胶乳由无数橡胶粒子组成，胶乳加入水泥中形成胶乳水泥浆。胶乳水泥浆中橡胶粒子间及与水泥颗粒之间形成立体空间网架结构及架桥连接，提高水泥石抗压强度以及抗渗阻力，减少油气水窜。胶乳中橡胶粒子堵塞和充填于水泥颗粒之间，降低了水泥石的渗透率，增大了气体进入水泥石的阻力。胶乳水泥浆常规性能见表 6-3-3。

表 6-3-3 胶乳水泥浆常规性能

试验条件	配比情况				水泥浆性能		
	材料加量 /%			密度 / g/cm^3	流动度 / cm	抗压强度（7d）/ MPa	杨氏模量 / GPa
	G 级水泥	胶乳 DRT-1L	微硅				
80℃	100	4	2	1.90	22	38.80	9.43
	100	8	2	1.90	21	40.55	9.18
	100	12	2	1.90	20	41.80	8.77
	100	16	2	1.90	19	36.95	8.72

（2）增韧材料 DRT-1S。

增韧材料 DRT-1S 是一种白色粉体材料，水溶性与再分散性强，适用温度范围为 0～200℃，具有极突出的黏结强度，可提高水泥石的柔韧性，对改善水泥浆的黏附性、抗拉强度、防水性具有显著效果。

据表 6-3-4 可知，随着增韧材料 DRT-1S 加量增加，水泥浆流动度逐渐减小，其原因是随着增韧材料 DRT-1S 颗粒小，比表面积大，故溶解增韧材料 DRT-1S 颗粒的过程中易吸附水泥浆中的自由水，使水泥浆逐渐变稠，流动度逐渐减小。随着增韧材料 DRT-1S 加量增加，水泥石抗压强度是先增加后减小，当增韧材料 DRT-1S 加量占纯水泥的 6% 时，水泥石抗压强度最高。由于水泥石内部存在一定的孔隙，当增韧材料 DRT-1S 加量在 6% 以内时，乳胶粒子的掺入充填在孔隙处，形成桥接并抑制了缝隙的发展，随着加量增加，水泥石内部充填越密实，紧密堆积效果越好，水泥石抵御外界作用力越强，从而有效保持了水泥石的完整性。然而，当增韧材料 DRT-1S 加量过大时，乳胶粒子降低了水泥石内部胶凝材料之间的接触面积，从而减弱了水泥石内部的结构力，当外力作用在水泥石上时，水泥石容易破裂，从而出现水泥石强度衰退的现象。

表 6-3-4 不同增韧材料 DRT-1S 加量对水泥石强度影响

试验条件	配比情况				水泥浆性能		
	材料加量 /%			密度 / g/cm^3	流动度 / cm	抗压强度（7d）/ MPa	杨氏模量 / GPa
	G 级水泥	DRT-1S	微硅				
80℃	100	4	2	1.90	22	36.25	9.45
	100	6	2	1.90	21	42.20	8.92
	100	8	2	1.90	20	34.45	8.84
	100	10	2	1.90	19	32.25	8.79

（3）增韧材料 DRE-1S。

增韧材料 DRE-1S 是一种白色无味的颗粒状材料，温度使用范围为 0～150℃，具有较强的亲水性，在水泥浆中的分散性强，可均匀分散在水泥浆中，且与水泥石基体具有较强的黏结强度，可明显提高水泥石韧性。

据表 6-3-5 可知，由于增韧材料是一种粉末性材料，颗粒小，比表面积大，表面易吸附水，故随着增韧材料 DRE-1S 加量增加，水泥浆流动度逐渐减小。当增韧材料加量占纯水泥的 6% 时，水泥石抗压强度最高，当加量超过 6% 时，水泥石抗压强度开始出现衰退。这是由于水泥石内部存在一定的孔隙，当增韧材料 DRE-1S 加量在 6% 以内时，增韧材料 DRE-1S 的掺入充填在孔隙处，形成桥接并抑制了缝隙的发展，随着加量增加，水泥石内部充填越密实，紧密堆积效果越好，水泥石抵御外界作用力越强，从而有效保持了水泥石的完整性。然而，当增韧材料 DRE-1S 加量过大时，降低了水泥石内部胶凝材料之间的接触面积，从而减弱了水泥石内部的结构力，在水泥石强度发展时，水泥石内部的水化产物逐渐增多，水化产物的晶体与增韧材料颗粒之间存在相互挤压，易导致水泥石内应力集中，当外力作用在水泥石上时，水泥石容易破裂，从而出现水泥石强度衰退的现象。

表 6-3-5 不同 DRE-1S 加量对水泥石强度影响

试验条件	配比情况				水泥浆性能		
	材料加量 /%			密度 / g/cm^3	流动度 / cm	抗压强度（7d）/ MPa	杨氏模量 / GPa
	G 级水泥	DRT-1S	微硅				
80℃	100	4	2	1.90	21	32.65	7.61
	100	6	2	1.90	20	34.30	6.74
	100	8	2	1.90	19.5	29.50	6.28
	100	10	2	1.90	19.5	27.25	5.65

（4）膨胀增韧材料 DRE–3S。

膨胀增韧材料 DRE–3S 是由多种功能性能材料复配而成。其作用机理形式分别为：高分子基质塑化型韧性改造机理、无机材料晶格膨胀基质膨胀机理、无机纤维“三维搭桥”阻裂型韧性改造机理。其中，组分 A 是先将经过精镏提纯的含量为 99.5% 以上的某烷在乙醇与水的介质中，在酸催化下发生反应，并分离出双官能度的聚合体，然后再使聚合体在催化剂的作用下，形成具有增韧作用的线性高分子材料，其使用温度范围为 0～200℃。组分 B 是在一定温度下经高温煅烧后形成晶体未完全发育的无机矿物组分，加在水泥浆体系中在一定温度条件下发生晶相转变，当水泥凝结硬化时，水泥石体积膨胀，起补偿收缩和拉张钢筋产生预应力以及充分填充在水泥间隙作用，因此，组分 B 在水泥浆体系中可参与水化反应，避免固井水泥环体积收缩，以及在交变应力作用下保证水泥环的结构完整性和力学完整性。组分 C 是一种无机矿物晶须，其以单晶形式生长，具有均匀的横截面、完整的外形和完善的内部结构的纤维状单晶体，其作用本质是把水泥石的脆性破裂转变为塑性破裂，阻断或者延长水泥石受力时微裂纹的扩展路径。晶须增强增韧机制主要有桥连机制、裂纹偏转机制和拔出机制。根据 Griffith 微裂纹理论，水泥石受外力作用时，内部应力集中使微裂纹扩展成裂缝导致材料基体被破坏，而微裂纹扩展遇到晶须时会同时出现 3 种情况：① 微裂纹继续按初始路径发展并表现出扩展趋势，但不至于使晶须拔出，此时晶须会桥连微裂纹，阻止微裂纹扩大；② 当微裂纹发展与晶须在同一个平面，又没有足够能量冲断高强度晶须，微裂纹就会绕过晶须端面，通过延长微裂纹扩展路径耗散能量；③ 当水泥石内部应力累积到足够大时，大量微裂纹集中发展成裂缝，晶须表现为拔出作用，晶须通过与水泥基体的摩擦作用消耗大量破碎能。上述 3 种作用机制同时出现在水泥石破坏过程中，并协同发挥作用，消耗能量的大小顺序为拔出＞裂纹偏转＞桥连。尽管晶须与水泥石基体胶结（加砂水泥中胶凝组分减少）会对其增强效果有影响，但其增强增韧效果主要通过以上 3 种机制及作为微填料而发挥作用。因此，膨胀增韧材料 DRE–3S 在水泥浆体系中同时起到膨胀、增韧和防气窜的作用。膨胀增韧材料 DRE–3S 加量对水泥石力学性能的影响见表 6–3–6。

表 6–3–6　膨胀增韧材料 DRE–3S 加量对水泥石力学性能的影响

DRE–3S 加量 / %（占纯水泥百分比）	24h 体积膨胀率 / %	24h 杨氏模量 / GPa	24h 抗压强度 / MPa
0	–4.20	7.63	35.4
5	0.09	7.32	36.2
10	0.11	5.94	38.5
15	0.13	5.64	26.9

2）DR 系列韧性水泥浆体系配方及性能分析

（1）胶乳水泥浆体系。

将胶乳湿混在配浆水中，然后与水泥干灰混拌，形成胶乳水泥浆体系，具体性能见表 6–3–7。

表 6-3-7 常规密度韧性水泥浆性能

性能参数	数据	性能参数	数据
下灰时间 /s	28	稠化时间（70Bc）/min	124
密度 /（g/cm^3）	1.90	24h 抗压强度（110℃）/MPa	35.2
API 失水量 /mL	34	48h 抗压强度（110℃）/MPa	38.4
游离液量 /%	0	7d 抗压强度（110℃）/MPa	48.3
上下密度差 /（g/cm^3）	0	7d 杨氏模量（110℃）/GPa	7.9
稠化条件	110℃ ×60MPa×55min	7d 气体渗透率（110℃）/mD	0.09

水泥浆配方：G 级水泥 +30% 石英砂 +5% 微硅 +8% 胶乳 DRT−1L+1.2% 胶乳调节剂 DRT−1LT+2% 降失水剂 DRF−2L+0.5% 分散剂 DRS−1S+0.2% 消泡剂 DRX−1L+0.3% 抑泡剂 DRX−2L+41.5% 水。

（2）胶乳水泥石微观分析。

据表 6-3-7 可知，在水泥浆体系中掺入一定量胶乳 DRT−1L，使胶乳粒子在水泥水化过程中与水泥水化凝胶相互融合形成连续三维空间网状结构的有机结合体，因此胶乳水泥石结构致密，具有低渗透率的特点。胶乳粒子具有低杨氏模量特性，可有效卸载水泥石应力集中，防止产生微裂纹；水泥水化凝胶硬化后具有高强度特性，对外载作用力具有很好的承载能力，因此胶乳水泥石具有“低杨氏模量、高强度”特性，对保障环空密封完整性具有良好作用（图 6-3-1）。

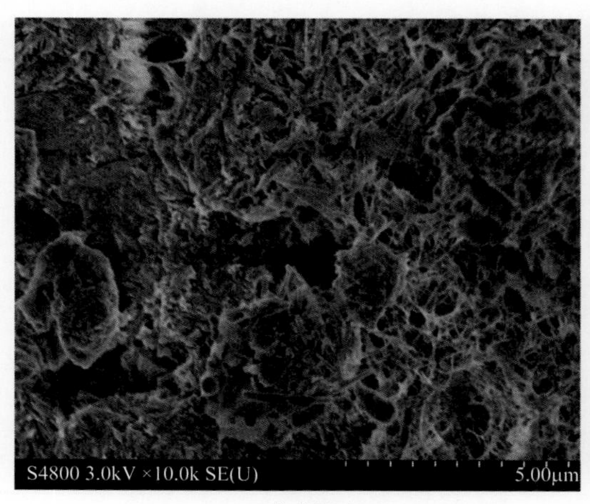

(a) 纯水泥石

(b) 胶乳水泥石

图 6-3-1 胶乳水泥石扫描电镜分析

（3）粉体增韧材料韧性水泥浆体系。

胶乳水泥浆体系主要用于湿混，为了降低环保压力，现场应用更方便，提高工作效率，增韧材料干混的韧性水泥浆体系的发展是必然的，故在水泥干灰中掺入增韧材料 DRT−1S、增韧材料 DRE−1S，形成粉体增韧材料韧性水泥浆。

① 低密度韧性水泥浆。

低密度韧性水泥浆体系配方：G级水泥 +12% 增强材料 DRB–1S+2% 微硅 +1.5% 降失水剂 DRF–1S+1% 分散剂 DRS–1S+2% 早强剂 DRA–1S+8% 增韧材料 DRE–3S+34% 空心玻璃微珠 +0.12% 缓凝剂 DRH–1L+73% 水。具体性能见表 6–3–8。

表 6–3–8　低密度韧性水泥浆性能

性能参数	数据	性能参数	数据
密度 /（g/cm^3）	1.35	24h 抗压强度（59℃）/MPa	13.4
密度差 /（g/cm^3）	0.00	48h 抗压强度（59℃）/MPa	25.6
60℃养护，API 失水量 /mL	28	7d 抗压强度（59℃）/MPa	31.3
稠化条件	59℃ ×43MPa×30min	7d 杨氏模量（59℃）/GPa	5.8
初稠 /Bc	24	7d 气体渗透率（59℃）/mD	0.018
稠化时间（70Bc）/min	166		

② 常规密度韧性水泥浆。

常规密度韧性水泥浆体系配方：G级水泥 +20% 高温增强材料 DRB–2S+1% 膨胀增韧材料 DRE–3S+4% 防窜增韧材料 DRT–1S+5% 增韧材料 DRE–1S+3% 微硅 +1.5% 分散剂 DRS–1S+2.5% 降失水剂 DRF–1S+1.7% 缓凝剂 DRH–1L+0.2% 消泡剂 DRX–1L+0.2% 抑泡剂 DRX–2L+53% 水。具体性能见表 6–3–9。

表 6–3–9　常规密度韧性水泥浆性能

性能参数	数据	性能参数	数据
密度 /（g/cm^3）	1.90	24h 抗压强度（63℃）/MPa	19.4
API 失水量 /mL	30.00	48h 抗压强度（63℃）/MPa	29.7
游离液量 /%	0.00	7d 抗压强度（63℃）/MPa	38.6
稠化试验条件	63℃ ×45MPa×35min	7d 杨氏模量（63℃）/GPa	7.1
初始稠度 /Bc	20.00	7d 气体渗透率（63℃）/mD	0.005
稠化时间（70Bc）/min	175		

③ 高密度韧性水泥浆。

高密度韧性水泥浆体系配方：G级水泥 +20% 高温增强材料 DRB–2S+12% 膨胀增韧材料 DRE–3S+100% 铁矿粉（6.05g/cm^3）+1.5% 稳定剂 DRK–3S+1.1% 分散剂 DRS–1S+3.2% 降失水剂 DRF–2L+1.5% 缓凝剂 DRH–2L+67% 水 +0.5% 消泡剂 DRX–1L+0.5% 抑泡剂 DRX–2L。具体性能见表 6–3–10。

表 6-3-10 高密度韧性水泥浆性能

性能参数	数据	性能参数	数据
密度 /（g/cm³）	2.30	24h 抗压强度（104℃）/MPa	26.8
API 失水量 /mL	38.00	48h 抗压强度（104℃）/MPa	34.4
游离液量 /%	0.00	7d 抗压强度（104℃）/MPa	45.7
稠化试验条件	104℃ ×103MPa×50min	7d 杨氏模量（104℃）/GPa	7.6
初始稠度 /Bc	27.00	7d 气体渗透率（104℃）/mD	0.007
稠化时间（70Bc）/min	194		

（4）粉体增韧材料韧性水泥石性能微观分析。

在水泥浆体系中掺入一定量增韧材料 DRT–1S、增韧材料 DRE–1S，能够达到改善水泥石力学性能的目的。由于增韧材料 DRT–1S 和增韧材料 DRE–1S 是一种有机高分子材料，粒径小、表面亲水性好、自身具有一定弹性，与水泥石基相容性好，提高了水泥石的密实性和弹性（图 6–3–2）。且当水泥石破裂时，DRE–1S 出现“拉筋”状态，起到良好的“纤维增韧”作用，有利于保持水泥石力学完整性，从 SEM 和渗透率数据可见，紧密堆积理论可有效提高水泥石的堆积密实度，降低水泥石的渗透率（图 6–3–3）。

(a) 纯水泥石

BCPCAS4800 15.0kV 13.9mm×500 SE(M) 1.00μm

(b) 韧性水泥石(增韧材料与水泥石基体胶结良好)

图 6–3–2 粉体增韧材料韧性水泥石扫描电镜分析

三、配套技术措施

1. 窄安全密度窗口和长封固段条件下提高固井质量的综合措施

复杂井眼条件下固井综合措施主要包括以下 4 个方面：一是固井前进行承压试验，提高地层的承压能力；二是采取综合措施提高顶替效率；三是优选综合性能好的水泥浆配方；四是配套的施工工艺（郭建华等，2019；张华等，2018；丁志伟等，2019；马勇等，2017）。现场施工时采取有效措施，降低每一项因素对固井质量的影响，现场固井施工中

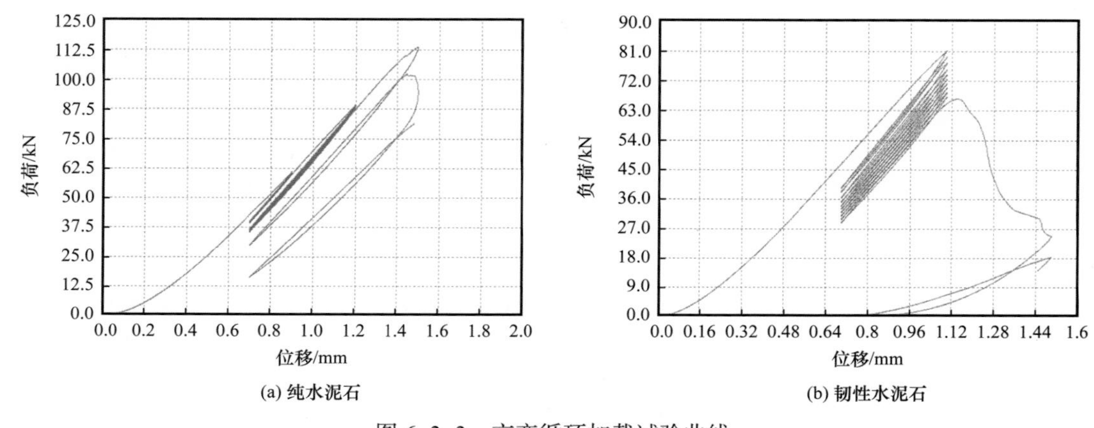

图 6-3-3 交变循环加载试验曲线

严格执行“技术 + 管理”的方式。现场多口井成功应用表明，形成的固井综合配套技术路线正确、方案合理，现场应用效果显著。

2. 高温深井复杂地质条件下防漏防窜及提高界面胶结质量的配套技术措施

该技术方案主要包括冲洗隔离液技术、平衡压力固井技术、井眼准备技术、提高套管居中度技术、韧性膨胀水泥浆技术 5 个方面。以华北苏桥储气库为例：（1）冲洗隔离液技术，采用新型加重材料与油基钻井液冲洗液，适当增加隔离液用量，提高冲洗与隔离效果。（2）平衡压力固井技术，固井作业前做好承压试验；采用双凝水泥浆技术。（3）井眼准备技术，下套管前采用不低于套管串刚度的钻具组合通井，调整钻井液性能（实现低黏切）。（4）提高套管居中度技术，采用固井软件模拟，合理设计扶正器的种类和数量，保证套管居中度大于 67%。（5）韧性膨胀水泥浆技术，对水泥石进行韧性改造，以提高水泥环的长期力学完整性。

四、现场应用

膨胀韧性水泥浆体系、高效冲洗隔离液体系及固井配套技术在大港油田、华北油田、长庆油田、辽河油田等的储气库成功现场应用 50 余井次，应用效果良好。为在建的储气库提供固井技术支持，为后续新储气库的建设及老储气库的达容提供技术支持，具有良好的应用前景。目前已推广应用于深层天然气井、页岩气水平井固井。

1. 在大港油田板南储气库井应用

白 6 库 1 井、板 G1 库 1 井、板 G1 库 2 井、板 G1 库 4 井和白 8 库 H1 井等连续 7 口井的完钻钻头尺寸 ϕ241.3mm，下入套管尺寸 ϕ177.8mm，为实现平衡压力固井，采用两凝水泥浆体系，水泥浆密度 1.88g/cm^3，为提高顶替冲洗效率，增加隔离液用量 30～40m^3，隔离液密度 1.10～1.20g/cm^3，固井施工顺利，固井质量优质率 97%，合格率 100%，完成 3 轮注采，环空无带压现象。

2. 在华北油田苏桥储气库井应用

苏 49K–P1 井，完钻钻头尺寸 ϕ311.2mm，ϕ244.5mm 尾管下深 5106m，井底温度 138℃，悬挂器位置 3400m，一次封固段长 1706m，上下温差 46℃，为实现平衡压力固井，采用双凝双密度水泥浆体系，领浆密度 1.65g/cm^3，尾浆密度 1.88g/cm^3，为提高顶替冲洗效率，增加隔离液用量 50m^3，隔离液密度 1.20g/cm^3，固井施工顺利，固井质量优质率 93%，合格率 100%。

新苏 4K–P2 井，完钻钻头尺寸 ϕ311.2mm，ϕ244.5mm 尾管下深 4899m，井底温度 132℃，悬挂器位置 3310m，一次封固段长 1590m，上下温差 43℃，为实现平衡压力固井，采用双凝双密度水泥浆体系，领浆密度 1.65g/cm^3，尾浆密度 1.88g/cm^3，为提高顶替冲洗效率，增加隔离液用量 60m^3，隔离液密度 1.22g/cm^3，固井施工顺利，固井质量优质率 89%，合格率 100%，完成 8 轮注采环空无异常带压问题。

3. 在西南油气田高石梯—磨溪区块深层天然气井应用

高石梯—磨溪区块钻完井期间井筒内存在着由于密度变化和温度变化所造成的应力应变，易影响环空水泥环胶结质量，2015 年钻完井期间环空带压率 38.2%。通过技术攻关形成了以 1.90～2.40g/cm^3 膨胀韧性防窜水泥浆技术为核心的固井综合配套技术，在高石梯—磨溪区块推广应用 50 余口井，固井质量合格率大于 90%，2016 年后钻完井期间无环空带压现象。

第七章　随钻测量技术及装备

针对深井随着测量、信息传输和试油测试的技术难题，通过持续相关，研制出新型深井随钻测量、传输、测试和试油装备，包括深井高速信息传输钻杆技术与装备、随钻地震波测量技术与装备、175℃地质导向电阻率和伽马成像系统、高温高压试油测试成套装备。现场试验与应用，验证了研制的技术及装备，取得了极好效果。

第一节　深井高速信息传输钻杆技术及装备研制与试验

通过有线钻杆结合随钻测量实时测量传输技术，监测井下数据，能够有效地将井下数据传输到地面，数据传输速率高，且不受地层和井筒流体介质限制，可进行地面与井下信号的双向传输，可实现沿井筒的分布或连续测量，甚至不因接单根等操作而中断，从根本上改变了常规钻井随钻测量传输方式，解决了多参数、采样频率高的数据无法实时上传和上传数据不稳定等瓶颈问题，其装备现场试验证明有广阔的应用前景。

一、高速信息传输钻杆理论及结构设计

高频磁耦合有缆钻杆通信信道建模思路，钻杆水眼内的同轴电缆和钻杆两端的磁耦合线圈在接头处相连，高频磁耦合有缆钻杆首尾相连，组成地面与井下的信息通道（胡永建等，2019a、b）。同轴电缆降低了高频信号损耗，有缆钻杆相连形成磁耦合线圈付，完成高频信号在钻杆间的无线感应传输。

发明了使用二端口网络建模，如图 7–1–1 所示绘出了由 3 根高频磁耦合有缆钻杆组成的信道示意图。如果将每根钻杆看成一个整体，为了测量其散射参数，需要在有缆钻杆两端连接带磁耦合环的测试工装，测试工装内的磁耦合线圈与钻杆线圈贴合，引出同轴电缆连接到仪器。测试工装会对测试结果带来不易消除的额外误差，为了实现准确测量，可将钻杆一分为二，2 根钻杆均将同轴电缆暴露给仪器。这样将信道切割为图 7–1–1 中所示的单个二端口元件组，其散射参数可以精确测量，多个二端口元件级联形成整个信道。该二端口元件由左半根同轴电缆、磁耦合线圈付及右半根同轴电缆组成，具有左右对称结构，即输入特征阻抗与输出特征阻抗一样，每个二端口元件有相同的特性。

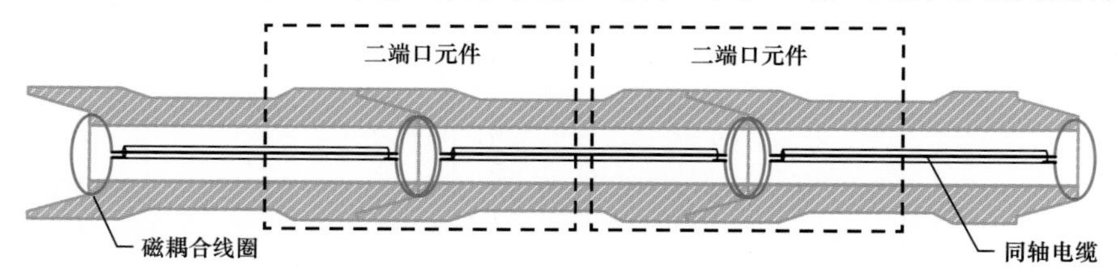

图 7–1–1　信道示意图

由于每根钻杆长度约 10m 且无法弯曲，多根钻杆连接形成的二端口网络长度已经超出了仪器的校准能力。为了方便测量，专门制造了 10 根高频磁耦合有缆钻杆实验样品：每根钻杆样品使用与真实有缆钻杆一样的磁耦合环，同轴电缆也有相同的长度，但是没有无法弯曲的钻杆本体，同轴电缆可以盘起来以缩短测量长度。由于同轴电缆的同心结构和外套管的屏蔽作用，钻杆本体的影响可以忽略，电缆盘曲带来的影响也可忽略。为了验证实验样品是否能够反映真实钻杆的特性，将一根真实钻杆一切为二后，分别连接到一根真实钻杆的两端，使用 Keysight E5061B 矢量网络分析仪测量其正向电压传输系数，以同样方式测量钻杆实验样品，实验样品没有钻杆本体，同轴电缆呈盘曲状态。测量结果如图 7-1-2 所示，在小于 50MHz 的情况下真实钻杆与实验样品的系数曲线具有相同的特征，可见实验样品在频率较低时能够反映真实钻杆的特性。因此，可以将多根实验样品级联起来测量，测量结果与真实钻杆的级联应该一致，可用于同仿真计算结果比对。

根据高频磁耦合有缆钻杆信道特点，可将信道基本单元划分为同轴电缆和磁耦合线圈付两部分（胡永建等，2018a）。为了缩短仿真时间，仅对磁耦合线圈付进行电磁结构仿真，与同轴电缆元件组合进行电路模型的线性仿真（图 7-1-3），仿真结果与实验样品测量结果一致。

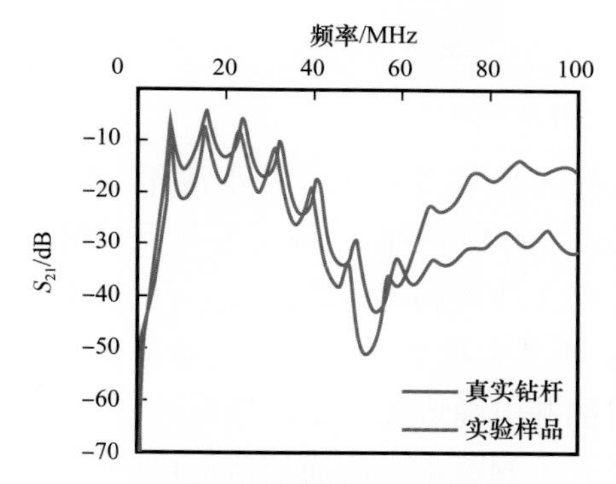

图 7-1-2 真实钻杆与实验样品测量结果对比

注：S_{21} 为二端口网络的正向电压传输系数，即增益

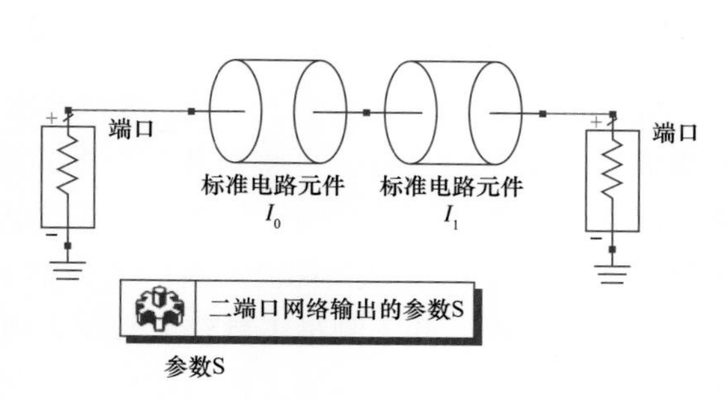

图 7-1-3 联合仿真电路图

这种电磁结构仿真与电路模型线性仿真的联合仿真技术充分发挥了各自的仿真优势，弥补了单一电路模型的不足之处，具有较高的精度和较快的仿真速度（胡永建，2017a、b；杨传书等，2017）。该联合仿真技术在高频磁耦合有缆钻杆研制中指导完成了多项设计优化工作，延长了通信传输距离，节约了研发时间，降低了系统成本。所发明的专利技术具有多点对多点网络通信功能，高效、快速、节能特性，包括物理层、汇聚层、应用层，自主知识产权 12 组通信协议。

在磁耦合有缆钻杆系统中，所有中继器、井下单元及数据服务器都是井下令牌环网上的工作站，可以称之为网络节点。从物理结构来看，网络节点通过高速调制解调器联结成链状结构，如果从数据服务器发起通信，网络数据包下行依次经过中继器 1、中继器 2、…、中继器 N 到达井下单元，井下单元再将网络数据包发回，经过中继器 N、…、中继器2、中继器1上行回到数据服务器，网络拓扑形成一个环路通信，通过令牌传递实现多点对多点的数据传输。显然，在这个过程中，每个中继器要处理两次网络数据包。信息钻杆网络使用了简化的令牌环网协议，可以高效地实现多点对多点的网络数据通信，该简化措施可提高有效传输速率并有利于节电。井下数据到达数据服务器后就可以通过地面的标准以太网与工作站、司钻显示器等完成数据交流。地面标准以太网支持IEEE802.11无线通信，具体结构如图7-1-4所示。

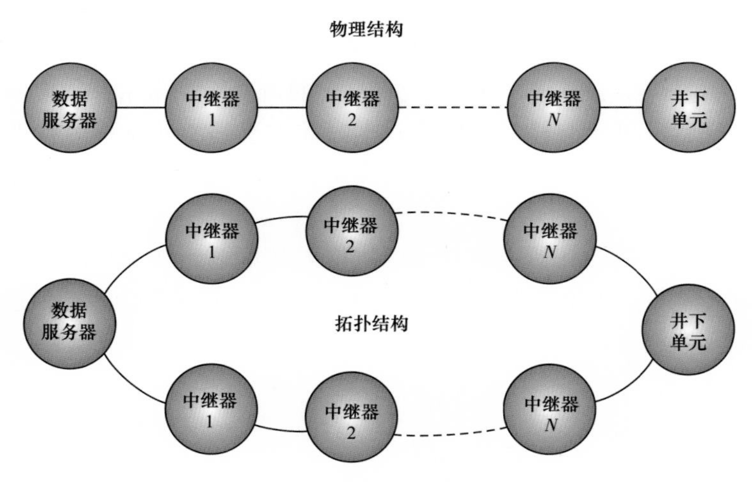

图7-1-4 令牌环网拓扑结构图

作为井下信息的“高速公路”，磁耦合有缆钻杆为各类第三方井下测量工具提供了一套高速数据传输信道，可将其井下数据高速实时传输到地面，第三方井下测量工具需要和磁耦合有缆钻杆的系统接口相连完成数据连接（汪海阁等，2017）。一般来说，第三方测量工具的生产厂家大都已经有一套完整的系统来实现数据采集、传输及处理。以核磁共振测量为例，井下测量工具获取数据，通过测井电缆或随钻钻井液脉冲传送到地面，由地面系统完成信号反演等工作；即地面系统与井下测量工具的通信信道可能已经建成，或者有直连线路用于试验通信；为了尽量不影响原有的第三方井下测量工具及地面系统，加快第三方工具与信息钻杆的集成，虚拟串口技术应运而生。

虚拟串口技术用于连接第三方测量工具应用，将井下令牌环网的复杂多层协议打包起来，以最常用的串口通信技术公开给第三方厂家，以方便系统集成。信息钻杆井下单元内部的测控模块有UART，RS232，RS485，SPI，I2C和CAN及单信号总线等多种接口用于同第三方测量工具的接口相连；数据服务器将井下令牌环网的多层协议打包，通过虚拟串口转换器与第三方地面系统相连，在第三方地面系统看来，整个井下令牌环网被“虚拟”成简单直连的串口通信，无须任何改变就可以沿用原来的通信协议与自己的井下测量工具通信。虚拟串口技术采用虚拟的软件连接方式，通过井下令牌环网连接第三方地面系统和井下仪器，可方便第三方测量仪器轻松利用信息钻杆的高速特性，易于连接各类随钻仪器；直接连接电缆测井仪器；具备井下控制功能（如中子源开启与关闭等）；配备用于联调的仿真设备。

二、高速信息传输钻杆系统结构及参数

高速信息传输钻杆系统是在钻井过程中连接钻柱的同时，搭建一条联通井下与地面的数据传输信道，以高频磁耦合感应方式传输数据（刘亚军等，2017）。高速信息传输钻杆系统是基于高频磁耦合通信原理的开创性新技术。高速信息传输钻杆系统主要包括地面和井下系统两部分，具体结构如图 7–1–5 所示。

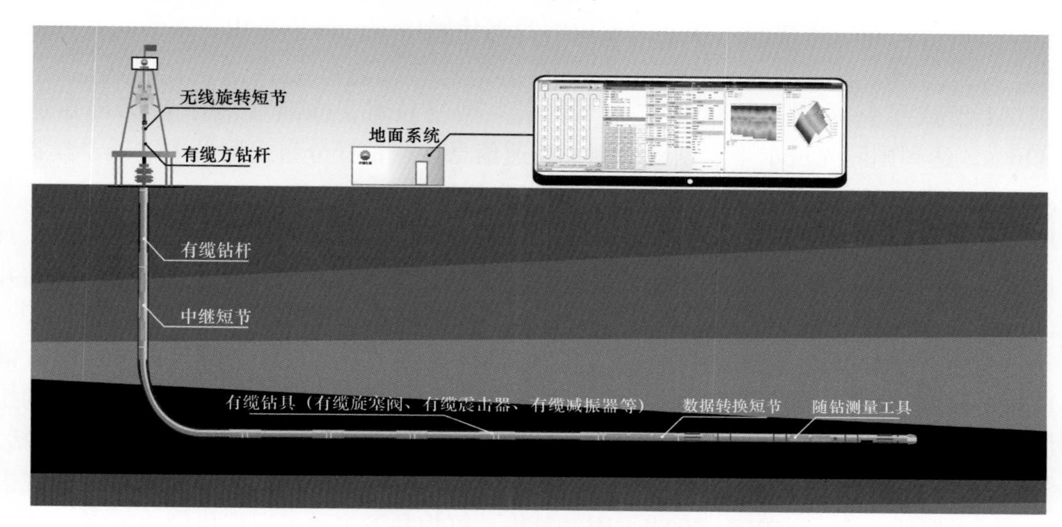

图 7–1–5　高速信息传输钻杆系统结构图

地面系统主要包括地面数据采集装置、服务器及配套软件，无线旋转短节和方钻杆等；井下系统主要包括有缆钻杆、中继器、BHA 有缆钻具等。

已实现的高速信息传输钻杆系统主要参数有：

（1）系统数据传输速率：100kbit/s；

（2）有缆钻具规格：5in API G 级；

（3）中继器参数：测量压力、温度、拉力、扭矩、倾角、转速和三轴振动 7 种参数指标，见表 7–1–1。

表 7–1–1　高速信息传输钻杆系统测量参数指标

测量参数	量程	精度	分辨率
环空温度	−25～125℃	1℃	0.01℃
环空压力	30MPa、60MPa、80MPa、100MPa 等量程	最高 0.01%F.S.	100Pa
扭矩	±100kN·m	15% F.S.	
拉力	3000kN	15% F.S.	
振动	0～160Hz ±1*g*、5*g*、10*g*、20*g*、70*g*	随量程定	3Hz 50 点 FFT
转速	±300r/min	0.001r/min	0.0003r/min

三、高速信息传输钻杆系统创新点

高速信息传输钻杆系统主要创新点如下：

（1）形成了一套具有全部自主知识产权的高频磁耦合传输核心理论技术，从根本上解决了井下高速传输“核心技术”难题，填补了国内空白。创新采用高频磁耦合感应方式高速传输井下数据，是基于高频磁耦合通信原理的开创性新技术，在钻井过程中连接钻柱的同时，即可搭建一条井下与地面的数据传输信道，简单易用，不影响常规钻井工艺。

（2）形成了一系列高速信息传输与测量、网络技术，实现了井下数据传输速率100kbit/s，达到国际先进水平。创新研制了高速信息传输钻杆分布式测量中继器，具备全井筒、分布式、多参数测量及监控功能，为未来智能钻井奠定基础；形成了基于IBM令牌环网的多点对多点网络通信；高效、快速、节能特性；物理层、汇聚层、应用层；具有自主知识产权12组通信协议；适合各类钻井液：气体/泡沫、水基、油基及特殊钻井液，实现井下数据网络化高速通信。

（3）创新研制国内首套深井高速信息传输钻杆系统1套，形成了井下高速传输有缆钻具加工与制造技术，完成了5in、API G级有缆钻杆4500m和12种BHA有缆钻具的生产加工，完成了国内首套高速信息传输钻杆系统研制。自主研制的12种有缆钻具包括：有缆钻杆、中继器、有缆旋塞阀、有缆方钻杆、有缆止回阀、有缆加重钻杆、有缆震击器、有缆减振器、有缆MWD、有缆无磁钻铤等，可为井下多种工况提供解决方案。

（4）形成了全套高速信息传输钻杆系统及装备的测试、试验装备，具有批量加工、试验、检测能力。建成有缆钻具批量制造生产线，完善高速信息传输钻杆系统3大试验装置建设，包括卧式高温试验装置、全排量环路装置、压力试验装置，建立了具有20余种高端测量仪器：信号分析仪、网络分析仪、阻抗分析仪等电子实验室。

四、高速信息传输钻杆系统相关技术、软件与装备

1. 双核锁步安全微控制器应用技术

嵌入式及高级语言设计主要针对核心处理器的设计与研制，经过多方选型使用TMS570系列安全微控制器。该控制器采用了被称为“安全岛”的通用安全架构理念，以此分配硬件与软件诊断，实现安全管理与应用成本之间的平衡。“安全岛”方法将微控制器组件分为内核组件与其他组件：内核组件是所有微控制器操作所必须的逻辑电路，运行硬件诊断安全机制；其他组件包含外设等部件，运行软件诊断安全机制。一旦微控制器诊断检测到某个错误时，微控制器的外设错误信号模块（Error Signaling Module，ESM）将该错误传递给其他组件或软件，开发人员确定如何响应错误。

“安全岛”方法将微控制器的各种错误状况按严重性分为3组：错误组1（如外设随机存储器奇偶校验错误）的严重程度最低，对来自硬件诊断错误组1的错误通道信号，用户可以选择是否使能中断并确定中断优先级，也可以选择是否使能微控制器的ERROR引脚信号输出（低电平有效）；错误组2（如地址总线奇偶校验错误）的错误会产生不可

屏蔽的高优先级中断，同时产生 ERROR 引脚信号输出；因为错误组 3（如互联总线错误）的大多数错误会导致 CPU 直接退出，所以仅产生 ERROR 引脚信号输出而不产生中断。为了方便外设响应，需要 ERROR 引脚在输出有效信号时能够保持一段时间，该低电平保持时间可以自行设定。

借助安全微控制器的“安全岛”理念及设计架构，能够自动处理微控制器及压力传感器的软硬件错误以保证工作可靠性，在钻井上可以有效减少起钻次数来降低钻井成本。

为了实现井下参数的长时间记录，系统可靠性、记录存储容量及系统功耗控制是关键的三个问题。设计的井下多参数记录仪采用高温锂电池供电，使用 TMS570 系列安全微控制器作为控制器，优先选择具有 SPI 接口的数字传感器，建立统一的参数测量模型，使用 FreeRTOS 的抢占式任务调度实现了具有较高可靠性、较大存储容量及较低耗电量的钻井井下多参数测量及记录功能，能够记录温度、压力、三轴振动、扭矩、拉力、倾角及转速等多种参数。因此，TMS570 安全微控制器提高了系统可靠性，可实现钻井参数长时间、低功耗的可靠记录，同时选择具有合适数字接口的测量器件以充分利用其片上资源。在分析了各个参数的测量过程后，建立了统一的参数测量模型，在 FreeRTOS 实时操作系统下实现了参数测量、参数保存及串口通信三种任务，同时利用空闲钩子函数实现低功耗设计目的。

2. 高速调制解调器设计技术

高速调制解调器是整个信息传输钻杆系统通信的关键部件，完成信号调制与解调的过程。主要设计包括以下关键技术：

（1）磁耦合通信技术；

（2）模拟前端分级调谐技术；

（3）双电路板模块化设计技术；

（4）高可靠性双核安全微控制器技术；

（5）嵌入式实时多任务调度算法技术；

（6）硬件节电及软件休眠设计技术；

（7）专利的电池自动轮换供电技术。

历经 30 多版硬件改进、4 版固件架构完善核心部件，实现高速通信功能，结构如图 7-1-6 所示。

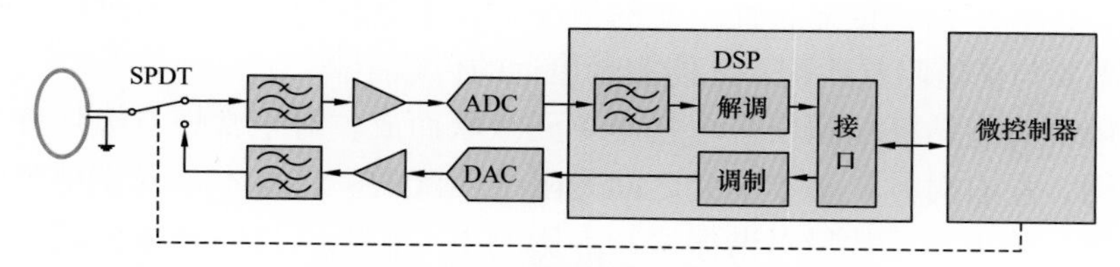

图 7-1-6 高速调制解调器原理框图

SPDT—单刀双掷开关；ADC—模拟 / 数字转换器；DAC—数字 / 模拟转换器；DSP—数字信号处理器

目前，高速调制解调器的通信速率可达 100kbit/s，可支持令牌环网组网通讯，搭建井下多个中继器通信网络。高速调制解调器电路板实物如图 7-1-7 所示。

图 7-1-7 调制解调器电路板实物

高速调制解调器首次应用或独创技术见表 7-1-2。

表 7-1-2 高速调制解调器首次应用或独创技术

序号	技术	可靠性	功能	性能	成本
1	双核锁步安全微控制器	√			
2	天线分级调谐	√	√	√	
3	电池自动轮换			√	√
4	自动休眠			√	√
5	板载大容量存储器		√		
6	令牌环网		√		
7	模块化硬件	√			√
8	协作式任务调度	√	√		
9	高温设计	√		√	

高频信号在有缆钻杆信道中传输一定距离后，由于衰减，需要通过中继器完成信号的接力放大。延长无中继传输距离可以减少中继器的使用量，这不仅可以降低成本，更能提高信道的可靠性。仿真建模的目的就是通过研究信号的传输特性提高整个系统的信号传输能力。在有缆钻具传输特性不变的情况下，中继器的信号发射机输出阻抗和接收机输入阻抗需要与信道阻抗匹配，才能实现更远的传输距离。

高频磁耦合有缆钻杆信道由多个基本单元级联而成。对于常规有缆钻杆，每个基本单元结构相同，左右对称，基本单元之间是阻抗匹配的。将基本单元模型级联，改变基本单元的数量。基本单元数量对谐振峰频点影响不大，频点处的衰减量随着基本单元数量增加呈线性增大，带宽随之减少。高频磁耦合有缆钻杆信道的载波频点不随有缆钻杆的数量发生变化，原因在于基本单元的对称结构保证了基本单元之间的阻抗匹配。

调制解调器与接口模块化设计结构如图 7-1-8 所示。

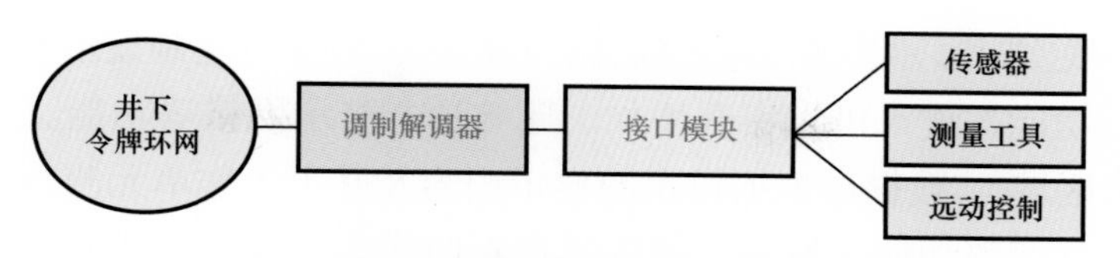

图 7-1-8 调制解调器与接口模块设计结构图

3. 信息钻杆数据服务器软件

信息钻杆地面系统中的数据服务器是连接井下与地面数据的核心部件，主要用于井下数据采集及处理，并具有令牌环网自动组网功能，可实现网络节点状态监视。同时，可实现多个中继器采集的分布式多种测量参数自动采集、处理，并使用井筒三维热力图显示。

另外，还可以进行虚拟串口配置，实现与工作站、司钻显示器之间的短消息收发，实现基于 WCF 的联网通信，完成网络数据监视及记录。

工作站软件也叫地面软件，提供了详细的数据显示界面，通过主界面，可以完成本井的所有测量数据的显示，如图 7-1-9 所示。

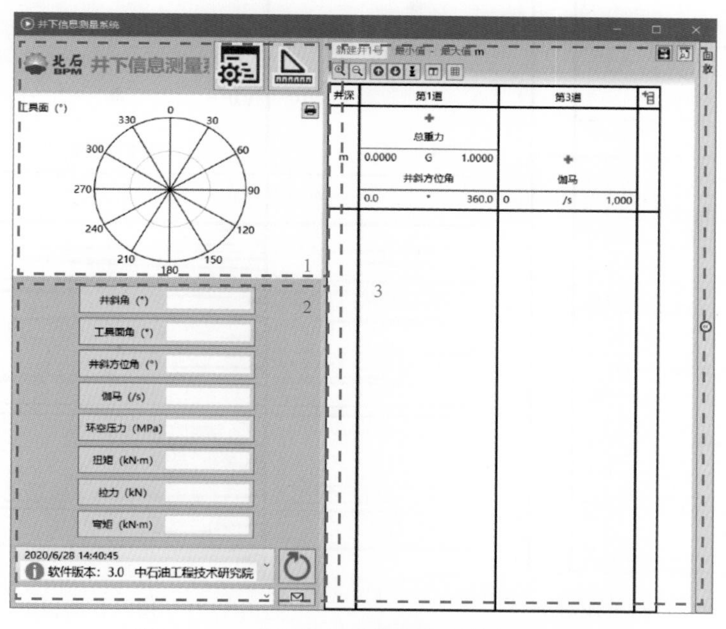

图 7-1-9 信息钻杆数据服务器软件主界面

其主界面包含以下内容：

（1）工具面实时显示区 1，从外向内依次显示最新的工具面，可以直观获得工具面变化情况，检测定向钻进。

（2）测量数据实时显示区 2，显示井斜角、工具面角、井斜方位角、自然伽马、环空压力、扭矩、拉力和弯矩等参数的最新测量数据，数据刷新频次由井下测量单元在工作前的同步决定。通过短消息对话框，可以实现与司钻单元的短消息通信。

（3）测量曲线实时显示区3，通过数据道的形式，可支持定制显示并绘制实时数据的测量曲线，通过功能按键，可以实现增加、删除道，显示网格等功能。数据道，是绘制实时曲线的显示区域。数据道根据设定的显示内容及井下工作单元测量的参数，自动绘制数据曲线。软件调整功能区按键，可以实现对曲线的缩放，滚动，查看底部，平均分布道，显示网格等操作，有助于操作者选择自己熟悉的方式和界面。道的缩放及平移针对全部道的井深，支持顶部按钮、鼠标和键盘3种方式。

每条道的宽度均可以拖动改变并保存。另外，更改人工量程也有同样作用。窗体尺寸可以自由调节大小。按下“显示格线”按钮可以切换显示格线，下面曲线是显示格线的效果，如图7–7–10所示。

操作人员可以根据使用习惯选择显示或隐藏格线，并可以通过鼠标悬停在曲线上激活标记功能，查看精确数据，如图7–1–11所示。

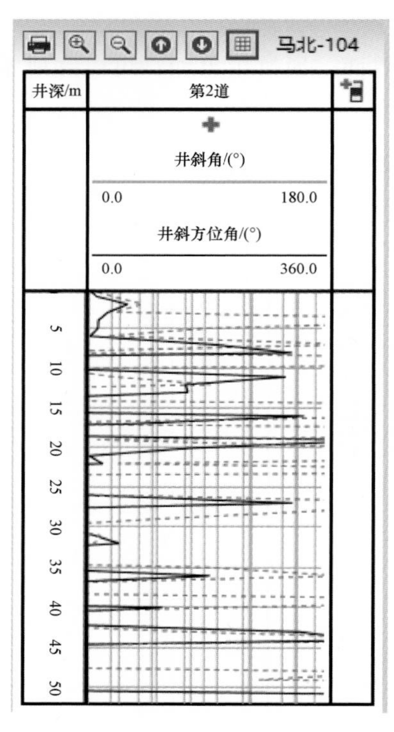

图7–1–10 信息钻杆数据服务器软件曲线显示效果

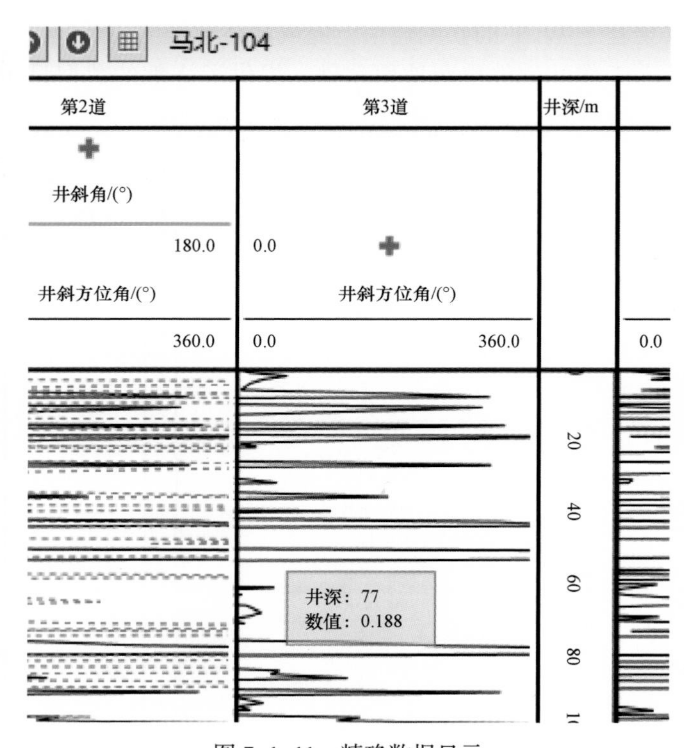

图7–1–11 精确数据显示

道主要用于数据曲线显示，每个道可以自由选择显示多条曲线，最多显示8条曲线。包含井深道在内，道的数量最多限定为8个。道的最右侧提供曲线回放的窗口，点击“回放”按钮，出现新的窗体，在此窗口，可以显示本井位和其他任何井位的回放曲线。回放数据道支持井深范围编辑功能，直接在井深范围处修改，即可显示相应数据，如图7–1–12所示。

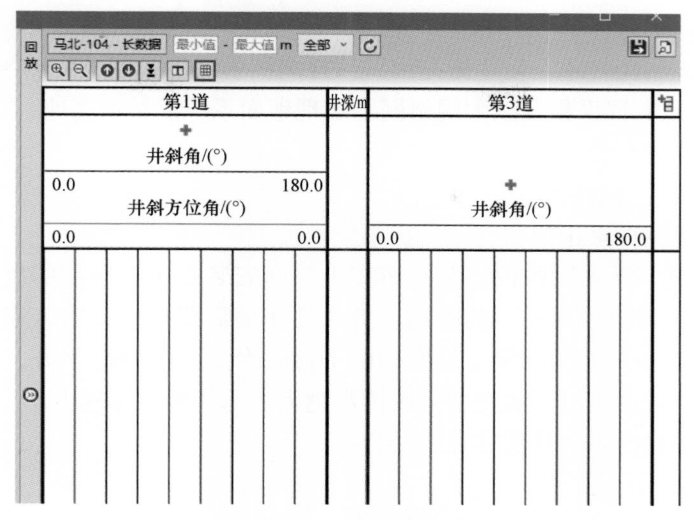

图 7-1-12　数据回放

4. 井深测量技术

在钻井过程中，录井及随钻测井均需要实时获取当前钻井深度。绝大多数井深测量系统采用“钻杆校深 + 大钩高度测量”的方法，即累加已下钻钻具的长度数据得到绝对井深，通过测量大钩高度得到当前单根的相对高度，累加已下钻钻具的长度与大钩高度得到当前单根相对高度的和就是实际井深（图 7-1-13）。悬挂大钩的大绳通过游车和天车的滑轮组缠绕在绞车滚筒上，滚筒转动带动大钩上下运动。使用安装在绞车滚筒轴上的绞车传感器（脉冲编码器）测量转数，进而计算出大钩高度。由于大绳在滚筒上缠绕层数等因素，该测量方法需要完成复杂的标定；另外，现场的电磁干扰等因素也对绞车传感器的测量精度有影响。

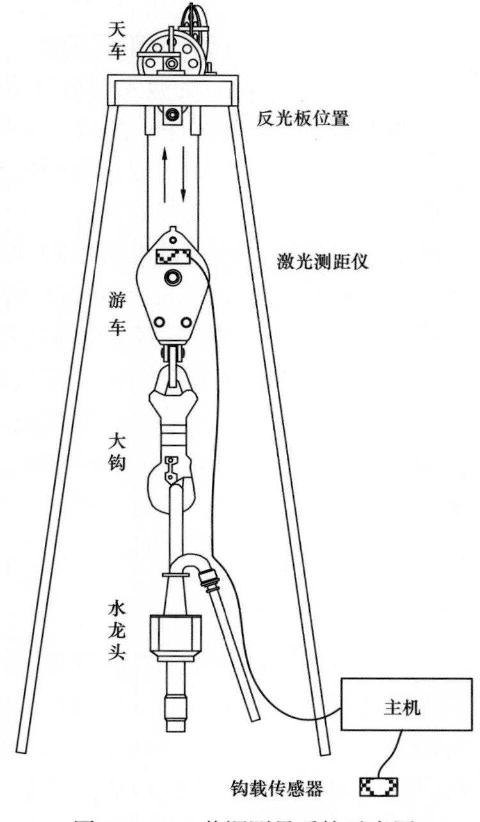

图 7-1-13　井深测量系统示意图

本设计的新型井深测量系统使用激光测距仪测量大钩高度，与绞车传感器通过二次测量间接得到大钩高度的方法不同，使用激光测距仪可直接获得高度数据，测量结果不受大绳张力大小、磨损状况等因素的影响，具有更高的精度和更简单的标定方法。本新型井深测量系统使用开源硬件完成传感器的系统集成，结合物联网发展新技术，以较低成本快速完成了系统设计。主要技术特点在于：

（1）首创激光测距技术，使用激光测试仪提高测量精度，完成测试与通信基本功能；

（2）基于PLC数据采集及以太网组网，实现地面系统的数据高速、可靠传输；

（3）兼容常规绞车传感器；

（4）支持人工及自动标定；

（5）支持信息钻杆多中继器。

以转盘钻为例，激光测距仪安装在游车上，向安装在天车底部的反光板发射并接收返回的激光束，测量游车与天车的距离。首次使用前需要校准，安装完钻井所需的方钻杆与上下旋塞阀后提升大钩，使下旋塞阀的下接头台肩与方补心平齐，记录此时的激光测距仪读数。在正常钻进时，激光测距仪读数越大表示相对井深越大。

在钻头到底的情况下，井深计算公式为：

$$D=\left(\sum_{i=1}^{n}d_i+d_{\mathrm{BHA}}\right)+\left(d-d_{\mathrm{Zero}}\right) \tag{7-1-1}$$

式中 D——井深，m；

d_i——已接入的 n 根钻杆中第 i 根钻杆的长度，m；

d_{BHA}——井下钻具组合的长度，累加已下钻钻具的长度数据得到绝对井深，m；

d——当前的激光测距仪读数；

d_{Zero}——校准时的激光测距仪读数。

两者的差是相对井深。在钻头未到底的情况下，该式计算的是钻头深度。

仅当钻头触及井底，测量得到的数据才是井深。在起钻、坐卡等状态下，钻头脱离井底，此时数据为无效井深数据。为了判断钻井状态，在钻机悬重表油路中接入了钩载传感器测量油压，经过校准可以得到大钩悬重。根据大钩悬重和大钩运动方向可以判断钻井状态。激光测距仪的信号及供电线沿大钩自然垂下，顺着水龙头的水龙带接入井深测量系统主机；钩载传感器与主机通过电缆相连。

井深测量系统用到了激光测距仪及钩载传感器两个传感器。与主机控制器集成时不仅要考虑接口种类，也要考虑防爆设计。配合使用钩载传感器可以完成钻机工作状态的自动判断。通过开源硬件UP创客板、Arduino板与传感器的集成缩短了研发时间，达到了设计目标。最终设计的井深测量系统使用激光测距仪测量大钩高度，简化了井深测量标定过程，提高了测量精度。

5. 多参数中继器

由于高速信息传输钻杆系统在通过有缆钻杆中的电缆和磁感应环传输的过程中，信号强度会有一定衰减，为了保持信号强度，需要在钻柱上每隔一定距离连接具有信号放大功能的中继器。同时，在中继器舱体内放置了多种传感器，可以实现不同井段监测井筒内的压力、温度和钻柱振动等参数，使得随钻监测不仅限于井底，可扩展到整个井筒，有助于实时监测全井筒分布式参数情况，及时诊断井漏、井涌和钻柱突发状况等井下工况。

中继器中的多参数测量模块是分布式多参数中继器的核心部件，实现多种参数测量、数据传输、中继等功能，可搭载多种传感器，目前可测量参数有：压力、温度、拉力、扭矩、倾角、转速、三轴振动等 7 种参数测量。

因此，中继器主要功能包括信号中继与放大、传感器沿钻柱采集井下数据等，其内部放置高速调制解调器等数据处理电路板。中继器研制的关键技术除了有缆钻杆包含的技术难点外，还需要解决电缆与电路舱槽的连接导通，承压管的一端与耦合单元连接，另一端需要与电路舱连接。为了保护电路舱槽的电路部件安全；需要设计进入舱槽的密封定位结构，该密封结构要能承受一定的机械拉力，如果只考虑定位而不考虑密封，该结构容易实现，但是潜在的风险就是一旦发生耦合单元密封失效或者微量渗漏，钻井液就会进入电路舱槽引发功能失效、电路烧毁的危险。

中继钻杆的结构特征：中继钻杆主要部件是设有多个安装传感器组件、锂电池组件、调制解调电路等密封槽的中继舱体；中继舱体两端连接短钻杆，以满足单根钻杆的总长要求；在两端短钻杆的外螺纹、内螺纹分别安装磁耦合环总成，且通过用于信号传输的同轴电缆连接至中继舱体内（图 7–1–14 和图 7–1–15）。

图 7–1–14　中继钻杆实物图

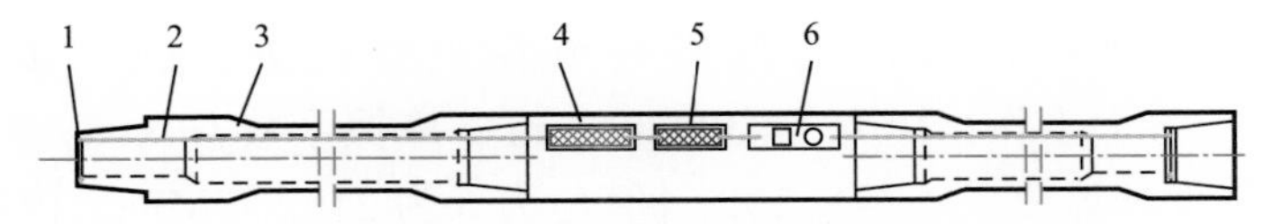

图 7–1–15　中继钻杆结构原理示意图

1—磁耦合环总成；2—同轴电缆；3—短钻杆；4—中继舱体；5—调制解调电路；6—传感器组件

中继舱体 $4^1/_2$IF 螺纹强度的校核，按 GB/T 24956—2010《石油天然气工业　钻柱设计和操作限度的推荐做法》关于锥螺纹的强度校核公式：

$$S=\frac{T\times 10^3}{A\left(\dfrac{P}{2\pi}+\dfrac{R_t f}{\cos\theta}+R_s f\right)} \tag{7-1-2}$$

$$A=\min\{A_p\ ;\ A_b\ ;\ A_{退}\}$$

$$R_s=\left(OD+D_c\right)/4=\left(168+134.94\right)/4=75.735 \tag{7-1-3}$$

$$R_t=2C-\left(L_{pc}-15.875\right)\times t_{pr}/4 \tag{7-1-4}$$

$$A_p=\frac{\pi}{4}\left[\left(C-2h_2-3.175t_{pr}\right)^2-ID^2\right] \tag{7-1-5}$$

$$A_b=\frac{\pi}{4}\left[OD^2-\left(D_c-9.525t_{pr}\right)^2\right] \tag{7-1-6}$$

式中 S——因外力而产生的应力，MPa；

P——螺纹节距，mm；

R_t——外螺纹基面以右的平均中径之半，mm；

R_s——螺纹端部台肩平均接触半径，mm；

θ——螺纹牙形半角（对于一般 API 螺纹 $\theta=30°$）；

f——摩擦系数；

A——计算点面积，mm^2；

OD——内螺纹外径，mm；

D_c——内螺纹光孔端面大径，mm（计算得，R_t 为 59.944mm）；

L_{pc}——外螺纹长度，mm；

t_{pr}——螺纹锥度；

C——外螺纹基面中径，mm；

ID——外螺纹孔直径，mm；

A_p——距外螺纹台肩 ¾in（19.05mm）处的最小环面积，mm^2（计算得，A_p 为 8224.7mm^2）；

A_b——距台肩 3/8in（9.525mm）处内螺纹的环面积（计算得 A_b 为 8200.5mm^2）；

$A_{退}$——外螺纹的退刀槽处的环面积，mm^2。

可见 $A_p>A_b$，故该螺纹强度的薄弱环节在内螺纹处，进一步，取计算面积 $A=A_b=8200.5mm^2$；最大工作扭矩为 $T=30000N\cdot m$；摩擦系数 $f=0.08$；按 GB/T 24956—2010 关于锥螺纹强度计算公式（7-1-2），计算应力 S 为 219.579MPa。内螺纹的材料为无磁钻铤，材料屈服强度 $\sigma_s=758MPa$，则 $S<\sigma_s$，满足强度要求。

中继器舱体实物如图 7-1-16 所示，中继器中多参数测量模块主要测量参数见表 7-1-3。

图 7-1-16 中继器舱体实物

表 7-1-3 多参数测量模块主要测量参数

测量参数	量程	精度	分辨率
温度	-25～125℃	1℃	0.01℃
压力	30MPa、60MPa、80MPa、100MPa 等量程	0.01%F.S. 0.02%F.S.	100Pa
扭矩	±100kN·m	15% F.S.	
拉力	3000kN	15% F.S.	
振动	0～160Hz，±1*g*、5*g*、10*g*、20*g*、70*g*	随量程定	3Hz 50 点 FFT
转速	±300r/min	0.001r/min	0.0003r/min
倾角	360°	0.1°	0.01°

6. 无线旋转短节

信息钻杆传输的信息最终要传输给地面系统，在钻井过程中地面通信电缆不能随钻杆转动，为了能将转动的钻杆传输的信息转移到地面系统就需要一个转换短节，将数据由钻杆采集并传输给地面通信电缆。以顶驱钻井为例，在顶驱下面与钻杆对接前需要一个旋转接头能采集钻杆信息，创新完成了顶部旋转接头方案设计，地面旋转短节是信息钻杆最上端的部分，该结构技术难点在于解决信息传输的动耦合技术，耦合环需要满足在旋转的同时稳定传输信息的要求，因此，设计该结构时主要需要解决耦合环的配合精度及使用寿命的问题，结构如图 7-1-17 所示。通过从可靠性、防爆能力、钻井配套性等多方面进行论证，优选感应耦合式的顶部旋转接头方案。

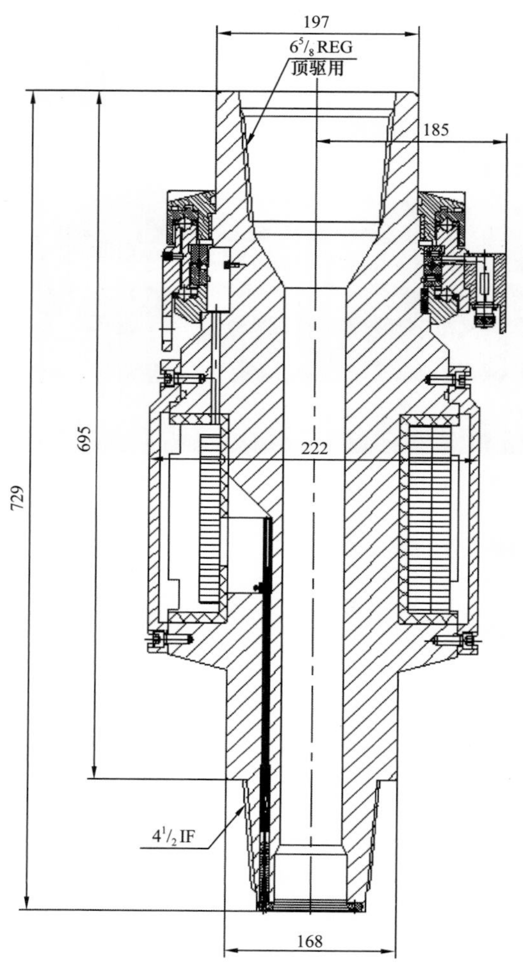

图 7-1-17　无线旋转短节结构示意图

7. 有缆钻杆

有缆信息钻杆机械结构由双外螺纹接头、双内螺纹钻杆、内外螺纹接头、耦合环总成、同轴电缆等组成。装配工艺：先将双外螺纹接头及内外螺纹接头的外螺纹加工好，将双内螺纹钻杆与双外螺纹接头和内外螺纹接头按规定扭矩上紧，内外螺纹接头以双外螺纹接头细长孔为基准划细长孔位置线，将内外螺纹接头与双内螺纹钻杆连接螺纹断开，内外螺纹接头钻细长孔并加工内螺纹短配装耦合环部分，将内外螺纹接头与双内螺纹钻杆上紧，内外螺纹接头细长孔与双外螺纹接头细长孔对齐以便于后续穿管。后续拉管、穿线、测试、配装耦合环、测试完成 S135 有缆信息钻杆的装配。

一体式有缆信息钻杆主要由钻杆本体、耦合环总成及同轴电缆等组成，一体式有缆信息钻杆在加工过程中，两端钻好孔的内外螺纹钻杆接头与钻杆本体摩擦焊时保证细长孔对齐，减少了内外螺纹接头后续配做加工工序，后续拉管、穿线、测试、配装耦合环、测试工序与 S135 有缆信息钻杆完全相同。有缆钻杆实物如图 7-1-18 所示。有缆钻杆地面联合调试如图 7-1-19 所示。

图 7-1-18　有缆钻杆实物图

图 7-1-19　有缆钻杆地面联调现场

方钻杆由上下接头和管体部分组成。管体部分为四方或六方两种结构（石油钻井中大多为四方结构）；上接头为左旋内螺纹（反扣），与水龙头连接，在旋转过程中左旋内螺纹防止倒扣；下接头为右旋外螺纹，与钻杆连接。工作时，方钻杆上端始终处于转盘面以上，下部则处于转盘面以下（图 7–1–20）。

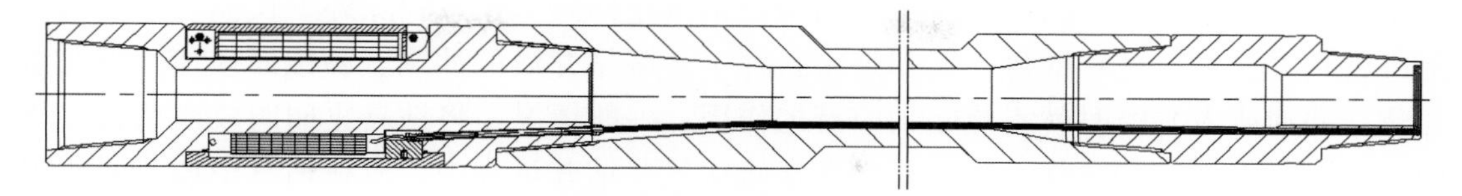

图 7–1–20 有缆方钻杆结构示意图

方钻杆的主要功能：（1）钻进时，方钻杆与补心、转盘补心配合，将地面旋转扭矩传递给钻杆，以带动钻柱和钻头旋转；（2）承受钻柱的全部重量；（3）钻井液循环的通道。有缆方钻杆采用四方方钻杆，主要由无线短节、方钻杆本体、方钻杆下接头、耦合环总成、同轴电缆等组成，无线短节用于将信息钻杆传输的信号无线发射至地面信号接收系统。

下部有缆方钻杆下旋塞阀是一种钻井中常用的钻杆内孔防喷装置，安装在方钻杆下部。在钻井时，井内油气压力突然升高，会通过钻杆内孔向上冲，发生井涌甚至井喷，此时只须关闭方钻杆下旋塞阀，就可以阻止井涌或者井喷。信息钻杆传输的信号要传输到有缆方钻杆，必须在下部方钻杆旋塞阀中建立有缆传输通道，为此，研制了方钻杆下部有缆旋塞阀。方钻杆下部有缆旋塞阀主要由上转换接头、阀体、阀座、阀芯、支撑环、拼合挡圈、下转换接头、同轴电缆、耦合环总成等组成，如图 7–1–21 所示。

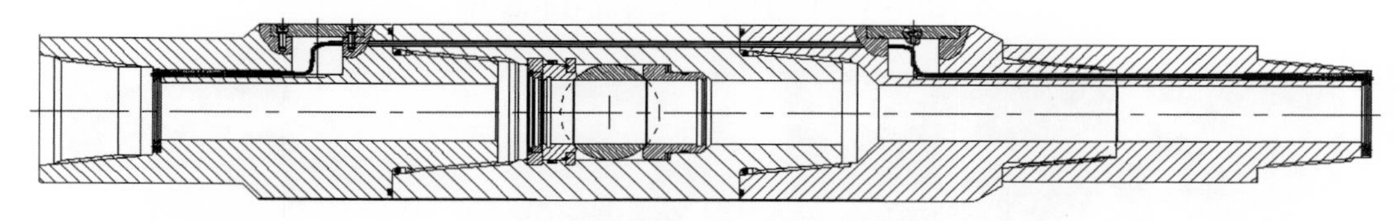

图 7–1–21 方钻杆有缆旋塞阀

有缆旋塞阀顺利完成了装配、70MPa 耐压试验、穿线焊接、调谐以及有缆旋塞阀与有缆钻杆联调测试等，如图 7–1–22 所示。

图 7–1–22 方钻杆下部有缆旋塞阀耐压实验

钻具止回阀是钻井过程中的一种重要内防喷工具。按结构形式分，钻具止回阀有蝶形、球形、箭形、投入式等。使用中安装在钻具的预定部位，只允许钻柱内的流体自上而下流动，而不允许其向上流动，从而达到防止钻具内喷的目的。它们的使用方法也不相同，有的被连接在钻柱中，有的在需要时才连接在钻柱上，有的在需要时才投入钻具水眼内，起封堵钻柱内压力的作用。因为把钻具止回阀（投入式除外）长期连接在钻柱上进行钻井作业，其零部件（尤其是密封件）会因钻井液的冲刷、腐蚀而损坏，当发生溢流、井涌或者井喷时就不能起到应有的作用。一般情况是将钻具止回阀放在钻台上备用，需要时再连接到钻柱上。但是，在含硫化氢井钻井过程中，应在钻具中加装回压阀等内防喷工具。

钻井现场大量使用箭形止回阀，内部结构受钻井液冲蚀作用小、表面硬度较高，密封垫采用耐冲蚀、抗腐蚀的尼龙材料，其整体性能好。综合考虑有缆钻具组合，有缆止回阀选择箭形止回阀，在箭形止回阀侧壁建立有缆传输通道，将有缆钻杆传输的信号继续上传，有缆止回阀主要由阀体、阀座、阀杆、阀芯、弹簧、密封件、耦合环总成和同轴电缆等组成，结构如图 7–1–23 和图 7–1–24 所示。

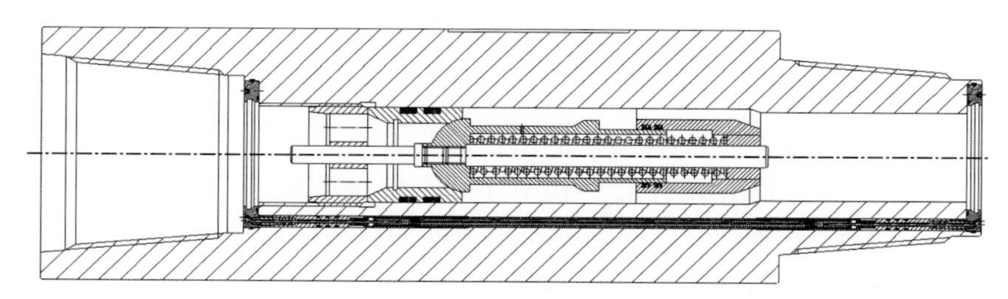

图 7–1–23　有缆止回阀结构示意图

图 7–1–24　有缆旋塞阀和有缆止回阀实物

五、现场试验与应用效率结构

高速信息传输钻杆系统已完成 5in API G 级 12 种有缆钻具研制，具备井下多参数测量功能，可测量温度、压力、钻压、扭矩和三轴振动等参数，已在大庆油田和吉林油田等地实现 5 井次现场应用（表 7–1–4），最大井深 4542m，应用效果良好。系统传输速率可达到 100kbit/s，实现井下多节点组网通信，得到用户一致好评。

表 7-1-4 高速信息传输钻杆系统实例井应用情况

序号	时间	油田	应用情况
第 1 口井	2016.11	吉林油田	累计入井 101h，工作正常
第 2 口井	2017.7	吉林油田	地面无线短节高速传输验证，工作正常
第 3 口井	2018.11	大庆油田	全系统、全功能验证，井深 1500m
第 4 口井	2018.11	大庆油田	全程使用有缆钻杆，井深 1400m
第 5 口井	2020.9	吉林油田	最大井深 4542m，传输速率 100kbit/s

2016 年 12 月 5 日，完成高速信息传输钻杆全系统现场试验，样机实现了高速双向、组网通信以及系统节电等功能，系统工作效果良好，充分验证了系统的稳定性，实现国内该技术现场应用零的突破（图 7-1-25）。主要效果如下：

（1）完成信息钻杆各组成部件性能现场检测；

（2）完成信息钻杆系统各组成部件现场应用验证（包括有缆钻杆、有缆方钻杆、旋转短节、井下单元、中继器短节等）；

（3）完成信息钻杆井口测试抗干扰试验；

（4）完成井下多网络节点通信测试，实现 6 个中继器同时工作；

（5）完成极限无中继传输距离测量，累计完成 7 段无中继传输距离测量。

图 7-1-25 高速信息钻杆全系统现场试验

此次现场试验为高速信息传输钻杆全系统下井试验，包含地面系统、旋转接头、有缆方钻杆、有缆止回阀、中继器、有缆钻杆等部件，实现了信息钻杆系统全井段通信；系统完成钻进 422m，累计入井时间 101h，奠定了全系统应用的基础。

2017 年 7 月，无线短节在完成地面测试后，在吉林油田完成钻井现场通信验证试验（图 7-1-26）。根据井队现场情况，将现场试验分成两个部分：（1）开展无线短节地面试验；（2）将无线短节接入钻柱进行现场通信验证试验。试验效果良好。

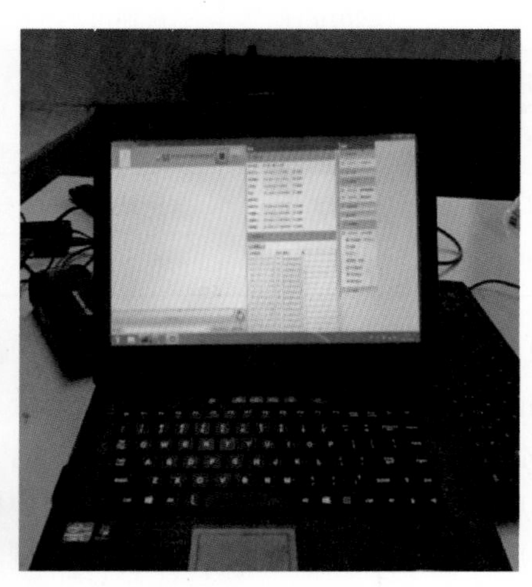

图 7-1-26 无线短节钻井现场通信验证试验

此次现场试验，完成了无线短节工作性能验证，主要试验结论如下：地面无线短节高速传输工作正常，无线短节在现场通信距离和通信效果均优于实验室测试；地面工作站自身无线网卡重启后需等待 5～10min 信号稳定后，方可使用。便携测试工具需功率较高的电源或电池。

图 7-1-27 高速信息传输钻杆系统大庆油田现场试验井场

2018 年 11 月 3—15 日，高速信息传输钻杆系统在大庆油田成功完成 2 口井现场试验，累计钻进 2700 余米，各部件均工作正常，达到试验预期效果（图 7-1-27 和图 7-1-28）。

此次试验，系统主要部件根据实际工况均得到了应用验证，多参数中继器沿钻柱测量功能正常，井下网络节点全部通讯正常，可有效实时监控不同井段压力、温度、振动等参数，保障井控安全。由于设计井深的限制，完钻最大井深为 1532m，全部使用有缆钻杆完成钻进，刷新了国内有缆钻杆钻井最大深度的记录，得到了用户的肯定。此次试验是高速信息传输钻杆系统研制的里程碑。

2020 年 9 月 18—28 日，高速信息传输钻杆系统在吉林油田波探 1 井完成了第 5 井次现场试验，试验应用最大井深 4542m。系统从 4145m 开始下入，钻进至 4542m 完钻，系统工作性能良好，数据传输速率达到 100kbit/s，得到用户好评。

图 7–1–28 有缆钻杆实物

钻井闭环控制系统需要采集大量的井下地质、工程等参数并实时传送到地面，由专家系统等软件完成数据处理、分析与判断，产生的决策指令从地面返回井下执行机构，形成双向双工闭环系统控制的钻井过程。传统随钻通信方式很难满足钻井闭环控制系统所需的高速、双向、稳定可靠的随钻数据传输：钻井液脉冲技术通过压力波单向传输数据，速率不超过每秒几十比特；电磁波通信速率低，传输距离受地层特性影响大。同样作为无线通信技术，正在试验中的声波通信的可靠性受钻井液等因素影响大。而采用有线通信技术的高频磁耦合有缆传输系统（即为信息钻杆）不受钻井液、地层等环境条件的影响，具备了高速、双向、稳定可靠的随钻数据传输能力。信息钻杆是通过布设在钻杆中的同轴电缆实现石油钻井中随钻数据在地面和井下之间高速、双向传输的通信技术，信息钻杆的高速信息通信能力为石油钻井的自动化智能化奠定了基础。

信息钻杆系统可以完成全井筒测量，近钻头是在常规井下仪器的下部增加了一个测量点，而信息钻杆的每个中继器都是一个测量节点，即可以得到全井筒的测量信息。目前可以测量环空压力、环空温度、水眼压力、水眼温度、当量循环密度（ECD）、三轴振动、扭矩、拉力、钻压、弯矩、倾角和转速等 10 余种分布参数。信息钻杆系统就像自己搭建的电话线，不受钻井液和地层的影响：空气钻及泡沫钻不能使用钻井液脉冲，声波及电磁波受钻井液和地层的特性影响大，使用信息钻杆系统可实现全天候井底与地面双向通信。信息钻杆系统同样兼容常规钻井工艺，兼容各类井下测量仪器（具有 7 种通信接口，同时有易于使用的虚拟串口）。与钻井液脉冲、电磁波等常规井下通信手段相比，信息钻杆有如下三大特点：

（1）高速。信息钻杆通信速率为 100kbit/s（每秒十万位数据）。比通常的钻井液脉冲高 10^5 倍，是旋转阀、电磁波、声波的几千倍。尤其适合各类成像（电阻率、伽马等）、核磁共振、随钻地震波（VSP）等仪器的海量数据传输。

（2）双向。既可以从井下向地面传输随钻测量数据，也能从地面控制井下设备，而且双向的速度相同。

（3）网络。所有中继器形成井下数据网络，并与地面网络联通。

井下数据高速信息传输及闭环控制技术是勘探开发进程的瓶颈问题，信息钻杆系统获取的全面井筒数据，方便钻井决策，提高钻进速度，减少非钻井时间。它的应用前景广阔。如钻头的振动监测，可以确定合适的钻压，延长钻头寿命，减少起钻次数，实现降本增效。信息钻杆系统同样可以有效提高井控安全，全井筒压力测量可以在井涌的初期探测到井下的高压异常，地层流体进入产生的压力波上行速度有限，往往可以提前几十分钟察觉，为钻井液加重、做好防喷准备争取到宝贵时间，避免井喷事故。对于窄密度压力窗口，容易出现涌漏同层复杂，高精度的压力测量可以根据ECD判断井漏的可能性，从而确定是否调整钻井液，甚至增加套管层，预防井漏。跳钻是钻杆本体发生共振的一种体现，沿钻柱的全井筒振动测量可以及时发现共振，通过改变钻压、转速来消除共振，避免跳钻。井眼坍塌时，相应部位的ECD会明显上升，通过全井筒压力测量可以及时预警，通过短起循环、提高泵压等手段消除。全井筒沿钻柱分布的扭矩传感器可以在转盘钻或复合钻时及时发现局部的异常扭矩，避免卡钻，甚至断钻具。

第二节　随钻地震波测量技术及装备研制与试验

随钻地震波测量技术及装备是利用地面震源激发，并通过集成于井下随钻工具上的地震波传感器进行记录来获取地震数据的新兴地球物理方法（赵海英等，2016；董文波，2016）。与地面地震相比，由于随钻地震测量数据是在井筒中获取，地震波的传播路径相对较短，高频信号衰减较少，因此，具有信噪比高、分辨率高，以及运动学、动力学特征明显等优势（周小慧等，2016）。通过公关与试验初步形成了随钻地震波测量技术及其装备，随钻地震波测量技术优势可概括为四个方面：一是实时获取“时间—深度转换”信息，将时间域地面地震剖面数据与深度域测井数据进行关联；二是利用“脉冲回波”对钻头前方地层深度进行预测；三是利用偏移算法对垂直剖面数据进行处理，可实现钻头前方地层成像；四是配合MWD仪器测量结果，可以更好地在地震剖面上标注井眼轨道。该技术将大幅提高油气藏钻遇率，并降低钻井作业成本与风险。

一、随钻地震波测量装备设计

随钻垂直地震剖面（VSP）测量技术是由地震速度测井发展出来的新技术，其利用了地震波和各类型的反射波（张玉林等，2016；王欣等，2016）。通过分析地震波信号，可以得到大量的地层地质信息，可以分析出井下岩层构造、岩石孔隙等信息，通过这些信息可以有效地指导钻井进行钻前预测，能更有效地找到油气储层（韩鹏等，2015；侯爱源等，2016）。通过井下传感器阵列测量并分析地震信号，能避免地面其他噪声源的影响，更有利于研究地震波在不同地层中传播的规律。在随钻垂直地震剖面（VSP）测量系统中，将地震震源放置于地面井口附近，其产生的地震波沿各个方向传播，如图7-2-1所示。地面震源产生震源扫描信号az，该信号az同时被地面检波器阵列测量并记录。井下安装于随钻垂直地震剖面（VSP）测量装置的检波器，阵列测量到震源经过地层传输下来的初至波信号bz，从震源产生信号az到井下的检波器阵列接收到信号bz，所经历的时间为t_{z1}。震源信号az向下继续传输到地层界面会产生反射波信号cz和dz。反射波信号cz和dz被井下检波器阵列接收到的耗时为t_{z2}和t_{z3}。由于波信号bz反射波信号cz和dz都是被同一检波器阵列所检测记录到，信号bz，cz和dz相互叠加在一起无法进行区分，因此，需要将震源扫描信号az和信号bz、cz和dz进行互相关运算处理，得到信号

fz。信号 fz 在时域上分别得到和时间 t_{z1}，t_{z2} 和 t_{z3} 相关的三个特征信号，分别对应初至波信号 az、反射波信号 bz 和 cz。由时间和地震波波速就能推断出钻头前方的地层位置结构情况。

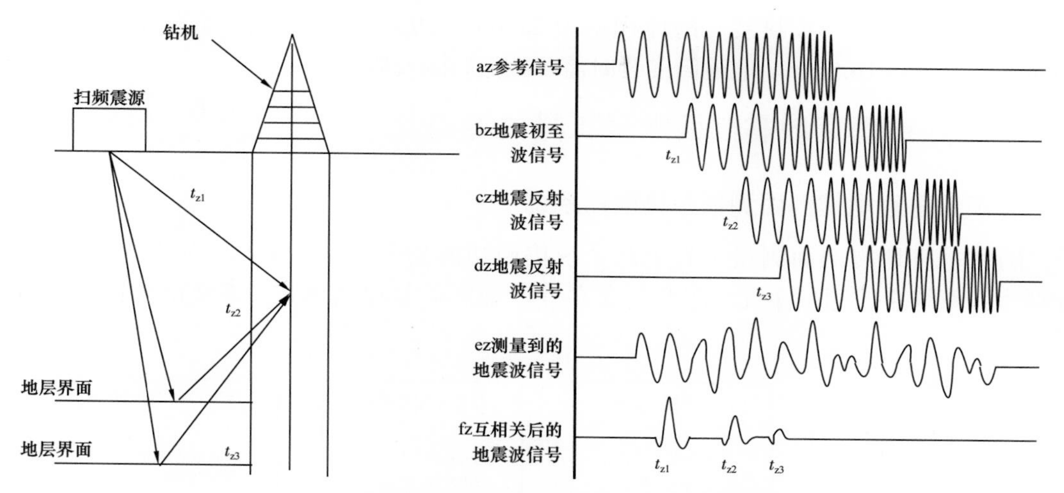

图 7-2-1 随钻垂直地震剖面（VSP）测量原理图

随钻地震波井下测量工具主要包括：4 芯总线连接器、时钟同步接口、CC 电池筒、原子钟组件与温控电路、井下主控电路、6 芯信号接口、信号采集电路、数据存储电路、速度型检波器、数据下载接口以及工具本体。

以上各单元之间的连接关系如图 7-2-2 所示。3 个地震检波器按照 X/Y/Z 正交方式安装于本体，4 芯总线连接器对外接至 MWD 仪器，用于给 VSP-WD 工具供电以及实时通信，其中 24V/GND 红黑两根电源线较粗，导线截面约为 $2mm^2$，通过电流约为 5A，其余导线均为 26 号多色线；原子钟组件为半导体制冷片与隔热装置，输出到主控板的 10MHz

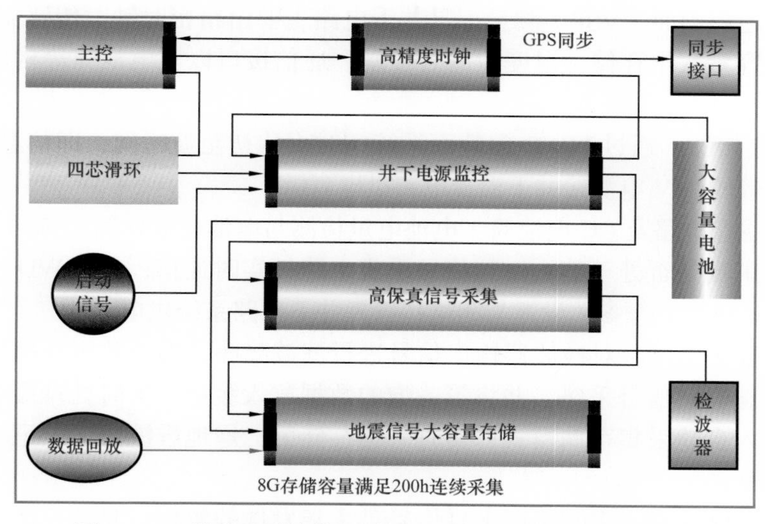

图 7-2-2 随钻地震波井下测量工具各单元连接关系示意图

时钟线长度应尽量短，以免时钟信号畸变。数据下载接口（USB to SPI）的SPI总线长度也要尽量靠近数据存储板，其长度越短越好；时钟同步接口要考虑多个SMC同轴电缆插头的固定问题。安装原子时钟组件的舱体要尽可能大，有利于改善隔热效果；此外，该仪器中主要的电路板封装后的体积均为280mm×29mm×16.5mm，而温控电路板估计200mm×29mm×16.5mm。电池筒安装时需要减振胶圈及胶垫。

二、随钻垂直地震剖面测量工具关键单元

1. 随钻垂直地震剖面测量工具电路系统

随钻垂直地震剖面测量工具电路系统按照功能划分为4个单元，如图7-2-3所示，分别为：系统主控通信单元、信号采集单元、地震信号存储单元、系统电源检测及数据回放单元。

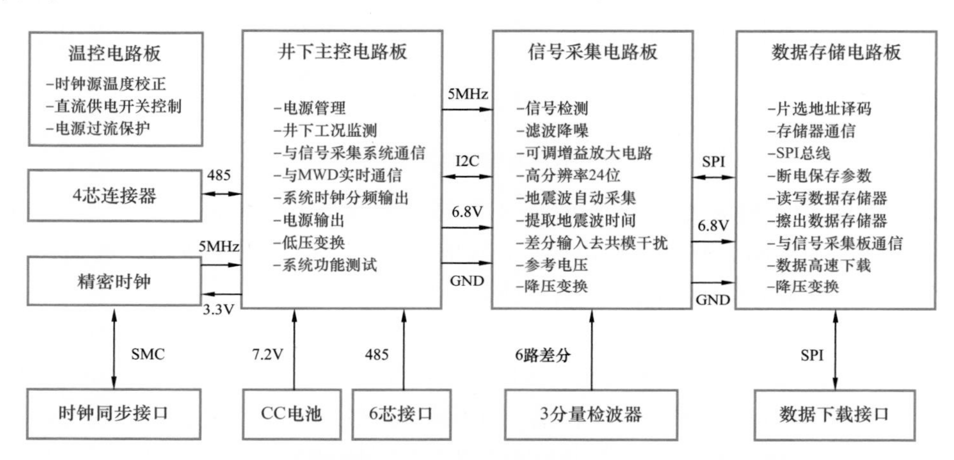

图7-2-3 随钻垂直地震剖面（VSP）测量工具的电路系统功能图

随钻垂直地震剖面（VSP）测量工具井下电路主要由精密时钟、传感器、井下主控、信号采集、大容量数据存储、温度检测与控制、通信接口以及电池筒等构成。各单元的主要功能如下：

（1）4芯连接器。通过MWD向地面系统实时上传初至波时间，即信息校验炮时间；来自MWD自带的24V电源给井下温控电路供电。

（2）井下主控电路及CC电池筒。电池电量检测与电池通断控制；自动检测井下工具状态，即井下工具是否处于静止；与信号采集电路板实时通信；与MWD实时通信，上传初至波时间；仪器工作参数设置与测试；管理井下电路系统供电。

（3）信号采集电路。对检波器输出信号进行滤波降噪、增益放大、模数转换；主控板发送工具状态启动信号采集，并将第一炮的数据放入缓存；实时处理缓存数据，提取波形特征，进入自动采集存储模式；实时采集存储第二炮地震波数据；记录初至波时间并发送到主控板。

（4）数据存储电路。实时保存来自信号采集板发送的数据；起钻后通过数据下载接

口上传数据至地面；多片存储器管理（读、写、擦除）。

（5）温控电路。检测原子时钟壳体表面温度并将其保存；半导体制冷片24V直流电源的开关控制；直流电源过载保护。

（6）时钟同步接口。原子时钟组件为原子钟与半导体温控装置；用于地面基准时钟与井下时钟精确同步；时钟输入输出电缆类型及具体长度。

（7）芯信号接口。仪器电池使能控制；入井前设置井下工具相关参数；室内常规调试接口。

（8）数据下载接口。下载井下工具存储的地震波数据；通过SPI转USB接口适配器连接上位机。

系统的井下主控电路板单元负责其他单元的协同工作，其可利用钻井液脉冲信息传输系统与地面进行通信。井下主控电路板单元主要完成井下高温锂电池管理、井下工况检测、与地震信号采集系统通信、与地面控制台通信、对精密时钟源分频后的频率稳定性进行检测和控制、利用单端转差分的方式完成高频时钟信号的远距离传输和电源转换功能。

由于处理垂直地震剖面测量系统测量的信号需要将地面检波器阵列和井下检波器阵列获取到的地震信号进行互相关处理，因此对地面和井下地震信号采集时间的同步要求很高。需要一个在井下高温环境下稳定工作的精密时钟晶振源作为时间记录的基准。因此，需使用Symmetricom公司原子钟模块，其温度稳定性到达ppb（10^{-9}）级别，能耐受1000g的加速度冲击，作为井下电路系统中控制器芯片的晶振基准提供给各电路板控制器，以保证信号采集的时间间隔精确度，从而保证与地面检波器测量到的地震波信号互相关处理时，能够正确地提取出地震信号的初至波和反射波信号。

井下主控电路板单元中的数字三轴加速度传感器用于检测钻具在井下的工况检测，当钻具在井下进行钻进时将产生很大的振动加速度。如果在此时地面地震源进行地震信号的产生，井下检波器阵列采集到的信号会受到严重干扰，不能从中提取出有用的地震波信号，因此，在这个时候井下主控电路板单元需通知信号采集电路板单元停止采集工作。当井下主控电路板单元通过数字加速度传感器采集振动加速度信号，并对该信号进行处理分析，当加速度信号功率谱小于实现设定的阈值时。可判断为地面钻具进行钻进、停泵和接卸单根钻杆操作时间段，在这个时间段地面地震源也将产生地震信号。井下主控电路板单元此时将通知信号采集电路板单元进行地震检波器信号采集工作。

地震信号数据采集电路板单元将控制井下三通道24位AD进行地震检波器信号的采集，并将其存入串行SRAM芯片阵列中进行缓存，如图7-2-4中的地震数据采集存储电路板框图所示。地震检波器采用SERCEL公司的模拟检波器，其结构包括圆柱型的永磁钢、上下两个磁靴、线圈和线圈支架、对线圈起支撑作用的弹簧片等，整个检波器为一个惯性体。由于线圈架上的线圈是相互严格匹配反绕的两组线圈，所以外界磁场在检波器线圈上产生的声电动势可以相互抵消。磁钢两端的磁靴可以使磁场分布均匀同时也可增强磁场强度。当检波器工作时，外壳产生运动从而使线圈在磁场中产生了相对运动，进而在线圈的两端产生了感生电动势，形成输出电压，其电压的大小取决于运动的速度，因此，这种检波器也叫做速度型检波器。

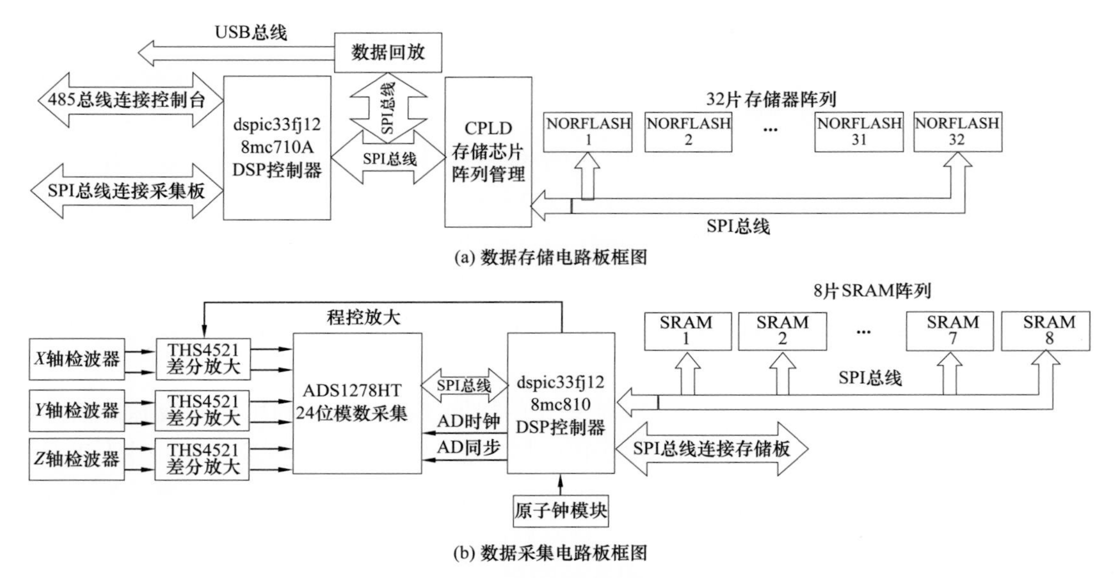

(a) 数据存储电路板框图

(b) 数据采集电路板框图

图 7-2-4　地震数据采集存储电路板框图

单路中的高精度 24 位 AD 为 TI 公司的高可靠性产品 ADS1278HT，其最高采样率可达 144KSPS（KSPS 表示每秒 1000 位）。70kHz 带宽满足采集地震源产生的 15～200Hz 的地震扫频信号的要求。其工作于高分辨率模式时信噪比可达到 111dB。三轴检波器阵列检测到地震信号后由前方进行放大，其采用了极低功耗轨至轨输出全差动放大器 THS4521。控制器控制 ADS1278HT 工作在同步采集方式，控制器通过 SPI 端口读取采样后的数据，并将信号数据存入 SPI 接口的 SRAM 芯片阵列中缓存。SRAM 芯片阵列采用 8 片 1Mbit 高温 SRAM 芯片，存储阵列存储深度可达 128KB，满足对检波器测量到的地震信号存储要求。

地震信号数据存储电路板单元用于存储井下三轴检波器阵列采集的地震信号，以便在起钻后在井场进行数据回放［图 7-2-4（a）］。地震信号存储单元采用 MICROCHIP 公司的高温控制器 DSPIC33FJ128MC710A 作为主控芯片，用于对存储芯片阵列进行读写控制，并接收由信号采集单元主控芯片发送过来的缓存数据。地震信号存储单元采用一片高温 CPLD 芯片进行存储器芯片阵列的管理，采用 VERILOG 语言对其进行编程，实现 5 输入 32 输出功能。对井下 32 片高温 NORFLASH 存储芯片进行片选管理。主控芯片负责协同 CPLD 与 NORFLASH 芯片的工作，完成对每一片 NORFLASH 芯片的 SPI 读写控制。高温存储芯片阵列采用了镁光公司的高温 64MB NORFLASH 存储芯片，整个存储单元有 32 片 64MB 存储芯片构成，总存储容量可达 2GB。对于地震采集信号的存储可以达到 200h，满足了随钻地震测量的要求。

系统电源检测及数据回放单元负责记录井下电池组的工作时间，并将其存储下来，用于计算电池的使用寿命，作为起钻后是否更换电池的依据。其还用于仪器存储数据的回放，用于将存储器存储的 2G 地震数据上传到电脑中，进行数据互相关处理，从而提取出与地层有关的地震波特征，其结构如图 7-2-5 所示。数据回放采用 FPGA 芯片、高速

USB2.0 芯片 CY7C68013A 和两片 512KBYTE 的 SRAM 构成。数据回放速度可以达到每秒 32MBYTE，FPGA 芯片用于读取 2GBYTE 数据存储单元的数据并缓存到 512KBYTE 的 SRAM 中，两片 512KSRAM 用作数据 FIFO，即当一片 SRAM 存储满后由 USB2.0 芯片 CY7C68013A 发送到上位 PC 机，而 FPGA 芯片继续读取存储器并缓存到另外一片 SRAM 存储器中，当存储满后同样由 USB2.0 芯片 CY7C68013A 发送到上位 PC 机上。两片 SRAM 做“乒乓”操作模式可以提高数据传输的速度。

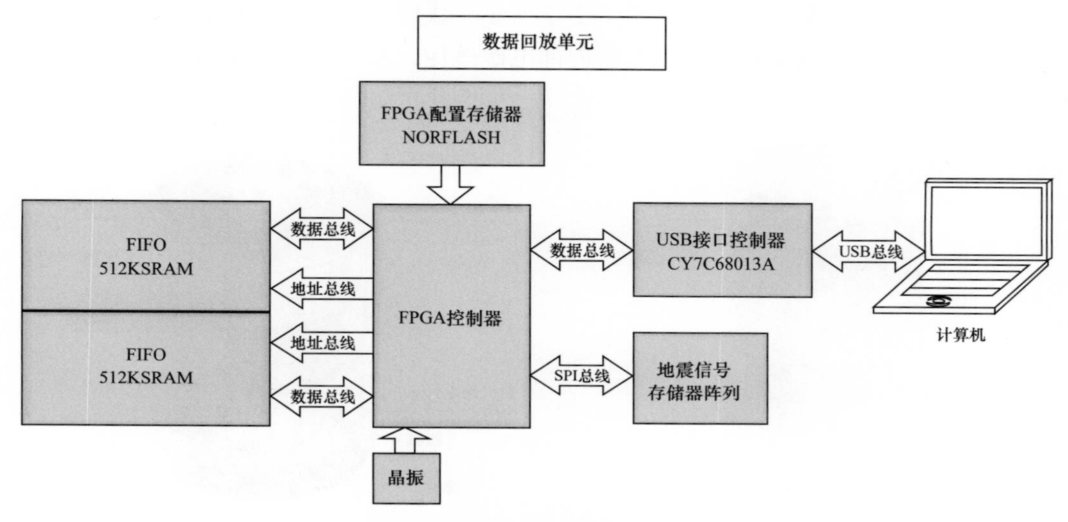

图 7–2–5 数据回放单元结构图

2. 随钻垂直地震剖面测量工具电路系统关键单元检波器

动圈式地震检波器是一种结构相对简单、便宜耐用、技术成熟的地震传感器。动圈式地震检波器虽然诞生多年，但是由于具有自供电、结构简单、性能稳定、成本低廉等优点，仍然具有广阔的发展前景，国内外学者从未间断对其的研究，研究工作总体上可分为两类：一是通过对其结构进行改进来提高它的性能指标；二是通过采用先进的材料来提高它的性能指标。动圈式地震检波器中心磁体为惯性体提供气隙磁场，惯性体提供磁感线产生电信号输出，因此，永磁体对动圈式地震检波器性能指标和参数影响巨大，也是动圈式地震检波器的重要成本，约占其生产成本的 25% 左右。在动圈式地震检波器诞生之初，其永磁体基本以铝镍钴磁体为主，随着材料技术的进步，也出现了以铁氧体、稀土衫钻、钕铁硼为代表的新型磁体，但是由于新型磁体的生产工艺不成熟、成本高以及性能指标的原因，当前检波器永磁体材料仍然以铝镍钴磁性材料为主。

随着勘探工作的发展，易于发现的、埋藏浅的油气田大都已被发现（张光亚等，2015）。因此，未来的地质勘探工作主要面向深层的、复杂地质条件下的小型油气田。这就要求地震检波器具有更高的勘探精度和分辨率，以提供更准确的地质信息。随着材料技术水平的不断进步，各种具有优良性能的新材料不断被发现，各检波器研发生产单位也不断应用新材料和新技术开发新型检波器，检波器正朝着低失真、高灵敏度、宽频带的方向发展进步，动圈式地震检波器由于其结构简单、性能稳定的优点仍然具有广泛的应用前景。

动圈式地震检波器按不同结构功能可分为振动部分、磁场部分、电路部分，其中电路部分即线圈支架及缠绕在支架上的线圈，振动部分上下弹簧片与质量体，电路部分一般兼做质量体，并被弹簧片支撑在中央磁体与外壳之间。其原理如图 7–2–6 所示。

磁场部分包括中央磁铁及上下磁靴，安装磁靴可以达到改善检波器内磁场均匀度的目的并且加强磁场强度。其结构如图 7–2–7 所示。线圈通过相对运动切割磁感线产生输出电压，为保持动态平衡并抵消检波器内部电磁感应，要求上下两组线圈绕向相反并串联，具有严格匹配特性。

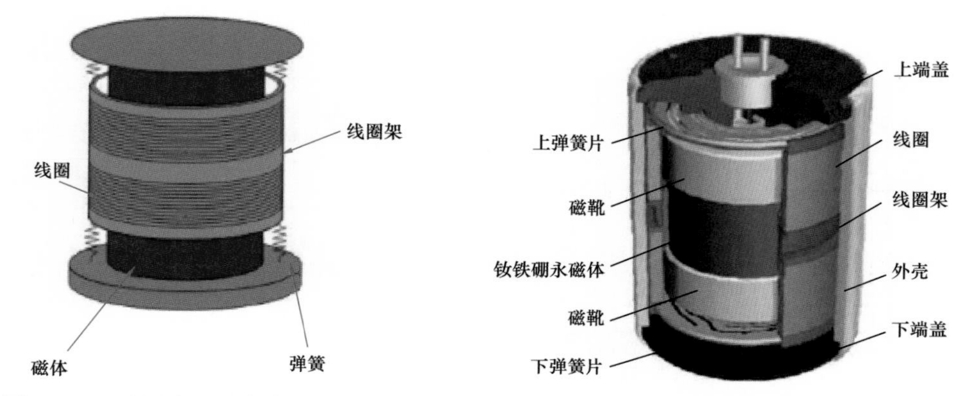

图 7–2–6 动圈式地震检波器原理示意图　　图 7–2–7 动圈式地震检波器结构示意图

检波器外壳通过尾椎与地表耦合，理想状况下，可以认为检波器外壳与尾椎和中心磁钢与地表保持同步振动，而惯性体由于通过有弹性的弹簧片与外壳相连，因而有保持静止的惯性。在检波器内部，可以认为惯性体线圈相对中心磁钢产生轴向运动切割磁感线，由法拉第电磁感应定律可知线圈有电压信号输出。实际上，勘探专业技术人员早已达成共识，即检波器接收的振动信号并非与地表振动一致，其中的一个重要原因就是检波器尾椎埋置时，与地表构成一个耦合系统，如果埋置不当，则必然会使检波器接收信号产生畸变。另外，当地表条件为坚硬的石灰岩时，需要在尾椎与石灰岩之间增加耦合介质，耦合介质与尾椎灰岩之间构成了一个谐振系统，可对检波器接收的信号产生幅度和相位方面的干扰。

本设计选用了 SGO–15HT 动圈式地震检波器，其性能参数见表 7–2–1。

表 7–2–1 Sercel 公司 SGO–15HT 动圈式地震检波器性能参数

序号	参数	指标	序号	参数	指标
1	自然频率 /Hz	15	4	开路阻尼	0.55
2	线圈电阻 /Ω	1800	5	物理尺寸 /mm	ϕ22.5×27.5
3	灵敏度 /［V/（m/s）］	40.0	6	工作温度 /℃	–40～200

地震检波器用于测量由地面校验炮产生的地震波信号在地层中引起的质点速度，它作为 VSP 井下工具的关键部件之一，需将其固定在钻铤外壁上（环空内），必须要耐受井下强振动冲击，方可有效保证 VSP 工具可靠性。针对井下工作环境的特点，进行了检波器抗振动抗冲击试验。试验目的是在振动冲击环境下测试 SGO-15HT 动圈式地震检波器的工作可靠性。试验过程为：

（1）在加速度 60*g*/100*g*、持续时间 10ms（半正弦）冲击条件下，实时采集检波器的输出波形；

（2）在加速度 0.5*g*/1*g*、频率 5Hz（*Z* 轴）振动条件下，实时采集检波器的输出波形；

（3）在加速度 1*g*/5*g*/15*g*（rms）、频率 50Hz（*Z* 轴）振动条件下，实时采集检波器的输出波形；

（4）在加速度 5*g*、频率 5～350Hz（*X*、*Y*、*Z* 三轴）的扫频振动条件下，实时采集检波器的输出波形；

（5）在加速度 5*g*、频率 5～350Hz（*X*、*Y*、*Z* 单轴）的扫频振动条件下，实时采集检波器的输出波形。

试验结果如图 7-2-8～图 7-2-16 所示。

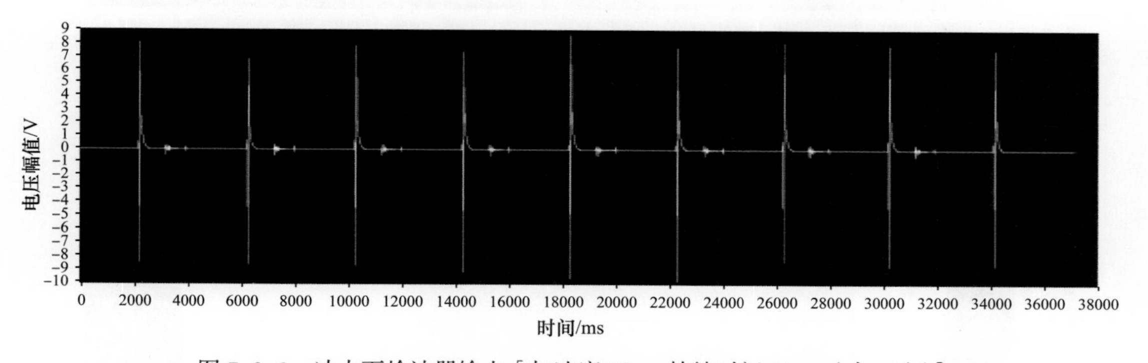

图 7-2-8 冲击下检波器输出［加速度 60g、持续时间 10ms（半正弦）］

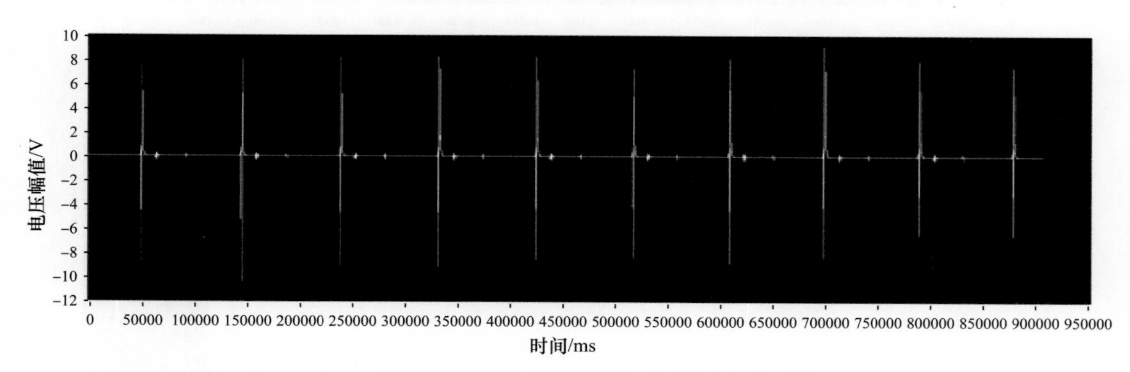

图 7-2-9 冲击下检波器输出［加速度 100*g*、持续时间 10ms（半正弦）］

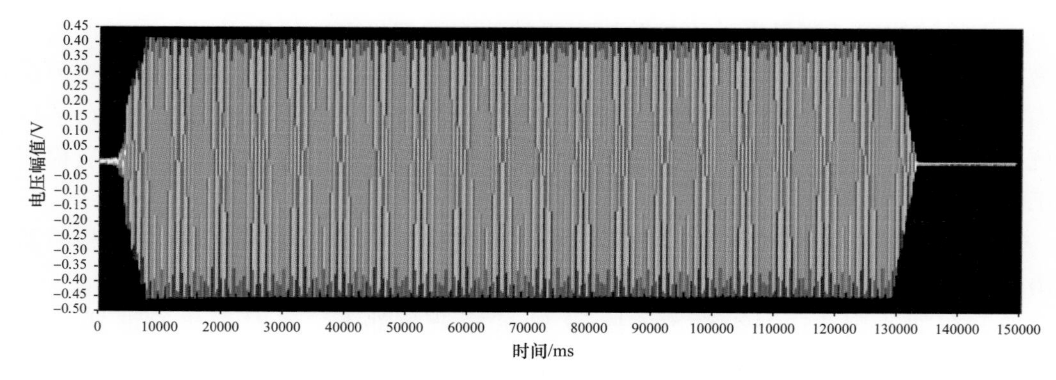

图 7-2-10　Z 轴振动下检波器输出（加速度 0.5g、频率 5Hz）

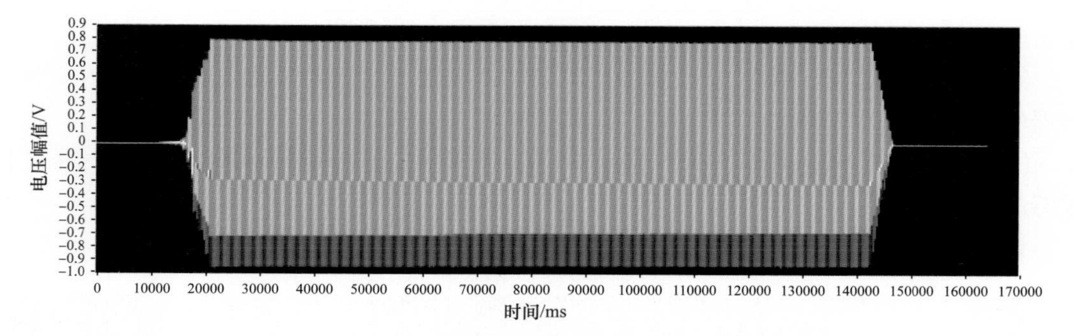

图 7-2-11　Z 轴振动下检波器输出（1g、5Hz 频率）

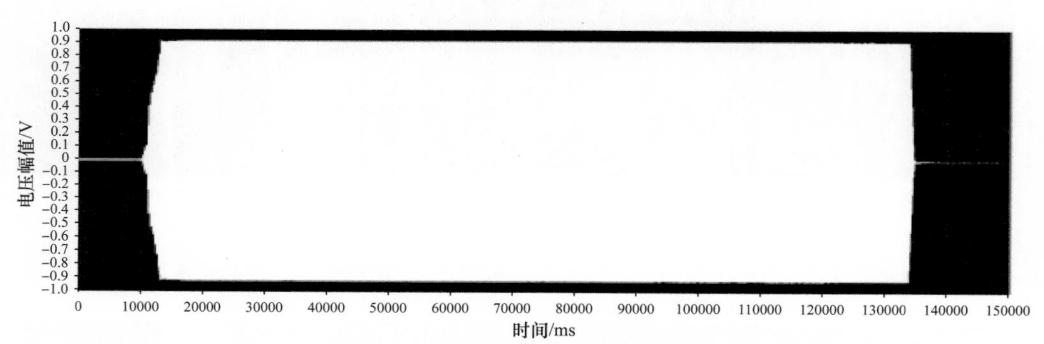

图 7-2-12　Z 轴振动下检波器输出（1g、50Hz 频率）

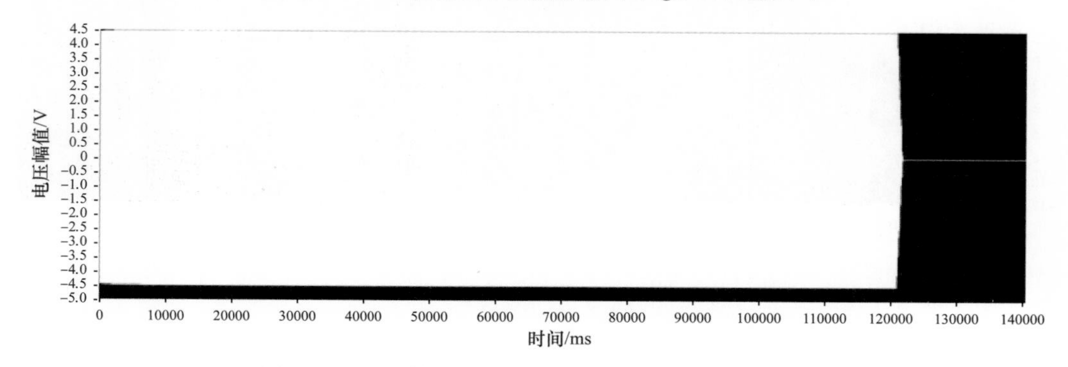

图 7-2-13　Z 轴振动下检波器输出（5g、50Hz 频率）

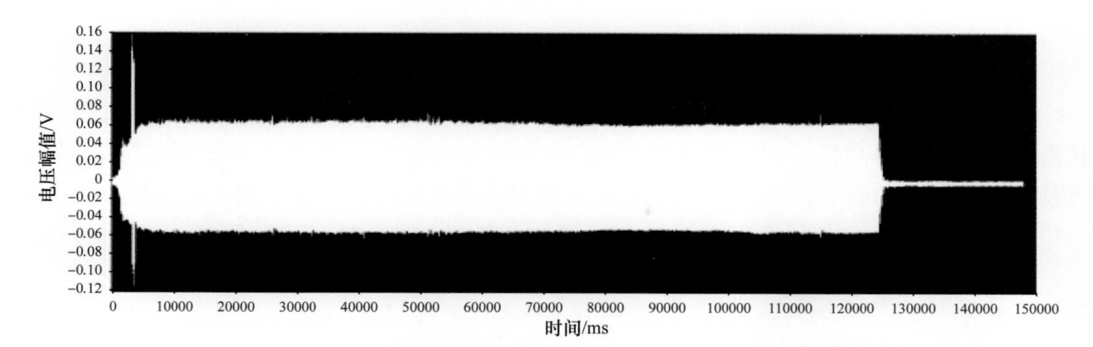

图 7-2-14 单 X 轴扫频振动下检波器输出（加速度 5g、频率 10～350Hz）

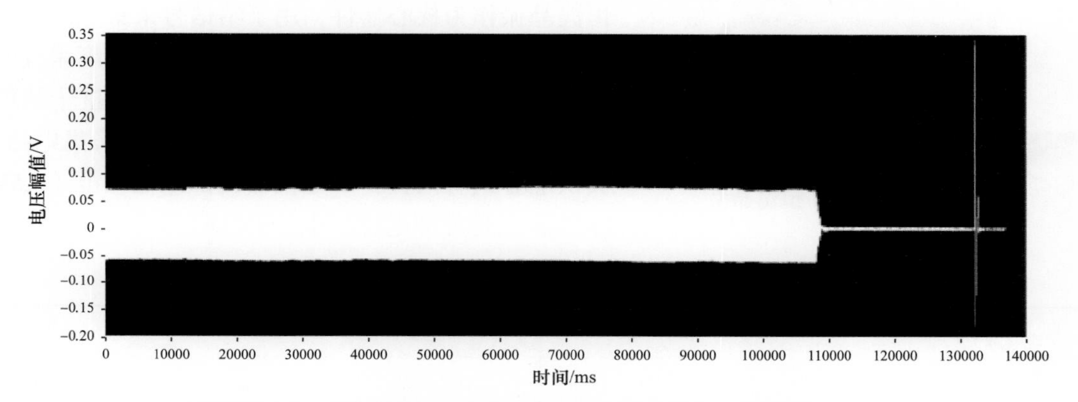

图 7-2-15 单 Y 轴扫频振动下检波器输出（加速度 5g、频率 10～350Hz）

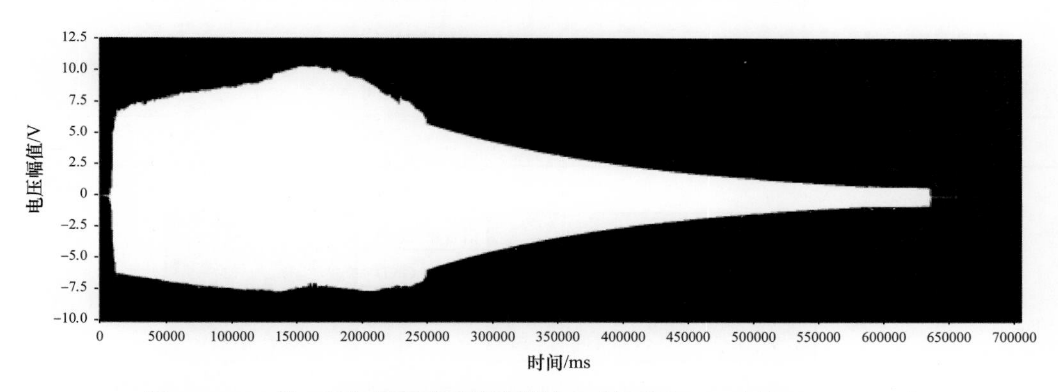

图 7-2-16 单 Z 轴扫频振动下检波器输出（加速度 5g、频率 10～350Hz）

试验结论：Sercel 公司的 SGO-15HT 动圈式地震检波器为速度型传感器，灵敏度较高，适合地震波信号的测量。初步测试结果表明：在加速度幅值为 100g、持续时间为 10ms、半正弦的试验条件下，连续冲击 15 次后该检波器没有损坏。国内外随钻仪器的通用抗冲击抗振动性能指标如下：（1）最大允许冲击 500g（持续时间 1ms，半正弦）；（2）最大允许振动 20g（5～1000Hz）。

因此，从此次测试结果看，将 SGO-15HT 动圈式地震检波器用于随钻垂直地震剖面（VSP）测量系统井下工具时，其抗冲击和抗振动能力能够满足要求。

3. 随钻垂直地震剖面测量工具电路系统关键单元恒温晶振

随钻垂直地震剖面（VSP）测量工具的核心参数是测量地震波单程旅行时间，然而井下恶劣环境中获得高精度时钟（小于5ppb），是限制随钻VSP测量工具能否实际应用的关键因素。为了成功研制出耐高温的随钻垂直地震剖面（VSP）测量工具，选用美国Vectron公司生产的HX-171恒温晶振（图7-2-17），其主要技术指标见表7-2-2。

图7-2-17 HX-171恒温晶振

1）连接关系

如图7-2-18所示，井下时钟模块以HX-171恒温晶振作为核心器件，用于给信号采集电路提供精确稳定的时钟信号，保证井下信号高精度采样间隔（1ms）。为了提高10MHz时钟信号的抗干扰能力，时钟模块采样差分传输方式至信号采集电路。其供电方式有两种：一是仪器内部电池供电（6.5V DC）；二是外部电源供电（9V DC）。

表7-2-2 HX-171恒温晶振主要指标

主要性能	指标	主要性能	指标
工作温度/℃	−40～150	输入电压/V DC	5.0
几何尺寸/mm	38×28×23	最大功耗/W	＜4.0
温度稳定度/10^{-9}	±5	预热时间/min	5
最大老化率/（10^{-9}/d）	±0.2	起动时间/s	1.5
频率调节范围/10^{-9}	＜±250		

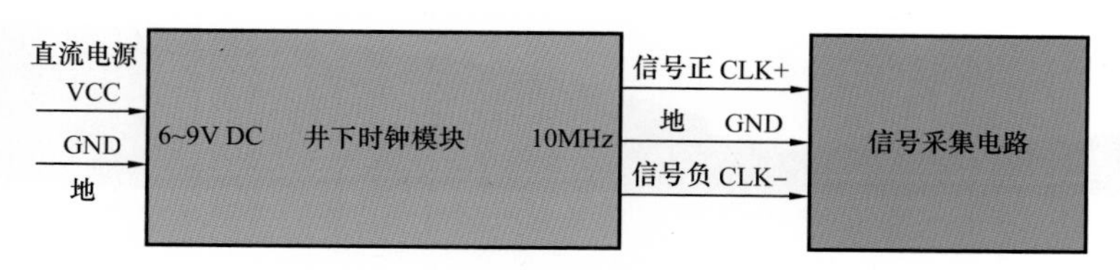

图7-2-18 井下时钟模块连接示意图

2）实施方案

如图7-2-19所示，井下时钟模块主要包括：微处理器、HX-171组件、电源电路、单端转差分输出电路、非易失存储器以及脉冲检测电路等。

HX-171组件采用恒温控制方式，最大功耗为6W，供电电源为5V DC，当供电电源波动±5%时，HX-171输出变化仅为$\pm1\times10^{-9}$。为了保证HX-171组件在地面和井下均能可靠工作，建议选择集成开关稳压器结合LDO设计电源电路。考虑到RF Output的10MHz时钟传输至信号采集电路时的抗干扰能力，采用单端转差分方式进行传输；为

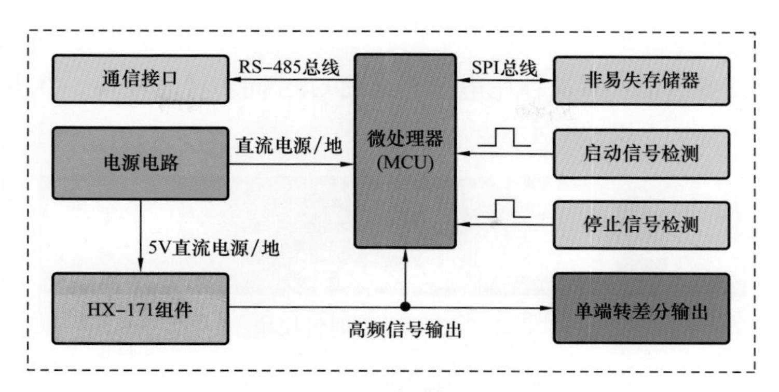

图 7-2-19 井下时钟模块原理框图

了在室内能够检验 HX-171 组件在全温度范围内的精度及稳定度，井下时钟模块需检测 GPS 同步装置提供的同步启动和停止信号，其目的是将内部计时与 GPS 计时进行比较，确定 HX-171 输出误差。

井下时钟模块的计时原理是利用 HX-171 组件的 RF Output 信号作为微处理器的外部时钟源，当检测到同步启动信号后，触发内部计数器（10μs 时基）开始计时，累计 200h 后的计数值为 72，000，000，000，即 0x10 C388 D000 共 5 字节，当检测到同步停止信号后，关闭内部计数器并将计数值保存至非易失存储器中；获取地面 GPS 精确的计时结果后，计算机通过 RS-485 读取井下时钟模块保存的计数值，对比二者的差异，从而确定 HX-171 输出误差。井下时钟模块安装到 VSP 仪器之前，将 RF Output 信号与微处理器断开，RF Output 信号单独给信号采集电路提供外部时钟。

3）设计要求

封装尺寸：200mm×36mm×30mm（长度 × 宽度 × 高度）；

电路板数量：5 块，其中封装 4 块；

触发脉冲：3.3V 标准 TTL 电平信号；

微处理器：Microchip 公司 30Fxx 或 33Fxx 系列均可；

通信接口：上传计时数据至上位机，通信协议自定；

存储器：SPI 总线非易失存储器（FE25L04）或片上 EEROM；

电源电路：建议选用低噪声、纹波小的开关稳压器；

测试考核：150℃高温下带载老化 24h 以上；

外部电源：自行设计输出为 9V DC/2A 的配套电源。

随钻地震波信号测量工具井下时钟模块测试实验：由于地震测量信号后期处理对数据采样精度有着非常严格的要求，所以，要对随钻地震波信号测量工具的井下精密时钟进行测试评估。

4）实验

（1）实验目的。

测试晶振 HX-171 时钟稳定度；利用井下时钟模块产生的约 10s 方波周期信号，测试地面 GPS 同步授时模块触发时间捕捉精度。

（2）实验仪器及设备。

实验仪器及设备包括：直流稳压电源、地面 GPS 同步授时模块、井下时钟模块（搭载晶振 HX-171），如图 7-2-20 所示。

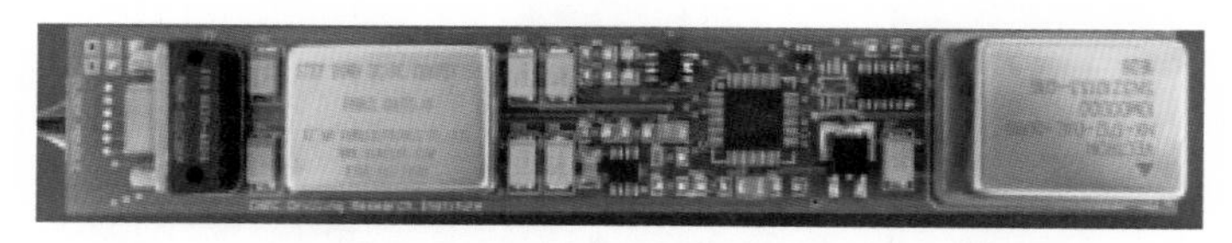

图 7-2-20　井下时钟模块

（3）实验步骤与实验数据。

① 测试晶振 HX-171 时钟稳定度，原理如图 7-2-19 所示。

如图 7-2-21 所示，井下时钟模块的输入捕捉口与地面 GPS 同步授时模块的 1 个 I/O 口相连。

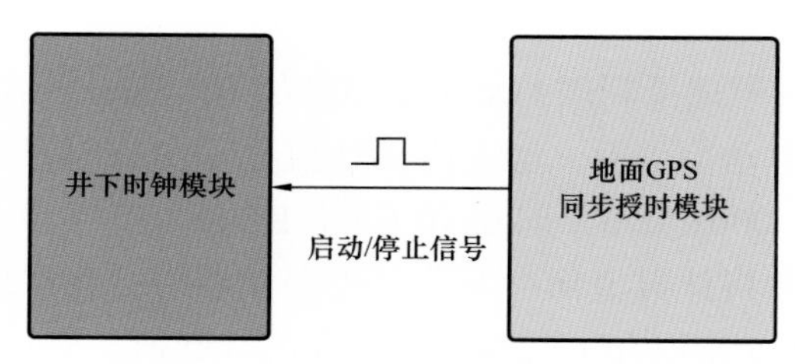

图 7-2-21　测试晶振 HX-171 时钟稳定度实验连接示意图

如图 7-2-22 所示，在外部机械开关控制下，开关动作的整秒时刻，GPS 同步授时模块产生脉冲信号，井下时钟模块通过捕捉输入脉冲信号的上升沿，实现计时启动和停止。

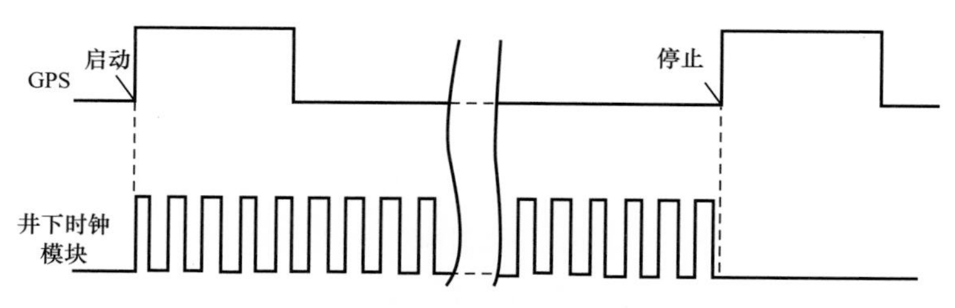

图 7-2-22　测试晶振 HX-171 时钟稳定时序图

井下时钟模块所用晶振为 HX-171，25℃下 HX-171 频率为 10.000000166MHz，则 Timer3 定时器设定时基为 T_{tmr3}=19.999999668μs，实验结果见表 7-2-3。

表 7-2-3　井下时钟模块计时测试数据

组	GPS 时间 T_0/s	时钟模块计数值	时钟模块计时 T_1/s	误差 Δ/μs
1	600	30，000，001	600.000010	10
2	600	30，000，001	600.000010	10
3	600	30，000，001	600.000010	10
4	900	45，000，001	900.000005	5

续表

组	GPS 时间 T_0/s	时钟模块计数值	时钟模块计时 T_1/s	误差 Δ/μs
5	900	45，000，001	900.000005	5
6	900	45，000，001	900.000005	5
7	3600	180，000，004	3600.000020	20
8	3600	180，000，005	3600.000040	40
9	3600	180，000，004	3600.000020	20
10	7200	360，000，009	7200.000060	60
11	7200	360，000，008	7200.000040	40
12	7200	360，000，008	7200.000040	40
13	10800	540，000，012	10800.000060	60
14	10800	540，000，012	10800.000060	60
15	10800	540，000，015	10800.000120	120
16	21600	1080，000，028	21600.000200	200
17	21600	1080，000，028	21600.000200	200
18	21600	1080，000，029	21600.000220	220
19	21600	1080，000，029	21600.000220	220
20	21600	1080，000，024	21600.000120	120

本次实验分别记录 10min，15min，1h，2h，3h 和 6h 共 20 组实验数据（表 7-2-3），若以 GPS 同步授时模块记录的时间为基准，则井下时钟模块记录时间随着时间增长，计时误差也逐渐增大，在计时时间为 6h 时，计时误差为 170μs±50μs。由表 7-2-3 数据，得到井下时钟模块计时 T_1 与误差 Δ 之间关系，如图 7-2-23 所示。

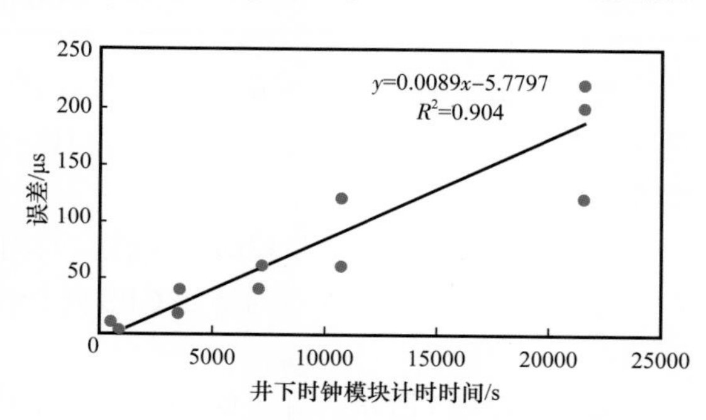

图 7-2-23　井下时钟模块计时时间 T_1 与计时误差 Δ 关系图

由图 7-2-23 可见，井下时钟模块计时时间 T_1 与计时误差 Δ 近似呈线性关系，$\Delta=0.0089\times T_1-5.7797$，其中计时误差包括晶振不稳定产生的误差，以及随时间增加的累积误差，为消除累积误差带来的影响，可以通过算法进行近似处理，则处理后的井下时钟模块计时时间 $T_2\approx T_1-\Delta\times10^{-6}$，处理后的数据及误差见表 7-2-4。

表 7-2-4 井下时钟模块计时测试数据（处理后）

组	GPS 时间 T_0/s	时钟模块计时 T_1/s	处理后计时 T_2/s	误差 Δ/μs
1	600	600.000010	600.0000104	10
2	600	600.000010	600.0000104	10
3	600	600.000010	600.0000104	10
4	900	900.000005	900.0000028	3
5	900	900.000005	900.0000028	3
6	900	900.000005	900.0000028	3
7	3600	3600.000020	3599.999994	−6
8	3600	3600.000040	3600.000014	14
9	3600	3600.000020	3599.999994	−6
10	7200	7200.000060	7200.000002	2
11	7200	7200.000040	7199.999982	−18
12	7200	7200.000040	7199.999982	−18
13	10800	10800.000060	10799.99997	−30
14	10800	10800.000060	10799.99997	−30
15	10800	10800.000120	10800.00003	30
16	21600	21600.000200	21600.00001	14
17	21600	21600.000200	21600.00001	14
18	21600	21600.000220	21600.00003	34
19	21600	21600.000220	21600.00003	34
20	21600	21600.000120	21599.99993	−66

处理后的计时误差有所减小，在计时时间为 6h 时，计时误差为 −66～34μs（表 7-2-4），低于 ±70μs，由此可估算 25℃下，晶振 HX-171 频率稳定度约为 3.2×10^{-9}，符合此次项目需要。

② 测试地面 GPS 同步授时模块触发时间捕捉精度。

井下时钟模块的 I/O 口与地面 GPS 同步授时模块的触发时间捕捉口相连，如图 7-2-24 所示。

如图 7-2-25 所示，井下时钟模块产生约 T_0=9.999960s±10μs 的方波周期信号，GPS 同步授时模块捕捉输入方波信号的上升沿，单片机外接晶振（KOAN 约 30MHz），定时器产生约 100μs 时基，实现触发时间计时，实验数据见表 7-2-5。

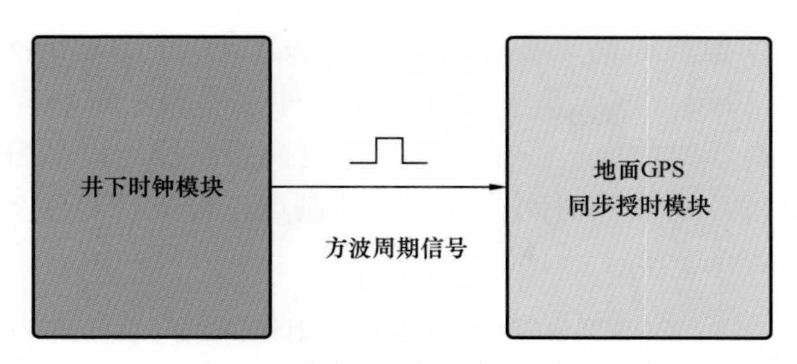

图 7-2-24　测试 GPS 同步授时模块触发时间实验连接示意图

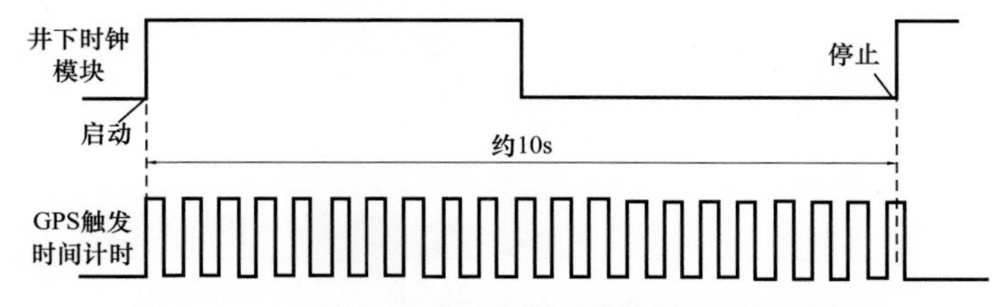

图 7-2-25　测试 GPS 同步授时模块触发时间时序图

表 7-2-5　GPS 同步授时模块触发时间计时数据

组	GPS 同步授时模块触发时间计时 T_1/s	绝对误差 T_1-T_0/μs	组	GPS 同步授时模块触发时间计时 T_1/s	绝对误差 T_1-T_0/μs
1	10.000700	740	18	9.995200	-4760
2	10.000300	340	19	10.001600	1640
3	10.004400	444	20	9.998000	-1960
4	10.000600	640	21	10.000100	140
5	9.996700	-3260	22	10.017200	17240
6	9.997700	-2260	23	9.984000	-15960
7	10.020200	20240	24	10.005700	5740
8	9.981200	18760	25	9.994900	-5060
9	9.998900	1060	26	9.997700	-2260
10	9.999300	-660	27	9.997400	-2560
11	10.000000	40	28	10.005000	5040
12	10.004400	4440	29	10.010100	10140
13	10.015700	15740	30	9.986500	13460
14	9.983800	-16160	31	10.008700	8740
15	10.000200	240	32	9.990800	-9160
16	9.998700	-1260	33	10.002300	2340
17	10.002600	2640	34	10.000700	740

GPS同步授时模块触发时间，在计时为 $T_0=9.999960s\pm10\mu s$ 情况下，计时精度在毫秒级，最大误差约为20ms。该误差主要由单片机外接晶振（KOAN约30MHz）较低的稳定度所导致，为提高计时精度，一是将原晶振更换为高稳定度晶振（需要重新制版）；二是通过软件算法处理。为节约时间，避免重新制版，经软件算法处理后的实验结果见表7-2-6（$T_0=10.000160s\pm10\mu s$）。

表7-2-6 GPS同步授时模块触发时间计时数据（算法处理后）

组	GPS同步授时模块触发时间计时 T_1/s	绝对误差 T_1-T_0/μs	组	GPS同步授时模块触发时间计时 T_1/s	绝对误差 T_1-T_0/μs
1	10.00018	20	21	10.00018	20
2	10.00018	20	22	10.00018	20
3	10.00017	10	23	10.00017	10
4	10.00018	20	24	10.00019	30
5	10.00018	20	25	10.00017	10
6	10.00019	30	26	10.00019	30
7	10.00018	20	27	10.00018	20
8	10.00017	10	28	10.00017	10
9	10.00018	20	29	10.00019	30
10	10.00018	20	30	10.00018	20
11	10.00018	20	31	10.00017	10
12	10.00018	20	32	10.00019	30
13	10.00018	20	33	10.00017	10
14	10.00018	20	34	10.00018	20
15	10.00018	20	35	10.00018	20
16	10.00018	20	36	10.00018	20
17	10.00018	20	37	10.00018	20
18	10.00018	20	38	10.00018	20
19	10.00018	20	39	10.00018	20
20	10.00018	20	40	10.00018	20

由表7-2-6可见，经算法处理后，GPS同步授时模块触发时间，计时精度在10μs级，测量误差在10～30μs间，计时精度满足工程需要。

（4）实验结论。

① 在25℃环境温度下，基于晶振HX-171的井下时钟模块计时误差较小，软件算法

补偿后，单次联系计时 6h，计时误差为 -66～34μs，低于 ±70μs，由此可估算 25℃下，晶振 HX-171 频率稳定度约为 3.2×10^{-9}，符合此次项目需要。

② 地面 GPS 同步授时模块目前的外接晶振（KOAN 约 30MHz）频率稳定度较低，为保证触发时间计时精度，需更换晶振或对计时数据进行后续处理。

5）同步时钟系统设计方案

随钻垂直地震剖面（VSP）测量系统之同步时钟，流程如图 7-2-26 所示。由于随钻垂直地震剖面（VSP）测量信号要求井下与地面时钟严格一致，从而能准确反演出地震波初至和反射信号的准确时间，所以需要研制地面计时同步时钟装置。随钻垂直地震剖面（VSP）测量系统由井下数据采集单元和地面辅助信号采集单元两部分组成，两个单元采用相同的时钟，在地面有时钟同步校准功能，地面与井下时钟同步技术要求为时钟精度达到 10^{-9}。

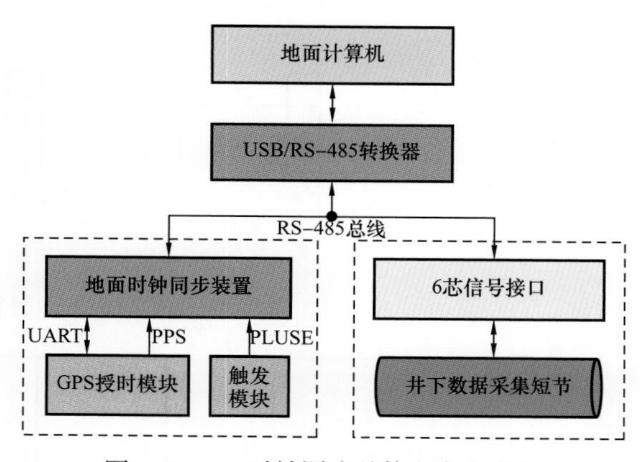

图 7-2-26 时钟同步总体方案示意图

UART—串行通信接口；PPS—GPS 时钟输出脉冲信号；PLUSE—触发同步脉冲信号

具体的技术要求如下：

（1）井下数据采集单元。

① 三个数据通道（Z、X、Y），每个分量串接 2 个检波器；

② 最高工作温度 125℃，最高耐压 140MPa；

③ 采样间隔 1ms，可连续无间隔采集；

④ 前放增益 12dB 和 24dB 可选；

⑤ ADC 转换精度 24bit；

⑥ 每个记录文件长度 5～30s，记录格式为 SEG-D 标准格式，每个文件头段应有精确时间标识，精度 1ms，争取达到 1/16ms；

⑦ 数据存储能力：连续长度最低要求 3～4 天，最长到 10 天。

（2）地面辅助信号采集单元。

① 四个数据通道（记录子波信号或真扫描信号、TB 信号等）；

② 前放增益 0dB，采样间隔 1ms，ADC 转换精度 24bit；

③ 最高工作温度 50℃；

④ 每个文件记录长度 5～30s，记录格式为 SEG-D 标准格式，每个文件头段应有精确时间标识，精度 1ms，争取达到 1/16ms；

⑤ 有内触发和外触发两种模式，外触发信号为 2V 以上的正脉冲；

⑥ 应有显示记录文件号的功能。

VSP 系统中为了保证地面与井下时钟达到高精度同步，故地面与井下单元均采用输出频率为 10MHz 的恒温晶振，作为各自的时钟输入源用来记录相对时间 T_1 和 T_2。

地面时钟同步装置上电后，实时读取来自 GPS 授时模块的精确时间，并检测 PPS 脉冲，工作原理如图 7-2-27 所示，结构如图 7-2-28 所示。由于从 GPS 授时模块读取到时间只能精确到秒级，故两个 PPS 脉冲之间 1s 内的时间要靠地面时钟同步装置的单片机以 t=10μs 间隔循环计数 N，与读取到的整秒时间相加后可得到精确的绝对时间作为起始时间 T_0。

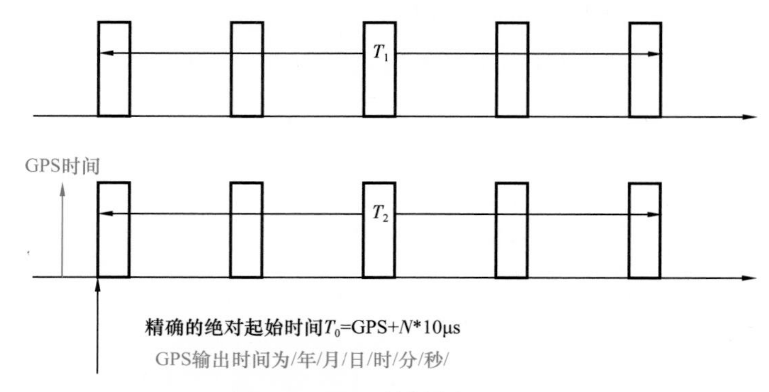

图 7–2–27　时钟同步原理图

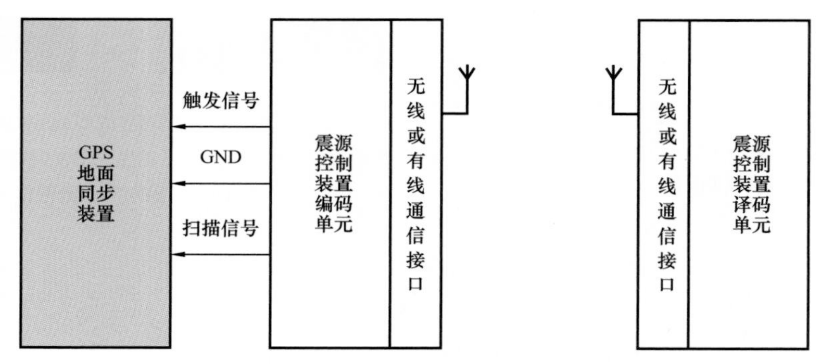

图 7–2–28　时钟同步设备结构图

当地面装置与井下仪器的时钟需要同步校准时，可点击计算机应用软件上的同步按键，该命令通过 RS–485 总线同时发送至地面装置和井下仪器，两者同时相应中断后各自启动计数器开始计时（两个计数器同步启动误差小于 20μs），井下仪器计数器启动后与地面 RS–485 总线断开便进入独立工作模式。而地面装置则在计数器启动后立刻读取精确的绝对时间并将其保存，之后检测到外部触发脉冲边沿后，只将此时刻的计数值进行保存。总而言之，地面装置记录的时间分别为精确的同步起始时间 T_0（GPS 绝对时间，精确到 10μs）、外部触发脉冲边沿对应的计数值 T_N。仪器出井后，地面计算机通过 RS–485 总线可将地面装置记录的时间值读出，与井下数据文件合并成标准的 SEG–D 格式文件，供后期做数据处理、分析。

三、随钻垂直地震剖面测量系统工具测试与现场试验

由三轴机械振动台在实验车间可以产生两路扫频振动信号，两路振动信号的延时时间可以控制，随钻地震测量系统测量两路振动产生的地震信号，并将两路信号进行互相关计算，可以从处理后的波形信号得到准确的振动源所产生的延时时间。用此方法可以测试随钻地震测量系统测量震源直达信号和地层反射信号时间差的功能。如图 7–2–29 所示为三轴振动台产生的第一路扫频振动信号、第二路经过 600ms 时间延时的扫频振动信

号、两路信号进行互相关计算处理后的波形信号，从该图中可以明显看出两路信号经过互相关计算后，在600ms后的波形数值有了明显变化，因此，由互相关信号处理后，可以得到准确的600ms初至时间延时。

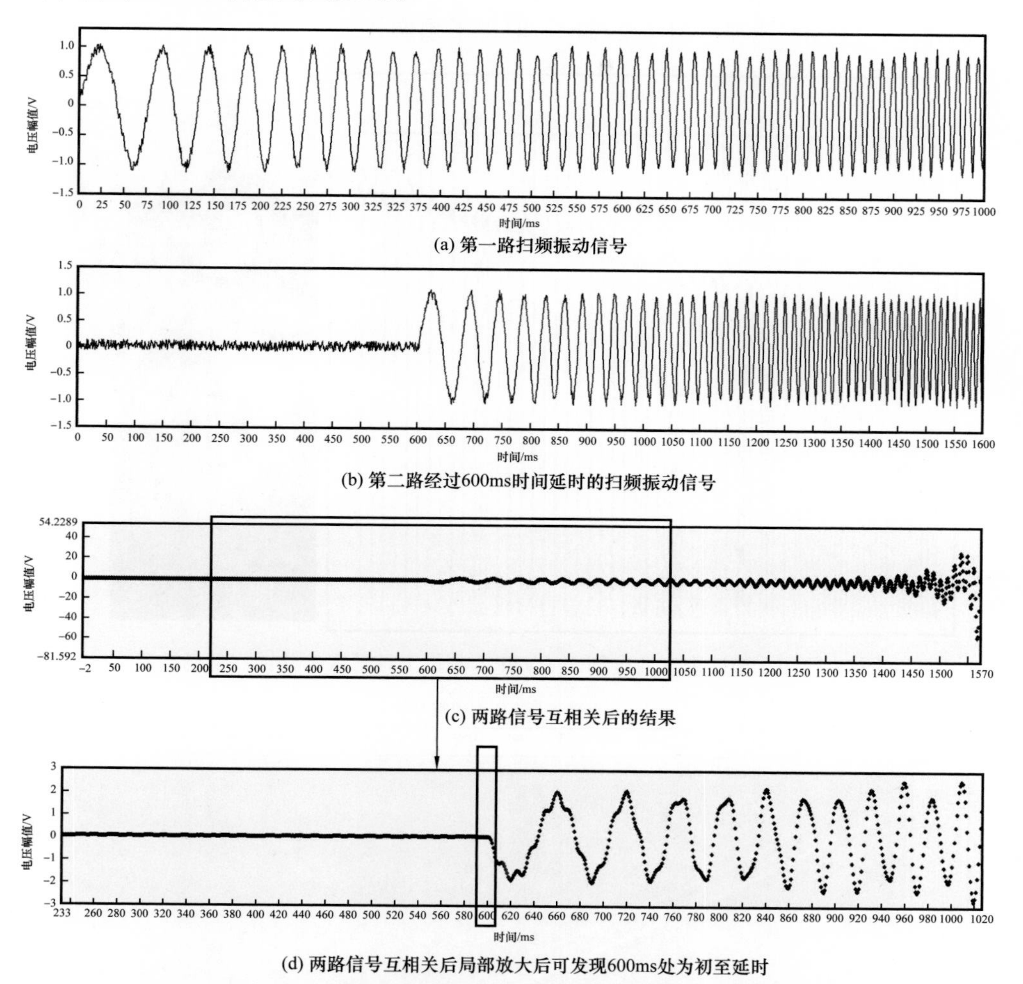

图7-2-29　随钻垂直地震剖面（VSP）测量工具振动台测试数据处理

2016年1月16—22日，随钻垂直地震剖面测量工具在石家庄市藁城县石探1井开展了现场试验，两支仪器各下了1趟钻，入井2次，连续工作共109h，从井深900m到井深1400m进行随钻地震信号测量，累计进尺500m，装置工作正常。经起钻后高速回放数据，并进行互相关信号处理后，地震信号数据随测量深度变化情况如图7-2-30所示，随钻垂直地震剖面（VSP）测量工具所记录的由地面震源激发的地震信号符合地震波特征，证明了随钻垂直地震剖面（VSP）测量工具性能。

峰51井位于宁夏回族自治区盐池县大水坑镇柳条井村，构造为鄂尔多斯盆地天环坳陷。该井设计井深2010m（垂深），井别为预探井，井型为定向井。该井二开从255m至2040m，井斜≤12.40°，随钻VSP工具在该井开展现场试验。

2017年8月12—28日，2支随钻垂直地震剖面（VSP）测量工具及地面同步授时装置在长庆油田峰51井现场试验历时16天，共完成了3趟钻，累计进尺为1546m。本次现场试验克服了设备复杂、天气多变、等诸多不利因素，完成三趟钻共激发62炮，全部测量数据导出，进行了处理（图7-2-31），取得了预期效果。

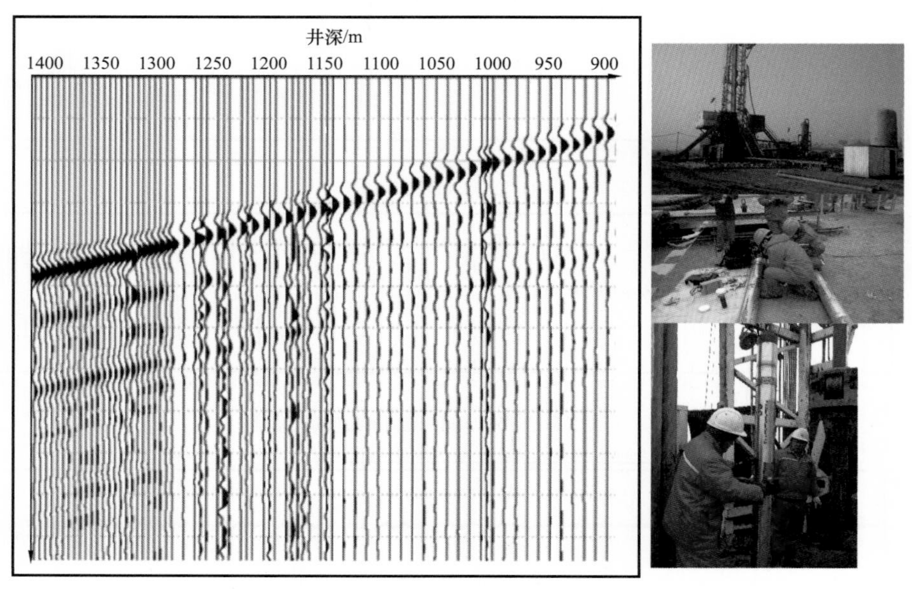

图7-2-30 随钻垂直地震剖面（VSP）测量工具石探1井钻井现场试验

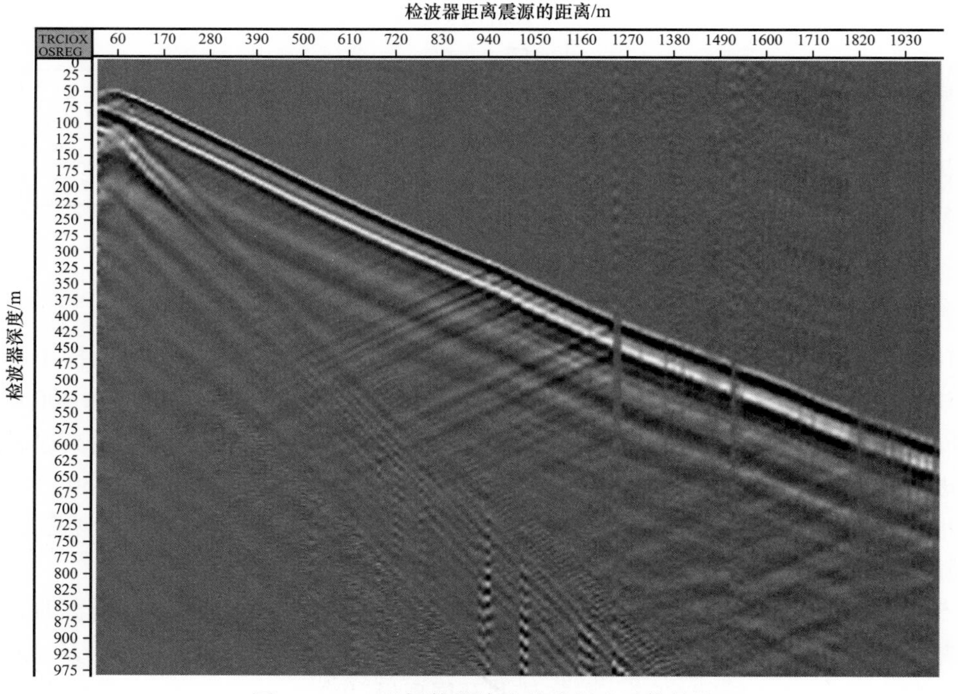

图7-2-31 现场数据读取并进行地震信号处理

兰 37X 井为定向井，设计井深 2306m，其上部地层为砂泥岩交替，目的层为灰色花岗岩，地质分层清晰，井下复杂情况较多，岩石硬度高，井下振动强，有利于检验随钻 VSP 仪器的综合性能。此次现场试验，中国石油集团东方物探公司在地面布置了 240 道检波器排列，由 428 采集车连续记录数据，震源距离井口 25m，随钻 VSP 测量仪器在钻井作业过程中实时记录地震数据，并利用作业间歇快速读取数据。中国石油集团工程技术研究院研制的随钻 VSP 测量仪器连续下钻 3 次，直至钻至目的层提前完钻，仪器入井时间共计 333h，累计纯钻进时间 243h，所钻井段为 361m 至 2271m 共计 1910m，钻遇 80m 花岗岩。电火花震源以 40×10^4J 能量全程共激发 348 次，井下仪器均记录到完整数据，起钻后下载数据时间小于 1h，满足现场资料处理要求。采集的随钻地震数据经地面软件处理后，获得了所钻井段完整的时深关系曲线，经对比与地面检波器排列测量结果基本吻合。试验结果表明，应用随钻 VSP 测量系统将为复杂构造或特殊地质目标空间位置的精确定位提供新的技术手段，并为随钻地震激发接收和井中地震工程一体化技术奠定了坚实基础。

第八章　深层连续管作业技术与装备

连续管作业技术已成为油气开发降本增效、转变井下作业模式的重要工程手段，研究、应用与推广均取得了较好成果，其在中浅层油气开发中的应用逐步成熟。随着井深达到8000m，随之而来的超高温、超高压环境给连续管作业带来巨大挑战，塔里木盆地深层油气、西南油气田威远区块深层页岩气、鄂尔多斯盆地姬塬和陇东地区深层致密油，使用常规管柱作业存在周期长、费用高等难题，而连续管作业技术能在这些深层油气开发中发挥更大的优势（徐云喜等，2020）。

“十三五”期间，中国石油集团工程技术研究院江汉机械研究所攻关取得了深层连续管作业装备、关键作业工具、作业技术等系列研究成果，包括用于深层连续管作业的3套重大装备、3类8种关键工具、4项施工技术。这些技术成果已应用于长宁—威远区块页岩气示范工程、鄂尔多斯盆地致密油示范工程，形成了深部页岩气、复杂地貌致密油长水平段连续管储层改造与配套作业技术，为塔里木盆地等深层油气的开发提供有力支撑。解决超深井、长水平段连续管作业的难题，克服复杂地貌对连续管作业的限制，推动了储层改造技术的升级换代，提高作业的效率和安全性、降低综合成本，为深层油气资源的经济开发提供技术保障。

第一节　深层连续管作业装备研制与应用

针对塔里木盆地深井、页岩气开发、复杂地貌致密油气开发的不同应用特点，中国石油江汉机械研究所开展了深层连续管作业装备的研制配套工作，重点攻关解决深层连续管作业装备重载注入头、大容量滚筒、电液安全控制、重载移运、井口支撑等关键技术难题。成功开发了3种深层连续管作业装备，填补了深层油气开发中大型连续管装备技术的空白，为我国超深层油气资源安全高效开发提供了强有力的技术装备支持。

一、7000m深层连续管作业装备

1. 主要技术参数

1）半挂车

桥荷：13000kgf/13000kgf/13000kgf；

牵引销承载：24000kgf；

最大牵引质量：≥65000kg（公告49000kg）。

2）注入头

最大提升力：680kN；

最大注入力：340kN；

导向器半径：90in。

3）滚筒

容量：2in，7300m；

管汇：2in，105MPa。

4）连续管

等级：QT1100；

壁厚：4.0～4.8mm；

长度：7300m。

5）防喷系统

防喷器：四闸板，4.06in，105MPa；

防喷盒：双联，侧开门，4.06in，105MPa。

6）井口支撑塔架

最大承载能力：50tf；

高度调整范围：16～17.6m；

水平调整范围：±300mm。

2. 总体结构方案

1）整机布置方案

（1）一拖三橇方案。

作业机由主车、动力橇、注入头橇和井口支撑橇组成，动力由独立发动机提供。主车由牵引车、半挂车、控制室、滚筒、控制软管滚筒、备胎支架（含备胎）等组成。动力橇由柴油机、液压泵、液压油箱、散热器、蓄能器、发电机、动力软管滚筒等组成。注入头橇由注入头、导向器、防喷盒、防喷器、防喷管等组成。井口支撑橇由支撑架、注入头安装平台、控制系统等组成。

（2）一拖两橇方案。

作业机由主车、注入头橇和井口支撑橇组成，动力通过牵引车取力来提供。主车由牵引车、半挂车和上装设备组成；牵引车上放置分动箱、液压泵组、液压油箱、散热器、蓄能器、发电机等；半挂车上放置控制室、滚筒、动力软管滚筒、控制软管滚筒、备胎支架（含备胎）等。注入头橇由注入头、导向器、防喷盒、防喷器、防喷管等组成。井口支撑橇由支撑架、注入头安装平台、控制系统等组成。

（3）一拖一车一橇方案。

作业机由主车、辅车和井口支撑橇组成，动力通过牵引车取力来提供。主车由牵引车、半挂车和上装设备组成；牵引车上放置分动箱、液压泵组、液压油箱、散热器等；半挂车上放置控制室、滚筒、动力软管滚筒、控制软管滚筒、蓄能器、发电机、备胎支架（含备胎）等。辅车由底盘车、注入头橇（注入头、导向器、防喷盒、翻转支架）、防喷器、防喷管等组成。井口支撑橇由支撑架、注入头安装平台、控制系统等组成。

（4）一拖一车两橇方案。

作业机由主车、辅车、注入头橇和井口支撑橇组成，动力通过辅车底盘取力来提供。主车由牵引车、半挂车、滚筒、备胎支架（含备胎）等组成；辅车由底盘车、动力及液压系统、控制室、防喷器、防喷管、液压油箱、散热器、蓄能器、发电机、动力软管滚筒、控制软管滚筒、滚筒管线软管滚筒等组成。注入头橇由注入头、导向器、防喷盒、翻转支架、防喷管组成。井口支撑橇由支撑架、注入头安装平台、控制系统等组成。

2）整机方案对比

（1）优缺点分析，详见表8-1-1。

表8-1-1 7000m深层连续管作业装备整机布置方案优缺点对比

方案	优点	缺点
一拖三橇方案（独立动力）	（1）滚筒车重量可降低； （2）少一辆辅车； （3）控制室置滚筒后面，符合操作习惯	（1）运输三个橇需另外配车； （2）井场安装连接相对复杂
一拖两橇方案（牵引车取力）	（1）少一个动力橇； （2）少一辆辅车； （3）控制室置滚筒后，符合操作习惯； （4）井场安装连接简单	（1）牵引车超重； （2）运输两个橇需另外配车
一拖一车一橇方案（牵引车取力）	（1）运输更方便； （2）井场安装连接简单	（1）主车重量更重； （2）多一辆辅车
一拖一车两橇方案（辅车底盘取力）	（1）滚筒车重量最小； （2）维护方便	（1）多一辆辅车； （2）控制室与滚筒并排，操作习惯性较差； （3）运输两个橇需另外配车

（2）方案评估及优选，详见表8-1-2。

表8-1-2 7000m深层连续管作业装备整机布置方案评估

方案对比项	一拖三橇方案（动力橇）	一拖两橇方案（牵引车）	一拖一车一橇方案（牵引车）	一拖一车两橇方案（辅车底盘）
牵引车	好	差	好	好
车辆总重（整机重量）	一般	差	差	好
承载余量（缠管能力）	一般	一般	一般	好
运输方便性	一般	差	好	一般
装拆快速性	一般	好	好	一般

续表

方案对比项	一拖三橇方案（动力橇）	一拖两橇方案（牵引车）	一拖一车一橇方案（牵引车）	一拖一车两橇方案（辅车底盘）
操作习惯性	好	好	好	差
操作安全性	好	好	好	一般
维护方便性	差	一般	一般	一般
成本优势	好	好	差	差
综合性能	4 好 +1 差	4 好 +3 差	5 好 +2 差	3 好 +2 差

通过方案对比分析，总体结构选择一拖三橇方案，整机具有较好的移运性能和操作习惯性，更安全，成本低，综合优势更好。

一拖三橇方案的主要结构及布局如图 8–1–1 至图 8–1–4 所示。

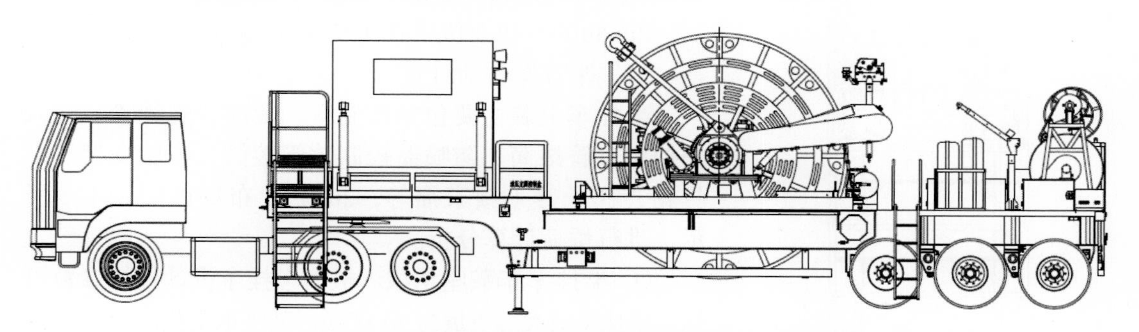

图 8–1–1 7000m 深层连续管作业装备一拖三橇方案主车（拖挂）结构及布局

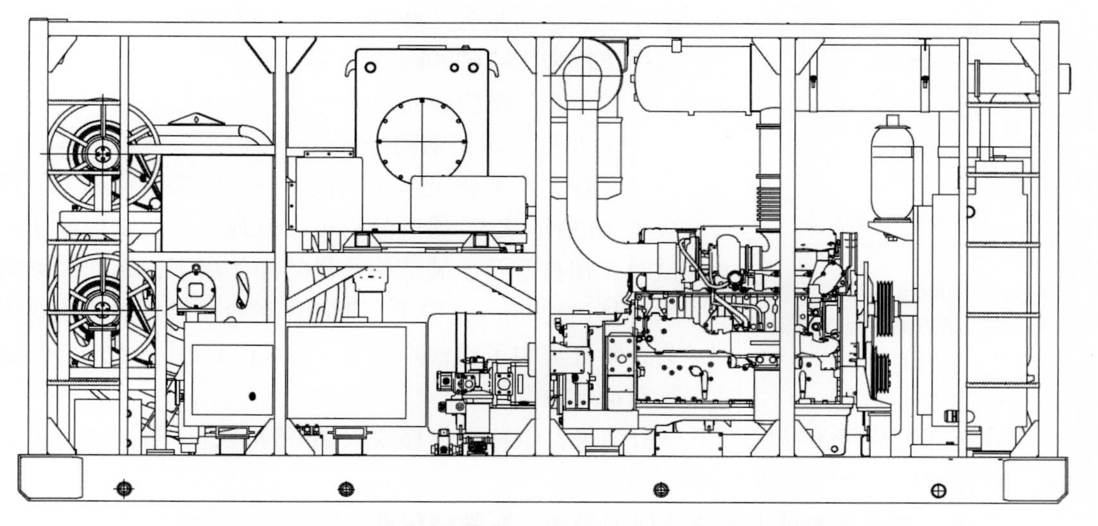

图 8–1–2 7000m 深层连续管作业装备一拖三橇方案动力橇结构及布局

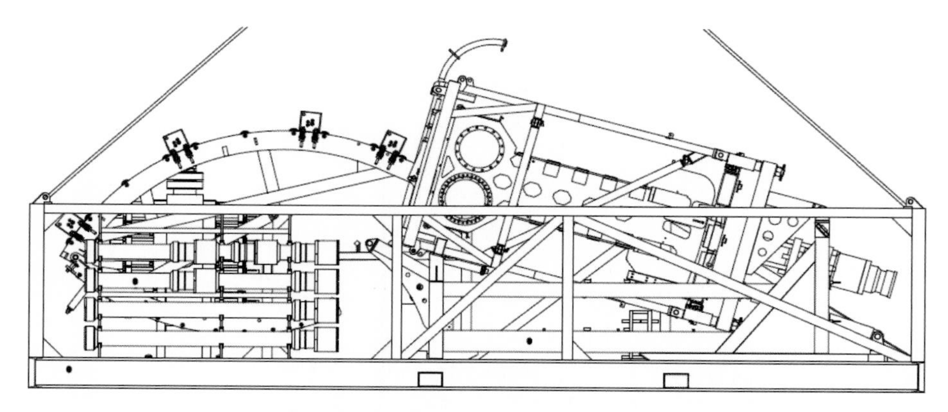

图 8-1-3 7000m 深层连续管作业装备一拖三橇方案注入头橇结构及布局

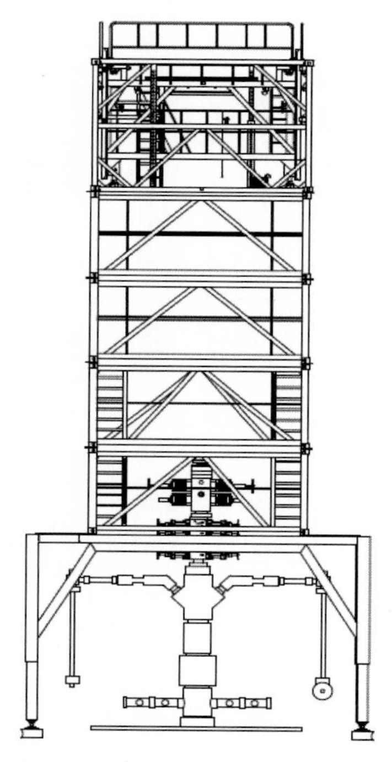

图 8-1-4 7000m 深层连续管作业装备一拖三橇方案井口支撑橇结构及布局

3. 关键部件

1）2in 8000m 作业机半挂车

2in 8000m 作业机半挂车整体布局如图 8-1-5 所示。

（1）半挂车桥荷计算。

半挂车上装主要包括控制室、滚筒、连续管、注入头控制软管滚筒、防喷器控制软管滚筒、备胎支架、工具箱、梯子等（颜家福等，2020）。布局如图 8-1-5 所示，进行桥荷计算分析。

① 半挂车车鞍座承载。根据半挂车设计计算参数可知，半挂车最大总质量为 70000kg，鞍座承受载荷约为 28tf。

② 后三桥选型。根据半挂车设计计算参数可知，半挂车最大总质量为 70000kg，后三桥承受载荷约为 43tf，选择车桥为 3×16000kg。

（2）车架结构研究及优化。

① 半挂车车架结构分析。

半挂车车架边梁静止测试下分析结果：位移（位移放大 10 倍形状）。通过分析可以发现，车架结构静止测试时，在自重及上装结构重量共同作用下，车架大梁最大位移达到 9mm，位于车架圆弧形台阶转角处，主要因为台阶处集中了前台阶配重 3500kg 以及中心处 46700kg 配重而导致。

半挂车车架横梁静止测试下分析结果：位移（位移放大 20 倍形状）。通过分析可以发现，计算得出的最大位移为 12.2mm。

半挂车车架静止测试下的等效应力分布，车架结构静止状态应力最大处为 8 面体横梁与连接悬挂的工字梁相交区域，最大不超过 200MPa，离屈服强度还较远，此结构能满足此工况下的承载要求。

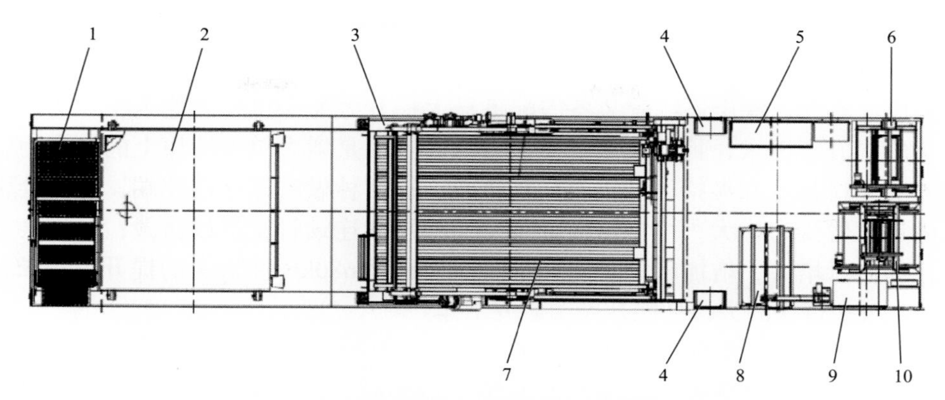

图 8-1-5　2in 8000m 作业机半挂车整体布局图

1—控制室登车梯；2—控制室；3—滚筒；4—登车梯；5—1# 工具箱；6—防喷器控制软管滚筒；7—连续管；8—备胎；9—2# 工具箱；10—注入头控制软管滚筒

通过分析可以发现，计算得出的最大位移为 22mm，此位置为上装主载荷支撑位置，此结果有一个假设，即上装载荷底座刚性不足，不能将上装载荷传递至车架大梁上，而是上装载荷均匀传递至投影面，这一假设得到的最大位移有可能与实际不相符，但不影响大梁的位移计算结果，这是因为上装载荷简化为质量单元将载荷传递至投影面，此横梁正好位于投影面上，如果实际上装载荷的底座刚性足够，那么此横梁位移将与整个投影区域位移差不多，大概在 12mm 左右。同理，其他位于投影面的区域位移与实际可能相差较大，但与大梁同一 X 方向坐标对应的 Y 方向位移差不多。

半挂车车架制动测试下的等效应力分布应忽略应力畸变区域，车架结构在制动状态下应力最大处为牵引销和前后台阶连接处，局部应力最高可达 300MPa，但离屈服强度还较远，但要高于静止状态下，此工况发生的频率不高，可不考虑疲劳特性。此结构能满足承载要求。8 面体横梁在制动条件下应力小于静止条件。

② 半挂车车架结构分析结论。车架整体能满足各种工况下的强度要求；靠近主载荷的悬挂连接钣金件需要加强；可考虑增加 8 面体大梁处加强筋，可降低 8 面体大梁与纵梁连接处应力；可根据静止测试得到的大梁 Y 方向位移数据修正大梁，无须再重新校核修正后的大梁强度。

（3）半挂车车架结构修改后对比分析。

修改后的车架能满足各种工况下的强度要求。车架纵梁最大位移见表 8-1-3。

表 8-1-3　车架最大位移表

工况	主纵梁竖向位移 /mm		矩形管竖向位移（修改前）/mm	工字梁竖向位移（修改后）/mm
	修改前	修改后		
静止	9.1	7.65	12.2	9.1
2 倍载荷	18.1	15.3	24.4	18.1
制动	12.3	10.3	19.8	12.2

由此可见，修改后的半挂车结构，变形量符合设计要求。

2）680kN 注入头夹持块

根据设计要求，深层连续管装备需配备最大提升力为 680kN 的注入头，为满足大规格注入头的提升力需求，目前通用的做法有两种：一是增大单夹持块上的夹紧力；二是增加注入头夹持长度和夹持区域内夹持块数量。这两种做法都存在弊端，前者会引起单位长度内连续管受力增大，可能造成轴承寿命缩短和连续管受损或挤毁；后者会导致注入头尺寸和质量增大，增加转运和安装难度。为配套 680kN 注入头的提升力需求，针对 680kN 注入头夹持块的夹持性能开展了研究工作。

（1）夹持块结构优化对比有限元分析。

根据 API 标准，连续管外径偏差范围为 ±0.25mm，同种规格的每一盘连续管，甚至是同一盘连续管不同位置的外径都可能存在差异。因此研究夹持块性能，必须考虑其对连续管外径偏差的适应性。夹持块和连续管之间无法做到“完美匹配”。不同尺寸偏差的夹持块与连续管之间的接触状态如图 8-1-6 所示。图 8-1-6 中 D 为夹持块圆弧直径，d 为连续管外径受连续管直线度和夹持块圆弧直径尺寸偏差的影响，夹持块与连续管之间会存在夹持表面接触压力集中问题。当夹持块圆弧 D 小于连续管外径 d 时，夹持块和连续管之间属于过盈配合可有效增大夹持块提升能力，但可能造成连续管受损，经过夹持块与连续管之间的磨合应用，夹持块直径 D 会因磨损而损失一部分尺寸，因此目前 D 大都比 d 大 0.3mm 左右。

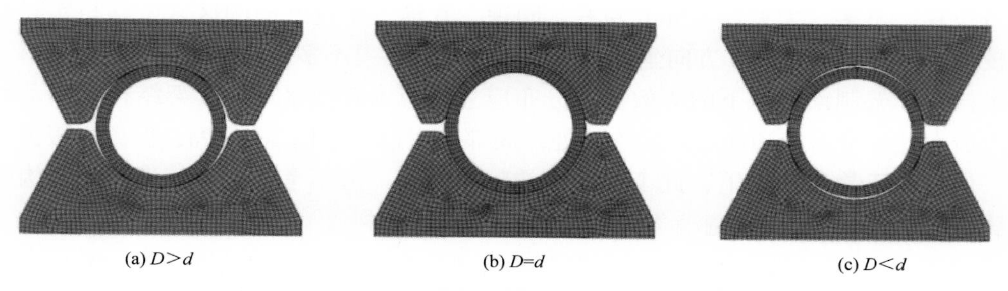

图 8-1-6　不同尺寸偏差的夹持块和连续管有限元模型

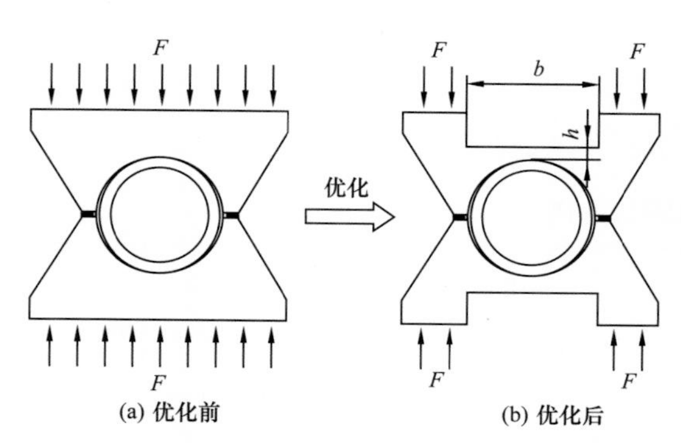

图 8-1-7　夹持块常规结构与优化弹性结构力学模型对比

由分析可知，夹持块与连续管尺寸偏差对其夹持性能有重要影响，而常规刚性夹持块对连续管外径偏差适应性相对较差，因此将夹持块优化为弓形弹簧结构，并将夹紧力施加在两侧台肩上，优化弹性夹持块与常规刚性夹持块力学模型对比如图 8-1-7 所示。图 8-1-7 中 b 和 h 分别为弹性夹持块沟槽宽度和最小厚度。

当夹持块圆弧直径与连续管不一致时，在夹紧力的作用下，夹持块和连续管同时发生适应性变形；为验证优化结构后的弹性结构夹持块与常规结构刚性夹持块的弹性变形适应性效果，分别对常规刚性夹持块和优化结构弹性夹持块的夹持接触面积和夹持面接触正压力进行有限元对比分析。

① 常规刚性夹持块夹持效果分析。如图 8-1-8 所示，夹持块与连续管之间的接触面积随其直径差值增大而减小；随着夹紧压力增大，连续管变形量增大，其与连续管之间的平均接触面积增大，夹紧压力由 25kN 增大至 100kN 时，其平均接触面积由圆弧表面积的 74% 增大至 90%。

如图 8-1-9 所示，夹持块与连续管直径差值越小，夹持块正压力总值越大，且正压力总值随夹紧力增大而呈线性增长，夹紧力由 25kN 增大至 100kN 时，平均正压力总值从 35kN 增大至 124kN；当夹持块与连续管直径完全一致时，夹持块性能较好，且夹紧力对其性能的影响不大，ε=0.51～0.53；而当夹持块与连续管直径不一致时，夹持块性能大幅度降低，且降幅随夹紧力增大而减小，当 d=50.2～51.4mm 时，ε=0.26～0.30。

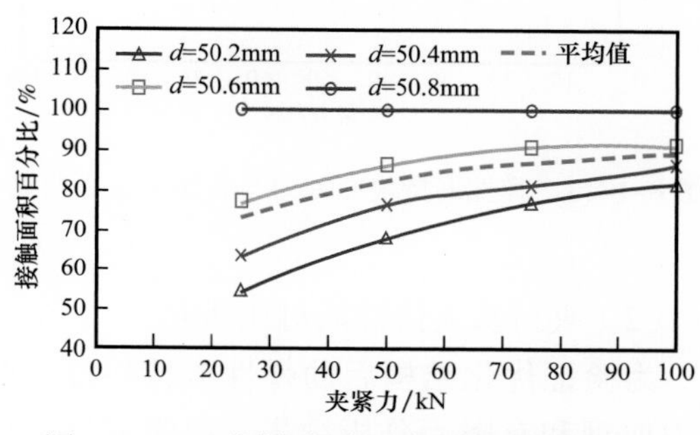

图 8-1-8 不同夹紧力下常规刚性夹持块与连续管的接触面积曲线

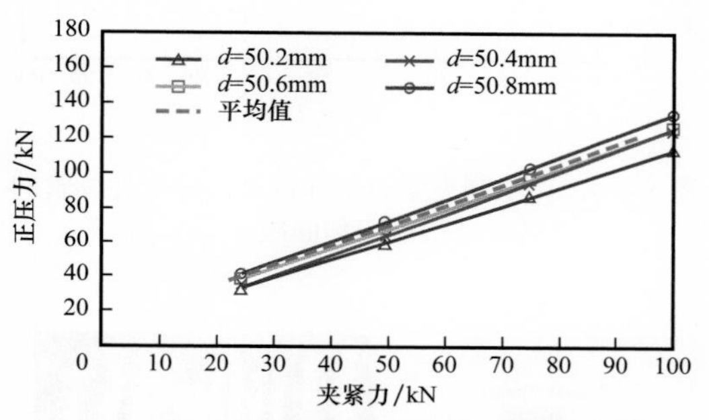

图 8-1-9 常规刚性夹持块夹紧力与表面正压力曲线

② 优化弹性夹持块结构设计及夹持效果分析。图 8-1-10 是夹持块槽宽和底部壁厚对夹持块正压力的影响曲线。从图 8-1-10 可以看出，槽宽越宽，底部壁厚越小，夹持块弹性越好，正压力越大。

图 8-1-11 是槽宽和底部壁厚对夹持块效率的影响曲线。当壁厚一定时，存在一个最优槽宽，小于该槽宽时，夹持块效率随槽宽增大而增大，大于该槽宽时，效率随槽宽增大而减小；槽宽最优值随夹持块底部壁厚的增大而增大。综合考虑夹持块表面压力值和夹持块结构尺寸，建议槽宽取为 40～60mm，底部壁厚取为 8～10mm。

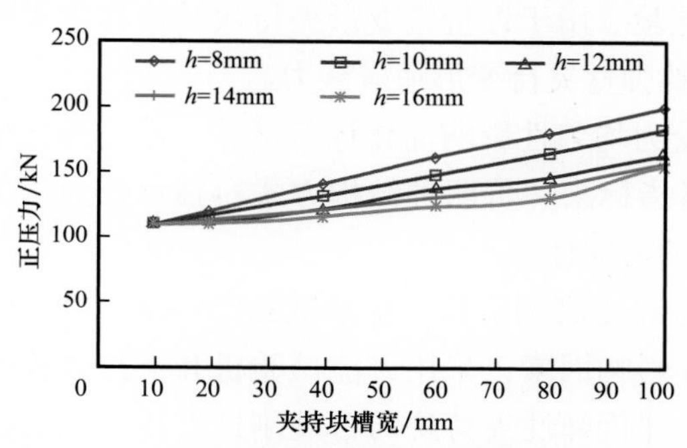

图 8-1-10 弹性结构槽宽和底部壁厚对夹持块正压力的影响曲线

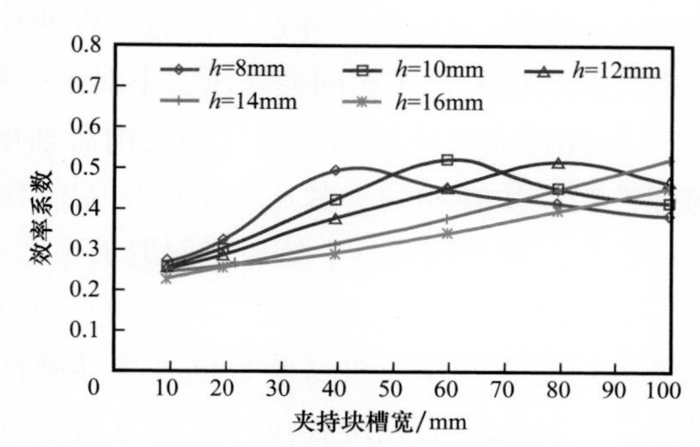

图 8-1-11 弹性结构槽宽和底部壁厚对夹持块效率的影响曲线

图 8-1-12 所示为不同夹紧力下弹性夹持块与连续管的接触面积曲线。从图 8-1-12 可以看出，当夹持块圆弧直径与连续管不一致时，在夹紧力的作用下，夹持块和连续管同时发生适应性变形；在 25～100kN 夹紧力范围内，平均接触面积为 80%～100%，比常规刚性夹持块接触面积增大了 6%～10%。

图 8-1-13 是弹性夹持块夹紧力与表面正压力曲线。在 25～100kN 夹紧力下，夹持块平均正压力总值为 42～170kN，比常规刚性夹持块增大了 20%～37%。

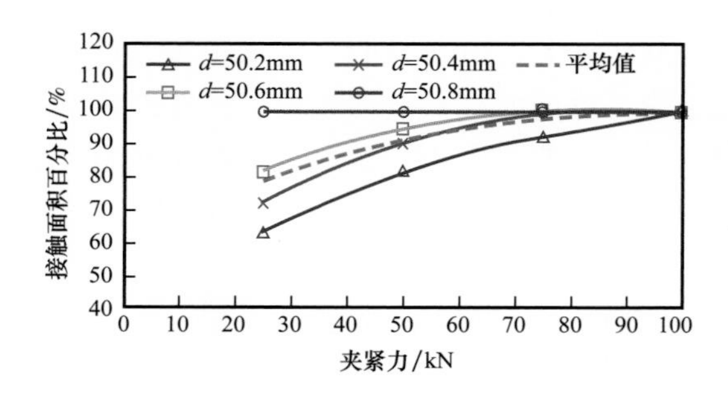

图 8-1-12 不同夹紧力下弹性夹持块与连续管的接触面积曲线

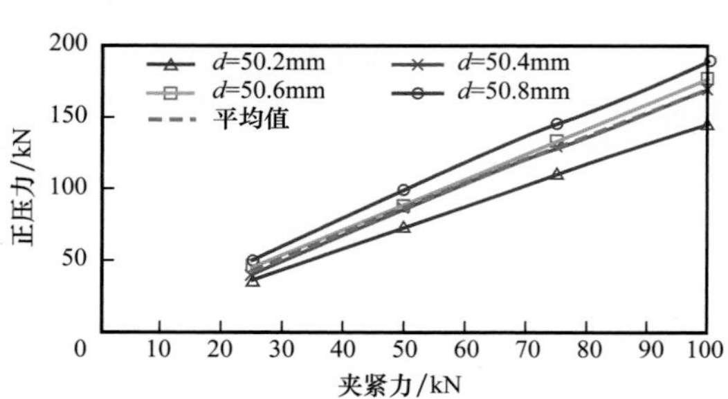

图 8-1-13 弹性夹持块夹紧力与表面正压力曲线

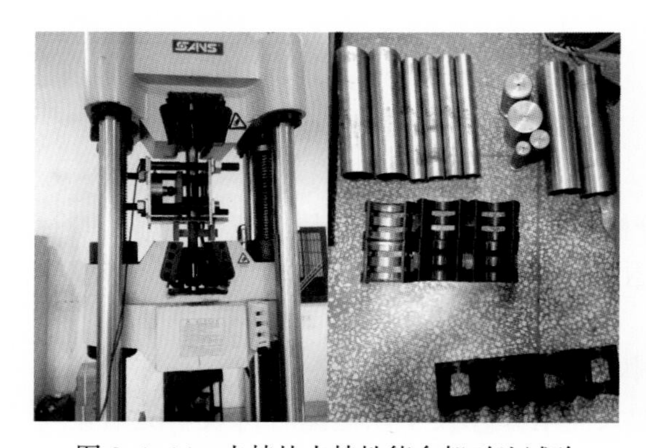

图 8-1-14 夹持块夹持性能台架对比试验

（2）夹持块夹持性能对比研究。

为验证优化结构后的弹性夹持块提高摩擦力原理和有限元分析结果，组织开展了夹持块夹持性能对比试验，试验设备及试样照片如图 8-1-14 所示。

本轮试验将试验影响因素剥离开来单独测试，探索微变形结构设计对夹持块的夹持性能提升方面是否真的存在有益效果。对试样形式、试验设备以及试验方案重进行新设计，分 3 个试验任务进行开展，任务及目标如下：

① 微变形夹持块的弹性夹持适应性对比试验。用于评价微变形夹持块结构和常规刚性夹持块结构分别在相同夹紧压力下对试验管的弹性夹持变形适应能力。

② 弹性夹持块结构与弹性垫结构对轴承受力均匀性影响简化评价试验。通过弹性垫与弹性夹持块在相同夹紧压力下的压缩位移量指标来评价两种结构方式对轴承受力均匀性的影响，对后期弹性夹持块背面取消弹性垫的可能性做参考。

③ 弹性夹持块与常规刚性夹持块夹持性能对比测试试验。排除试验管不确定性、轴承受力均匀性和作业机试验数据采集准确性等影响因素，采用万能试验机和夹持性能测试工装，从纯粹的夹持和拉伸试验方面来对比评价弹性夹持块与常规刚性夹持块的夹持性能区别。

（3）夹持块弹性夹持接触面积适应性评价试验。

对弹性结构和常规结构夹持块试样进行夹持适应性对比，为避免试验管在正压力作用下的自身变形影响，采用实心钢棒配合应力试纸方式评价夹持块的弹性夹持适应效果。具体方法为将应力试纸缠绕试棒一圈，放入待测试的一组试验夹持块圆弧槽内对齐夹好，放入万能试验机的压力平台上，对每对夹持块的两个背平面分别施加 3tf/6tf/9tf/12tf 正压力，根据试纸接触区域大小来评价弹性夹持适应性效果，并对颜色深浅进行区分记录，试验结果见表 8-1-4。

表 8-1-4　不同结构夹持块应力试纸接触区域对比表

试样	不同正压力下应力试纸接触区域对比			
	3tf	6tf	9tf	12tf
常规夹持块直径 50.8mm；试棒直径 49.5mm（实心）	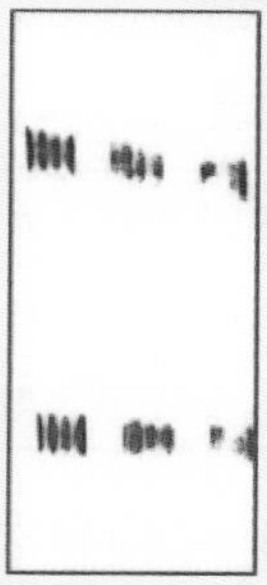			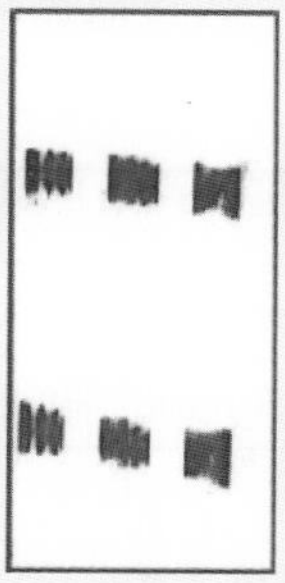
弹性夹持块直径 50.8mm；试棒直径 49.5mm（实心）	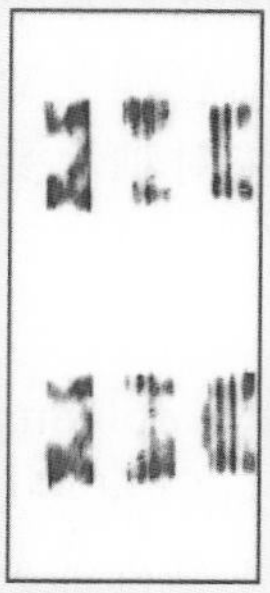	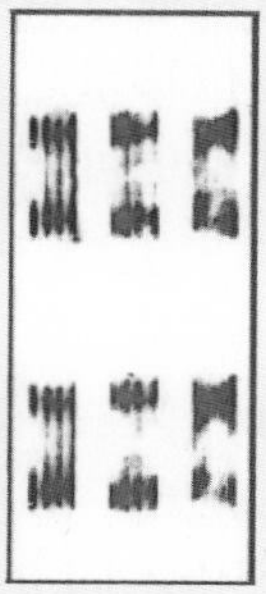	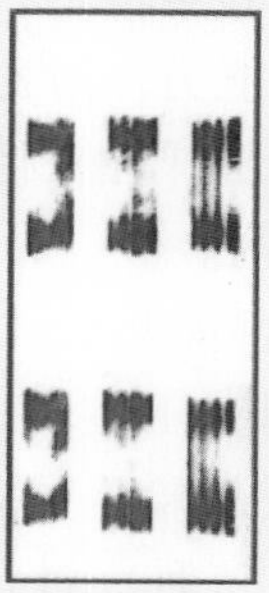	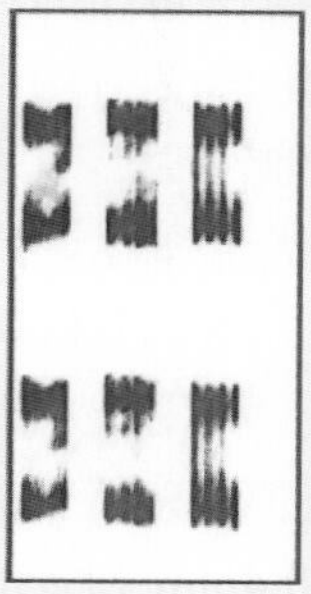

从表 8-1-4 的接触区域颜色可以看出，常规夹持块在不同的正压力下，试棒与夹持块之间的夹持接触面积较小，且随着正压力的增加，接触区域面积并没有显著增大。而弹性夹持块在不同的正压力下，试棒与夹持块之间的夹持接触面积偏大，且随着正压力的增加，接触区域面积进一步增大。通过对比试验，弹性夹持块表现出了与试棒之间良好的夹持适应性。

（4）弹性结构对轴承受力均匀性影响简化评价对比试验。

按照常规夹持块 + 弹性垫、弹性夹持块无弹性垫两种结构形式进行不同正压力压缩位移量评价，以 2tf，4tf，6tf，8tf，10tf 和 12tf 以及回到 2tf 时的正压力下，每 2tf 正压力下相对压缩位移量之差作为对比评价轴承受力均匀性平衡难易程度的指标，试验力加载速度设为 500N/s。试验原始数据记录见表 8-1-5。

表 8-1-5 弹性结构对轴承受力均匀性影响简化评价对比试验原始数据记录表格

试样	不同正压力下相对压缩位移量之差 /mm						
	2tf	4tf	6tf	8tf	10tf	12tf	回到 2tf
弹性夹持块直径 50.8mm/ 试棒直径 49.5mm（无弹性垫片）	1.91	2.30	2.52	2.67	2.78	2.87	2.35
	1.58	1.88	2.07	2.21	2.30	2.39	1.87
常规夹持块直径 50.8mm/ 试棒直径 49.5mm（有弹性垫片）	1.95	2.19	2.42	2.63	2.84	3.04	2.50
	1.40	1.65	1.90	2.12	2.30	2.46	1.87

注：此表中记录试验后每 2tf 正压力下的压缩位移量之差，可根据试验情况调整正压力值和增减试样安排，空心试管试样酌情添加。

试验数据处理（差值后两组平均值）见表 8-1-6。

表 8-1-6 弹性变形量数据处理表

试样组	正压力从 2tf→4tf→6tf→8tf→10tf→12tf 位移量之差 /mm
ϕ50.8mm（弹性夹持块无垫片）	0.35→0.21→0.15→0.10→0.09，12tf 正压力时总弹性变形量 0.90mm
ϕ50.8mm（非弹性夹持块有垫片）	0.25→0.24→0.22→0.20→0.18，12tf 正压力时总弹性变形量 1.09mm

从表 8-1-6 的弹性变形量数据可以看出，弹性夹持块结构和常规刚性夹持块弹性垫结构在同样的压力试验条件下，均具有可通过自身的弹性变形来平衡产品加工公差，改善轴承受力均布性的能力。对比的总体位移量之差趋势和总弹性变形量来看，弹性垫片的弹性变形效果略优于弹性夹持块形式，也可认为弹性垫对轴承受力均匀性的有益效果略优于弹性夹持块结构。

（5）夹持块夹持性能测试试验。

利用夹持性能测试工装对 ϕ50.8mm 弹性结构夹持块、ϕ50.8mm 常规结构夹持块分别进行夹持性能测试试验，试验夹紧力 2tf，4tf，6tf 和 8tf，试验管分别选择 ϕ50.8mm、ϕ50.4mm 和 ϕ50.0mm 三种，进行试验评价不同夹持块的夹持性能差别。试验机力加载速度为 200N/s。夹持块试验的夹持摩擦打滑力和摩擦系数分别见表 8-1-7 至表 8-1-9。

表 8-1-7 夹持块试验摩擦打滑力记录表

序号	试样	不同正压力对应最大打滑摩擦力 /tf			
		2tf	4tf	6tf	8tf
1	ϕ50.8mm 夹持块（弹性）/ 试棒 ϕ50.8mm	2.65	4.92	6.34	8.32
2		2.35	4.74	6.61	8.43
3	ϕ50.8mm 夹持块（常规）/ 试棒 ϕ50.8mm	2.13	3.83	5.33	7.05
4		1.99	3.66	5.21	6.60

续表

序号	试样	不同正压力对应最大打滑摩擦力 /tf			
		2tf	4tf	6tf	8tf
5	ϕ50.8mm 夹持块（弹性）/ 试棒 ϕ50.4mm	2.52	4.35	6.11	8.14
6		2.39	3.88	6.24	8.29
7	ϕ50.8mm 夹持块（常规）/ 试棒 ϕ50.4mm	1.73	3.28	5.07	6.64
8		1.63	3.05	4.75	6.08
9	ϕ50.8mm 夹持块（弹性）/ 试棒 ϕ50.0mm	1.54	3.41	4.98	6.47
10		1.67	2.96	4.97	6.61
11	ϕ50.8mm 夹持块（常规）/ 试棒 ϕ50.0mm	1.19	2.47	3.69	4.87
12		1.20	2.43	3.74	4.89

表 8-1-8　夹持块试验摩擦系数换算记录表

序号	试样	不同正压力换算摩擦系数 μ			
		2tf	4tf	6tf	8tf
1	ϕ50.8mm 夹持块（弹性）/ 试棒 ϕ50.8mm	0.66	0.62	0.53	0.52
2		0.59	0.59	0.55	0.53
3	ϕ50.8mm 夹持块（常规）/ 试棒 ϕ50.8mm	0.53	0.48	0.44	0.44
4		0.50	0.46	0.43	0.41
5	ϕ50.8mm 夹持块（弹性）/ 试棒 ϕ50.4mm	0.63	0.54	0.51	0.51
6		0.60	0.49	0.52	0.52
7	ϕ50.8mm 夹持块（常规）/ 试棒 ϕ50.4mm	0.43	0.41	0.42	0.42
8		0.41	0.38	0.40	0.38
9	ϕ50.8mm 夹持块（弹性）/ 试棒 ϕ50.0mm	0.39	0.43	0.42	0.40
10		0.42	0.37	0.41	0.41
11	ϕ50.8mm 夹持块（常规）/ 试棒 ϕ50.0mm	0.30	0.31	0.31	0.30
12		0.30	0.30	0.31	0.31

通过弹性结构与常规结构夹持块的夹持性能测试实验的数据对比可以看出，相比较于常规刚性夹持块，弹性夹持块对试管的夹持摩擦性能明显优于常规刚性夹持块，且当夹持块圆弧与连续管外径之间尺寸偏差越大时，夹持性能的提升效果越明显。弹性夹持块比常规刚性夹持块的夹持性能普遍能提高 20% 以上。

表 8-1-9 夹持块平均摩擦系数记录表

<table>
<tr><th rowspan="2">序号</th><th rowspan="2">试样</th><th colspan="4">平均换算摩擦系数 μ</th><th rowspan="2">平均摩擦系数 μ</th><th rowspan="2">平均提升（取 2～8tf）/%</th></tr>
<tr><th>20kN</th><th>40kN</th><th>60kN</th><th>80kN</th></tr>
<tr><td>1</td><td>ϕ50.8mm 夹持块（弹性）/试棒 ϕ50.8mm</td><td>0.63</td><td>0.60</td><td>0.54</td><td>0.52</td><td>0.57</td><td rowspan="2">23.9</td></tr>
<tr><td>2</td><td>ϕ50.8mm 夹持块（常规）/试棒 ϕ50.8mm</td><td>0.52</td><td>0.47</td><td>0.44</td><td>0.43</td><td>0.46</td></tr>
<tr><td>3</td><td>ϕ50.8mm 夹持块（弹性）/试管 ϕ50.4mm</td><td>0.61</td><td>0.51</td><td>0.51</td><td>0.51</td><td>0.54</td><td rowspan="2">31.7</td></tr>
<tr><td>4</td><td>ϕ50.8mm 夹持块（常规）/试棒 ϕ50.4mm</td><td>0.42</td><td>0.40</td><td>0.41</td><td>0.40</td><td>0.41</td></tr>
<tr><td>5</td><td>ϕ50.8mm 夹持块（弹性）/试棒 ϕ50.0mm</td><td>0.40</td><td>0.40</td><td>0.41</td><td>0.41</td><td>0.41</td><td rowspan="2">36.6</td></tr>
<tr><td>6</td><td>ϕ50.8mm 夹持块（常规）/试棒 ϕ50.0mm</td><td>0.30</td><td>0.31</td><td>0.31</td><td>0.31</td><td>0.30</td></tr>
</table>

综上所述，通过以上的分析和对比试验可知，弹性夹持块具有接触面积大、压力总值大、对连续管损伤小以及管径适应性强等优势。将弹性夹持块用于大提升力的注入头，相比较使用常规刚性夹持块的注入头，可提升注入头能力 20% 以上。

3）注入头恒钻压电液控制技术

如图 8-1-15 所示，在注入头驱动闭式液压系统中，通过研制双向限压阀块对闭式液压泵的变量机构进行压力控制。双向限压阀块包含：两个先导式高压顺序阀、两个低压顺序阀、一个梭阀、两个可调节流孔，先导式高压顺序阀为液压泵进出口的压力限制阀，通过远程直动式溢流阀对其压力进行设定；低压顺序阀设定的压力对闭式液压泵变量机构的承压进行限制起保护变量机构作用；梭阀为对闭式液压泵进出口进行选择，使直动式溢流阀遥控已设定的高压端顺序阀的压力；节流孔为对恒钻压控制系统的响应时间进行调节，以满足现场实际使用要求。分别从闭式液压泵的进口和出口取压力油液进入双向限压阀块，梭阀进行高压和低压侧选择，再通过远程直动式溢流阀对高压侧先导式顺序阀进行压力调节，对闭式液压泵出口的压力进行限定，从而使注入头方向控制手柄对闭式液压泵的斜盘摆角进行预设，仅实现对起管或下管进行方向选择，方向选择后由双向限压阀块对闭式液压泵出口压力进行限制，实现连续管起管或下管过程中维持恒定的压力。

作业准备工作做好后启动液压泵，将滚筒刹车打开，注入头刹车调节到自动状态。若是下管作业，则将滚筒马达压力调节下管时所需的背压压力，推动注入头方向控制手柄到下管方向，将注入头泵控制压力调节至最大，再调节注入头马达压力使注入头运转进行下管作业，此时注入头马达维持恒定压力进行下管，下管遇阻时实现自动停止下管。若是起管作业，则将滚筒马达压力调节到起管时所需的驱动压力，拉动注入头方向控制

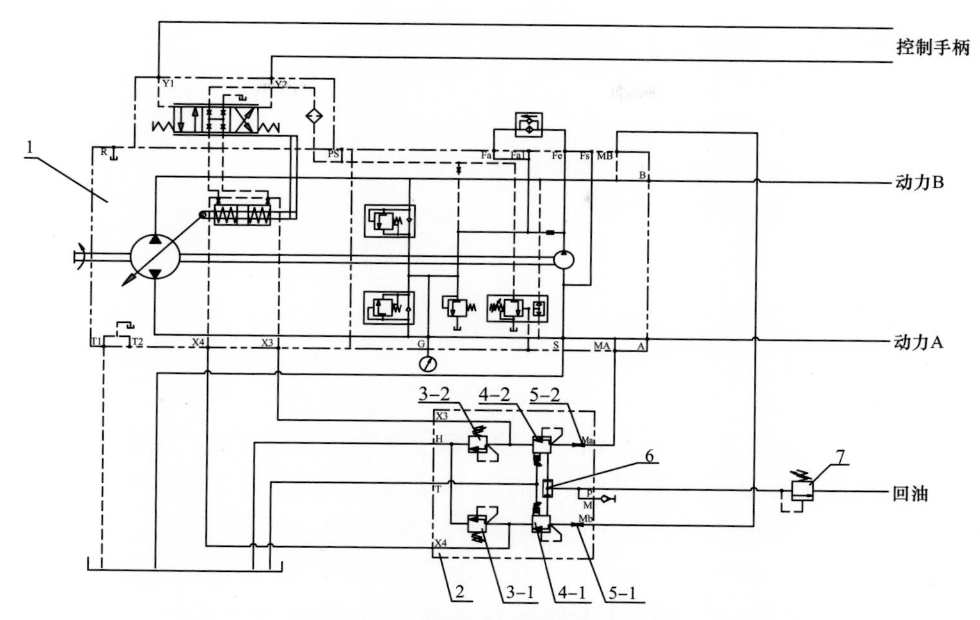

图 8-1-15 恒钻压电液控制回路图

1—闭式液压泵；2—双向限压阀块；3—低压顺序阀；4—先导式高压顺序阀；5—可调节流孔；6—梭阀；7—直动式溢流阀

手柄到起管方向，将注入头泵控制压力调节至最大，再调节注入头马达压力使注入头运转进行起管作业，此时注入头马达维持恒定压力进行起管，起管遇卡时能实现自动停止起管。

二、6000m 页岩气水平井连续管作业装备

1. 主要技术参数

1）连续管

等级：QT1100；

壁厚：4.0～4.8mm；

长度：6600m。

2）滚筒

容量：2in，6600m；

管汇：2in，105MPa。

3）注入头

最大提升力：450kN；

最大注入力：225kN；

导向器半径：100in。

4）防喷系统

防喷器：四闸板，5.12in，105MPa；

防喷盒：双联，侧开门，5.12in，105MPa。

5）底盘车

驱动方式：8×8；

允许总车重：58000kgf；

尺寸：12050mm×2500mm×3953mm；

轴距：1800mm+5600mm+1400mm；

转弯半径：≤15.5m。

2. 总体结构方案

1）整机布置方案

（1）两车两橇方案。

作业机由一台主车、一台辅车和一个控制橇、一个运输橇组成。主车由底盘车、动力及液压泵组、滚筒、连续管等组成，用于运输滚筒、提供动力，外形尺寸（长×宽×高）为12200mm×2900mm×4450mm，总质量约57.5t。辅车主要由底盘车、注入头、导向器、防喷器、防喷盒、防喷管、注入头支腿、随车起重机等组成，用于运输注入头、防喷系统及附件，提供吊装，外形尺寸（长×宽×高）为12000mm×2500mm×4380mm，总质量约40t。控制橇由橇体、控制室、控制软管滚筒、短管线软管滚筒、蓄能器、电瓶、小型液压站等组成，用于运输控制室、控制软管滚筒等，外形尺寸（长×宽×高）为5000mm×2250mm×2850mm，总质量约8t。运输橇由液压油箱、散热器、动力软管滚筒、发电机等组成，即可固定在主车尾部，也可独立运输。

（2）两车一橇方案。

作业机由一台主车、一台辅车和一个注入头橇组成。主车由底盘车、滚筒、连续管等组成，用于运输滚筒、提供动力，外形尺寸（长×宽×高）为12200mm×2900mm×4450mm，总质量约57.5t。辅车主要由底盘车、动力及液压泵组、控制室、液压油箱、散热器、动力软管滚筒、控制软管滚筒、发电机等组成，用于提供动力、运输控制室、控制软管滚筒等，外形尺寸（长×宽×高）为12000mm×2500mm×4380mm，总质量约40t。注入头橇由橇体、注入头、导向器、防喷盒、防喷器等组成，运输注入头、防喷系统及附件等，外形尺寸（长×宽×高）为8000mm×2500mm×3100mm，总质量约18t。

（3）一拖一车方案。

作业机由一台主车、一台辅车组成。主车由牵引车、半挂车、动力橇、控制室、滚筒、连续管、动力软管滚筒、控制软管滚筒等组成。辅车主要由底盘车、注入头、导向器、防喷器、防喷盒、防喷管、注入头支腿、随车起重机等组成，用于运输注入头、防喷系统及附件，提供吊装，外形尺寸（长×宽×高）为12000mm×2500mm×4380mm，总质量约40t。

2）整机方案对比

（1）优缺点分析。

6000m页岩气水平井连续管作业装备整机方案优缺点详见表8-1-10。

表 8-1-10 6000m 页岩气水平井连续管作业装备整机方案优缺点对比

方案	优点	缺点
两车一橇方案（控制室橇）	（1）控制室放置滚筒后面，符合操作习惯，更安全； （2）自带吊机，更方便； （3）不受摄像头故障、图像失真等影响	（1）需另配一套车运输控制室橇； （2）井场安装连接复杂； （3）注入头维护需主车、控制室、辅车同时在场； （4）主车超过 55t
两车一橇方案（注入头橇）	（1）自走运输，移运更方便； （2）注入头维护方便，只需辅车	（1）操作不符合习惯，需适应； （2）无吊机
一拖一车方案	（1）控制室放置滚筒后面，符合操作习惯，更安全； （2）自带吊机，更方便； （3）不受摄像头故障、图像失真等影响	拖车山区运输不方便

（2）方案评估及优选。

6000m 页岩气水平井连续管作业装备整机方案评估及优选详见表 8-1-11。

表 8-1-11 6000m 页岩气水平井连续管作业装备整机方案评估

方案对比项	两车一橇方案（控制橇）	两车一橇方案（注入头橇）	一拖一车方案	权重
车辆总重	一般	好	一般	中
山区移运性	好	好	差	大
运输经济性	差	好	好	小
安装快速性	差	好	一般	小
安装自助性（是否另配吊机）	好	一般	好	小
操作习惯性	好	差	好	中
操作安全性	好	一般	好	大
维护方便性	差	好	一般	小
整机成本优势	一般	一般	好	小
综合性能	4 好 +3 差	5 好 +1 差	5 好 +1 差	

通过方案对比分析，选择两车一橇方案，辅车底盘取力，可更好地满足山区道路运输要求，成本低，综合优势更好。

两车一橇方案的主要结构及布局如图 8-1-16 至图 8-1-18 所示。

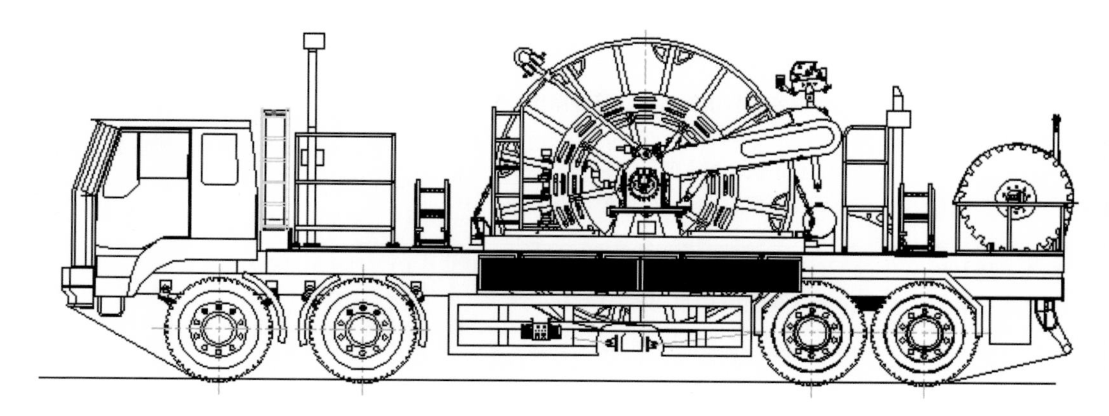

图 8-1-16 6000m 页岩气水平井连续管作业装备两车一橇方案滚筒车主要结构及布局

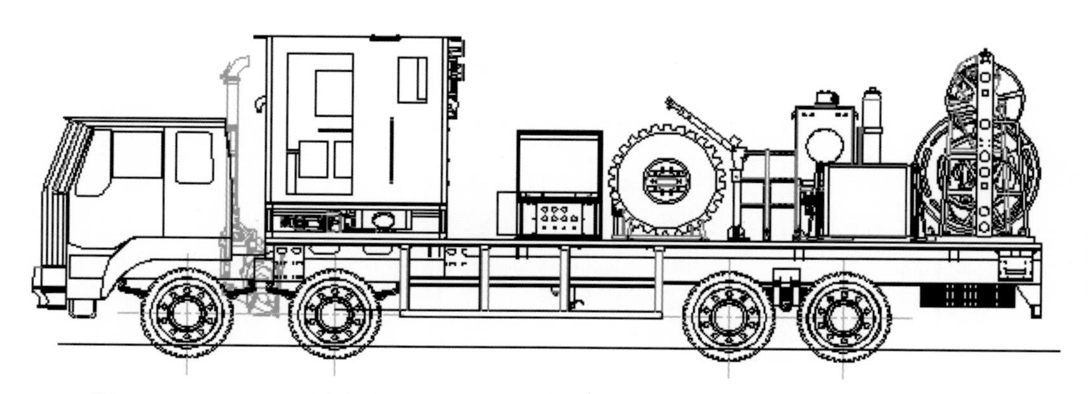

图 8-1-17 6000m 页岩气水平井连续管作业装备两车一橇方案控制车主要结构及布局

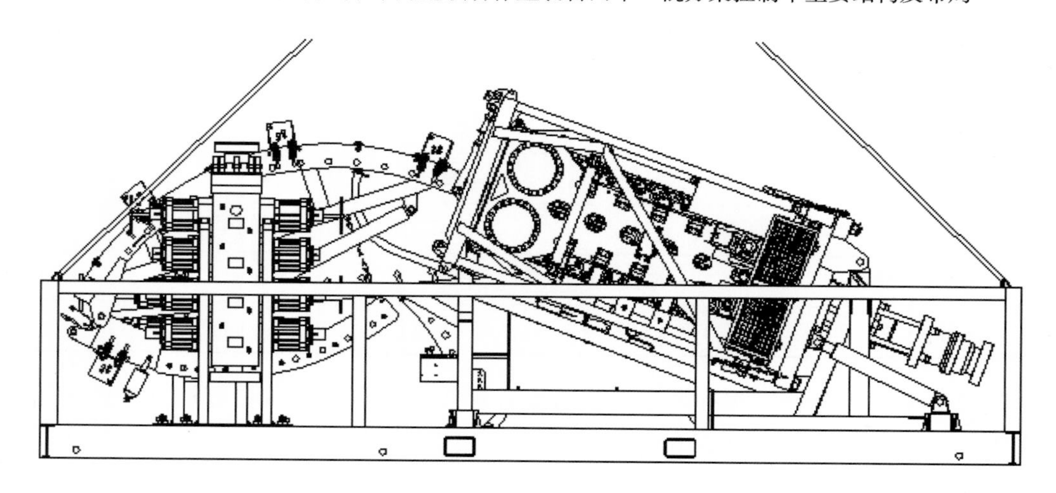

图 8-1-18 6000m 页岩气水平井连续管作业装备两车一橇方案注入头运输橇主要结构及布局

3. 关键部件

1）液压与控制系统

（1）液压系统。

液路系统的执行元件为液马达、液缸和气缸，其所需的动力系统为液压油泵、手动补油泵和空气压缩机、蓄能器。

第一条液路是闭式循环回路，由变量轴向柱塞泵（0～250mL/r）为注入头系统液马达提供动力源。第二条液路为连续管滚筒提供动力（泵排量 51mL/r）。第三条液路向软管滚筒和预置控制液路提供动力（双联齿轮泵，排量为 20mL/r 和 12mL/r），如：注入头链条张紧、夹紧，注入头高速／低速控制，滚筒摆动，排管器升降。

注入头马达的供液泵采用轴向柱塞变量泵，马达调速采用改变供液泵排量来控制。另外两个齿轮泵采用双联泵，可节省一个动力口。该设计使得系统更合理，调速更方便，动力输入更易实现。动力传动线路：动力从车上发动机，经分动箱由三个输出口驱动三组泵。一条液路给随车起重机提供动力，动力来源于辅车发动机，发动机经取力器驱动随车起重机液压泵。随车起重机液压泵由随车起重机厂家提供。

注入头马达对供液要求为：$0.15L/r \times 60.1 \times 47.24r/min/0.97 = 439L/min$，最高工作压力为 32MPa。选用萨奥－丹佛斯 250 泵，该泵是一种变排量的闭式循环轴向柱塞泵，给注入头驱动马达提供的最高压力为 32MPa；为注入头液路提供不同的流量和液流方向；通过改变泵内斜盘倾角，可以使流量在 0～100% 范围内变化；其液流方向由斜盘的中间位移动方向来确定。通过作用在泵的冲程控制装置的压力来改变斜盘倾角。泵的输出压力通过补偿压力实现外部控制；该轴向柱塞变量泵供液，排量可方便地调节，满足马达的工作要求。最大排量 250mL/r，公称压力 40MPa，峰值压力 45MPa，转速 1800r/min 时流量为 450L/min，满足马达供液需求。

滚筒马达供液要求为 80L/min；最高工作压力为 16MPa。选用供液泵为萨奥－丹佛斯 JRL–051B–PC 轴向柱塞泵。JRL–051B–PC 性能参数为：排量 51mL/r，公称压力为 35MPa，峰值压力为 40MPa，转速 1800r/min 时流量为 91.8L/min，满足马达的工作要求。

装在操作室的溢流阀用来调节滚筒液路压力。在连续管起下作业时，操作人员可以预先设定滚筒与注入头间连续管的张紧力。滚筒的方向控制由控制面板上的“滚筒控制”阀来控制，该阀为三位四通换向阀，通过它控制一个液控换向阀的阀芯的移动，从而控制液流方向，改变滚筒的转向。

双联齿轮泵性能参数为：最大排量 20mL/r 和 13mL/r，最高压力 25MPa，转速 1800r/min 时流量分别为 36L/min 和 23.4L/min，可满足给链条夹紧液缸和张紧液缸、防喷器液缸、防喷盒液缸以及排管器马达、排管器升降液缸供液和压力要求。

（2）控制系统。

控制系统的核心是对注入头和滚筒的协调控制。在连续管下放与提升过程中，滚筒转动与注入头的速度需保持同步，要求滚筒与注入头之间连续管始终保持张紧，且张紧力基本稳定，控制滚筒驱动装置或液压马达的工作压差保持为设定值，利用平衡阀使滚筒马达保持一定的背压，保持恒定的张紧力。滚筒液压马达采用断油制动。

注入头马达的动作由注入头供液泵控制手柄控制旋转方向及速度，由减压阀和两位三通阀控制马达的高低速，平衡阀自动产生背压，避免冲击载荷，使操作平稳。采用断油制动。

夹紧液缸、张紧液缸为缓冲平稳载荷配置有蓄能器，为防止误操作设置有截止阀。

防喷盒在连续管通过时始终保持密封状态，利用远程液压控制的压紧机构调节密封元件的压紧程度，适应环空压力变化保持密封，使压紧力不致过大；该回路有一台备用手动油泵，在系统供油不足和失效时起用手动油泵密封防喷盒。

井口防喷器组配备全封闸板、剪切闸板、卡瓦闸板和半封闸板。防喷器是连续管作业不可缺少的安全设备，由液压控制和操作。防喷器配备手动和远程液压控制两种操作方式。防喷器在密封盒密封失效时动作，封死或剪断连续管，确保井口作业安全。

2）注入头遇阻停机主动安全控制技术

（1）注入头遇阻停机技术原理。

注入头紧急停机自动控制技术是以连续管注入头为控制实施的主体，由载荷传感器、速度编码器、采集与控制模块和相关电液控制回路组成（朱兆亮等，2018）。连续管入井后的综合受力会通过安装在注入头上的载荷传感器进行采集，起下运行过程中遇到井内不可预测卡 / 阻力时，载荷（重量）会发生突变，操作人员就是对载荷异常的感知来判断连续管的运行遇阻 / 卡的，进而操控注入头停机；速度编码器安装在注入头或滚筒上，对连续管的运行速度进行采集；采集和控制模块安装在控制室内，实时采集载荷和速度信号，并实施程序判断和自动控制，是整个系统的控制中枢。

通过控制器写入监控程序并实施自动控制，设置一个最小重量监控“管轻超限”，设置一个最大重量监控“管重超限”，避免连续管遇阻 / 卡时被超压 / 超拉；设置最大重量变化率，紧急停机系统持续监测重量，将任意给定时间的载荷读数与前一秒的载荷读数进行比较，如果系统检测到该重量的变化超过该输入值，则执行注入头紧急停机程序：电液控制回路用于控制注入头泵的排量来控制电磁阀切换（或电控信号归零），注入头泵的斜盘迅速回中位，输出流量归零而致注入头卸压停转；检测到连续管速度归零后，设置在电液控制回路用于控制注入头制动器油压的刹车，控制电磁阀切换，制动器安全刹车；同时报警灯亮、蜂鸣响，系统记录报警事件；设置最小速度，它与最大重量变化率一起工作，作为保护，可防止紧急停机系统意外停止注入头，即对最大重量变化率的判据这一项只在最小速度之上，才有机会触发注入头紧急停机，这样就滤除了注入头启 / 停时的载荷突变，避免频繁触发系统误停机。注入头紧急停机自动控制系统作为常规人工操控模式下的辅助自动预判及处置手段，体现了连续管作业机的自动化和信息化水平，可解放劳动力的同时，使整机操控更安全和便捷。

（2）注入头遇阻停机控制技术。

注入头的载荷传感器有电子式和液压式两种，安装在注入头底座与箱体非转轴侧的结合处，属于双向传感器，可对连续管入井后的合力（也可理解为重量）进行检测，采集系统对正载荷（管重）或负载荷（管轻）进行信号处理；速度编码器安装在注入头被动链轮轴上，也可以摩擦轮 + 编码器的形式安装在注入头或滚筒上，实时检测连续管的运行方向和速度；采集与控制模块实际为一个控制箱，内置控制器、接线端子、旋按钮、报警灯、触摸屏电脑等硬件以及输入了控制程序的软件，负责实时采集载荷传感器的连续管重量信号、速度编码器的连续管速度信号，并进行滤波处理，通过控制器内的程序进行自动判断，当满足注入头紧急停机的判据被触发，电液控制回路的电磁阀顺序切换，执行注入头快速卸压停机和制动器安全刹车。具体系统构成图如图 8-1-19 所示。

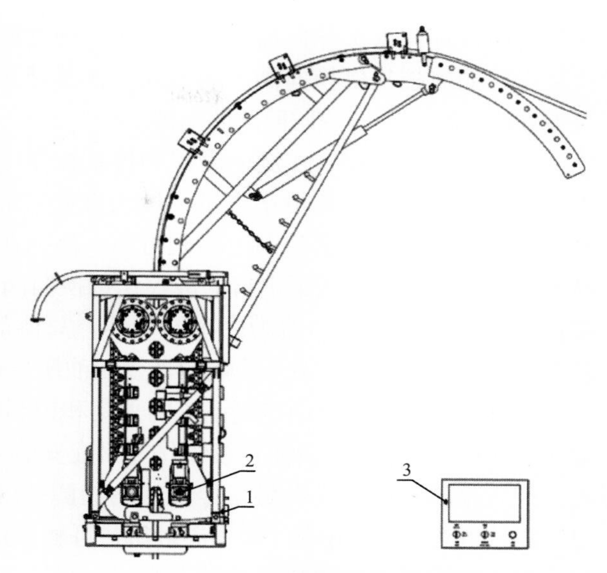

图 8-1-19 注入头遇阻停机控制系统构成图

1—载荷传感器；2—速度编码器；3—采集与控制模块

注入头遇阻停机电液控制回路如图 8-1-20 所示，刹车控制电磁阀和排量控制电磁阀为常规液压（手动操控）控制回路新增；刹车控制电磁阀右端接往注入头制动器（或注入头刹车控制块液控口），滚筒刹车控制阀右端接往滚筒制动器，滚筒刹车通过液控换向阀对注入头泵的方向控制进行互锁，防止滚筒刹车未解除而单方面启动注

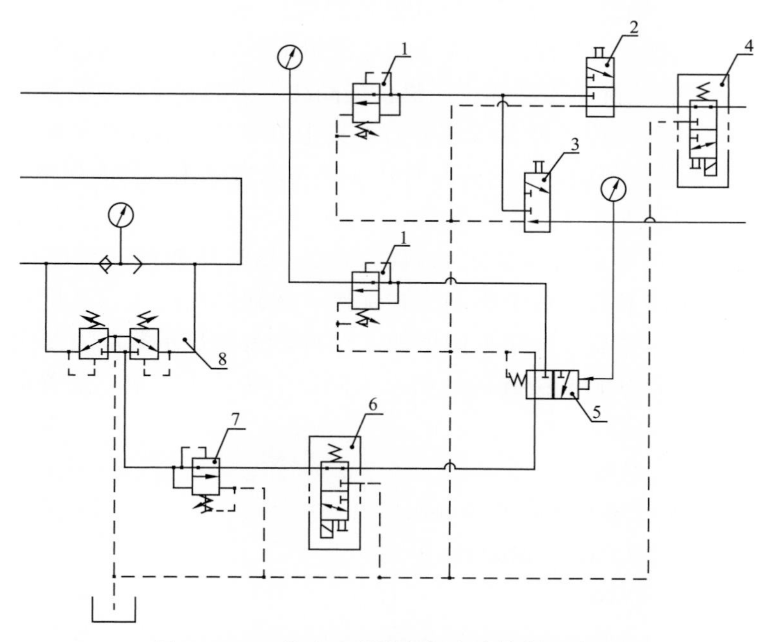

图 8-1-20 注入头遇阻停机电液控制回路图

1—减压阀；2—注入头刹车控制阀；3—滚筒刹车控制阀；4—刹车控制电磁阀；5—液控换向阀；6—排量控制电磁阀；7—注入头速度调节阀；8—注入头方向控制手柄

入头进而拉坏注入头导向器或滚筒；注入头方向控制手柄左端接往注入头闭式泵（或开式泵出口的液控比例换向阀）的方向及排量液压比例控制口，排量控制电磁阀串接在注入头方向，控制手柄液压回路的上游。

正常情况下，刹车控制电磁阀和排量控制电磁阀均处于失电状态，当注入头紧急停机自动控制系统监控到最小重量、最大重量、最大重量变化率、最小速度这几个可设定的变量超标，触发排量控制电磁阀得电，注入头泵方向和排量信号归零，注入头泵的斜盘迅速回中位（或开式泵出口的液控比例换向阀回中位），输出流量归零而致注入头卸压停转；由于注入头制动器为驻车制动器，只能静态刹车，当检测到连续管速度归零后，刹车控制电磁阀得电，注入头制动器控制油压强行卸除，制动器安全刹车。

注入头紧急停机自动控制系统的采集和控制模块控制箱上设置有启动/关闭开关、自动/手动模式选择开关以便连续管作业机在安装、拆卸、倒管等特殊情况时关闭或退出系统；声光报警器用于系统触发停机时的提醒；触摸屏电脑控制界面设置有参数设定、状态监测、事件浏览及解除/重置等触扭，可触控点击后进行相应的操控。

注入头采用遇阻停机自动控制技术，可克服传统注入头驱动及操控模式下在注入头遇阻/卡时因注入头马达压力虚调、人工预判和处置不及时而造成连续管被挤毁/拉断的风险，通过多点采集、程序控制、工况判断和发讯处置等多角度优化注入头驱动及控制系统，将原来的遇阻/卡被动停机革新为遇阻/卡实时监控、自动主动停机，保障注入头在全天候复杂工况下的安全性和可靠性。具有的优势如下：

① 实时预判和识别，作为人工手动操控的一种补充，可在连续管运行遇阻/卡发生后及时停止注入头，杜绝连续管被挤毁/拉断的风险；

② 转变连续管遇阻/卡后注入头被动憋压停机的控制模式，通过程序编制进行自动控制，实施注入头异常工况下主动卸压停机，提高注入头的安全性和可靠性；

③ 规避了人工长时间操控疲劳或注意力不集中可能导致的连续管被损毁的弊端，解放劳动力的同时降低施工风险，符合连续管作业装备向自动化、智能化发展的趋势。

3）页岩气滚筒底盘车

连续管作业设备的装载底盘要求承载能力大，越野性能好，满足我国油田道路及井场条件的要求。其技术关键在于驱动形式优选、承载结构优化以及重要零部件的可靠性。为增大滚筒容量，底盘车大梁采用框架式结构。为满足承载能力要求，选用轴荷为13000kgf的前桥，轴荷为17500kgf的后桥。为满足上装动力需求，配置最大输出扭矩为2000N·m的全功率取力器。

滚筒底盘车主要技术参数：

尺寸为12050mm×2500mm×3953mm；

轴距为1800mm+5600mm+1400mm；

允许总车质量为58000kg；

转弯半径≤15.5m；

最大爬坡度≥30%。

（1）框架式底盘方案设计。

豪沃牌 8×8 框架式连续油管作业车底盘，在中国重汽曼技术平台开发，选用国内最先进的动力总成，驱动形式：8×8 全时全驱，能够更好地适应油田路况，车架设计为框架式抗扭大梁。选用前后混装轮胎：前双桥为 16.00R20（22PR）；后双桥为 14.00R20（20PR）。发动机选用 MC13.50–61 发动机，采埃孚 16 挡全同步器变速器；大扭矩 ZQC2800 分动器，高承载力驱动桥。图 8–1–21 为豪沃牌 8×8 框架式连续油管作业车底盘传动系统布置示意图。

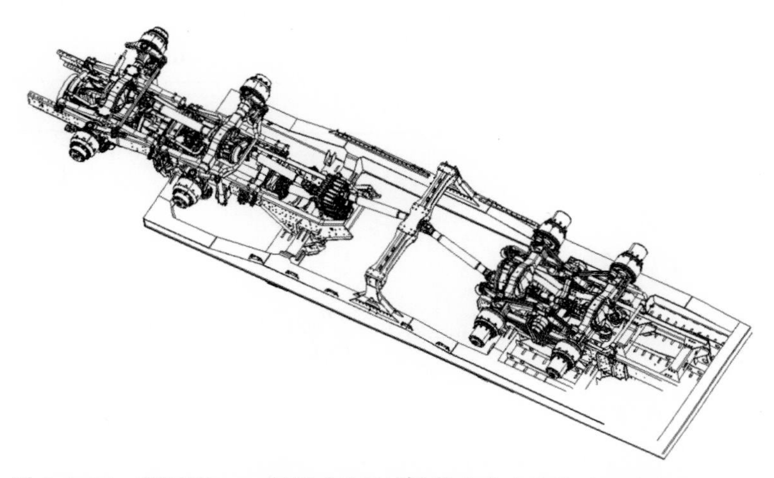

图 8–1–21　豪沃牌 8×8 框架式连续油管作业车底盘传动系统布置示意图

（2）框架式 8×8 底盘动力匹配计算。

① 框架式 8×8 底盘动力匹配主要参数见表 8–1–12。

表 8–1–12　框架式 8×8 底盘动力匹配主要参数

发动机	型号	MC13.50–61
	总排量 /L	12.419
	额定功率 /［kW/（r/min）］	353/1900
	最大扭矩 /［N·m/（r/min）］	2300/1050～1400
变速器	型号	ZF16S25（可选全功率取力器 NMV221）（16 进，2 倒） 允许最大输入扭矩 2500N·m
	前进挡速比	13.8，11.54，9.49，7.93，6.53，5.46，4.57，3.82，3.02，2.53，2.08，1.74，1.43，1.2，1，0.84
	倒挡速比	12.92，10.8
分动器	型号	ZQC2800 型（高挡允许最大输入扭矩 32000N·m）
	速比	高挡：1.11；低挡：1.468
	分扭比	1 : 2 动力传递

续表

桥	型号	前转向驱动桥	后驱动桥
	总速比	大江13t驱动桥（速比5.263） 最大允许输入扭矩：29000N·m	大江16双联驱动桥（速比5.263） 最大允许输入扭矩：29000N·m
车轮	轮胎	前：16.00R20 22PR 后：14.00R20 20PR	
最大设计总质量/t		61	
传动效率		0.8	

② 车速计算。

a. 良好路面平道车速。

车速按式（8-1-1）计算：

$$v_c = 0.377\frac{rn_p}{i_g i_k i_0} \tag{8-1-1}$$

式中 v_c——良好路面平道最高车速；

r——轮胎滚动半径，取0.60m；

n_p——发动机转速，取1900r/min；

i_g——变速器速比，取0.84；

i_k——分动器速比，取1.11；

i_0—驱动桥桥速比，取5.263。

根据发动机最大功率点时的转速，可得超速挡时整车最高车速为88km/h，考虑阻力平衡整车在满载时最高车速为68km/h。

b. 良好路面坡道车速。

在良好路面上，当坡度为9%（5°）、18%（10°）、36%（20°）以及48%（25.7°）时，分动器速比取1.468，传动效率取0.8。

其中满载状态下：3%坡度时，车速为32km/h；4%坡度时，车速为26km/h；5%坡度时，车速为23km/h；6%坡度时，车速为23km/h。

③ 牵引性计算。

驱动轮驱动力计算：

$$F_t = \frac{T_{tq} \times i_g \times i_o \times i_k \times \eta}{r} \tag{8-1-2}$$

式中 F_t——驱动轮最大驱动力；

η——传动系机械效率，取0.80。

根据公式（8-1-2）可得各挡驱动轮驱动力见表8-1-13。

表 8-1-13 各挡驱动轮驱动力

挡位	1	2	3	4	5	6	7	8	9	10	11	12	13	14	15	16
发动机扭矩 T_{tq}/（N·m）	2300	2300	2300	2300	2300	2300	2300	2300	2300	2300	2300	2300	2300	2300	2300	2300
变速器速比 i_g	13.8	11.54	9.49	7.93	6.53	5.46	4.57	3.82	3	2.53	2.08	1.74	1.43	1.2	1	0.84
分动器高挡速比 i_k	1.11	1.11	1.11	1.11	1.11	1.11	1.11	1.11	1.11	1.11	1.11	1.11	1.11	1.11	1.11	1.11
分动器低挡速比 i_k'	1.41	1.41	1.41	1.41	1.41	1.41	1.41	1.41	1.41	1.41	1.41	1.41	1.41	1.41	1.41	1.41
驱动桥桥速比 i_o	5.263	5.263	5.263	5.263	5.263	5.263	5.263	5.263	5.263	5.263	5.263	5.263	5.263	5.263	5.263	5.263
低挡时驱动力 /kN	314	263	216	180	149	124	104	87	68	58	47	40	33	27	23	19

底盘处于低挡，变速器位于一挡时，发动机能提供的最大驱动力为 314kN。

附着力条件的驱动力计算：

附着力：

$$F_e=\varphi\times m_e\times g \tag{8-1-3}$$

式中 φ——道路附着系数；

m_e——总质量（整车允许总质量 58000kg）；

g——重力加速度（取 9.81m/s^2）。

根据公式（8-1-3）可得附着力见表 8-1-14。

表 8-1-14 附着力

道路附着系数	0.8	0.7	0.6	0.5	0.4	0.3
附着力 F_e/kN	455.2	398.3	341.4	284.5	227.6	170.7

整车驱动力由发动机产生，同时受附着条件限制，当驱动力大于附着力时，车轮的有效驱动力为附着力，当驱动力小于附着力时，车轮的有效驱动力为发动机传输给驱动轮的驱动力。由于油田道路条件较差，以车辆在干燥的土路上行驶时进行整车有效驱动力的计算，此时道路附着系数为 0.5，附着力 $=0.5\times58000\times9.81=284490$N，小于发动机能提供的最大驱动力 314kN，于是，整车最大驱动力为当前的附着力 284.5kN。

④ 动力因数。

动力因数计算公式：

$$D=(F_t-F_w)/(m_e\times g) \tag{8-1-4}$$

$$F_w = \frac{C_D A V_a^2}{21.15} \tag{8-1-5}$$

$$V_a = 0.377 \times \frac{r \times n_p}{i_g \times i_k \times i_o} \tag{8-1-6}$$

式中 F_w——空气阻力；

C_D——空气阻力系数（货车取值 0.6～10.0）；

r——轮胎滚动半径（取 0.6m）；

A——迎风面积，即底盘行驶方向的投影面积，m^2；

V_a——汽车车速。

由外特性曲线可知，发动机最大扭矩时转速可达到 1400r/min，空气阻力系数取值 0.75，本底盘迎风面积约 $6m^2$，爬坡时选用越野挡时分动器速比 1.468，车桥速比为 5.263，将数据代入后可得底盘车车速：

$$V_a = \frac{0.377 \times 1400 \times 0.6}{1.468 \times 5.263 \times i_g} = \frac{41}{i_g} \tag{8-1-7}$$

底盘车空气阻力：

$$F_w = \frac{0.75 \times 6 \times \frac{41 \times 41}{i_g^2}}{21.15} = \frac{357.6}{i_g^2} \tag{8-1-8}$$

变速器速比为 0.84～13.8，因此空气阻力大小为 1.88～506N，远小于底盘车的驱动力，因此可忽略空气阻力的影响。计算的动力因数见表 8-1-15。

表 8-1-15 计算的动力因数

挡位	1	2	3	4	5	6	7	8	9	10	11	12	13	14	15	16
变速箱速比 i_g	13.8	11.54	9.49	7.93	6.53	5.46	4.57	3.82	3	2.53	2.08	1.74	1.43	1.2	1	0.84
分动箱低挡速比 i_k	1.41	1.41	1.41	1.41	1.41	1.41	1.41	1.41	1.41	1.41	1.41	1.41	1.41	1.41	1.41	1.41
低挡时驱动力 /kN	314	263	216	180	149	124	104	87	68	58	47	40	33	27	23	19
动力因数	0.55	0.46	0.38	0.32	0.26	0.22	0.18	0.15	0.12	0.10	0.08	0.07	0.06	0.05	0.04	0.03

⑤ 最大爬坡度。

a. 按动力因数计算最大爬坡度：

$$\alpha_{max}=\arcsin\frac{D_{max}-f\sqrt{1-D_{max}^2+f^2}}{1+f^2} \quad (8-1-9)$$

式中　D_{max}——最大动力因数；

f——道路滚动阻力系数（良好路面取 0.02）。

计算得最大爬坡角度为 32.34°，最大爬坡度为 53.5%。

b. 按附着力条件计算最大爬坡度：

$$\alpha_{max}=\arcsin\frac{(\varphi-f)\sqrt{1+\ \ \varphi-f)^2}}{1+(\varphi-f)^2} \quad (8-1-10)$$

式中　f——道路滚动阻力系数（良好路面取 0.02）；

φ—道路附着系数。

可得最大爬坡度见表 8-1-16。

表 8-1-16　最大爬坡度

附着系数	0.8	0.7	0.6	0.5	0.4	0.3
最大爬坡角度 /（°）	38.0	37.8	31.5	26.1	21.0	15.7
最大爬坡度 /%	78.0%	77.6%	61.3%	49.1%	38.3%	28.1%

c. 最大爬坡度确定。

实际的爬坡过程是一个复杂的工况，不仅取决于各驱动桥车轮受到的驱动力，而且取决于各轴的附着条件，前面的简单计算只能给出最大爬坡度大致的范围。理论计算的最大爬坡度根据动力因数计算的结果为 53.5%，根据附着系数计算的结果 78%，考虑两者的综合结果为 53.5%；但实际考虑车速的因素，车桥实际承载情况等，实际爬坡度会小于 53.5%。

（3）框架式底盘分段式车架优化。

车架：车架主体结构为三段式结构，分为底盘前后主车架，上端框型梁车架，前后车架为普通 U 形结构柔性铆接车架，框架梁车架横梁及纵梁为箱形梁结构，抗扭抗弯能力强。前后主车架与框形车架通过导径螺栓连接，固定为一个整体结构车架，纵向箱形梁截面设计为前变截面结构，框架梁设计上装滚筒支座，可直接用集装箱锁座固定在框型梁上。车架选用高强度汽车大梁，屈服强度达到 700MPa。

前悬架：采用平衡杠杆结构，如图 8-1-22 所示，能够适应复杂恶劣的路况。

后悬架：采用断开式平衡悬架，如图 8-1-23 所示，与国际接轨、全新结构的悬架，解决了推力杆易损、桥壳易变形、桥壳焊缝开焊等问题，同时降低了整车自重，具有良好的平顺性和行驶稳定性。

传动布置：框架位置采用 W 形的新型传动布置方式，如图 8-1-24 所示，可保证整车不超限的情况下，布置更大容积的滚筒。通常载货汽车都是 Z 形传动，如图 8-1-25 所示。

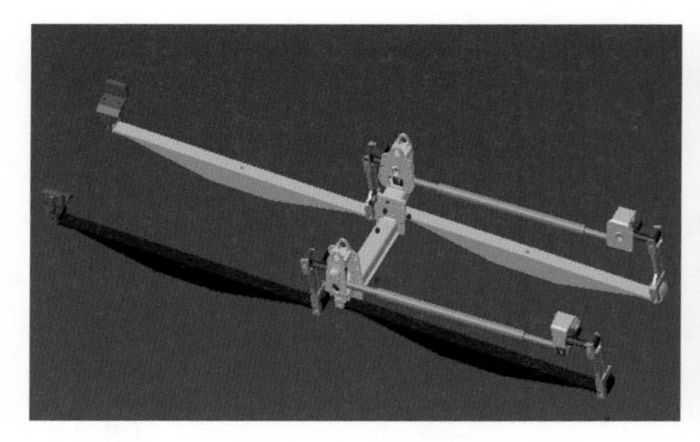

图 8-1-22 前悬架

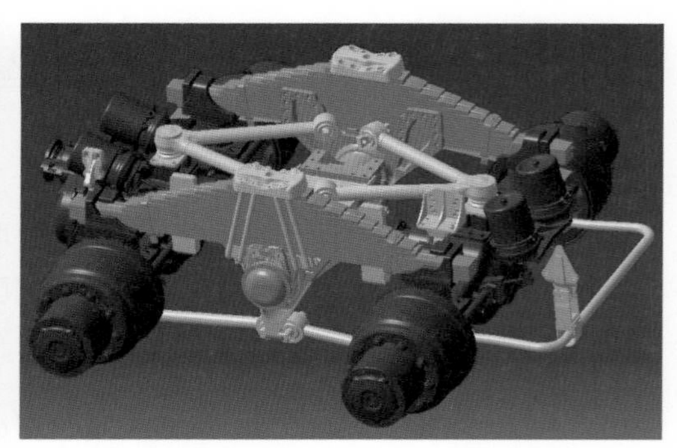

图 8-1-23 后悬架

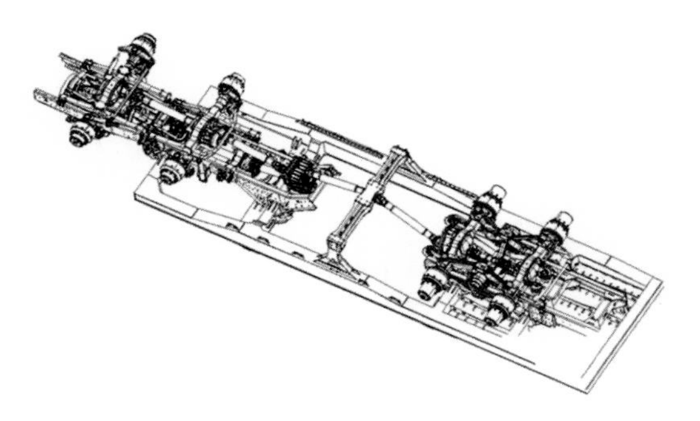

图 8-1-24 W 形传动布置方式

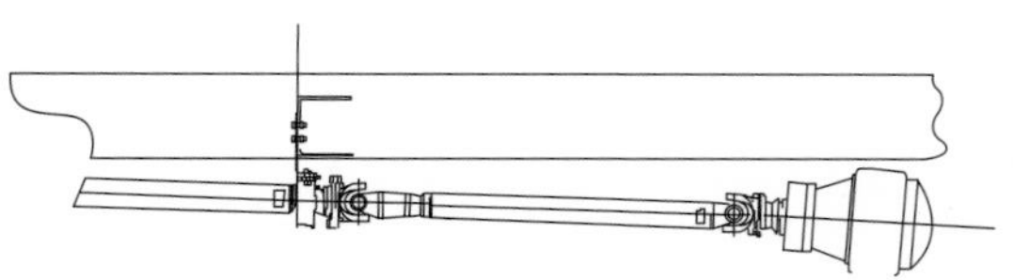

图 8-1-25 常规 Z 形传动轴布置方式

4）其他部件

（1）控制室。

根据总体设计方案，在满足举升力要求的条件下，对控制室具体结构设计进行细化，对影响控制室性能的关键结构液压举升系统和液缸选型设计进行了计算和校核。控制室基本参数计算还包括总体尺寸、操作空间、底座高度、升降机构、升降高度、运输和工作状态高度、控制台面布置尺寸计算。控制室如图 8-1-26 所示。

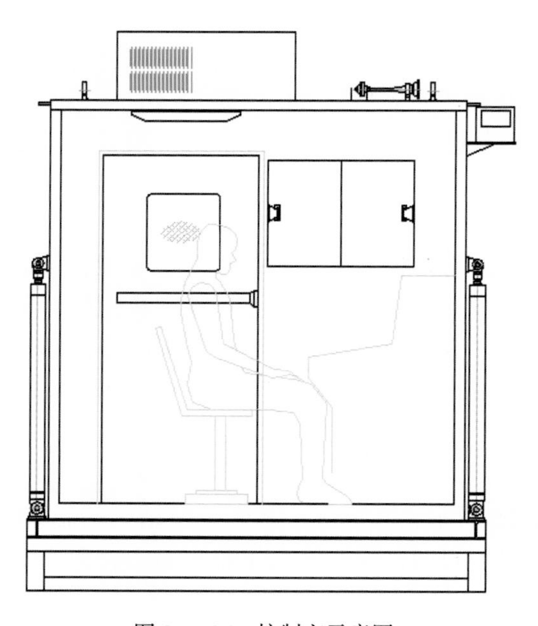

图 8-1-26 控制室示意图

控制室主要技术参数：

控制室外形尺寸在运输状态下为 2326mm×2390mm×2900mm（长×宽×高），在工作状态下为 2326mm×2390mm×3700mm（长×宽×高）。

操作空间：2180mm×1880mm×2000mm；

升降方式：液压驱动；

举升行程：800mm。

控制室安装在主车大梁上平面。工作状态时，操作空间高度1950mm满足人体空间要求；操作人员站立视线高度3050mm（距车台平面），滚筒装满连续管后高度为2680mm，故从控制室可以观察到滚筒排管和注入头工作情况。操作控制系统集中在控制室内。控制室用于连续管作业时，室内控制和操作连续管的起下作业。

控制室内设置了足够空间安放控制台，控制台安装有各种仪器仪表和控制阀件，控制室液路管线安装在控制台面板下方。液路和阀件集成化技术优化了控制台的设计，控制室内即可实现各种参数的采集和系统集中控制。

（2）软管滚筒。

软管滚筒是缠绕从液压泵输送液压油到注入头和防喷器组之间的液压软管的一种装置。当设备在井口安装就位后，将液压软管从软管滚筒放出，与注入头上的液压马达、液压油缸和防喷器组连接；作业完毕后，将注入头和防喷器组的液压软管缠绕到软管滚筒上。液压软管在软管滚筒上的收放作业可以液动也可以手动完成。软管滚筒有1个动力软管滚筒和2个控制软管滚筒。

（3）防喷系统。

防喷系统由复合双闸板防喷器＋四闸板防喷器和双联侧开门防喷盒组成，防喷器包括全封闸板、剪切闸板、悬挂闸板和半封闸板，防喷盒为双液缸作用侧开门防喷盒，在工作状态可以方便地更换胶芯。

防喷器通径5.12in，工作压力105MPa，试验压力140MPa，最大操作压力21MPa，包括全封闸板、剪切闸板、悬挂闸板和半封闸板四组闸板。

防喷盒通径4.06in，工作压力105MPa，试验压力140MPa，最大操作压力21MPa，结构为双联侧开门式，侧开式结构使它可以在作业时更换密封胶筒（两瓣式）。它采用耐磨弹性密封件密封连续管四周，使连续管可在有压力的井中起下。防喷盒用螺栓连接在注入头底座的连接板上。

三、复杂地貌致密油用水平井连续管作业装备

LG360/60-2000连续管作业机为一车一橇装产品，由主车和井口橇组成，其基本功能是在作业时向油气井、生产油管或套管内下入和起出连续管，进行井下作业，并在作业开展前后把连续管紧紧地缠绕在滚筒上以便移运。

1. 主要技术参数

LG360/50-4500连续管作业车为一车一橇装，主车由下沉式底盘车、液压传动与控制系统、控制室、滚筒、连续管、软管滚筒等组成；井口橇由橇体、注入头、导向器、防喷器、防喷盒和附件等组成。

连续管作业车型号：LG360/60；

注入头最大拉力：360kN；

注入头最大注入力：180kN；

适用连续管外径：1～$2^3/_8$in；

滚筒容量：2200m（$2^3/_8$in）；
防喷器工作压力：70MPa；
防喷盒工作压力：70MPa（侧开门式）。

2. 总体结构方案

该连续管作业机有良好的运移性能和现场作业的适应性能，主车及井口橇主要结构形式及布局如图 8-1-27 至图 8-1-29 所示，实物如图 8-1-30 和图 8-1-31 所示。

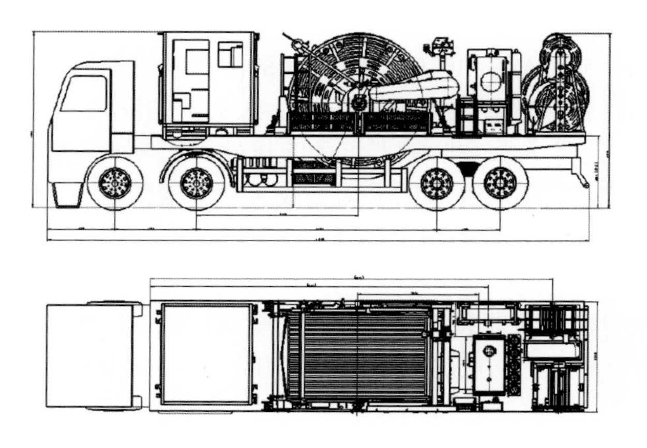

图 8-1-27　LG360/60-2000 连续管作业机主车布置图

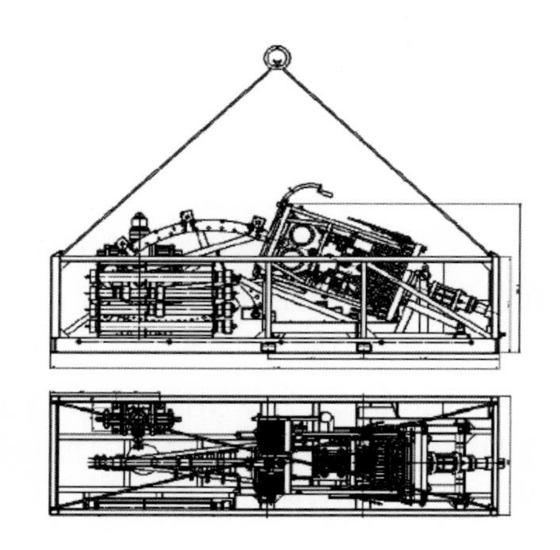

图 8-1-28　LG360/60-2000 连续管作业机井口运输橇布置图

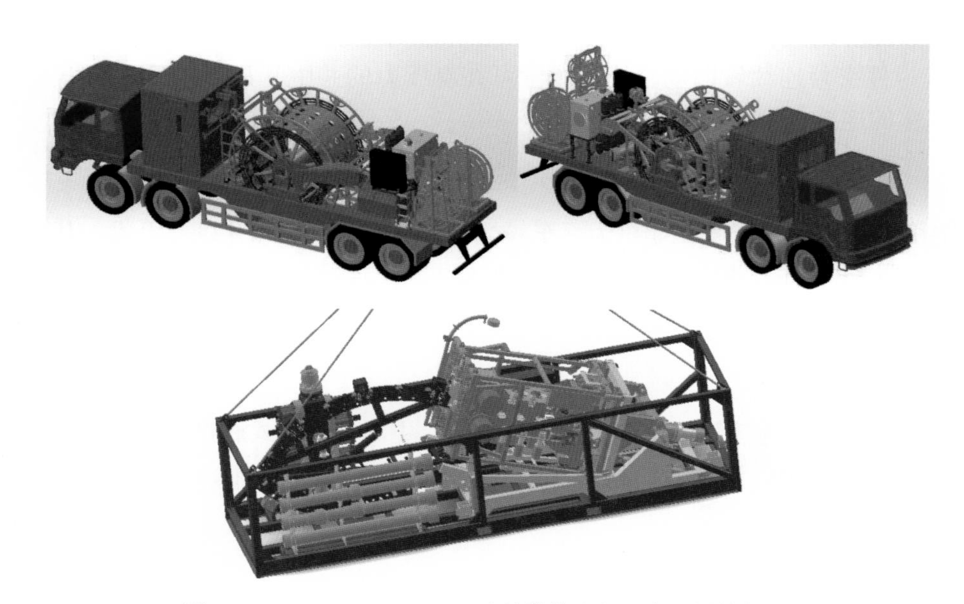

图 8-1-29　LG360/60-2000 连续管作业机一车一橇结构图

图 8-1-30　LG360/60-2000 连续管作业机主车实物照片

图 8-1-31　LG360/60-2000 连续管作业机现场作业布置推荐图

3. 致密油滚筒底盘车

在中国重汽定型产品豪沃 8×8 底盘车型上进行开发，研制了适用于致密油作业下沉式车架的 8×8 连续管作业机底盘，其中下沉式连续管作业车底盘设计最大总质量 54t。豪沃牌 8×8 下沉式连续管作业车底盘，在中国重汽曼技术平台开发，选用国内最先进的动力总成，驱动形式：8×8 全时全驱。能够更好地适应油田路况，车架设计为前宽后窄梯形结构车架，局部下沉 450mm，满足滚筒布置要求。选用前后混装轮胎：前双桥 425/65R22.5（20PR）；后双桥 12.00R20（20PR）；发动机选用 MC11.44-60 发动机；采用埃孚 16 挡全同步器变速器；大扭矩 ZQC2800 分动器；高承载力驱动桥。

致密油滚下沉式 8×8 底盘主要参数见表 8-1-17。

表 8-1-17　致密油滚筒下沉式 8×8 底盘车主要参数

发动机	型号	MC11.44-40
	总排量 /L	10.518
	额定功率 /［kW/（r/min）］	324/1600～1900
	最大扭矩 /［N·m/（r/min）］	2100/1000～1400
变速器	型号	16S2220TO（NMV2）（16 进，2 倒），允许最大输入扭矩 2200N·m
	前进挡速比	13.8，11.54，9.49，7.93，6.53，5.46，4.57，3.82，3.02，2.53，2.08，1.74，1.43，1.2，1，0.8
	倒挡速比	12.92，10.8
分动器	型号	ZQC2800 型（高挡允许最大输入扭矩 3000N·m）
	速比	高挡：1.11；低挡：1.468
	分扭比	1：2 动力传递

续表

桥	型号	前转向驱动桥	后驱动桥
	总速比	大江 11T 驱动桥（速比 4.77） 最大允许输入扭矩：13300N·m	AC16 双联桥（速比 4.77） 最大允许输入扭矩：23540N·m
车轮	轮胎	前：365/85R，20PR；10.00–20 无内胎轮辋； 后：12.00R20（滚动半径 0.545m）22PR；加强型轮辋 8.5—20	
总质量 /t		51	
传动效率		0.85	

对下沉式底盘分段式车架优化如下：

（1）车架：车架局部下沉 450mm，车架前宽 1000mm，后宽 850mm，8+8 车架，下沉部位局部加强处理，如图 8–1–32 所示。车架下沉部位进行特殊处理：在下沉位置增加外加强板，并在外加强板下翼面焊接折弯板，从而使车架形成一个整体式结构，满足车架在各种极限工况下使用。

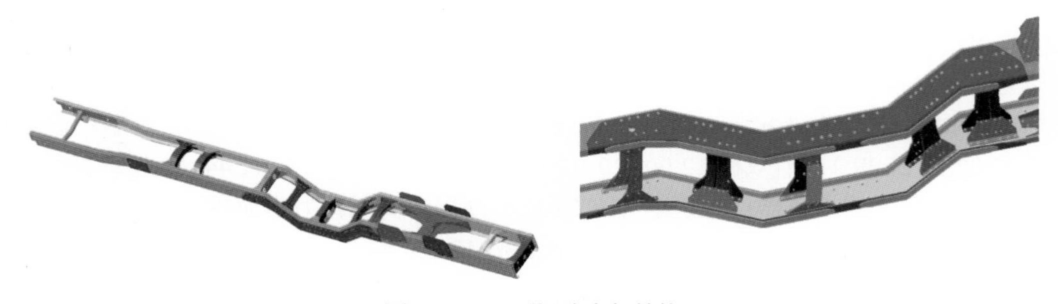

图 8–1–32　下沉式车架结构

（2）前悬架：采用平衡杠杆结构，如图 8–1–33 所示，能够适应复杂恶劣的路况。

（3）后悬架：采用断开式平衡悬架，与国际接轨、全新结构的悬架，如图 8–1–34 所示，解决了推力杆易损、桥壳易变形、桥壳焊缝开焊等问题，同时降低了整车自重，具有良好的平顺性和行驶稳定性。

下沉式底盘传动系统布置如图 8–1–35 所示。

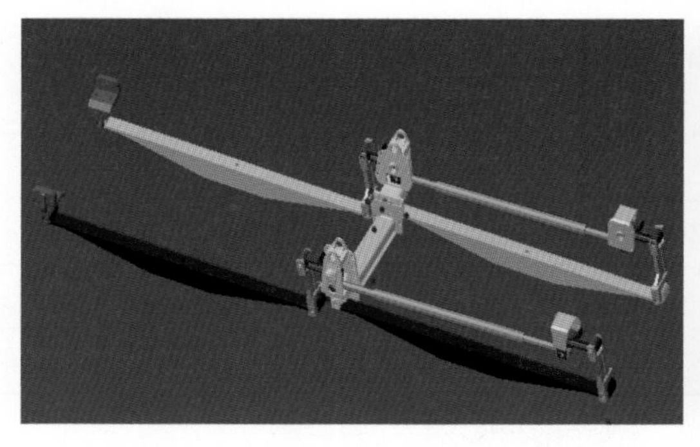

图 8–1–33　下沉式底盘分段式车架前悬架

图 8–1–34　下沉式底盘分段式车架后悬架

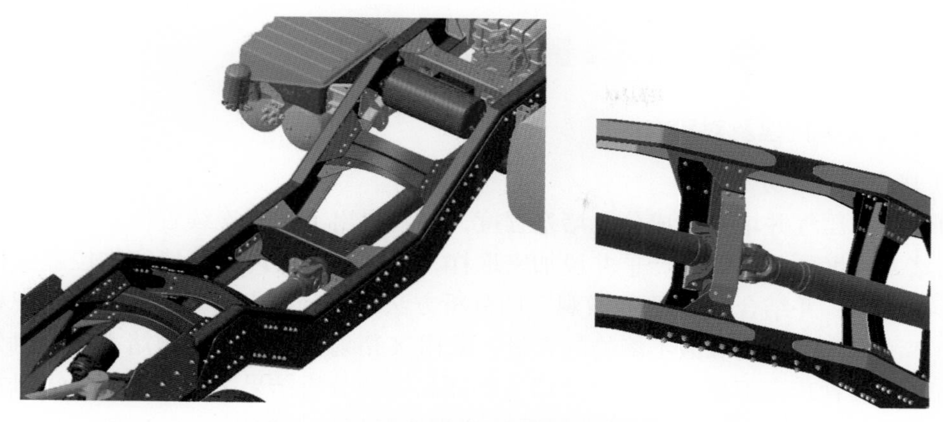

图 8-1-35 下沉式底盘传动系统布置方式

根据整车实际使用情况，确定在满载状态下对车架进行四种典型工况的有限元计算。对车架进行有限元分析时，正确建立前、后平衡悬架系统的模型以及充分考虑副车架对车架的影响是保证整个分析计算正确的基础。

（1）弯曲工况。此工况模拟在平直良好路面上匀速正常行驶，此时车架主要承受弯曲载荷，产生弯曲变形。

（2）扭转工况。此工况模拟在不平道路上低速行驶时的扭转载荷，具体为前、后悬挂中对角各选取一个车轮向上抬高某一高度，其他车轮保持在同一水平面上。由于平衡悬架作用，平衡悬挂中任一车轮抬高对车架的作用基本相同，因此可取任一车轮抬高计算。本研究取第一桥左轮抬高 50mm 以及第四桥右轮抬高 50mm 作为弯扭工况。

（3）制动工况。此工况模拟车辆在正常行驶时进行紧急制动情况，制动加速度为 1g（$9.8m/s^2$）。

（4）侧滑工况。此工况模拟当车辆转弯时处于侧滑的临界状态，对侧滑方向相反的车轮上的垂直反力和横向力均等于零，侧滑临界侧向加速度约 0.4g（$3.92m/s^2$）。

第二节 高压深井连续管作业及其配套技术

超深井连续管作业除受设计作业深度限制外，现有生产完井管柱局部缩颈限制了连续管和作业工具的通过性，超深井连续管作业技术存在着不成熟，适应高含硫、高温高压井配套工具的短缺等问题。为此，塔里木油田开展了超深井连续管设计及质量控制技术研究，新疆油田开展了深井连续管作业工艺和增产改造技术开展研究，通过对连续管管柱优选分析，确定深井连续管管柱选择方法和管柱最优的匹配方案；通过对深井连续管入井安全性技术的研究，使得连续管技术能在深井作业中可实现安全起入井；通过对深层连续管作业井口井控装置的研究，优选出最佳组配方案；结合玛北油田深井特点，探索深层作业技术，扩大连续管的应用范围，配套完善连续管的工艺技术，为连续管的规模性推广打下基础，也为塔里木油田及玛北油田的开采提供了技术支撑。

一、深层连续管设计及质量控制技术

1. 井筒堵塞机理及对策

1）堵塞物成分分析

为弄清高压气井堵塞物成分及堵塞程度，创新提出了根据连续管作业时悬重变化判断井筒堵塞程度，并对堵塞严重井段加密取样，以确定井筒内主要堵塞物位置及程度如图 8-2-1 所示；并结合“宏观 + 微观”的分析方法准确分析出堵塞物成分，其中利用盐酸溶蚀率测量出酸溶物和酸不溶物的含量，采用 X 衍射定量分析井筒堵塞物的组分及含量。结合连续管疏通解堵作业取得的堵塞物样品成分分析结果表明，克深 2 气田井筒堵塞物以 $CaCO_3$ 结垢为主，含少量地层砂，迪那 2 气田堵塞物以 $CaCO_3$ 和 $CaSO_4$ 结垢为主，含有少量地层砂，如图 8-2-2 所示。

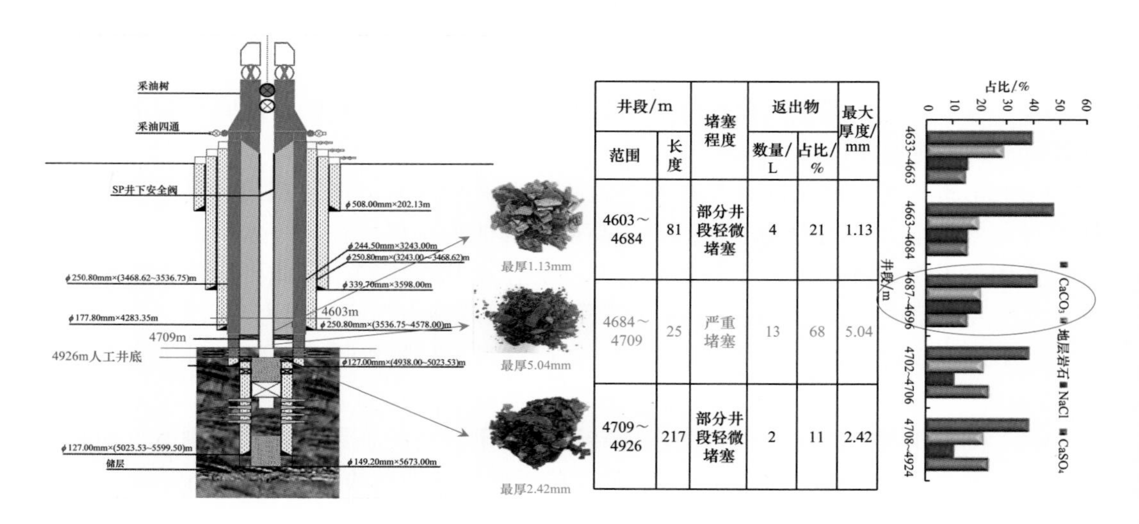

井段/m		堵塞程度	返出物		最大厚度/mm
范围	长度		数量/L	占比/%	
4603～4684	81	部分井段轻微堵塞	4	21	1.13
4684～4709	25	严重堵塞	13	68	5.04
4709～4926	217	部分井段轻微堵塞	2	11	2.42

图 8-2-1　DN2-11 井堵塞物取样分析情况

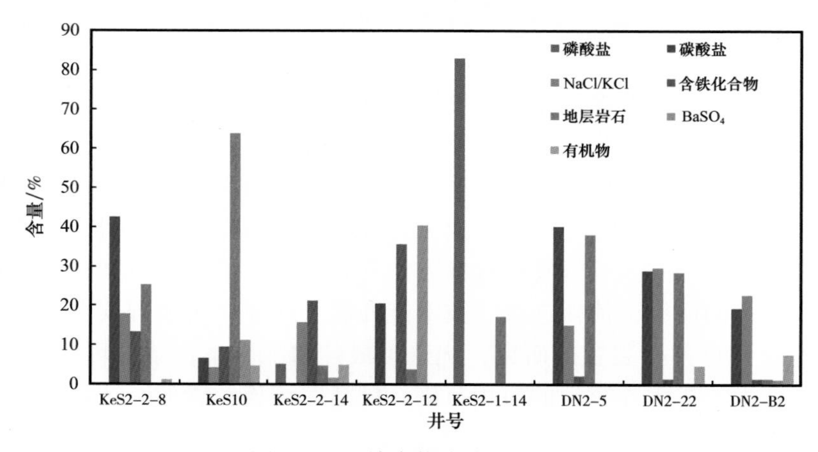

图 8-2-2　堵塞物成分分析结果

2）堵塞机理分析

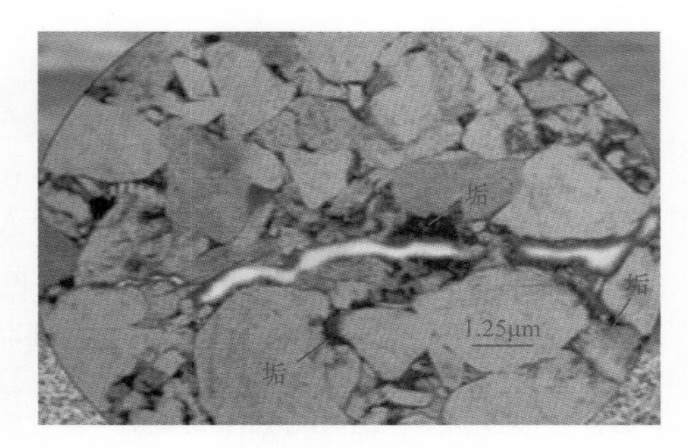

图 8-2-3 微观孔隙内结垢模式

高压气藏基质储层致密，成藏过程中局部排驱不充分，存在少量可动的滞留地层水，成为后期结垢的物质基础，并且因局部储层裂缝不发育、物性差、驱替通道不畅也将导致产生滞留水，储层裂缝的发育程度差异和构造位置决定了滞留水分布的差异，其中裂缝欠发育区和低部位富集滞留水，并且滞留水普遍含有成垢离子，见表 8-2-1。在高压气井生产期间，经常因地层出砂等因素导致井筒甚至井筒附近堵塞，导致井筒附件渗流能力变差，也将产生滞留水，在压降的作用下将形成盐垢，如图 8-2-3 所示。

表 8-2-1 典型地层水离子组成统计表 单位：mg/L

井号	Cl^-	SO_4^{2-}	Na^+	K^+	Mg^{2+}	Ca^{2+}	HCO_3^-
DN2-7	1936	64.15	1164		7.21	125	91
DN2-12	474	116	340	8.523	3.105	50.09	59.4
DN2-25	13100	417.2	8316		33.2	345.9	186
DN2-2	3264	70.98	1964		13.86	178.7	117
DN2-11	7173	493.2	4631		26.7	256	235
KeS2-2-18	67300	261.3	36280		475	5796	47
KeS2-2-12	974	13.89	660.2		46	0	288
KeS2-1-12	802	3.609	541.5		1.22	28.9	148
KeS2-1-4	63100	447.8	35180		334.1	4729	275

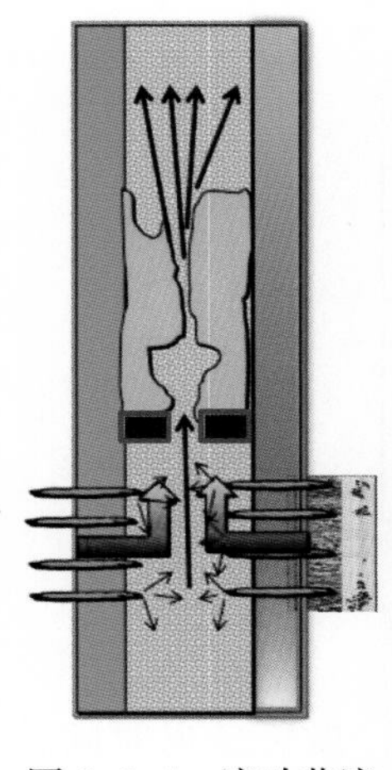
图 8-2-4 流动节流降压示意图

高压流体从生产套管进入油管时，因截面、流动方向的急剧变化，流体摩擦和碰撞均会急剧增加，形成涡流，气液在涡流中因离心力存在差异将产生气液分离，气体在靠近井筒中心以气柱的形式流动，液体滞留在油管内壁，并且因撞击的作用，油管内壁的液体滞留时间会增加，因液体仍然处于高温、高压条件下，液体又会蒸发，但液体中的矿物离子几乎不蒸发，从而产生结垢，并且生产管柱中的变径位置节流也将导致温度和压力快速下降，天然气饱和含水量明显增加，引起地层水向气中的蒸发加剧，也将逐渐结垢，如图 8-2-4 所示。

为验证高压气井井筒堵塞位置，现场选取 2 口井进行连续管精准取样，2 口井均是在井筒变径最大的位置严重堵塞，而其他位置仅轻微堵塞甚至不堵塞。

3）解堵时机

前期库车山前高压气井堵塞状况无有效判别方法，导致解堵时机把握不准，部分井因作业过早，效果不明显甚至无效果，部分井因作业过晚，堵塞严重甚至关井，增加措施成本。为精准预测解堵时机，基于人工神经网络模型，建立了动态流动指数（DI）模型及分析流程（图 8-2-5），将生产时间（t）、井口压力（p）、产液量（L）、产气量（G）、井口温度（T）归一化，初步实现堵塞状况可识别、解堵效果可评估、作业周期可预测。

综合生产时间（t）、井口压力（p）、产液量（L）、产气量（G）、井口温度（T）5个参数，定义动态流动指数（DI）

选取待评估井稳定生产数据，用人工神经网络（ANN）训练得到本井动态流动指数（DI）的算法和DI变化趋势

将全井段生产数据输入步骤2的模型中，DI向下偏离趋势，表示堵塞；DI向上偏离，表明生产井通畅程度提高

图 8-2-5　动态流动指数评估流程

KeS F 井是塔里木盆地库车坳陷克拉苏构造带克深区带克深 X 号构造的一口开发评价井，2020 年 1 月 16 日开始油压、产气量频繁波动，现场技术人员分析认为是井筒堵塞导致的油压、产气量波动，决定实施井筒解堵；实际在接到地质设计后利用动态流动指数评估了该井的生产状态（图 8-2-6），认为该井目前生产状态平稳，建议现场延迟作业，并且得到现场认可，目前该井油压、产气量均保持平稳。

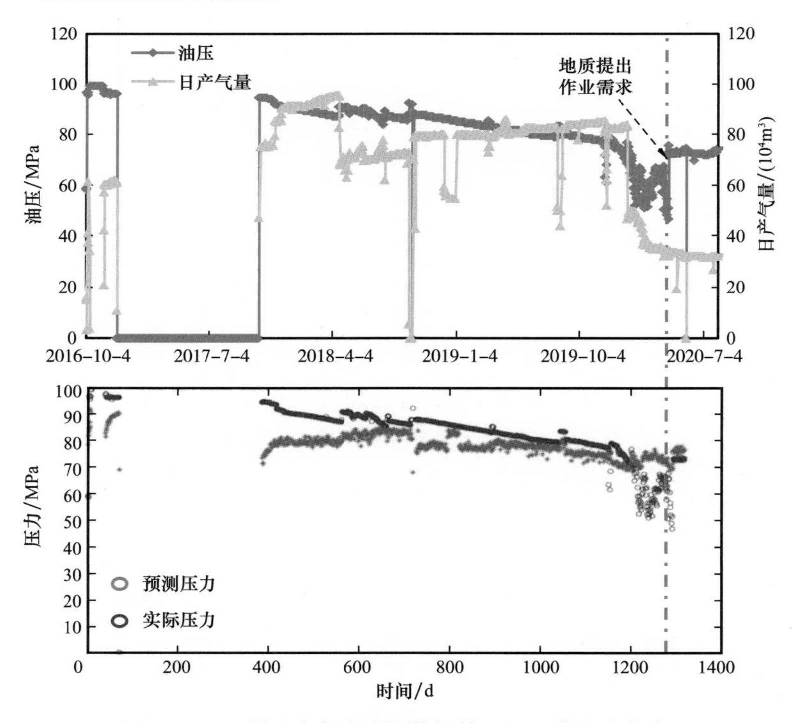

图 8-2-6　利用动态流动指数评估 KsS F 井生产状态

2019 年应用动态流动指数评价了 25 口井，延迟 6 口井无效作业，最长延迟时间超 15 个月；2020 年应用动态流动指数评价了 15 口井，成功避免 2 口井过早作业，并保障了库车山前高压气井安全高效生产。

4）解堵液体系及配套工艺

（1）解堵液体系研究。

堵塞物的主要成分是以钙盐为主的垢，易溶于盐酸，因堵塞物中还含有一定量的砂，需复配少量氢氟酸保证对砂具有一定溶蚀能力。以溶垢为主，溶砂为辅的原则，开展了不同浓度盐酸和氢氟酸对垢样和砂样溶蚀能力评价实验，以及不同酸液体系对不同垢样和砂样含量的溶蚀能力评价实验，最终研发出解堵液体系（9%HCl+1%HF），该体系溶垢能力 94.42%，溶砂能力 34.17%（图 8-2-7），且该体系对 13Cr 管柱的腐蚀速率仅为 7.53g/（m^2·h），满足标准要求。利用新研发的解堵液体系对井筒取得的堵塞物样品开展溶蚀评价实验，20min 内新研发的解堵液溶解堵塞物样品的 77.84%（图 8-2-8），结合实验结果表明，9%HCl+1%HF 解堵液体系可较好地解堵以结垢为主的堵塞物。

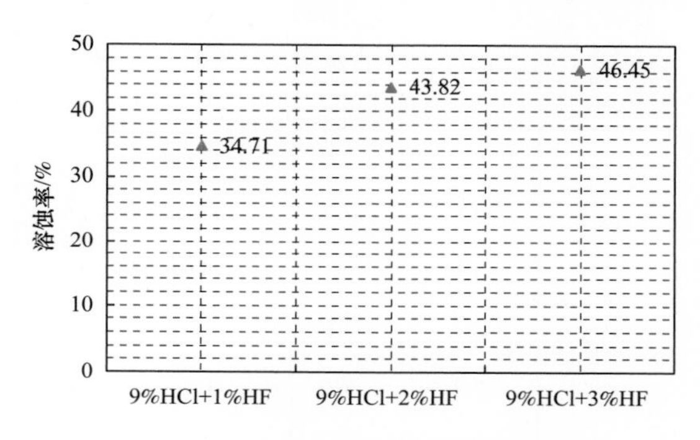

图 8-2-7 不同 HF 加量酸液体系的砂样溶蚀率

图 8-2-8 9%HCl+1%HF 解堵液体系溶垢实验结果

（2）解堵配套工艺。

为保证解堵作业安全、作业成本低、作业效果好，创新总结形成了以“油套是否连通”和“有无挤液通道”为主要考虑因素的 4 套解堵工艺（图 8-2-9），为不同井筒工况定制解堵方案。根据气井油压和 A 环空压力的相关性判断油套是否连通，若油压和 A 环空压力逐步趋向一致或已一致，表明油套连通。根据作业前油井堵塞情况判断有无挤液通道，若作业前堵塞严重无法进生产系统正常生产，则认为井筒无挤液通道；作业前开井正常生产，油压产量较高，无阻流量高于正常生产时的一半，则认为井筒有挤液通道；作业前开井正常生产，油压产量均较低，无阻流量低于正常生产时的一半，应根据试挤情况判断有无挤液通道。

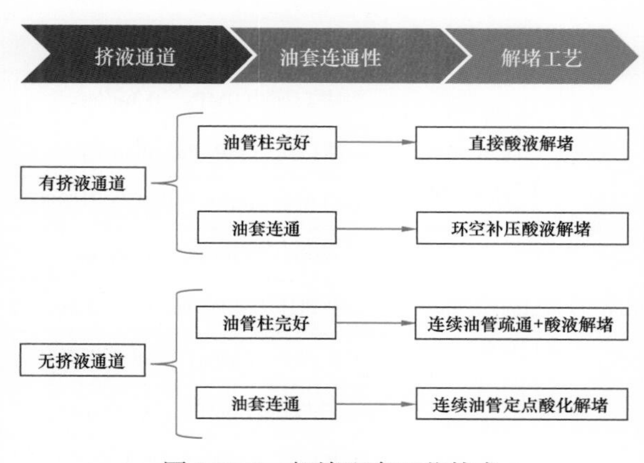

图 8-2-9 解堵配套工艺技术

2. 深层连续管作业设计配套方法

1）连续管管柱、注入头优选

通过对 1.75in 及 2in 连续管，钢级分别为 QT1300，CT90 和 CT110，在井口压力 0MPa，40MPa 和 70MPa，以及气体流速 0.3m^3/min 的工况下，井底上提悬重、井口下压悬重、无支撑段弯折裕量、上提屈服裕量、下压锁死裕量等进行计算，结果见表 8-2-2。从计算结果来看，1.75in 和 2in 的 CT110 连续管能够满足库车山前等区块的井解堵作业需求。通过软件模拟各种工况下可行性分析曲线结果，要求注入头能力≥36tf（图 8-2-10），能够满足作业要求。

表 8-2-2 连续管受力计算表

序号	CT 连续管类型	工况	井底上提悬重 / tf	井口下压悬重 / tf	无支撑段弯折裕量 / tf	上提屈服裕量 / tf	下压锁死裕量 / tf
1	QT1300 1.75in 7300m	井口压力 0MPa，0.3m^3/min	23	−2	17	9	5
		井口压力 40MPa，0.3m^3/min	16.5	−7.5	10.5	8.5	4.5
		井口压力 70MPa，天然气不循环	18	−13	5	7	5
2	CT90 1.75in 7350m	井口压力 0MPa，0.3m^3/min	26	−2	12	2	4
		井口压力 40MPa，0.3m^3/min	19	−7.3	5.5	−0.5	4
		井口压力 70MPa，天然气不循环	21	−13	−1.5	0	4.5
3	CT110 1.75in 7350m	井口压力 0MPa，0.3m^3/min	26	−2	12.5	10	4.5
		井口压力 40MPa，0.3m^3/min	19	−7.5	9	9	4
		井口压力 70MPa，天然气不循环	21	−13	3	7.5	6
4	CT90 2.0in 5000m+ 1.75in 2300m	井口压力 0MPa，0.3m^3/min	28.5	−2	12	3.5	4
		井口压力 40MPa，0.3m^3/min	20.5	−7.5	5.5	0.5	4
		井口压力 70MPa，天然气不循环	21.5	−13	−1.5	1	3.5
5	CT110 2.0in 5000m+ 1.75in2300m	井口压力 0MPa，0.3m^3/min	28.5	−2	12	12	5
		井口压力 40MPa，0.3m^3/min	20.5	−7.5	8.5	12	4
		井口压力 70MPa，天然气不循环	21.5	−13	2.5	8	5.5
6	CT90 2.0in 5800m+ 1.75in 1500m	井口压力 0MPa，0.3m^3/min	29.5	−2	12	3	3.5
		井口压力 40MPa，0.3m^3/min	22	−7.5	5.5	0	5
		井口压力 70MPa，天然气不循环	23.5	−13	−1.5	−0.5	4.5
7	CT110 2.0in 5800m+ 1.75in 1500m	井口压力 0MPa，0.3m^3/min	29.5	−2	16	12	5
		井口压力 40MPa，0.3m^3/min	22	−7.5	9	10	5.5
		井口压力 70MPa，天然气不循环	23.5	−13	2.5	8	6

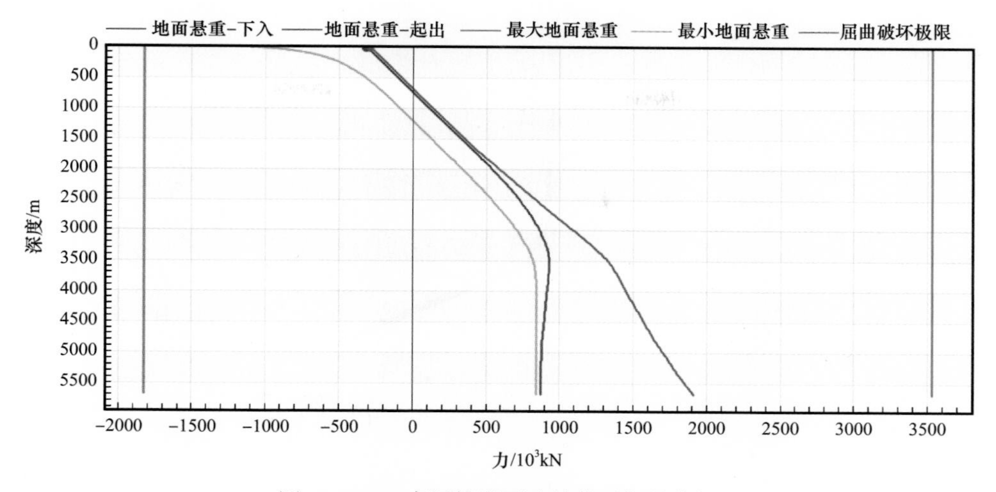

图 8-2-10　高压情况下连续管可行性分析

2）圈闭上顶控制

当连续管底部工具遇圈闭上顶时，只需 2～3tf 即会发生屈服、螺旋弯曲（图 8-2-11），从而锁死连续管，不会像注入头无支撑段那样有那么多压缩吨位（实际有井壁支撑也很难发生弯折，除非管径、井径比很大）。最终可能导致连续管无法提出井筒。通过结合库车山前单井具体工况，进行软件模拟，如图 8-2-12 和图 8-2-13 所示。提出以下控制手段：（1）井底流压近平衡；（2）降低井内气液比；（3）控制解堵速度；（4）每段解堵 50m 后充分洗井；（5）每过一个遇阻位置后充分洗井。

图 8-2-11　连续管无支撑段变形

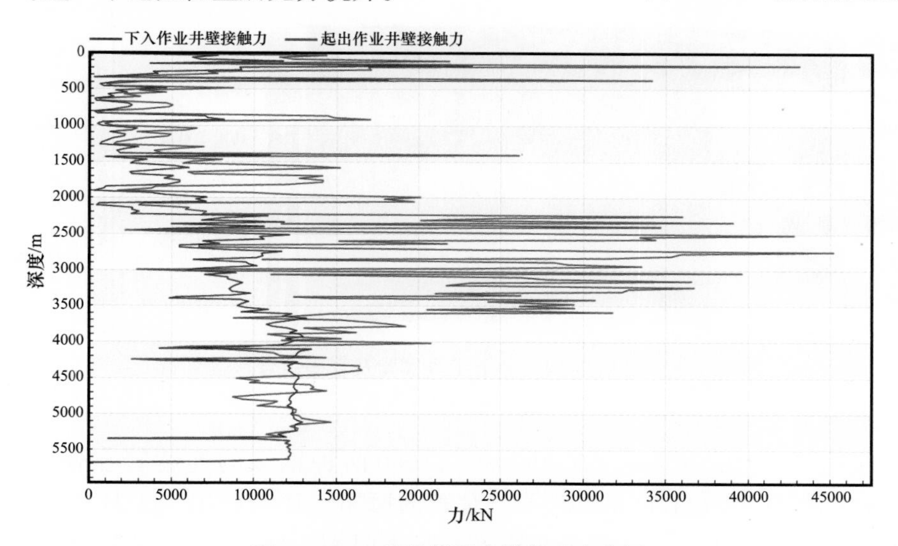

图 8-2-12　连续管无支撑段受力分析

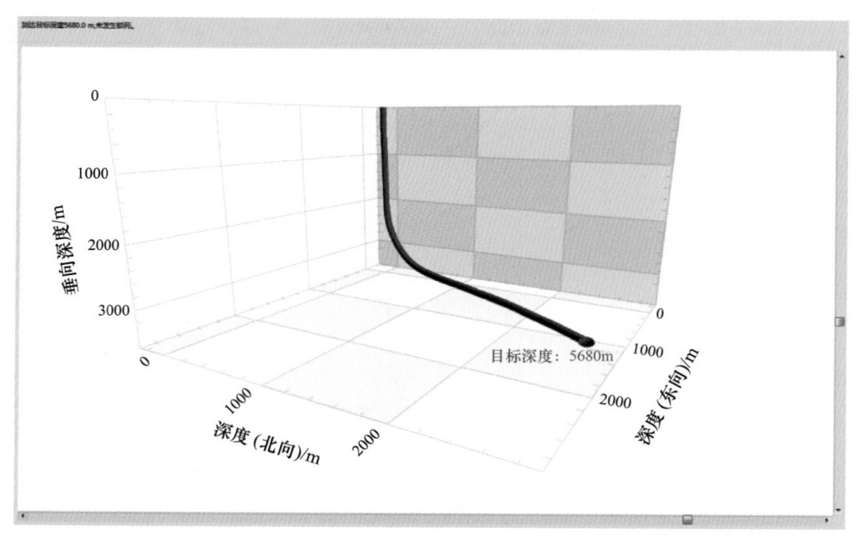

图 8-2-13 连续管无支撑段受力分析曲线

3）井下工具选择

根据库车山前完井管柱复杂、变径多等特点，根据不同井况，结合生产厂家，设计有大排量射流冲洗工具、易于钻磨硬物的磨铣类工具、针对特殊情况的打铅印工具及打捞工具；针对井下工具串，充分考虑排量、压降、外径、倒角、耐温、承压差、耐腐蚀等性能（田军等，2020）。已形成两套作业工具串（图 8-2-14）：

（1）冲洗解堵作业工具串为连续管 + 连接器 + 马达头总成 + 双瓣单流阀 + 射流解堵工具 / 冲洗头；

（2）钻磨解堵作业工具串为连续管 + 马达头总成 + 双瓣单流阀 + 螺杆马达 + 磨鞋。

图 8-2-14 井下工具实验及管串组合

4）液体性能及摩阻

应用软件对 1.75in 和 2in，CT1300 和 CT1000 两种钢级的连续管在作业液体密度为 $1.20g/cm^3$、排量为 300L/min 工况下，对管内摩阻、环空摩阻、工具压降、总压降、井底流压、预计井口压力、环空最小返速、上返时间、环空容积分别进行水力学计算（表 8-2-3），对各种工况下速度、压力进行了软件模拟，并结合钻井中钻井液漏失并需要堵漏，因此，循环液需要考虑良好的泵注性、配伍性、高温高压稳定性、携带性、快速分离固液成分、安全环保性等（明瑞卿等，2017）。目前已形成的循环液体系在黏切参数、耐温性、泵送降阻性、携屑性能、与油基钻井液和环空有机盐保护液配伍性等均满足要求。

表 8-2-3　连续管作业水力学计算表

序号	连续管	管内摩阻 / MPa	环空摩阻 / MPa	工具压降 / MPa	总压降 / MPa	井底流压 / MPa	预计井口压力 / MPa	预计泵压 / MPa	环空最小返速 / m/s	上返时间 / min	环空容积 / m^3
1	QT1300 1.75in 7300m	18.5	5.34	19.9	43.78	80.58	23.42	67.21	0.66	80.83	24.25
2	CT110 1.75in 7350m	22.6	5.34	19.9	47.88	80.58	23.42	71.30	0.66	80.83	24.25
3	CT110 2.0in 5000m+ 1.75in 2300m	13.2	6.68	19.9	39.84	81.92	22.08	61.92	0.66	74.36	22.31
4	CT110 2.0in 4000m+ 1.75in 3300m	14.6	6.02	19.9	40.49	81.25	22.75	63.24	0.66	75.94	22.78

解堵液配方：H_2O+40%YJS-2+0.2% 流型调节剂 XC-1+0.4% 增黏提切剂 PAC-HV。冲砂液要求具有良好的携砂性、耐高温性和可泵送性（盖志亮等，2017）。冲砂液室温初始表观黏度大于 55mPa·s，静切力 *Gel*≥0.5/1.5Pa，动切力 *YP*≥3.0Pa，在 160℃，剪切速率为 $170s^{-1}$，高温剪切 2h 后自然冷却至 20℃，测定表观黏度大于 30mPa·s。

5）井控装置选择

结合井况及前期生产情况，常规的井控装置组合为：（1）井控装置全部选用压力等级≥105MPa；（2）防喷器采用 2 台四闸板防喷器的组合方式；（3）防喷管的选择能满足钻磨解堵工具串长度；（4）现场用防喷器远程系统进行防喷器的控制，见表 8-2-4。

3. 连续管缺陷检测装置

随着连续管技术的推广应用，如何安全高效地使用连续管成为现场应用过程中的技术难题，为了解决这个难题，国内外研制了多种连续管检测装置，比较具有代表性的有：（1）CTES 公司研制的 Argus TubeSpec，其主要采用超声波检测技术准确测量钢管壁厚和存在的裂纹、夹杂物等缺陷，Argus TubeSpec 可以在连续管环向的 12 个位置测量局部壁厚，精确度为 ±0.127mm，每秒钟测出 1200 个壁厚值（每个位置 100 个）。同时，在环形检测单元中，每相隔 30°布置一个检测探头，这样相对的一组探头便能测量出一组直径值；（2）中国石油集团工程技术研究院江汉机械研究所研制的连续管在线检测装置，缺陷检测采用漏磁检测技术，可以测量钢管壁厚、存在的裂纹、夹杂物等缺陷，能检测连续管裂纹、孔洞、腐蚀坑点及壁厚变化，定性、定量分析准确，缺陷检测具有不受油污影响的优点，椭圆度检测采用高精度电涡流位传感器，可以直观准确测量连续管直径和椭圆度变化。

表 8-2-4 连续管作业井口装置

序号	名称	连接图	规格型号	上法兰 / 活接头	下法兰 / 活接头	高度 / m
1	注入头		HR680，最大上提 36.29tf，最大下压 18.14tf			5.21
2	双侧门防喷盒		4.06–15kSSP（1.75in 双胶芯）		78–105	1.62
3	法兰转活接头		FLYR78–105/140	78–105	78–140 活接头（外螺纹）	0.40
4	防喷管		FPG78–140	78–140 活接头（内螺纹）	78–140 活接头（外螺纹）	可调
5	四闸板防喷器		4FZ78–140（1.75in 卡瓦闸板防喷器、半封闸板防喷器、剪切闸板防喷器、全封闸板防喷器）	78–140 活接头（内螺纹）	78–140 活接头（外螺纹）	1.62
6	四闸板防喷器		4FZ130–105（2.0in 卡瓦闸板防喷器、半封闸板防喷器、剪切闸板防喷器、全封闸板防喷器）	130–105	130–105	1.6

现有连续管检测装置普遍采用独一匹配性设计：一套装置只能检测一种规格的连续管。而现场常使用的连续管规格变化从 1in 到 3.5in，变化规格有 10 种之多，这种用独一匹配性设计要求用户同时匹配多套连续管检测设备，设备需要经常更换，造成检测效率低下。所以现场急需一种多规格检测装置，能够解决此问题。为此，联合中国石油江汉机械所对原有连续管在线检测装置进行了升级，形成了多规格一体化检测装置。

1）多规格一体化缺陷监测装置

多规格一体化缺陷检测装置，设计要求实现 1.2in、1.5in、1.6in 和 2.0in 4 种连续管缺陷检测。为满足具体设计要求，设计总体思路如下：设计统一装置结构；探头可根据不同规格连续管完成替换；压轮采用可调节模式。

图 8-2-15 为多规格一体化缺陷检测装置结构示意图，装置主要包括：旋转编码器 1、联轴器 2、辊轮体 3、侧板 4、弹簧 5、探头座 6、销轴 7、探头 8、固定板 9 等部分。

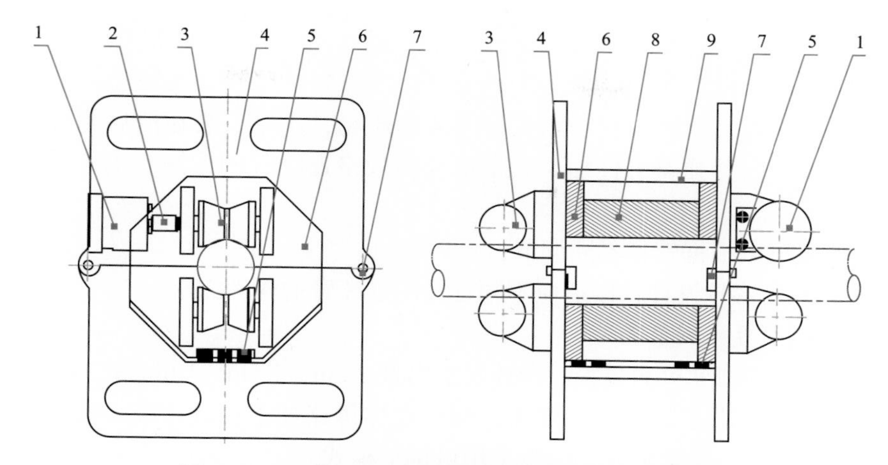

图 8-2-15　多规格一体化缺陷检测装置结构示意图

（1）壳体设计。

如图 8-2-16 所示，多规格一体化连续管缺陷检测装置的壳体分上下两部分，壳体有销轴铰接连接在一起，检测连续管时，需要打开一端的销轴以抱合连续管进行连续管在线缺陷检测。

如图 8-2-17 所示，多规格一体化缺陷检测装置壳体主要由两侧板、中间内壳体和压轮座等组成，侧板主要起到装置各部件固定支撑、提放受力的作用，中间内壳体有探头腔体，安装固定探头及预处理电路。

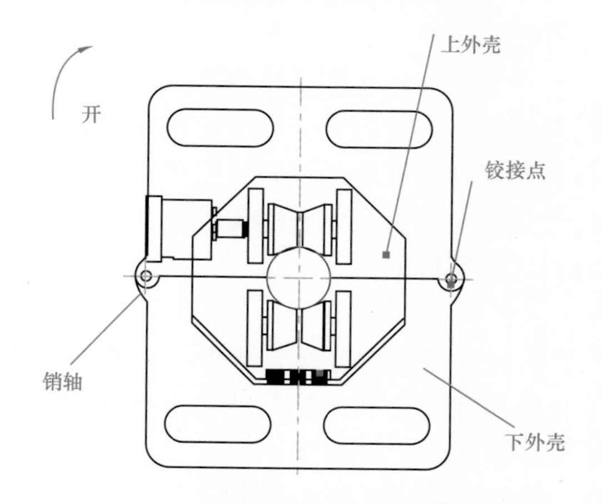

图 8-2-16　多规格一体化缺陷检测装置壳体示意图

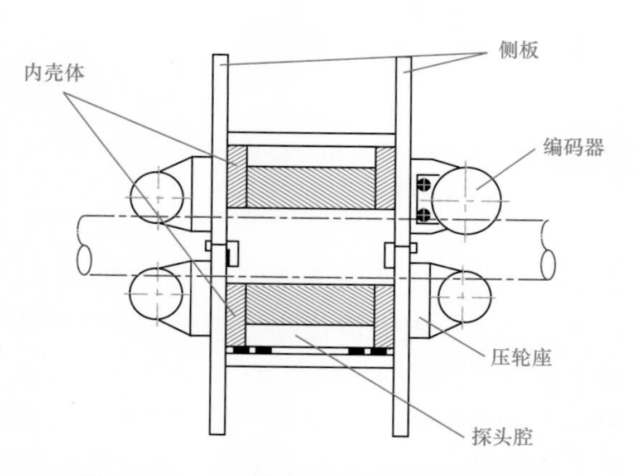

图 8-2-17　一体化多规格缺陷检测装置外壳示意图

（2）探头设计。

探头为连续管在线检测装置的核心部件，负责采集缺陷处的漏磁信号，探头主要由：导磁体、永磁体、连铁、聚磁体、磁敏感元件等部分组成。为了实现装置的一体化设计，探头安装方式、尺寸采用了统一的设计，预处理电路采用了归一化设计。

针对不同管径的连续管，需设计相对应探头部件和预处理电路，以适应不同连续管的检测需求。

（3）压轮设计。

多规格一体化缺陷检测装置前后安装了4个压轮，压轮安装在前后侧板上，上压轮为固定轮，下压轮内置弹簧可伸缩。为了适应多规格连续管的检测要求，做了2个创新性设计。

① 压轮位置可以根据管径不同调节；

② 压轮采用V形轮设计，以适应不同管径的连续管的检测需求。

2）一体化椭圆度检测装置

多规格一体化椭圆度检测装置，设计要求实现1.2in、1.5in、1.6in和2.0in 4种连续管直径椭圆度检测。为满足具体设计要求，设计总体思路如下：设计统一装置结构；耐磨探头可根据不同规格连续管更换；压轮采用可调节模式。

多规格一体化椭圆度检测装置结构如图8-2-18所示，装置主要包括：侧板、内壳、压轮座、压轮、探头、销轴等部分。

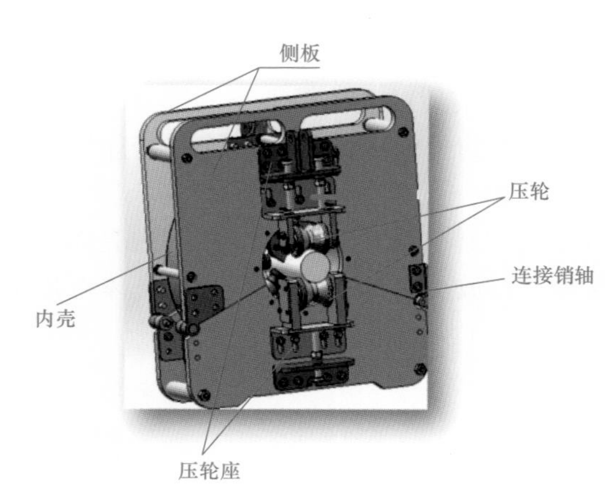

图8-2-18 多规格一体化椭圆度检测装置结构示意图

（1）壳体设计。

多规格一体化连续管椭圆度检测装置与缺陷监测装置类似，壳体分上下两部分，壳体有销轴铰接连接在一起，检测连续管时，需要打开一端的销轴以抱合连续管，进行连续管在线椭圆度直径检测。

多规格一体化椭圆度检测装置壳体主要由两侧板、中间内壳体和压轮座等组成，侧板主要起到装置各部件固定支撑、提放受力的作用，中间内壳体有探头腔体，安装固定电涡流位移传感器。

（2）探头设计。

采用8个电涡流位移传感器，通过直径外扩机构实时检测连续管4个方向的外径变化，8个传感器均匀间隔45°，连续管外径的变化由电涡流位移传感器转化为电信号，然后对信号进行采样、调理、A/D转换和分析处理，就可以实时获得连续管4个方向的外经，根据这4个外径就可测量出连续管的椭圆度，如图8-2-19所示。

为了使椭圆度检测装置满足多规格的测量要求，电涡流位移传感器选用宽测量范围传感器，位移测量范围10～40mm，耐磨探头采用更换设计，不同规格的连续管匹配不同行程的耐磨探头，如图8-2-20所示。

（3）压轮设计。

多规格一体化椭圆度检测装置与缺陷监测装置设计类似，前后安装了4个压轮，压轮安装在前后侧板上，上压轮为固定轮，下压轮内置弹簧可伸缩。为了适应多规格连续管的检测要求，做了2个创新性设计，如图8-2-21和图8-2-22所示。

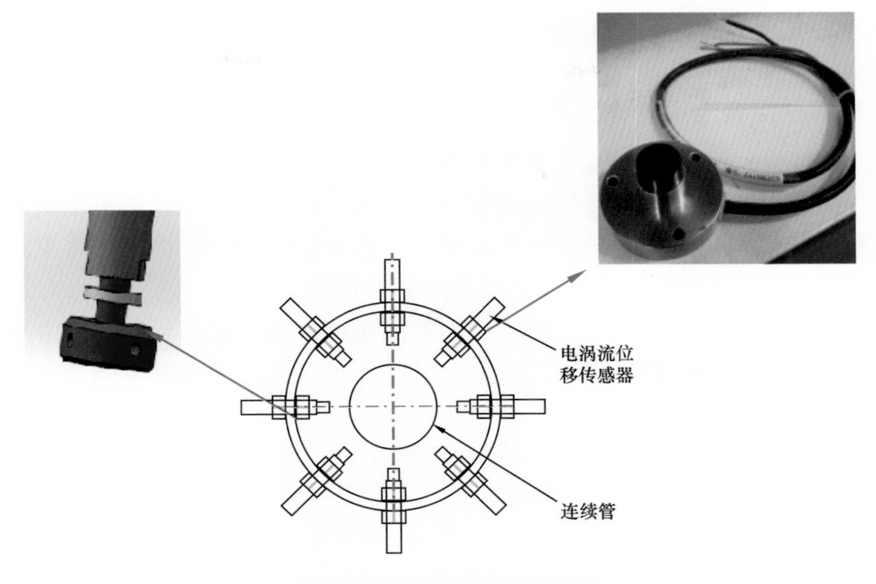

图 8-2-19　电涡流位移传感器和耐磨探头

① 压轮位置可以根据管径不同调节；

② 压轮采用 V 形轮设计，以适应不同管径的连续管的检测需求。

3）一体化连续管在线检测装置改进设计优点

一体化连续管在线检测装置改进设计包括缺陷检测装置和椭圆度检测装置两部分，改进后具有以下优点：（1）节约采购设备成本；（2）一套设备可检测几种规格的连续管；（3）避免频繁更换设备；（4）方便设备维护与探头的更换。目前升级后的连续管在线检测装置已经进行了现场试验。

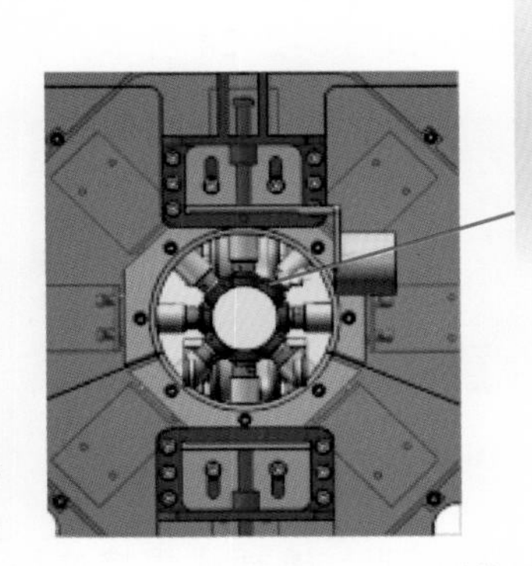
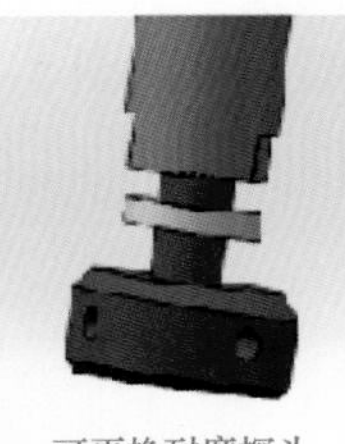

图 8-2-20　可更换耐磨探头

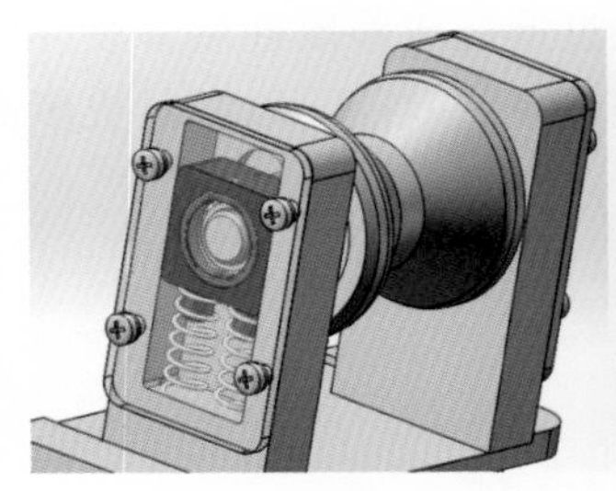

图 8-2-21　下压轮可伸缩设计示意图

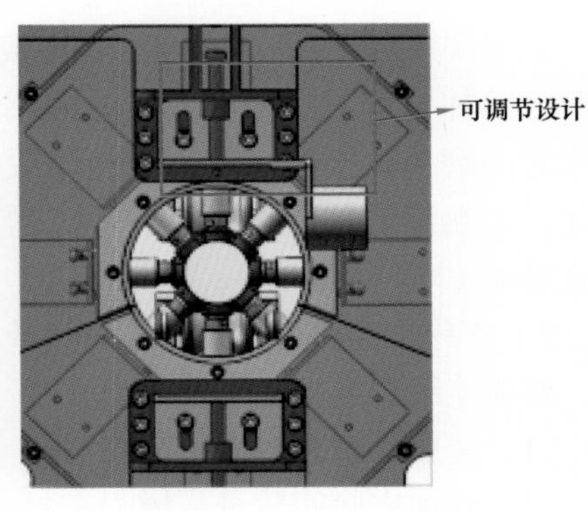

图 8-2-22　压轮位置可调示意图

二、深层连续管作业与增产改造施工技术

1. 多种管径组合连续管作业技术

1）多种管径组合连续管连接及带压入井技术

组合连续管分为外变径连续管和内变径连续管。外变径连续管多为不同外径连续管通过连接器进行组合，主要用于复杂井况施工；内变径连续管根据用户需求，在制造时整盘油管壁厚随着长度变化，以增加通径提高施工效能。

相比传统同径连续管，组合连续管应用范围更广，施工效率更高，但由于连续管管柱的特殊性，需合理搭配才能在满足管柱安全性的同时，最大程度地提高施工效能。

（1）组合连续管种类。

① 外变径连续管组合管柱。列出同径连续管参数表（参数包括 2in、1.75in 和 1.5in 连续管的钢级、壁厚、线重、抗压等级等）。

② 内变径连续管组合管柱。列出内变径连续管参数表。

（2）连接方式。

① 外焊接式连接。组合式连续管连接需由特制连续管连接器进行对接，若将两类不同连续管直接对焊，极易造成应力集中，在盘管过程中，备压直接作用于连接点处造成断裂，如图 8-2-23 和图 8-2-24 所示。

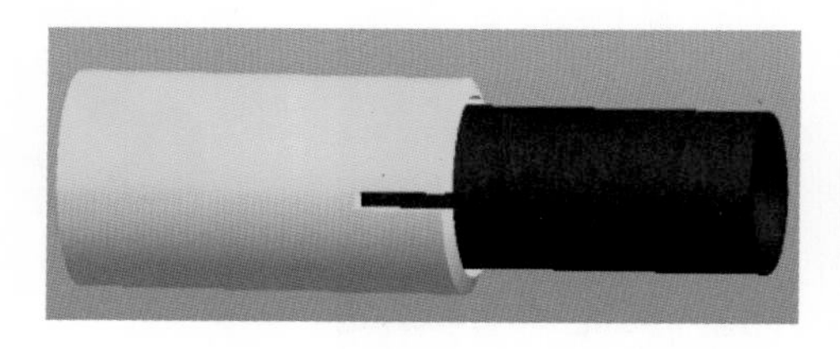

图 8-2-23 组合式连续管对焊示意图

图 8-2-24 外焊接式连接发生断裂

经过多次实验证明，镶插式焊接或坡口式焊接均无法避免应力集中问题，因此，针对性设计异径连接器，将应力在对焊连接点集中转换为连接器本体，从而避免该问题发生，经实验及现场施工验证，该方法方便有效，满足现场施工要求。

② 内焊接式连接。内焊接式连接方式为生产时将壁厚逐步减薄，焊缝在管内并形成过渡式阶梯，将连续管前段入井频率高管段设计壁厚较厚，以降低井内摩擦、腐蚀等对连续管的磨损，提高连续管的使用效率，避免因某点安全性过低造成整段连续管废弃的情况，上端滚筒处设计壁厚较薄，增加连续管通径，有效提高泵注效能，以满足更多的作业需求（李清培，2018）。

2）多种管径组合连续管连接及带压入井配套工具研制

异径连续管连接工具优化：

（1）金属、密封圈双重密封。

（2）增加密封圈数量，增强密封能力。

（3）优化密封圈槽，防止密封圈被切坏。

（4）优化接头倒角，防止密封圈切坏、提高连接效率、金属密封。

异径连接工装（图 8-2-25）：连接器 + 异径连接工具 + 双瓣止回阀 + 连接器。

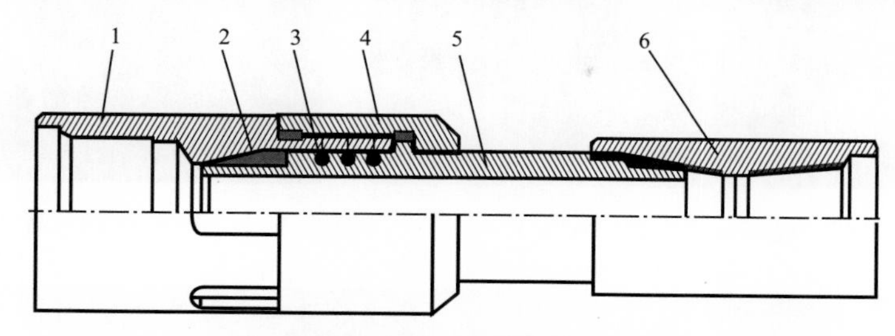

图 8-2-25　异径连接器结构示意图

1—上接头；2—卡瓦；3—密封圈；4—套筒；5—插杆；6—接箍

2. 深层高压井连续管作业井口配套与井控装置

1）组合管井口控制装置和地面控压过滤循环装置

钻井过程中常使用的过滤装置是一种高频振动筛，能将液体中的固相颗粒充分清除，筛网目数范围为 40～160 目。但是钻井使用的振动筛体积较大，所需的电驱负荷较大，不适用于连续管的作业。因此，针对连续管作业特点，设计适合连续管作业的二次过滤装置（振动筛）（图 8-2-26）。该装置功耗低、体积小、安装及运输方便，便于使用和维护，能满足现场液体循环二次过滤的技术要求。

图 8-2-26　二次液体固相过滤装置

（1）试验准备。

试验装置准备：选用液体固相过滤装置与连续管作业储液罐配套安装使用，如图 8-2-27 所示。

试验样品准备：选取液体经过除砂一次过滤后的液体（图 8-2-28）。

分别选取三种不同程度地被污染液体，液体中所含的颗粒大小不同，污染物有钻井液沉淀物、重晶石粉、砂粒等。

（2）现场试验。

将从除砂器一次过滤后的液体，循环至高频振动筛进行液体中固相颗粒的二次过滤，筛网选取 120 目，进行液体固相颗粒物二次过滤试验，如图 8-2-29 所示。

图 8-2-27 过滤装置与储液罐安装

图 8-2-28 液体取样

图 8-2-29 液体固相颗粒物二次过滤试验现场

通过现场试验，证明研制配备的振动筛可以与连续管作业储液罐进行配套使用。液体经过除砂器一次过滤后，循环液体至振动筛经过二次过滤，振动筛可以将液体中的固相小颗粒物有效过滤。二次过滤后的液体（图 8-2-30）取样化验分析，液体干净，液体的密度、表观黏度和切力等参数与新配制液体相比，无明显变化。振动筛通过电动机驱动筛网高频振动，将液体中的固相小颗粒物有效过滤（图 8-2-31），干净液体回收至储液罐内继续使用，过滤产生的砂粒、垢片、钻井液沉淀物和重晶石等回收至存放容器内。

图 8-2-30 过滤后的液体

图 8-2-31 振动筛滤网过滤的污染物

（3）达到的技术性能指针。

① 改进了连续管作业地面流程的液体过滤回收系统；

② 研制的二次液体固相颗粒物过滤装置与连续管已配套的地面设备设施成功进行了组配使用；

③ 高频振动筛可有效将除砂器所无法过滤的固相颗粒物进行有效过滤；

④ 形成一套规范的高压井连续管作业技术地面流程；

⑤ 地面高压除砂器确保大颗粒污染，避免油嘴堵塞，保证连续循环的可靠性。

2）组合连续管井口装置

井控装置配套：高压井半压井作业井控设备采用承压 105MPa 级以上双四闸板防喷器组合，并使用对应压力的放喷盒、防喷管、转换法兰进行连接，如图 8-2-32 所示。

图 8-2-32　半压井井控装置

根据现场作业时连续管尺寸安装匹配防喷器闸板、防喷盒配件及防喷管等。一组防喷器由连续管车载液压系统提供动力，另一组防喷器由远控房进行控制。同时，地面需要配套压井管汇及油嘴控制管汇等设备。井口井控装置组合如图 8-2-33 所示。

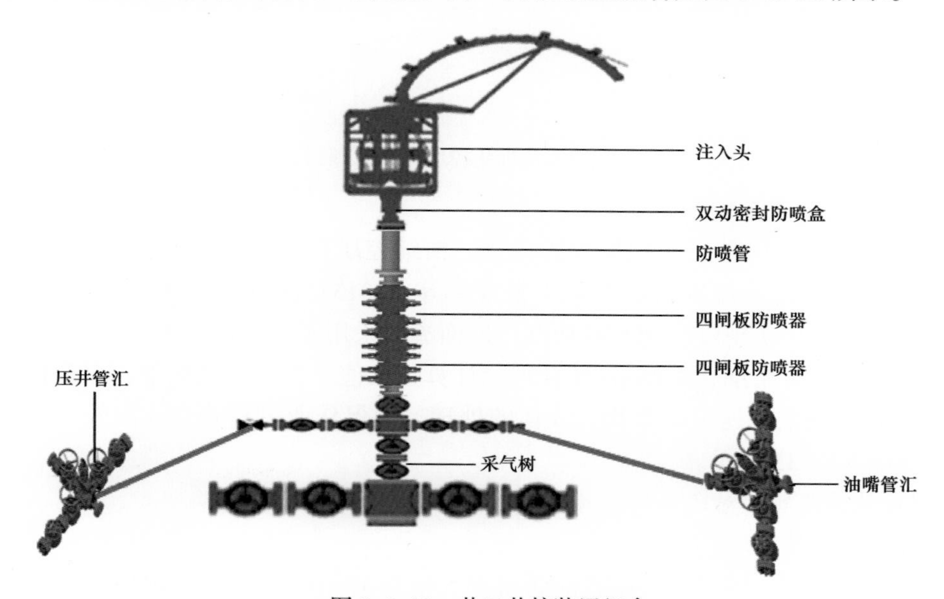

图 8-2-33　井口井控装置组合

3. 深层高压井半压井作业技术

1）高压气井井况分析

塔里木油田库车凹陷区块属于典型的超高压、超深、高温砂岩气田，部分井深超 8500m，井口压力超 115MPa，地层温度超 190℃，该区块属于高渗透储层，在连续管作业过程中极易出现漏失伤害地层或气侵导致井口压力迅速升高的情况，因此，对于井口控压的精确性提出很高的要求。为保证高油压及窄压力窗口等特殊情况下连续管作业的安全、高效性，亟需开展精细控压方法的研究及现场应用。

2）控压原理分析

气液混相井口控压的核心就是实现对井底压力的精确控制，保持井底压力既不会造成地层漏失，也不会造成井口压力迅速升高。井底压力受气液柱压力、环空循环压力损耗和井口压力的影响。

环空气液混合流动时，井底处于欠平衡状态，即：井底流压＜地层压力。

通过建立气液混相流体力学模型，对不同控压、泵压参数下的气液柱压力、气液体摩阻等进行计算，优选井口控压数据，绘制控压曲线图，对现场连续管作业进行指导，高效完成连续管冲砂解堵作业（张好林等，2014；谈建平等，2020）。详细作业原理如图 8-2-34 所示。

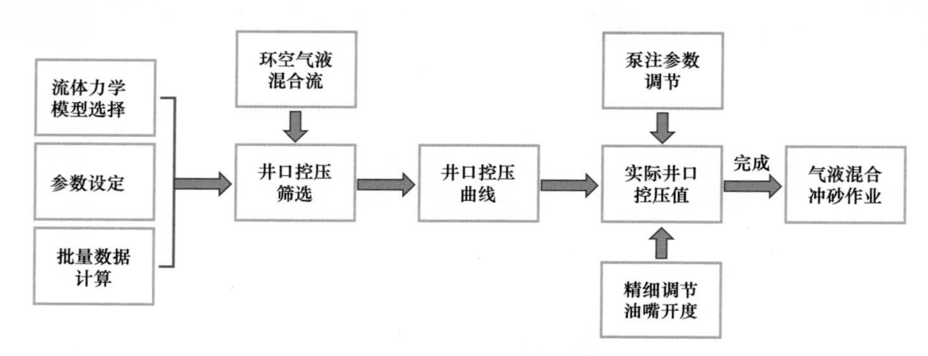

图 8-2-34　精细化控压作业原理图

3）井控及地面设备配套

高压气井具有油压高、产气量大的特点，精细控压的实现与性能良好、易于控制、反应灵敏的井控及地面流程密切相关（张育华等，2013；高森等，2019）。连续管井控装置增加防喷盒，可实现带压动密封功能。地面流程采用Ⅰ类高压、求产地面测试流程，通过控制油嘴管汇（精细、可调），结合理论计算控压值，实现地面精细、合理控压，通过除砂器、分离器实现返出堵塞物、气体的处理，确保作业过程安全、高效。高压气井现场配套如图 8-2-35 所示。

4）理论计算与实际对比分析

（1）控压理论计算。

以克深某井为例，该井正常生产时折日产气量为 $12\times10^4m^3$ 左右，油压 48MPa，设定正常泵压在 48～53MPa 之间。根据该井的生产情况及连续管作业相关参数的合理范围建立计算模型，并结合泵压、排量、返速及有效携砂的参数进行数据筛选，并绘制连续管入井深度与控压的关系曲线，指导作业的安全高效进行。

（2）实际应用。

现场作业过程中通过精确调整地面油嘴开度，控制井口压力与理论计算的气液混相控压值相一致，达到了环空气液混相的目标，充分利用气液混相高携砂性能，高效完成了疏通作业。

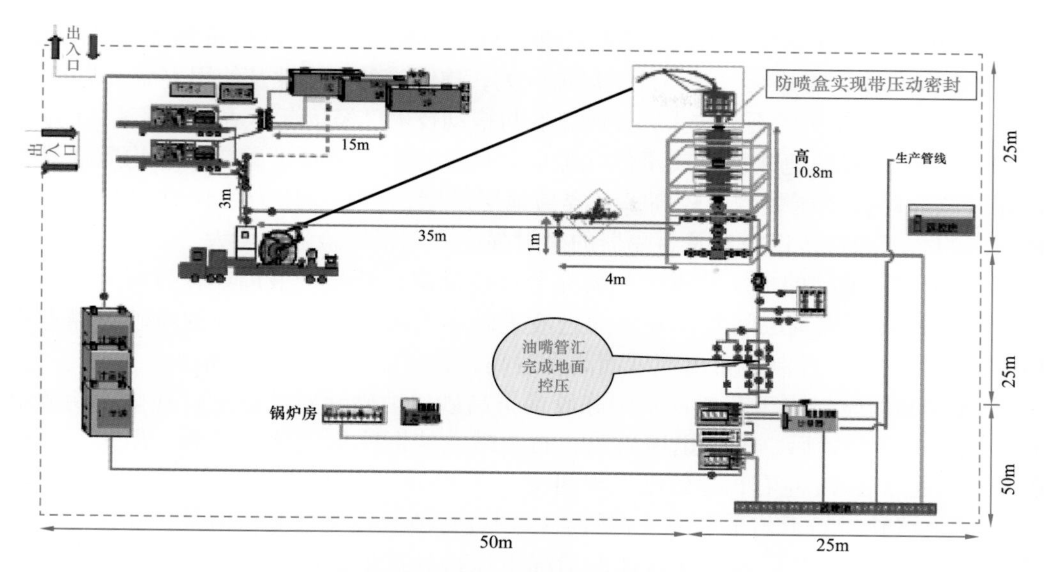

图 8-2-35　高压气井连续管作业现场布局图

根据实际控压曲线可以看出，连续管解堵时井口控压进一步降低，充分利用气体流速大的特性，通过气液混合携砂将大颗粒物携带至地面，达到良好的冲砂解堵效果。该井解堵深度达6231.32m，共计返砂5.5L，最大尺寸30mm×29.5mm×10.4mm，完成井筒的疏通。ϕ4mm 油嘴放喷求产，油压由 61.126MPa 下降至 55.810MPa 又上升至 61.308MPa，折日产气 13.8×$10^4$$m^3$，效果显著。

4. 连续管多级压裂技术

1）连续管填砂压裂工艺

新增油田的原油储量中，低孔隙度、低渗透率非常规油藏占比较高。针对该油藏采用大规模逐层改造再投产的开发方式是国内外各大油田统一的认识。为了实现精细化逐层改造的目标，封隔方式通常采用封隔器或者桥塞进行层间封隔。但是，这两种封隔方式在储层厚、跨度大、级数多、埋藏深的油藏改造施工时，存在施工排量受限、改造效果差、管柱工具安全性降低等问题（张博宁等，2020）。为此，填砂封隔技术应运而生，以连续管带压作业为基础，填砂封隔技术进行层间封隔，改造一级、填砂封隔一级。通过地质、工程结合分析，改良施工工艺，优化水力参数，研发的高效破胶剂等手段，突破了工艺瓶颈，施工 16 井次证明，实现了无限级精细化储层改造技术。

（1）填砂封隔技术工艺研究。

填砂封隔储层改造工艺技术特点：水力喷砂射孔填砂封隔储层改造技术的基本原理即为在层段间形成人为砂堵地层，代替封隔器的作用实现层间封隔。以连续管带压作业为工艺基础，通过连续管携带喷枪对套管内壁进行水力喷砂射孔，射孔后上体连续管至设计深度再采用油套环空注入的方式，对储层进行大规模大排量的储层改造，改造完成后，环空泵入高砂比填砂液对施工层位进行填埋封堵，依此类推，进行逐级改造。

常规填砂封隔技术存在问题：

① 随着对致密油藏开发认识的不断加深，施工排量逐步从 $5m^3/min$ 增加至 $8m^3/min$ 以上，在加砂过程中，对连续管管体外壁冲击巨大，连续管的安全性及使用寿命大幅度降低，实际上，随着施工规模的不断放大，连续管底封拖动技术已经逐渐不适用与该油藏的开发。

② 因致密油藏的地质特点属于低孔隙度、低渗透率，储层埋藏深、非均质强且较致密，储层改造时破裂压裂普遍较高，且容易地层砂堵，当井口压力达到 60MPa 后，封隔器或桥塞的截面力将接近桥塞及封隔器的坐封强度，施工风险随之增大。

③ 针对致密油藏的地质特点，想要充分改造储层，延长产液周期，目前采用缩短射孔段之间的距离，规避层间差异导致的进液进砂不均衡的情况，常规的填砂封隔方式由于砂面高度无法精细控制，常出现砂面高度过高，将目的层填埋的局面。

④ 常规的填砂封隔工艺通常采用冻胶携带高砂比填砂液对砂体进行托举，期望填砂液到达设计沉降位置后，冻胶迅速破胶，石英砂迅速沉降形成填埋砂面，但是，冻胶完全破胶时间通常在 1h 左右，导致施工周期长。

⑤ 常规填砂封隔工艺采取原液携带支撑剂进行填砂作业情况，但是，液体托砂能力较差，砂浓度无法在井筒内多项流体的情况下保持且携带砂浓度较低，填砂液易直接进入地层，导致填砂失败。

（2）填砂封隔技术影响因素研究。

① 砂浓度的影响：在水力压裂过程中，裂缝内支撑剂浓度会影响压裂液的携砂性能，支撑剂的浓度越大，其沉降速度越慢，这是因为支撑剂颗粒之间的相互干扰作用，颗粒的沉降会使得周围液体向上流动，这样便会阻碍周围支撑剂颗粒的向下沉积。支撑剂浓度越高，其产生的相互干扰作用也就越大，继而支撑剂颗粒的沉降速度也就要慢，沉降时间也就更长（吴明录等，2020；辛翠平等，2020）。同时，带有支撑剂颗粒液体的密度和黏度均会增加，这就在一定程度上增大了支撑剂颗粒的浮力，同样增大了其向下运移的阻力，使沉降速度变慢。

② 施工排量的影响：流动速度与施工排量的关系，采用单因素分析方法，控制其他参数一致，只改变施工排量，依次设为 $0.02m^3/min$、$0.06m^3/min$、$0.10m^3/min$、$0.16m^3/min$ 和 $0.24m^3/min$。裂缝宽度 5mm，高度为 1m，压裂液密度为 $1000kg/m^3$，黏度为 4mPa·s，支撑剂选用普通陶粒支撑剂，粒径为 20/40 目（0.425～0.85mm），视密度为 $2450kg/m^3$，砂比为 3%。结果表明，裂缝内支撑剂的水平方向运移及垂直方向沉降与压裂施工排量具有一定的关系，施工排量越大填砂使用的支撑剂越容易进入地层。

③ 液体黏度影响：液体黏度依次设为 4mPa·s、6mPa·s、8mPa·s、10mPa·s 和 15mPa·s。施工排量为 $0.05m^3/min$，裂缝宽度为 5mm，高度为 1m，压裂液密度为 $1000kg/m^3$，支撑剂选用普通陶粒支撑剂，粒径为 20/40 目（0.425～0.85mm），视密度为 $2450kg/m^3$，砂比为 3%。由结果可知，黏度对支撑剂的垂直沉降及水平运移具有较大的影响。随着黏度的增大，黏度升高，颗粒的水平运移速度增大，沉降速度降低，支撑剂容易被携带进入地层。

2）组合连续管多级压裂作业

（1）作业井基本情况。

克深 2 号构造所处的克深区带是克拉苏深部区带的第二排区带，构造带发育于新近纪晚期，以发育古近系大型盐下局部构造为特征，局部构造隆起幅度高，面积大，为油气聚集的有利场所。

克深区块 10 口井在地面设备和油嘴处取得地面堵塞物，7 口井通过连续管疏通作业取得井筒堵塞物。地面堵塞物和井筒堵塞物均取样后进行化验，化验结果为地面堵塞物以砂为主，井筒堵塞物以垢为主。综合分析认为井筒堵塞类型主要是垢堵，5%HCl 对堵塞物样品的溶蚀率为 65%～86%。

克深 2 区块共进行 3 口井井筒酸液解堵作业，井筒酸液解堵后 3 口井均恢复了单井产能，井筒酸液解堵措施解除井筒堵塞，恢复单井产能可行（表 8–2–5）。

表 8–2–5 克深 2 区块井筒酸液解堵效果统计表

井号	解堵规模/m^3	酸液用量/m^3	解堵前生产情况			解堵后生产情况		
			工作制度	油压/MPa	日产气/m^3	工作制度	油压/MPa	日产气/10^4m^3
KeS2–1–8	164	65	油嘴开度 18%+21%	32.1	198600	油嘴开度 38%+32%	70.1	38.91
KeS2–1–12	130.3	40	ϕ6mm 油嘴 + 油嘴开度 33%	27.1	120700	ϕ6mm 油嘴 + 油嘴开度 20%	63.2	16.13
KeS201	107	40	油嘴开度 7%+3%	47.3	147200	油嘴开度 9%+17%	69.48	19.68

（2）解堵施工及工艺设计。

① 解堵施工压力预测。

根据 KeS202 井预测地层压力数据资料分析，吸液压力梯度为 0.013MPa/m，按吸液压力梯度 0.013～0.015MPa/m 进行施工压力预测，施工排量为 0.50～2.00m³/min 时，无堵塞情况下预测结果见表 8–2–6。

表 8–2–6 KeS202 井解堵施工压力预测表

施工排量/m^3/min		0.50	1.00	1.50	2.00
不同吸液压力梯度对应井口压力/MPa	0.013MPa/m	22.93	28.86	37.48	48.59
	0.014MPa/m	29.76	35.70	44.32	55.43
	0.015MPa/m	36.60	42.53	51.16	62.26
总摩阻/MPa		2.41	8.35	16.97	28.08

② 解堵施工液体配方及配制量。

解堵方式：利用酸液溶蚀油管内堵塞物，同时浸泡溶蚀产层近井地带堵塞物。

主要参数：

a. 管柱容积：30.86m^3；

b. 投产层厚度：150m；

c. 加权平均孔隙度：7.6%；

d. 酸液用量：80m^3；

e. 滑溜水用量：80m^3。

不同解堵半径下酸液用量见表 8-2-7。

表 8-2-7 不同解堵半径下酸液用量

解堵半径 /m	0.8	1	1.5	2	2.5
酸液用量 /m^3	22.91	35.80	80.54	143.18	223.73

酸液体系确定：克深区块井筒堵塞类型主要是垢堵，结合克深 2 区块和迪那 2 气田井筒酸液解堵成功经验，KeS202 井井筒酸液解堵使用“9% 盐酸 +1% 氢氟酸”酸液体系（表 8-2-8）。

表 8-2-8 KeS202 井井筒酸液解堵施工液体配方及配制量

序号	液体名称	液体配方	配制量 /m^3
1	酸液	9% 盐酸 +1% 氢氟酸 +2% 黏土稳定剂 +5.1% 缓蚀剂（3.4% 主剂，1.7% 辅剂）+1% 助排剂 +2% 铁离子稳定剂 +5% 防水锁剂 +1% 破乳剂	80
2	滑溜水	0.08% 降阻剂 +0.5% 破乳剂 +1% 助排剂 +0.1% 杀菌剂 +1% 防膨剂 +5% 防水锁剂	80

解堵施工泵注程序见表 8-2-9。

表 8-2-9 KeS202 井井筒酸液解堵施工泵注程序表

序号	施工步骤	液量 /m^3	油压 /MPa	A 环空压力 /MPa	排量 /m^3/min	备注
1	连续管向井筒替滑溜水 30m^3					
2	连接高压管线并试压 95MPa，合格					
3	试挤滑溜水	5	<85	<54.2	0.5～2.0	施工过程中控制各环空压力
4	低挤酸液	80	<85	<54.2	0.5～1.5	
5	低挤滑溜水	30	<85	<54.2	0.5～1.0	
6	停泵反应，30min					
7	低挤滑溜水	10	<85	<54.2	0.5～2.0	
8	关井反应时间≥2h，开井放喷求产					

（3）施工步骤。

① 连续管控压向井筒替滑溜水，替完后起出连续管。

② 连接地面施工管线，对高压管线试压 95MPa、稳压 5min 至合格。

③ 按解堵施工泵注程序进行施工，泵注结束后关井反应时间不少于 2h，开井放喷求产。

④ 施工结束后返排残液按油田要求处理。

3）多级酸化

连续管多级拖动喷射酸化工艺是指通过连续管在生产井段拖动、定点喷射，针对不同产层物性需求进行酸洗或注酸作业（图 8–2–36），以提高酸化解堵效果，达到增产目的（冯其红等，2019；李芳玉等，2020）。

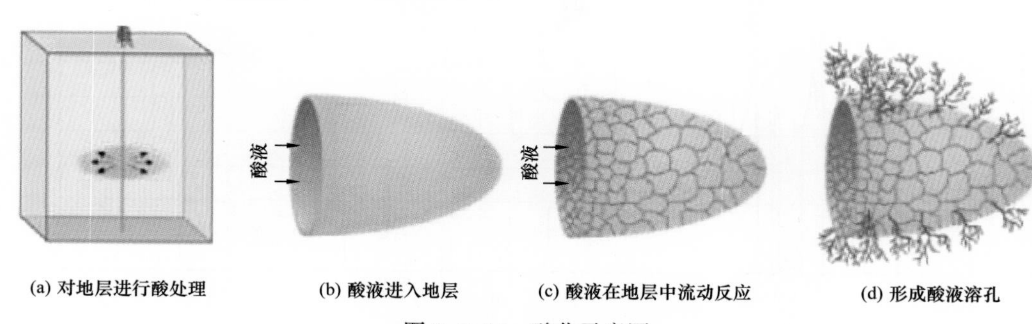

图 8–2–36 酸化示意图

拖动酸化前，先将连续管通过完井油管下到水平段的射孔底界并大排量循环冲洗干净，从连续管内替入酸液，将水平段射孔底界到射孔顶界的井筒内置换成酸液（程时清等，2017；贾光亮等，2017）。地面关井，开始从连续管高压注入酸液，以一定的速度上提拖动连续管，并在地层物性差的井段选点进行定点喷射，直至拖动到射孔顶界下附近位置后停止拖动连续管，继续泵入酸液，泵注酸液结束后，上提连续管至安全井段，顶替活性水，将连续管管内与外壁的酸液中和置换成活性水，最后起出连续管。

工艺优势：

（1）具有作业周期短，占产时间少，作业简单，无须接单根、压井等优势，可以快速完成作业，大幅减少与常规修井方式的作业时间。

（2）可在连续管酸化前进行射流解堵作业，除去油管内部生成的锈渣、污垢，净化油管内部环境，避免管内的黏附物、蜡、锈渣等与酸液一起被挤入地层，减少了对地下储油层的伤害。

（3）酸液用量少，有效作用井段长，在长距离的水平井段有针对性地酸化处理，对物性差的井段精确定位、定点长时间酸洗或挤酸，实现均衡酸化。

（4）能在带压力条件下作业，作业效率高，保证设备的快速下入与取出，消除了作业过程中连接油管作业时的井控问题，避免了在排酸时，返出的有害气体（硫化氢和酸气）对操作人员的伤害。

三、深层连续管作业与增产改造先导试验

1. MaHW2010 井 56 簇 28 级压裂

1）单级施工曲线

MaHW2010 井设计水平段在 3597～4797m（A 点：3597.0m，B 点：4797m），共分 28 段 /56 簇，水平段长 1200m，有效改造段长 1012m。采用连续管水力喷砂射孔 + 填砂压裂工艺施工，每一级 2 簇（图 8-2-37）；平均簇间距 20.7m，平均段间距 27.7m。

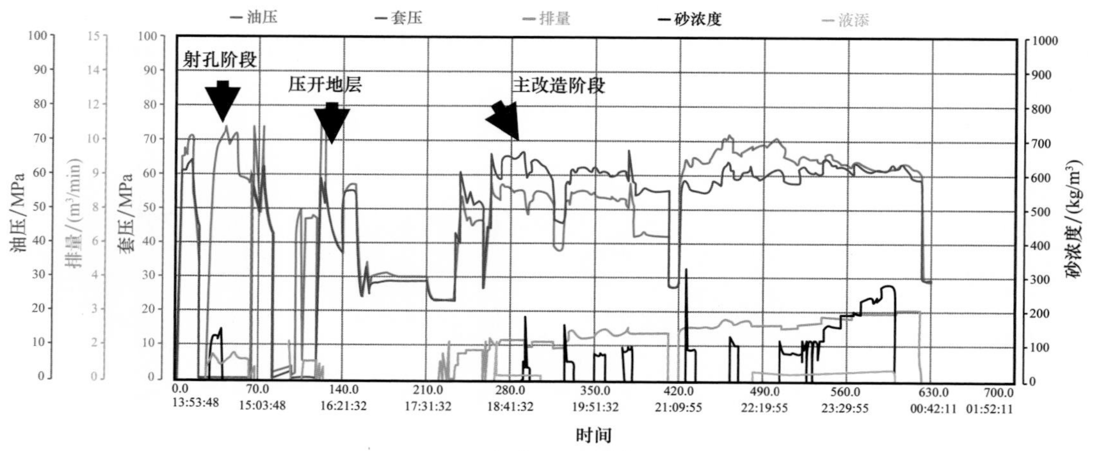

(a) MaHW2010井 第一级 压裂施工曲线图

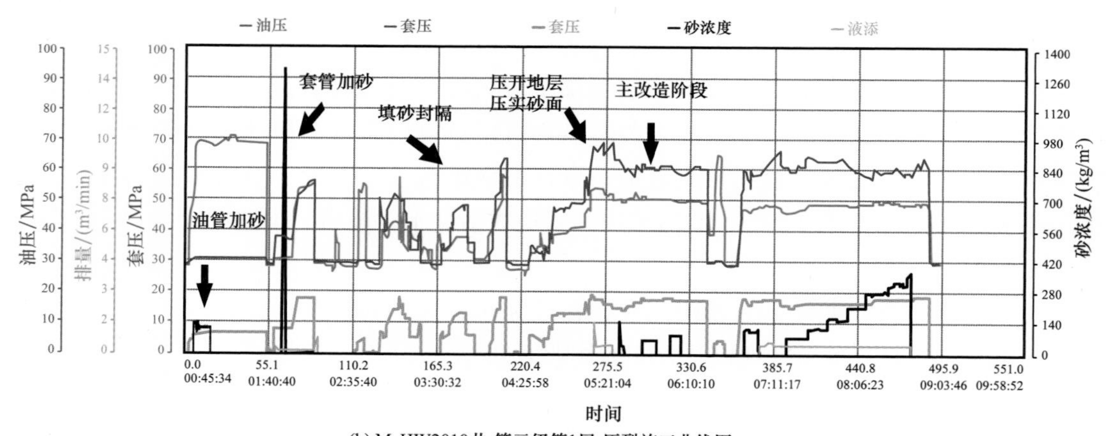

(b) MaHW2010井 第二级第1层 压裂施工曲线图

图 8-2-37 玛 2 井区百口泉组油藏 MaHW2010 井压裂施工曲线

2）压裂效果跟踪

油压 6.4MPa，ϕ3.5mm 油嘴自喷生产，平均日产油 38.7t，含水率 36.6%，截至 2020 年 2 月 14 日，累计产液 5365t，累计产油 2302.5t，累计产气 16446m^3，措施效果显著（图 8-2-38）。

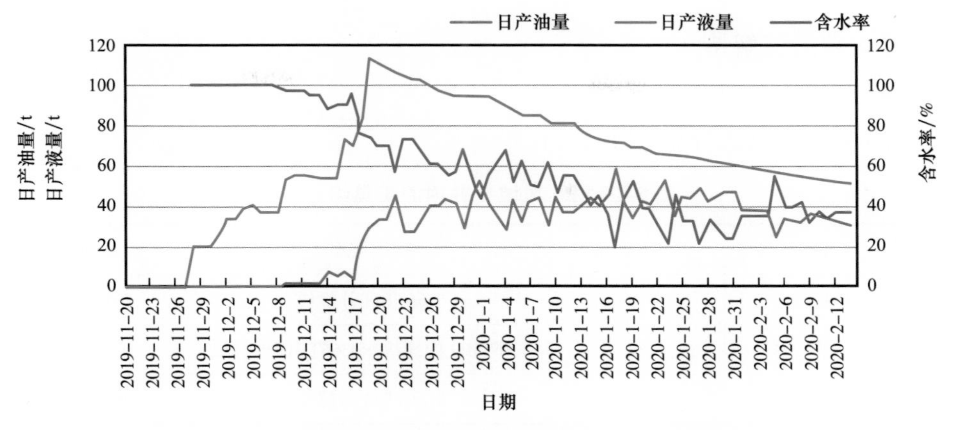

图 8-2-38　玛 2 井区百口泉组油藏 MaHW2010 井生产曲线

在 MaHW2010 井的成功应用充分证明了连续管脉动射流填砂超精细储层改造技术在水平井的良好适用性，此套技术可为玛湖油田大跨度、多层级水平井储层改造提供新的技术手段。

2. MaHW6134 井 19 级钻桥塞

1）钻塞时效

MaHW6134 井钻塞时效统计见表 8-2-10。

表 8-2-10　MaHW6134 井钻塞时效统计

级数	桥塞位置 / m	钻磨用时 / min	级数	桥塞位置 / m	钻磨用时 / min
1	2830	25	11	4886	52
2	4315	33	12	4947	81
3	4370	61	13	5008	55
4	4425	28	14	5080	73
5	4501	41	15	5150	82
6	4565	32	16	5212	74
7	4633	49	17	5287	54
8	4697	57	18	5367	122
9	4764	67	19	5441	79
10	4825	59			

2）钻塞效果

钻塞前套压 2.2MPa（井内无油管，自喷生产），日产液 10.5m^3，其中水 2.6m^3、油 7.9m^3。钻塞后套压 20MPa，日产液 33.5m^3，其中水 8m^3、油 25.5m^3。

3. 风城 1 井射流解堵

1）入井工具

风城 1 井射流工具组合见表 8–2–11。

表 8–2–11 风城 1 井射流工具组合表

序号	名称	外径 /mm	螺纹类型	长度 /m	数量
1	连接器	50.8	1.66TBG 外螺纹	0.05	1
2	马达头总成	54	1.66TBG 内螺纹 ×1.66TBG 外螺纹	0.90	1
3	清蜡解堵头	54	1.66TBG 内螺纹	0.3	1

2）射流效果

风城 1 井盐堵油压 0.6MPa，套压 32MPa，日产液量 5.7t，日产油 5.7t，含水 0.5%，日产气 341m^3，射流后油压 31.5MPa，套压 29.1MPa，日产液 23.8m^3，其中油 18.5m^3、水 5.3m^3。

4. 玛湖 033–H 井冲砂

1）入井工具

玛湖 033–H 井冲砂工具组合见表 8–2–12。

表 8–2–12 玛湖 033–H 井冲砂工具组合表

序号	名称	工作压力 / MPa	外径 / mm	螺纹类型	长度 / m	数量
1	连接器	70	50.8	1.9TBG（外螺纹）	0.15	1
2	转换接头	70	54	1.9TBG（内螺纹）转 1.66TBG（外螺纹）	0.4	1
2	马达头总成	70	54	1.66TBG（内外螺纹）	0.8	1
3	冲砂头	70	54	1.66TBG（内螺纹）	0.23	1

注：全长：1.18m。

2）冲砂效果

玛湖 033–H 井冲砂前套压 0.4MPa，日产液量 10m^3，日产油 8m^3。冲砂后套压 20MPa，日产液 49.3m^3，其中油 28.3m^3、水 21m^3。

5. KeS2–2–8 井解堵

KeS2–2–8 井是塔里木盆地库车坳陷克拉苏构造带克深区带 1 号构造上的一口开发井，井深 6853m，井底温度 156℃ /6853m，2013 年 7 月 15 日开井投产，投产前油压为 94.1MPa，套压为 28.65MPa，用油嘴开度 32%+33% 生产，油压 92.1MPa，日产气 65.05×10^{4}m^3。生产至 2015 年 9 月，产量大幅下降，后调产仍不能恢复正常水平，且油压产量持续波动。经分析，可能为地层出砂，造成井筒砂堵。2016 年 8 月 27 日检修关井，电缆通井探砂面在 4198m 遇阻，综合分析，该井因油管存在堵塞，导致油压及产量波动，不能正常生产，后处于长关井状态，关井油压 45.57MPa，套压 40.55MPa。

井身结构为 ϕ139.7mm 尾管下入位置为 6181.22～6853m，射孔井段为 6602～6697.25m，人工井底为 6833m，封隔器位置 6082.2m，该井作为“三超”（超高温、超高压、超深）气井，考虑到安全需要，下入井下安全阀，下入位置为 84.64m（图 8-2-39）。

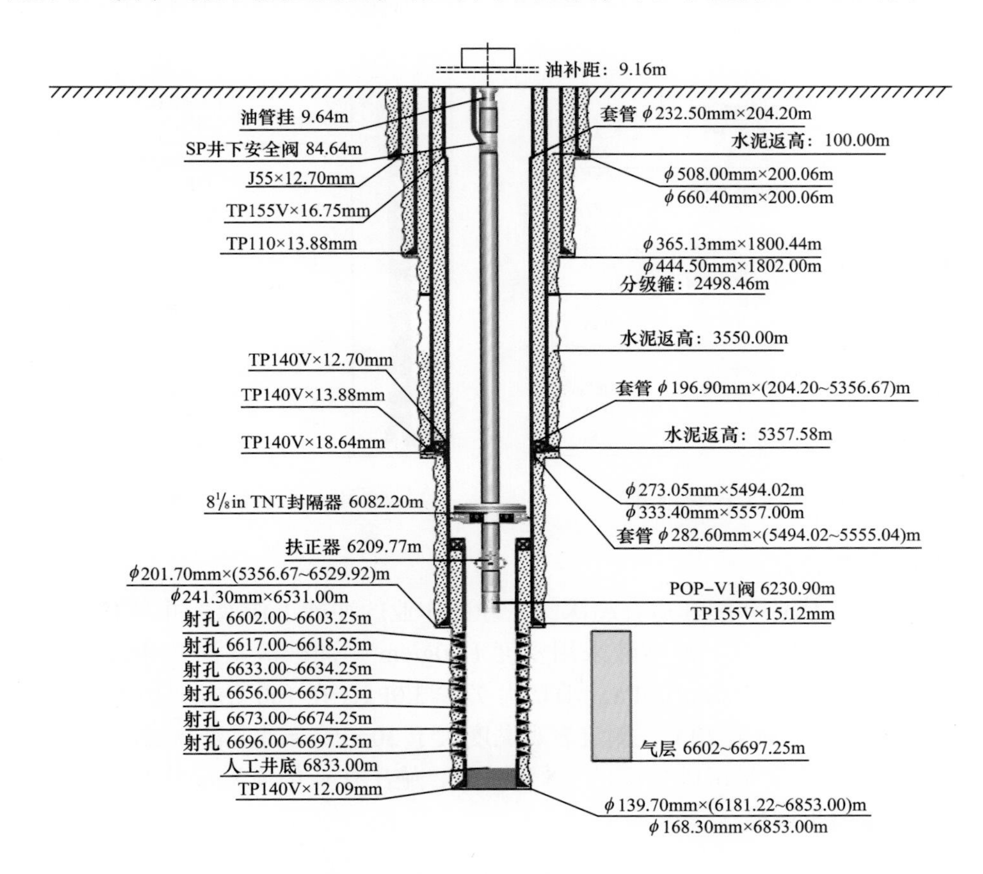

图 8-2-39 KeS2-2-8 井井身结构示意图

1）方案设计

（1）连续管选择。

连续管选择主要考虑以下因素：① 管柱内通径，管柱最小内径处为安全阀内径 69.5mm；现有作业队伍连续管尺寸和长度，探区内只有两家队伍满足要求；③ 连续管作业模拟分析结果。

基于这些考虑因素，结合井深、施工要求以及连续管设备的能力，最终选取外径为 44.45mm 的变径连续管进行钻磨作业，管长 8000m，管串壁厚分布为 ϕ5.18mm×487m+ϕ4.78mm×570m+ϕ4.45mm×795m+ϕ3.96mm×520m+ϕ3.68mm×5766m。

（2）井下工具选择。

考虑到该井的井深且具有高温高压等特点，疏通井筒作业分两步进行：

第一步，用冲洗工具管串进行冲洗作业，且工具管串采用 2 个双瓣式单流阀，具体冲洗工具串结构（图 8-2-40）为：连续管接头 + 双瓣式单流阀 + 双瓣式单流阀 + 冲洗头。

第二步，如果冲洗作业长时间无进尺，则换做钻磨工具串进行钻磨疏通井筒，钻磨工具串结构如图 8-2-41 所示。

名称	外径/mm	内径/mm	长度/m
连续油管接头	43	20	0.05
双瓣式单流阀	43	19	0.28
双瓣式单流阀	43	19	0.28
冲洗头	43		0.14
总长:			0.75m

图 8-2-40　冲洗工具串结构图

名称	外径/mm	内径/mm	长度/m
连续油管接头	54	20	0.08
双瓣式单流阀	54	25	0.45
液压丢手	54	10	0.48
螺杆马达	54	/	2.9
磨鞋	58		0.16
总长:			4.07m

图 8-2-41　钻磨工具串结构图

（3）施工液体设计。

按照作业要求优选和配套适合超深气井冲砂作业的冲砂工作液，并具有良好的携砂性、耐高温性和可泵送性。冲砂液采用密度 1.20g/cm^3，冲砂液室温初始表观黏度大于 55mPa·s，静切力 *Gel*≥0.5Pa/1.5Pa，动切力 *YP*≥3.0Pa，在 160℃时剪切速率为 170s^{-1}，高温剪切 2h 后自然冷却至 20℃，测定表观黏度大于 30mPa·s 冲砂液体做沉砂速度试验，应确保冲砂时返排速度是沉砂速度的 1.5 倍以上，施工作业中应根据井况对工作液的密度、黏度及用量做出调整。

2）模拟分析

（1）模拟参数设置。

① 设置连续管下入起出受力模拟分析参数，其中连续管平均下入速度为 10m/s，当接近安全阀位置和前期遇阻点时降低速度；冲砂液密度设置为 1.2g/cm^3，排量分别按 150L/min，200L/min 和 250L/min 设定，并优选出最佳作业排量。

② 根据电测井斜数据，一般直井且井斜较小时，连续管和油管之间的摩擦为金属摩擦，当液体介质为清水时，设置摩擦系数 $\mu \geqslant 0.3$；当液体介质中加入润滑剂或降阻剂时，$\mu \geqslant 0.15$ 且 $\mu \leqslant 0.3$。结合连续管施工设计方案，摩擦系数选取为 0.2。

③ 按照以往作业经验，连续管防喷盒胶芯摩擦力为 500～1500kgf，且摩擦力随着井口回压的增大而增大，该井为高压气井作业，作业过程中和井筒疏通后起连续管的过程中需要控制较高的回压，因此，下入时摩擦力设置为 500kgf，起出时设置为 1000kgf。

（2）模拟结果分析。

① 计算结果表明该连续管工具串可以下入到最大井深6853m（最大作业井深为6700m），连续管地面悬重载荷在下入过程中不会发生自锁，在起出过程中受力不会达到管柱屈服极限，但连续管起出过程中受力曲线与屈服极限之间安全余量较小，仅为35kN，如图8-2-42所示；所以在连续管起出的过程中需要控制好回压和排量，避免受力过大达到屈服极限。模拟出最恶劣的情况，如图8-2-43所示，即疏通井筒后连续管内充满冲砂液，而连续管与油管之间充满天然气的模拟计算，结果表明该种情况下，连续管将会发生屈服断裂，因此，必须要控制循环排量和井口回压，避免这种情况的发生。

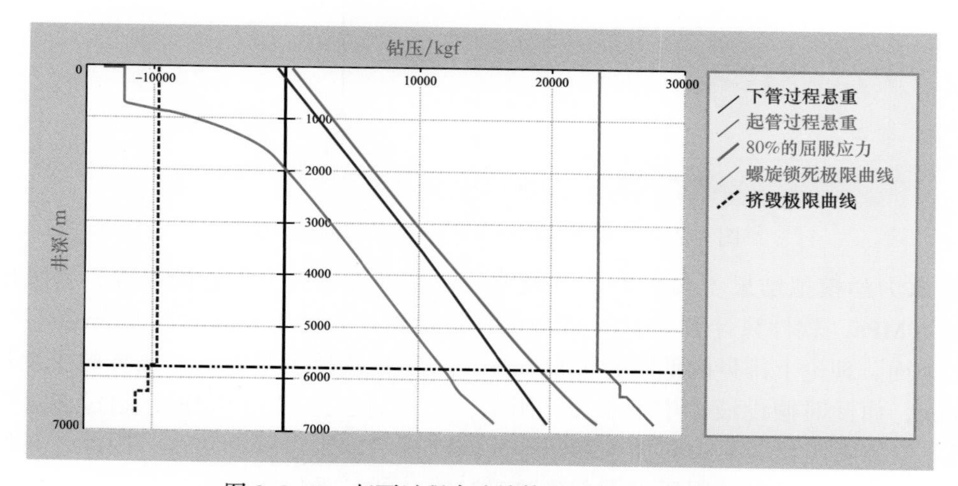

图8-2-42 起下过程中连续管悬重与井深曲线图

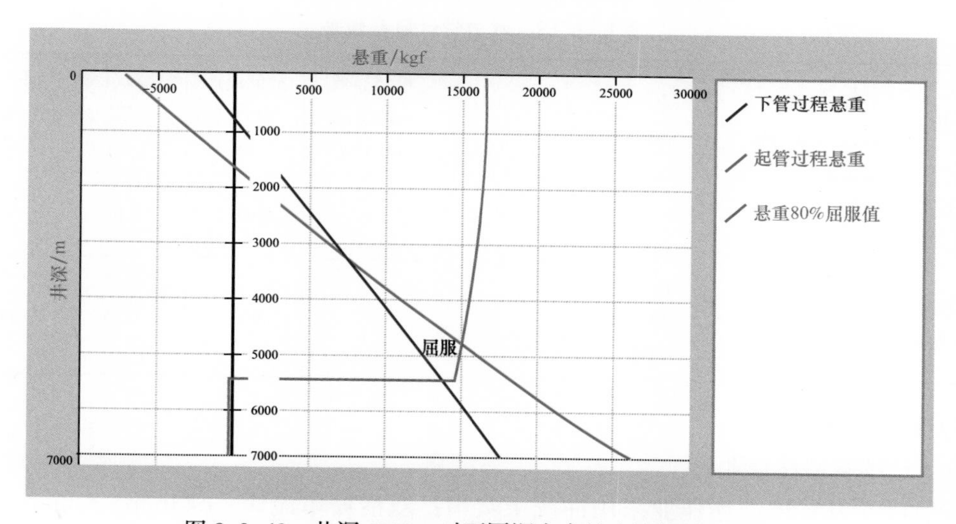

图8-2-43 井深6800m时不同深度来的连续管受力曲线

② 图8-2-44描述了连续管钻磨过程中，井口悬重与井下钻头处获得的钻压对应关系，钻头处获得的有效钻压随着井深的增大而减小，当作业到最大井深时，钻头处获得

的有效钻压为1589kgf，这表明，即使井口施加再大的钻压，钻头处也只能得到1589kgf的有效钻压，额外的钻压只会将造成连续管在井筒内发生螺旋弯曲。

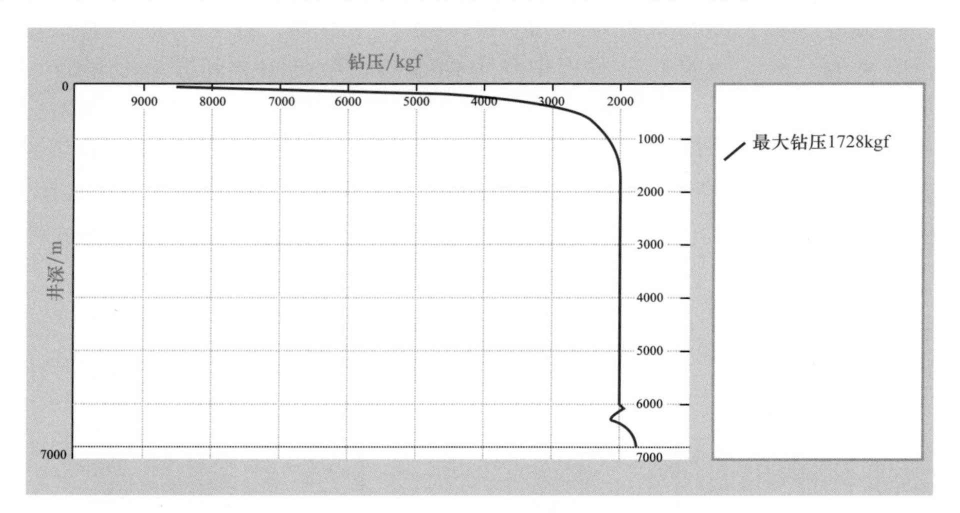

图8-2-44 井深6800m时钻头能获得的最大钻压

③ 水力学模拟结果（表8-2-13）表明，考虑到现场安全作业的需要，将泵压门限设置在70MPa，软件只计算70MPa以内的作业参数时。如果要将井底1mm粒径的砂粒的带出地面，理论上排量的低限为118L/min，若砂粒粒径达到2mm，需要的排量将达到225L/min，而此时假设液体中不添加降阻剂，泵压将会达到95.3MPa，超过连续管限压70MPa。液体摩阻试验显示，加入降阻剂后，液体的摩阻可降低40%，因此，当作业排量达到250L/min，连续管限压也不会超过70MPa，可实现安全作业。

表8-2-13 水力学计算参数表

项目	排量/L/min	泵压/MPa	井口油压/MPa	液体有效黏度/mPa·s	最低流速深度/m	颗粒沉降速度/m/s	环空最低流速/m/s
1mm粒径的砂砾最低排量	118	55.9	25	50	6080.5	0.05	0.09
2mm粒径的砂砾最低排量	225	95.3/62（加入降阻剂）	25	50	6080.5	0.15	0.3

3）解堵效果

（1）连续管冲洗作业。

按照设计方案第一趟作业采用冲洗工具串：双活瓣单流阀（ϕ43mm×370mm）+冲洗头（ϕ54mm×120mm），工具总长0.37m。连续管下入后探砂面位置4221m，冲砂排量150～300L/min，泵压52～60MPa，控制井口压力23～15MPa，冲砂4h累计进尺0.78m，决定起出连续管更换钻磨工具串。

（2）连续管钻磨冲砂作业。

钻磨工具串结构：马达头总成（ϕ54mm×800mm）+ 螺杆马达（ϕ54mm×3400mm）+ 三翼磨鞋（ϕ57mm×155mm），总长 4.355m。连续管下放过程中持续循环，排量 150L/min，泵压 32～60MPa，井口压力 17～30MPa，下至 4219m 开始钻磨冲砂，排量 220L/min，泵压 30～60MPa，继续下放钻磨冲砂至 6085.99m，井口压力从 13MPa 快速上涨至 51MPa，判断井筒疏通，决定快速上提连续管起出井口，进行求产测试，ϕ4mm 油嘴，井口油压 72MPa，折日产气 30×10^4m^3。整个钻磨期间井口除砂器累计出砂 98L，砂粒最大粒径达 2cm，如图 8-2-45 所示。

图 8-2-45　连续管钻磨冲砂返出砂

第九章　钻井工程一体化软件

针对钻井工程软件平台一体化程度不足、深井及超深井钻井工程设计软件集成程度低、缺少钻井远程决策支持等钻井系统等难题，开展技术攻关，通过钻井工程一体化软件平台开发、深井超深井钻井工程设计系统开发以及钻井远程实时监测与技术决策系统开发。形成了一套具有钻井设计、实时监测与技术决策功能的钻井工程软件，实现钻井数据集中管理和共享、钻井工程优化设计、钻井信息实时监测、分析、处理决策的目标，达到事前设计、事中监测、事后分析的钻井工程技术一体化技术支持。解决了钻井多专业软件集成研发与应用的难题，现场应用效果良好，显著提升了钻井工程设计与实时决策的效率和效果。

第一节　深井钻井工程设计软件

通过基于一体化软件平台的集成式研发，以及基于 Jenkins 的研发运维一体化管理系统搭建，突破了钻井大型软件的研发技术，研发了一套具有自主知识产权的钻井工程设计一体化软件产品，其中包括深井超深井钻井工程设计集成系统 V3.0～V3.2 版，包含深井井身结构设计、井眼轨迹设计、钻具组合设计、水力学计算、钻井液设计、固井设计等 8 个模块，具有与国际先进软件相同的功能，见表 9–1–1。

表 9–1–1　钻井工程设计集成系统功能对标表

功能		Landmark 钻井软件	深井钻井工程设计集成系统 V3.2
一体化数据库		EDM	具有统一数据服务层
特殊井身结构		不支持复合井眼	支持多级注水泥、复合井眼、复合套管、半程固井等特殊井身结构设计
井眼轨迹设计	井眼轨迹类型	二维、三维设计、水平井多靶点设计	二维、三维设计、水平井多靶点设计
钻具组合设计	钻柱强度	起钻、旋转钻进和旋转起钻三种工况	起钻、旋转钻进和旋转起钻三种工况
	摩阻扭矩	滑动、旋转钻进等工况摩阻载荷计算	滑动、旋转钻进等工况摩阻载荷计算
钻井液设计	钻井液配方编辑	不支持	支持一个开次多个配方、一种配方多种性能的编辑（徐同台等，1997）
	钻井液用量计算	不支持国内算法	支持不同油田的钻井液用量计算方法

续表

功能		Landmark 钻井软件	深井钻井工程设计集成系统 V3.2
水力学计算	钻井水力参数计算	支持排量优化设计，支持岩屑、温度、井斜角、接头压耗修正，支持单一开次不同深度水力参数计算	支持深井特殊水力学流变模型，支持排量、喷嘴组合优化设计，支持井斜角、特殊钻具压降修正，支持全开次不同深度水力参数计算（樊洪海，2014，2016）
固井设计	套管强度	单轴、双轴和三轴三种校核模型	单轴、双轴和三轴三种校核模型
	水泥浆用量计算	不支持国内算法	支持不同油田的环空体积和水泥浆用量计算方法

一、钻井工程设计软件开发框架

钻井工程设计集成系统 V3.2 系列采用全部框架集成式开发，核心团队负责维护框架、核心接口、核心数据模型，发布软件开发工具包（SDK），联合单位直接在 SDK 上进行了集成式开发，杜绝了“先开发—后集成”模式导致的集成效率低下等问题，极大提升了多专业协同研发的效率。

1. 开发环境

安装 Visual Studio 2017 Community（推荐）或以上版本；

安装 .Net Framework 4.6.2 或以上版本。

2. 相关技术基础

Caliburn.Micro 框架；

Managed Extensibility Framework（MEF）。

3. 集成开发技术

解压缩 sdk 包（sdk2017****.rar），直接运行 Anydrill.main.exe，查看是否可以正常打开软件，完成添加井、编辑井身结构、井眼轨迹、钻具组合等基本功能，测试平台可用性。

新建一个项目，选择 WPF 用户控件库，设置项目名称和位置，设置 .NET Framework 4.6.2 版本。

设置项目生成和调试选项，在项目上单击右键—属性，弹出项目属性设置界面。并在属性界面设置生成路径至 SDK。将“启动操作”改为“启动外部程序”，路径为 sdk 中 Anydrill.Main.exe 的路径。单击“启动”，检查是否能够正常启动平台。

1）添加一个模块初始化类并导出

在项目中添加一个新的类，命名为模块名称 +Module。

浏览—添加对 sdk 文件夹中 Anydrill.Boot 和 Anydrill.Infrastructure 两个 dll 库文件的引用，并将引用属性中的“是否复制本地”设置为“False”（非常重要，为避免库版本不同造成的依赖关系混乱，在开发过程中，只要是通过浏览本地文件或 nuget 的方式引用的

Anydrill SDK 包中的 dll，都需要修改这项属性为“不复制”，引用的非 Anydrill sdk 中的包也无需修改）。

令刚刚添加的 ***Module 类继承自 ModuleBase 类，并使用智能联想添加 using 语句。为标明新插入的模块插件身份，需在 Module 类中重载以下方法，并为该项目添加引用：程序集—框架—System.ComponentModel.Compositon。

在类名上方使用［Export］特性导出该类，导出类型为 IModule 接口。

在 PostInitialize 方法中设置断点，启动调试，成功命中断点，证明模块基础配置类成功导出至平台。继承 ModuleBase 的类可以通过重载 PreInitialize，Initialize 和 PostInitialize 三个方法实现模块插件初始化相关操作。框架在整个系统初始化前、时、后会分别调用这三个方法。

2）添加一个 UI 界面

引用—右键—管理 Nuget 程序包，在“浏览”中输入 caliburn.micro，版本选择 3.0.3，点击安装，等待安装完成，将添加完成的三个包“复制本地”属性设置为“不复制”。

在项目中添加两个文件夹，命名为“ViewModels”和“Views”。在“ViewModels”中添加一个类，Views 中添加一个用户控件（UserControl），分别命名为 ****ViewModel 和 ****View，由于 Caliburn 框架使用命名规则自动绑定 View 和 ViewModel，注意 **** 部分必须完全一致。

在 ****ViewModel 类上添加［Export］标签，配置导出。令 ViewModel 类继承 Document 基类。继承 Document 类可使该 UI 显示在界面的中心区，集成 Tool 类可使该 UI 默认显示在界面任一侧的工具栏区，并在构造方法中配置界面的标题 DisplayName。使用 Module 类，重载 PostInitialize 方法，在系统初始化完成后，调用 Shell.OpenDocument 方法显示新添加的页面。

点击启动，调试程序，检查新添加的空界面是否正常显示。

3）界面值与 ViewModel 属性的绑定和更新

在类中添加 2 个简单的属性。

在刚添加的 View 中添加简单的布局和控件，x：Name 命名需要和 ViewModel 中属性名称一致（注：传统的 binding 语句也可以同时使用）。

点击启动，检查绑定是否正常运行。

4）界面事件和 ViewModel 方法的绑定

界面中控件的事件（如：button 的 Click 事件等）可以通过 Caliburn.micro 的 Message 来与 ViewModel 中的方法互相绑定。在界面中添加一个 Button 控件。并在 ViewModel 中添加相应方法。

运行项目，即可点击按钮查看方法是否成功绑定。所有的方法绑定都应提供方法可用性检查属性，属性名称定义为 Can+ 方法名称，当方法可用性发生变化时，需及时更新界面。例如当没有选择当前井时，无法加载钻具组合数据，此时与该方法绑定的 button 为不可用。响应选井时间，利用 Refresh 方法更新界面状态，按钮变为可用。

菜单是软件交互的核心，平台允许添加并导出一个 ribbon 菜单组。

添加对中 telerik 控件的引用，包括以下程序包：

（1）Telerik.Windows.Controls；

（2）Telerik.Windows.Controls.Input；

（3）Telerik.Windows.Controls.Navigation；

（4）Telerik.Windows.Controls.RibbonView；

（5）Telerik.Windows.Controls.Data。

在项目中新建一个 UserControl，添加 RibbonView，RibbonTab 及 RibbonGroup，最终导出至系统以 RibbonGroup 为单元。引用 Anydrill.RibbonMenu.dll，在 .xaml.cs 文件中添加导出属性，导出特性 AnydrillRibbonGroup 有两个参数，第一个代表 RibbonGroup 所在的 Tab 名称，目前默认有“RTab_Basic”“RTab_DesignDetail”“RTab_Dictionary”“RTab_Hydraulic”“RTab_RigDevice”“RTab_Strings”“RTab_WellPath”“RTab_WellStructure”8 个 Tab 可以使用；第二个整型参数代表 Group 的顺序，可以自行设置，调整 Group 在 Tab 中的左右位置。

这里注意：在导出 group1 之前，一定要在其父元素（此处为 tab1）中移除 group1，否则系统无法加载。启动调试，查看 RibbonGroup 是否导入至正确位置。

5）通过 Ribbon 菜单组与 ViewModel 的绑定

将 Ribbon 菜单组的 DataContext 也设定为对应的 ViewModel，一个 RibbonGroup 最多绑定一个 ViewModel。

这里使用依赖注入的方式实现。

6）使用依赖注入，响应系统事件

通过构造函数进行依赖注入，在构造方法上标注 [ImportingConstructor]，再填入需要注入的接口即可，目前常用的接口有（注：接口会不断丰富完善，请随时关注更新的文档）：IeventAggregator——事件聚合器，用于事件的发布，注册；IdatabaseServer——数据服务，用于读写数据库；IwellManager——井管理，用于获得用户当前激活的井或井眼信息；IwindowManager——用于管理弹出窗口；Ioutput——用于类似于控制台的实时输出；响应平台的 WellSwitch 事件——需要继承泛型接口 IHandle＜WellSwitchEvent＞。

利用智能提示，点击“实现接口”，会自动生成接口方法。使用 Subscribe 方法将类注册到事件聚合器，否则无法响应事件。

启动调试，在井浏览器中切换一口井，即可检查是否命中相关事件响应方法中的断点。一个类可以继承多个 IHandle＜＞泛型接口，从而对多个事件作出响应，只需要 Subscribe 一次，如果需要定义新的全局事件，则需由平台统一管理。

7）响应井更新事件，重新获取数据

需要引用 Anydrill.DrillingModels.dll 和 Anydrill.BLL.dll。通过依赖注入获取井管理器和数据服务接口。

通过数据服务的 FindInculde＜父表＞联合查询的方法获取当前井眼集合数据，第一个参数为查询条件，第二个参数为需要包含的字表（多个），查询出来之后放入 ViewModel 的 ObservableCollection 中。

或者根据数据服务接口的 Get＜表＞方法取数据，参数为查询条件。

数据模型可以动态扩展，并将维持版本的最大向下兼容性。

8）多语言

多语言使用 Gu.localization 库，首先通过 Nuget 安装其 6.2 版本。使用方式有两种：Xaml 和后台代码。Xaml 方式较为简单，首先将项目 –Properties 文件下的 Resources.resx 复制成三份并创建默认、中文和英文三份语言包。

双击三个资源文件，分别添加英文、默认语言、简体中文的字符串资源，Key 需要一致。在 View 中定义命名空间，并使用该资源。

启动调试，点击系统菜单—语言切换，即可检查中英文切换是否工作正常。

在视图模型中切换语言的方式稍微复杂一些，需要将更换字符串的方法放在一个独立方法中，并响应语言切换的事件。

9）平台核心事件

平台核心事件库是 Anydrill.Infrastructure.Events，包含所有平台级别事件的抽象定义。

Anydrill.Infrastructure.Interfaces。

常用的接口有：

IeventAggregator——事件聚合器，用于事件的发布，注册；

IdatabaseServer——数据服务，用于读写数据库；

IwellManager——井管理，用于获得用户当前激活的井或井眼信息；

IwindowManager——用于管理弹出窗口；

Ioutput——用于类似于控制台的实时输出。

二、钻井工程设计集成系统功能

钻井工程设计集成系统是依托钻井工程一体化软件平台，利用全插件集成式开发手段开发形成的能够支撑直井、定向井和水平井多种井型的钻井工程设计软件。本章将简要介绍软件的各项主要功能。

1. 基础数据录入

基础数据录入模块主要包括【新建井】、【地层压力】、【井身结构】、【井眼轨迹】和【钻具组合】5 个方面，用户可参照钻井工程设计进行输入。

1）新建井

点击【新建井】，新建一口空井。点击井浏览器下的【新建井】文件夹，再点击【编辑当前井】按钮，弹出【井基础信息编辑】界面，可填写修改井号、坐标等信息，修改好后，点击【保存】按钮，完成对井基础信息的编辑。通过【导出当前井】【导入井】按钮，可以将当前井数据和加密井文件之间转换。

2）地质分层及地层压力

在【地质分层】中点击【编辑】按钮，进行地质分层数据的编辑，点击【添加】按钮，往表内添加不同层位的数据，包括深度、厚度、岩石密度和地温梯度等。输入完后，点击【保存】按钮，完成地质分层数据的输入。

也可使用【粘贴】功能，从 Word 或者 Excel 中拷贝“底深”一列，点击【粘贴】，自动创建多行地层表格，随后，可以从 Word 中拷贝单列。

在【地层压力】中点击【编辑】按钮，进行三压力剖面数据的编辑，点击【添加】按钮，往表内添加不同测深位置处的三压力数据，输完后，点击【保存】按钮，完成三压力剖面数据的编辑，如图 9–1–1 所示。

3）井眼轨迹

在井眼轨迹部分，点击【轨迹编辑器】按钮，从 Excel 或 Word 表格中复制测深、井斜角、方位角三列数据，然后点击【粘贴】按钮，将测深、井斜角和方位角数据填入表格中，再点击【保存】按钮，保存数据，如果未自动进行测斜计算，可以点击“测斜计算”进行手动计算，结果显示在表格中，如图 9–1–2 所示。

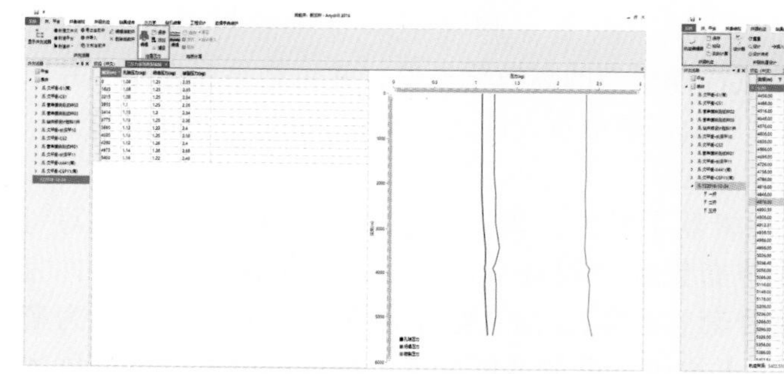

图 9–1–1 地层压力数据输入界面

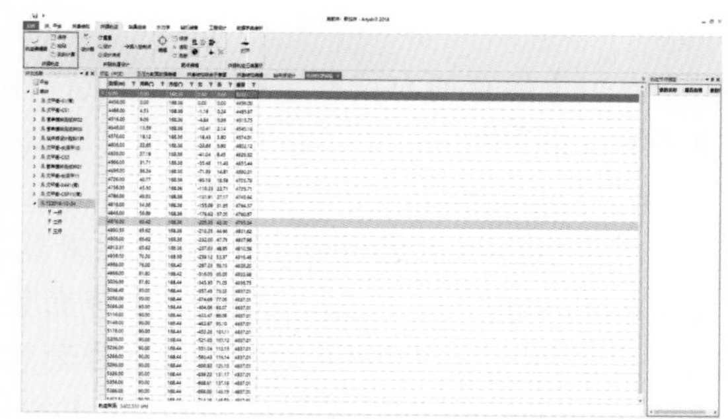

图 9–1–2 井眼轨迹数据输入界面

在井眼轨迹部分，点击【差值】按钮可以基于现有轨迹进行深度差值计算，如图 9–1–3 所示。

（1）靶点编辑。

在靶点编辑菜单栏，点击【编辑】按钮，打开靶点编辑界面，【保存】按钮用于保存靶点编辑结果，【保存】按钮右侧的【增加】、【删除】、【插入】按钮可用于编辑靶点。

（2）三段制设计。

在井眼轨迹设计菜单栏，点击【设计器】打开设计界面，如图 9–1–4 所示。

在弹出的【井眼轨道设计】界面中点击选中第一个节点，如深度为 0 的节点，并在下方设计模型选择界面中点选【三段式】标签，如图 9–1–5 所示。

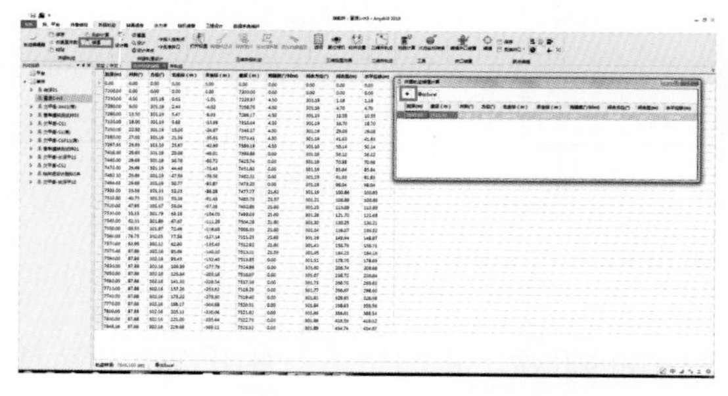

图 9–1–3 深度差值界面

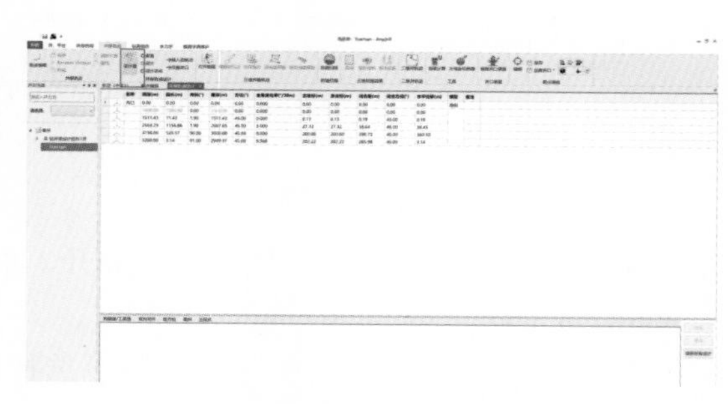

图 9–1–4 轨道设计界面

在下方设计模型选择界面中输入三段式设计相关的参数，点击【添加】完成设计模型段的新增，如图9–1–6所示。

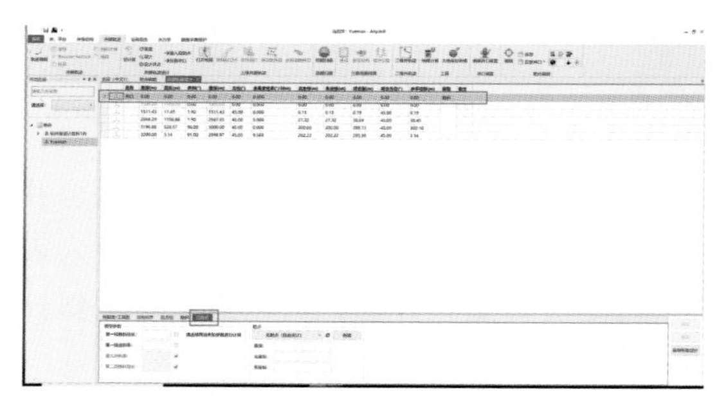

图9–1–5 设计起点界面

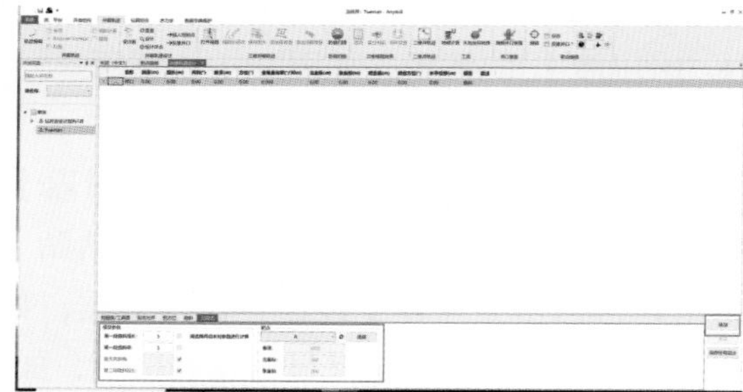

图9–1–6 三段制设计界面

点击【保存所有设计】按钮，完成设计模型的离散化插值，并将结果保存至【井眼轨迹编辑器】中，注意，如果之前在井眼轨迹器中录入过轨迹数据，此操作会将其覆盖。

4）井身结构

在井身结构编辑部分，点击【编辑器】按钮，再点击【增加开次】，编辑填写每开次的钻头直径、井深、套管尺寸等套管和井眼数据，最后点击【保存】按钮，完成井身结构信息的编辑。如果是复合套管，需先选中复合套管对应的开次（变为蓝色），再点击“套管”旁边的黑色【⊞】按钮，添加多段套管。同样的方式，可以添加复合井眼。为保证套管校核使用正确的算法，需在井身结构下面的套管设计表中的最右侧一列中，手动选择“套管类型”，如“生产套管”“技术套管”等，不要漏选，如图9–1–7所示。

在钻井液设计时，需要先在左侧井浏览器中选中某一开次，在图9–1–8中红色方框处单击右键，添加该开次下的钻井液体系，点击上方“钻井液设计”中的【保存】按钮，保存当前编辑的信息，如图9–1–8所示。

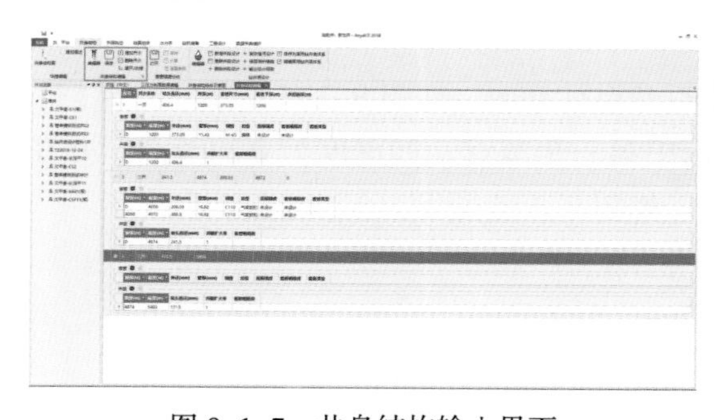

图9–1–7 井身结构输入界面

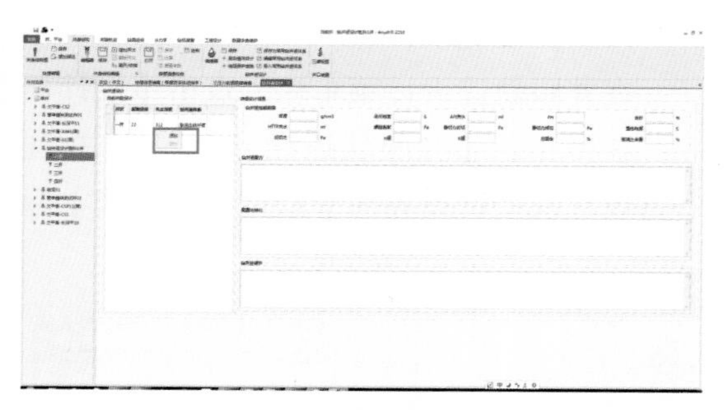

图9–1–8 钻井液体系输入界面

本界面可以输入范围，用波浪线隔开，如密度可输入1.08～1.15。

5）钻具组合

在钻具组合部分，先在井浏览器下选择设计井的开次，再编辑填写此开次下的钻具组合类型、深度始、深度终，在编辑填写此钻具组合类型下详细的工具类型、内外径、长度参数，再点击【保存】按钮，完成此开次下某一钻具组合工具的详细编辑，重复上述操作，完成此井的钻具组合的编辑填写，如图 9-1-9 所示。

2. 图形化功能

1）井身结构图

录入井眼轨迹、井身结构、地层数据、钻井液密度后，可以绘制井身结构图，在井身结构图每个地层层面上，可以滑动调节深度比例尺，以调节图形美观程度，如图 9-1-10 所示。

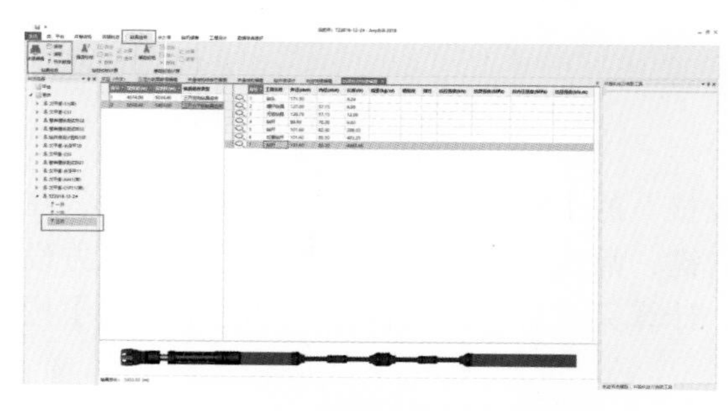

图 9-1-9 钻具组合输入界面

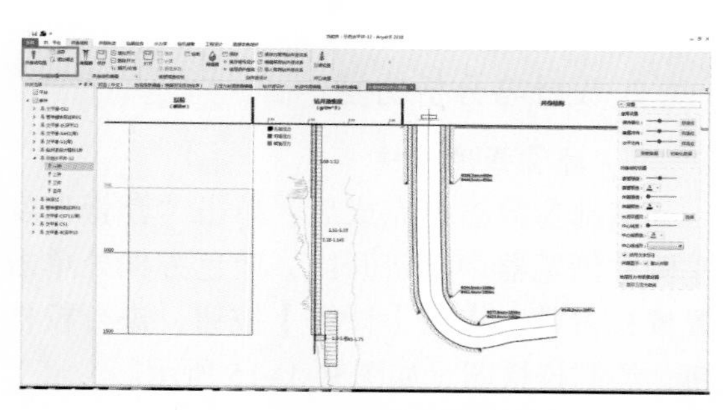

图 9-1-10 井身结构图界面

2）二维井眼轨迹图

二维井眼轨迹图及标注展示，可以展示水平投影图、垂直投影图及曲面投影图，可以自定义设置投影方位。使用滚轮可以实现等比例放大、缩小；在坐标轴上使用滚轮，可以实现单坐标轴方向上的放大、缩小，如图 9-1-11 所示。

3）三维井眼轨迹图

三维井眼轨迹图及标注展示，如图 9-1-12 所示。

注：左键拖拽平移图像，右键可以旋转图像，使用滚轮可以放大、缩小图像。

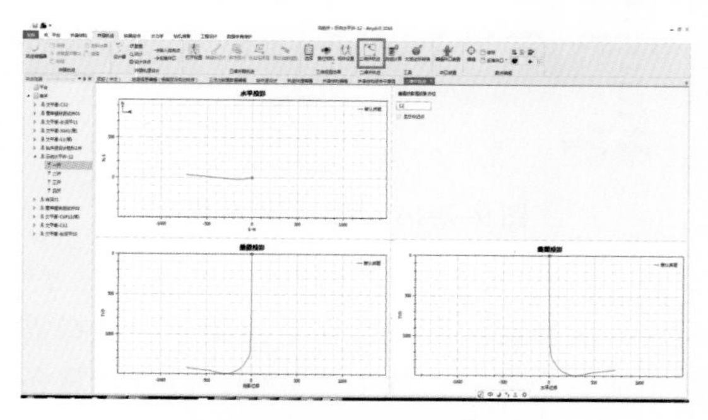

图 9-1-11 井眼轨迹图界面

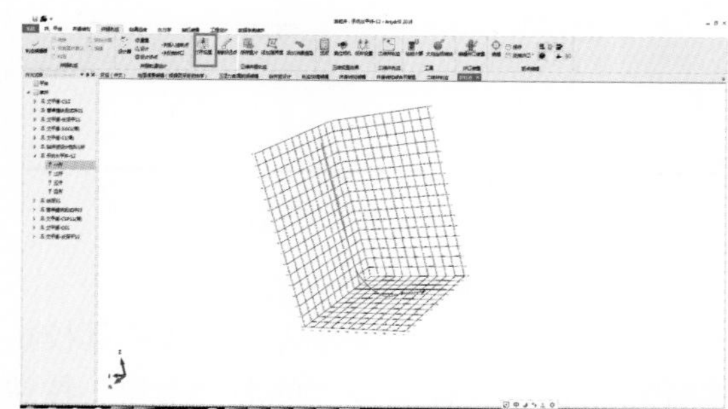

图 9-1-12 三维井眼轨迹图界面

通过“编辑标记点”功能，可实现单点和区间文字高亮标注；通过“邻井设置”，可以将距离范围内邻井加入可视化，如图 9-1-13 所示。

4）井口装置图

从左侧工具栏拖拽组合井口装置，编辑型号及高度，如图 9-1-14 所示。

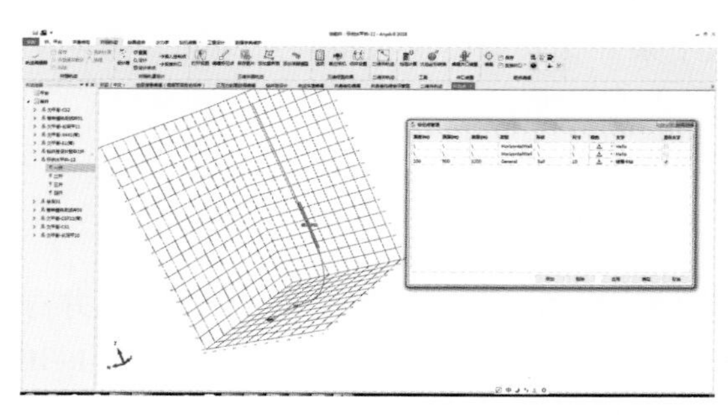

图 9-1-13　三维井眼轨迹图及标注功能界面

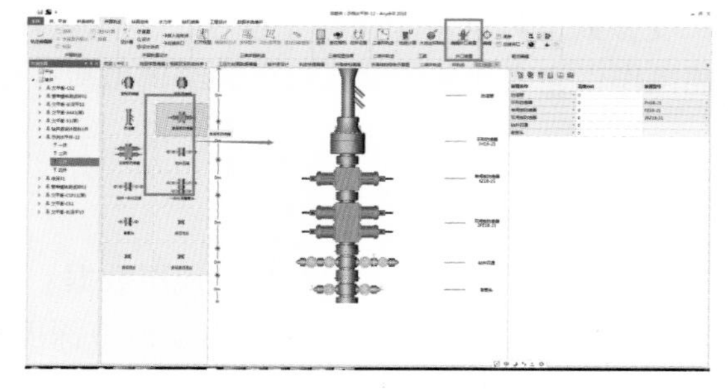

图 9-1-14　井口装置图界面

3. 设计与分析功能

1）套管强度校核

基础参数输出完成后，单击“套管强度校核”的【打开】按钮，打开校核界面，在左侧井浏览器中选定开次，蓝色方框处单击右键，筛选具体套管壁厚和型号，在下方设置校核参数，点击【计算】按钮，进行校核。计算完成后，注意保存，点击【绘图】按钮，绘制校核图，如图 9-1-15 所示。

2）钻具校核模块

编辑并保存钻具组合后，打开钻具校核模块，在下拉菜单中选择需要计算的钻具组合编号，单击“添加”按钮，添加一个算例，选中该算例，设置计算条件后，点击【计算】按钮进行校核，如图 9-1-16 所示。

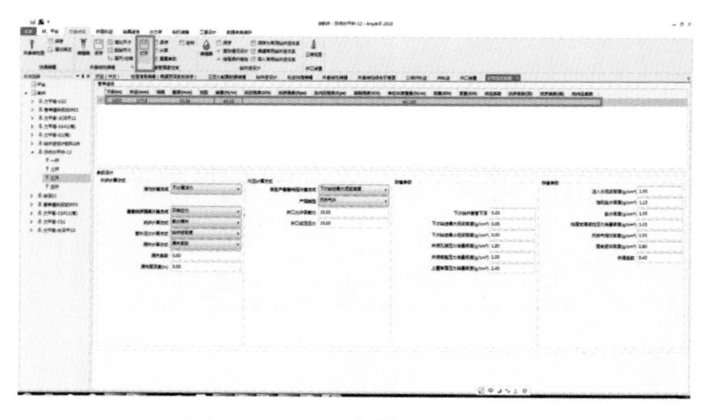

图 9-1-15　套管强度校核

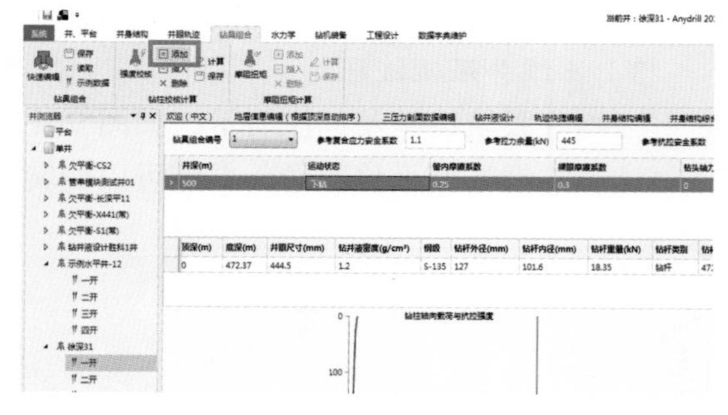

图 9-1-16　钻具强度校核

3）摩阻扭矩计算

编辑并保存钻具组合后，打开钻具校核模块，选择对应开次，在下拉菜单中选择需要计算的钻具组合编号，单击“添加”按钮，添加一个算例，选中该算例，设置计算条件后，点击“计算”按钮进行校核，如图 9-1-17 所示。

4）水力学计算模块

基础数据

（1）【基础数据】的输入一共分为以下 7 步（图 9-1-18）：

① 选择需要进行模拟计算的开次。

② 在当前开次下，选择一套钻井液体系。

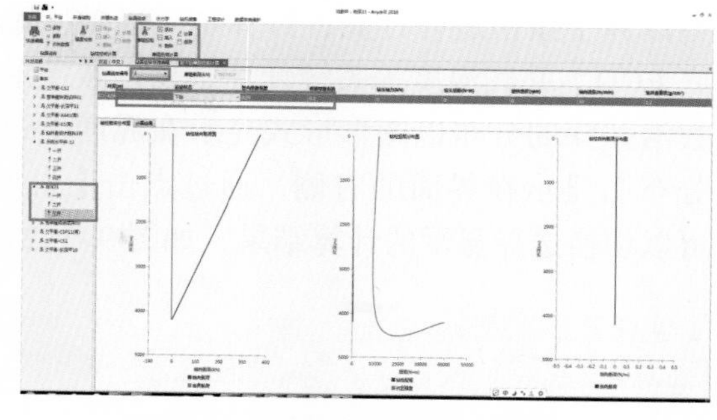
图 9-1-17　摩阻扭矩计算界面

③ 在当前开次下，选择一套钻具组合。

④ 在当前开次的深度范围内，输入【井深】、【井口回压】、【机械钻速】、【岩屑直径】和【岩石类型】。

⑤ 进行【钻井液排量】输入；本软件提供两种输入方式：一是直接输入；二是通过【缸套直径】、【缸套冲程】、【泵冲】和【容积效率】进行计算。

⑥ 输入钻头水眼参数。

⑦ 参数输入完成后，点击【保存】，进行数据保存。

特别指出的是：当第一次进行参数输入完成保存后，下次打开时，步骤④ ⑤ ⑥ 中的基础参数会自动加载。

（2）【钻井液】的输入一共分为以下 4 步（图 9-1-19）：

① 输入钻井液密度。

② 选择是否为【油基钻井液】，若是，则还需输入【基油类型】和【油水比】。

③ 选择合适的流变模型，并输入相应的参数。另外需要特别指出的是，若对于深井和超深井无法确定合适的流变模型，可点击【参数计算】并输入不同压力和温度条件下的流速黏度计读数，并进行【流变性拟合】，软件会根据拟合结果，对井筒压力和温度场进行优化计算。

④ 参数输入完成后，点击【保存钻井液】，进行数据保存。

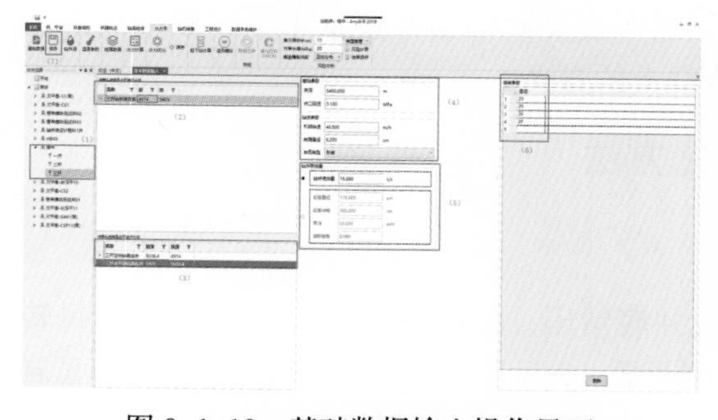
图 9-1-18　基础数据输入操作界面

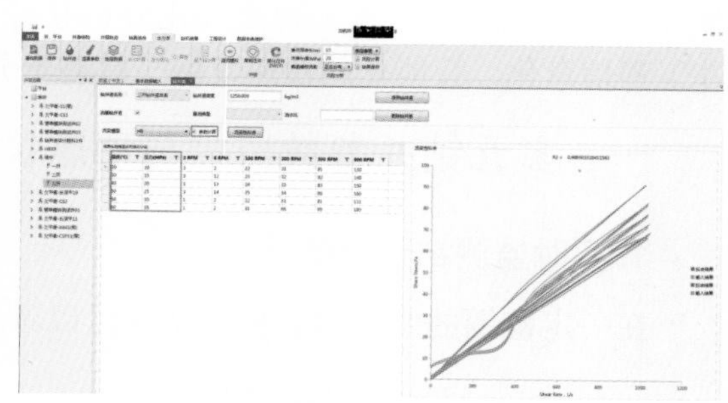
图 9-1-19　钻井液流变性拟合操作界面

（3）【温度参数】的输入一共分为以下 3 步（图 9-1-20）：

① 选择环境温度参数的计算模式，包括【方程计算】和【实测数据拟合】两种模式。

② 当选择【方程计算模式】时，输入【地温梯度】、【地面温度】和【注液温度】；当选择【实测数据拟合模式】时，软件自动读取基础平台中【地层数据】中的【地温梯度】进行计算。

③ 参数输入完成后，点击【保存】，进行数据保存。

5）水力学计算与分析

【水力计算】部分操作流程为：在基础数据和模块参数均正确输入完成后，点击【水力计算】按钮进行计算，计算结果以数字和图形显示，其中，立管压力、套管压力、井底 ECD、井底温度等关键计算结果以数字形式显示在界面左侧，压力、温度、ECD 等参数沿井深的分布以图形形式显示在界面上；岩屑浓度、岩屑床厚度、岩屑返速随井深的分布图显示在界面的右侧，通过点击【岩屑浓度】、【岩屑床厚度】、【岩屑返速】按钮，可以切换选择显示的计算结果，如图 9-1-21 所示。

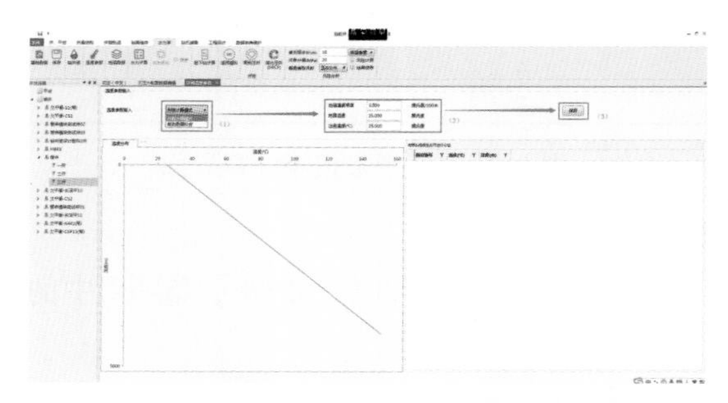

图 9-1-20　温度参数方程计算模式操作界面

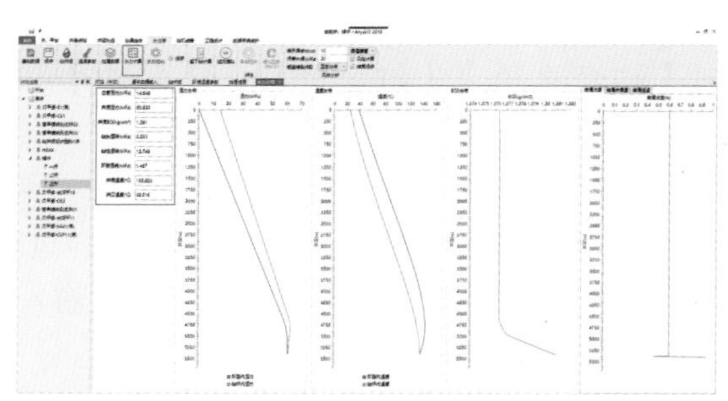

图 9-1-21　水力计算计算结果输出界面

第二节　钻井施工智能优化分析软件

针对钻井工程的特点，从钻井工程设计和施工对钻井软件的需求出发，利用钻井工程成熟的计算模型和钻井工程施工经验，结合钻井现场技术人员、管理人员的要求，以钻井数据流程和施工流程为软件功能划分标准，对钻井工程所需要的软件进行总体规划和开发，研发出钻井施工智能优化分析软件，对于提高我国钻井技术水平，推动我国钻井工程信息化、智能化的快速发展，具有十分重大的意义。

一、多元钻井参数监控与动态优化方法

1. 实时监测钻速模型

在一定范围的井段内，机械钻速可以看成井底钻压、转速的函数。定义 DPR 为每转钻深，表示钻头旋转一周所切削的井底岩石深度，等于机械钻速（ROP）除以钻头转速（RPM），则 DPR 与 WOB 的关系如图 9-2-1 所示。

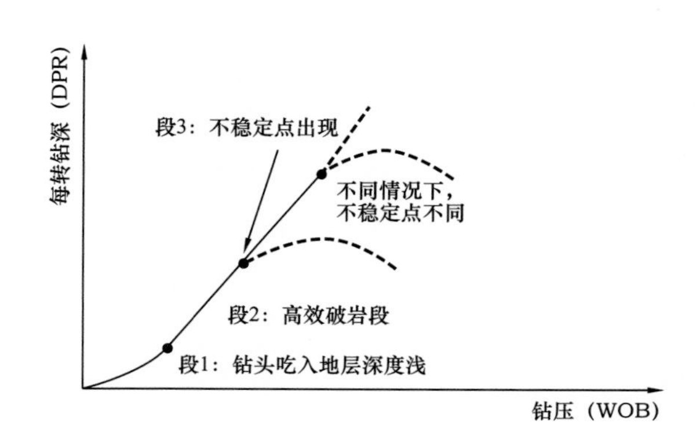

图 9-2-1　实时监测钻压与每转钻深曲线示意图

段 1 表示钻压过低，钻头切屑齿切入地层的深度浅，能量不足导致钻头破岩效率低，机械钻速较低。进入段 2，随着钻压的提高，钻头切屑齿切入足够深，钻头输出能量稳定，钻压和每转钻深呈正比线性关系，破岩能量充分应用。随后进入段 3，

受井下各种因素的影响，钻井过程中的不稳定点出现，钻速不再同钻压呈线性关系，不稳定点处已经接近当前钻井系统可能获得的最高钻速。不同地层、不同钻具组合、不同工况下不稳定点不同。

根据以上理论，钻进施工实时监测机械钻速模型可以表示为：

$$\mathrm{ROP}=f(W,R) \tag{9-2-1}$$

$$\mathrm{DPR}=50R/3R \tag{9-2-2}$$

式中　ROP——机械钻速，m/h；

W——钻压，kN；

R——转速，r/min；

DPR——每转钻深，mm。

钻进施工参数实时监测与优化的目的在于：

（1）根据实时钻压、转速、机械钻速等数据，实时拟合钻速方程；

（2）评价当前钻进效率，推荐后续钻进施工参数（钻压、转速等）；

（3）根据拟合的钻速方程，预测后续机械钻速；

（4）在数据足够时，搜索钻进效率最高的钻进施工参数，即不稳定点。

1）钻速模型约束条件

钻进施工参数优化约束条件包括钻压限制、扭矩限制、转速限制、井眼清洁限制等，钻速优化和施工参数推荐值必须在此限制范围内进行。

2）钻进施工参数实时监测与优化算法

（1）卡尔曼滤波算法。

对于钻压、转速、排量等实测数据存在的测量误差和噪声，可以利用卡尔曼（Kalman）滤波算法进行实时降噪处理，减小误差对模型拟合带来的影响。

卡尔曼滤波算法的核心公式如下：

$$\hat{\boldsymbol{X}}_k^- = \boldsymbol{\Phi}_{k-1}\hat{X}_{k-1}^+ \tag{9-2-3}$$

$$\boldsymbol{P}_k^- = \boldsymbol{\Phi}_{k-1}\boldsymbol{P}_{k-1}^+\boldsymbol{\Phi}_{k-1}^{\mathrm{T}} + \boldsymbol{Q}_{k-1} \tag{9-2-4}$$

$$\boldsymbol{K}_k = \boldsymbol{P}_k^-\boldsymbol{H}_k^{\mathrm{T}}\left(\boldsymbol{H}_k\boldsymbol{P}_k^-\boldsymbol{H}_k^{\mathrm{T}} + \boldsymbol{R}_k\right)^{-1} \tag{9-2-5}$$

$$\hat{\boldsymbol{x}}_k^+ = \hat{X}_k^- + \boldsymbol{K}_k\left(\boldsymbol{Z}_k - \boldsymbol{H}_k X_k^-\right) \tag{9-2-6}$$

$$\boldsymbol{P}_k^+ = \left(I - \boldsymbol{K}_k\boldsymbol{H}_k\right)\boldsymbol{P}_k^- \tag{9-2-7}$$

式中　$\boldsymbol{X}$——状态向量；

$\boldsymbol{\Phi}$——状态转移矩阵；

$\boldsymbol{P}$——误差协方差矩阵；

$\boldsymbol{Q}$——系统噪声协方差矩阵；

$\boldsymbol{H}$——观测矩阵；

$\boldsymbol{R}$——观测噪声协方差矩阵；

$\boldsymbol{K}$——卡尔曼增益矩阵；

$\boldsymbol{Z}$——观测向量。

其中，上标“-”表示预估值，上标“+”表示校正值（最优估计值），上标“^”表示估计值；下标 k 表示当前状态，k-1 表示前一状态；

卡尔曼滤波算法流程如图 9-2-2 所示。

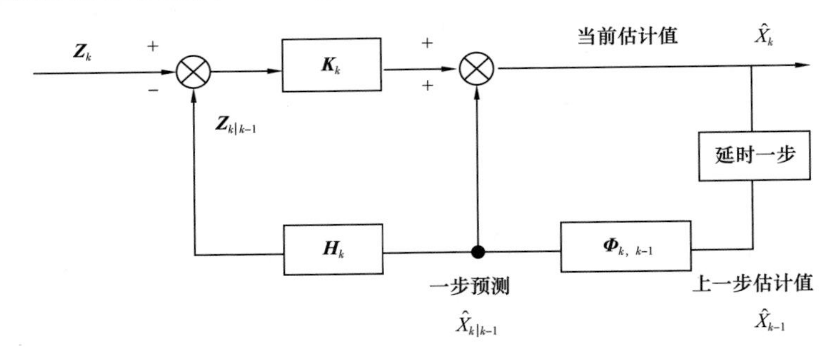

图 9-2-2　卡尔曼滤波算法流程图

（2）异步移动平均算法。

由于钻压、立压和机械钻速等很多实时参数与井下参数的变化存在一定的时间差，因此，提出异步移动平均算法来降低以上影响。

设有一时间序列 y_1，y_2，· · ·，y_t · · ·，则按数据点的顺序逐点推移求出 N 个数的平均数，即可得到一次移动平均数：

$$M_t^{(1)}=\frac{y_t+y_{t-1}+\cdots+y_{t-N-1}}{N}=M_{t-1}^{(1)}+\frac{y_t-y_{t-N}}{N}\qquad t\geqslant N \tag{9-2-8}$$

式中　$M_t^{(1)}$——第 t 周期的一次移动平均数；

y_t——第 t 周期的观测值；

N——移动平均的项数，即求每一移动平均数使用的观察值的个数；

t——异步移动平均，对钻压、扭矩等施工参数和机械钻速分别取不同平均周期。

（3）决策树回归算法。

通过深入比较不同回归算法的计算速度与准确度，确定采用机器学习算法中应用较广的回归树算法进行局部钻速方程拟合。决策树（Decision Tree）是一种基本的分类与回归方法，当决策树用于分类时称为分类树，用于回归时称为回归树。

设训练数据集为 D={（x_1，y_1），（x_2，y_2），…，（x_n，y_n）}。在训练数据集所在的输入空间中，递归地将每个区域划分为两个子区域并决定每个子区域上的输出值，构建二叉决策树，即循环以下步骤直至切分完毕，如图 9-2-3 所示。

（4）随机森林回归算法。

利用回归树算法进行局部钻速方程拟合，主要用于预测后续局部井段钻进效果。而对于最优钻进施工参数的搜索，则需要一个较长井段、较大施工参数变化区间内的拟合模型，经过对比和分析，最终确定采用随机森林回归算法进行全局钻速方程拟合。

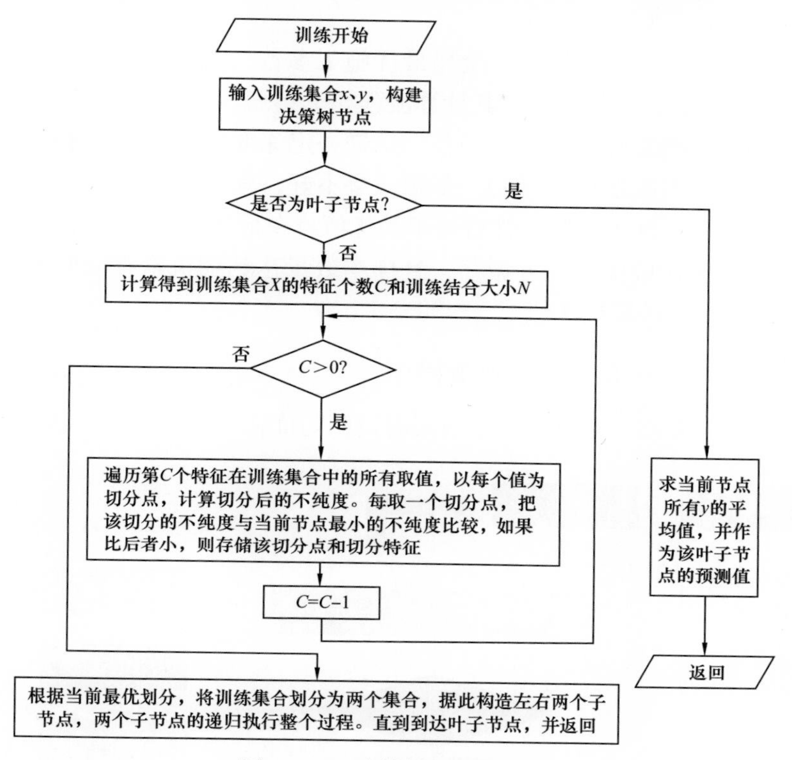

图 9-2-3 决策树回归算法图

根据随机森林的原理和基本思想，随机森林的生成主要包括以下三个步骤（图 9-2-4）：

① 通过 Bootstrap 方法在原始样本集 S 中随机抽取 k 个训练样本集，一般情况下每个训练集的样本容量与 S 一致。

② 对 k 个训练集进行学习，以此生成 k 个决策树模型。在决策树生成过程中，假设共有 M 个输入变量，从 M 个变量中随机抽取 F 个变量，各个内部节点均是利用这 F 个特征变量上最优的分裂方式来分裂，且 F 值在随机森林模型的形成过程中为恒定常数。

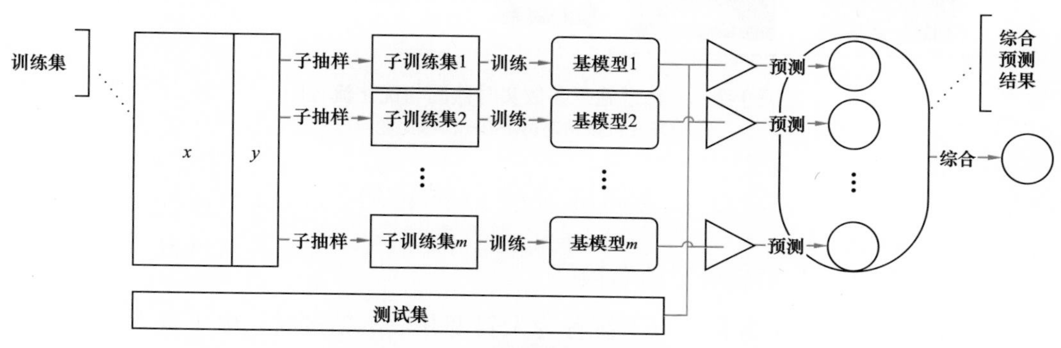

图 9-2-4 随机森林回归算法图

③ 将 k 个决策树的结果进行组合，形成最终结果。针对分类问题，组合方法是简单多数投票法；针对回归问题，组合方法则是简单平均法。

（5）不对称局部寻优算法。

随机森林回归算法主要用于寻找全局最优施工参数，对于下一步施工推荐参数可以采用不对称局部寻优算法进行计算，其计算流程如下：

① 在当前施工参数基础上增加 m 单位，钻进一定深度后，评估钻进效果。

② 如果效果好，继续增加 m 单位。如果效果不好，减少 n（$n<m$）单位。

③ 重复以上流程，施工参数最终将趋于最优值或在最优值附近振荡。

当施工参数多次在最优值附近振荡，且样本数量达到随机森林回归算法要求时，即可用随机森林回归算法计算最优值。

2. 钻进施工参数实时监测与优化流程

综合以上模型与算法，钻进施工参数实时监测与优化流程如图 9-2-5 所示。

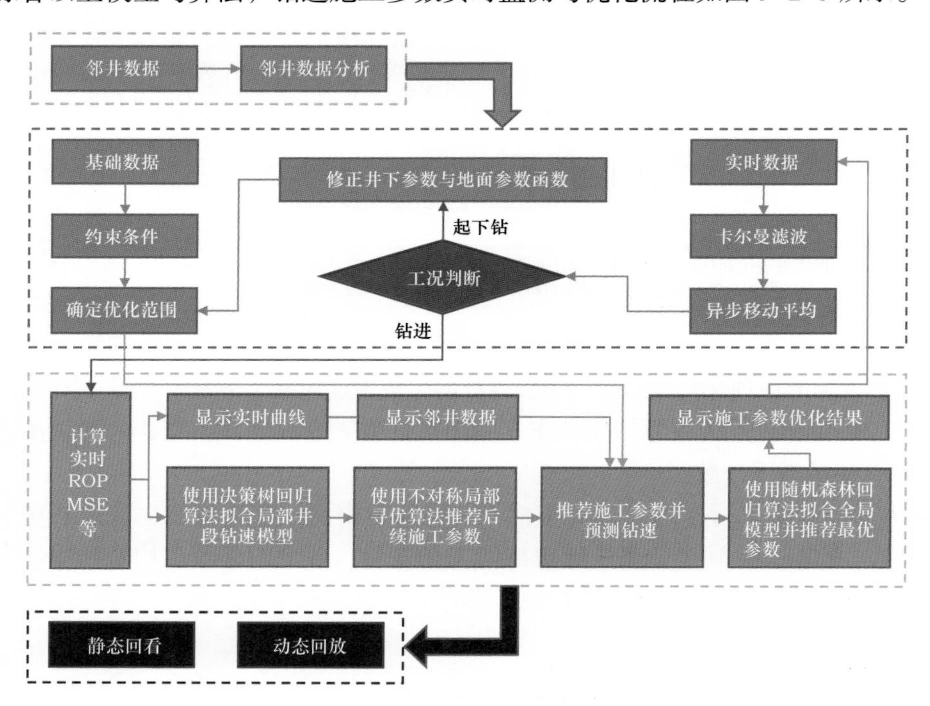

图 9-2-5 钻进施工参数实时监测与优化流程图

ROP—机械钻速；MSE—机械比能

二、井眼岩屑床动态监测与洗井参数优化理论方法

1. 复杂结构井钻井岩屑运移动态模型

在大斜度井段和水平井段（以下统称为大斜度井段）钻进时，由于重力作用，岩屑极易在井段底部形成岩屑床，岩屑以悬浮、滚动、滑动等方式运移。影响岩屑运移的因

素很多，不仅与钻井液排量、性能、机械钻速、钻杆偏心、旋转速度、岩屑物性和井身结构等有关，还与井壁稳定和倒划眼、起下钻等洗井操作有关。井眼净化不干净易于导致以下问题发生：钻头早期磨损、钻速降低、高扭矩和高摩阻、下套管和固井困难、钻具磨损大、黏附卡钻等。因此，对于大位移长水平井钻井来说，无论是井眼净化，还是钻井水力参数计算与设计，均必须首先研究环空岩屑运移规律及模型（李洪乾等，1994）。

假定在一定条件，环空中形成三层岩屑运移模型，包括上部的悬浮层、底部的均匀岩屑床层和中间的分散岩屑床层，各层之间存在质量和动量交换。根据工况条件的不同，岩屑分别以悬浮（悬浮层）、滚动（分散层）或滑动（均匀层）或者几者并存的方式运移。在一定条件下，悬浮层可能没有岩屑运移，或者底部的均匀层也整体滑动或消失，中间的分散层也可能会消失（例如斜井段）而转变为两层模型或单层模型（直井段）。因此，与两层模型相比，三层模型可以描述绝大部分环空岩屑运移形态。模型示意图如图 9–2–6 所示。

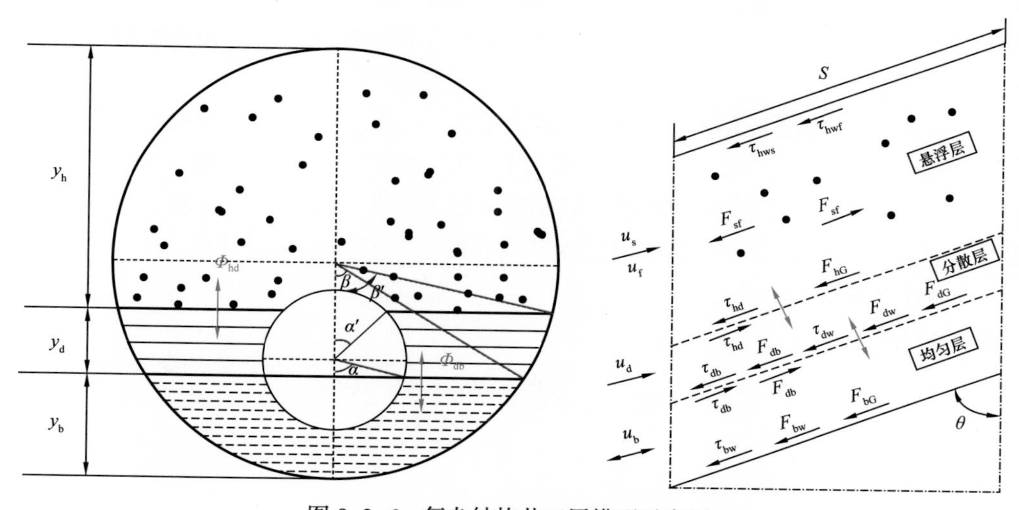

图 9–2–6 复杂结构井三层模型示意图

图 9–2–6 给出了复杂结构井三层模型岩屑分布及各层受力图。定义：下标 h、f、s、d 和 b 分别表示悬浮层、流体、岩屑、分散层和均匀岩屑床层，u 表示速度，y 表示高度，τ 表示切应力，F 表示干摩擦力，F_G 表示重力，θ 为井斜角，Φ_{db} 表示分散层与均匀层交换量，S 为井段长度，τ 为切应力，α 为下分界钻具夹角，α' 上分界面钻具夹角，β 为下分界面井筒夹角，β' 为上分界面井筒夹角。

由于研究和计算的问题较为复杂，因此对模型作了如下假设：（1）固液两相为不可压缩流体，除悬浮层外，不考虑其他各层内固液两相之间的滑动；（2）钻井液和岩屑物性连续，钻井液流变模式假定为幂律模式；（3）悬浮层岩屑浓度相对很小，且符合扩散定律；（4）均匀层岩屑体积浓度为 55%，分散层浓度为均匀层浓度的 0.8 倍。

连续性守恒表示单位时间内流入与流出单元体的质量差等于单元体内流体质量变化率，根据此定律，对各层使用连续性定理，可以得到各层的连续性方程。

动量守恒表示单位时间内单元体内流体动量变化率等于单元体所受外力的和，根据此定律，对各层使用动量定理，可以得到各层的动量方程。

2. 复杂结构井钻井井眼清洁监测方法

由于钻井井下工况复杂，直接精确计算井下环空岩屑床分布变化基本不现实，只能通过其他方法间接实现井下清洁状况的监测（刘文红等，2000）。除利用PWD仪器进行监测外，现场多是通过对比计算得到的理论最小排量与实际排量来判断井下井眼清洁状况，但这种方法仅能用于定性判断，且依赖于理论最小排量计算模型的准确程度。研究和实践表明，复杂结构井因其大斜度段和水平段长，容易造成岩屑在环空中滞留或形成岩屑床，当复杂结构井环空中存在岩屑床的时候，即使岩屑床厚度很小，环空压耗也会有明显增加，因此，可以利用环空压力监测井眼清洁程度。直接计算环空岩屑床高度进而计算环空有岩屑床压耗非常困难，但理论无岩屑床环空压耗、理论有一定高度环空岩屑床环空压耗则可以准确计算，同时，钻柱内压耗也比较容易计算，通过立压减去钻柱内压耗就可以得到实际环空压耗，通过对比以上三个参数就可以间接判断环空岩屑床高度（宋洵成等，2004）。

由于工程上常将循环钻井液当量密度（ECD）作为一个重要工作参数进行监测，因此，可以通过一定方法，将立管压力转换为ECD，做出实测ECD曲线、理论环空无岩屑床ECD曲线和理论环空存在一定厚度岩屑床ECD曲线，通过对比分析，再辅以排量对比曲线、岩屑床分布计算曲线就可以实现环空井眼清洁程度的定量评价。

1）ECD井眼清洁监测

实测ECD计算：

$$\mathrm{ECD}_1=\rho_\mathrm{f}+\frac{p_\mathrm{s}-\Delta p_\mathrm{p}-\Delta p_\mathrm{b}-\Delta p_\mathrm{m}}{gH} \tag{9-2-9}$$

理论无岩屑床ECD计算：

$$\mathrm{ECD}_2=\rho_\mathrm{f}+\frac{\Delta p_\mathrm{a}}{gH} \tag{9-2-10}$$

理论有岩屑床ECD计算：

$$\mathrm{ECD}_3=\rho_\mathrm{f}+\frac{\Delta p_\mathrm{ac}}{gH} \tag{9-2-11}$$

式中 p_s——立管压力，Pa；
ρ_f——钻井液密度，$\mathrm{kg/m^3}$；
Δp_p——钻柱内压降，Pa；
Δp_b——钻头压降，Pa；
Δp_a——环空压降，Pa；
g——重力加速度；
Δp_m——井下动力钻具（如果有）压降，Pa；
H——垂深，m。

计算流程如图 9-2-7 所示。

2）理论最小排量计算方法

理论最小排量是指达到一定的井眼清洁标准所需要的最小排量。显然，确定理论最小排量必须首先确定理论最小环空返速。依据井身结构对上部井段进行分段，综合考虑各井段所需最小环空返速和环空尺寸，以此确定钻进所需理论最小排量。

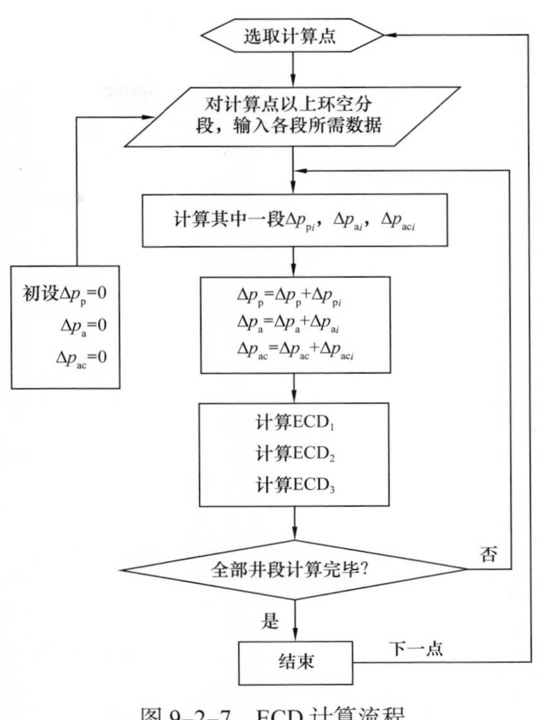

图 9-2-7　ECD 计算流程

另外，由于直井段、斜井段和水平段携岩机理不同，其井眼清洁标准也不同，也必须分段计算。通常认为直井段环空岩屑浓度小于 5% 是安全的，水平段岩屑床高度小于 10% 即满足井眼清洁要求。以此标准分别计算出直井段和水平段所需最小环空返速，然后通过插值得到斜井段所需最小环空返速，再结合各井段环空尺寸确定最小排量，取最大值作为钻进所需理论最小排量。直井段不同岩屑浓度所需最小环空返速计算比较简单，而水平段可以通过岩屑床高度计算公式反算得到不同岩屑床高度所需最小返速。

理论最小排量计算流程如图 9-2-8 所示。

3）环空岩屑床分布规律计算

因为岩屑床高度受环空尺寸、井斜角、钻井液性能和工作参数等影响，因此，必须根据井眼几何结构，将计算点（钻头所在处）以上井眼环空分成若干段，按照模型计算每一段岩屑床高度，而其最大值即为钻进至此位置时环空最大岩屑床高度，利用以上数据可以做出钻进至某一位置时的环空岩屑床分布曲线和钻进至不同位置时的环空最大岩屑床高度曲线（汪海阁等，1997）。其计算流程如图 9-2-9 所示。

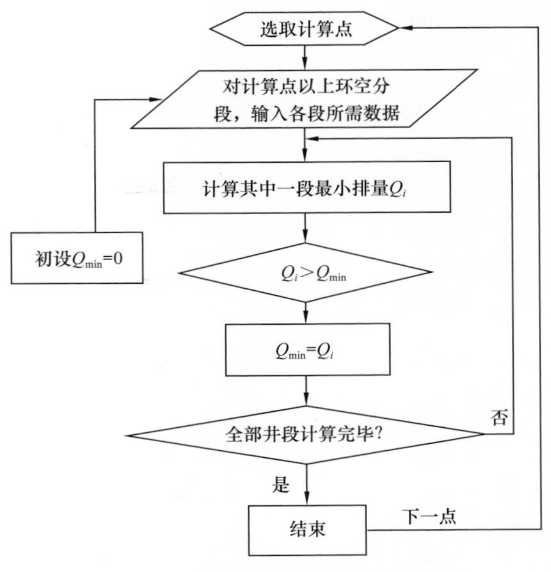

图 9-2-8　理论最小排量计算流程

三、长水平段下套管模拟与优化理论方法

1. 基础模型基本假设

钻柱处于线弹性变形状态，钻柱横截面为圆形或圆环形，如图 9-2-10 所示。

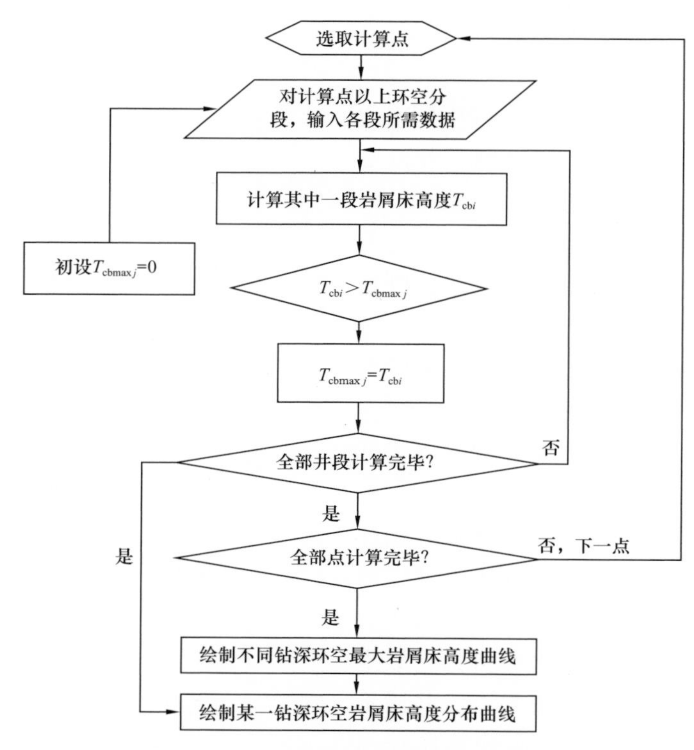

图 9-2-9　环空岩屑床分布规律计算流程

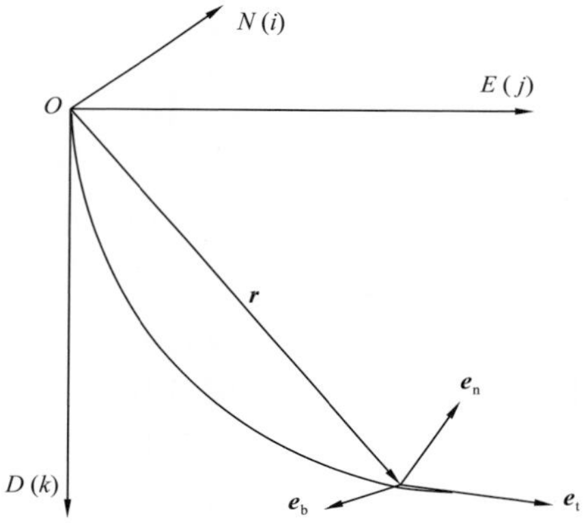

1）几何方程

设钻柱变形线任意一点的矢径为$\boldsymbol{r}=r(l,\ t)$，其中l和t分别为钻柱变形前的弧长和时间变量。自然曲线坐标系为（$\boldsymbol{e}_{\mathrm{t}}$，$\boldsymbol{e}_{\mathrm{n}}$，$\boldsymbol{e}_{\mathrm{b}}$），$s=s(l,\ t)$表示钻柱发生位移和变形后的曲线坐标。

图 9-2-10　钻柱力学坐标系

$$\left.\begin{aligned}
&\boldsymbol{e}_{\mathrm{t}}=\frac{\partial \boldsymbol{r}}{\partial s}\\
&\frac{\partial \boldsymbol{e}_{\mathrm{t}}}{\partial s}=k_{\mathrm{b}}\boldsymbol{e}_{\mathrm{n}}\\
&\frac{\partial \boldsymbol{e}_{\mathrm{n}}}{\partial s}=k_{\mathrm{n}}\boldsymbol{e}_{\mathrm{b}}-k_{\mathrm{b}}\boldsymbol{e}_{\mathrm{t}}\\
&\frac{\partial \boldsymbol{e}_{\mathrm{b}}}{\partial s}=-k_{\mathrm{n}}\boldsymbol{e}_{\mathrm{n}}
\end{aligned}\right\}\tag{9-2-12}$$

式中　k_{b}——r点的曲率；

k_{n}——r点的挠率；

$\boldsymbol{e}_{\mathrm{t}}$——钻柱变形线的切线方向的单位向量；

$\boldsymbol{e}_{\mathrm{n}}$——钻柱变形线的主法线方向的单位向量；

$\boldsymbol{e}_{\mathrm{b}}$——钻柱变形线的副法线方向的单位向量。

$$
\left.\begin{aligned}
k_{\mathrm{b}}^{2} &= \frac{\partial^{2} r}{\partial s^{2}} \cdot \frac{\partial^{2} r}{\partial s^{2}} \\
k_{\mathrm{n}} &= \left(\frac{\partial r}{\partial s}, \frac{\partial^{2} r}{\partial s^{2}}, \frac{\partial^{3} r}{\partial s^{3}}\right) \Big/ k_{\mathrm{b}}^{2}
\end{aligned}\right\} \tag{9-2-13}
$$

2）运动平衡方程

钻柱微元受力分析如图 9-2-11 所示，运动状态如图 9-2-12 所示，其中 $\boldsymbol{F}$ 为钻柱的内力，$\boldsymbol{h}$ 为单位长度钻柱上的外力，$\boldsymbol{M}$ 为钻柱的内力矩，$\boldsymbol{m}$ 为单位长度钻柱上的外力对钻柱中心 O_2 的矩，H 为单位长度钻柱对井眼中心 O_1 的动量矩。建立如下运动平衡方程：

$$
\left.\begin{aligned}
\frac{\partial \boldsymbol{F}}{\partial s} + \boldsymbol{h} &= \frac{\partial^{2}(A\rho \boldsymbol{r})}{\partial t^{2}} \\
A &= \pi\left(R_{\mathrm{o}}^{2} - R_{\mathrm{i}}^{2}\right)
\end{aligned}\right\}
$$

$$
\left.\begin{aligned}
\frac{\partial \boldsymbol{M}}{\partial s} + \boldsymbol{e}_{\mathrm{t}} \boldsymbol{F} + m &= \frac{\partial \boldsymbol{H}}{\partial t} \\
H &= A\rho\left(\boldsymbol{r} - \boldsymbol{r}_{\mathrm{o}}\right)\left[\boldsymbol{\Omega}\left(\boldsymbol{r} - \boldsymbol{r}_{\mathrm{o}}\right)\right] + I_{\mathrm{o}} \boldsymbol{\omega} \\
I_{\mathrm{o}} &= A\rho\left(R_{\mathrm{o}}^{2} + R_{\mathrm{i}}^{2}\right)/2
\end{aligned}\right\} \tag{9-2-14}
$$

式中 A——钻柱的截面积，m^2；

ρ——钻柱材料密度，$\mathrm{kg/m^3}$；

t——时间，s；

$\boldsymbol{\Omega}$——钻柱绕井眼中心公转角速度矢量，rad/s；

$\boldsymbol{\omega}$——钻柱自转角速度矢量，rad/s；

I_{o}——单位长度钻柱绕自身轴线的转动惯量，m^4；

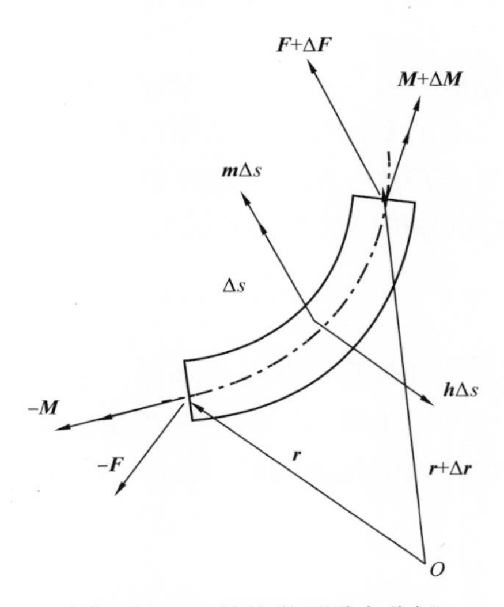

图 9-2-11 钻柱微元受力分析

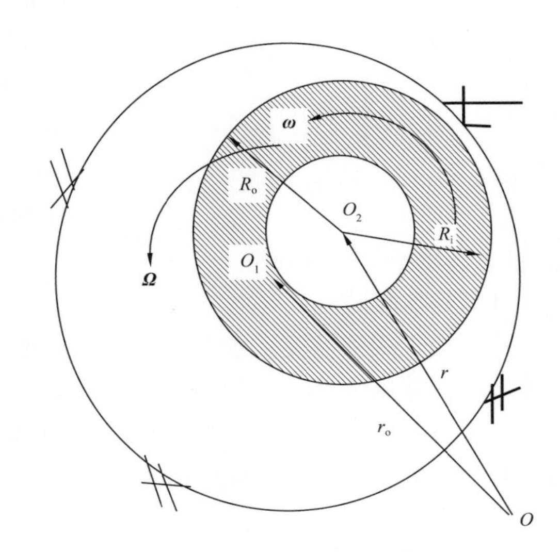

图 9-2-12 钻柱的运动状态

R_o——钻柱外半径，m；

R_i——钻柱内半径，m；

$\boldsymbol{r}_o$——井眼中心的矢径，m。

3）本构方程

设钻柱的抗弯刚度为 EI，抗扭刚度为 GJ，忽略剪力的影响，则本构方程为：

$$\left.\begin{aligned} &M = EI\left(\boldsymbol{e}_t \times \frac{\partial \boldsymbol{e}_t}{\partial s}\right) + GJ\frac{\partial \gamma}{\partial s}\boldsymbol{e}_t \\ &F_t = EA\left(\frac{\partial s}{\partial l} - 1 - \varepsilon T\right) \\ &M_t = GJ\frac{\partial \gamma}{\partial s} \end{aligned}\right\} \tag{9-2-15}$$

式中 E——弹性模量，Pa；

I——截面惯矩，m^4；

G——剪切弹性模量，Pa；

J——截面极惯矩，m^4；

γ——钻柱的扭转角，rad；

F_t——钻柱的轴向拉力，N；

T——温度的增量，℃；

ε——线膨胀系数，℃$^{-1}$；

M_t——钻柱的扭矩，N·m。

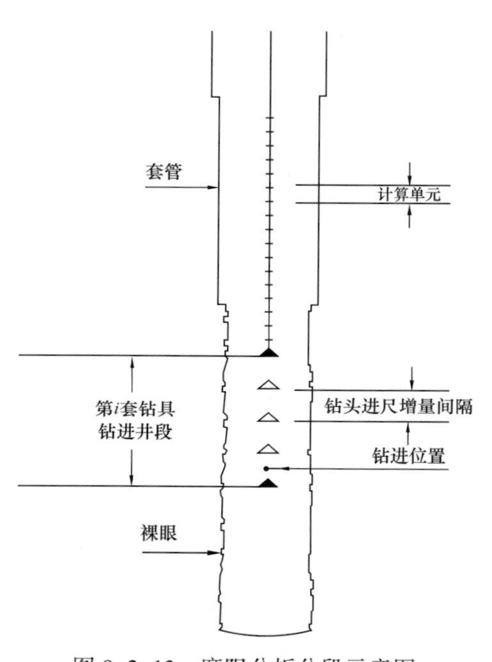

图 9-2-13 摩阻分析分段示意图

2. 钻柱摩阻预测与分析

把每套钻具完成的井深段分成若干增量段，对 n 套钻具组合进行分段静态计算，最终完成动态计算。

摩阻分析对象一类是已知摩擦系数，求摩阻和载荷，应用于摩阻和载荷预测；另一类是已知载荷反演摩擦系数，用于积累摩擦系数的经验数值和事后摩阻分析评估，如图 9-2-13 所示。

1）三维刚杆摩阻模型

（1）基本假设：

钻柱处于线弹性变形状态；钻柱横截面为圆形或圆环形；井壁呈刚性；钻柱与井壁连续接触；井内流体密度为常数；摩擦系数在某一井段为常数；钻柱中动载、钻柱温度变化、剪力对作业管柱弯曲变形的影响均忽略；把其他引起轴向阻力和旋转扭矩增加的因素等价于钻柱与井壁摩擦系数的变化。

（2）基本方程：

① 坐标系。直角坐标系 $ONED$，原点 O 取在井口处；N 轴向北，单位矢量为 $\boldsymbol{i}$；E 轴

向东，单位矢量为 $\boldsymbol{j}$；D 轴向下，单位矢量为 $\boldsymbol{k}$。

② 几何方程。钻柱中心线的几何参数可用井眼轴线的几何参数表示，设井眼轴线任意一点矢径为 $\boldsymbol{r}_0=\boldsymbol{r}_0$（1），其中 l 为从井口开始的井眼轴线的弧长，则几何方程简化为：

$$\left.\begin{aligned}&\boldsymbol{e}_t=\frac{\mathrm{d}r_o}{\mathrm{d}l}\\&\frac{\mathrm{d}\boldsymbol{e}_t}{\mathrm{d}l}=k_b\boldsymbol{e}_n\\&\frac{\mathrm{d}\boldsymbol{e}_n}{\mathrm{d}l}=k_n\boldsymbol{e}_b-k_b\boldsymbol{e}_t\\&\frac{\mathrm{d}\boldsymbol{e}_b}{\mathrm{d}l}=-k_n\boldsymbol{e}_n\end{aligned}\right\}$$

$$\left.\begin{aligned}&k_b^2=\frac{\mathrm{d}^2r_o}{\mathrm{d}l^2}\cdot\frac{\mathrm{d}^2r_o}{\mathrm{d}l^2}\\&k_n=\left(\frac{\mathrm{d}r_o}{\mathrm{d}l},\ \frac{\mathrm{d}^2r_o}{\mathrm{d}l^2},\ \frac{\mathrm{d}^3r_o}{\mathrm{d}l^3}\right)\Big/k_b^2\end{aligned}\right\}\qquad(9\text{–}2\text{–}16)$$

③ 钻柱拉力——扭矩微分方程。作用在管柱上的外力有：浮重，垂直向下；钻井液的黏滞力，与运动方向相反；钻柱与井壁的正压力，在接触点垂直于钻柱表面；钻柱与井壁的滑动摩擦力，与运动方向相反。

因此

$$\boldsymbol{h}=\boldsymbol{h}_g+\boldsymbol{h}_n+\boldsymbol{h}_h+\boldsymbol{h}_f\qquad(9\text{–}2\text{–}17)$$

式中 $\boldsymbol{h}_g$——浮重矢量；

$\boldsymbol{h}_n$——正压力矢量；

$\boldsymbol{h}_h$——滑动摩擦力矢量；

$\boldsymbol{h}_f$——黏滞力矢量。

浮重矢量：

$$\boldsymbol{h}_g=q\boldsymbol{k}\qquad(9\text{–}2\text{–}18)$$

式中 q——单位长度钻柱在钻井液中的浮重，tf。

正压力矢量：

$$\boldsymbol{h}_n=N_n\boldsymbol{e}_n+N_b\boldsymbol{e}_b\qquad(9\text{–}2\text{–}19)$$

式中 N_n——正压力 $\boldsymbol{h}_n$ 在 $\boldsymbol{e}_n$ 方向的分力，N；

N_b——正压力 $\boldsymbol{h}_n$ 在 $\boldsymbol{e}_b$ 方向的分力，N。

滑动摩擦力矢量：钻柱在工作时，既有轴向运动，又有绕自身轴线的转动：

$$\left.\begin{aligned}&\boldsymbol{h}_h=-f_2N\boldsymbol{e}_t+f_1N_b\boldsymbol{e}_n+f_1N_n\boldsymbol{e}_b\\&N=\sqrt{N_n^2+N_b^2}\end{aligned}\right\}\qquad(9\text{–}2\text{–}20)$$

式中 f_1——等效摩擦系数切向分量；

f_2——等效摩擦系数轴向分量。

黏滞力矢量：依据假设，井液的黏滞力矢量可近似为：

$$\boldsymbol{h}_{\mathrm{f}}=-2\pi v\left[\frac{R_{\mathrm{o}}\tau}{\sqrt{v^{2}+\left(R_{\mathrm{o}}\omega\right)^{2}}}+\frac{\mu}{\ln\frac{D_{\mathrm{w}}}{2R_{\mathrm{o}}}}\right]\boldsymbol{e}_{\mathrm{t}} \tag{9-2-21}$$

式中 v——下钻速度，m/s；

$\boldsymbol{\omega}$——旋转角速度，rad/s；

R_{o}——作业管柱外半径，m；

τ——钻井液结构力，Pa；

μ——钻井液动力黏度，Pa·s；

D_{w}——井径，m。

④ 作用在钻柱上的外力矩。作用在作业管柱上的外力矩有：滑动摩擦力所产生的扭矩，井内液体黏滞力所产生的扭矩：

$$\boldsymbol{m}=\boldsymbol{m}_{\mathrm{h}}+\boldsymbol{m}_{\mathrm{n}} \tag{9-2-22}$$

式中 $\boldsymbol{m}_{\mathrm{h}}$——摩擦力产生的扭矩矢量；

$\boldsymbol{m}_{\mathrm{n}}$——黏滞力产生的扭矩矢量。

$$\boldsymbol{m}_{\mathrm{h}}=-f_1R_{\mathrm{o}}N\boldsymbol{e}_{\mathrm{t}} \tag{9-2-23}$$

$$\boldsymbol{m}_{\mathrm{n}}=-2\pi R_{\mathrm{o}}\omega\left[\frac{\tau}{\sqrt{v^{2}+\left(R_{\mathrm{o}}\omega\right)^{2}}}+\frac{2\mu}{D_{\mathrm{w}}-2R_{\mathrm{o}}}\right]\boldsymbol{e}_{\mathrm{t}} \tag{9-2-24}$$

⑤ 钻柱拉力—扭矩微分方程。由方程导出钻柱拉力—扭矩微分方程组：

$$\left.\begin{aligned}
&\frac{\mathrm{d}M_{\mathrm{t}}}{\mathrm{d}l}=f_1R_{\mathrm{o}}N+m_0\\
&\frac{\mathrm{d}F_{\mathrm{t}}}{\mathrm{d}l}+EIk_{\mathrm{b}}\frac{\mathrm{d}k_{\mathrm{b}}}{\mathrm{d}l}-f_2N-Cv-B+qk\cdot\boldsymbol{e}_{\mathrm{t}}=0\\
&-EI\frac{\mathrm{d}^2k_{\mathrm{b}}}{\mathrm{d}l^2}+k_{\mathrm{b}}F_{\mathrm{t}}+EIk_{\mathrm{n}}^2k_{\mathrm{b}}+k_{\mathrm{n}}k_{\mathrm{b}}M_{\mathrm{t}}+N_{\mathrm{n}}+f_1N_{\mathrm{b}}+q\boldsymbol{k}\cdot\boldsymbol{e}_{\mathrm{n}}=0\\
&-\frac{\mathrm{d}\left(EIk_{\mathrm{n}}k_{\mathrm{b}}+k_{\mathrm{b}}M_{\mathrm{t}}\right)}{\mathrm{d}l}-EIk_{\mathrm{n}}\frac{\mathrm{d}k_{\mathrm{b}}}{\mathrm{d}l}+N_{\mathrm{b}}-f_1N_{\mathrm{n}}+q\boldsymbol{k}\cdot\boldsymbol{e}_{\mathrm{b}}=0
\end{aligned}\right\} \tag{9-2-25}$$

其中

$$\boldsymbol{m}_{\mathrm{o}}=2\pi R_{\mathrm{o}}^3\omega\left[\frac{\tau}{\sqrt{v^{2}+\left(R_{\mathrm{o}}\omega\right)^{2}}}+\frac{2\mu}{D_{\mathrm{w}}-2R_{\mathrm{o}}}\right] \tag{9-2-26}$$

⑥ 钻柱与井眼摩擦系数的处理。由于钻柱与井壁的摩擦系数 f 是位置的函数 $f=f(l)$，等效摩擦系数的切向分量和轴向分量分别为：

$$\left.\begin{aligned} f_1 &= \frac{R_o \omega f}{\sqrt{v^2 + \left(R_o \omega\right)^2}} \\ f_2 &= \frac{vf}{\sqrt{v^2 + \left(R_o \omega\right)^2}} \end{aligned}\right\} \tag{9-2-27}$$

（3）边界条件。

分别针对井口载荷是否已知这两种情况，在不同工况条件下的边界条件进行讨论。

① 反演钻柱与井眼的摩擦系数时的边界条件。通过测得的大钩负荷和转盘扭矩，监测摩擦系数、钻柱受力状态和钻柱与井壁的接触压力。此时上述微分方程的边界条件对于不同钻井工况分别为：

a. 起下钻过程。

$$\left.\begin{aligned} F_t(L) &= 0 \\ M_t(L) &= 0 \\ F_t(0) &= W_{oh} \\ M_t(0) &= 0 \end{aligned}\right\} \tag{9-2-28}$$

式中 W_{oh}——井口拉力，N；

L——钻柱总长，m。

大钩负荷与指重表读数之间的关系为：

上提时

$$W_{oh} = W_{og} \frac{\left(1-\eta^n\right)\eta}{\left(1-\eta\right)n} \tag{9-2-29}$$

式中 W_{og}——指重表读数；

n——起升系统有效绳数；

η——单个滑轮的传递效率。

下放时

$$W_{oh} = W_{og} \frac{\left(1-\eta^n\right)}{\left(1-\eta\right)n\eta^n} \tag{9-2-30}$$

b. 钻进过程。

$$\left.\begin{aligned} F_t(L) &= -W_{ob} \\ M_t(L) &= T_{ob} \\ F_t(0) &= W_{oh} \\ M_t(0) &= T_{or} \end{aligned}\right\} \tag{9-2-31}$$

式中 W_{ob}——钻压，kN；

T_{or}——转盘扭矩，kN·m；

T_{ob}——钻头扭矩，kN·m。

c. 离底空转。

$$\left.\begin{aligned} F_t(L)&=0\\ M_t(L)&=0\\ F_t(0)&=W_{oh}\\ M_t(0)&=T_{or}\end{aligned}\right\} \tag{9-2-32}$$

d. 划眼下钻。

$$\left.\begin{aligned} F_t(L)&=0\\ M_t(L)&=T_{ob}\\ F_t(0)&=W_{oh}\\ M_t(0)&=T_{or}\end{aligned}\right\} \tag{9-2-33}$$

e. 倒划眼起钻。

$$\left.\begin{aligned} F_t(L)&=0\\ M_t(L)&=T_{ob}\\ F_t(0)&=W_{oh}\\ M_t(0)&=T_{or}\end{aligned}\right\} \tag{9-2-34}$$

如果认为在全井或某一井段摩擦系数为一未知的常数，则利用上述边界条件，对于每一个测定的地面载荷都可计算该井段的摩擦系数。

② 摩阻预测时的边界条件。

此时井口载荷是待求量，上述边界条件改写为：

起下钻过程

$$\left.\begin{aligned} F_t(L)&=0\\ M_t(L)&=0\end{aligned}\right\} \tag{9-2-35}$$

钻进过程

$$\left.\begin{aligned} F_t(L)&=-W_{ob}\\ M_t(L)&=T_{ob}\end{aligned}\right\} \tag{9-2-36}$$

离底空转

$$\left.\begin{aligned} F_t(L)&=0\\ M_t(L)&=0\end{aligned}\right\} \tag{9-2-37}$$

划眼

$$\left.\begin{aligned}F_{\mathrm{t}}(L)=0\\M_{\mathrm{t}}(L)=T_{\mathrm{ob}}\end{aligned}\right\}\tag{9-2-38}$$

2）三维软杆摩阻模型

（1）基本假设：钻柱变形曲率与井眼曲率相同；钻柱与井壁或套管壁全接触；忽略钻柱刚度、断面上剪力的影响。

（2）数学模型。① 螺旋曲线模型。任取 L 长作为一个计算单元，其间产生法向正压力 N，产生与钻柱运动方向相反的摩擦力 F_{a}；钻柱旋转，则有周向摩擦力 F_{c} 进而产生摩阻扭矩 M，如图 9-2-14 所示。建立如下三维软杆计算模型：

$$\left.\begin{aligned}&N_{\varphi}=\left(F_i+F_{i-1}\right)\sin\bar{\alpha}\sin\left(\Delta\varphi/2\right)\\&N_{\mathrm{G}}=\left(F_i+F_{i+1}\right)\cos\left(\Delta\varphi/2\right)\sin\left(\Delta\alpha/2\right)+w_{\mathrm{e}}\Delta L\sin\bar{\alpha}\\&\left(F_i-F_{i+1}\right)\cos\left(\Delta\varphi/2\right)\cos\left(\Delta\alpha/2\right)=w_{\mathrm{e}}\Delta L\cos\bar{\alpha}\pm\left(F_{\mathrm{f}}+F_{\mathrm{v}}\right)\\&M_i=DF_{\mathrm{t}}/2+M_{\mathrm{v}}+M_{i-1}\\&N_i=\left(N_{\varphi}^2+N_{\mathrm{G}}^2\right)^{1/2}\\&F_{\mathrm{f}}=f_{\mathrm{a}}N_i\\&F_{\mathrm{t}}=f_{\mathrm{t}}N_i\\&f_{\mathrm{a}}=fv/\sqrt{v^2+\left(D\omega/2\right)^2}\\&f_{\mathrm{t}}=fD\omega/\left(2\sqrt{v^2+\left(D\omega/2\right)^2}\right)\\&\bar{\alpha}=\left(\alpha_i+\alpha_{i-1}\right)/2\\&\Delta\alpha=\left(\alpha_i-\alpha_{i-1}\right)\\&\Delta\varphi=\left(\varphi_i-\varphi_{i-1}\right)\end{aligned}\right\}\tag{9-2-39}$$

注：对于“±”号，钻柱向上运动取“+”号，向下运动取“−”号。

式中 N_{φ}——方位变化引起的方位平面侧向正压力，N；

N_{G}——井斜平面侧向正压力，N；

N_i——单元体侧向正压力，N；

F_i——单元体上端轴向力，N；

F_{i-1}——单元体下端轴向力，N；

F_{f}——单元体轴向摩擦力，N；

F_{t}——单元体周向摩擦力，N；

f_{a}——摩擦系数沿轴向分量；

f_{t}——摩擦系数沿周向分量；

v——钻柱轴向运动速度，m/s；

$\boldsymbol{\omega}$——钻柱旋转速度，rad/s；

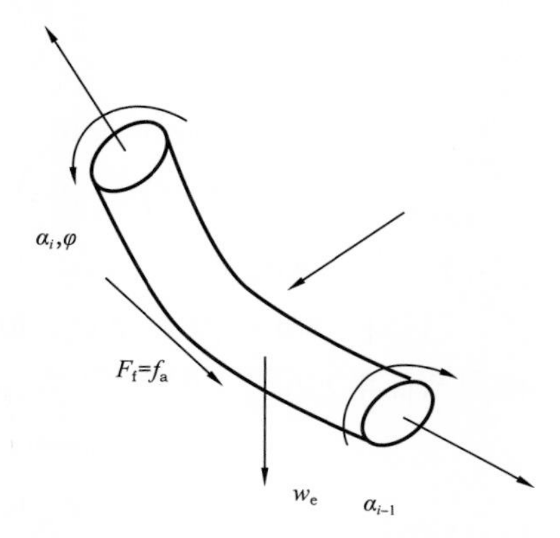

图 9-2-14 钻柱单元受力示意图

D——钻柱外直径，m；

F_v——轴向黏滞力阻力，N；

M_v——周向黏滞力矩，N·m；

M_i——单元体上端扭矩，N·m；

M_{i-1}——单元体下端扭矩，N·m；

w_e——单元体单位长度浮重，N/m；

$\overline{\alpha}$——单元平均井斜角，rad；

$\Delta\varphi$——单元上下两端方位角差，rad；

$\Delta\alpha$——单元上下两端井斜角差，rad。

a. 柱空转时，轴向运动速度为0，则可简化为：

$$\left.\begin{aligned}
&N_\varphi=\left(F_i+F_{i-1}\right)\sin\overline{\alpha}\sin\left(\Delta\varphi/2\right)\\
&N_G=\left(F_i+F_{i+1}\right)\cos\left(\Delta\varphi/2\right)\sin\left(\Delta\alpha/2\right)+w_e\Delta L\sin\overline{\alpha}\\
&\left(F_i-F_{i+1}\right)\cos\left(\Delta\varphi/2\right)\cos\left(\Delta\alpha/2\right)=w_e\Delta L\cos\overline{\alpha}\\
&M_i=Df_tN_i/2+M_v+M_{i-1}\\
&N_i=\left(N_\varphi^2+N_G^2\right)^{1/2}\\
&\overline{\alpha}=\left(\alpha_i+\alpha_{i-1}\right)/2\\
&\Delta\alpha=\left(\alpha_i-\alpha_{i-1}\right)\\
&\Delta\varphi=\left(\varphi_i-\varphi_{i-1}\right)
\end{aligned}\right\}\qquad(9\text{-}2\text{-}40)$$

b. 起下钻时，由于钻柱周向运动速度为0，则可简化为：

$$\left.\begin{aligned}
&N_\varphi=\left(F_i+F_{i-1}\right)\sin\overline{\alpha}\sin\left(\Delta\varphi/2\right)\\
&N_G=\left(F_i+F_{i+1}\right)\cos\left(\Delta\varphi/2\right)\sin\left(\Delta\alpha/2\right)+w_e\Delta L\sin\overline{\alpha}\\
&\left(F_i-F_{i+1}\right)\cos\left(\Delta\varphi/2\right)\cos\left(\Delta\alpha/2\right)=w_e\Delta L\cos\overline{\alpha}\pm\left(fN_i+F_v\right)\\
&M_i=M_{i-1}=0\\
&N_i=\left(N_\varphi^2+N_G^2\right)^{1/2}\\
&\overline{\alpha}=\left(\alpha_i+\alpha_{i-1}\right)/2\\
&\Delta\alpha=\left(\alpha_i-\alpha_{i-1}\right)\\
&\Delta\varphi=\left(\varphi_i-\varphi_{i-1}\right)
\end{aligned}\right\}\qquad(9\text{-}2\text{-}41)$$

3）空间圆弧模型

以钻柱单元中点为原点，M_i平面为xy平面，M_i平面的法线为z轴，建立坐标系，x轴为钻柱单元中点切线方向，z轴方向向下，如图9-2-15所示。

$$\left.\begin{aligned}
&\boldsymbol{F}_i\cos\delta=F_{i-1}\cos\delta+N_g\cos\alpha+F_f+F_v\\
&\left(\boldsymbol{F}_i+\boldsymbol{F}_{i-1}\right)\sin\delta-N_g\cos\alpha\sin\theta\sin\beta+\boldsymbol{N}_i\cos\gamma=0\\
&N_g\cos\theta-\boldsymbol{N}_i\sin\gamma=0
\end{aligned}\right\}\qquad(9\text{-}2\text{-}42)$$

式中 $\boldsymbol{N}_i$——单元体侧向正压力，N；

N_g——单元体在钻井液中的浮重，N；

$\boldsymbol{F}_i$——单元体上端轴向力，N；

$\boldsymbol{F}_{i-1}$——单元体下端轴向力，N；

δ——向量 $\boldsymbol{F}_i$ 与 x 轴的夹角，rad；

θ——M_i 平面与大地坐标系下方位平面的夹角，rad；

α——钻柱单元中点对应井斜角，rad；

β——N_g 在 M_i 平面上的投影与 x 轴的夹角，rad；

γ——侧向正压力矢量 $\boldsymbol{N}_i$ 与 M_i 平面上 y 轴的夹角，rad。

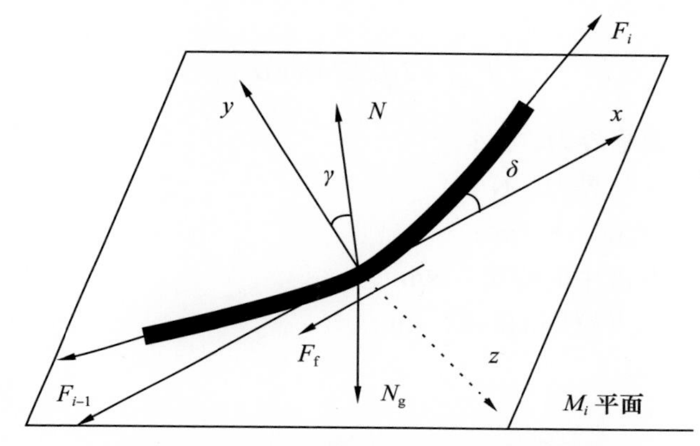

图 9-2-15 空间斜平面内钻柱单元受力示意图

其中 t_i 和 t_{i-1} 分别为：

$$\left.\begin{aligned} t_i &= \left(\sin\alpha_i\cos\varphi_i,\ \sin\alpha_i\sin\varphi_i,\ \cos\alpha_i\right) \\ t_{i-1} &= \left(\sin\alpha_{i-1}\cos\varphi_{i-1},\ \sin\alpha_{i-1}\sin\varphi_{i-1},\ \cos\alpha_{i-1}\right) \end{aligned}\right\} \tag{9-2-43}$$

$$\delta = \left[\arccos\left(t_i \cdot t_{i-1}\right)\right]/2 \tag{9-2-44}$$

$$\theta = \arccos\left(n_g \cdot t\frac{t_i \cdot t_{i-1}}{\left|t_i \cdot t_{i-1}\right|}\right) \tag{9-2-45}$$

又有 $\beta=\pi-\arccos(\cos\alpha/\sin\theta)$，所以可解。

三维软杆模型关于不同工况下的边界条件可参照刚杆模型。

4）考虑刚度影响的修正三维软杆模型

考虑附加法向正压力 N_a 而对软杆模型给予修正，来减小软杆模型在大曲率井眼中的计算误差。

$$N_a = 3.312\times10^{-3}EI/\left(R^3e\right)^{1/2} \tag{9-2-46}$$

式中 N_a——附加修正法向力，N；

E——钻柱材料的弹性模量，Pa；

I——钻柱的惯性矩，m^4；

R——井眼的曲率半径，m；

e——钻柱与井眼之间的间隙，m。

5）屈曲钻柱的摩阻模型

发生正弦屈曲和螺旋屈曲的临界力：

$$F_{csin} < F_{chel} \tag{9-2-47}$$

$$F_{csin} = 2\sqrt{EIw\sin\alpha / e_0} \tag{9-2-48}$$

$$F_{chel} = 2\sqrt{2EIw\sin\alpha / e_0} \tag{9-2-49}$$

式中 F_{csin}——正弦屈曲临界力，N；

F_{chel}——螺旋屈曲临界力，N；

EI——钻柱抗弯刚度，$N \cdot m^2$；

w——钻柱在钻井液中的线重，N/m；

e_0——钻柱接头与井壁间的间隙，m；

α——井斜角，rad。

第三节　钻井事故复杂处理系统

钻井事故复杂处理系统针对溢流、卡钻和井漏三项事故复杂，分别开发了单项复杂处理辅助系统，能够识别对应事故复杂类型、实现对各类事故复杂关键参数的快速计算以及处理方案的快速设计，辅助现场人员选择合适的事故复杂处理方式，经现场测试应用，软件设计结果符合现场实际。

一、钻井事故复杂处理系统架构

钻井事故复杂处理系统具有系统管理、数据管理、溢流事故复杂处理、堵漏事故复杂处理和卡钻事故复杂处理等功能，通过调用相应的数据库资源，可进行相关数据展示、分析计算，及时提供钻井作业辅助决策。系统的总体功能架构如图 9-3-1 所示。

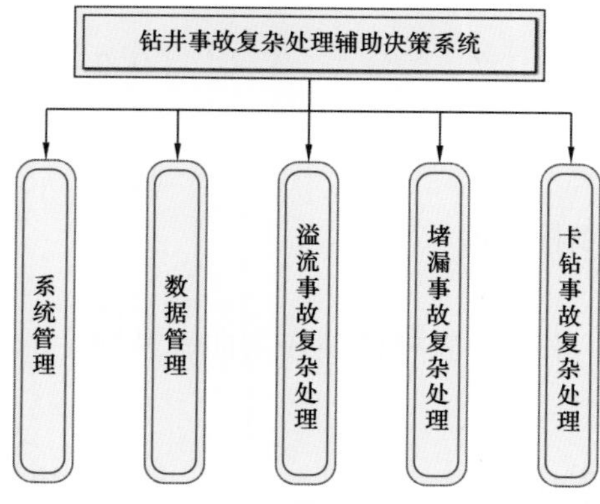

图 9-3-1　钻井事故复杂处理系统总体功能结构示意图

井漏事故复杂处理辅助决策软件通过分析漏失数据，能够识别漏失类型、裂缝类型，能够计算出准确的漏层位置、漏失压力、裂缝宽度等；能够优选堵漏方式，掌握封堵后的封堵层与地层的承压能力，防止再次压漏、压垮地层（李家学等，2011）。辅助现场人员针对不同漏失类型选择合适的堵漏方式，实现了对堵漏方案的快速设计。井漏事故复杂处理模块总体功能结构如图 9-3-2 所示。

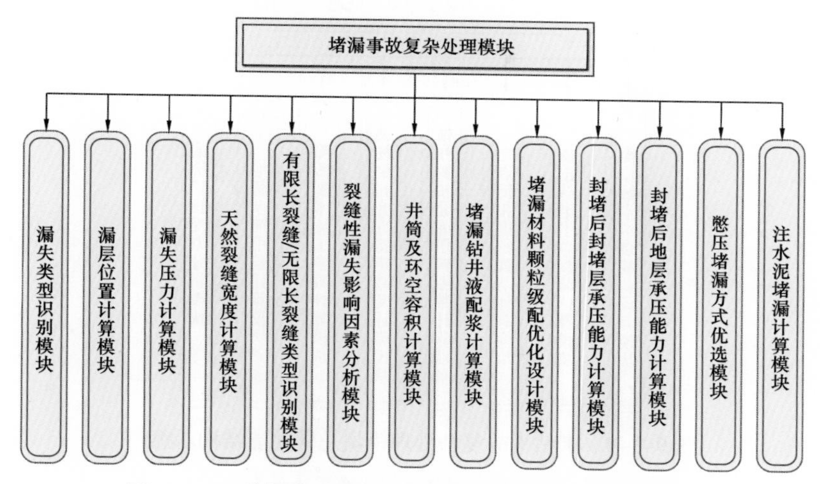

图 9-3-2 井漏事故复杂处理模块总体功能结构示意图

溢流事故复杂处理辅助决策软件通过分析溢流数据，能够识别井筒侵入流体类型；计算出地层孔隙压力、井涌余量、压井液密度（刘凯，1990）；能够模拟司钻法压井、工程师法压井、直推法压井的井口压力变化，辅助现场人员选择安全的压井方式，实现了对压井方案的快速设计（杨海燕等，2008；金业权等，2016）。溢流事故复杂处理模块总体功能结构如图 9-3-3 所示。

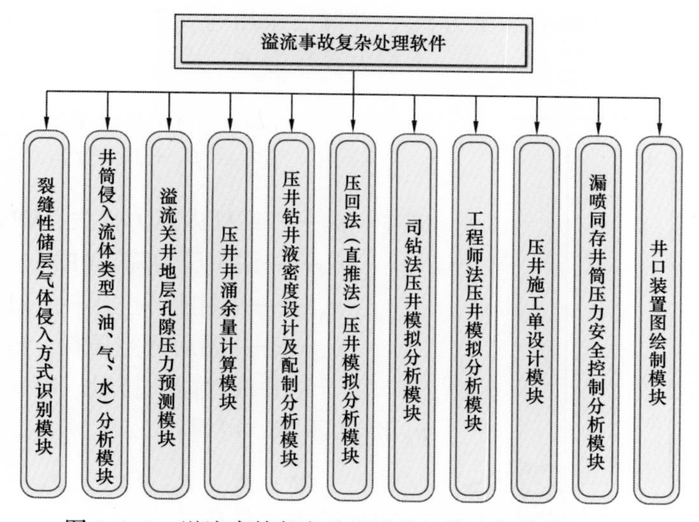

图 9-3-3 溢流事故复杂处理模块总体功能结构示意图

卡钻事故复杂处理辅助决策软件根据给定的解卡方式、解卡工具以及钻柱结构；能够计算出提拉解卡、震击解卡的卡点载荷、定点倒扣的提拉载荷以及钻柱倒扣允许的扭矩与扭转圈数；能够设计降压解卡的施工参数以及泡解卡剂用量，模拟磨铣管柱的受力分析等（冉津津等，2013；冉津津，2013）。辅助现场人员选择合适的解卡方案，实现了对解卡方案的快速设计。卡钻事故复杂处理模块总体功能结构如图 9-3-4 所示。

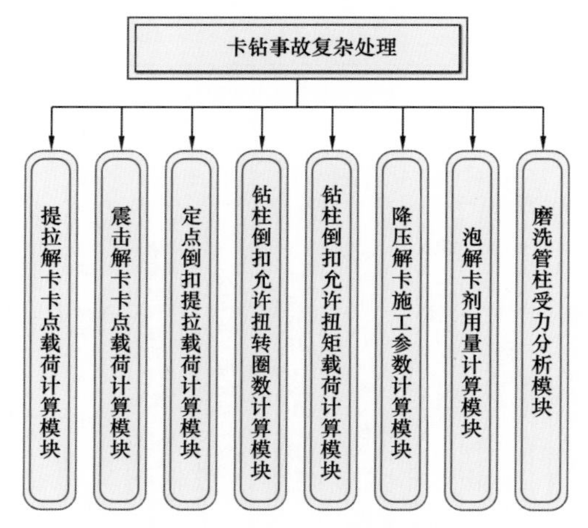

图 9-3-4 卡钻事故复杂处理模块总体功能结构示意图

二、钻井事故复杂处理系统关键计算模型

1. 漏层位置计算模块

用井漏前后泵压变化测试法确定漏层位置，必须准确观测井漏前后的钻井液排量、泵压和钻井液性能。井漏发生后，保持钻井液性能不变，并以相同的排量进行循环，测量出相应的泵压。泵压变化测试法如图 9-3-5 所示。

如图 9-3-5 所示，井漏前泵压为 p_{p1}，井漏后泵压为 p_{p2}，泵入流量 Q_1 不变，环空压力损失系数为 K，井漏后测得出口流量为 Q_2，则：

$$\begin{cases} p_{p1} = p_R + p_N + p_{A1} \\ p_{p2} = p_R + p_N + p_{A2} \end{cases} \quad (9\text{-}3\text{-}1)$$

式中 p_R——钻杆内压力损失，kPa；

p_N——钻头压力降，kPa；

p_{A1}——井漏前环空压耗，kPa；

p_{A2}——井漏后环空压耗，kPa。

由于钻井液性能、排量、喷嘴尺寸不变，所以 p_R 和 p_N 不变，可得：

$$\Delta p = p_{p1} - p_{p2} = p_{A1} - p_{A2} \quad (9\text{-}3\text{-}2)$$

由漏失情况可知：

$$\begin{cases} p_{A1} = KH_w Q_1^2 \\ p_{A2} = K\left[\left(H_w - H_L\right)Q_1^2 + H_L Q_2^2\right] \end{cases} \quad (9\text{-}3\text{-}3)$$

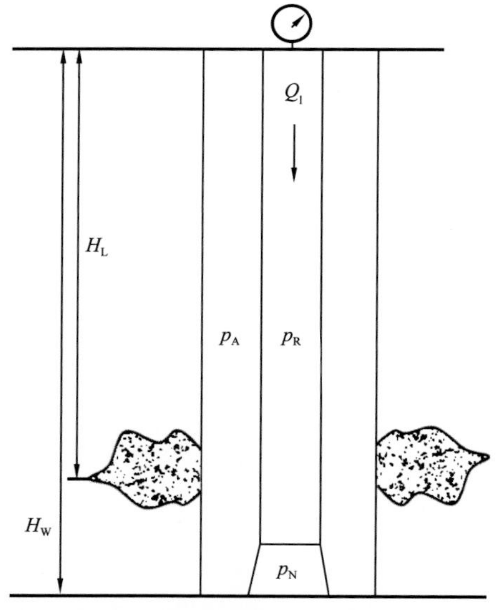

图 9-3-5 泵压变化测试法示意图

可得：

$$H_L = \frac{\Delta p}{K\left(Q_1^2 - Q_2^2\right)} \tag{9-3-4}$$

式中 Q_1——泵排量，L/s；

Q_2——返出流量，L/s；

K——环空压力损失系数，实测求出。

2. 天然裂缝宽度计算模块

该方法运用宾汉流体模型描述了井漏发生时钻井液在天然裂缝中的流动，其流动的压力梯度为：

$$\frac{\mathrm{d}p}{\mathrm{d}r} = \frac{12\mu_p v}{w^2} + \frac{3\tau_y}{w} \tag{9-3-5}$$

式中 $\mathrm{d}p$——压差，Pa；

$\mathrm{d}r$——半径差，m；

μ_p——塑性黏度，Pa·s；

τ_y——动切力，Pa；

v——钻井液漏失速度，m/s；

w——天然裂缝宽度，m。

漏失速度 v 表示为：

$$v = Q(t)/2\pi wr = \frac{\mathrm{d}V}{\mathrm{d}t}/2\pi wr \tag{9-3-6}$$

式中 $Q(t)$——钻井液漏失速率，m^3/s；

V——钻井液漏失量，m^3；

r——侵入半径，m。

式（9-3-5）积分可得：

$$\Delta p = \int_{r_w}^{r(t)} \left(\frac{6\mu_p}{\pi r w^3} \frac{\mathrm{d}V}{\mathrm{d}t} + \frac{3\tau_y}{w} \right) \mathrm{d}r \tag{9-3-7}$$

式中 Δp——井底压差，Pa；

r_w——井眼半径，m。

其中漏失量 V 为：

$$V = \pi w\left(r^2 - r_w^2\right) \tag{9-3-8}$$

代入式（9-3-7）可得：

$$\Delta p = \frac{12\mu_p}{w^2} r \ln\left(\frac{r}{r_w}\right) \frac{\mathrm{d}r}{\mathrm{d}t} + \frac{3\tau_y}{w}\left(r - r_w\right) \tag{9-3-9}$$

为使式（9-3-9）便于求解，引入无量纲时间及无量纲半径，分别为：

$$T=\beta t \tag{9-3-10}$$

$$R=\frac{r}{r_{\mathrm{w}}} \tag{9-3-11}$$

式中 R——无量纲半径；

T——无量纲时间；

t——时间，s；

β——时间利用系数，s^{-1}。

其中，$\beta=\dfrac{w^2\Delta p_{\mathrm{D}}}{3r_{\mathrm{w}}^2\mu_{\mathrm{p}}}$，将 T 和 R 代入式（9-3-9），可得：

$$\frac{\mathrm{d}T}{\mathrm{d}R}=\frac{4R\ln R}{1-\alpha\left(R-1\right)} \tag{9-3-12}$$

其中，$\alpha=\dfrac{3r_{\mathrm{w}}\tau_{\mathrm{y}}}{w\Delta p_{\mathrm{D}}}$，为无量纲有限侵入值。

分析可知，当 $\dfrac{\mathrm{d}R}{\mathrm{d}T}\to 0$，可求得最大侵入无量纲半径为：

$$R_{\max}=1+\frac{1}{\alpha} \tag{9-3-13}$$

式（9-3-12）数值解为：

$$T_{n+1}=T_n+4R_{n+1}\ln\left(R_{n+1}\right)\Delta R\Big/\left[1-\alpha\left(R_{n+1}-1\right)\right] \tag{9-3-14}$$

式（9-3-12）的初始条件：

$$\begin{cases}R=1\\T=0\end{cases} \tag{9-3-15}$$

结合式（9-3-14）及式（9-3-15），可求得系列 R 和 T 值，再分别以 lg（R^2-1）及 lg$T$ 为横纵坐标，即可按一定步长的无量纲有限侵入值 α 绘制理论漏失特征曲线，如图 9-3-6 所示。

在钻井过程中，钻井液漏失体积计算公式为：

$$V=\pi w\left(r^2-r_{\mathrm{w}}^2\right)=\pi w r_{\mathrm{w}}^2\left(R^2-1\right) \tag{9-3-16}$$

令横纵坐标 lg$x$ 和 lg$y$ 分别为：

$$\lg x=\lg\left(V/\pi r_{\mathrm{w}}^2\right)=\lg w+\lg\left(R^2-1\right) \tag{9-3-17}$$

$$\lg y=\lg\left(t\Delta p_{\mathrm{D}}/3\mu_{\mathrm{p}}r_{\mathrm{w}}^2\right)=-2\lg w+\lg T \tag{9-3-18}$$

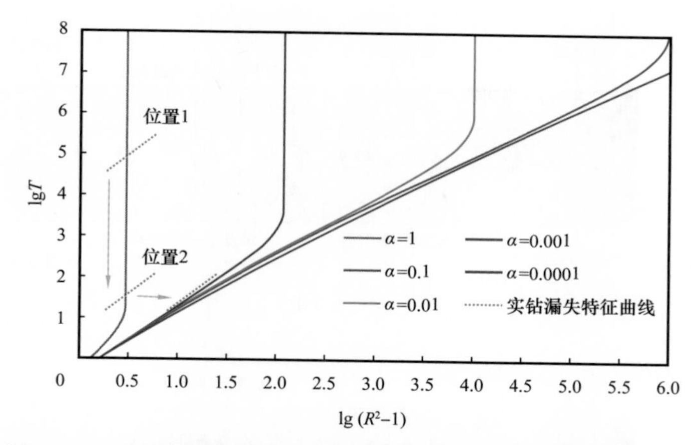

图 9-3-6 理论漏失特征曲线序列及实钻漏失特征曲线平移示意图

分析可知，不同无量纲有限侵入值 α 值有着与之对应的唯一理论漏失特征曲线。以 $\lg(V/\pi r_w^2)$ 及 $\lg(t\Delta p_D/3\mu_p r_w^2)$ 为横纵坐标的曲线称之为实钻漏失特征曲线，实钻漏失特征曲线与相对应的理论漏失特征曲线具有相同的形态及大小，只是余项 $\lg w$，$-2\lg w$ 分别使实钻漏失特征曲线较与之对应理论漏失特征曲线发生了水平及垂直平移。如图 9-3-6 所示，若存在一条实钻漏失特征曲线位于位置 1，可通过垂直向下平移至位置 2，然后再水平向右平移直至找到与之匹配的理论漏失特征曲线，进而确定无量纲有限侵入值 α，以此无量纲有限侵入值 α 反演出天然裂缝的平均缝宽——该方法即为图版法。

图版法求解 Lietard 天然裂缝宽度预测模型需要以下步骤：（1）漏失曲线图版绘制；（2）以 $\lg(V/\pi r_w^2)$ 及 $\lg(t\Delta p_D/3\mu_p r_w^2)$ 为横纵坐标的实钻井漏数据描点；（3）实钻漏失特征曲线通过垂直、水平平移寻找与之匹配的理论漏失特征曲线；（4）得到与之对应的理论漏失特征曲线的无量纲有限侵入值 α，反演出天然裂缝宽度。

3. 堵漏材料颗粒级配优化设计模块

根据裂缝性地层随钻刚性颗粒封堵机理与估算模型。选用了以碳酸钙为主要成分的封堵剂，此类封堵剂具有抗高温、强度高、不水化变形等特点。选用刚性颗粒应能在裂缝端口形成填塞层（图 9-3-7），可隔断裂缝中的钻井液，消除了作用在裂缝壁面上的钻井液压力，阻止了裂缝进一步扩张。

$$D \geqslant d_1 \geqslant 0.6D \tag{9-3-19}$$

$$0.17D \geqslant d_2 \geqslant 0.10D \tag{9-3-20}$$

$$0.4D \geqslant d_2 \geqslant 0.23D \tag{9-3-21}$$

式中 D——裂缝端口处的当量开度，m；

d_1——第一级刚性颗粒的粒径，m；

d_2——第二级刚性颗粒的粒径，m；

d_3——第三级刚性颗粒的粒径，m。

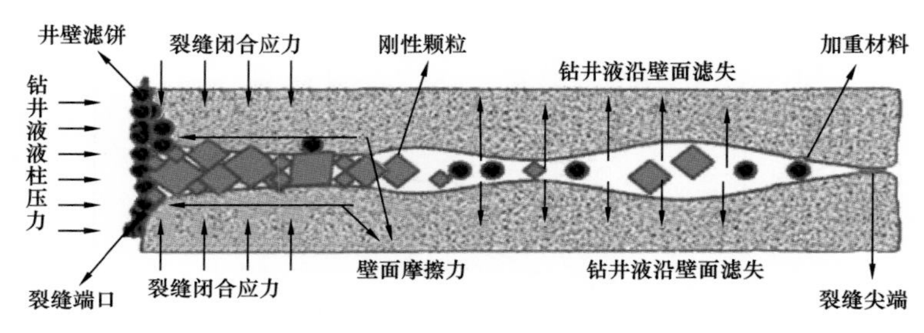

(a) 裂缝端口处

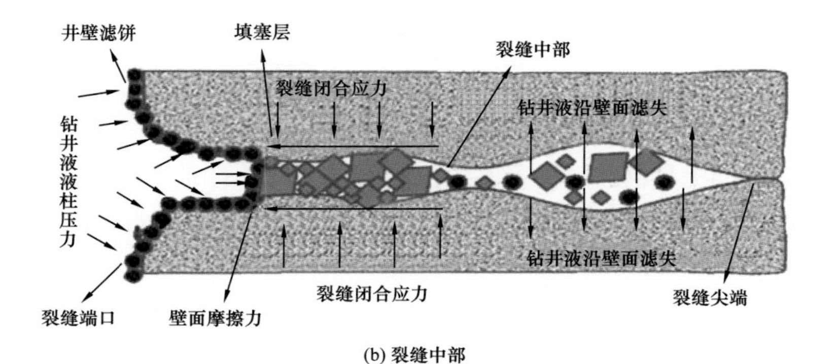

(b) 裂缝中部

图 9-3-7 裂缝中的填塞层剖面

4. 压井井涌余量计算模块

在关井和处理溢流过程中，要计算允许的最大井底压力当量钻井液密度与正常压井钻井液密度的差值。司钻法压井井涌余量表示了在当时井身条件下能够使用司钻法关井和处理溢流的剩余能力；是衡量压井是否安全的判据。工程师法压井井涌余量表示了在当时井身条件下能够使用工程师法关井和处理溢流的剩余能力；是衡量压井是否安全的判据。就好像安全系数一样，它表示了关井和处理溢流的安全程度，井涌余量越大，越安全；当井涌余量小于零时，就不安全。

正常压井钻井液密度，指刚好能平衡原始地层压力所需的压井钻井液密度。实际原始地层压力可由发现溢流后取得的关井立管压力求得。而允许的最大井底压力由井口回压（套压）和钻井液静液柱压力之和得到。井口回压（套压）要满足不超过井口装置的额定工作压力、套管抗内压强度（按 80% 计）和地层破裂压力三者中最小者的条件。钻井设计中，地层破裂压力是三者中的最小者，所以允许最大井口回压（套压）必须保证不压破裸眼薄弱地层。即求得在不压破裸眼薄弱地层的情况下的井口套压，再将井口套压加在环空液柱压力上，求得最大井底压力。

1）司钻法压井井涌余量

套管鞋处地层压实程度低，为裸眼井段中薄弱地层，且该处套管承受内压最大。分别以套管鞋处地层破裂压力和套管抗内压强度为标准确定的最大井底压力为：

$$p_{b1}=p_{f\,shoe}+\rho_m g\left(H-h_{shoe}-\frac{p_p V_m T_{shoe}}{p_{shoe} S_a T_p}\right)+\Delta p_a' \tag{9-3-22}$$

$$p_{b2}=\left(0.8p_i+\rho_{salt} g h_{shoe}\right)+\rho_m g\left[H-h_{shoe}-\frac{p_p V_m T_{shoe}}{\left(0.8p_i+\rho_{salt} g h_{shos}\right) S_a T_p}\right]+\Delta p_a' \tag{9-3-23}$$

到达防喷器时：

$$p_{b3}=p_{BOP}+\rho_m g\left(H-\frac{p_p V_m T_{BOP}}{p_{BOP} S_a T_p}\right)+\Delta p_a' \tag{9-3-24}$$

$$K_{司钻}=\frac{\min\{p_{b1},\ p_{b2},\ p_{b3}\}-p_p}{Hg} \tag{9-3-25}$$

式中 p_{b1}——气体到达套管鞋处以套管鞋处破裂压力为约束条件的井底压力，MPa；
p_{b2}——气体到达套管鞋处以套管抗内压强度为约束条件的井底压力，MPa；
p_{b3}——气体到防喷器处以套管抗内压强度为约束条件的井底压力，MPa；
$p_{f\,shoe}$——套管鞋处破裂压力，MPa；
ρ_m——钻井液密度，g/cm^3；
g——重力加速度，m/s^2；
H——井深，m；
h_{shoe}——套管鞋处井深，m；
p_p——井底压力，MPa；
V_m——套管鞋处气体体积，m^3；
T_{shoe}——套管鞋处温度，K；
p_{shoe}——套管鞋处压力，MPa；
S_a——环空截面积，m^2；
T_p——井底温度，K；
$\Delta p'_a$——套管鞋以下环空压耗，MPa；
p_i——套管抗内压强度，MPa；
ρ_{salt}——盐水密度，g/cm^3；
p_{BOP}——防喷器额定强度，MPa；
T_{BOP}——防喷器处温度，K；
$K_{司钻}$——司钻法压井井涌余量，g/cm^3。

2）工程师法压井井涌余量

相比司钻法井涌余量的计算，工程师法需要考虑当气侵到达套管鞋、井口防喷器和节流阀时压井液是否到达和通过钻头。如果没有，则该过程同司钻法压井，井涌余量的计算也与司钻法井涌余量的计算相同；如果压井液到达或通过钻头，则其井涌余量的计算过程如下：

$$p_{\mathrm{b1}}=p_{\mathrm{f\,shoe}}+\rho_{\mathrm{m}}g\frac{V_{\mathrm{d}}}{S_{\mathrm{a}}}+\rho_{\mathrm{k}}g\left(H-h_{\mathrm{shoe}}-\frac{p_{\mathrm{p}}V_{\mathrm{m}}T_{\mathrm{shoe}}}{p_{\mathrm{f\,shoe}}S_{\mathrm{a}}T_{\mathrm{p}}}-\frac{V_{\mathrm{d}}}{S_{\mathrm{a}}}\right)+\Delta p_{\mathrm{a}}' \tag{9-3-26}$$

$$\begin{aligned}p_{\mathrm{b2}}=&\left(0.8p_{\mathrm{i}}+\rho_{\mathrm{salt}}gh_{\mathrm{shoe}}\right)+\rho_{\mathrm{m}}g\frac{V_{\mathrm{d}}}{S_{\mathrm{a}}}+\\&\rho_{\mathrm{k}}g\left(H-h_{\mathrm{shoe}}-\frac{p_{\mathrm{p}}V_{\mathrm{m}}T_{\mathrm{shoe}}}{\left(0.8p_{\mathrm{i}}+\rho_{\mathrm{salt}}gh_{\mathrm{shoe}}\right)S_{\mathrm{a}}T_{\mathrm{p}}}-\frac{V_{\mathrm{d}}}{S_{\mathrm{a}}}\right)+\Delta p_{\mathrm{a}}'\end{aligned} \tag{9-3-27}$$

到达防喷器时：

$$p_{\mathrm{b3}}=p_{\mathrm{BOP}}+\rho_{\mathrm{m}}g\frac{V_{\mathrm{d}}}{S_{\mathrm{a}}}+\rho_{\mathrm{k}}g\left(H-\frac{p_{\mathrm{p}}V_{\mathrm{m}}T_{\mathrm{BOP}}}{p_{\mathrm{BOP}}S_{\mathrm{a}}T_{\mathrm{p}}}-\frac{V_{\mathrm{d}}}{S_{\mathrm{a}}}\right)+\Delta p_{\mathrm{a}} \tag{9-3-28}$$

$$K_{\text{工程师}}=\frac{\min\left\{p_{\mathrm{b1}},p_{\mathrm{b2}},p_{\mathrm{b3}}\right\}-p_{\mathrm{p}}}{Hg} \tag{9-3-29}$$

式中 V_{d}——钻柱内体积，m^3；

ρ_{k}——压井液密度，$\mathrm{g/cm}^3$；

$K_{\text{工程师}}$——工程师法压井井涌余量，$\mathrm{g/cm}^3$。

5. 司钻法压井模拟分析模块

司钻法压井分为两个循环进行：第一循环用原密度钻井液循环排出环空气侵的钻井流体；第二循环泵入按关井立管压力求得的所需密度的压井液，置换出井筒内的钻井液而恢复建立井筒内压力系统平衡。第一循环结束后，关井立管压力等于套压；第二循环结束后，立管压力等于循环压降；停止循环后，立管压力和套压等于零。

根据地层压力的大小选择合适的压井液。在压井过程中始终使井底压力大于或等于地层孔隙压力且恒定不变，排除溢流并重新建立井内平衡。在重钻井液从井口下行至钻头过程中，立管压力由最开始的关井立压与循环摩阻压力之和逐渐减小为重钻井液循环压力；在重钻井液从井底循环至地面过程中，立管压力保持不变。套压变化较为复杂，在重钻井液从钻柱下行至钻头，气柱未到井口过程中，套压逐渐增大；气柱上行至井口并且重钻井液从井底通过环空向地面上返过程中，套压继续增大，到达最大值；天然气从井口排除过程中，套压减小；天然气排出完后，重钻井液在环空继续上返，轻钻井液返出环空过程中，套压逐渐减小；轻钻井液完全排出，套压降为零。套压曲线如图 9-3-8 所示。

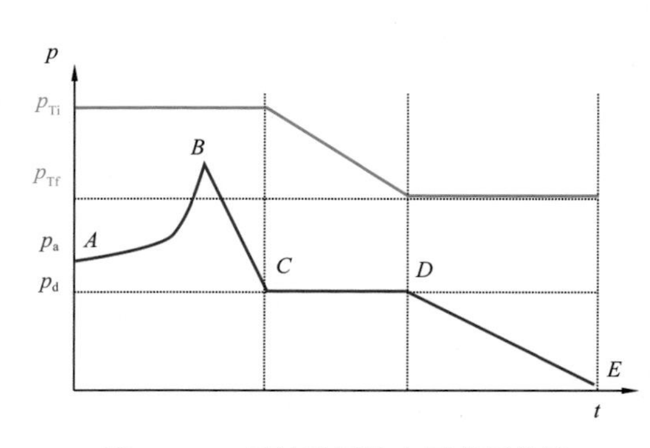

图 9-3-8 司钻法压井立压套压曲线

计算过程：套压变化曲线如图 9-3-8 中 *ABCDE*，它可分为 *AB*，*BC*，*CD* 和 *DE* 四个阶段。其中 AB 段和 BC 段为第一循环周，CD 段和 DE 段为第二循环周。

1）天然气溢流自井底被顶到井口时的套压

设天然气溢流在井底环空所占高度为 h_w，由天然气重量造成的压力为 p_w。当替入环空长度为 y 的钻井液，气柱顶部被顶到距离井口 x 处时，气柱长度膨胀到 h_x。p_a 为井口套压，p_x 为井深 x 处地层所受的压力。可得到以下关系式：

$$p_a = p_b - (H - h_x)G_m - p_r \tag{9-3-30}$$

$$p_x = p_a + xG_m = p_b - yG_m - p_w \tag{9-3-31}$$

式中 p_b——井底压力，kgf/cm²；

H——井深，m；

G_m——轻钻井液压力梯度，kgf/cm³。

由气体状态方程可得出：

$$p_x = \frac{p_b Z_x T_x h_w}{h_x Z_b T_b} \tag{9-3-32}$$

式中 Z_b——天然气在井底的压缩系数；

Z_x——天然气在井深 x 处的压缩系数；

T_b——井底的温度，K；

T_x——井深 x 处的温度，K。

得：

$$\frac{p_b Z_x T_x h_w}{h_x Z_b T_b} = p_b - yG_m - p_w \tag{9-3-33}$$

化简得：

$$p_x = p_b - HG_m - p_w + xG_m + \frac{p_b Z_x T_x h_w G_m}{Z_b T_b (p_b - yG_m - p_w)} \tag{9-3-34}$$

式（9-3-32）和式（9-3-34）表示井深 x 处地层气体随钻井液在环空上升高度 y 的变化规律。因 $p_a=p_b-yG_m$，所以可得出：

$$p_a = p_b - HG_m - p_w + \frac{p_b Z_x T_x h_w G_m}{Z_b T_b (p_b - yG_m - p_m)} \tag{9-3-35}$$

下面求最大套压 $p_{a\max}$ 时环空钻井液上升高度 $y_{\max}$。因为气柱顶部到达井口（即 $x=0$）时，套压最大，此时可得到：

$$p_a=p_b-yG_m-p_w \tag{9-3-36}$$

联立方程得：

$$y_{\max} = \frac{G_m(A+HG_m) \pm \sqrt{\left[G_m(A+HG_m)\right]^2 - 4G_m^2(AHG_m - B)}}{2G_m^2} \tag{9-3-37}$$

其中，$A=p_b-p_w$，$B=\frac{p_b Z_x T_x h_v G_m}{Z_b T_b}$，把 A 和 B 代入式（9-3-37），得出 AB 范围内的套压计算式：

$$p_{a\,AB}=A-HG_m+\frac{B}{A-yG_m} \tag{9-3-38}$$

最大套压为：

$$p_{a\,max}=p_b-y_{max}G_m-p_w$$

2）从井口排出天然气溢流至轻钻井液顶部到井口时的套压

当轻钻井液上升到井口（气柱被排除完，第一循环周结束）时，$p_w=0$。得 $p_a=p_b-HG_m=p_d$，p_d 为关井立管压力。因 p_w 很小，可以认为从井口排除天然气溢流期间，套压 p_a 与环空轻钻井液上升高度 y 呈直线关系而变化，当 y 由 y_{max} 上升到井口时，套压由 $p_{a\,max}$ 降为 p_d。于是，知道 B 和 C 两点的坐标，就可以确定 p_{aBC} 的方程

B 点坐标为：$p_{aB}=p_{a\,max}=A-y_m a_x G_m$，$y_B=y_m a_x$，

C 点坐标为：$p_{ac}=p_d$

BC 的斜率为：$K_{BC}=\frac{p_{aB}-p_{aC}}{y_B-y_C}=\frac{p_{a\,max}-p_d}{y_{max}-y_C}=\frac{p_{aBC}-p_{aC}}{y-y_C}$

BC 线的方程为：$p_{aBC}-p_{aC}=K_{BC}(y-y_C)$

移项后得：

$$p_{aBC}=K_{BC}\left(y-y_C\right)+p_a=p_d-\frac{p_{max}-p_d}{y_{max}-H}\left(H-y\right) \qquad \left(y_{max}\leqslant y\leqslant H\right) \tag{9-3-39}$$

3）钻井液在钻柱内由井口到钻头时的套压

压井重钻井液在钻柱内由井口到钻头时，因环空液柱压力无变化，所以套压也无变化，即：

$$p_{aCD}=p_d \qquad \left(O'\leqslant y'\leqslant H_1\right) \tag{9-3-40}$$

式中 y'——原钻柱内轻钻井液在环空的上升高度（由点 O' 算起）；

H_1——原钻柱内轻钻井液替到环空后的高度。

4）重钻井液从井底上返到井口时的 p_{aDE}

由环空压力平衡关系得：

$$p_{aDE}=p_b-y''G_m-\left(H-y''\right)G_m=p_d-\left(G_{m1}-G_m\right)y \qquad \left(O''\leqslant y''\leqslant H\right) \tag{9-3-41}$$

式中 y''——重钻井液在环空上升高度（由点 O'' 算起）。

在此过程中随重钻井液在环空上返，套压不断下降。

6. 工程师法压井模拟分析模块

工程师法压井是溢流关井后，根据关井立管压力求得地层压力，待配制好所需的

压井密度的压井液后，通过一个循环周内同时排出环空气侵流体的压井方法。施工时间短，套压及井内地层受力较司钻法小，一个循环压井结束后，立管压力和套压皆等于零。

工程师法又称一次循环法，其施工步骤为：（1）缓慢开泵，逐渐打开节流阀，调节节流阀，使套压等于关井套压不变，直到排量达到选定的压井排量；（2）保持压井排量不变，在压井液由地面到达钻头这段时间内，调节节流阀，控制立管压力按照“立管压力控制进度表”变化，由初始循环压力逐渐下降到终了循环压力；（3）压井液返出钻头，在环空上返过程中，调节节流阀，使立管压力等于最终循环压力不变。直到压井液返出井口，停泵关井，检查关井套压关井立压是否为零，如为零则开井，开井无外溢说明压井成功。其立压套压变化曲线如图 9-3-9 所示。

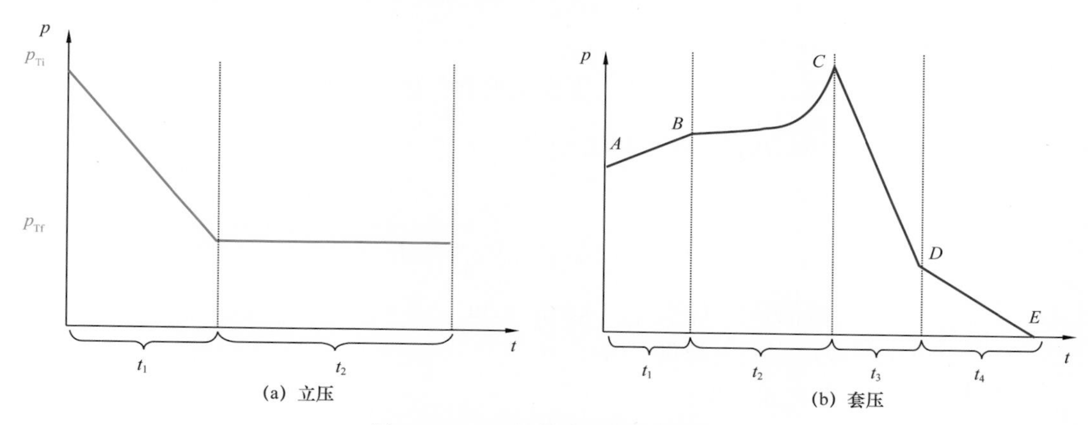

图 9-3-9 工程师法压井立压套压

1）重钻井液到钻头前的 p_{aAB}

压井前，关井套压为 p_{aA}，当密度为 γ_{m1} 的压井钻井液入井后，井底环空溢流（高度 h_w）上升，并不会膨胀。重钻井液至钻头时，溢流上升至距井底高度 H_1。此时，套压升至 p_{aB}。在此期间，如环空原井浆上返高度为 y，溢流高度为 h_x，则根据上图所示环空液柱压力平衡关系，套压 p_{aAB} 关系式为：

$$p_{aAB} = p_b - (H - h_x)G_m - p_w \quad (9\text{-}3\text{-}42)$$

$$h_x = \frac{p_b T_x Z_x h_w}{(p_b - yG_m - p_w)T_b Z_b} \quad (9\text{-}3\text{-}43)$$

式中 p_{aAB}——重钻井液到钻头前的套压，kgf/m²；

p_b——井底压力，等于地层压力，kgf/m²；

H——井深，m；

y——原钻井液环空上返高度，m；

h_x——环空气柱（溢流）高度，m；

G_m——原钻井液液柱压力梯度，kgf/cm³；

Z_b——天然气在井底的压缩系数；

Z_x——天然气在井深 x 处的压缩系数；

T_b——井底的温度，K；

T_x——井深 x 处的温度，K。

式（9-3-43）代入式（9-3-42）得：

$$p_{aAB}=p_b-HG_m-p_w+\frac{p_bT_xZ_xh_rG_m}{\left(p_b-yG_m-p_w\right)T_bZ_b}\quad\left(O\leqslant y\leqslant H_1\right)\tag{9-3-44}$$

式中 H_1——与钻柱内容积相当的环空高度，m；

h_r——环空气柱高度，m。

可以看出，套压变化与司钻法压井相同。

2）重钻井液进入环空至溢流顶到井口时的 p_{aBC}

重钻井液进入环空后，环空液柱压力将发生变化。溢流顶到井口前的套压计算式为：

$$p_{aBC}=p_b-y_1G_{m1}-\left(H-y_1-h_x\right)G_m-p_w\tag{9-3-45}$$

$$h_x=\frac{p_bT_xZ_xh_x}{\left(p_b-y_1G_{m1}-H_1G_m-p_w\right)Z_bT_b}\tag{9-3-46}$$

式中 G_{m1}——重钻井液液柱压力梯度，(kg/m^2)/m；

y_1——重钻井液环空上返高度，m。

联立式（9-3-46）化简后得：

$$p_{aBC}=p_b-HG_m-y_1\left(G_{m1}-G_m\right)-p_w+\frac{p_bT_xZ_xh_rG_m}{\left(p_b-y_1G_{m1}-H_1G_m-p_w\right)Z_bT_b}\quad\left(O\leqslant y_1\leqslant y_m\right)\tag{9-3-47}$$

溢流顶到井口时，重钻井液环空返高 y_m 可根据环空液柱压力的平衡关系求得。溢流顶到井口时的套压 p_{aC} 为：

$$p_{aC}=p_b-y_mG_{m1}-H_1G_m-p_w\tag{9-3-48}$$

当 y_1=y_m 时，有：

$$p_{aBC}=p_b-HG_m-y_1\left(G_{m1}-G_m\right)-p_m+\frac{p_bT_xZ_xh_{ir}G_m}{\left(p_b-y_1G_{m1}-H_1G_m-p_v\right)Z_bT_b}\tag{9-3-49}$$

化简后得：

$$y_m=\frac{b\pm\sqrt{b^2-4G_{m1}\left[\left(H-H_1\right)\left(p_b-H_1G_m-p_w\right)-\frac{p_bT_xZ_xh_w}{Z_bT_b}\right]}}{2G_{m1}}\tag{9-3-50}$$

其中

$$b=p_b+HG_{m1}-H_1\left(G_{m1}+G_m\right)-p_m$$

随着环空重钻井液上返高度 y_1 的增加，液柱压力增加。同时，气柱上升膨胀又使液柱压力减小。重钻井液每上升 Δy_1，液柱压力增加值 Δy_1（$G_{m1}-G_m$）是不变的，但溢流每上升 Δy_1，体积的膨胀量则逐渐增加，越接近井口增加越快。因此，重钻井液刚进入环空，气体膨胀量还小，重钻井液上升所增加的液柱压力大于气体上升膨胀所减小的液柱压力，套压曲线下降。但随着溢流的不断上升，当重钻井液液柱压力的增加值小于气柱上升膨胀所减小的液柱压力值时，则套压曲线变为上升。套压曲线的上升还是下降，以及上升下降的快慢，主要与原钻井液与重钻井液的相对密度及溢流量等因素有关。

3）溢流被排出井口时的套压

随着溢流的排出和重钻井液高度的增加，液柱压力迅速增加，套压则呈曲线急剧下降，其计算式为：

$$p_{aCD}=p_b-y_1G_{m1}-H_1G_m-\left(H-y_1-H_1\right)G_w \quad \left(y_m\leqslant y_1\leqslant H-H_1\right) \tag{9-3-51}$$

式中 G_w——气柱重量的压力梯度，kgf/cm³。

当 $y_1=H-H_1$ 时，套压为：

$$p_{aCD}=p_{aD}=H_1\left(G_{m1}-G_m\right) \tag{9-3-52}$$

4）排除原钻井液时的 p_{aDE}

随着原钻井液不断排出井口，套压进一步直线下降，直至为 0。这时套压为：

$$p_{aDE}=p_b-y_1G_{m1}-\left(H-y_1\right)G_m \qquad \left(H-H_1\leqslant y_1\leqslant H\right) \tag{9-3-53}$$

当 $y_1=H$ 时，套压为：

$$p_{aDE}=p_{aE}=p_b-HG_{m1} \tag{9-3-54}$$

7. 提拉解卡卡点载荷计算模块

上提解卡方法适用于多种卡钻事故类型，通过上提钻柱将井口拉力传递至卡点，作用于卡点的拉力达到解卡效果（孙连忠等，2014）。准确计算上提解卡过程中的井口载荷能够有效预估卡点载荷，并且能对上提解卡过程中钻杆的抗拉安全性进行评价分析，具有重要的研究意义。

由于在上提解卡过程中，钻柱在井筒中需受到摩擦阻力与自身重力作用，故需要对上提过程进行解卡受力分析。上提解卡过程类似于钻柱的起钻工况，由摩阻扭矩计算公式，可得到上提解卡过程中的井口载荷，并可以计算解卡过程中钻杆的抗拉安全系数。

当拉力负荷达到最小屈服强度下的抗拉负荷时，材料发生屈服而不能继续适用。因此，一般把它的 90% 作为最大的工作负荷。

$$p_w=0.9p_y \tag{9-3-55}$$

考虑到钻柱的实际工作条件，上提解卡过程井口拉力必须小于钻柱的最大工作负荷 p_w。安全系数法是常用的校核方法，通过它来考虑解卡过程中的动载及其他力的作用，大致取为 1.80。其中安全系数 a 为：

$$a=\frac{p_w}{p_a} \tag{9-3-56}$$

8. 钻柱倒扣允许扭转圈数计算模块

倒扣允许扭转圈数计算模块理论公式综合考虑了摩阻扭矩、钻柱轴向拉力、复合管柱、钻井液黏滞力等因素的影响，有较高的计算精度。

1）许用剪应力与轴向拉力的关系

根据材料力学第四强度理论，形状改变比能 u_f 到达与材料性质有关的某一极限值，材料就发生屈服（冯鹏等，2017）。屈服准则为：

$$u_f=\frac{1+\mu}{6E}\left(2\sigma_{jx}^2\right) \tag{9-3-57}$$

$$u_f=\frac{1+\mu}{6E}\left[\left(\sigma_1-\sigma_2\right)^2+\left(\sigma_2-\sigma_3\right)^2+\left(\sigma_3-\sigma_1\right)^2\right] \tag{9-3-58}$$

$$\sigma_{jx}=\sqrt{\frac{1}{2}\left[\left(\sigma_1-\sigma_2\right)^2+\left(\sigma_2-\sigma_3\right)^2+\left(\sigma_3-\sigma_1\right)^2\right]} \tag{9-3-59}$$

式中 σ_1，σ_2，σ_3——三个方向的主应力，MPa；

σ_{jx}——材料的极限应力；

取管柱横截面周边上任意微元体为研究对象，该点在拉扭作用下处于两向应力状态，有如下关系式：

$$\begin{cases}\sigma_1=\dfrac{\sigma}{2}+\sqrt{\left(\dfrac{\sigma}{2}\right)^2+\tau^2}\\ \sigma_2=0\\ \sigma_3=\dfrac{\sigma}{2}-\sqrt{\left(\dfrac{\sigma}{2}\right)^2+\tau^2}\end{cases} \tag{9-3-60}$$

将钢材的最小屈服强度 σ_s 作为材料极限应力 σ_{jx}，可得出以下表达式：

$$\tau=\sqrt{\frac{{\sigma_s}^2-\sigma^2}{3}} \tag{9-3-61}$$

复合管柱各段等径钻柱顶部轴向应力可表示为：

$$\sigma_i=\frac{F_i}{A_i} \tag{9-3-62}$$

式中 σ_i——各段等径钻柱轴向应力，MPa；

F_i——各段等径钻柱轴向拉力，N；

A_i——各段钻柱本体横截面积，mm^2。

τ 受强度条件的严格限制，考虑强度条件安全系数 n_s，许用剪切应力可以表示为：

$$[\tau_i]=\frac{\sqrt{\sigma_s^{\ 2}-\sigma_i^2}}{\sqrt{3}n_s} \tag{9-3-63}$$

图 9-3-10 所示为复合管柱受力分析示意图。

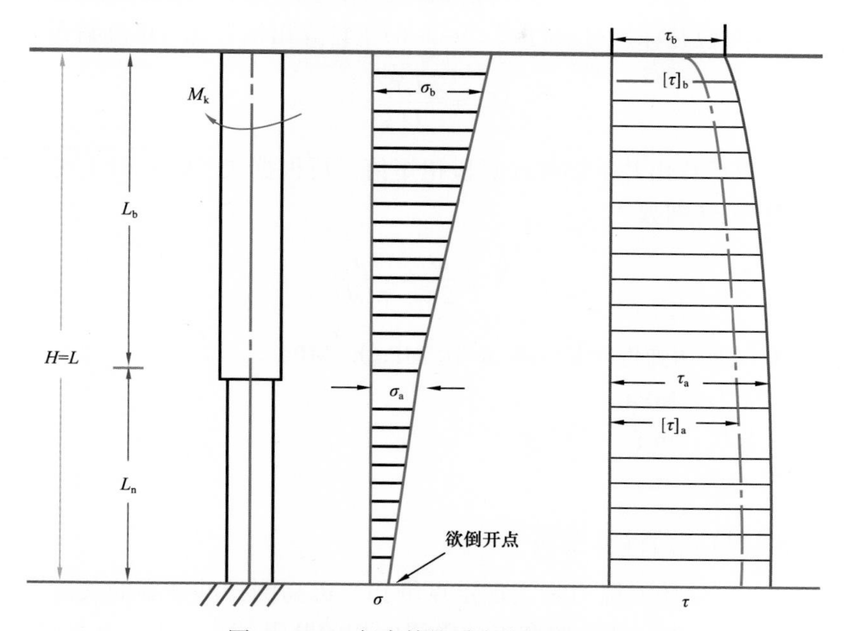

图 9-3-10 复合管柱受力分析示意图

2）最大剪应力及允许扭转圈数计算

由于受井壁摩阻扭矩、钻井液黏滞阻力影响，复合管柱在转盘驱动下，各段钻杆扭矩不同，同时钻杆外径及极惯性矩不同，扭转产生的最大剪应力也不相等（王明华，1993；刘晓贵，1991）。根据计算扭矩公式，各段钻杆扭矩可表示为：

$$M_{bi}=M_{st}-\sum_{i=1}^{n}T_i-\sum_{i=1}^{n}m_i \tag{9-3-64}$$

扭转时，钻杆本体最大剪切应力与几何尺寸关系式为：

$$\tau_i=\frac{M_{bi}D}{2J_P}\times10^{-6} \tag{9-3-65}$$

$$J_P=\frac{\pi}{32}\left(D^4-d^4\right) \tag{9-3-66}$$

式中 M_{st}——井口转盘扭矩，N·m；

M_{bi}——井下第 i 段钻柱的扭矩，N·m；

τ_i——扭转 n 圈时第 i 段钻柱的最大剪应力，MPa；

D——钻杆外径，m；

d——钻杆内径，m；

J_P——极惯性矩，m^4。

为避免扭矩过大扭断钻柱，应确保最大剪切应力不超过许用剪切应力，井下等径管柱顶部剪切应力最大，许用剪切应力最小，因此，只需满足复合管柱中等径管柱顶部剪切应力不超过许用强度值。根据计算各段钻杆许用剪切应力，比较求得最小许用剪应力及最小剪应力管柱对应井深，可通过式（9–3–67）计算出钻杆此处的允许最大扭矩值：

$$M_{bi}=\frac{2J_P\tau_i}{D}\times10^6 \tag{9–3–67}$$

已知 M_{bi}，可以反算出井下钻柱任意段扭矩值，再根据式（9–3–68）可以计算出复合管柱不同直径管柱扭转圈数 N_i：

$$N_i=\frac{\varphi}{2\pi}=\frac{\tau_i L_i}{\pi G D_i} \tag{9–3–68}$$

式中 G——钢材的剪切弹性模量（取 8×10^4MPa），MPa；

τ——剪切应力，MPa；

L——管柱长度，m；

D——钻杆直径，m。

9. 定点倒扣提拉载荷计算模块

准确计算水平井最佳上提力是实现定点倒扣，提高倒扣准确率的关键。实现定点倒扣的基本方法是“中和点”法，中和点处阻碍倒扣的摩阻较小，因此此处最容易被倒开。中和点处于卡点处时，倒扣解卡效率最高。

水平井中存在较大的摩阻扭矩，用传统的计算公式很难准确掌握中和点，倒扣打捞落物长度较短，增加了起下打捞工具的次数。因此，确定定点倒扣的最佳上提拉力，应考虑摩阻扭矩的影响。

由摩阻扭矩公式推导可求得钻柱顶端轴向载荷，定点倒扣的最佳上提拉力计算公式：

$$F=W+\frac{p_H S}{10^5} \tag{9–3–69}$$

式中 F——上提倒扣拉力，10^4N；

W——钻柱在钻井液重量及大钩、游车等的重量，10^4N；

p_H——欲倒开点的静液柱压力，kPa；

S——钻杆接头台阶啮合面积，cm^2。

三、钻井事故复杂处理辅助决策系统应用

开展钻井事故复杂处理辅助决策系测试应用，共计应用测试13井，符合率达83%。

1. 井漏漏层位置、压力、裂缝宽度分析

将测试井A井数据：井眼尺寸、井底压差、钻井液的动切力、塑性黏度以及漏失数据输入“钻井事故复杂处理辅助决策系统”模块，可得：A井在1657.85m漏失处的天然裂缝

宽度为 724μm。计算可知：卡缝颗粒的最小、最大尺寸为 0.58～0.69mm；一级封堵颗粒的最小、最大尺寸为 0.13～0.29mm；二级封堵颗粒的最小、最大尺寸为 0.01～0.05mm。

2. 压井模拟分析

分别对测试井 B 井进行司钻法和工程师压井模拟，模拟结果如图 9-3-11 和图 9-3-12 所示。

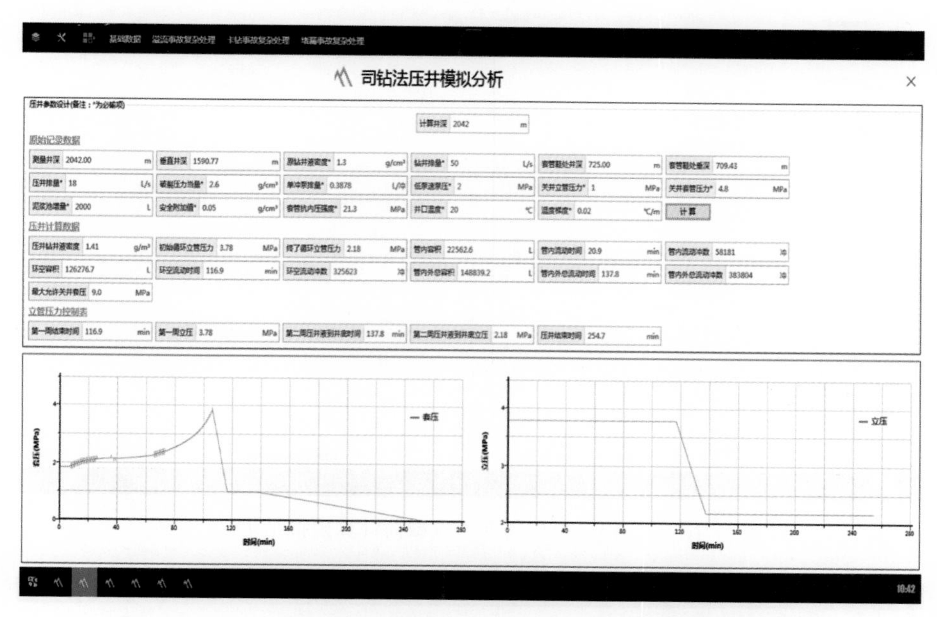

图 9-3-11　B 井司钻法压井设计及压井过程仿真分析模块模拟结果

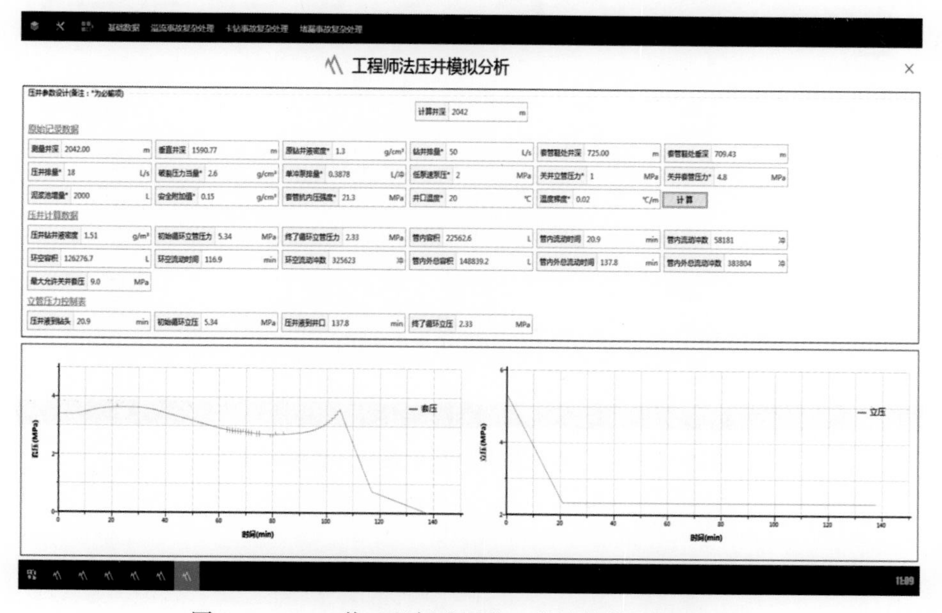

图 9-3-12　B 井工程师法压井工艺计算模块模拟结果

3. 卡钻处理计算

分别对测试井 C 井，进行提拉解卡和定点倒扣分析，模拟结果如图 9-3-13 及图 9-3-14 所示。

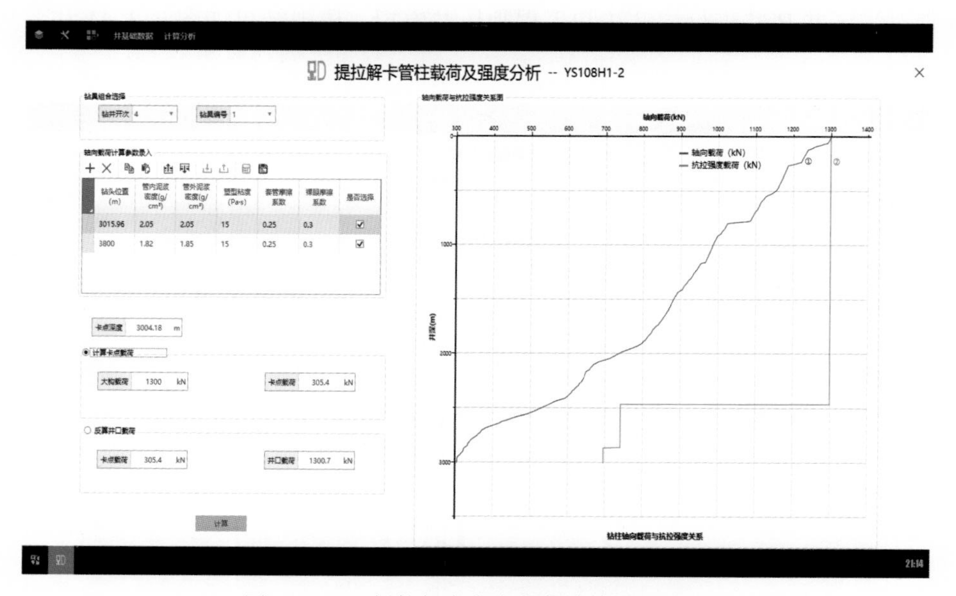

图 9-3-13 提拉解卡卡点载荷计算模拟结果

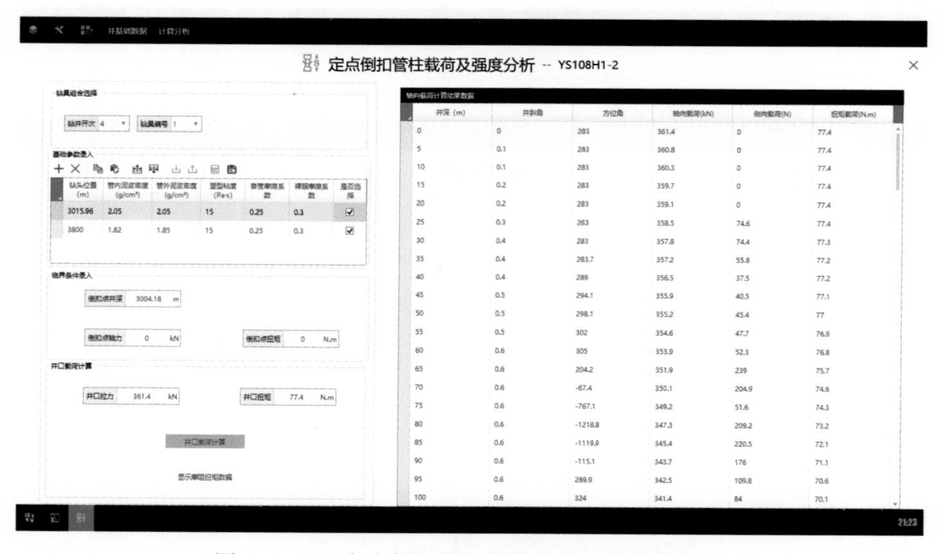

图 9-3-14 定点倒扣井口提拉载荷计算模拟结果

第十章　深井超深井钻完井技术展望

“十三五”以来，在中国石油天然气集团有限公司科技管理部的精心组织下，通过国家油气科技重大专项和集团公司重大科技项目的攻关，钻完井工程技术领域取得了丰硕成果，自主研发了新型超深井四单根立柱钻机、井筒压力闭环控制钻井装备、连续运动钻井关键装备、深层高效破岩钻头、井下参数测量与安全监控系统、随钻地震波测量装备、高温高压井试油测试成套装备、深井高速信息传输钻杆系统、175℃地质导向电阻率和伽马成像系统、深井超深井优质钻井液技术、深井超深井固井完井技术、深层连续管作业技术装备、钻井工程一体化软件等系列重大装备、工具、软件和材料，填补了国内空白，形成具有自主知识产权的深井超深井钻井核心装备和技术，解决了制约勘探开发进程和效益的钻井技术瓶颈问题，提高了我国深井超深井钻完井整体技术水平和核心竞争力，为国家石油资源安全战略提供了重要的工程技术支撑。

第一节　深井超深井钻完井技术的新挑战

中国陆上深井超深井地质条件复杂，钻井安全风险大、周期长。尤其是，塔里木盆地和四川盆地超高温超高压、多压力体系、地层坚硬及可钻性差、富含酸性流体等问题共存，面临一系列世界级的深井超深井钻完井技术难题，安全优质高效钻井最具挑战性。虽然“十三五”深井超深井钻完井技术装备取得了丰硕成果，发展迅速，并于2019年钻成了井深8882m的亚洲最深井，跻身世界先进钻完井技术行列，但是，仍面临以下瓶颈技术难题：

（1）地质条件复杂，钻井时效低，安全风险大。塔里木盆地地层古老，存在山前高陡构造（地层倾角高达87°）、断裂破碎带，发育复合盐膏层（厚达5600m）、巨厚泥页岩、煤层、异常高压盐水层、缝洞型高压油气层等。四川盆地陆相地层胶结致密，须家河组高压、自流井组易漏，海相地层发育高压盐水层，地层压力高（压力系数高达2.4以上）。单井复杂故障及处理时间高达470天，甚至有些井未能钻达地质目标。

（2）深井超深井普遍存在超高温、超高压，钻井仪器及工具、钻井液及材料等面临严峻挑战。大庆油田徐家围子地区古龙1井井底温度高达253℃、地温梯度高达4.1℃/（100m）；KeS21井井底压力达190MPa。超高温超高压带来的主要问题有：套管及水泥环封隔地层失效，致使环空带压；钻完井工具及井下仪器等对耐温耐压能力要求高，故障率显著上升，有些地区井下仪器的故障率曾高达60%；钻井液处理剂及材料易失效，流变性及沉降稳定性差，性能调控、井壁稳定、防漏堵漏等难度大；水泥浆控制失水、调控浆稠化时间等困难，增大了固井施工难度及风险。

（3）地层压力体系多，钻井液密度窗口窄，井身结构设计和安全钻井难度大。存在多套压力系统，易漏失层、破碎带、易垮塌、异常高压等地质条件复杂，必封点多，井身结构设计难度大；缝洞型储层溢漏共存，溢漏规律尚待认识，油气侵及溢流发生快、早期特征不明显，安全钻井风险高。

（4）地层坚硬可钻性差，机械钻速低，钻井周期长。元坝地区上部陆相地层等，地层硬度多为2000～5000MPa，可钻性级值为6～10级，有些地层的平均机械钻速只有约1m/h。二叠系火成岩漏失、志留系泥岩坍塌等，导致岩屑上返困难，蹩跳钻、阻卡等现象严重。塔里木油田博孜砾石层巨厚（达5500m），砾石含量高、粒径大（10～80mm，最大340mm），岩石抗压强度高（目的层180～240MPa）、研磨性强（石英含量40%～60%），致使常规PDC钻头进尺少、寿命短，牙轮钻头机械钻速低、蹩跳钻严重。

（5）地层富含酸性流体，对固完井及井筒完整性等要求高。深部碳酸盐岩地层富含硫化氢、二氧化碳等高酸性流体，四川油气田元坝地区储层硫化氢含量为3.71%～6.87%、二氧化碳含量为3.33%～15.51%。高酸性环境对套管及固井工具性能、水泥环长期密封性、井筒完整性等都提出了更高要求。

第二节 深井超深井钻完井技术的发展趋势

全球第1口深井、超深井和特深井都诞生于美国，陆上深井超深井主要集中在得克萨斯州（占一半以上），海上深井超深井主要集中在墨西哥湾。目前全球有80多个国家能钻深井，有30多个国家能钻超深井，表明深层超深层已成为全球油气资源勘探开发的重大需求，深井超深井钻完井技术已成熟配套。国际先进水平的深井超深井钻完井技术早已突破12000m垂深，钻机等主要装备初步具备15000m钻深能力，正在向自动化、智能化方向发展。

中国的深井超深井钻完井技术虽然跻身国际先进钻完井技术行列，已具备钻探超深井的能力，但是，与国际最先进水平还有一定差距，当前主要面临两大任务：一是围绕深层超深层油气勘探开发需求，以“降本保质增效”为目标，从“安全提速”入手，不断打造工程技术利器，加速技术迭代和装备配套，降低复杂时效，缩短工程周期，支撑油气勘探开发的重大发现和突破；二是围绕特深井和深地研发计划，强化安全高效钻完井基础研究和重大技术攻关，将油气技术能力提升到10000m及以上，支撑特深井和深地资源规模化勘探与效益化开发。深井超深井钻完井技术正在向更深、更快、更经济、更清洁、更安全、更智能的方向发展。

一、主要发展方向

（1）研制钻深12000m以上的勘探开发工程陆地钻机、高强度钻杆及配套装备，提升钻完井作业能力。

（2）强化地球物理、测井录井、钻完井工程等多学科融合，进一步准确预检测地层岩体的断层及地应力、缝洞展布、岩性及组分、地层压力系统等地质环境因素，优化钻完井工程设计，保障作业安全。

（3）发展高效破岩长寿命钻头及工具、耐高温随钻测量仪器、垂直钻井工具、固完井工具等井下工具及仪器，提高机械钻速和井身质量，缩短钻井周期。

（4）提高钻井液、水泥浆、压裂液等耐高温能力，提升综合性能调控技术，满足超高温超高压、复杂地层等需求。

（5）发展超深水平井、分支井、鱼骨井等钻完井技术，提高储层钻遇率、单井产量和最终采收率。

（6）打造地面作业、井下测控等一体化平台，提高钻完井作业效率，防控作业风险。

（7）加快智能钻完井、仿生井等技术研发，支撑油气井高产和稳产。

二、技术发展部署建议

（1）做好顶层设计，科学制定发展战略和规划。围绕国家油气发展战略，立足钻完井技术现状，对标国际先进水平，明确发展目标和方向。基于顶层设计制定发展战略和规划，按国家和企业分层次实施，形成产学研用一体化研发体系。国家重点支持基础前瞻研究和关键共性技术攻关，企业侧重成果转化及推广应用、工艺及装备配套、解决生产技术难题等个性化需求。

（2）强化基础前瞻研究，着力解决钻完井关键科学问题。交叉融合力学、化学、机械、电子、材料、控制等相关学科的理论和方法，持续研究机理、机制、规律、特征等基础问题，解决钻完井关键科学问题，夯实钻完井技术基础；追踪钻完井技术发展方向和国际同行先进技术，关注人工智能与钻完井的融合，加速推进前瞻技术研究，早日实现从“跟跑”到“领跑”历史跨越，引领行业发展。

（3）聚焦关键共性技术攻关，全力打造钻完井核心技术。围绕深层超深层油气勘探开发重大需求和深井超深井钻完井技术瓶颈，集中优势科研力量，聚焦攻关万米深井自动化钻机、旋转导向钻井系统、200℃随钻测量仪器、260℃井下工具及钻井液、水泥浆等关键共性技术，发展完善深井超深井钻完井技术，突破万米特深井和深地钻完井技术瓶颈。

（4）推广应用新技术及装备配套，提升勘探开发保障力。加快井震融合钻井技术、井下自动化安全监控等新技术现场试验，推广应用高效钻头及提速工具、175℃/185℃随钻测量及地质导向钻井系统、防漏堵漏及井筒强化、高温高密度钻井液及水泥浆、测试资料解释及产能评价等成熟技术，配套升级深井高效钻机、精细控压钻井等钻完井装备及工具，不断打造工程技术利器，解决支撑油气勘探开发的钻完井技术难题，以“降本保质增效”为目标持续提升保障力。

通过“十四五”持续攻关，中国石油钻完井工程技术将在聚焦攻关万米深井自动化钻机、200℃随钻测量仪器、260℃井下工具及钻井液、水泥浆等关键共性技术，推广应用高效钻头及提速工具、175℃/185℃随钻测量及地质导向钻井系统、防漏堵漏及井筒强化、高温高密度钻井液及水泥浆等成熟技术，使中国完全步入掌握复杂超深井钻井技术的先进国家行列，为油气增储上产提供重要技术手段。

参考文献

蔡环，2008.PDC 钻头关键设计参数优化研究［D］. 青岛：中国石油大学（华东）.

陈祥训，2004. 对几个小波基本概念的理解［J］. 电力系统自动化（1）：1–6.

程时清，汪洋，郎慧慧，等，2017. 致密油藏多级压裂水平井同井缝间注采可行性［J］. 石油学报，38（12）：1411–1419.

丁志伟，李嘉奇，赵靖影，等,2019. 窄密度窗口正注反挤低密度水泥浆固井技术［J］. 钻井液与完井液，36（6）：759–765.

董文波，2016. 辽河油田 Walkaway VSP 资料采集及效果分析［J］. 非常规油气，3（6）：36–40.

樊洪海，2014. 实用钻井流体力学［M］. 北京：石油工业出版社.

樊洪海，2016. 异常地层压力分析方法与应用［M］. 北京：科学出版社.

冯定 .2007a. 国产涡轮钻具结构及性能分析［J］. 石油机械（1）.

冯定 .2007b. 涡轮钻具复合钻进技术［J］. 石油钻采工艺（3）.

冯定，卢运娇，余继华，等 .2004. 涡轮钻具涡轮节模块化设计方法研究［J］. 江汉石油学院学报（1）.

冯鹏，强翰霖，叶列平，2017. 材料、构件、结构的“屈服点”定义与讨论［J］. 工程力学，34（3）：36–46.

冯萍，邱正松，曹杰，等，2012. 交联型油基钻井液降滤失剂的合成及性能评价［J］. 钻井液与完井液，29（1）：9–14.

冯其红，徐世乾，任国通，等，2019. 致密油多级压裂水平井井网参数分级优化［J］. 石油学报，40（7）：830–838.

付加胜，刘伟，周英操，等，2017. 单通道控压钻井装备压力控制方法与应用［J］. 石油机械，45（1）：6–9.

盖志亮，刘洪翠，辛永安，等，2017. 连续管冲砂洗井技术的应用［J］. 石油机械，45（2）：78–82.

高森，杨红斌，苏敏文，2019. 连续管水平段套管内冲砂试验与效果评价［J］. 石油机械，47（5）：117–124.

高海洋，黄进军，崔茂荣，等，2000. 新型抗高温油基钻井液降滤失剂的研制［J］. 西南石油学院学报，22（4）：61–64.

高远文，李建成，2018. 油基钻井液技术［M］. 北京：团结出版社.

高远文，杨鹏，李建成，等，2016. 高温高密度全白油基钻井液体系室内研究［J］. 钻采工艺，39（6）：88–90.

郭建华，郑有成，李维，等，2019. 窄压力窗口井段精细控压压力平衡法固井设计方法与应用［J］. 天然气工业，39（11）：6.

郭锦棠，夏修建，刘硕琼，等，2013. 适用于长封固段固井的新型高温缓凝剂 HTR–300L［J］. 石油勘探与开发，40（5）：103–107.

韩鹏，王可新，李擎，2015. VSP 测井技术在贵州页岩气探井中的应用［J］. 能源技术与管理，40（6）：169–171.

郝广业，2008. 抗高温油基钻井液有机土的研制及室内评价［J］. 内蒙古石油化工（1）：108–110.

郝拉娣，于化东，2005. 正交试验设计表的使用分析［J］. 编辑学报（5）：334–335.

何勇，2016. 冲切分离式复合 PDC 钻头及工具技术研究［D］. 成都：西南石油大学 .

何俊伟，2012.LabVIEW 在多通道数据采集系统中的应用研究［D］. 广州：华南理工大学 .

侯爱源，耿伟峰，张文波，2016. Walkaway VSP 井旁各向异性速度模型反演方法［J］. 石油地球物理勘探，51（2）：301–305.

胡永建,2017a. 基于 TMS570 和 FreeRTOS 的井下多参数记录仪［J］. 单片机与嵌入式系统应用,17（12）：39–42.

胡永建，2017b. 一种超宽温度补偿高精度压力传感器设计［J］. 传感器世界，23（11）：28–33.

胡永建，2018. 基于 ADIS16228 的井下振动分析仪设计［J］. 电子测量技术，41（5）：1–5.

胡永建，黄衍福，刘岩生，2019a. 高频磁耦合有缆钻杆信道的联合仿真设计［J］. 石油学报，40（4）：475–481.

胡永建，王岚，2019b. 基于线性仿真的高频磁耦合有缆钻杆信道建模［J］. 石油钻探技术，47（2）：120–126.

胡永建，黄衍福，石林，2018a. 高频磁耦合有缆钻杆信道建模与仿真分析［J］. 石油学报，39（11）：1292–1298.

胡永建，孙成芹，韩昊辰，等，2018b. 基于激光测距仪和开源硬件的井深测量系统设计［J］. 机电工程技术，47（4）：1–3.

黄汉仁，2016. 钻井流体工艺原理［M］. 北京：石油工业出版社 .

黄贤斌，孙金声，蒋官澄，等，2019. 一改性脂肪酸提切剂的研制及其应用［J］. 中国石油大学学报，43（3）：107–112.

贾光亮，蒋新立，李晔旻，等,2017. 塔河油田超深井压裂裂缝自生酸酸化研究及应用［J］. 复杂油气藏，10（2）：73–75.

蒋希文，2002. 钻井事故与复杂问题［M］. 北京：石油工业出版社 .

靳建洲，2010. 2010 年固井技术研讨会论文集［M］. 北京：石油工业出版社 .

金业权，李成，吴谦，2016. 深水钻井井涌余量计算方法及压井方法选择［J］. 天然气工业，36（7）：68–73.

金永男，陈宗涛，由昌英，等，2015.PDC 钻头切削齿布齿设计的新思路［J］. 探矿工程，42（5）：72–76.

兰凯，张金成，母亚军，等，2015. 高研磨性硬地层钻井提速技术［J］. 石油钻采工艺，37（6）：18–22.

李军，张金凯，任凯，等，2018. 钻井气侵工况压力信号波动特征实验研究［J］. 钻采工艺，41（4）：04–07.

李琴，2017. 硬地层复合钻头破岩特性与提速机理研究［J］. 机械科学与技术，36（3）：347–353.

李艳，李社坤，孙丽，等，2017. 松科 2 井 ϕ177.8mm 尾管超高温固井水泥浆体系［C］. 第十九届全国探矿工程（岩土钻掘工程）学术交流年会 .

李悦，2017.PDC 钻头复合冲击破岩机理及模型研究［D］. 大庆：东北石油大学 .

李春霞，黄进军，高海洋，等,2001. 一种新型抗高温有机土的研制及性能评价［J］. 西南石油学院学报，23（4）：54–56.

李芳玉，代力，吴德志，等，2020. 多级压裂水平井分段测试压力分析方法［J］. 石油钻采工艺，42（1）：

120–126.

李海龙，2010. 土库曼斯坦尤拉屯地区完井水泥浆体系研究与应用［D］. 北京：中国石油大学（北京）.

李洪乾，刘希圣,1994. 水平井钻井合理环空返速的确定方法［J］. 石油大学学报（自然科学版），18（5）：27–31

李家学，黄进军，罗平亚，等，2011. 裂缝地层随钻刚性颗粒封堵机理与估算模型［J］. 石油学报，32（3）：509–513.

李建成，2015. 新型白油基油包水钻井液体系研究［J］. 钻采工艺，40（4）：85–89.

李建成，杨鹏，关键，等，2014. 新型全油基钻井液体系［J］. 石油勘探与开发，41（4）：490–496.

李清培，2018. 轴向振动对长水平段水平井钻柱摩擦阻力的影响规律研究［D］. 重庆：重庆科技学院.

李树盛，蔡锦仑，马德坤，1998.PDC 钻头冠部设计的原理与方法［J］. 石油机械，26（3）：1–4.

李雪辉，胡强法，刘寿军，2019. 连续管作业技术与装备［M］. 北京：石油工业出版社.

李亚辉，陈思祥，周天明，等，2019. 陆地超深井四单根立柱高效钻机［J］. 石油机械，47（4）：19–23.

李振兴，曹刚，韩田兴，2017. 对复合钻井技术质量的相关探究［J］. 中国石油和化工标准与质量，37（11）：171–172.

刘会斌，李建华，庞合善，等，2020. 青海共和盆地干热岩 GR1 井超高温固井水泥浆技术［J］. 钻井液与完井液，37（2）：202–208.

刘凯，1990. 如何认识和计算井涌余量［J］. 西南石油学院学报（1）：37–45.

刘伟，蒋宏伟，周英操，等，2011. 控压钻井装备及技术研究进展［J］. 石油机械（9）：8–12.

刘伟，周英操，石希天，等，2020. 塔里木油田库车山前超高压盐水层精细控压钻井技术［J］. 石油钻探技术，48（2）：23–28.

刘景峰，2015. 基于 LabVIEW 的数据采集与多功能分析系统设计［D］. 太原：中北大学.

刘婧，高科，徐小健，等，2013. 新型仿生 PDC 齿高效切削机理及试验研究［J］. 探矿工程，40（12）：5–8.

刘瑞江，张业旺，闻崇炜，等，2010. 正交试验设计和分析方法研究［J］. 实验技术与管理，27（9）：52–55.

刘文红，张宁生，2000. 小井眼钻井环空压耗计算与分析［J］. 西安石油学院学报（自然科学版），15（1）：6–9.

刘晓贵，1991. 被卡钻柱倒扣方法［J］. 石油钻采工艺（3）：61–62，90.

刘绪全，陈敦辉，陈勉，等，2011. 环保型全白油基钻井液的研究与应用［J］. 钻井液与完井液，28（2）：10–12.

刘亚军，孙东奎，刘锋，等，2017. 甚低频磁感应波智能钻杆信号传输系统性能分析［J］. 西安石油大学学报（自然科学版），32（1）：119–126.

马勇，郑有成，徐冰青，等，2017. 精细控压压力平衡法固井技术的应用实践［J］. 天然气工业，37（8）：61–65.

孟密元，2015. 优化理论与小波分析在时间序列分析中的应用研究［D］. 秦皇岛：燕山大学.

明瑞卿，贺会群，唐纯静，等，2017. 国内外连续管软件研究分析［J］. 石油钻采工艺，39（6）：771–780，794.

彭浩，邓前松，秦应雄，等，2011. 自动化金刚石钻头激光焊接成套系统及焊接工艺研究［J］. 应用激光，31（5）：375–379.

彭亚洲，2015.PDC 全钻头破岩数值模拟方法研究［D］. 成都：西南石油大学 .

齐奉忠，于永金，刘斌辉，等，2017. 长封固段大温差固井技术研究与实践［J］. 石油科技论坛，36（6）：32–36.

冉津津，2013. 大修精确倒扣技术研究［J］. 科学技术与工程（10）：2817–2821.

冉津津，邱流湘，刘涛，等，2013. 解卡打捞定点倒扣技术研究与应用［J］. 石油天然气学报（6）：127–130.

石川，张琳娜，刘武发，2009. 基于 LabVIEW 的数据采集与信号处理系统的设计［J］. 机械设计与制造（5）：25–27.

石林，方太安，刘瑞华，2019. 深井超深井石油钻机及配套装备［M］. 北京：石油工业出版社 .

石林，杨雄文，周英操，等，2012. 国产精细控压钻井装备在塔里木盆地的应用［J］. 天然气工业（8）：6–10.

石林，周英操，刘乃震，等，2019. 钻完井工程［M］. 北京：石油工业出版社 .

石志明，2006.PDC 齿切削载荷的测试与分析［D］. 成都：西南石油大学 .

舒福昌，岳前升，黄红玺，等，2008. 新型无水全油基钻井液［J］. 断块油气田，15（3）：103–104.

宋洵成，王根成，管志川，等，2004. 小井眼环空循环压耗预测系统方法［J］. 石油钻探技术，32（6）：11–12.

苏义脑，路宝平，刘岩生，等 .2020. 中国陆上深井超深井钻完井技术现状及攻关建议［J］. 石油钻采工艺，42（5）：527–542.

孙维，2011. 辅助胶凝材料对水泥石微结构形成及力学性能的影响［D］. 武汉：湖北工业大学 .

孙金声，黄贤斌，蒋官澄，等，2018. 无土相油基钻井液关键处理剂研制及体系性能评价［J］. 石油勘探与开发，45（4）：713–718.

孙连忠，臧艳彬，高德利，等，2014. 复杂结构井钻柱解卡参数分析［J］. 石油机械，42（3）：19–23.

孙明光，张云连，马德坤，2001. 适合多夹层地层 PDC 钻头设计及应用［J］. 石油学报，22（5）：95–99.

谈建平，姚本春，刘建新，等，2020. 非金属连续管水平井冲砂工具设计研究［J］. 石油化工高等学校学报，33（3）：86–90.

唐斌，1999. 基于小波变换的井筒液气浸检测［J］. 西南石油学院学报（1）：73–76.

田军，王国锋，吴简，等，2020. 水平井油管钻磨桥塞过程中问题分析及对策探讨［J］. 石油技师（2）：39–44.

童征，郑立臣，牛海峰，2011. 陆地钻机用二层台管具排放系统设计［J］. 石油机械（8）：27–29.

屠厚泽，1990. 岩石破碎学［M］. 北京：地质出版社.

王欣，印兴耀，杨继东，2016. Walkaway VSP 深度域叠前偏移成像［J］. 石油地球物理勘探，51（4）：745–750.

汪海阁，葛云华，石林，2017. 深井超深井钻完井技术现状、挑战和“十三五”发展方向［J］. 天然气工业，37（4）：1–8.

汪海阁，苏义脑，1997. 偏心环空压降的实用求解法［J］. 石油钻采工艺，19（6）：5–23.

王丽君，任艳，洪伟，等，2015. 新型油基降滤失剂 FCL 的研制及评价［J］. 钻井液与完井液，32（3）：20–22.

王茂功，王奎才，李英敏，等，2009. 白油基钻井液用有机土的研制［J］. 钻井液与完井液，26（5）：1–3.

王明华，1993. 钻柱极限扭转圈数的确定［J］. 钻采工艺（2）：16–20.

王中华，2012. 页岩气水平井钻井液技术的难点及选用原则［J］. 中外能源，17（4）：43–46.

吴明录，丁明才，2020. 分形离散裂缝页岩气藏多级压裂水平井数值试井模型［J］. 中国石油大学学报（自然科学版），44（3）：98–104.

夏修建，2017. 高温深井固井用聚合物 / 纳米 SiO_2 复合添加剂的研究［D］. 天津：天津大学.

辛翠平，白慧芳，张磊，等，2020. 不同裂缝形态页岩气多级压裂水平井产能预测模型应用研究［J］. 非常规油气，7（3）：65–71.

徐同台，刘玉杰，申威，1997. 钻井工程防漏堵漏技术［M］. 北京：石油工业出版社.

徐晓鹏，王定亚，邓勇，等，2018. 四单根立柱钻机关键技术研究与提效分析［J］. 石油机械，6（12）：17–23.

徐云喜，于志军，王海江，等，2020. 连续管尺寸及作业深度对速度管柱的影响研究［J］. 石油机械，48（2）：97–103.

颜家福，张清龙，赵永明，等，2020. 超深井连续管作业半挂车结构设计与优化［J］. 石油机械，48（12）：87–94.

鄢捷年，2013. 钻井液工艺学［M］. 东营：中国石油大学出版社.

颜岁娜，张益，张友会，等，2016.4 单根立柱钻机钻柱靠放分析［J］. 石油机械，44（11）：14–18.

杨鹏，李俊杞，孙延德，等，2014. 油基可循环微泡沫钻井液研制及应用探讨［J］. 天然气工业，34（6）：78–84.

杨传书，张好林，肖莉，2017. 自动化钻井关键技术进展与发展趋势［J］. 石油机械，45（5）：10–17.

杨海燕，刘绘新，龙建朴，等，2008. 司钻法压井过程中立压和套压的计算［J］. 科技资讯，（12）：28.

杨雄文，周英操，方世良，等，2011a. 控压钻井分级智能控制系统设计与室内试验［J］. 石油钻探技术（4）：13–18.

杨雄文，周英操，方世良，等，2011b. 控压钻井系统特性分析与关键工艺实现方法［J］. 石油机械（10）：39–44.

杨元东，马树学，安青龙，2012.JC–15D 直驱绞车的研制及应用［J］. 石油机械（4）：34–37.

姚晓，葛荘，汪晓静，等，2018. 加砂油井水泥石高温力学性能衰退机制研究进展［J］. 石油钻探技术，46（1）：17–23.

于永金，丁志伟，张弛，等，2019. 抗循环温度 210℃超高温固井水泥浆［J］. 钻井液与完井液，36（3）：349–354.

于永金，靳建洲，徐明，等，2012. 长封固段固井技术研究现状［M］//2012 年固井技术研讨会论文集. 北京：石油工业出版社.

岳家平，徐翔，李早元，等，2012. 高温大温差固井水泥浆体系研究［J］. 钻井液与完井液，29（2）：59–62.

张华，丁志伟，肖振华，等，2018. 窄密度窗口及小间隙超深井尾管固井技术［J］. 钻井液与完井液，35（4）：87–91.

张博宁，张芮菡，吴婷婷，等，2020. 致密气藏多级压裂水平井生产动态机理分析［J］. 西南石油大学学报（自然科学版），42（5）：107–117.

张成江，2010. 定点倒扣法取套技术研究与应用［J］. 复杂油气藏，3（4）：78–81.

张光亚，马锋，梁英波，等，2015. 全球深层油气勘探领域及理论技术进展［J］. 石油学报，36（9）：1157–1164.

张好林，李根生，黄中伟，等，2014. 水平井冲砂洗井技术进展评述［J］. 石油机械，42（3）：92–96，124.

张鹏飞，朱永庆，张青锋，等，2015. 石油钻机自动化、智能化技术研究和发展建议［J］. 石油机械，43（10）：13–17.

张育华，高勇，姚传高，2013. 连续油管在冲砂工艺技术中的优势［J］. 内蒙古石油化工，39（11）：106–108.

张玉林，常亮，杨吉，2016. VSP 井震联合技术在吉林探区 FY 地区的应用［J］. 化工管理（30）：224.

曾尚璀，沈华，俞振利，2000. 基于 Matlab 系统的信号 FFT 频谱分析与显示［J］. 科技通报（4）：241–246.

赵海英，齐聪伟，陈沅忠，等，2016. 基于 VSP 的地震层位综合标定方法［J］. 石油地球物理勘探，51（S1）：84–92.

赵志涛，翁炜，黄玉文，等，2013. ϕ89 涡轮钻具叶栅设计及性能预测［J］. 地质与勘探，49（6）.

周小慧，宋桂桥，张卫华，2016. 随钻地震技术及其新进展［J］. 石油物探，55（6）：913–923.

周英操，刘伟，2019.PCDS 精细控压钻井技术新进展［J］. 石油钻探技术，47（3）：68–74.

周英操，刘伟，伊明，等 .2019. 控压钻井技术与装备［M］. 北京：石油工业出版社 .

朱兆亮，梁政，郝军，等，2018. 注入头下弯曲连续管压曲载荷研究［J］. 石油机械，46（12）：99–103.

左卫东，周志雄，方太安，2018. 四单根立柱超深井钻机井架起升［J］. 石油矿场机械，47（4）：39–42.

Pernites R B，Santra A K，2016. Portland Cement Solutions for Ultra–high Temperature Wellbore Applications［J］. Cement and Concrete Composites，72：89–103.